*rapid inventories**

biological and social

Informe/Report No. 20

Ecuador, Perú: Cuyabeno-Güeppí

William S. Alverson, Corine Vriesendorp, Álvaro del Campo,
Debra K. Moskovits, Douglas F. Stotz, Miryan García Donayre,
y/and Luis A. Borbor L.
editores/editors

Julio/July 2008

Instituciones Participantes/Participating Institutions

. . . .

 The Field Museum

 ORKIWAN   Organización Kichwaruna Wangurina del Alto Napo (ORKIWAN)

 Jefatura de la Zona Reservada Güeppí (INRENA)

 Organización Regional de los Pueblos Indígenas del Oriente (ORPIO)

Ministerio del Ambiente del Ecuador (MAE)

 Herbario Amazonense de la Universidad Nacional de la Amazonía Peruana (AMAZ)

 Fundación para la Sobrevivencia del Pueblo Cofan

 Museo Ecuatoriano de Ciencias Naturales

 Organización Indígena Secoya del Perú (OISPE)

 Museo de Historia Natural de la Universidad Nacional Mayor de San Marcos

. . . .

* Nuestro nuevo nombre, Inventarios Biológicos y Sociales Rápidos (informalmente, "Inventarios Rápidos") es en reconocimiento al papel fundamental de los inventarios sociales rápidos. Nuestro nombre anterior era "Inventarios Biologicos Rápidos"./Rapid Biological and Social Inventories (informally, "Rapid Inventories") is our new name, to acknowledge the critical role of rapid social inventories. Our previous name was "Rapid Biological Inventories."

LOS INVENTARIOS RÁPIDOS SON PUBLICADOS POR/
RAPID INVENTORIES REPORTS ARE PUBLISHED BY:

THE FIELD MUSEUM
Environmental and Conservation Programs
1400 South Lake Shore Drive
Chicago, Illinois 60605-2496, USA
T 312.665.7430, F 312.665.7433
www.fieldmuseum.org

Editores/Editors

William S. Alverson, Corine Vriesendorp, Álvaro del Campo,
Debra K. Moskovits, Douglas F. Stotz, Miryan García Donayre,
y/and Luis A. Borbor L.

Diseño/Design

Costello Communications, Chicago

Mapas y grafismo/Maps and graphics

Jon Markel, Dan Brinkmeier, y/and James Costello

Traducciones/Translations

Álvaro del Campo (English-Español), Amanda Zidek-Vanega
(Español-English), Susan Fansler Donoghue (Español-English),
Emeregildo Criollo (Español-Cofan), Rodrigo Pacaya Levi
(Español-Secoya), y/and Richard Oraco Noteno (Español-Kichwa)

Esta publicación ha sido financiada en parte por The Hamill
Family Foundation./This publication has been funded in part by
The Hamill Family Foundation.

Cita Sugerida/Suggested Citation

Alverson, W. S., C. Vriesendorp, Á. del Campo, D. K. Moskovits,
D. F. Stotz, M. García D., y/and L. A. Borbor L., eds. 2008.
Ecuador-Perú: Cuyabeno-Güeppí. Rapid Biological and Social
Inventories Report 20. The Field Museum, Chicago.

Fotos e ilustraciones/Photos and illustrations

Carátula/Cover: Durante el inventario, observamos *Pteronura
brasiliensis*, la nutria gigante (en Ecuador) o lobo de río (en Perú),
un depredador tope actualmente categorizado como en peligro
de extinción debido a la fuerte presión de cacería. Foto de Santiago
Claramunt./During the inventory, we observed giant otter (*Pteronura
brasiliensis*), a top predator now categorized as endangered
because of intense hunting. Photo by Santiago Claramunt.

Carátula interior/Inner cover: Secoya, miembros de uno de varios
grupos indígenas que viven dentro y en los alrededores del área
de inventario, navegando en Redondococha. Foto de Álvaro del
Campo./Secoya, members of one of several indigenous groups
living in and around the inventory area, navigating at
Redondococha. Photo by Álvaro del Campo.

Láminas a color/Color plates: Fig. 8C, Santiago Claramunt;
Figs. 1, 3B–C, 5C, 5F, 5H, 6B, 6E, 6H–J, 7B–D, 8A–B, 8D–E,
9E–F, 10A–B, 10D, 11C, Álvaro del Campo; Fig. 7G, Dale Dyer;
Figs. 3D–F, 4A–L, Robin Foster; Figs. 5A, 5D–E, 5G, Max Hidalgo;
Figs. 7E–F, Daniel F. Lane; Figs. 2A–C, 10C, 11A, Jon Markel y/and
James Costello (la imagen de satélite compuesta de la Fig. 2C
fue creada a partir de 13 escenas ASTER capturadas entre 2002 y
2007, distribuida por el Land Processes Distributed Active Archive
Center, *http://LPDAAC.usgs.gov/*Composite satellite image in
Fig. 2C created with 13 ASTER scenes captured from 2002–2007,
distributed by the Land Processes Distributed Active Archive
Center, *http://LPDAAC.usgs.gov*); Figs. 9C–D, 11B, Mario Pariona;
Figs. 3A, 7A, Tom Saunders; Fig. 5B, Donald Stewart; Figs. 6A,
6C–D, 6F–G, Pablo Venegas; Figs. 9A–B, Alaka Wali.

Informe técnico/Technical report: Figs. 14–19, 22, 26, 29–34,
37, 41, Dan Brinkmeier; Figs. 12, 20–21, 25, 27, 35–36, 40,
Jon Markel; Figs. 23–24, 38–39, Jon Markel y/and James Costello;
Figs. 13, 28, Tom Saunders.

 Impreso sobre papel reciclado. Printed on recycled paper.

CONTENIDO/CONTENTS

INTEGRANTES DEL EQUIPO

EQUIPO DE CAMPO

Roberto Aguinda L. (*logística de campo*)
Fundación para la Sobrevivencia del Pueblo Cofan (FSC)
Federación Indígena de la Nacionalidad Cofan
    del Ecuador (FEINCE)
Quito y Dureno, Ecuador
robertotsampi@yahoo.com

William S. Alverson (*plantas*)
Environmental and Conservation Programs
The Field Museum, Chicago, IL, EE.UU.
walverson@fieldmuseum.org

Randall Borman A. (*mamíferos grandes*)
Fundación para la Sobrevivencia del Pueblo Cofan (FSC)
Federación Indígena de la Nacionalidad Cofan
    del Ecuador (FEINCE)
Quito y Dureno, Ecuador
randy@cofan.org

Adriana Bravo (*mamíferos*)
Louisiana State University
Baton Rouge, LA, EE.UU.
abravo1@lsu.edu

Daniel Brinkmeier (*comunicaciones*)
Environmental and Conservation Programs
The Field Museum, Chicago, IL, EE.UU.
dbrinkmeier@fieldmuseum.org

Nállarett Dávila (*plantas*)
Universidad Nacional de la Amazonía Peruana
Iquitos, Perú
arijuna15@hotmail.com

Álvaro del Campo (*logística de campo, fotografía, video*)
Environmental and Conservation Programs
The Field Museum, Chicago, IL, EE.UU.
adelcampo@fieldmuseum.org

Sebastián Descanse U. (*plantas*)
Comunidad Cofan Chandia Na'e
Sucumbíos, Ecuador

Robin B. Foster (*plantas*)
Environmental and Conservation Programs
The Field Museum, Chicago, IL, EE.UU.
rfoster@fieldmuseum.org

Max H. Hidalgo (*peces*)
Museo de Historia Natural Universidad Nacional
    Mayor de San Marcos
Lima, Perú
maxhhidalgo@yahoo.com

Guillermo Knell (*logística de campo*)
Universidad Ricardo Palma
Lima, Perú
kchemo@yahoo.com

Jill López (*plantas*)
Universidad Nacional de la Amazonía Peruana
Iquitos, Perú
jillsita02@yahoo.com.mx

Bolívar Lucitante (*cocina*)
Comunidad Cofan Zábalo
Sucumbíos, Ecuador

Laura Cristina Lucitante C. (*plantas*)
Comunidad Cofan Chandia Na'e
Sucumbíos, Ecuador

Alfredo Meléndez (*logística de campo, cocina*)
Comunidad Tres Fronteras
Loreto, Perú

Patricio Mena Valenzuela (*aves*)
Museo Ecuatoriano de Ciencias Naturales
Quito, Ecuador
pmenavelenzuela@yahoo.es

Norma Mendúa (*cocina*)
Comunidad Cofan Zábalo
Sucumbíos, Ecuador

Italo Mesones (*logística de campo*)
Universidad Nacional de la Amazonía Peruana
Iquitos, Perú
italoacuy@yahoo.es

Debra K. Moskovits (*coordinación, aves*)
Environment, Culture, and Conservation
The Field Museum, Chicago, IL, EE.UU.
dmoskovits@fieldmuseum.org

Rodrigo Pacaya Levi (*intérprete*)
Organización Indígena Secoya del Perú (OISPE)
Bellavista, Loreto, Perú

Walter Palacios (*plantas*)
Universidad Técnica del Norte, Ibarra
Quito, Ecuador
walterpalacios@uio.satnet.net

Mario Pariona (*caracterización social*)
Environmental and Conservation Programs
The Field Museum, Chicago, IL, EE.UU.
mpariona@fieldmuseum.org

Amelia Quenamá Q. (*historia natural*)
Fundación para la Sobrevivencia del Pueblo Cofan (FSC)
Federación Indígena de la Nacionalidad Cofan
   del Ecuador (FEINCE)
Quito y Dureno, Ecuador

Dora Ramírez Dávila (*caracterización social*)
Consultora independiente
Iquitos, Perú
ramirezdora2005@yahoo.com.ar

Juan Francisco Rivadeneira-R. (*peces*)
Museo Ecuatoriano de Ciencias Naturales
Quito, Ecuador
jf.rivadeneira@mecn.gov.ec

Anselmo Sandoval Estrella (*caracterización social*)
Organización Indígena Secoya del Perú (OISPE)
Bellavista, Loreto, Perú

Guido Sandoval Estrella (*logística de campo, motorista*)
Organización Indígena Secoya del Perú (OISPE)
Bellavista, Loreto, Perú

Sara Sandoval Levi (*cocina*)
Comunidad Secoya Nuevo Belén
Loreto, Perú

Thomas J. Saunders (*geología, suelos y agua*)
University of Florida
Gainesville, FL, EE.UU.
tsaunders@fieldmuseum.org

Douglas F. Stotz (*aves*)
Environmental and Conservation Programs
The Field Museum, Chicago, IL, EE.UU.
dstotz@fieldmuseum.org

Teófilo Torres (*caracterización social*)
Jefatura, Zona Reservada Güeppí
Iquitos, Perú
teofilotorres@yahoo.com

Oscar Vásquez Macanilla (*plantas*)
Comunidad Secoya Guajoya
Loreto, Perú

Pablo J. Venegas (*anfibios y reptiles*)
Centro de Ornitología y Biodiversidad (CORBIDI)
Lima, Perú
sancarranca@yahoo.es

Corine Vriesendorp (*plantas*)
Environmental and Conservation Programs
The Field Museum, Chicago, IL, EE.UU.
cvriesendorp@fieldmuseum.org

Tyana Wachter (*logística general*)
Environmental and Conservation Programs
The Field Museum, Chicago, IL, EE.UU.
twachter@fieldmuseum.org

Alaka Wali (*caracterización social*)
Center for Cultural Understanding and Change
The Field Museum, Chicago, IL, EE.UU.
awali@fieldmuseum.org

Mario Yánez-Muñoz (*anfibios y reptiles*)
Museo Ecuatoriano de Ciencias Naturales
Quito, Ecuador
m.yanez@mecn.gov.ec

COLABORADORES

Luis Borbor
Reserva de Producción Faunística Cuyabeno

Miryan García
INRENA, Lima

**Asociación Interétnica de Desarrollo de la
Selva Peruana (AIDESEP)**
Lima, Perú

Comunidad Huitoto (*Murui*) Santa Teresita
Perú

Comunidades Cabo Pantoja y Tres Fronteras
Perú

Comunidades Cofan Chandia Na'e, Dureno y Zábalo
Sucumbíos, Ecuador

**Comunidades Kichwa (*Naporuna*) Angoteros,
Miraflores y Torres Causana**
Perú

**Comunidades Secoya (*Airo Pai*) Bellavista, Guajoya (Vencedor),
Mañoko Daripë (Puerto Estrella), Martín de Porres, Mashunta,
Nuevo Belén, Santa Rita y Zambelín de Yaricaya**
Perú

Ejército Ecuatoriano

Ejército Peruano

**Federación Indígena de la Nacionalidad Cofan
del Ecuador (FEINCE)**
Lago Agrio, Ecuador

Fuerza Aérea del Perú (FAP)
Iquitos, Perú

Herbario Nacional del Ecuador (QCNE)
Quito, Ecuador

Hotel Doral Inn
Iquitos, Perú

Instituto de Investigaciones de la Amazonía Peruana (IIAP)
Iquitos, Perú

Instituto Nacional de Recursos Naturales (INRENA)
Lima, Perú

Ministerio del Ambiente del Ecuador
Quito, Ecuador

Ministerio de Relaciones Exteriores
Lima, Perú

The Field Museum

The Field Museum es una institución de educación e investigación—basada en colecciones de historia natural—que se dedica a la diversidad natural y cultural. Combinando las diferentes especialidades de Antropología, Botánica, Geología, Zoología y Biología de Conservación, los científicos del museo investigan temas relacionados a evolución, biología del medio ambiente y antropología cultural. Una división del museo—Environment, Culture, and Conservation (ECCo)—a través de sus dos departamentos, Environmental and Conservation Programs (ECP) y el Center for Cultural Understanding and Change (CCUC), está dedicada a convertir la ciencia en acción que crea y apoya una conservación duradera de la diversidad biológica y cultural. ECCo colabora estrechamente con los residentes locales para asegurar su participación en conservación a través de sus valores culturales y fortalezas institucionales. Con la acelerada pérdida de la diversidad biológica en todo el mundo, la misión de ECCo es de dirigir los recursos del museo—conocimientos científicos, colecciones mundiales, programas educativos innovadores—a las necesidades inmediatas de conservación en el ámbito local, regional e internacional.

The Field Museum
1400 South Lake Shore Drive
Chicago, Illinois 60605-2496, EE.UU.
312.922.9410 tel
www.fieldmuseum.org

INRENA, Zona Reservada Güeppí

El Instituto Nacional de Recursos Naturales (INRENA) es un Organismo Público Descentralizado del Ministerio de Agricultura y, a través de la Intendencia de Áreas Naturales Protegidas, es el órgano encargado de la adecuada gestión de estas áreas que conforman el Sistema Nacional de Áreas Naturales Protegidas Por el Estado (SINANPE). Su objetivo principal es la protección y conservación de la diversidad biológica a través de la provisión de bienes y servicios que contribuyen al desarrollo sostenible del país como un legado para las futuras generaciones.

La Zona Reservada Güeppí fue creada en el año 1997 sobre una extensión de 625,971 hectáreas y alberga una gran biodiversidad de flora y fauna. Después de un largo proceso de planificación participativa con los actores locales, cuenta con una propuesta de categorización concertada, que consiste en la creación de dos reservas comunales (R.C. Airo Pai, R. C. Huimeki) y un Parque Nacional (P. N. Güeppí).

INRENA, Zona Reservada Güeppí
Calle Pevas No. 339, Iquitos, Perú
51.65.223.460 tel
zrgueppi@yahoo.es

Ministerio del Ambiente del Ecuador

El Ministerio del Ambiente del Ecuador (MAE) es la autoridad nacional ambiental, responsable del desarrollo sustentable y la calidad ambiental del país. Es la instancia máxima de coordinación, emisión de políticas, normas y regulaciones de carácter nacional e intenta desarrollar los lineamientos básicos para la organización y funcionamiento para la gestión ambiental. El MAE es el organismo del estado ecuatoriano encargado de diseñar las políticas ambientales y de coordinar las estrategias, los proyectos y programas para el cuidado de los ecosistemas y el aprovechamiento sostenible de los recursos naturales. Propone y define las normas para conseguir la calidad ambiental adecuada, con un desarrollo basado en la conservación y el uso apropiado de la biodiversidad y de los recursos con los que cuenta nuestro país.

Ministerio del Ambiente, República del Ecuador
Avenida Eloy Alfaro y Amazonas
Quito, Ecuador
593.22.563.429, 593.22.563.430 tel
www.ambiente.gov.ec
mma@ambiente.gov.ec

Fundación para la Sobrevivencia del Pueblo Cofan

La Fundación para la Sobrevivencia del Pueblo Cofan es una organización sin fines de lucro dedicada a la conservación de la cultura indígena Cofan y de los bosques amazónicos que la sustentan. Junto con su brazo internacional, la Cofan Survival Fund, la Fundación apoya programas de conservación y desarrollo en siete comunidades Cofan del Oriente ecuatoriano. Los proyectos actuales apuntan a la conservación e investigación de la biodiversidad, la legalización y protección del territorio tradicional Cofan, el desarrollo de alternativas económicas y ecológicas, y oportunidades para la educación de los jóvenes Cofan.

Fundación para la Sobrevivencia del Pueblo Cofan
Casilla 17-11-6089
Quito, Ecuador
593.22.470.946 tel/fax
www.cofan.org

Organización Indígena Secoya del Perú

La Organización Indígena Secoya del Perú (OISPE) es una organización indígena sin fines de lucro fundada el 22 de noviembre de 2003, reconocida jurídicamente e inscrita en la Oficina Registral de Loreto en la ciudad de Iquitos. Su sede está ubicada en la Comunidad Nativa San Martín, Anexo Bellavista. Cuenta con una Junta Directiva presidida fundamentalmente por su Presidente, Vicepresidente, y Secretario de Actas y Archivos. Su ámbito jurisdiccional abarca ocho comunidades que se ubican en los ríos Napo y Putumayo de los Distritos de Teniente Manuel Clavero y Torres Causana, en la Provincia de Maynas, Departamento de Loreto, en la Amazonía peruana.

La misión de OISPE es trabajar en la consolidación física y legal del territorio, para el desarrollo integral sostenible y el ejercicio pleno de sus derechos como pueblo con cultura, idioma e identidad; asimismo, fortalecer el ejercicio del autogobierno, en base al desarrollo de la multiculturalidad del país declarada en la Constitución Política. Actualmente, OISPE se encuentra gestionando el proceso de ampliación y titulación de territorios comunales, y la petición del reconocimiento de la propuesta de las Reservas Comunales Airo Pai, Huitoto-Mestizo-Kichwa (HUIMEKI) y del Parque Nacional "SEKIME" (Güeppí) de la Zona Reservada Güeppí.

OISPE
Comunidad Nativa San Martín, Anexo Bellavista
Río Yubineto, Distrito de Teniente Clavero
Putumayo, Perú
Radiofonía frecuencia 6245

Organización Kichwaruna Wangurina del Alto Napo

La Organización Kichwaruna Wangurina del Alto Napo (ORKIWAN) es una institución indígena sin fines de lucro creada en el año 1984, la cual fue reconocida jurídicamente e inscrita en la Oficina Registral de Loreto en el tomo 3, Folio 55, Partida XIII, Asiento I, en la ciudad de Iquitos en el año 1986.

Su sede está ubicada en la Comunidad Nativa de Angotero. Cuenta con una Junta Directiva presidida fundamentalmente por su Presidente, Vicepresidente, Secretario de Actas y Archivos, Tesorero, Secretaria de la Mujer Indígena y Consejero de la Organización.

El ámbito jurisdiccional de ORKIWAN abarca la cuenca del río Napo. Está conformada por 26 comunidades base, de las cuales 17 comunidades están ubicadas en el distrito de Torres Causana, y 9 en el Distrito del Napo, provincia de Maynas, Región Loreto.

La misión de ORKIWAN es velar y trabajar en la consolidación física y legal del territorio Kichwaruna para el desarrollo integral sostenible y el ejercicio pleno de sus derechos como pueblo con cultura, idioma e identidad propia; también fortalecer el ejercicio de autogobierno sobre la base del desarrollo de la interculturalidad del país declarada en la constitución política del estado. Promueve la educación bilingüe en la jurisdicción que abarca y la titulación de tierras comunales.

ORKIWAN
Comunidad Nativa Angotero, río Napo
Distrito de Torres Causana
Maynas, Loreto, Perú
(también, Apartado 216, Iquitos, Perú)
Radiofonía frecuencia 7020
Teléfono rural comunitario 812042

Organización Regional de los Pueblos Indígenas del Oriente

La Organización Regional de los Pueblos Indígenas del Oriente (ORPIO, antes ORAI) es una institución con personería jurídica, inscrita en la Oficina Registral de Loreto en la cuidad de Iquitos. Agrupa a 13 federaciones indígenas y está compuesta por 16 pueblos etnolingüistas. Dichos pueblos están distribuidos geográficamente en los ríos Putumayo, Algodón, Ampiyacu, Amazonas, Nanay, Tigre, Corrientes, Marañón, Samiria, Ucayali, Yavarí y Tapiche, de la Región Loreto.

ORPIO es una organización indígena de segundo nivel y está representada por un concejo directivo compuesto por cinco miembros, y su periodo de gobierno es de tres años. Por ser un órgano con categoría de ámbito regional, dispone de autonomía para tomar decisiones en el marco del contexto regional y sobre la base de su estatuto.

Su misión es trabajar por la reivindicación de los derechos colectivos, acceso a territorio, por un desarrollo económico autónomo y sobre la base de sus valores propios y conocimiento tradicional que cada pueblo indígena posee.

La organización desarrolla actividades de comunicaciones de informaciones para que sus bases tomen decisiones acertadas. En los temas de género realiza actividades de unificación de roles y motiva la participación de las mujeres en la organización comunal. También, tramita la titulación de comunidades nativas. La participación de ORPIO es amplia en los espacios de consulta y grupos de trabajo con las instituciones del Estado y la sociedad civil tanto para el desarrollo como para la conservación del medio ambiente de la Región de Loreto.

ORPIO
Av. del Ejército 1718
Iquitos, Perú
51.65.227345 tel
orpio_aidesep@yahoo.es

Herbario Amazonense de la Universidad Nacional de la Amazonía Peruana

El Herbario Amazonense (AMAZ) pertenece a la Universidad Nacional de la Amazonía Peruana (UNAP), situada en la ciudad de Iquitos, Perú. Fue creado en 1972 como una institución abocada a la educación e investigación de la flora amazónica. En él se preservan ejemplares representativos de la flora amazónica del Perú, considerada una de las más diversas del planeta. Además, cuenta con una serie de colecciones provenientes de otros países. Su amplia colección es un recurso que brinda información sobre clasificación, distribución, temporadas de floración y fructificación, y hábitats de los grupos vegetales como Pteridophyta, Gymnospermae y Angiospermae. Las colecciones permiten a estudiantes, docentes, e investigadores locales y extranjeros disponer de material para sus actividades de enseñanza, aprendizaje, identificación e investigación de la flora. De esta manera, el Herbario Amazonense busca fomentar la conservación y divulgación de la flora amazónica.

Herbario Amazonense (AMAZ)
Esquina Pevas con Nanay s/n
Iquitos, Perú
51.65.222649 tel
herbarium@dnet.com

Museo Ecuatoriano de Ciencias Naturales

El Museo Ecuatoriano de Ciencias Naturales (MECN) es una entidad pública creada mediante decreto del Consejo Supremo de Gobierno No. 1777-C, del 18 de agosto de 1977 en Quito, como una institución de carácter técnico-científico, pública, con ámbito nacional. Los objetivos son de inventariar, clasificar, conservar, exhibir y difundir el conocimiento sobre todas las especies naturales del país, convirtiéndose de esta manera en la única institución estatal con este propósito. Es obligación del MECN el prestar toda clase de ayuda, cooperación y asesoramiento a las instituciones científicas y educativas particulares y organismos estatales en asuntos relacionados con la investigación para la conservación y preservación de los recursos naturales y principalmente de la diversidad biológica existente en el país. Asimismo, contribuye con la implementación de criterios técnicos que permitan el diseño y establecimiento de áreas protegidas nacionales.

Museo Ecuatoriano de Ciencias Naturales
Rumipamba 341 y Av. de los Shyris
Casilla Postal 17-07-8976
Quito, Ecuador
593.22.449.825 tel/fax

Museo de Historia Natural de la Universidad Nacional Mayor de San Marcos

El Museo de Historia Natural, fundado en 1918, es la fuente principal de información sobre la flora y fauna del Perú. Su sala de exposiciones permanentes recibe visitas de cerca de 50,000 escolares por año, mientras sus colecciones científicas— de aproximadamente un millón y medio de especímenes de plantas, aves, mamíferos, peces, anfibios, reptiles, así como de fósiles y minerales—sirven como una base de referencia para cientos de tesistas e investigadores peruanos y extranjeros. La misión del museo es ser un núcleo de conservación, educación e investigación de la biodiversidad peruana, y difundir el mensaje, en el ámbito nacional e internacional, que el Perú es uno de los países con mayor diversidad de la tierra y que el progreso económico dependerá de la conservación y uso sostenible de su riqueza natural. El museo forma parte de la Universidad Nacional Mayor de San Marcos, la cual fue fundada en 1551.

Museo de Historia Natural de la
Universidad Nacional Mayor de San Marcos
Avenida Arenales 1256
Lince, Lima 11, Perú
51.1.471.0117 tel
www.museohn.unmsm.edu.pe

AGRADECIMIENTOS

Este inventario de la biológica- y culturalmente rica región donde convergen Ecuador, Perú y Colombia fue sugerido a manera de idea hace algunos años por Randy Borman, líder Cofan. El año pasado cuando fuimos contactados por INRENA-Güeppí, y luego por la Federación Secoya (OISPE), nos dimos cuenta que el escenario era idóneo para una colaboración amplia y profunda. El inventario no hubiera sido posible sin el gran conocimiento y las capacidades organizativas de las comunidades indígenas locales, así como sin el apoyo del personal militar regional, de las instituciones locales y nacionales que colaboraron, y otros residentes locales. A todos ellos, les ofrecemos nuestros más sinceros agradecimientos junto a un gran suspiro de alivio porque juntos logramos llevar a cabo el largo y complicado itinerario de campo, así como las subsecuentes presentaciones y la preparación del reporte escrito.

Las comunidades *Airo Pai* (Secoya) de Bellavista, San Martín, Santa Rita, Nuevo Belén (río Yubineto), Mashunta (río Angusilla), Zambelín (río Yaricaya), Guajoya (río Santa María) y Puerto Estrella (río Lagartococha) nos ayudaron inmensamente con la logística de campo y proveyeron valiosa información tanto al equipo biológico como al social. Particularmente, agradecemos por su apoyo a Gustavo Cabrera, Leonel Cabrera, Ricardo Chota, Segundo Coquinche, Wilder Coquinche, Wilson Coquinche, Gamariel Estrella (Jaguarcito), Javier Estrella, Rita Estrella, Luis Garcés, Andrés Levy, Ceferino Levy, Aner Macanilla, Elizabeth Macanilla, John Macanilla, Olivio Macanilla, Mauricio Magallanes, Cecilio Pacaya, Francisco Pacaya, Rodrigo Pacaya, Venancio Payaguaje, Roger Rojas, Anselmo Sandoval, Guido Sandoval, Marcelino Sandoval y familia, Marcos Sandoval, Moisés Sandoval, Véliz Sandoval, Oscar Vásquez, Germán Vílchez, Jorge Vílchez, Nilda Vílchez y Roldán Yapedatze.

La comunidad Cofan de Zábalo (río Aguarico) fue el nexo durante los tres primeros sitios del inventario biológico. El equipo biológico acampó en Zábalo la primera noche en el campo, para luego dirigirse al este y al norte hacia los tres primeros campamentos con el invaluable apoyo de nuestros colaboradores Cofan. Los pobladores de Zábalo, así como los de las comunidades Cofan de Dureno y Chandia Na'e, jugaron un papel preponderante a lo largo del inventario: Agradecemos profundamente a Alba Criollo, Braulio Criollo, Delfín Criollo, Floresto Criollo, Maura Criollo, Natasha Criollo, Oswaldo Criollo, Orlando Huitca, Arturo Lucitante, Bolívar Lucitante y familia, Elio Lucitante, Alex Machoa,

Francisco Machoa, Lucía Machoa, Valerio Machoa, Andrés Mendúa, Luis Mendúa y familia, Mauricio Mendúa, Linda Ortiz, Daniel Quenamá, Carlos Yiyoguaje, Debica Yiyoguaje y Jose Yiyoguaje.

Ambos equipos, el biológico y el social, agradecen el apoyo e información compartida por la comunidad *Murui* (Huitoto) de Santa Teresita (río Peneya), y por las comunidades *Naporuna* (Kichwa) de Miraflores (río Putumayo), Torres Causana y Santa María de Angotero (río Napo), así como por la comunidad de Zancudo (río Aguarico).

Miembros de las comunidades mestizas de Tres Fronteras (río Putumayo) y Angoteros (río Napo) jugaron también un rol vital que facilitó el trabajo tanto del equipo biológico como del social y les expresamos nuestro profundo agradecimiento. Recibimos un maravilloso apoyo de los siguientes residentes de Tres Fronteras: Julián Ajón, Alejandro Arimuya, Nemesio Arimuya, Jorge Luis Chávez, Wilmer Chávez, Mario Chumbe, Pablo Cruz, Oclives Garcés, Luis Gonzáles, Adalberto Hernández, Elvis Imunda, José Manuyama, Julia Manuyama, José Mayorani, Alfredo Meléndez, Luis Miranda, Darío Noteno, Juan Wilson Noteno, Hernando Noteno, Jairo Orozco, Eloy Papa, Joel Papa, Manuel Pizango, Deiner Ramírez, Alex Saboya, Alejandro Sánchez, César Sánchez, Deiner Sánchez, Jaime Sánchez, José Luis Sánchez, Elvis Tapullima y Jorge Vargas.

El inventario no hubiera podido alcanzar el éxito logrado sin el permiso y apoyo para trabajar en la región de varias organizaciones indígenas. Estas organizaciones serán actores fundamentales dentro de los esfuerzos para convertir las recomendaciones de este reporte en acción: Organización Indígena Secoya del Perú (OISPE), Federación Indígena de la Nacionalidad Cofan del Ecuador (FEINCE), Organización Kichwaruna del Alto Napo (ORKIWAN) y la Organización Regional de Pueblos Indígenas del Oriente (ORPIO).

Los miembros de las bases militares nos facilitaron los permisos para desplazarnos por las muchas veces complicadas zonas fronterizas, nos ofrecieron consejos útiles y mostraron un sorprendente grado de interés en nuestro trabajo. Ellos estaban ubicados en varias bases militares en Perú: Cabo Pantoja (río Napo), Güeppí (río Putumayo), Aguas Negras (río Lagartococha); y en Ecuador: Zancudo (río Aguarico), Lagartococha, Patria (río Lagartococha) y Panupali (rio Güeppí). Los pilotos de la Fuerza Aérea del Perú (FAP)-Iquitos facilitaron con destreza la salida de los equipos de campo con sus respectivas "montañas" de equipamiento al final del inventario. El Capitán Carlos Vargas Serna y Orlando Soplín fueron clave con las operaciones desde la base de la FAP en Iquitos.

Otras organizaciones nacionales y regionales nos brindaron su apoyo y consejos cruciales, incluyendo el Ministerio del Ambiente (L. Altamirano, G. Montoya) y el Herbario Nacional (QCNE) en Ecuador; y en Perú, la Asociación Interétnica de Desarrollo de la Selva Peruana (AIDESEP), Ministerio de Relaciones Exteriores-Cancillería del Perú (Pablo Cisneros), Instituto Nacional de Recursos Naturales (INRENA)-Lima (Jorge Ugaz, Miryan García, Jorge Lozada, Carmen Jaimes), Instituto de Investigaciones de la Amazonía Peruana (IIAP)-Iquitos, Hotel Doral Inn-Iquitos, Vicariato Apostólico de Iquitos, Kantu Tours-Lima, Hotel Señorial-Lima y Alas del Oriente-Iquitos.

Como es costumbre, nuestro equipo de avanzada tuvo que superar muchas adversidades. Guillermo Knell e Italo Mesones, liderando sus respectivos equipos de campo, se encargaron de establecer los campamentos 3, 4 y 5, y sus respectivos sistemas de trochas. Luego de un gran esfuerzo y con el tiempo en contra, los equipos de campo lograron cumplir las metas trazadas antes del inventario, y fue gracias a su excelente trabajo que el equipo biológico pudo tener éxito en el campo. Otros amigos peruanos y colegas del Centro de Conservación, Investigación y Manejo de Áreas Naturales (CIMA) proveyeron excelente apoyo logístico en el campo, en Iquitos y en Lima durante nuestra expedición. Agradecemos a Jorge Aliaga, Lotti Castro, Alberto Asín, Manuel Álvarez, Tatiana Pequeño, Jorge Luis Martínez, Yessenia Huamán, Lucía Ruiz, Wacho Aguirre y Techy Marina.

Asimismo, varias personas fueron estelares en cuanto a la organización y manejo de la logística en Ecuador. Roberto Aguinda supervisó las operaciones logísticas para abastecer los alimentos y equipo adicional para los campamentos de avanzada 1 y 2, así como para los cinco campamentos del inventario en sí. Mientras el equipo estaba en el campo, Freddy Espinosa y su esposa Maria Luisa López aseguraron las coordinaciones desde Quito. Sadie Siviter, Hugo Lucitante, Mateo Espinosa, Juan Carlos González, Carlos Menéndez, Víctor Andrango y Lorena Sánchez fueron extremadamente expeditivos en asuntos logísticos desde la oficina de la Fundación Sobrevivencia Cofan en Quito, antes, durante y después del inventario; lo mismo que Elena Arroba desde la oficina de FSC en Lago Agrio. John Lucitante hizo el dibujo del lobo de río para la camiseta.

Un agradecimiento especial va hacia nuestros cocineros: Sara Sandoval (campamentos 1 y 2), Bolívar Lucitante y Norma Mendúa (Zábalo, campamento satélite y campamento 3) y Alfredo Meléndez (campamentos 4 y 5); así como a nuestros motoristas y tripulantes, Guido Sandoval (avanzada y equipo social), Aner Macanilla, Oscar Vásquez (avanzada), George Pérez, Stalin Vílchez (social), Bolívar Lucitante (avanzada), Luis Mendúa (avanzada, campamentos 1 y 2), Isidro Lucitante (campamentos 1 y 2), Miguel Ortiz, Román Criollo, Venancio Criollo, Pablo Criollo (campamentos 3 y 4) y Alejandro Sánchez (campamentos 4 y 5).

Otros amigos y colegas nos brindaron su ayuda o puntos de vista con elementos específicos y críticos del inventario. Por esto, ofrecemos también nuestro agradecimiento al Coronel PNP Dario "Apache" Hurtado Cárdenas, Luis Narvaez, César Larraín Tafur, Carlos Carrera, Aldo Villanueva, Carolina de la Rosa, Maria Luisa Belaunde, Pepe Álvarez, Cindy Mesones, Daniel Schuur, Rodolfo Cruz Miñán, Milagritos Reátegui y Yolanda Guerra. El equipo de herpetólogos deja agradecimientos a Karl-Hainz Jungfer por su valiosa ayuda en la determinación de las especies de *Osteocephalus*; William Lamar, por sus valiosos comentarios sobre la diversidad de la herpetofauna de Iquitos; Walter Schargel, por la determinación de las especies de *Atractus*; Diego F. Cisneros-Heredia, por compartir sus conocimientos en la región de Tiputini; Lily O. Rodríguez, que generosamente compartió su información sobre sus colecciones realizadas en Aguas Negras, Perú, en 1994; L. Cecilia Tobar y Paúl Meza-Ramos, que desde Quito facilitaron la literatura disponible en el Museo Ecuatoriano de Ciencias Naturales (MECN); y a Carlos Carrera por el constante apoyo y soporte para resguardar las colecciones del MECN. Por todo su valiosa ayuda y dirección en el proceso de exportación de las colecciones de plantas, el equipo botánico agradece profundamente al Ministerio del Ambiente (MAE). Queremos brindar un reconocimiento especial al apoyo clave de Gabriela Montoya, Unidad de Vida Silvestre; Wilson Rojas, Director Nacional de Biodiversidad; y Fausto Gonzáles, Director Regional de Sucumbíos. Asimismo, agradecemos a Elva Díaz y Francisco Quizana para su ayuda en obtener los permisos de colecta e exportación.

Queremos agradecer también a Marcela Galvis, Adriana Rojas Suárez y Rafael Galvis (Parques Nacionales Naturales de Colombia) por haber provisto información actualizade del P.N.N. La Paya.

Agradecimientos (continuación)

Desde nuestra base en Chicago, recibimos la invaluable ayuda de las siguientes personas: Jonathan Markel preparó excelentes mapas usando la información digital de la imagen de satélite, tanto para el equipo de avanzada como para el equipo del inventario en sí. Dan Brinkmeier produjo material visual rápido extremadamente útil para las presentaciones y desarrolló materiales de extensión para las comunidades a partir de nuestros resultados en el campo. Como ya es costumbre, Tyana Wachter fue fundamental desde Chicago, así como en Lima, Iquitos y Quito para que las operaciones caminasen sin problemas. Rob McMillan, Brandy Pawlak y Tyana continúan haciendo magia para solucionar los problemas desde nuestra base en Chicago. Brandy y Tyana también revisaron cuidadosamente el texto del informe. Le agradecemos a Wilbur H. Gantz por actualizar nuestro equipo de navegación GPS. Bil Alverson agradece a los doctores Joaquin Brieva, John P. Flaherty y George Mejicano, y al equipo de Infusion Center del University of Wisconsin Hospital, por su experimentado tratamiento de la leishmaniasis. Finalmente, Jim Costello y el equipo de Costello Communications continuó apoyándonos a perfeccionar y a hacer más eficiente la edición y la producción de los reportes impresos y virtuales, y mostró como siempre una notable paciencia durante el proceso.

Los fondos para este inventario provinieron de The Hamill Family Foundation y del Field Museum.

La meta de los inventarios rápidos —biológicos y sociales— es de catalizar acciones efectivas para la conservación en regiones amenazadas, las cuales tienen una alta riqueza y singularidad biológica.

Metodología

En los inventarios biológicos rápidos, el equipo científico se concentra principalmente en los grupos de organismos que sirven como buenos indicadores del tipo y condición de hábitat, y que pueden ser inventariados rápidamente y con precisión. Estos inventarios no buscan producir una lista completa de los organismos presentes. Más bien, usan un método integrado y rápido (1) para identificar comunidades biológicas importantes en el sitio o región de interés y (2) para determinar si estas comunidades son de excepcional y de alta prioridad en el ámbito regional o mundial.

En los inventarios rápidos de recursos y fortalezas culturales y sociales, científicos y comunidades trabajan juntos para identificar el patrón de organización social y las oportunidades de colaboración y capacitación. Los equipos usan observaciones de los participantes y entrevistas semi-estructuradas para evaluar rápidamente las fortalezas de las comunidades locales que servirán de punto de partida para programas extensos de conservación.

Los científicos locales son clave para el equipo de campo. La experiencia de estos expertos es particularmente crítica para entender las áreas donde previamente ha habido poca o ninguna exploración científica. A partir del inventario, la investigación y protección de las comunidades naturales y el compromiso de las organizaciones y las fortalezas sociales ya existentes, dependen de las iniciativas de los científicos y conservacionistas locales.

Una vez terminado el inventario rápido (por lo general en un mes), los equipos transmiten la información recopilada a las autoridades locales y nacionales, responsables de las decisiones, quienes pueden fijar las prioridades y los lineamientos para las acciones de conservación en el país anfitrión.

Fechas del trabajo de campo	Equipo biológico: 4–30 de octubre de 2007 Equipo social: 13–29 de octubre de 2007
Región	El interfluvio entre los ríos Napo y Putumayo en el área de frontera de Ecuador, Perú y Colombia, donde se encuentran tres áreas protegidas: la Reserva de Producción Faunística Cuyabeno (Ecuador), la Zona Reservada Güeppí (Perú) y el Parque Nacional Natural La Paya (Colombia). En conjunto, las tres áreas son consideradas como un corredor potencial de gestión colaborativa para la conservación por parte de los tres países vecinos.

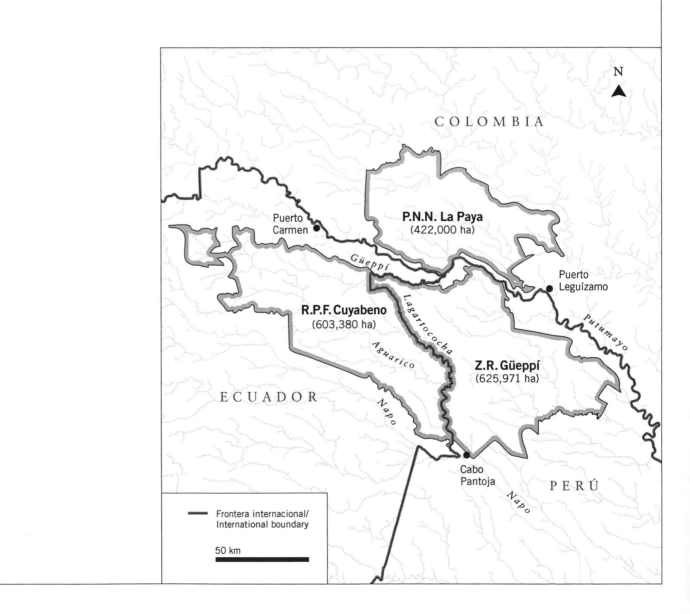

| | Sitios muestreados | El equipo biológico visitó cinco sitios (dos en Ecuador, tres en Perú) en las cuencas del Napo y Putumayo (Figs. 2A, 2C). No visitamos sitios en Colombia. |

Sitios muestreados

El equipo biológico visitó cinco sitios (dos en Ecuador, tres en Perú) en las cuencas del Napo y Putumayo (Figs. 2A, 2C). No visitamos sitios en Colombia.

Napo: Garzacocha, Ecuador, 5–9 de octubre de 2007
Redondococha, Perú, 9–14 de octubre de 2007

Putumayo: Güeppicillo, Ecuador, 15–21 de octubre de 2007
Güeppí, Perú, 21–25 de octubre de 2007
Aguas Negras, Perú, 25–29 de octubre de 2007

El equipo social visitó 13 comunidades en el Perú, en las cuencas del Napo y Putumayo (Fig. 2A).

Napo: Guajoya, Cabo Pantoja, Torres Causana, Angoteros, 13–21 de octubre de 2007

Putumayo: Bella Vista, San Martín, Santa Rita, Nuevo Belén, Mashunta, Zambelín de Yaricaya, Santa Teresita, Miraflores, Tres Fronteras, 21–29 de octubre de 2007

Los científicos sociales brevemente visitaron Soplín Vargas, la capital del distrito peruano Teniente Manuel Clavero, y también Puerto Leguízamo, un pueblo colombiano y el asentamiento más grande en esta parte del río Putumayo. El coordinador de logística del inventario, Álvaro del Campo, recopiló información relevante en la comunidad Secoya Mañoko Daripë, en Perú (conocida también como Puerto Estrella) en el río Lagartococha, en la cuenca del Napo, el 11 de octubre.

Enfoques biológicos

Suelos e hidrología, plantas, peces, anfibios y reptiles, aves, mamíferos grandes y medianos, y murciélagos

Enfoques sociales

Fortalezas sociales y culturales, y las prácticas de uso y manejo de recursos

Resultados biológicos principales

La Zona Reservada Güeppí y la Reserva de Producción Faunística Cuyabeno se encuentran dentro de la faja de los bosques más diversos del mundo. La diversidad en todos los grupos muestreados es espectacular. Abajo resumimos los hallazgos más sobresalientes.

	Garzacocha	Redondococha	Güeppicillo	Güeppí	Aguas Negras	Total registrado	Total estimado
Plantas	400	700	600	500	400	1,400	3,000–4,000
Peces	76	87	70	65	37	184	260–300
Anfibios	19	21	46	25	27	59	90
Reptiles	18	23	18	16	17	48	60
Aves	255	284	262	251	247	437	550
Mamíferos medianos y grandes*	25	31	36	26	24	46	56

* No incluye murciélagos (9 especies observadas en los primeros dos sitios).

Resultados biológicos
principales
(continuación)

Suelos e hidrología: Suelos arcillosos dominan la región. Hace aproximadamente 8 a 13 millones de años, un espesor de cientos de metros de arcilla fue depositado dentro de un mosaico de lagos y ríos meándricos. Con el levantamiento continuo de los Andes, arena y grava fueron depositadas por ríos torrentosos sobre la arcilla. A través del tiempo, el paisaje fue modificado a cochas, quebradas encajonadas, cañones erosivos, terrazas, colinas y valles bajos que caracterizan el área de estudio. El agua no penetra fácilmente estos suelos arcillosos, haciendo que la lluvia corra sobre las colinas para formar quebradas de aguas claras, o se estanque en los valles más bajos y los pantanos. Hay pocos minerales disponibles en los suelos y la mayoría de los nutrientes son retenidos por los bosques mismos y la capa de materia orgánica del suelo. La tala de árboles a gran escala, o la agricultura intensiva, rápidamente agotarían las reservas de nutrientes en el suelo dejando tierras infértiles.

Plantas: Los botánicos documentaron una rica comunidad de plantas vasculares (1,400 especies), representando una mezcla de las floras del este del Ecuador y del norte del Perú. Estimamos que 3,000–4,000 especies ocurren en la región. Nuestro mayor descubrimiento fue un árbol con frutos grandes que representa un nuevo género de la familia Violaceae. Además, registramos nuevos géneros para Ecuador (*Chaunochiton, Condylocarpon, Neoptychocarpus, Thyrsodium*) y Perú (*Ammandra, Clathrotropis*) y sospechamos que hasta 14 especies son nuevas para la ciencia. En las planicies de los ríos principales existen poblaciones sustanciales de especies maderables, incluyendo cedro (*Cedrela odorata*) y tornillo o chuncho (*Cedrelinga cateniformis*), asimismo evidenciamos la ocurrencia de tala ilegal de estas especies.

Peces: Los ictiólogos encontraron una alta diversidad de peces (184 especies), que representa el 38% y 61% de la diversidad conocida para la cuenca del río Napo y el Putumayo respectivamente; veintitrés son nuevos registros ictiológicos tanto para Perú como Ecuador y 3 son posibles especies nuevas para la ciencia. El interfluvio entre el Napo y el Putumayo, ictiológicamente casi desconocido, alberga poblaciones de especies como el paiche, la arahuana y el tucunaré, con abundancias notables, que fueron observados con facilidad en lagunas, quebradas y ríos de la zona. Además, el área contiene una mixtura de aguas negras y claras, zonas de cabeceras y divisorias de aguas, áreas inundables y una dinámica hidrológica con influencia de las aguas blancas del Putumayo y Napo que promueven la alta diversidad encontrada, y constituyen también áreas de reproducción de algunas especies, incluyendo peces de consumo. Estimamos que el área alberga entre 260 y 300 especies.

Anfibios y reptiles: Los herpetólogos registraron 107 especies (59 anfibios y 48 reptiles) estiman la existencia de cerca de 150 especies (90 anfibios y 60 reptiles) en el área. Reportamos 19 nuevos registros para el área de la Reserva de Producción Faunística Cuyabeno. Encontramos la rana *Allobates insperatus*, un nuevo registro para Perú conocida previamente sólo en Ecuador y la rana *Pristimantis delius*, un nuevo registro para Ecuador, conocida previamente sólo en Perú. También registramos la segunda localidad de *Osteocephalus fuscifacies* para la Amazonía peruana. Encontramos además una probable nueva especie de sapo Bufonidae del género *Rhinella* en los dos campamentos peruanos adyacentes a Ecuador. Las poblaciones de especies de reptiles amenazadas y explotadas comercialmente están bien representadas en las áreas estudiadas, destacando el caimán negro (*Melanosuchus niger*), el caimán blanco (*Caiman crocodilus*), las tortugas taricaya o charapa (*Podocnemis unifilis*), el motelo (*Chelonoidis denticulata*) y la boa arborícola (*Corallus hortulanus*), todas ellas dentro de apéndices CITES y categorías UICN.

Aves: Los ornitólogos registraron 437 especies de aves durante el inventario y estimamos 550 especies para la región. La comunidad de aves incluye una rica avifauna de bosque y una diversidad impresionante de aves acuáticas en el río Lagartococha, especialmente garzas, martines pescadores y el Ave Sol Americano. Documentamos extensiones de rango notables hacia el norte para 10 especies; además de 2 aves acuáticas raras, Gallareta Azulada (*Porphyrio flavirostris*) y Polluela Garganticeniza (en Ecuador) o Gallineta de Garganta Ceniza (en Perú) (*Porzana albicollis*); 1 especie migratoria inesperada (Reinita Collareja, *Wilsonia canadensis*); y 9 especies endémicas del noroeste de la Amazonía. No encontramos el Batará de Cocha (*Thamnophilus praecox*), especie endémica del noreste de Ecuador. Registramos especies migratorias de América del Norte: en pequeño número las aves migratorias de bosque, en número moderado las golondrinas y playeros, y en números más abundantes el Tirano Norteño (*Tyrannus tyrannus*). Las aves de caza fueron notablemente abundantes y las poblaciones de loros, en las que se incluyen los guacamayos, fueron considerables.

Mamíferos: Los mastozoólogos registraron una alta diversidad de mamíferos medianos y grandes (46 especies), con 11 carnívoros, 10 primates, 7 roedores, 7 edentados, 5 ungulados, 3 marsupiales, 2 cetáceos y 1 sirenio. Estimamos que se encuentran 56 especies en toda el área. Las abundancias de mamíferos varían dentro de la zona, respondiendo a los niveles de productividad primaria y a la intervención humana. Sin embargo, existen poblaciones saludables de especies amenazadas en otros lugares de la Amazonía, incluyendo abundantes monos choros o chorongos (*Lagothrix lagothricha*) en el río Güeppí en Ecuador, sajinos (*Pecari tajacu*) y huanganas (*Tayassu pecari*) en la cuenca del Putumayo en Perú, y sachavacas o dantas (*Tapirus terrestris*) en toda el área. También resaltamos la presencia de lobos de río o nutrias (*Pteronura brasiliensis*), especie categorizada En Peligro (INRENA, UICN), En Peligro Crítico (Lista Roja de mamíferos de Ecuador) y en Vía de Extinción (CITES). Observamos varias especies poco conocidas, incluyendo el cotoncillo o leoncillo (*Cebuella pygmaea*) y el perro de monte (*Atelocynus microtis*).

Resultados sociales principales	El equipo social visitó 13 comunidades peruanas—4 en el río Napo y 9 en el río Putumayo—de los pueblos étnicos Secoya, Kichwa, Huitoto y mestizo. Datos previos de los proyectos ENIEX (Ibis 2003–2006) y PIMA (APECO-ECO 2006) nos dieron el contexto global del área. Ambas cuencas reflejan una complejidad social producto de la larga historia de cambios oscilantes de aumento y disminución (o "boom" y "bust"),

Resultados sociales
principales
(continuación)

generada por las economía de extracción desde hace más de cien años. Sin embargo, existen tradiciones culturales de manejo y protección ambiental bien establecidas, y fortalezas sociales e institucionales, que harán posible una mejor gestión para la conservación y manejo de la Zona Reservada Güeppí. La mayoría de la población desarrolla actividades de subsistencia, con extracción de bajo impacto de los recursos naturales y pocos vínculos con los mercados. No obstante, la diversidad cultural y biológica está amenazada por la introducción de nuevos patrones de la extracción de recursos (p. ej., madera, peces e hidrocarburos) que pone en peligro la capacidad de las comunidades de seguir protegiendo sus modos de vida y sus bases de subsistencia.

Amenazas principales

01   Baja o inexistente apreciación a varios niveles del gran valor de recursos naturales y culturales intactos

02   Vulnerabilidad de las zonas fronterizas

03   Explotación del petróleo, especialmente en la Z.R. Güeppí, Perú

04   Depredación de recursos naturales

05   Falta de recursos para la gestión del área

Principales fortalezas para la conservación

01   Extensas expansiones de bosques altamente diversos, en buen estado de conservación y de poca accesibilidad

02   Recursos hídricos marcadamente diversos e intactos (desde ríos grandes hasta lagunas de aguas negras)

03   Creación independiente por tres países—Colombia, Ecuador y Perú—de áreas de conservación adyacentes: Parque Nacional Natural La Paya, Reserva de Producción Faunística Cuyabeno y Zona Reservada Güeppí

04   Formulación en 2006 de un acuerdo por parte de los tres países para el "corredor de gestión", como una megareserva, de las tres áreas protegidas

05   Modelos efectivos en el área de co-administración entre pueblos locales y el Estado

06   Organizaciones indígenas con líderes fuertes y reconocidos por sus bases

07   Valoración local del medioambiente como fuente de necesidades básicas y una economía de subsistencia—complementada por reciprocidad y fuertes enlaces comunales—en todas las comunidades visitadas

Antecedentes y estado actual

En la confluencia de los ríos Putumayo y Güeppí se encuentra la frontera trinacional de Ecuador, Perú y Colombia. Aunque cada país ha creado un área protegida, éstas varían en su categoría de protección y en su estado actual.

En Ecuador, la Reserva de Producción Faunística Cuyabeno (603,380 ha) fue creada en 1979. Cinco etnias (Kichwa, Siona, Secoya, Shuar y Cofan) viven en el área protegida.

En Perú, la Zona Reservada Güeppí (625,971 ha) fue creada en 1997. La propuesta consensuada para la categorización del área—Parque Nacional Güeppí, Reserva Comunal Airo Pai, Reserva Comunal Huimeki—sigue esperando aprobación del Estado. Huitoto, Kichwa, Secoya y mestizos viven en la propuesta zona de amortiguamiento.

En Colombia, el Parque Nacional Natural La Paya (422,000 ha) fue creado en 1984. Existen varios asentamientos en la zona de amortiguamiento, entre ellos campesinos, Siona, Muinane, Huitoto (*Murui*) e Ingano (Apéndice 13).

Desde el año 2006 se viene desarrollando un acuerdo entre Ecuador, Perú y Colombia para conformar un "corredor de gestión" de 1.7 millones de hectáreas bajo manejo integral en las tres áreas protegidas.

Principales recomendaciones para la protección y el manejo	01 Asegurar la protección definitiva y efectiva de la Reserva de Producción Faunística Cuyabeno y la Zona Reservada Güeppí.

01 Asegurar la protección definitiva y efectiva de la Reserva de Producción Faunística Cuyabeno y la Zona Reservada Güeppí.

- Aprobación inmediata de la categorización de la Zona Reservada Güeppí en el Perú (para el Parque Nacional Güeppí y Reservas Comunales Airo Pai y Huimeki)

- Exclusión del lote petrolero 117 Petrobras de la Zona Reservada Güeppí en el Perú, y cualquier otra concesión petrolera que se sobreponga sobre el área de conservación (Fig. 10C), por ser una zona de cabeceras, por ser un área altamente vulnerable a la erosión, por ir en contra de los deseos locales y por destruir la oportunidad de entrar al mercado de carbono (deforestación evitada)

02 Ajustar los límites de la R.P.F. Cuyabeno y la Z.R. Güeppí (Fig. 11A).

03 Manejar las áreas de conservación colindantes como un corredor de gestión (Fig. 11A), involucrando a los tres países y a todas las comunidades tanto de colonos como de comunidades indígenas, dentro y alrededor de las áreas, e integrando el manejo de las categorías de conservación dentro de cada país.

- Participación integrada de los moradores locales en la elaboración del Plan Maestro/Plan de Manejo

- Elaboración e implementación de un ordenamiento territorial y zonificación en la Zona de Amortiguamiento alrededor de todo el corredor de gestión

04 Contar con las fortalezas locales para el manejo efectivo del corredor de gestión.

- Fortalecimiento de la co-administración del área por parte de las comunidades y federaciones locales y el gobierno central, para prevenir la depredación del bosque y el uso sin manejo o la explotación comercial de los recursos naturales en el área

ECUADOR

Los bosques localizados en la remota región de la frontera trinacional de Colombia, Ecuador y Perú figuran entre los más diversos de la tierra.

Nuestros descubrimientos sobrepasaron nuestras expectativas y aunque estos resultados aún necesitan ser analizados detalladamente, nos dan una idea sobre la impresionante biodiversidad del área: 1 género de planta y 13 especies (11 plantas, 2 peces) son nuevos para la ciencia. Adicionalmente, 4 géneros de plantas y 22 especies de plantas y peces nunca habían sido registradas para Ecuador. En la página siguiente, presentamos el resumen de los resultados para nuestros sitios de muestreo en Ecuador.

La riqueza cultural y biológica de esta región amerita el mayor grado de protección. Una gestión coordinada de este "corredor de gestión" por parte de los tres países, los cuales ya han iniciado conversaciones sobre el caso, será crítica para asegurar esfuerzos exitosos de conservación a largo plazo para cada área de conservación y para el complejo en general.

Específicamente para Ecuador, enfatizamos la oportunidad de conservar toda la cuenca del río Güeppí considerando una nueva delimitación del área de la concesión

petrolera de CITY (Bloque 27; Figs. 10C, 11A). Adicionalmente Ecuador tiene la gran ventaja de contar con el exitoso manejo participativo y compromiso de comunidades indígenas que viven dentro de la Reserva de Producción Faunística Cuyabeno, con quienes desde 1995 se han logrado firmar convemios de cooperación.

Aunque se estableció en 1979, la Reserva de Producción Faunística Cuyabeno (la cual incluye dos de nuestros sitios en el inventario biológico) todavía no posee los recursos adecuados para un manejo apropiado. Los valores biológicos de Cuyabeno merecen un mayor énfasis, interés y apoyo internacional, posiblemente en el mercado del carbono. Una coordinación fortalecida y formalizada entre los tres países fronterizos, junto con un rol formalizado y reforzado en el manejo por los Cofan y otros grupos indígenas, podría dar la estructura necesaria para atraer el entusiasmo y apoyo de los inversionistas de bosques y paisajes aún intactos. Esta región ofrece la oportunidad para proteger una diversidad única, no sólo para Ecuador sino para el mundo entero.

PLANTAS

Nuevos para la ciencia

- **1 género** de la familia Violaceae
- **11 especies** de
  Clidemia (Melastomataceae),
  Xylopia (Annonaceae),
  Catasetum (Orchidaceae),
  Plinia (Myrtaceae),
  Eugenia (Myrtaceae),
  Mouriri (Memecylaceae),
  Alibertia? (Rubiaceae),
  Paullinia (Sapindaceae),
  Vitex (Verbenaceae),
  Guarea (Meliaceae) y
  Ouratea (Ochnaceae)

Nuevos para Ecuador

- **4 géneros:**
  Chaunochiton (Olacaceae),
  Thyrsodium (Anacardiaceae),
  Condylocarpon (Apocynaceae)
  y Neoptychocarpus
  (Flacourtiaceae)
- **5 especies:**
  Vantanea parviflora
  (Humiriaceae),
  Conceveiba terminalis
  (Euphorbiaceae),
  Dicranostyles densa
  (Convolvulaceae),
  Dicranostyles holostyla
  (Convolvulaceae) y
  Ouratea (Ochnaceae)

De interés especial

- **Intersección de dos comunidades
  florísticas altamente diversas:**
  especies típicas de suelos ricos
  de Yasuní, Ecuador y especies
  típicas de suelos pobres de
  Loreto, Perú

PECES

Nuevas para la ciencia

- **2 especies** de Characidium y
  Tyttocharax

Nuevas para Ecuador

- **17 especies,** incluyendo
  Moenkhausia intermedia,
  Serrasalmus spilopleura,
  Tyttocharax cochui, Gymnotus
  javari y Ochmacanthus reinhardtii

De interés especial

- **Poblaciones saludables de paiche**
  (Arapaima gigas)

ANFIBIOS Y REPTILES

Nueva para Ecuador

- **1 especie:** Pristimantis delius
  (rana reportada solamente en las
  cuencas del Tigre y Corrientes,
  Perú)

De interés especial

- **19 registros nuevos para la
  R.P.F. Cuyabeno**
- **Poblaciones saludables de
  reptiles bajo presión de cacería,**
  incluyendo caimán negro
  (Melanosuchus niger), caimán
  blanco (Caiman crocodilus),
  tortuga charapa (Podocnemis
  unifilis), motelo (Chelonoidis
  denticulata) y boa arborícola
  (Corallus hortulanus)

AVES

De interés especial

- **Poblaciones saludables de
  aves sujetas a presión de cacería,
  en el sitio Güeppicillo manejado
  por los Cofan,** incluyendo
  Pavón de Salvin (Mitu salvini),

Aves (continuación)

pavas (Penelope y Pipile) y
Trompetero Aligris (Psophia
crepitans)

- **Presencia de 7 especies
  endémicas del noroeste
  Amazónico:**
  Mitu salvini, Galbula tombacea,
  Myrmotherula sunensis,
  Herpsilochmus dugandi,
  Gymnopithys lunulatus,
  Grallaria dignissima y
  Heterocercus aurantiivertex
- **Numerosos individuos de garzas,**
  especialmente Agami y Cochlearius
- **Avistamiento del Águila Harpía**
  (Harpia harpyja)
- **Avistamiento de la Garza Zigzag**
  (Zebrilus undulatus)

MAMÍFEROS

De interés especial

- **Presencia de la críticamente
  amenazada nutria gigante**
  (Pteronura brasiliensis)
- **Presencia de manatíes**
  (Trichechus inunguis), críticamente
  amenazados en Ecuador
- **Poblaciones saludables del mono
  chorongo** (Lagothrix lagothricha)
  y dantas (Tapirus terrestris) en
  Güeppicillo, el sitio manejado por
  los Cofan
- **Presencia del mono leoncillo**
  (Cebuella pygmaea), una especie
  común pero difícil de observar

PERÚ

En base a nuestros inventarios anteriores sospechamos que encontraríamos una diversidad biológica y cultural extraordinaria durante esta expedición.

Debido a que la región ha sido muy poco explorada—está en los límites más remotos del Perú, Ecuador y Colombia—esperábamos encontrar especies nuevas para la ciencia y para cada país. Nuestros resultados preliminares excedieron las expectativas: 1 género de planta (encontrado también en Ecuador) y 8 especies (4 plantas, 3 peces y 1 anfibio) nuevos para la ciencia. Adicionalmente, 2 géneros de plantas y 11 especies de plantas y peces son nuevas para el Perú. En la página siguiente, presentamos el resumen de estos resultados para el Perú.

Un manejo integrado de estas tres áreas protegidas adyacentes, en forma de un "corredor de gestión" coordinada por los tres países fronterizos, está siendo actualmente discutido por estos tres países. Estos esfuerzos son necesarios para asegurar la protección a largo plazo de las riquezas culturales y biológicas de la región, y para asegurar el financiamiento para el manejo de este complejo de conservación. Este corredor de gestión, de la cual gran parte yace en el Perú, promete la protección a largo plazo de

la abundante y única diversidad cultural y biológica.

Específicamente para el Perú, enfatizamos la necesidad urgente de aprobar la recomendación de categorizar la Zona Reservada Güeppí (creada en 1997) en tres áreas protegidas colindantes: Parque Nacional Güeppí, Reserva Comunal Airo Pai y Reserva Comunal Huimeki (Figs. 2A, 25). Sin esta categorización, el área en su totalidad estará peligrosamente vulnerable a la degradación y fragmentación.

Otro factor específico para Perú es la superposición de una concesión petrolera (Lote 117) con toda la Zona Reservada Güeppí (Fig. 10C). Las cabeceras de esta región son extremadamente sensibles a la erosión y podrían ser dañadas por actividades de exploración petrolera y la construcción de un sistema de trochas que facilite el acceso al área.

El Perú tiene numerosas ventajas que benefician este área, incluyendo el esfuerzo de las comunidades locales Secoya, las cuales se han organizado para proporcionar una adecuada protección al área (especialmente a la Reserva Comunal Airo Pai). Similarmente, los Huitoto, los Kichwa y las comunidades mestizas locales están organizándose para proteger los recursos naturales de la Reserva comunal Huimeki.

PLANTAS

Nuevos para la ciencia

- **1 género** de la familia Violaceae
- **4 especies** de
  Banara (Flacourtiaceae),
  Mollinedia (Monimiaceae),
  Vitex (Verbenaceae) y
  Columnea (Gesneriaceae)

Nuevos para Perú

- **2 géneros:**
  Ammandra (Arecaceae)
  y *Clathrotropis* (Fabaceae)
- **5 especies** de
  Amasonia (Verbenaceae),
  Calathea (Marantaceae),
  Guarea (Meliaceae),
  Dichorisandra (Commelinaceae)
  y *Ouratea* (Ochnaceae)

De interés especial

- **Intersección de dos comunidades florísticas altamente diversas:** especies típicas de suelos ricos de Yasuní, Ecuador y especies típicas de suelos pobres de Loreto, Perú

PECES

Nuevas para la ciencia

- **3 especies** de *Hypostomus,* *Tyttocharax* y *Characidium*

Nuevas para Perú

- **6 especies,** incluyendo
  Leporinus cf. *aripuanaensis,*
  Bryconops melanurus,
  Hemigrammus cf. *analis,*
  Corydoras aff. *melanistius* y
  Rivulus cf. *limoncochae*

De interés especial

- **Poblaciones aparentemente saludables de paiche** (*Arapaima gigas*), arahuana (*Osteoglossum bicirrhosum*), tucunaré (*Cichla monoculus*) y acarahuazú (*Astronotus ocellatus*)

ANFIBIOS Y REPTILES

Nueva para la ciencia

- **1 especie** de *Rhinella* (Bufonidae)

Nueva para Perú

- *Allobates insperatus* (rana conocida solamente en la región de Santa Cecilia, Ecuador)

De interés especial

- **Segunda localidad para la rana arborícola** *Osteocephalus fuscifacies*
- **Poblaciones saludables de reptiles bajo presión de cacería,** incluyendo caimán negro (*Melanosuchus niger*), caimán blanco (*Caiman crocodilus*), tortuga charapa (*Podocnemis unifilis*), motelo (*Chelonoidis denticulata*) y boa arborícola (*Corallus hortulanus*)

AVES

De interés especial

- **Poblaciones saludables de aves sujetas a presión de cacería,** en especial Paujil de Salvin (*Mitu salvini*), pavas (*Penelope* y *Pipile*) y Trompetero de Ala Gris (*Psophia crepitans*)
- **Presencia de 5 especies endémicas del noroeste Amazónico:** *Mitu salvini,* *Phaethornis atrimentalis,* *Herpsilochmus dugandi,* *Schistocichla schistacea* y *Grallaria dignissima*
- **Extensión de rango de Gallineta de Garganta Ceniza** (*Porzana albicollis*)
- **Ave migratoria rara, Reinita de Canadá** (*Wilsonia canadensis*)

MAMÍFEROS

De interés especial

- **Presencia del críticamente amenazado lobo del río** (*Pteronura brasiliensis*)
- **Poblaciones saludables de huangana** (*Tayassu pecari*), especialmente en aguajales de *Mauritia*
- **Presencia de perro de monte** (*Atelocynus microtis*), una especie raramente observada

¿Por qué Cuyabeno-Güeppí?

La Reserva de Producción Faunística Cuyabeno y la Zona Reservada Güeppí son espectacularmente diversas: su riqueza de especies en varios grupos biológicos—plantas, peces, anfibios y reptiles, aves y mamíferos—está entre las más altas del planeta. El bosque y los complejos de humedales se extienden sobre una enorme área, con acceso limitado por parte de los humanos. Esto ha confinado la mayor parte de la explotación comercial a las áreas periféricas accesibles por ríos y quebradas navegables, dejando intactas grandes áreas clave que funcionan como fuentes para poblaciones de especies de caza y refugios seguros para la miríada de otras especies nativas, conocidas y desconocidas, que viven aquí.

Las poblaciones indígenas—Cofan, Secoya, Kichwa, Huitoto y otras—tienen una historia profunda en la región. Siglos de turbulencia y adaptación a presiones externas, como la época del auge del caucho de fines del siglo XIX y principios del siglo XX, han forzado grandes cambios en su estructura social, política y económica. Sin embargo, estas comunidades indígenas todavía dependen de estos bosques, humedales y ríos para su sostenimiento, y de otros beneficios que les ofrecen una alta calidad de vida. Su interés por retener sus culturas, sus modelos cultivados localmente para el sabio uso de los recursos, así como su fuerte apego hacia los bosques intactos y agua limpia los reafirma como esenciales aliados de la conservación.

Dos factores justifican una acción inmediata. El gobierno del Perú está considerando actualmente la designación de un nuevo parque nacional (Parque Nacional Güeppí), así como de dos nuevas reservas comunales (Reserva Comunal Airo Pai y R. C. Huimeki). Este inventario apunta a mover este proceso hacia delante. Mientras tanto, una enorme demanda petrolera (Lote 117 de Petrobras) se superpone con la totalidad de la Zona Reservada Güeppí (Fig. 10C). El lote representa una severa amenaza tanto para la vida silvestre como para las comunidades humanas en el área. Los hallazgos de este inventario rápido ayudarán a los residentes locales en su lucha para conservar el área. Pero las amenazas van más allá del petróleo. También existe tala ilegal, caza y pesca sin manejo, presión del avance de la frontera agrícola y vulnerabilidad de la zona fronteriza. Nuestros resultados resaltan el extraordinario valor biológico y cultural de la región, y la importancia de apoyar los planes, ya bastante desarrollados por Perú, Ecuador y Colombia, para manejar las tres áreas de conservación colindantes como un "corredor de gestión" integrada por 1.7 millones de hectáreas.

FIG. 1 Aun luego de un siglo de turbulencia por los altibajos del mercado, los Secoya en el Perú han mantenido sus tradiciones culturales./Despite a century of turbulence from boom-and-bust markets, the Secoya in Peru have maintained their cultural traditions.

FIG. 2A Nuestro inventario rápido cubrió dos áreas protegidas adyacentes. El inventario biológico estudió cinco sitios (dos en la Reserva de Producción Faunística Cuyabeno, en Ecuador, y tres en la Zona Reservada Güeppí, en Perú). El inventario social visitó 13 comunidades en Perú, donde la Z.R. Güeppí espera la categorización de tres unidades de conservación: Parque Nacional (P.N.) Güeppí, Reserva Comunal (R.C.) Airo Pai y R.C. Huimeki./ Our rapid inventory covered two adjacent protected areas. The biological inventory surveyed five sites (two in the Reserva de Producción Faunística Cuyabeno, in Ecuador, and three in the Zona Reservada Güeppí, in Peru). The social inventory visited 13 communities in Peru, where the Z.R. Güeppí awaits categorization into three conservation units: Parque Nacional (P.N.) Güeppí, Reserva Comunal (R.C.) Airo Pai, and R.C. Huimeki.

FIG. 2B Tres áreas protegidas (1.7 millones de hectáreas) se juntan a lo largo de las fronteras de Ecuador, Perú y Colombia./ Three protected areas (1.7 million hectares) meet along the borders of Ecuador, Peru, and Colombia.

FIG. 2C La imagen de satélite revela un paisaje dominado por pantanos y bosques de colinas, con un enorme complejo lacustre de aguas negras en la frontera entre Ecuador y Perú. Los recuadros indican nuestros cinco sitios de inventario biológico y sus sistemas de trochas./ The satellite image reveals a landscape dominated by palm swamps and hill forests, with an enormous blackwater-lake complex along the Ecuador-Peru border. Inset maps show our five inventory sites and their trail systems.

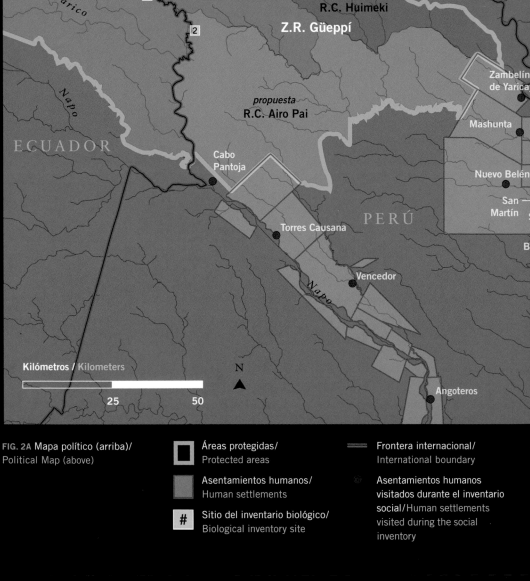

2A

FIG. 2A Mapa político (arriba)/ Political Map (above)

Áreas protegidas/ Protected areas

Asentamientos humanos/ Human settlements

\# Sitio del inventario biológico/ Biological inventory site

Frontera internacional/ International boundary

Asentamientos humanos visitados durante el inventario social/ Human settlements visited during the social inventory

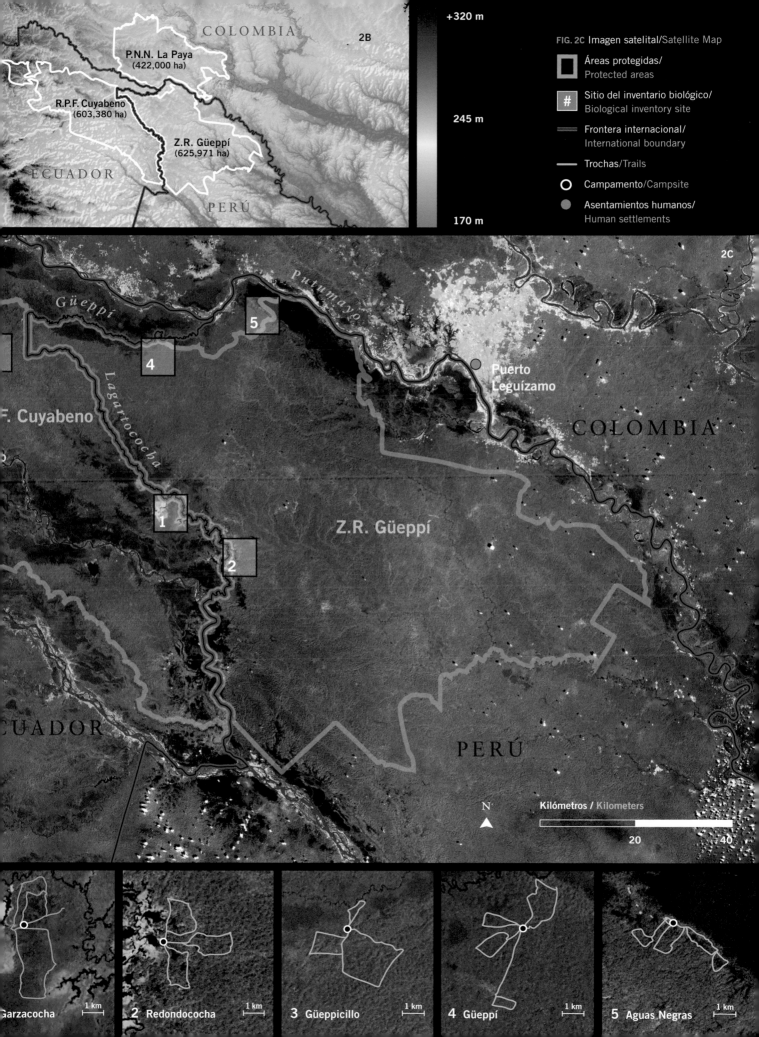

COLOMBIA

P.N.N. La Paya
(422,000 ha)

2B

R.P.F. Cuyabeno
(603,380 ha)

Z.R. Güeppí
(625,971 ha)

ECUADOR

PERÚ

+320 m

245 m

170 m

2C

Güeppí

Putumayo

5

4

Lagartococha

F. Cuyabeno

Puerto
Leguízamo

COLOMBIA

1

Z.R. Güeppí

2

ECUADOR

PERÚ

N

Kilómetros / Kilometers

20   40

1 Garzacocha   1 km

2 Redondococha   1 km

3 Güeppicillo   1 km

4 Güeppí   1 km

5 Aguas Negras   1 km

3A

3B

3C

FIG. 3A Los suelos arcillosos dominan la región, oscilando desde suelos de altura de color óxido-naranja, hasta suelos grisáceos saturados de agua. Sorprendentemente para una región de aguas negras, la arena y la grava son muy poco comunes./
Clay soils dominate the region, ranging from oxidized, orangish, upland soils to waterlogged grayish soils. Surprisingly for a blackwater region, sand and gravel are exceedingly rare.

FIGS. 3B–C Los niveles de agua fluctúan enormemente en la región: el agua en los lagos y ríos bajaba y subía casi 1 m por día en cada uno de nuestros sitios de inventario./
Water levels fluctuate wildly in the region: lake and river levels rose or fell almost 1 m per day at each of our inventory sites.

FIG. 3D El extenso complejo lacustre de aguas negras dominado por arcillas compartido por Ecuador y Perú representa uno de sólo un puñado existente en toda la cuenca amazónica./The extensive clay-dominated blackwater-lake complex shared by Ecuador and Peru is one of only a handful in the Amazon basin.

FIG. 3E Los enormes moretales (aguajales) de palmeras *Mauritia* ocurren cerca de los ríos de aguas blancas y son recursos alimenticios estacionales críticos para las aves y los mamíferos grandes./Huge swamps dominated by *Mauritia* palms occur along whitewater rivers and are critical seasonal food resources for birds and large mammals.

FIG. 3F Importantes hábitats de transición son creados cuando los ríos de aguas negras, muy diferentes en cuanto a flora y vegetación, se encuentran con los grandes ríos de aguas blancas./Important transitional habitats are created when blackwater rivers, markedly different in flora and vegetation, meet large whitewater rivers.

4A

4B

4C

FIG. 4 La mayor parte de la diversidad florística se concentra en las colinas altas y terrazas (4A), con una extraordinaria riqueza de especies de árboles de dosel en algunos sitios. Registramos 1,400 especies de plantas y estimamos que 3,000–4,000 ocurren en el área. Nuestros hallazgos abarcan especies que conocemos bien de otras partes de la Amazonía (p. ej., 4J) y algunas que nunca antes habíamos visto en las tierras bajas (p. ej., 4I). Nuestro descubrimiento más notable fue un árbol en la familia Violacea que probablemente sea un nuevo género para la ciencia (4C). También, registramos 14 especies que parecen ser nuevas para la ciencia (4H, 4K), cuatro nuevos géneros para Ecuador (4F, 4G), dos nuevos géneros para Perú (4D, 4E) y numerosas especies jamás registradas previamente, en Ecuador (4B) o en Perú (4L)./

Most of the floristic diversity is concentrated in the high hills and terraces (4A), with extraordinary species richness of canopy trees at some sites. We recorded 1,400 species of plants and estimate that 3,000–4,000 occur in the area. Our findings span species we know well from other parts of Amazonia (e.g., 4J) and ones we had never seen before in the lowlands (e.g., 4I). Our most remarkable discovery was a tree, likely a genus new to science, in the family Violaceae (4C). We also recorded 14 species that appear to be new to science (4H, 4K), four genera new for Ecuador (4F, 4G), two genera new for Peru (4D, 4E), and numerous species never before recorded in Ecuador (4B) or Peru (4L).

4A Terraza alta con árboles muertos en pie de *Tachigali setifera* (Fabaceae), después de una fructificación reciente./High terrace with standing dead individuals of *Tachigali setifera* (Fabaceae), following a recent fruiting event.

4B *Amasonia* (Verbenaceae)

4C Violaceae

4D *Ammandra dasyneura* (Arecaceae)

4E *Clathrotropis macrocarpa* (Fabaceae)

4F *Chaunochiton kappleri* (Olacaceae)

4G *Condylocarpon* (Apocynaceae)

4H *Mollinedia* (Monimiaceae)

4I *Panopsis rubescens* (Proteaceae)

4J *Parkia multijuga* (Fabaceae)

4K *Clidemia* (Melastomataceae)

4L *Calathea gandersii* (Marantaceae)

5A

5B

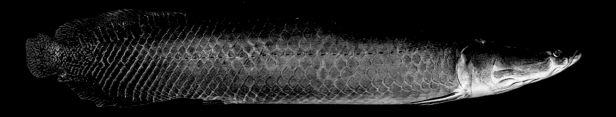

5C

FIG. 5 Registramos 184 especies de peces y estimamos que existen unas 260–300 especies para toda la región, una de las de mayor diversidad de especies del Perú y Ecuador. Nuestro trabajo (5H) reveló especies nunca antes registradas en cada país: 17 en Ecuador y 6 en Perú. Documentamos especies potencialmente nuevas para la ciencia (5A), especies de consumo importantes (5B, 5C, 5D) y especies de valor ornamental (5E, 5F, 5G)./We registered 184 species of fishes and estimate 260–300 species in the region, among the highest species diversity in Peru and Ecuador.

Our fieldwork (5H) revealed species never before recorded in each country: 17 in Ecuador and 6 in Peru. We documented species potentially new to science (5A), species of commercial importance (5B, 5C, 5D), and species of ornamental value (5E, 5F, 5G).

5A *Hypostomus* sp.

5B *Arapaima gigas*

5C *Rhaphiodon vulpinus*

5D *Cichla monoculus*

5E *Apistogramma* aff. *cacatuoides*

5F *Ancistrus* sp.

5G *Corydoras elegans*

5D

5E

5F

5G

5H

FIG. 6 Registramos 48 especies de reptiles durante el inventario, incluyendo una lagartija ápoda (anfisbénido) (6B), gecos (6C), una serpiente coral acuática (6I) y boas (6H, 6J). La diversidad de ranas fue similarmente alta: registramos 59 especies durante el inventario. Éstas incluyen primeros registros para Ecuador (6D) y Perú (6F), el segundo registro para la Amazonía peruana (6E) y una especie posiblemente nueva para la ciencia (6G). Ejemplares adultos y juveniles de caimán negro (6A), una especie amenazada y comercialmente importante, abundaban a lo largo del río Lagartococha./We registered 48 species of reptiles during the inventory, including a legless lizard (6B), geckos (6C), an aquatic coral snake (6I), and boas (6H, 6J). Frog diversity was similarly high: we recorded 59 species during the inventory. These include first records for Ecuador (6D) and Peru (6F), the second record for Amazonian Peru (6E), and a species probably new to science (6G). Adults and juveniles of black caiman (6A), a commercially important and threatened species, were abundant along the Lagartococha River.

6A *Melanosuchus niger*

6B *Amphisbaena alba*

6C *Hemidactylus mabouia*

6D *Pristimantis delius*

6E *Osteocephalus fuscifacies*

6F *Allobates insperatus*

6G *Rhinella* sp.

6H *Corallus hortulanus*

6I *Micrurus surinamensis*

6J *Epicrates cenchria*

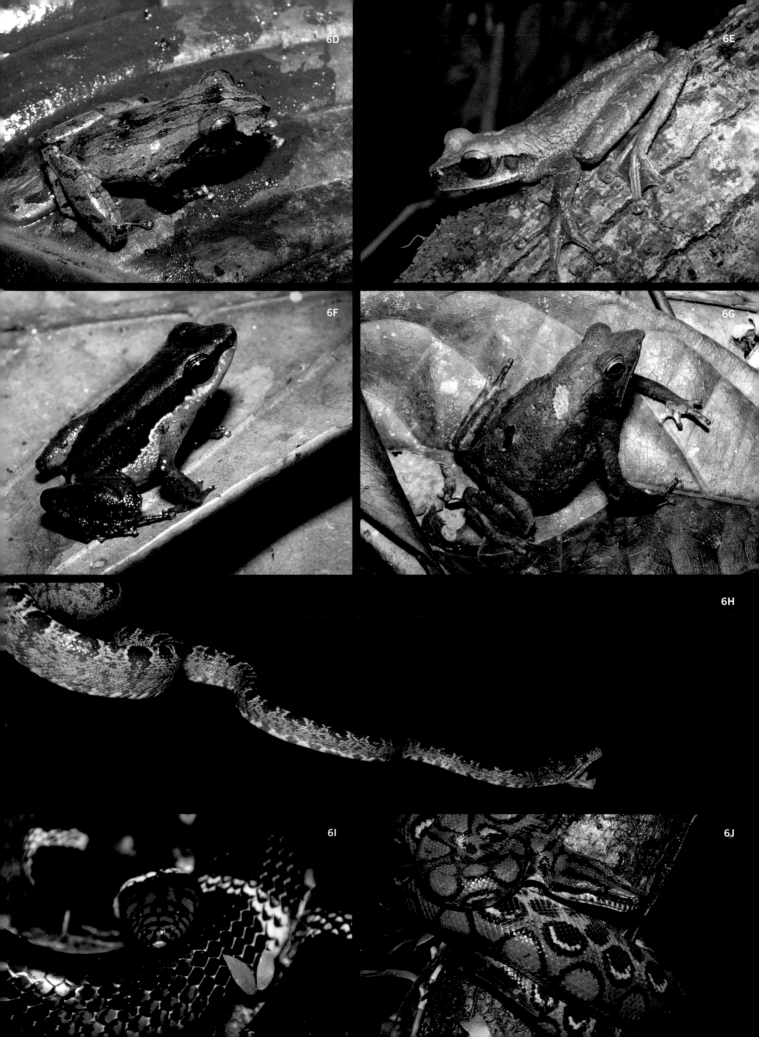

7B

7D

7C

FIG. 7 Registramos 437 especies y estimamos 550 especies para la región. Observamos cantidades impresionantes de Ave Sol Americana/Yacupatito, Martín Pescador Grande y Martín Pescador Amazónico (7A) a lo largo de las orillas del complejo lacustre del río Lagartococha. Por lo general, la Garza Agamí/Garza de Pecho Castaño (7B) y la Garza Cucharón (7C) son poco comunes, sin embargo observamos más individuos durante el inventario que los que habíamos visto en toda nuestra vida. Observamos un Nictibio Común/Ayaymama (7D) en su nido en Güeppicillo. Encontramos cantidades moderadas de aves migratorias boreales, incluyendo la inesperada Reinita Collareja/Reinita de Canadá (7G), nunca antes registrada tan lejos de la base de los Andes. Nuestro registro de extensión de rango más notable fue la Polluela Garganticeniza/Gallineta de Garganta Ceniza (7F), previamente conocida en Perú sólo de dos pequeñas áreas hacia el sur. El Pavón/Paujil de Salvin (7E), otrora abundante, ha desaparecido de áreas cercanas a centros poblados humanos./We registered 437 species and estimate 550 species of birds in the region. The numbers of Sungrebes, Ringed Kingfishers, and Amazon Kingfishers (7A) were impressive along shorelines of the Lagartococha river-lake complex. Typically Agami Herons (7B) and Boat-billed Herons (7C) are uncommon, but we observed more individuals during the inventory than we had previously seen in our lives. We observed Common Potoo (7D) on a nest at Güeppicillo. We found moderate numbers of boreal migrants, including the unexpected Canada Warbler (7G), not previously recorded this far from the base of the Andes. Our most notable range extension was Ash-throated Crake (7F), previously known in Peru only from two small areas to the south. Salvin's Curassow (7E), once abundant, has disappeared in areas close to many human population centers.

7A *Chloroceryle amazona*

7B *Agamia agami*

7C *Cochlearius cochlearius*

7D *Nyctibius griseus*

7E *Mitu salvini*

7F *Porzana albicollis*

7G *Wilsonia canadensis*

7E

7F

7G

8A

FIG. 8 El chichico/pichico de manto negro (8A) fue una de las 46 especies de mamíferos medianos y grandes que registramos durante el inventario. Estimamos que existen 56 especies en la región. Las áreas protegidas albergan poblaciones saludables de especies de mamíferos, amenazadas en otras partes de la cuenca amazónica, incluyendo sajinos (8B), nutrias gigantes de río (8C) y chorongos/mono choro (8D). Registramos nueve especies de murciélagos y estimamos que 70 especies ocurren en la R.P.F. Cuyabeno y la Z.R. Güeppí./Black-mantled tamarin (8A) was one of the 46 species of medium and large mammals that we recorded in the inventory. We estimate that 56 species occur in the region. The protected areas harbor healthy populations of mammal species threatened in other parts of the Amazon basin, including collared peccary (8B), giant river otter (8C), and woolly monkey (8D). We recorded nine species of bats at two sites and estimate 70 species occur in the R.P.F. Cuyabeno and Z.R. Güeppí.

8A *Saguinus nigricollis*

8B *Pecari tajacu*

8C *Pteronura brasiliensis*

8D *Lagothrix lagothricha*

8E *Mimon crenulatum*

8B

8C

FIG. 9 El conocimiento, prácticas y tradiciones de los residentes de la región son críticos para el éxito de las iniciativas de conservación./ The knowledge, practices, and traditions of the region's residents are critical to the success of conservation initiatives.

FIG. 9A Las mujeres juegan un papel importante y activo durante los talleres públicos y reuniones comunales./ Women play an important and active role in public workshops and communal meetings.

FIG. 9B La mayoría de los pobladores de la región participan en actividades de subsistencia, y tienen escasos vínculos con los mercados./Most people in the region are involved with subsistence-level activities, with few links to markets.

FIG. 9C El conocimiento es transmitido a través de las generaciones./Knowledge is passed down through the generations.

FIGS. 9D–E Los residentes indígenas protegen y patrullan activamente sus territorios (Secoya en la comunidad de Vencedor, río Santa María, 9D; puesto de control Cofan en el río Güeppí, 9E)./ Indigenous residents protect and actively patrol their lands (Secoya at the community of Vencedor, Santa María River, 9D; Cofan guard station on the Güeppí River, 9E).

FIG. 9F Los bosques intactos y agua limpia son críticos para la calidad de vida de los residentes Secoya, Cofan, Kichwa, Huitoto y mestizos./Intact forests and clean water are critical to the quality of life of Secoya, Cofan, Kichwa, Huitoto, and mestizo residents.

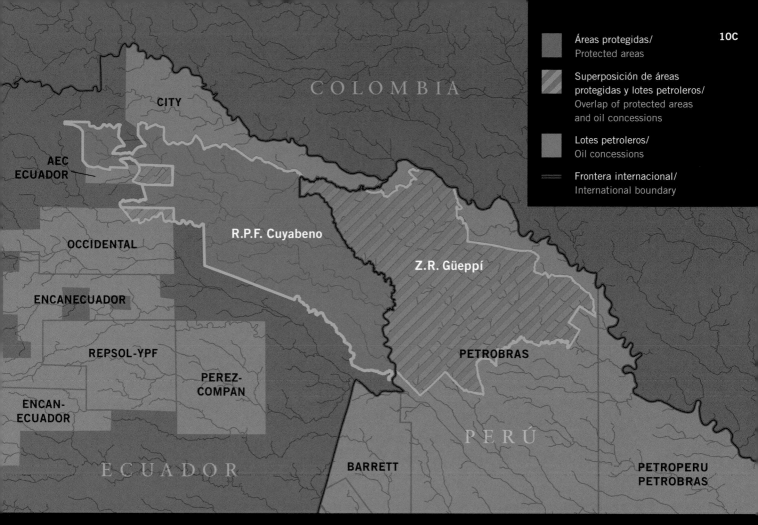

COLOMBIA

CITY

AEC
ECUADOR

OCCIDENTAL

R.P.F. Cuyabeno

Z.R. Güeppí

ENCANECUADOR

REPSOL-YPF

PEREZ-
COMPAN

ENCAN-
ECUADOR

PETROBRAS

ECUADOR

BARRETT

PERÚ

PETROPERU
PETROBRAS

Áreas protegidas/
Protected areas

Superposición de áreas
protegidas y lotes petroleros/
Overlap of protected areas
and oil concessions

Lotes petroleros/
Oil concessions

Frontera internacional/
International boundary

La dificultad de acceso ha protegido los extensos bosques y diversos recursos de agua en el corazón de la R.P.F. Cuyabeno y la Z.R. Güeppí. No obstante, las amenazas abundan en las periferias (10A, B), y las crecientes actividades de desarrollo ponen en peligro las áreas interiores (10C). La falta de apreciación por flora y fauna conlleva a la sobreexplotación y el desperdicio (10B, D)./Difficulty of access has protected the extensive forests and diverse water resources in the heart of the R.P.F. Cuyabeno and

Z.R. Güeppí. But threats abound on the peripheries (10A, B), and new developments endanger the interiors (10C). Lack of appreciation for flora and fauna leads to overexploitation and waste (10B, D).

FIG. 10A Los suelos arcillosos infértiles son pobres para la agricultura. Esta área en el río Lagartococha fue quemada hace 15–16 años y apenas ha empezado a recuperarse./The infertile clay soils are poor for agriculture. This area along the Lagartococha

River, burned 15–16 years ago, has barely begun to recover.

FIG. 10B Evidencia de actividad maderera ilegal (una *Cedrela odorata* tableada) en el propuesto P.N. Güeppí en Perú, cerca de Colombia./ Evidence of illegal logging (a *Cedrela odorata* cut for planks) in the proposed P.N. Güeppí in Peru, near Colombia.

FIG. 10C Un lote petrolero recientemente asignado a Petrobras se superpone totalmente con la Z.R. Güeppí en Perú; otras concesiones

se superponen parcialmente con la R.P.F. Cuyabeno en Ecuador./ A recent oil concession to Petrobras totally overlaps the Z.R. Güeppí in Peru; other concessions partially overlap R.P.F. Cuyabeno, in Ecuador.

FIG. 10D Un jaguar, sacrificado por su piel y garras delanteras cerca a una base militar, yace como crudo símbolo de desperdicio./A jaguar, killed for its skin and front paws near a military base, lies as a stark symbol of waste.

FIG. 11 Existe una enorme oportunidad para un manejo integrado de un espectacular "corredor de gestión" por Perú, Ecuador y Colombia./There is a tremendous opportunity for integrated management of a spectacular "conservation corridor" by Peru, Ecuador, and Colombia.

■ Colinas/Hill forests >215 m

■ Llanuras/Lowland forests <215 m

── Cuenca del río Güeppí/ Watershed of the Güeppí River

══ Frontera internacional/ International boundary

▰ Corredor de gestión propuesto/ Proposed conservation corridor

⬚ Límites de las extensiones propuestas/Boundaries of proposed extensions

FIG. 11A Recomendamos tres extensiones al corredor de gestión: (a) incorporar toda la cuenca del río Güeppí, (b) integrar territorios actualmente bajo control del ejército peruano para mejorar la conectividad y (c) incluir las colinas y terrazas altas—hábitats que albergan la más alta diversidad florística—hacia el sureste./We suggest three extensions to the conservation corridor: (a) incorporate the entire Güeppí watershed, (b) integrate lands currently managed by the Peruvian military to improve connectivity, and (c) include the high hills and terraces—habitats that hold the highest floristic diversity— to the southeast.

FIG. 11B Con entrenamiento, el personal militar podría convertirse en un poderoso núcleo de guardaparques rotativos, protegiendo los ricos bosques del corredor de gestión./With training, military personnel could become a powerful cadre of rotating park guards, protecting the conservation corridor's diverse forests.

FIG. 11C Una co-administración efectiva dependerá de las habilidades de los gobiernos regionales y nacionales, y los residentes locales, de mantenerse unidos en su profundo compromiso de conservación y manejo./Successful co-management will depend on the abilities of regional and national governments, and local residents, to stand united in their deep commitment to conservation and management.

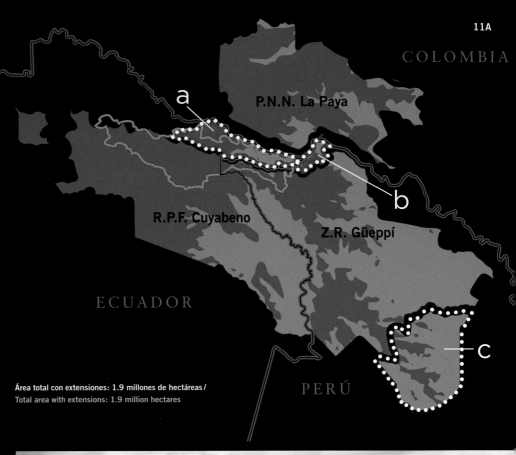

11A

COLOMBIA

P.N.N. La Paya

a

b

R.P.F. Cuyabeno

Z.R. Güeppí

ECUADOR

c

PERÚ

Área total con extensiones: 1.9 millones de hectáreas / Total area with extensions: 1.9 million hectares

11B

11C

Conservación en Cuyabeno-Güeppí

OBJETOS DE CONSERVACIÓN

Los siguientes ecosistemas, comunidades biológicas, tipos de bosque y especies son los más críticos para la conservación en la Reserva de Producción Faunística (R.P.F.) Cuyabeno y la Zona Reservada (Z.R.) Güeppí. Algunos de los objetos de conservación son importantes por ser únicos para la región; por ser raros, amenazados o vulnerables en otras partes de la Amazonía; por ser clave para las comunidades humanas o por cumplir importantes roles en la función del ecosistema; o por ser críticos para un manejo efectivo a largo plazo.

Geología, hidrología y suelos	▪ Un gran complejo de lagunas y quebradas de aguas negras, uno de los pocos en la Amazonía basado en arcillas ▪ Aguajales extensos, que proveen recursos aliménticos críticos para un gran porcentaje de la fauna ▪ Zonas donde se mezclan aguas blancas y aguas negras ▪ Cabeceras de los ríos Lagartococha, Peneya y Güeppí, que albergan especies de peces que dependen del bosque amazónico y que aseguran la integridad de la cuenca
Flora y vegetación	▪ Grandes extensiones de bosques intactos y heterogéneos creciendo en colinas, bajiales y planicies del río ▪ Colinas altas con alta heterogeneidad de bosques, cada colina albergando una flora diferente ▪ El cruce de dos floras extraordinariamente diversas (una de suelos ricos de Yasuní, y otra de suelos pobres de Loreto) ▪ Hasta 14 especies potencialmente nuevas para la ciencia ▪ Poblaciones escasas pero viables de especies maderables valiosas (p. ej., *Cedrela odorata* y *Cedrelinga cateniformis*)

Objetos de Conservación (continuación)

Peces		• Poblaciones de paiche (*Arapaima gigas*), el pez más grande de la Amazonía y amenazado en gran parte de su rango
		• Poblaciones de arahuana (*Osteoglossum bicirrhosum*), muy explotada como especie ornamental
		• Poblaciones de tucunaré (*Cichla monoculus*) y acarahuazú (*Astronotus ocellatus*), especies de valor comercial de consumo y ornamental
		• Especies pequeñas de los géneros *Hyphessobrycon*, *Carnegiella*, *Corydoras*, *Apistogramma* y *Mesonauta*, altamente explotadas en la pesquería ornamental
		• Lagunas y bosques inundables (ecosistemas acuáticos lénticos de aguas negras) que son áreas de reproducción y alimentación de especies como el tucunaré y el acarahuazú
		• Cabeceras de los ríos Lagartococha, Peneya y Güeppí que albergan especies de peces que dependen del bosque amazónico
Anfibios y reptiles		• Especies restringidas a la porción norte de la cuenca alta amazónica (*Osteocephalus fuscifacies*, *O. planiceps*, *O. yasuni*, *Nyctimantis rugiceps*, *Ameerega bilinguis*, *Allobates insperatus*, *Cochranella ametarsia*)
		• Especies amenazadas de consumo tradicional y comercial (*Leptodactylus pentadactylus*, *Hypsiboas boans*, *Caiman crocodilus*, *Chelonoidis denticulata*, *Chelus fimbriatus*, *Corallus hortulanus*, *Podocnemis unifilis*, *Melanosuchus niger*)
		• Especies con datos insuficientes sobre su estado de conservación (*Pristimantis delius*, *Cochranella ametarsia*, *Osteocephalus fuscifascies*)

	Aves	▪ Poblaciones sostenibles de aves de caza (Cracidae, especialmente Pavón/Paujil de Salvin [*Mitu salvini*], trompeteros y perdices)
		▪ Poblaciones de loros, incluyendo guacamayos grandes y amazonas/auroras (*Amazona* spp.)
		▪ Nueve especies endémicas del noroeste de la Amazonía
		▪ Poblaciones grandes de garzas y otras aves acuáticas a lo largo del río Lagartococha, y en especial en Garzacocha
		▪ Poblaciones de gavilanes grandes y águilas, incluyendo Águila Harpía (*Harpia harpyja*)
	Mamíferos	▪ Poblaciones abundantes de especies de mamíferos en el interfluvio entre los ríos Napo y Putumayo amenazadas en otros lugares de la Amazonía
		▪ Poblaciones en recuperación de lobo de río (*Pteronura brasiliensis*), un depredador tope listado En Peligro (INRENA, UICN), en Vía de Extinción (CITES) y En Peligro Crítico (Lista Roja de mamíferos del Ecuador)
		▪ Presencia de manatí (*Trichechus inunguis*) —listado En Peligro Crítico (Lista Roja de mamíferos del Ecuador)— delfín amazónico o bufeo colorado (*Inia geoffrensis*) y delfín gris (*Sotalia fluviatilis*) —listados En Peligro (Lista Roja de mamíferos del Ecuador)
		▪ Poblaciones sustanciales de primates sensibles a la cacería sin manejo e importantes dispersores de semillas, como el mono choro o chorongo (*Lagothrix lagothricha*) —listado como Vulnerable (INRENA y Lista Roja de mamíferos del Ecuador), y el mono coto o aullador (*Alouatta seniculus*) —listado como Casi Amenazado (INRENA)
		▪ Depredadores tope, p. ej., otorongo o jaguar (*Panthera onca*) y puma (*Puma concolor*), reguladores clave de poblaciones de presa

Objetos de Conservación (continuación)

	Mamíferos (continuación)	▪ La sachavaca o danta (*Tapirus terrestris*), importante dispersor de semillas, listado como Vulnerable (CITES, INRENA, UICN) y Casi Amenazado (Lista Roja de mamíferos del Ecuador) ▪ Especies poco conocidas, como el perro de monte (*Atelocynus microtis*) y el mono leoncito o leoncillo (*Cebuella pygmaea*)
	Comunidades Humanas	▪ Trochas, quebradas y varaderos de interconexión comunal que facilitan el mecanismo de control de ingreso de extranjeros ▪ Lugares sagrados indicados en los mapas de uso de recursos ▪ Mantenimiento de idiomas nativos, como medio de transmisión de sabiduría local ▪ Técnicas tradicionales de manejo, como chacras diversificadas, rotación de purmas, vedas de caza y pesca, y normas de autocontrol a través de mitos y relatos orales

AMENAZAS

01 **Débil o inexistente apreciación a todo nivel del gran valor de recursos naturales y culturales intactos**

- Baja valoración a todo nivel—desde la autovaloración hasta los niveles más altos del estado—de la rica diversidad biológica y cultural en áreas de conservación (en gran parte por la falta, todavía, de un valor monetario concreto para esta diversidad)

- Políticas conflictivas en cuanto a la protección y el uso de recursos

- Falta de aprobación de la categorización final de la Zona Reservada Güeppí (Perú)

02 **Vulnerabilidad de las zonas fronterizas**

- Falta de coordinación y colaboración actual entre los tres países en cada ámbito (local y regional hasta el nacional e internacional)

- Falta del aprovechamiento de la infraestructura de la frontera (puestos militares) para apoyar la conservación

- Falta de control eficiente en una zona fronteriza que permite la entrada de personas depredadoras del bosque

03 **Explotación del petróleo** (ver mapa en Fig. 10C)

- Lote Petrolero 117 (de Petrobras) que cubre toda la Zona Reservada Güeppí en Perú

- El lote petrolero en Ecuador (Bloque 27, de CITY) que cubre gran parte de la cuenca del río Güeppí

- Otras posibles concesiones petroleras en la Reserva de Producción Faunística Cuyabeno, en Ecuador

- Actividades petroleras alrededor del corredor de gestión y la polución resultante

04 **Depredación de recursos naturales**

- Caza y pesca sin manejo, y depredación por parte de los puestos militares

- Extracción de madera sin manejo, para uso comercial

- Agricultura sin manejo en un área arcillosa con baja capacidad de recuperación

- Deforestación en cabeceras fuera de la R.P.F. Cuyabeno y la Z.R. Güeppí

Amenazas (continuación)

05 **Presiones por poblaciones humanas**

- Proceso de colonización y avance de la frontera agrícola

- Crecimiento y sedentarismo de poblaciones locales

- Falta de seguridad en la tenencia de tierras

06 **Presiones financieras**

- Falta de recursos para la gestión de la R.P.F. Cuyabeno y la Z.R. Güeppí

- Presión constante para fomentar la participación de las poblaciones locales en la economía del mercado, amenazando así los recursos naturales

FORTALEZAS PARA LA CONSERVACIÓN

01 **La diversidad y salud de los recursos naturales en el área**

- Extensas áreas de bosques altamente diversos, en buen estado de conservación y de poca accesibilidad (lo que tiende a reducir las amenazas)

- Recursos hídricos notablemente diversos e intactos (desde ríos grandes hasta lagunas de aguas negras)

02 **Notables fortalezas sociales en las comunidades locales**

- Organizaciones indígenas con líderes fuertes y reconocidos por sus bases (p. ej., FEINCE, FSC, OISPE, ORKIWAN y FIKAPIR)

- Economía de subsistencia—complementada por reciprocidad y fuertes enlaces comunales—en todas las comunidades visitadas

- Conservación del idioma, cosmovisión y sabiduría local en las comunidades indígenas

- Territorio titulado de manera contigua, lo cual permite un control eficiente de recursos naturales para los Secoya y los Kichwa del Napo

- Participación fuerte de las mujeres en la vida pública (p. ej., asambleas, reuniones y talleres)

- Iniciativas locales para el manejo de recursos naturales y la titulación de áreas

- Instituciones externas colaborando con las comunidades

03 **Indicios de valoración de las riquezas naturales**

- Creación independiente por parte de los tres países—Colombia, Ecuador y Perú—de áreas de conservación adyacentes: Parque Nacional Natural La Paya, Reserva de Producción Faunística Cuyabeno y Zona Reservada Güeppí

- Formulación en 2006, de un acuerdo entre Colombia, Ecuador y Perú para un corredor de gestión de las Tres Áreas Protegidas

- Valoración por parte de las comunidades locales del medioambiente como fuente de subsistencia

- Sitios de alta diversidad biológica y cultural destinados para actividades turísticas-científicas

Fortalezas para la Conservación (continuación)

04 **Conectividades biológicas, socioculturales y económicas en los tres países**

- Presencia de pueblos indígenas transfronterizos (p. ej., Secoya, Kichwa, Huitoto, Siona)

05 **Modelos efectivos de co-administración entre pueblos locales y el Estado**

- En Ecuador, la experiencia exitosa de los Cofan en Cuyabeno

- En Perú, Secoya, Kichwa, Huitoto y mestizos organizándose en las reservas comunales propuestas para la Z.R. Güeppí

Más adelante proponemos recomendaciones para lograr una conservación efectiva y a largo plazo de la R.P.F. Cuyabeno y la Z.R. Güeppí.

Protección y manejo	01 **Asegurar la protección definitiva y efectiva del área de conservación.**

- Aprobación inmediata de la categorización de la Zona Reservada Güeppí en el Perú

- Exclusión del Lote Petrolero 117 (de Petrobras), y cualquier otra concesión petrolera que sobreponga el área de conservación, por incluir una zona de cabecera, por ser un área altamente vulnerable a la erosión, por ir en contra de los deseos locales y la ley de áreas naturales protegidas, por ir en contra de la visión de territorio a nivel regional, y por destruir la oportunidad de entrar al mercado de carbono (deforestación evitada)

- Demanda de la mitigación de daños sociales y ambientales por parte de las petroleras (derrames, polución, etc.) y de la inclusión de personas independientes en el monitoreo de impactos y de su mitigación, dentro de un proceso transparente

- Implementación inmediata del uso adecuado de recursos naturales en el área, de acuerdo con las leyes pertinentes, para frenar la sobrecaza y pesca en partes de la región

- Identificación de las cabeceras que quedan fuera del área de conservación internacional, e implementación de estrategias que protejan estas cabeceras de erosión y polución

02 **Ajustar los límites del área de conservación y generar conexiones con el área protegida colombiana Parque Nacional Natural La Paya (Fig. 11A, Apéndice 13).**

- En Ecuador, la exclusión del extremo oriental del Bloque Petrolero 27 de CITY (Fig. 10C) para proteger toda la cuenca del río Gueppi (57,051 ha)

- En Perú, la inclusión del área militar dentro del corredor de gestión para facilitar un uso y manejo integrado de toda el área (14,549 ha)

- En Perú, extensión del área al sureste para incluir los bosques de colinas altas, muy rico y diverso en especies de plantas (141,877 ha)

03 **Coordinar el manejo del corredor de gestión entre los tres países fronterizos: Perú, Ecuador y Colombia.**

- Gestión integral del área de conservación total como un corredor de gestión, involucrando a los tres países y las comunidades indígenas y ribereñas locales, e integrando el manejo de las categorías diferentes de conservación dentro de cada país

- Participación integrada de los moradores locales en la elaboración del Plan Maestro/Plan de Manejo

Protección y Manejo
(continuación)

- Elaboración e implementación de un plan de ordenamiento territorial y zonificación en la Zona de Amortiguamiento de toda el área de conservación en los tres países

- Apoyo a la titulación y regularización de tierras para estabilizar la Zona de Amortiguamiento y bajar la presión sobre el corredor de gestión

- Elaboración participativa—involucrando a los tres países y las comunidades indígenas y mestizas locales—de una visión compartida para la conservación del corredor de gestión, y asignaciones claras de las responsabilidades de cada entidad para realizar esta visión

- Implementación de campañas dinámicas de comunicación para resaltar y socializar los valores biológicos y culturales del corredor de gestión

04 Contar con las fortalezas locales para la protección efectiva del área.
- Fortalecimiento de la co-administración del corredor de gestión—por parte de las comunidades y federaciones locales y los gobiernos centrales—para prevenir la depredación del bosque y el uso sin manejo o la explotación comercial de los recursos naturales en el corredor de gestión

- Bajo esta co-administración, elaboración de un sistema de control enfocándose inicialmente en las áreas críticas (más vulnerables)

- Establecimiento de pequeños asentamientos indígenas estratégicos en áreas críticas, para asegurar una presencia continua y prevenir la depredación del bosque o el avance de la frontera agrícola (p. ej., el asentamiento Cofan en el río Güeppicillo en Ecuador) (Sin embargo, hay que evitar sitios de altísima fragilidad.)

05 Incorporar las fuerzas militares fronterizas en la protección del área.
- Elaboración de convenios para utilizar la infraestructura fronteriza de las fuerzas armadas para la protección del corredor de gestión

- Capacitación de las fuerzas armadas en temas pertinentes de conservación (incluyendo monitoreo específico, p. ej., calidad de agua). Desarrollo de cursos para los diversos rangos de las fuerzas armadas, aprovechando de los cursos exitosos ya existentes para guardaparques y adaptándolos para éste fin

06 Asegurar los recursos económicos necesarios para la gestión eficiente del corredor de gestión.
- Establecimiento de una gestión coordinada, transparente y eficiente para el área, para poder entrar al mercado de carbono para deforestación evitada (El financiamiento cubriría los costos de manejo tanto para la conservación como para asegurar la calidad de vida de las comunidades locales, dentro y alrededor del área de conservación.)

Inventarios adicionales	01 **Inventariar la vegetación de hábitats importantes que no muestreamos durante el inventario rapido:**
	■ Terrazas arenosas de *Tachigali* al sur del río Putumayo y al norte del Aguarico
	■ Las colinas más altas, diseccionadas al norte de la confluencia de los ríos Aguarico y Napo
	■ Las Lagunas de Cuyabeno, un área que posiblemente se superponga en términos de florística con el complejo de Lagartococha
	02 **Inventariar los peces en las siguientes áreas:**
	■ Las cuencas media y baja del río Peneya
	■ El río Putumayo, porque un buen sector de este importante río atraviesa el corredor de gestión (y en éste deben ocurrir especies de importancia pesquera, como los grandes bagres migratorios)
	03 **Inventariar la herpetofauna en otras épocas del año,** que sin duda incrementarían considerablemente la lista de anfibios y reptiles de esta zona.
	04 **Hacer inventarios adicionales de aves en la región, especialmente en otras épocas del año.** Estudios en otros lagos a lo largo del Lagartococha y el Güeppí serían de mucha utilidad.
Investigación	01 **Estudiar los procesos de formación de suelos en los relieves dominantes.**
	02 **Investigar la naturaleza y distribución de la fertilidad del suelo.**
	03 **Estudiar la relación entre fertilidad del suelo y diversidad de plantas en el área.**
	04 **Investigar la posible formación del complejo lacustre de Lagartococha por un levantamiento geológico.**
	05 **Estudiar la relevancia de pulsos hidrológicos en el sistema acuático,** p. ej., el efecto en las poblaciones de peces de la mineralización de nutrientes en los periodos de creciente y vaciante.
	06 **Estudiar poblaciones de peces comercialmente importantes, incluyendo aquellas vitales para consumo local y mercados regionales,** p. ej., paiche, tucunaré, arahuana y especies ornamentales.
	07 **Documentar los patrones de uso del hábitat, estacionalidad y distribución de las numerosas garzas** en Garzacocha y en toda el área de Lagartococha.

08 **Hacer estudios del Batará de Cocha (*Thamnophilus praecox*)** para determinar su presencia, sus requerimientos de hábitat, tamaño de población y distribución.

09 **Realizar estudios de fauna cinegética utilizada por los destacamentos militares de la zona,** con la finalidad de realizar planes de manejo con las comunidades indígenas sobre fauna amenazada.

Monitoreo y/o vigilancia 01 **Establecer programas de monitoreo para caimanes y tortugas** (aprovechando el ejemplo del Proyecto Charapa manejado desde hace más de diez años, con gran éxito, por la comunidad Cofan).

02 **Monitorear poblaciones de especies de aves cazadas,** especialmente paujiles, pavas y trompeteros.

03 **Monitorear la deforestación en el corredor de gesión y la zona de amortiguamiento.**

Informe Técnico

PANORAMA REGIONAL Y SITIOS DE INVENTARIO

Autores: Corine Vriesendorp, Robin Foster y Thomas Saunders

La frontera trinacional de Ecuador, Perú y Colombia yace en la confluencia de los ríos Putumayo y Güeppí. Los tres países reconocen el gran valor de conservación de esta región enormemente diversa, y cada uno ha establecido un área protegida a lo largo de la frontera. El Parque Nacional Natural (P.N.N.) La Paya, un área de 422,000 ha constituida en 1984, se encuentra en Colombia, al norte del río Putumayo (Apéndice 13). La Reserva de Producción Faunística (R.P.F.) Cuyabeno del Ecuador, reserva de vida silvestre de 603,380 ha establecida en 1979, yace al sur del río Güeppí y al oeste del río Lagartocococha. Estas áreas protegidas de Colombia y Ecuador colindan con la Zona Reservada (Z.R.) Güeppí del Perú, un área de 625,971 ha establecida en 1997.

En octubre de 2006, una serie de reuniones y talleres de dos años de duración culminó en la proyección de un acuerdo por parte de los ministerios y entidades medioambientales y de recursos naturales de los tres países para manejar el área como un corredor de conservación al cual están llamando "corredor de gestión". El acuerdo, que aún no ha sido firmado, representa una gran oportunidad de manejar una unidad integrada. Las tres áreas que juntas suman 1.7 millones de hectáreas formarían un "corredor de gestión", apelativo que está siendo empleado por los tres países en alusión a las mencionadas áreas.

En octubre de 2007, llevamos a cabo dos inventarios rápidos simultáneos, uno biológico y el otro social, para proveer soporte técnico adicional para el manejo coordinado de las áreas entre los tres países. Nuestro inventario biológico abarcó dos de los tres países, Ecuador y Perú. No llevamos a cabo trabajo de campo en Colombia debido a reportes de constante peligro asociado a las actividades de guerrilla. Sin embargo, uno de nuestros sitios, Aguas Negras, está ubicado a 10 km de la frontera colombiana y aparentemente es similar, por lo menos en las imágenes de satélite, a hábitats dentro del P.N.N. La Paya.

Los inventarios sociales se realizaron únicamente en el Perú, así que complementamos la información recopilada con datos facilitados por nuestros colaboradores Cofan en Ecuador, actores clave en los esfuerzos de manejo dentro de la R.P.F. Cuyabeno. Debajo describimos los cinco sitios visitados por el equipo biológico, así como las 13 comunidades visitadas por el equipo social.

SITIOS VISITADOS POR EL EQUIPO BIOLÓGICO

Antes de realizar nuestro trabajo de campo, examinamos las imágenes de satélite para poder seleccionar los sitios que pudiesen representar muestreos del más amplio rango de hábitats dentro de las áreas protegidas de Güeppí y Cuyabeno, así como los hábitats singulares. En Perú, también utilizamos observaciones y videos que hicimos en el área en mayo de 2003. Consideramos el activo proceso de categorización dentro de la Zona Reservada Güeppí: La propuesta actual del Instituto Nacional de Recursos Naturales (INRENA, en Perú) percibe tres áreas protegidas—un parque nacional y dos reservas comunales—por lo que muestreamos tres sitios en Perú, uno dentro de cada una de las mencionadas áreas propuestas.

Viajamos principalmente en bote, aunque en Ecuador caminamos 22 km desde el río Aguarico hasta el río Güeppicillo (Fig. 2C). Durante las dos semanas previas al inventario, los equipos de avanzada establecieron pequeños campamentos y un sistema de trochas de 15–25 km de largo en cada sitio del inventario.

La geología general de la región refleja procesos de formación de montañas en los Andes, depósitos a gran escala de rocas erosionadas y arenas, y varios levantamientos de tierra locales. Con el paso del tiempo mucho del material depositado se ha erosionado, mezclado y redepositado en arroyos y lagos. A gran escala, existen algunas diferencias obvias entre Perú y Ecuador. En Perú, la Z.R. Güeppí se eleva a lo largo de sus límites norte y oeste, creando una pendiente para las cabeceras de los ríos que fluyen hacia el sur y hacia el este del área, p. ej., el río Angusilla. Las colinas dominan la Z.R. Güeppí, y en general, dentro de las áreas que muestreamos, la variabilidad topográfica fue mayor en el lado peruano con relación al ecuatoriano. En Ecuador, la R.P.F. Cuyabeno yace en terrenos más bajos, aunque existe un gran elevamiento en el interfluvio situado entre las cuencas del Aguarico y el Güeppí que corre apenas al

Fig. 12. Cuencas regionales. Las cuencas de los ríos Putumayo, Napo y Curaray cruzan las fronteras internacionales.

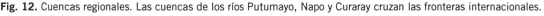
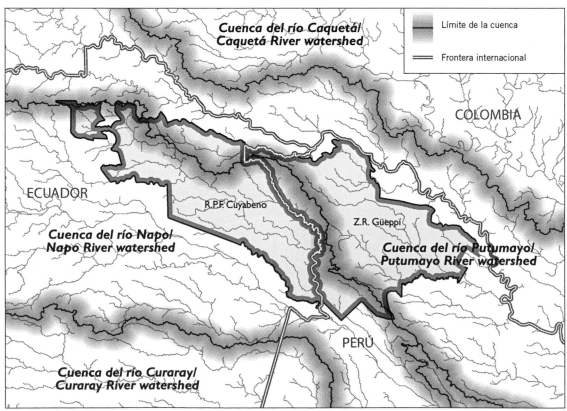

sudeste, el cual está siendo activamente erosionado por quebradas que desembocan en el río Lagartococha.

Nuestros cinco sitios están situados a por lo menos 10 km de un río grande o de una quebrada. Aunque los sitios se encuentran cerca de grandes vías fluviales, cuatro de ellos rodeaban divisorias de cabeceras debido a los filos en la Z.R. Güeppí. Los sitios abarcan dos grandes drenajes, con dos sitios en la cuenca del Lagartococha, y tres en la del Güeppí-Putumayo. Debajo explicamos una visión general de cada cuenca, y luego describimos brevemente los sitios. La geología, hidrología, suelos y vegetación de cada sitio se describen más detalladamente en el reporte técnico.

Cuenca del río Lagartococha
(sitios Garzacocha y Redondococha)

Desde el espacio se ve claramente como destaca el extenso complejo lacustre ubicado a lo largo del río Lagartococha (Fig. 2C). Áreas con concentraciones de lagos de aguas negras son poco comunes en la Amazonía, y sospechamos que sólo un puñado de lugares (p. ej., Playas de Cuyabeno, alto río Zábalo y bajo río Yasuní, en Ecuador; lago Rimachi en Perú) tienen orígenes similares. Según nuestra hipótesis de trabajo, el actual complejo de lagos fue alguna vez un solo lago enorme. Un enorme levantamiento cerca de la frontera de Perú y Ecuador probablemente sirvió de represa, creando un tremendo estancamiento de agua. Eventualmente el agua rompió la barrera y depositó material aguas abajo, produciendo una serie de lagos de menor tamaño (Fig. 16, p. 71). Estos lagos son pequeños e independientes cuando los niveles de agua están bajos, pero eventualmente se desbordan y se interconectan entre sí durante periodos de creciente (Fig. 3D). Todos los lagos fluyen al río Lagartococha, el cual conforma la frontera entre Perú y Ecuador, y el que eventualmente se une al Aguarico, que a su vez desemboca en el Napo.

Dentro de la cuenca del Lagartococha, establecimos un sitio de inventario a cada lado del río, uno en las áreas bajas en Ecuador, y el otro al borde de las colinas más altas en Perú.

Garzacocha, Ecuador (5–9 octubre 2007; 00º28'53.8" S, 75º20'39.1" W, 190–212 m)

Éste fue el primero de los dos sitios dentro del complejo de lagos de aguas negras. Acampamos al extremo sureste de Garzacocha, uno de los lagos del lado ecuatoriano del río Lagartococha, dentro de la R.P.F. Cuyabeno.

Durante tres días muestreamos 23 km de trochas a través de bosques que limitaban hacia el norte y hacia el este con el río Lagartococha, hacia el oeste con el propio lago Garzacocha, y hacia el sur con Piuricocha, otro lago de aguas negras. El bosque era una mezcla de aguajales, bajiales barrosos en montículos y colinas bajas que probablemente nunca se inundan. El colchón de hojas era extraordinariamente profundo en los bajiales, y menos profundo en las colinas. La arcilla gruesa subyacía todos los hábitats, lo cual fue una gran sorpresa para la mayoría de nosotros que esperábamos que este complejo de lagos de aguas negras fuese similar a otras áreas de aguas negras de la cuenca amazónica, las cuales son dominadas por suelos arenosos. Además, un denso y esponjoso colchón de raíces cubre las arcillas de las colinas, de forma similar a los colchones de raíces que típicamente se encuentran sobre suelos arenosos.

Cuando el equipo de avanzada estableció el campamento diez días antes de nuestra llegada, el nivel del agua se encontraba ~1.5 m más alto que durante el inventario en sí. El sustancial retroceso de las aguas exponía el suelo barroso cada día más.

Garzacocha tiene un fondo barroso y relativamente plano. Las cálidas aguas negras alcanzaban temperaturas de 31°C al mediodía y 28°C por la mañana. El lago era poco profundo, aproximadamente un metro en su lugar más hondo, y medía cerca de 150 m en su parte más ancha.

En contraste, el río Lagartococha medía aproximadamente 15 m de ancho, y fluye por un lecho profundo en un canal encajonado, alcanzando un profundidad de alrededor de 10 m. El curso del río en sí es dinámico, con cambios diarios en los niveles de agua, los que causan que las islas de vegetación flotante se unan cerrando así áreas que tan sólo días atrás eran pasajes navegables. Durante nuestro viaje en bote aguas abajo por el Aguarico y aguas arriba por el Lagartococha hacia nuestro primer sitio de inventario, pasamos una hora jalando las canoas a través de un tramo de 50 m de matas de gramalote flotante que habían aparecido desde la salida del equipo de avanzada dos días atrás.

En el borde oeste de la parte norte del lago, un área enorme de varios kilómetros cuadrados había sido quemada. El área no se percibe de manera obvia en la imagen de satélite, ya que es difícil distinguir las tierras quemadas de las áreas estacionalmente inundadas cerca del borde del lago, el cual a su vez presenta vegetación escasa. R. Borman reportó que el área fue quemada por los Kichwa hace unos 15 a 16 años. La vegetación apenas ha empezado a rebrotar, prueba de la extrema infertilidad de los suelos (Fig. 10A).

El ejército ecuatoriano opera un puesto de vigilancia a la entrada de Garzacocha, mientras que el ejército peruano está situado al final de la cocha Aguas Negras a unos 2 km aguas arriba por el río Lagartococha. Ambos puestos están ubicados sobre las colinas más altas en un territorio que es, en contraste, bajo. El poblado más cercano es Puerto Estrella (también conocido como Mañoko Daripë), donde residentes Secoya se han asentado desde hace 2–3 años, luego de haber emigrado hacia el río Lagartococha desde la comunidad de Nuevo Belén ubicada en el río Yubineto, cuenca del Putumayo, en Perú. Puerto Estrella está a 14 km aguas abajo de nuestro campamento, en el lado peruano de la frontera. En Ecuador, los poblados más cercanos son los de los Kichwa en Zancudo, en el río Aguarico a unos 20 km aguas arriba de su confluencia con el Lagartococha.

Existen algunas trochas de cacería establecidas desde el puesto ecuatoriano, las que probablemente son utilizadas esporádicamente por otras personas que viajan por el Lagartococha. Los mamíferos reaccionaron sobremanera con la presencia humana, especialmente los monos grandes que se espantaban ante nuestro paso.

Redondococha, Perú (9–14 octubre 2007;
00°34'16.7" S, 75°13'09.2" W, 192–235 m)
Este fue nuestro segundo campamento dentro del complejo lacustre de aguas negras a lo largo del río Lagartococha. El campamento estaba ubicado 16 km al sur del primero al lado del borde sureste de Redondococha, un lago de aguas negras en el lado peruano de la frontera, el cual es esencialmente una amplia expansión del río. Este sitio está dentro de la propuesta Reserva Comunal Airo Pai, la cual es parte de la Z.R. Güeppí.

Exploramos 19.5 km de trochas en hábitats marcadamente diferentes a nuestro primer campamento. Aunque nuestras trochas cruzaban por algunos aguajales y unas cuantas áreas bajas a lo largo del borde del lago, las cuales eran similares a las áreas estacionalmente inundadas alrededor de Garzacocha, el abrumador tipo de hábitat era una serie de colinas más altas, de onduladas a empinadas, que cualquiera de las colinas de Garzacocha. Las arcillas, con más materia orgánica que las del primer campamento, subyacían el bosque. Una flora extraordinariamente rica crece en estas colinas, casi sin superposición alguna con la flora de las escasas colinas presentes en Garzacocha. Como percibimos en la imagen de satélite, las colinas dominan el lado peruano del río Lagartococha, y se extienden hacia el norte y hacia el este por casi toda la Z.R. Güeppí.

La cabecera de la quebrada que alimenta esta parte del río Lagatococha aparentemente yace tan sólo 3 km hacia el este de la orilla del lago, y es visible en la imagen de satélite. Al otro lado de esta divisoria, la escorrentía se mueve hacia el río Angusilla y otros afluentes del Putumayo.

El nivel del agua en Redondococha se elevó de manera impresionante, alrededor de metro y medio en sólo dos días. Aunque casi no llovió durante esos días, el nivel del agua en el río Aguarico, ubicado 10 km aguas abajo, aumentó significativamente, lo que esencialmente represó el flujo del Lagartococha, que es un río de movimiento lento, incrementando tanto el nivel del río como el del lago aguas arriba. Cuando dejamos el campamento al final de nuestra estadía, las aguas cerca a la boca del Lagartococha habían cambiado (por lo menos a 2 km de su confluencia con el Aguarico) de negras o color té, a aguas de apariencia similar a las de las aguas encenegadas características de los ríos de agua blanca.

Los mamíferos abundaban y los monos, en vez de asustarse, se comportaban de manera curiosa ante la presencia humana. Encontramos unas cuantas trochas antiguas de cacería cerca de una gran collpa en el aguajal, así como un campamento de caza recientemente abandonado en la orilla del lago, con restos de tapir y un caimán negro. Cerca de ahí, encontramos un parche de *Theobroma cacao*, prueba de previa presencia humana. Había también otra trocha que salía desde una pequeña quebrada hacia un cedro (*Cedrela odorata*) cortado; casi toda la madera del árbol, el cual asumimos había sido utilizado para hacer una canoa, fue abandonada en el bosque. Los otros cedros del área quedaron intactos.

R. Borman reportó que varios kilómetros aguas arriba, entre nuestro primer y segundo campamento, existe un campamento de caza y pesca que se usaba con frecuencia. Este campamento, el cual significó una enorme fuente de carne de monte y pescado para Cabo Pantoja—un pueblo grande y base militar en el río Napo en Perú—está abandonado desde hace por lo menos cuatro años.

Cuenca Güeppí-Putumayo (sitios de inventario Güeppicillo, Güeppí y Aguas Negras)

Así como las aguas negras del Lagartococha finalmente desembocan en las aguas blancas del Napo, el Güeppí es un río de aguas negras que alimenta el Putumayo, un gran río de aguas blancas. Según nuestros motoristas Cofan, cuando el Putumayo crece bloquea el flujo del Güeppí, lo que ocasiona su aumento y consecuente desborde, así no haya llovido en la cuenca del Güeppí, fenómeno semejante al que observamos entre el Lagartococha y el Aguarico.

Los lagos de aguas negras que se forman a lo largo del Güeppí reflejan procesos completamente distintos al evento masivo de represa que formó el complejo lacustre en Lagartococha. El Güeppí es un río serpenteante de movimiento lento, con sólo áreas de corte y depósito pobremente desarrolladas, y pequeñas cochas ocasionales. Estas cochas formadas por los meandros del río se vuelven cada vez más grandes cerca de la confluencia con el Putumayo.

Los ríos Güeppí y Lagartococha fluyen casi perpendicularmente el uno al otro y distan sólo 4 km en su punto más cercano (cerca de la frontera Ecuador-Perú). En Ecuador, existen áreas donde, sin un buen mapa topográfico, es difícil determinar si las quebradas fluyen hacia el Güeppí, o si corren paralelas a este río para fluir finalmente hacia el sur en el Lagartococha.

Nuestros tres sitios en esta cuenca se ubicaron siguiendo al Güeppí río abajo hacia el Putumayo, habiéndose muestreado un sitio en el medio Güeppí, otro en el bajo Güeppí y el último en el Putumayo. Los tres sitios rodean las cabeceras de cuenca, las dos ubicadas a lo largo del río Güeppí son nacientes del Güeppí en sí y el sitio de inventario del medio Putumayo está en las cabeceras del río Peneya, el cual alimenta al Putumayo a unos 150 km aguas abajo de su confluencia con el Güeppí.

Güeppicillo, Ecuador (14–21 octubre 2007; 00°10'38.3" S, 75°40'33.3" W, 220–276 m)

Para cruzar del drenaje del Lagartococha al del Güeppí, dejamos nuestro campamento en Redondococha y navegamos en bote hacia el poblado Cofan de Zábalo, en la parte norte del río Aguarico. Unos 5 km aguas arriba de Zábalo, empezamos nuestra caminata hacia la cuenca del Güeppí, siguiendo una línea sísmica establecida en 1989 por una compañía petrolera francesa. Los Cofan dan mantenimiento frecuente a esta trocha para conectar Zábalo con el puesto de guardaparques que han establecido en la frontera Perú-Ecuador. Cubrimos la distancia de 22 km durante tres días. Caminamos los primeros 10.5 km, luego pasamos un día explorando el punto medio, y finalmente caminamos los 11.5 km restantes hasta llegar a la quebrada Güeppicillo, afluente del Güeppí. En el reporte técnico, combinamos nuestro día en el sitio del campamento medio con los tres días de inventario del sitio de Güeppicillo.

Nuestra caminata nos permitió documentar cambios de hábitat a gran escala entre los dos drenajes. Dejamos la planicie aluvial atrás luego de un kilómetro, y luego atravesamos más de 8.5 km de terrazas planas o con ligeras pendientes, con un colchón de raíces bien establecido y suelo algo arenoso cerca de la superficie. Como a 1.5 km del punto medio, las terrazas revertieron a colinas empinadas, y cruzamos varias quebradas. Aproximadamente a 5 km de Güeppicillo, estas colinas descendieron a un amplio bajial, donde cruzamos una gran quebrada serpenteante que eventualmente confluye con la quebrada Güeppicillo. Una vez más, cruzamos una serie de pequeñas colinas, las que eventualmente terminan en una gran colina con una pendiente empinada medio kilómetro hacia abajo con dirección a Güeppicillo.

La quebrada Güeppicillo tenía ~12 m de ancho, y creció ~50 cm durante nuestra estadía. El área permanece geológicamente activa con sustancial erosión natural por pequeños deslizamientos de tierra en las laderas, y bosques regenerándose y lianas enmarañadas. Habían muchos árboles caídos o arrancados de sus raíces, lo que sugiere la incidencia de vientos huracanados frecuentes.

Los hábitats varían desde unas cuantas terrazas altas (~60 m) con el característico colchón radicular, hasta colinas más abruptamente erosionadas, y las quebradas encajonadas que las cortan, así como los bajiales frecuentemente inundados a lo largo de la quebrada Güeppicillo. Las quebradas encajonadas cortan por lo general a través de suelos arcillosos densos, aun cuando algunas quebradas presentan fondos arenosos y grava revistiendo la arcilla. Éste fue el sitio que exhibió la mayor diversidad de suelos, aunque nunca observamos la verdadera amplia variación en arenas y arcillas característica de ciertos lugares en Loreto, Perú, incluyendo áreas que hemos visitado durante otros inventarios biológicos rápidos.

Nuestro campamento estaba a 7.5 km en línea recta de la frontera Perú-Ecuador. Existen cuatro puestos de vigilancia militares en la frontera: Panupali y Cabo Maniche en Ecuador, y Subteniente García y Cabo Reyes en Perú.

Esta parte ecuatoriana del río Güeppí se encuentra bajo la administración de los Cofán, y representa un núcleo protegido dentro de la R.P.F. Cuyabeno. La fauna era abundante y mansa, con poblaciones saludables de monos choro o chorongos (*Lagothrix lagothricha*, Fig. 8D).

Güeppí, Perú (21–25 octubre 2007; 00°11'04.9" S, 75°21'32.3" W, 213–248 m)

Este sitio de inventario estaba en el bajo río Güeppí, a 12 km de su confluencia con el Putumayo, y dentro del propuesto Parque Nacional Güeppí (parte de la Z.R. Güeppí). Establecimos nuestro campamento 2.5 km al sur del río. Nuestros 22 km de trochas atravesaban por un complejo de terrazas bajas, colinas bajas de ligera pendiente, un aguajal de palmeras *Mauritia*, y otras áreas bajas inundadas. Además, una de nuestras trochas atravesaba una gran área pantanosa de lianas

bajas enmarañadas, visible en la imagen de satélite. Los ictiólogos muestrearon uno de los lagos de aguas negras a lo largo del Güeppí, así como el río mismo.

Este sitio presentó marcada evidencia de alteración por humanos. El área estaba entrecruzada por trochas de madereros y pequeñas trochas de cacería. Un miembro de nuestro equipo se encontró con una persona que llevaba consigo un machete y una escopeta. Habían señales obvias de actividad maderera reciente: troncos cortados, tablas secándose y trochas de extracción. Mucha de la actividad es llevada a cabo por la comunidad de Tres Fronteras ubicada una hora aguas abajo por bote, la cual ha utilizado estos bosques durante los últimos 20 años.

Las quebradas aquí son encajonadas, al igual que en otros sitios cercanos a los drenajes divisorios (Redondococha, Güeppí, Aguas Negras). En su punto más cercano, la divisoria del sitio de Güeppí parece estar a 2.2 km del río Güeppí. Las arcillas dominaban los suelos de manera abrumadora, y aunque había algo de arena, no encontramos grava redonda como la que observamos en Güeppicillo.

A pesar de las señales obvias de intervención humana, la fauna no era asustadiza, e inclusive uno de los miembros del grupo observó un perro de monte de orejas cortas (*Atelocynus microtis*), un mamífero raramente observado en la Amazonía. Sin embargo, los monos grandes eran perceptiblemente menos comunes.

Aguas Negras, Perú (25–29 Octubre 2007; 00°06'01.6" S, 75°10'04.7" W, 195–240 m)

Este sitio estaba ubicado al borde de la propuesta Reserva Comunal Huimeki (dentro de la Z.R. Güeppí), y fue nuestro único campamento ubicado cerca al Putumayo, un gran tributario del río Amazonas. Desde la comunidad Tres Fronteras, en la confluencia del Güeppí con el Putumayo, caminamos 9.5 km bosque adentro a través de varias terrazas arenosas, una pequeña área pantanosa, y finalmente un tramo de colinas de tierra firme.

Acampamos en una colina ubicada unos 10 m por encima de una quebrada de aguas negras precisamente llamada Aguas Negras. Esta quebrada es una de las principales cabeceras del río Peneya, un afluente que desemboca en el Putumayo unos 150 km aguas abajo de Tres Fronteras. La quebrada Aguas Negras y el río Peneya forman un límite entre los vastos aguajales de *Mauritia* hacia el norte, que se extienden por varios kilómetros tierra adentro a lo largo de las orillas del Putumayo, y la matriz de colinas y aguajales más pequeños que estudiamos en el lado sur de Aguas Negras.

Nuestras trochas seguían a la quebrada Aguas Negras y al bosque estacionalmente inundado a lo largo de sus orillas, atravesaban una serie de pequeñas colinas intercaladas con pequeños aguajales de *Mauritia* en los valles planos intermedios, y cruzaban terrazas más planas lejos del cauce de la quebrada. Durante las tormentas, el agua fluye a través de los aguajales de *Mauritia* hacia la quebrada Aguas Negras. Cuando el equipo de avanzada estableció el campamento, los niveles de agua estaban por lo menos un metro más bajos que cuando trabajamos en el área, así que a menudo tuvimos que caminar con el agua hasta la cintura.

Muestreamos un pequeño lago de aguas negras formado por la propia quebrada, apenas visible en la imagen de satélite (Fig. 2C). Residentes de la comunidad de Santa Teresita (ubicada en el medio río Peneya), pescan en este lago, así como en el de mayor tamaño que se encuentra hacia el sureste, el cual se percibe de manera más obvia en la imagen satelital.

Nuestro sitio de campamento en lo alto de la colina había sido deforestado hace unos 15 a 20 años por pobladores de Tres Fronteras para cultivarlo, pero abandonaron el sitio antes de sembrarlo (según lo que nos contaron nuestros guías de la misma comunidad). Una serie de árboles de crecimiento rápido y hierbas de platanillo (*Phenakospermum guyannense*) han colonizado el lugar.

Existen pequeños campamentos temporales de caza y/o pesca a lo largo de las orillas de la quebrada Aguas Negras, así como trochas más antiguas y más establecidas que entrecruzaban nuestro sistema de trochas. Nuestros guías de Tres Fronteras conocían bien esta área porque ellos mismos cazaban aquí regularmente.

COMUNIDADES VISITADAS DURANTE EL INVENTARIO SOCIAL

Mientras el equipo biológico estudiaba sitios tanto en Ecuador como en Perú, el equipo científico-social concentró sus esfuerzos únicamente en Perú. En gran medida esta decisión refleja la extrema vulnerabilidad de las comunidades asentadas cerca de la Z.R. Güeppí en Perú, y la necesidad urgente de categorizar e implementar la propuesta área de conservación.

En Ecuador, ya se están llevando a cabo modelos efectivos para comprometer a la población local en la protección de la R.P.F Cuyabeno, tal como lo han demostrado los Cofan con su programa de guardaparques, así como con sus iniciativas para manejar y conservar los recursos naturales en sus territorios ancestrales. Mayores detalles de estas iniciativas y de la historia de los Cofan pueden encontrarse en el capítulo de historia Cofan.

El equipo social visitó 13 de las 22 comunidades que se encuentran en la propuesta zona de amortiguamiento de la Z.R. Güeppí. El equipo estudió 3 comunidades Kichwa, 7 Secoya y 3 con predominancia de mestizos en las cuencas del Napo y el Putumayo, del 13 al 29 de octubre de 2007. Adicionalmente, Á. del Campo del equipo del inventario biológico visitó y trabajó con la comunidad Secoya de Puerto Estrella (Mañoko Daripë en Secoya) en la cuenca del Lagartococha.

Realizamos talleres participativos de uso de recursos naturales y percepciones de calidad de vida, así como entrevistas con líderes e informantes clave. Visitamos áreas de uso de recursos, observamos y participamos en la vida diaria, identificamos amenazas contra los residentes locales y sus estilos de vida, y documentamos las fortalezas y los valores críticos sociales e institucionales, así como las prácticas de uso de la tierra que serán fundamentales para el desarrollo de planes maestros para el parque y las reservas comunales.

Nuestro trabajo fue emprendido gracias a un memorando de entendimiento establecido entre The Field Museum y la Organización Indígena Secoya de Perú (OISPE), y con el permiso de la Organización Kichwaruna Wangurina de Alto Napo (ORKIWAN). No pudimos contactar a la tercera organización indígena en el área, la Federación Indígena Kichwaruna de

Putumayo Inti Runa (FIKAPIR), pero las autoridades relevantes de las comunidades Kichwa, Huitoto y mestizas del Putumayo nos dieron su visto bueno para visitar las comunidades.

Además, el equipo social visitó brevemente Soplín Vargas, una comunidad que alberga la sede de la Z.R. Güeppí, y que representa la capital del Distrito Teniente Manuel Clavero del lado peruano del Putumayo. También visitamos Puerto Leguízamo, un importante núcleo urbano regional de comercio del lado colombiano del Putumayo.

Mayores detalles sobre las fortalezas sociales y prácticas de uso de recursos por parte de las comunidades de la zona de amortiguamiento de la Z.R. Güeppí se encuentran en la sección "Inventarios Sociales" de este reporte técnico.

GEOLOGÍA, HIDROLOGÍA Y SUELOS: PROCESOS Y PROPIEDADES DEL PAISAJE

Autor/Participante: Thomas J. Saunders

Objetos de conservación: Bosques basados en arcillas, sistemas fluviales y lacustres de aguas negras, aguajales, y zonas mixtas de aguas blancas/aguas negras en la Amazonía en Perú y Ecuador

INTRODUCCIÓN

La geología de la región Cuyabeno-Güeppí es el resultado de una diversa combinación de procesos, desde aquellos que ocurrieron en un fondo marino hace más de 13 millones de años, hasta los de erosión que ocurren actualmente en los altos Andes. Los distintos suelos de la región se formaron en los depósitos geológicos dominados por la arcilla, cada uno con una exclusiva combinación de materia orgánica, arcilla y minerales determinados por los entornos físicos y biológicos. Los suelos, en cambio, influencian el movimiento del agua a través del paisaje, así como las propiedades químicas de las quebradas y ríos que vierten en ellos. El paisaje de la región Cuyabeno-Güeppí se caracteriza por un mosaico de terrazas, colinas y humedales. Las terrazas y colinas de la región vierten a valles, lagos de aguas negras y quebradas serpenteantes, y luego fluyen hasta unirse a los ríos andinos de aguas blancas de las cuencas del Putumayo y el Napo. Unos cuantos sistemas de aguas negras de base arcillosa existen en la Amazonía y ninguno de ellos ha sido estudiado al detalle. Este capítulo provee una introducción a las propiedades físicas y químicas del sistema Cuyabeno-Güeppí y describe un número de conceptos geológicos, pedológicos (el estudio de los procesos de formación de los suelos) e hidrológicos que han surgido durante el desarrollo de este inventario.

MÉTODOS

Geología y suelos

Este resumen de la historia geológica del área Cuyabeno-Güeppí se derivó de literatura publicada, de un análisis de imágenes de radar (Jarvis et al. 2006) y de satélite (USGS 2002), y de observaciones de campo de afloramientos locales de roca y suelos. Los sitios de estudio visitados en la Reserva de Producción Faunística (R.P.F.) Cuyabeno (Ecuador) y en la Zona Reservada (Z.R.) Güeppí (Perú) se resumen en el capítulo titulado Panorama Regional y Sitios de Inventario. Observé y describí la variabilidad del relieve en cada sitio, utilizando un altímetro barométrico y un GPS (Garmin GPSMAP 60CSx). Medí la profundidad de los ríos y lagos usando un aparato sonar de mano (Speedtech Instruments). Evalué los suelos mediante cientos de muestras en el punto (de hasta una profundidad de ~20 cm), y 21 descripciones completas de suelos (de hasta una profundidad de ~1.4 m), utilizando un taladro de suelo holandés (*Dutch auger*). Cada descripción de campo incluyó designación de horizonte del suelo, color del suelo (Libro de Color de Munsell), textura al tacto y estructura del suelo (NRCS 2005). Los datos de los suelos se presentan en el Apéndice 1.

Hidrología y calidad de agua

Evalué las propiedades físicas y químicas del agua en quebradas, lagos, ríos, humedales y lluvia, incluyendo temperatura y oxígeno disuelto (usando un YSI 85; YSI Incorporated) y pH más conductividad eléctrica (con un ExStick II; Extech Instruments). Todos los instrumentos fueron calibrados regularmente en el campo utilizando soluciones estándar y protocolos del fabricante. Estos datos, sumados a las características generales de cada cuerpo de agua, están disponibles en el Apéndice 2.

RESULTADOS Y DISCUSIÓN

Propiedades del paisaje

Geología regional y local

Los procesos geológicos (formación/deformación de roca, deposición sedimentaria a gran escala, y fallas/levantamiento) y geomorfológicos (erosión y redistribución de sedimentos en sistemas terrestres y acuáticos) determinan el patrón en el que se forman tanto el suelo como el entorno superficial. Grandes extensiones de arcillas de origen marino se encuentran depositadas quizás desde decenas hasta miles de metros bajo tierra subyaciendo la región Cuyabeno-Güeppí, más de 13 millones de años antes de que los Andes empezaran a crecer (Wessenlingh et al. 2006a, 2006b). Mientras los Andes comenzaban a levantarse, se empezó a formar un estuario tierra adentro, dando paso eventualmente a un sistema de lagos de agua dulce y quebradas serpenteantes de movimiento lento al tiempo que la cadena montañosa crecía. Esta progresión de cambios de paisaje produjo la secuencia sedimentaria del presente: arcillas marinas cubiertas por arcillas derivadas de los Andes jóvenes y de las tierras al este de los Andes (Wessenlingh et al. 2006a, 2006b). Durante los últimos 8–13 millones de años, los Andes han experimentado un levantamiento continuo, actividad volcánica dramática y erosión a escala masiva (Coltorti y Ollier 2000). Durante este periodo, las arcillas, arenas y gravas erosionaron y fueron transportadas por ríos de movimiento rápido hacia las tierras bajas de Ecuador, Perú y Colombia. La deposición resultante creó un enorme abanico aluvial que abarcaba alrededor de 400 km desde el noreste de Ecuador hasta bien adentro en el norte del Perú (Fig. 13). La región Cuyabeno-Güeppí yace en el borde bajo nororiental de este abanico aluvial dentro del área de influencia del río Putumayo. Es posible que tanto el Putumayo (hacia el norte), como el complejo de ríos que forman el abanico aluvial del Pastaza (hacia el sur), hayan jugado un rol dinámico en los ciclos de erosión y deposición de estas arcillas de derivación andina, arenas y gravas.

Fig. 13. Esta imagen de radar fue creada a partir de información topográfica provista por Jarvis et al. (2006). Las flechas indican el medioambiente de deposición de un abanico aluvial masivo cruzando la frontera desde Ecuador hacia Perú. Las flechas punteadas delinean depósitos más antiguos que han sido diseccionados subsecuentemente por los ríos, en contraste a los depósitos aluviales (flechas continuas) vigentes/más recientes. Se indica los nombres de las cuencas principales y el área del inventario.

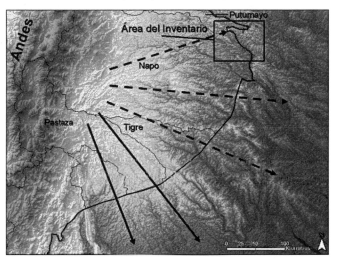

Una significativa erosión de la sección nororiental del abanico aluvial del Pastaza ha producido la formación de filos dramáticos y valles, diseccionando el terreno con un patrón radial desde la parte superior del abanico y formando las cabeceras del río Tigre, así como muchos de los afluentes del río Napo. Las colinas y filos restantes (las "terrazas altas" que fueron comúnmente encontradas durante este inventario) todavía aparecen como superficies planas, aunque ligeramente inclinadas, que eran posiblemente parte de la superficie del abanico aluvial original.

Durante el inventario, encontré densos depósitos de piedra de arcilla gris y roja con obvias capas horizontales en la base de una serie de suelos y cauces de quebrada, y en un afloramiento rocoso a lo largo del río Güeppí. Estos depósitos coinciden con la descripción de la Formación Marañón por Wessenlingh et al. (2006b). La Formación Marañón, según se informa depositada en un sistema de lagos y ríos de movimiento lento siguiendo la fusión inicial de los Andes con Sudamérica, superpone las bien conocidas formaciones Pebas y Curaray, las que están asociadas con deposiciones durante los periodos

Fig. 14. Diagrama conceptual de los relieves dominantes de la R.P.F. Cuyabeno y la Z.R. Güeppí visitados durante el inventario.

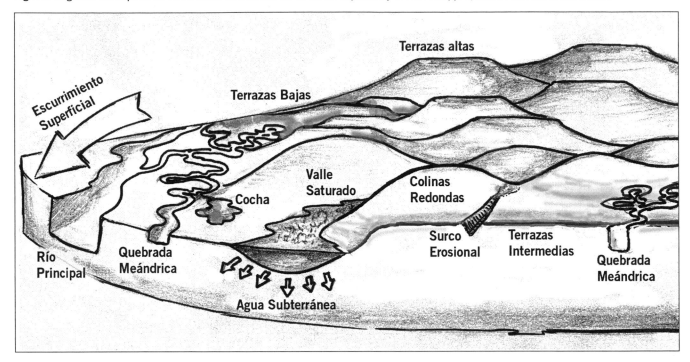

marino-tardío y amazónico-temprano en entornos de lagos interiores (Wessenlingh et al. 2006b). Una serie de fallas locales y sus características asociadas de levantamiento se superponen con este paisaje extremadamente dinámico. Una notable característica de levantamiento está asociada con la formación del complejo de lagos de aguas negras y quebradas serpenteantes de Lagartococha. Esta falla corre de noreste a suroeste y su levantamiento jugó probablemente un rol clave en la formación del complejo lacustre de Lagartococha como se describe más adelante (Fig. 16).

Relieves dominantes

Las terrazas, colinas redondeadas, valles saturados y barrancos erosivos representan los relieves terrestres dominantes por toda la región Cuyabeno-Güeppí; la Figura 14 ilustra estos relieves y su posición relativa en el paisaje.

Las terrazas altas son posibles remanentes de anteriores superficies de deposición (como los grandes abanicos aluviales descritos arriba), de las que la erosión todavía

no ha desgastado toda la superficie plana original. Las terrazas intermedias o bajas son planicies aluviales activas o recientemente depositadas, y son comunes a lo largo de quebradas serpenteantes encajonadas que actualmente drenan elevaciones intermedias del paisaje. Las colinas redondeadas son posiblemente terrazas antiguas que han sido muy erosionadas. La presencia de cada relieve así como las características generales del paisaje de cada campamento se resumen en la Tabla 1.

Los relieves fluviales dominantes (relieves asociados al agua corriente) incluyen barrancos erosivos, pequeñas quebradas serpenteantes, valles saturados y grandes quebradas serpenteantes. Los barrancos erosivos son comunes en regiones de cabeceras empinadas e indican lugares de erosión activa. Observamos muchos árboles caídos en barrancos erosivos, especialmente a lo largo de las trochas del campamento de Güeppicillo. En las áreas más bajas del paisaje, las quebradas serpentean a través de las terrazas bajas, desbordándose ocasionalmente hacia sus planicies aluviales durante los periodos de creciente.

Tabla 1. Resumen de la presencia relativa de relieves terrestres y fluviales, y rango de elevación de los sistemas de trochas de cada campamento. Relieves terrestres: terrazas altas (ta), terrazas intermedias (ti), terrazas bajas (tb), colinas redondas (cr), valles saturados (vs). Relieves fluviales: surcos erosionales (be), quebradas meándricas (qs), ríos meándricos (rs), lagos (lg).

Sitio de inventario	Relieves terrestres dominantes[1]	Relieves fluviales dominantes[2]	Rango de elevación (m)[3]	Longitud de las trochas (km)
Garzacocha	vs, tb, cr	lg, rs, qs	190–212	23
Redondococha	cr, tb, ti, ta, vs	qs, lg, be, rs	192–235	19.5
Güeppicillo	cr, ta, ti, tb, vs	be, qs, rs	220–276	18
Güeppí	cr, vs, ti, tb	qs, be, rs	213–248	22
Aguas Negras	vs, cr, tb, ta	qs, rs, be	195–240	16

[1] Los relieves terrestres dominantes están listados según su orden de predominio en el paisaje, listándose primero las características más comunes.
[2] Los relieves fluviales dominantes se refieren a las características más comunes en el área local del campamento listadas en orden de predominio, dentro y más allá del sistema de trochas.
[3] Las mediciones fueron realizadas utilizando un altímetro barométrico y pueden tener una variación de aproximadamente 3 m.

Suelos dominantes

Los suelos evaluados durante este estudio varían significativamente en color, propiedades químicas y contenido de materia orgánica entre los distintos relieves. A pesar de estas diferencias, todos los suelos derivan de los propios—o similares—tipos de material de arcilla matriz. La Figura 15 muestra los horizontes típicos, sus profundidades, y una descripción del color de cada suelo, y la Figura 3A (p. 30) provee ejemplos de la apariencia de varios suelos en color. En general, los suelos saturados por agua se caracterizan por tener tonalidades grises resultantes de una disolución de minerales ferrosos,

tornando el hierro incoloro (los minerales ferrosos sólidos son frecuentemente de color naranja o rojo). Las áreas saturadas también tienden a acumular materia orgánica porque reciben aportes de las pendientes. La materia orgánica se descompone muy lentamente debajo del agua y por lo tanto se acumula con el paso del tiempo, creando a veces depósitos de materia orgánica de hasta más de un metro de grosor en valles saturados. Mientras más alto en el paisaje, los suelos son cada vez más secos y se caracterizan por dos colores dominantes: suelos marrones (los que resultan de la materia orgánica que ha penetrado en el suelo por largos periodos de

Fig. 15. Diagrama conceptual de las características del suelo asociadas a cada uno de los relieves dominantes. Los dibujos se basan en las múltiples descripciones de suelo de cada relieve.

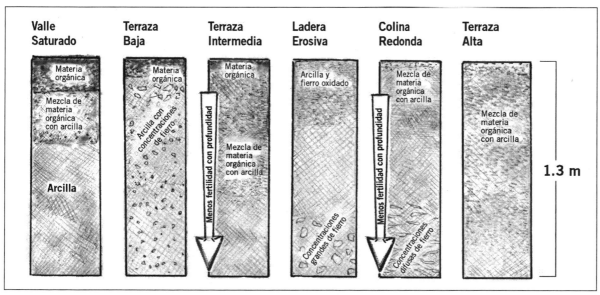

tiempo) y suelos naranjas (por la presencia de hierro oxidado y la ausencia de materia orgánica). Los suelos de los paisajes estacionalmente inundados, como las planicies aluviales y zonas de transición entre los humedales y áreas de tierras altas, se caracterizan por una mezcla de tonalidades naranjas, o rojas y grises, indicando una saturación temporal. Para una discusión más profunda de la formación de los distintos tipos de suelos hídricos (húmedos) y la redistribución de minerales ferrosos ver Hurt y Vasilas (2006).

La textura del suelo (el contenido relativo de arena, cieno y arcilla) y la estructura del suelo (cómo las partículas del suelo se aglomeran para formar pedazos) se diferencian significativamente entre los suelos. Generalmente, los suelos ricos en materia orgánica, como los que se encuentran en la parte superior de las terrazas más antiguas, se caracterizan por sus texturas arcillosas y arcilloso-arenosas, y estructura "granular". La estructura granular provee espacios en el suelo para que el agua y el aire ingresen, y disminuye la densidad del suelo, permitiendo que las raíces penetren fácilmente hasta alcanzar grandes profundidades. En contraste, la arcilla densa queda expuesta en las empinadas pendientes de las colinas mientras que el suelo superficial es erosionado. Las arcillas expuestas recientemente tienen contenidos muy bajos de materia orgánica, una textura arcillosa u ocasionalmente arcilloso-arenosa, y son mucho más densas y por consiguiente impenetrables para el agua y el aire.

Tipos de agua dominantes

La mayor parte de las aguas que discurren por el paisaje de la región Cuyabeno-Güeppí pueden ser clasificadas como blancas (ricas en sedimentos), negras (de colores oscuros con presencia de ácidos orgánicos disueltos) y claras (transparentes con pocos sedimentos de suspensión o ácidos orgánicos)(Apéndice 2). Sin embargo, observamos mezclas variables de éstas cuando diferentes cuerpos de agua confluyen. Las aguas blancas verdaderas se encuentran sólo en ríos grandes que fluyen activamente por áreas de erosión, como los Andes, y no estuvieron presentes en alguno de nuestros campamentos (aunque todas las aguas muestreadas discurren eventualmente a sistemas mayores de aguas blancas). Las aguas negras estaban asociadas con planicies aluviales bajas y valles saturados.

Las aguas claras se originaron en las áreas más elevadas del paisaje y eran comunes en barrancos erosivos y en quebradas serpenteantes profundamente encajonadas en las terrazas intermedias. Durante las tormentas, estas aguas pueden volverse turbias con arcillas en suspensión, cambiando su apariencia a la de las aguas blancas. Sin embargo, a diferencia de las quebradas tradicionales de aguas blancas, las que a menudo se caracterizan por tener una elevada conductividad eléctrica (expresada en microsiemens, y generalmente oscilando de >30 a >1000 µS), la conductividad promedio de todas las aguas de quebrada, medidas en la R.P.F. Cuyabeno y la Z.R. Güeppí fue de 8 µS y el valor más alto de una quebrada fue 17.6 µS. Sin embargo, en uno de los sitios, una collpa (saladero) que fluía hacia una quebrada resultó tener una conductividad de 78.8 µS y la fuente de la collpa en sí tenía una conductividad de 635 µS. La collpa discurría un depósito de arenisca de grano fino expuesto el cual era rico en minerales susceptibles a meteorización. En contraste, los valores de conductividad baja que dominaban la región indican una falta de minerales susceptibles a meteorización en los suelos y respaldan la hipótesis que concluye que el sistema está principalmente compuesto por formas relativamente no reactivas, muy desgastadas (bajas en nutrientes) de minerales arcillosos simples con base de aluminio (p. ej., kaolinita o gibbsita).

Procesos de paisaje

Geomorfología

Los ríos y quebradas de la región Cuyabeno-Güeppí se erosionan continuamente hacia las cabeceras, redistribuyendo y reprocesando los depósitos geológicos originales y por consiguiente produciendo importantes características geomorfológicas. Un ejemplo impresionante de redistribución de sedimentos es la formación del complejo lacustre de aguas negras de Lagartococha a lo largo de la frontera peruano-ecuatoriana. La Figura 16 ilustra el hipotético proceso de formación causado por una falla que estimuló la formación inicial de los lagos. Otros procesos geomorfológicos incluyen erosión de pendientes y barrancos, deposición de materiales en valles erosionados, encajonamiento de los canales y migración de los meandros del río y planicies aluviales.

La redistribución de los depósitos originales de arcilla y gravas redondeadas transportadas desde los

Fig. 16. Formación hipotética del complejo lacustre de Lagartococha. Un levantamiento geológico formó una represa natural, detrás de la cual erosionaron las arcillas de regiones de cabeceras que fueron depositadas. Con el paso del tiempo, la represa natural se erosionó, permitiendo que el lago y sus recientemente erosionadas arcillas fluyan aguas abajo, eventualmente redepositándose para formar el complejo lacustre de Lagartococha.

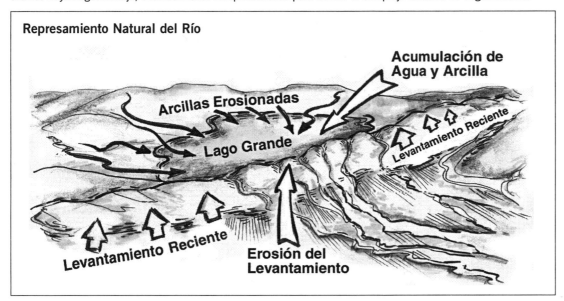

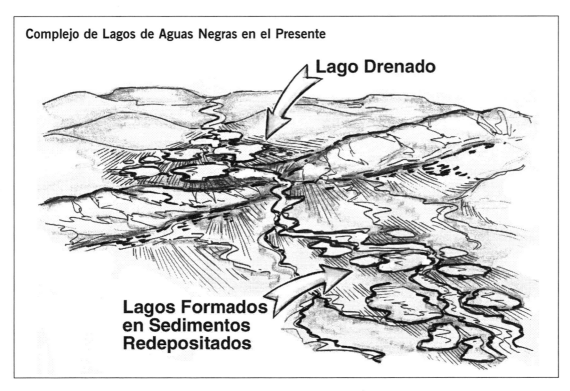

Andes explica cómo las quebradas con fondo de grava (y/o de arena) típicas de los campamentos de Güeppicillo, Güeppí y Aguas Negras llegaron para sobreponer las arcillas (Fig. 17).

Formación de suelos (pedogenesis)

Las propiedades de los suelos en el presente son el resultado de procesos que dependen de la posición del paisaje, clima y la biota que se desarrolla en los depósitos

Fig. 17. Formación y redistribución de gravas y arenas andinas en sistemas de suelos y quebradas de la región Cuyabeno-Güeppí. La erosión profundiza lentamente los valles mientras que los procesos de bioturbación (mezcla causada por organismos cavadores) integra las gravas con los suelos de las cimas de las colinas. Las gravas permanecen en los cauces de las quebradas porque éstas no fluyen lo suficientemente rápido para transportarlas.

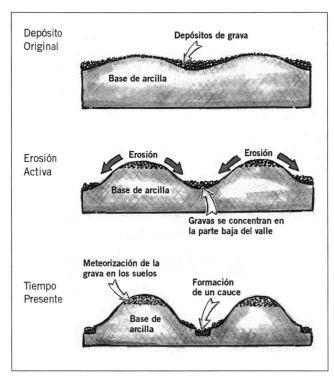

Fig. 18. Enriquecimiento del suelo a través de la integración de materia orgánica con el paso del tiempo.

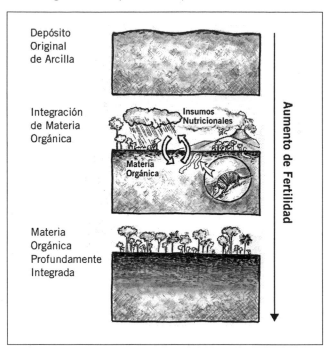

originales de material geológico. La región de estudio es única en el sentido que mucho de su material básico aparenta ser una forma de arcilla más bien inerte (kaolinita y/o gibbsita), la cual no contiene cantidades apreciables de minerales susceptibles a meteorización (fuentes de nutrientes) o una gran capacidad de retención de nutrientes (es decir, capacidad de intercambio de cationes). Por consiguiente, en contraste a muchos suelos derivados de roca o arenas ricas en minerales susceptibles a meteorización, las arcillas que forman la base de la R.P.F. Cuyabeno y la Z.R. Güeppí son relativamente infértiles y con tendencia a limitar la productividad del ecosistema (Fig. 10A). Sin embargo, con el paso del tiempo, la materia orgánica trabaja en el suelo con el crecimiento de las plantas, la caída de los árboles y los procesos de bioturbación causados por montículos de hormigas, túneles de lombrices y madrigueras de mamíferos cavadores como armadillos y osos hormigueros (Fig. 18).

En contraste a las arcillas meteorizadas, la materia orgánica tiene una alta capacidad de intercambio de cationes. Cuando la materia orgánica se acumula en arcillas inertes, el suelo en conjunto incrementa en fertilidad. La formación de suelos orgánicamente ricos depende a través del tiempo del crecimiento de las plantas, que a cambio depende de una adecuada fuente de nutrientes. La fuente de nutrientes de suelos infértiles tempranos incluyó posiblemente aportes de la precipitación (Zimmerman et al. 2007), polvo atmosférica y volcánico, y cualquier transporte de nutrientes al sistema por medio de animales (Fig. 18).

Una historia de la memoria de los Cofan resalta la importancia de la bioturbación al crearse la fertilidad del suelo. La historia, como se tradujo en "Los Ancianos Nos Contaron" (R. Borman com. per.) dice así:

El mundo se terminó debido a un terremoto. Cuando el terremoto lo terminó, toda la gente murió con excepción de tres sobrevivientes. Luego todo se volvió como un río. Todos se aferraron a árboles flotantes. Aferrándose la gente fue. Luego éste pensó, "Estoy solo". El empezó a caminar y a buscar. No había selva, sólo arena.

Todo se limpió y no había tierra. Era como barro—sólo cosas aguadas. Sólo había barro. (El grupo se reúne, pero no hay hojas para hacer una casa.) Después Dios Padre vino caminando. Llegando, Él preguntó, "¿Quieres un poco de tierra?" Los hombres respondieron, "Sí, nosotros mucho quisiéramos un poco de tierra. Por favor crea un poco para nosotros". Dios dijo, "Bueno no estén tristes". Él trajo un poco de tierra, toda envuelta. Se las dio. Ellos la pusieron abajo. En ella vivió la lombriz roja. Ellos pusieron la tierra en la arena. Luego se fueron a dormir. En la mañana el parche había crecido así. Al día siguiente era más grande y el pasto, el plátano, y el árbol de balsa habían empezado a crecer.

Procesos hidrológicos

El material geológico, las propiedades físicas del suelo, la estructura del paisaje y el clima controlan el volumen y las propiedades químicas del agua que se traslada por los bosques, a través de pendientes, por barrancos y hacia los valles y ríos serpenteantes de la R.P.F. Cuyabeno y la Z.R. Güeppí. Esta particular región dominada por arcilla produce un medio hidrológico distinto de aquellos que se encuentran en bosques de arena blanca y llanuras comunes de las planicies aluviales de la baja Amazonía. En vez de infiltrarse rápidamente por los suelos dominados por arena, la precipitación falla en penetrar la superficie de suelo de arcilla (cf. Freeze y Cherry 1979) y fluye en chorros o pequeñas quebradas hacia abajo por cualquier pendiente apreciable. En las partes altas de las terrazas, el agua forma charcos temporales debido a una penetración excesivamente lenta. Aunque drena rápidamente hacia puntos más bajos del paisaje, el agua a menudo se estanca o migra lentamente hacia una quebrada saliente cuando se encuentra en valles saturados. Durante este largo periodo de estancamiento, las aguas claras se vuelven negras: éstas extraen ácidos húmicos y taninos de la materia orgánica por la que fluyen cual agua caliente extrayendo material orgánico de una taza de té (Fig. 19). Por tanto, las propiedades físicas y químicas del sistema terrestre controlan muchas de las características de su asociado sistema acuático. Las alteraciones del medio terrestre podrían tener un impacto significativo sobre las propiedades y funcionamiento de los sistemas acuáticos adyacentes

Fig. 19. Formación de aguas negras sobre suelos de arcilla. Mientras el agua se mueve lentamente a través de las partes inferiores de los valles ricos en organismos, ésta extrae lentamente ácidos orgánicos, adoptando las características de aguas negras que eventualmente fluyen hacia los lagos y quebradas locales.

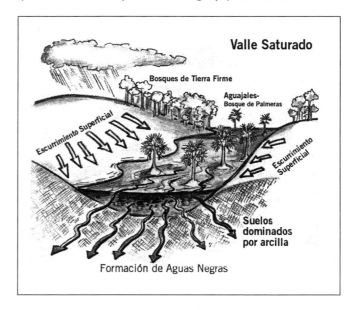

Otra importante característica hidrológica de un ecosistema de base arcillosa es la producción de pulsos hidrológicos. Una gran proporción de lluvia fluye rápidamente desde el paisaje, entonces los valles y ríos pueden recibir enormes volúmenes de agua durante cortos periodos de tiempo. Como notamos en numerosas ocasiones durante nuestro trabajo de campo, las aguas crecieron rápidamente en quebradas bajas y valles en respuesta a lluvias intensas. Muchos miembros del equipo fueron testigos de la acumulación de agua y del flujo de agua superficial a lo largo de laderas de colinas previamente secas y en barrancos durante las tormentas. Los niveles de agua de los afluentes también responden a cambios en elevaciones del agua río abajo: incrementos en los niveles de agua en los ríos principales represan efectivamente a sus tributarios, causando que los niveles de agua se eleven durante todo el proceso de recolección de los afluentes, especialmente cuando las arcillas no absorben el agua de entrada pero en cambio la dirigen más lejos río arriba. Por lo tanto, la lluvia tanto dentro como fuera de una determinada cuenca puede ocasionar grandes incrementos en el nivel de agua, por lo que pulsos hidrológicos pueden ocurrir con frecuencia. De hecho, en cada campamento fuimos testigos de dramáticos incrementos o disminuciones (a veces ambos) de aproximadamente un metro en el nivel del agua como resultado de una mezcla de lluvias regionales y locales. Estos pulsos hidrológicos tienen implicancias significativas para producción de nutrientes en los sistemas acuáticos de la región Cuyabeno-Güeppí (Fig. 22, p. 85). La alteración del régimen hidrológico de pequeños tributarios o inclusive ríos principales como cuando se represan los ríos o se desvía el curso del agua, podría potencialmente causar un impacto en la productividad del sistema acuático, aunque se requiere de un estudio de investigación más detallado para confirmar esto.

AMENAZAS

Los nutrientes se acumulan lentamente en arcillas meteorizadas con el tiempo. Cualquier proceso que remueve los nutrientes, especialmente actividades como agricultura intensiva o extracción de madera, va a agotar rápidamente la fertilidad del suelo en arcillas, en contraposición a los suelos formados a partir de rocas o arenas con una mineralogía más rica en nutrientes. Una prueba fehaciente de la recuperación de estos sistemas ocurrió cuando un gran parche de bosque fue quemado hace unos 16 años (R. Borman com. per.). Aunque algunos residuos de las cenizas ricas en nutrientes posiblemente permanecieron en el sistema luego de la quema, el crecimiento actual en el área quemada es todavía muy limitado, y una significante cobertura vegetativa debe todavía desarrollarse (Fig. 10A).

Cualquier sistema de suelos con pendientes apreciables, como las muchas áreas de cabeceras en el área de inventario, es susceptible a erosión si su vegetación protectora es removida. La construcción de caminos, la tala para agricultura, y la deforestación dramática incrementan las tasas de erosión, causando impactos potencialmente negativos tanto a sistemas terrestres como acuáticos.

La calidad del agua es aparentemente excelente en la R.P.F. Cuyabeno y en la Z.R. Güeppí, y no encontramos fuentes significativas de contaminación antropogénica. Sin embargo, los derrames de petróleo en el río Aguarico han sido comunes en el pasado debido a la extracción de petróleo aguas arriba (R. Borman com. per.). Los derrames de petróleo y los desechos de formación de aguas (salmueras frecuentemente bombeadas desde grandes profundidades) pueden liberar cantidades significativas de metales pesados y sales. Estos contaminantes son una amenaza directa al río Aguarico, pero pueden también impactar significativamente al río Lagartococha y otros afluentes aguas abajo durante periodos de creciente.

RECOMENDACIONES PARA PROTECCIÓN Y MANEJO

La interacción entre geomorfología, suelos y agua se ha desarrollado lentamente al paso de millones de años, resultando en una región que, en su totalidad, es altamente productiva y biodiversa. Debido a que este sistema ha evolucionado en arcillas relativamente infértiles, es altamente sensible al cambio de uso de la tierra y requiere ser manejado de manera acorde. Un entendimiento exhaustivo de las sensibilidades del paisaje y la aplicación de un plan de manejo responsable será esencial para mantener la productividad en la región.

RECOMENDACIONES PARA INVESTIGACIÓN

Existen múltiples oportunidades de investigación en la región, incluyendo estudios más profundos de los procesos arriba planteados, investigaciones químicas detalladas sobre la naturaleza y distribución de la fertilidad del suelo, e investigación multidisciplinaria dentro de las relaciones entre fertilidad del suelo y biodiversidad de las plantas. La región Cuyabeno-Güeppí puede ser particularmente didáctica para estudiar la relevancia de pulsos hidrológicos, como el concepto de pulso de inundación sugerido por primera vez por Junk et al. (1989), debido a su exclusiva hidrología.

RECOMENDACIONES PARA FUTUROS INVENTARIOS

El río Lagartococha es uno de los complejos lacustres de aguas negras de base arcillosa menos conocidos de la Amazonía. Estos sistemas son extremadamente dinámicos, relativamente no estudiados y únicos dentro de las vastas extensiones de humedales amazónicos y *terra firme* (tierras altas). De estos sistemas de aguas negras, el lago Rimachi, en la cuenca del bajo río Pastaza forma el más grande lago de aguas negras de la baja Amazonía y merece futura atención. Otros sistemas lacustres de aguas negras en la base de los Andes, incluyendo pequeñas formaciones en el río Pastaza cerca de la frontera internacional entre Ecuador y Perú, así como pequeños sistemas en el río Corrientes podrían también ser áreas de gran valor para futuros inventarios.

FLORA Y VEGETACIÓN

Autores/Participantes: Corine Vriesendorp, William Alverson, Nállarett Dávila, Sebastián Descanse, Robin Foster, Jill López, Laura Cristina Lucitante, Walter Palacios y Oscar Vásquez

Objetos de Conservacion: Cruce de dos tipos de flora extraordinariamente diversos: las especies de suelos ricos de Yasuní, Ecuador, y las especies de suelos más pobres de Loreto, Perú; hasta 14 especies potencialmente nuevas para la ciencia; poblaciones escasas pero viables de especies maderables valiosas (p. ej., *Cedrela odorata*, Meliaceae; *Cedrelinga cateniformis*, Fabaceae s.l.) taladas de manera insostenible y/o localmente extintas en otras partes de la Amazonía

INTRODUCCIÓN

La Reserva de Producción Faunística (R.P.F.) Cuyabeno y la Zona Reservada (Z.R.) Güeppí permanecen poco conocidas botánicamente hablando. Los pocos reportes que existen documentan una flora increíblemente rica, incluyendo la parcela de una hectárea más diversa del mundo en la R.P.F. Cuyabeno (Valencia et al. 1994). Los botánicos de Smithsonian y del Instituto de Investigaciones de la Amazonía Peruana (IIAP) estudiaron la Z.R. Güeppí en 1993 (F. Encarnación datos sin publicar). Los mejores puntos de referencia florísticos son la parcela de 50 ha ubicada en el Parque Nacional Yasuní al sur de la R.P.F. Cuyabeno (Valencia et al. 2004), así como la florula de reservas biológicas cercanas a Iquitos, Perú (Vásquez-Martínez 1997).

MÉTODOS

Utilizando una combinación de colecciones fértiles, fotografías, observaciones sin colección de especímenes de plantas comunes y varias medidas cuantitativas de diversidad vegetal, generamos una lista preliminar de la flora en dos sitios en la R.P.F. Cuyabeno, y en otros tres en la Z.R. Güeppí. Además, caracterizamos los tipos de vegetación y diversidad de hábitat en los cinco sitios, cubriendo así la mayor cantidad de terreno posible.

Colectamos ~800 especímenes durante el inventario, habiendo depositado ya los especímenes peruanos en el Herbario Amazonense (AMAZ) de la Universidad Nacional de la Amazonía Peruana en Iquitos, Perú, y los ecuatorianos en el Herbario Nacional (QCNE) en Quito, Ecuador. Los especímenes duplicados son enviados al Field Museum (F) en Chicago, Estados Unidos, así como a las otras instituciones participantes. Como complemento a las colecciones de museo, R. Foster y W. Alverson tomaron fotografías de plantas, la mayoría de ellas en condición fértil. Una selección de las mejores fotografías estará disponible de manera gratuita en *http://www.fieldmuseum.org/plantguides/*.

Establecimos transectos para acceder a la diversidad de árboles de dosel, palmeras y plantas de sotobosque. N. Dávila, J. López y C. Vriesendorp estudiaron 11 transectos de 100 árboles de sotobosque (1–10 cm DAP): 2 en Garzacocha, 2 en Redondococha, 3 en Güeppicillo, 2 en Güeppí y 2 en Aguas Negras. En cada sitio, N. Dávila registró la riqueza de los árboles más grandes (individuos de por lo menos 40 cm DAP) en 12 transectos (cada uno de 500 m x 20 m), utilizando binoculares y una combinación de características de corteza y hojas caídas para identificación de individuos a especies. J. López investigó 100 individuos de palmeras superior a 1.5 m en ocho transectos: 2 en Garzacocha, 3 en Redondococha y 1 en cada sitio en Güeppí, Güeppicillo y Aguas Negras.

Dos botánicos Cofan, S. Descanse y L. C. Lucitante, y uno Secoya, O. Vásquez, se unieron al equipo de botánicos en Garzacocha y Redondococha, nuestros dos primeros sitios de inventario

RIQUEZA Y COMPOSICIÓN FLORÍSTICA

En base a nuestras colecciones y observaciones, generamos una lista preliminar de ~1,400 especies de plantas (Apéndice 3). Estimamos que la flora combinada para la Z.R. Güeppí y la R.P.F. Cuyabeno comprende de 3,000 a 4,000 especies.

Varias familias eran abundantes y ricas en especies como en el caso de los árboles, los cuales comprenden algunos que son típicamente diversos en la Amazonía (Sapotaceae, Chrysobalanaceae, Lauraceae, Annonaceae, Moraceae, Rubiaceae, Clusiaceae y Sapindaceae). Comparado a otros sitios en Loreto, Burseraceae y Myristicaceae eran moderadamente abundantes y no particularmente ricas en especies, aunque la mayoría de los géneros americanos estaban representados. En el caso de las lianas, tanto Hippocrateaceae como Menispermaceae eran especialmente abundantes y diversas en los cinco sitios de inventario.

En términos genéricos, algunos de los grupos más ricos en especies incluyeron *Pouteria* (Sapotaceae), *Inga* (Fabaceae s.l.), *Paullinia* (Sapindaceae), *Pourouma* (Cecropiaceae) y *Machaerium* (Fabaceae s.l.). Indudablemente existen unos géneros de Lauraceae y Chrysobalanaceae que son diversos, pero es muy difícil clasificar a la mayoría de especímenes estériles en géneros distintos. En términos absolutos, *Buchenavia* (Combretaceae), *Ischnosiphon* (Marantaceae), *Matisia* (Bombacaceae) y *Sterculia* (Sterculiaceae) no son géneros particularmente ricos, pero su riqueza en esta región es relativamente alta.

Algunas familias o géneros comprendían especies ricas sólo en uno o dos sitios, p. ej., Flacourtiaceae en Güeppí y Güeppicillo, y Melastomataceae en Güeppicillo, *Pourouma* en Redondococha, o *Heliconia* (Heliconiaceae) en Güeppí. Otras eran ricas sólo en ciertos hábitats, p. ej., *Calathea* (Marantaceae) en áreas más húmedas, *Monotagma* (Marantaceae) en colinas, y Bignoniaceae, Hippocrateaceae y otras lianas ubicadas a lo largo de las orillas de los ríos y lagos. Unos cuantos géneros no eran increíblemente ricos en especies, pero eran abundantes en todos los sitios, incluyendo los árboles de dosel *Parkia* (Fabaceae s.l.), los árboles

de subdosel y arbolitos *Leonia* (Violaceae) y *Tovomita* (Clusiaceae), y las palmeras *Geonoma* y *Bactris*.

Datos de transectos para palmeras, árboles de dosel y árboles de sotobosque

Nuestros datos cuantitativos revelan un paisaje que varía ampliamente en cuanto a riqueza de especies, desde áreas inundadas de baja diversidad hasta colinas de alta diversidad (Fig. 4A). Las palmeras eran abundantes y moderadamente ricas: registramos ~42 especies durante el inventario. A pequeña escala, la diversidad de palmeras varió entre 5 y 15 especies en transectos de 100 tallos, con la diversidad más alta encontrada en Redondococha.

Los árboles de dosel (Fig. 20) eran también más diversos en Redondococha, con 24 especies en un estudio de 27 individuos, un extraordinario índice de riqueza para el dosel. Unas cuantas especies eran consistentemente abundantes como los árboles de dosel a través de los diferentes sitios, incluyendo *Parkia velutina*, *P. multijuga* y *Erisma uncinatum* (Vochysiaceae) en Güeppicillo, Güeppí y Aguas Negras.

Fig. 20. Doce transectos de los árboles del dosel.

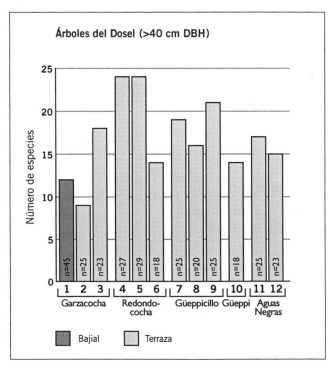

Fig. 21. Once transectos de las plantas en el sotobosque.

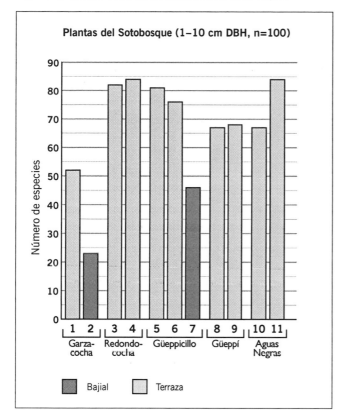

Plantas del Sotobosque (1–10 cm DBH, n=100)

En estudios de 100 tallos de sotobosque (Fig. 21), la riqueza osciló desde 23 especies en una terraza estacionalmente inundable en Garzacocha hasta 84 especies en las colinas de Redondococha, áreas separadas sólo por ~16 km. Considerando sólo los hábitats de *terra firme* (tierras altas), los sitios se clasifican desde la riqueza más baja hasta la más alta como sigue: Garzacocha, Güeppí, Aguas Negras, Güeppicillo y Redondococha, reflejando aparentemente que los últimos sitios tenían terrazas y colinas más antiguas. Notablemente, nuestros dos transectos con la diversidad más alta se encontraban en terra firme en colinas altas, o en terrazas en colinas, uno en el drenaje de Lagartococha y el otro en el Putumayo. Ambos registraron 84 especies por cada 100 tallos, sin embargo compartían solamente una especie (*Ocotea javitensis*, Lauraceae) y aparentemente representaban dos tipos de flora diferentes: una similar al bosque de suelos ricos del Parque Nacional Yasuní, en Ecuador, y otra más similar a los bosques de suelos pobres de la localidad de Jenaro Herrera cerca de Iquitos, en Perú.

Patrones de vegetación a gran escala

Los botánicos neotropicales han empezado a examinar patrones a gran escala de riqueza dentro de la cuenca amazónica (ter Steege et al. 2006). Sin embargo, la mayor parte de nuestros conocimientos de distribuciones de plantas todavía depende sobremanera en datos de unas cuantas áreas, p. ej., el Parque Nacional Yasuní en Ecuador, áreas por los alrededores de Iquitos en Perú y la Reserva Ducke cerca de Manaos en Brasil. Seguimos teniendo tan sólo una mínima idea de cómo las distribuciones de plantas cambian entre estas áreas mejor estudiadas. Días antes de entrar al campo, Nigel Pitman nos envió un manuscrito no publicado describiendo el cambio de comunidad vegetal dentro de un transecto de 700 km desde los Andes ecuatorianos hasta el este del Perú. Pitman y sus colegas encontraron un área de movimiento abrupto de géneros cerca de la frontera entre Ecuador y Perú, con áreas hacia el oeste dominadas por una "oligarquía" de 150 especies típicas de áreas cercanas a Yasuní en Ecuador, y áreas hacia el este que representan la flora de la Amazonía central de Iquitos y Manaos.

Nuestro inventario proporcionó una oportunidad de valorar rápidamente cuan lejos este patrón se puede extender hacia el norte del río Napo. En general, nuestros sitios de inventario reflejan las características de la flora ecuatoriana. Sin embargo, en todos nuestros sitios encontramos algo de evidencia de una comunidad mixta. En Garzacocha y Aguas Negras, *Iriartea deltoidea* (Arecaceae) estaba prácticamente ausente, y Chrysobalanaceae y Myristicaceae eran elementos más dominantes con respecto a la flora. Pitman et al. identificaron *Nealchornea* (Euphorbiaceae) como uno de los géneros que varían dramáticamente en abundancia, cambiando de ausente o prácticamente ausente en Ecuador a más común en Perú. Sin embargo, en nuestro inventario, *Nealchornea* era relativamente común por todos lados.

Nuestro único representante verdadero de la flora de la Amazonía central fue encontrado fuera de nuestros sitios de inventario, en una terraza con una capa delgada de arena superficial 1 km al este de la comunidad de Tres Fronteras en el río Putumayo y aproximadamente 8 km al oeste del sitio de Aguas Negras. Las especies de aquí eran típicas de Jenaro Herrera, una estación biológica ubicada en suelos arenosos cerca de Iquitos, e incluían *Ophiocaryon heterophyllum* (Sabiaceae); *Iryanthera* cf. *lancifolia* (Myristicaceae); *Eschweilera coriacea* (Lecythidaceae, aunque esta especie es también la *Eschweilera* más común en Yasuní); una especie de *Inga*, *Licania* y *Protium*; y varias especialistas de suelos pobres como *Neoptychocarpus killipii* (Flacourtiaceae) y *Ampelozizyphus amazonicus* (Rhamnaceae).

Creemos que dentro de la Z.R. Güeppí, la flora de la Amazonía central crece en colinas y terrazas altas que se originan a lo largo del río Putumayo y se extienden con dirección oeste hacia adentro del área. Durante nuestro sobrevuelo en mayo de 2003, observamos grandes terrazas a lo largo del Putumayo cubiertas de troncos senescentes de *Tachigali setifera* (Fabaceae s.l.). Terrazas similares son obvias al norte y al sur del río Napo cerca de su confluencia con el río Curaray, así como en las colinas altas al norte de la unión del Aguarico y el Napo. Nuestro pensamiento actual es que la flora de la Amazonía central domina estas terrazas. Además, sospechamos que las terrazas al norte de Zábalo en el río Aguarico en Ecuador podrían representar la extensión más occidental de la flora de la Amazonía central, en base a observaciones aisladas que hicimos mientras andábamos con las pesadas mochilas a la espalda. *Neoptychocarpus* domina el sotobosque y las *Tachigali setifera* es común.

Especies globalmente comunes

Cada uno de los sitios que investigamos (en dos drenajes principales) tuvo elementos exclusivos, pero encontramos algunas especies en todos los sitios. Las palmeras amazónicas de amplia distribución estuvieron bien representadas, incluyendo *Bactris maraja*, *B. brongniartii*, *Euterpe precatoria*, *Oenocarpus bataua*, *Mauritia flexuosa* y *Socratea exorrhiza*. Sin embargo, la palmera más común fue *Attalea insignis*, una especie con un rango mucho más reducido. Otras de las especies de amplia distribución que estaban presentes en todos los sitios eran *Abuta grandifolia*, *Cecropia sciadophylla*, *Guarea macrophylla*, *Matisia malacocalyx*, *Nealchornea yapurensis*, *Ocotea javitensis*, *Parkia multijuga*, *P. velutina*, *Sorocea pubivena* var. *oligotricha*

y *Trichilia septentrionalis*. Especies de menor distribución eran también inesperadamente comunes aquí, p. ej., *Oxandra eneura* (Annonaceae) y *Warszewiczia schwackii* (Rubiaceae).

Un helecho translúcido, *Trichomanes pinnatum*, era siempre encontrado en la transición entre los frecuentemente inundados fondos de los valles y la terra firme. Dos especies de *Tachigali* eran comunes y estaban presentes en todos los sitios: una que llamabamos *T.* "formicarium" (con grandes hormigas de domacio en las bases de las hojas) y otra, *T. pilosula* (con suaves hojuelas de tonalidades casi naranjas en el envés y con pequeñas estípulas redondas en la base de las hojas).

Nuestra estadía coincidió con un periodo de germinación de plántulas, y encontramos varias especies germinando en todos los sitios de inventario, incluyendo *Dicranostyles* (Convolvulaceae), *Euterpe precatoria*, *Sterculia* (Sterculiaceae), *Trattinnickia* (Burseraceae) e *Hymenaea* (Fabaceae s.l.). Unas cuantas especies comunes eran de reproducción no sincronizada. *Psychotria iodotricha* (Rubiaceae), una de las especies de sotobosque más abundantes, era dominante en todos los sitios con excepción de Aguas Negras, aunque fue encontrada en flor y fruto sólo en uno o dos sitios.

TIPOS DE VEGETACIÓN Y DIVERSIDAD DE HÁBITAT

A través de todos los sitios, podemos definir a grandes rasgos tres tipos de hábitat: bajiales pantanosos con agua todo el año o estacionalmente inundados, colinas bajas y terrazas que raramente o nunca podrían inundarse, y colinas altas que a veces tienen terrazas altas. La mayor parte de la diversidad florística ocurrió en las colinas altas y en las terrazas altas. Otros hábitats fueron compartidos por diferentes sitios, p. ej., aguajales de *Mauritia*, así como la vegetación a lo largo de los lagos y ríos de aguas negras.

Hay varios hábitats importantes que no muestreamos durante el inventario, incluyendo las terrazas más arenosas de *Tachigali* al sur del río Putumayo y al norte del Aguarico; las colinas diseccionadas más altas ubicadas al norte de la unión de los ríos Napo y Aguarico; y las Lagunas de Cuyabeno, un área que aparentemente tiene superposición florística con el complejo lacustre de Lagartococha.

Debajo explicamos brevemente el panorama de cada sitio.

Garzacocha, Ecuador

Este fue uno de los dos sitios estudiados con diversidad relativamente baja. Observamos aproximadamente 400 especies, y estimamos que unas 700 ocurren aquí. La mayor parte del área está aparentemente inundada casi todo el año, y las pocas colinas bajas del área posiblemente sean islas durante los periodos con más agua. Así como ocurre con otros bosques de suelos pobres, el suelo del bosque está comprendido por montículos y la tierra está recubierta con una mata de raíces. Sin embargo, los suelos son universalmente arcillosos, sin tener arena aparente.

Huberodendron swietenioides (Bombacaceae), *Conceveiba terminalis* (Euphorbiaceae), *Warszewiczia schwackii*, *Guarea macrophylla* (Meliaceae) y *Compsoneura* (Myristicaceae) dominaban las colinas bajas. Muchas de las especies y géneros que encontramos en las colinas bajas tienen una amplia distribución en la Amazonía y son las más peculiares de los suelos más pobres, p. ej., *Oenocarpus bataua*, *Tachigali*, *Tovomita*, *Miconia tomentosa* (Melastomataceae), *Geonoma maxima* e *Hymenaea oblongifolia* (Fabaceae s.l.).

En un área más pequeña de colinas más altas encontramos flora marcadamente diferente con mayor diversidad, y muchas especies y géneros más comunes en suelos ricos como en Yasuní, Ecuador, p. ej., *Otoba glycycarpa*, *Virola flexuosa* y *V. duckei* (Myristicaceae); *Carapa guianensis* y varias *Guarea* (Meliaceae); *Besleria* (Gesneriaceae); *Piper* (Piperaceae) y *Heliconia* cf. *hirsuta* (Heliconiaceae). Aunque esta área está aislada, se percibe en las imágenes de satélite de forma similar a las colinas que se encuentran al este (lado peruano) del río Lagartococha.

Los bajiales entre las colinas están dominados por dos *Zygia* spp. (Fabaceae s.l.), *Oxandra sp.*(Annonaceae), *Cespedesia spathulata* (Ochnaceae), dos *Hirtella* spp. (Chrysobalanaceae) y *Mauritiella armata* (Arecaceae). Estas especies son también encontradas frecuentemente en las márgenes de los lagos y ríos de aguas negras.

Redondococha, Perú

Este fue el más diverso de los sitios que estudiamos, con ~700 especies observadas y ~2,000 especies estimadas para el área. Las colinas altas eran el hábitat dominante, pero con algunas colinas bajas, bajiales, márgenes de lagos de aguas negras similares a los de Garzacocha y un aguajal de *Mauritia*. En comparación a Garzacocha, los bosques de colinas eran muy heterogéneos, con mucho más evidencia de perturbaciones naturales, como deslizamientos de tierra, zonas de árboles caídos y una mucho mayor densidad de lianas, muchas de ellas incluso de gran tamaño.

La diversidad del sotobosque en Redondococha es alta, habiendo nuestros transectos de sotobosque de 100 tallos registrado 82 y 84 especies cada uno. Sin embargo, a diferencia de Yasuní, donde la diversidad se concentra en el sotobosque, en Redondococha tanto el sotobosque como el dosel son extremadamente diversos. En un lugar tan rico, casi todas las especies son raras. Sólo unas cuantas especies podrían ser consideradas comunes *Attalea insignis*, *Phenakospermum guyannense* (Strelitziaceae), *Psychotria iodotricha*, y en el dosel, *Cabralea canjerana* (Meliaceae). Tanto en Garzacocha como en Redondococha la abundancia y diversidad de epífitas es bastante baja, con pocas bromelias, orquídeas y trepadoras de troncos. Nuestros otros tres sitios de inventario, todos más cercanos a un río mayor y por consecuencia sujetos a condiciones de neblina por la noche y al amanecer, tuvieron mucho más diversidad de epífitas.

Güeppicillo, Ecuador

Observamos ~600 especies y estimamos que ~1,200 especies ocurren en el área. La relativamente alta diversidad en este sitio probablemente refleje una mayor diversidad en general de hábitats y tipos de suelos.

Pasamos un día entero estudiando el bosque en un punto medio entre los ríos Aguarico y Güeppicillo. Flores caídas de *Gordonia fruticosa* (Theaceae) y *Mollia* (Tiliaceae) eran sorprendentemente abundantes, y durante la caminata desde el Aguarico hacia el Güeppicillo, hubo un tramo de ~8 km ubicado en una terraza alta con algo de arena y grava, dominado por *Neoptychocarpus killipii*, con *Oxandra euneura* en el sotobosque y *Tachigali setifera* en el dosel. Aunque existe superposición florística con respecto a nuestros dos primeros sitios de la cuenca del Lagartococha, cerca de una tercera parte de la flora es aparentemente exclusiva.

Estudiamos una mezcla de colinas empinadas o ligeramente onduladas, a menudo con cimas planas y estrechas, cerca de nuestro campamento en Güeppicillo. Cada una de las cimas de las colinas albergaba aparentemente una flora distinta, y en general las especies tienen aquí distribuciones más agregadas que en Redondococha. Parte de la flora de las colinas estaba también presente en las áreas inundadas, lo que sugiere que las inundaciones podrían suceder rápidamente, y podrían así mismo drenar lo suficientemente rápido como para retener a las especies no adaptadas a condiciones anaeróbicas

Este sitio fue el primero en mostrar cierta clase de diversidad de suelos, con una capa arenosa y grava superponiendo a la arcilla en las cabeceras de las quebradas. Sin embargo, aquí no encontramos la flora característica de la Amazonía central, habiendo hallado tan sólo algunos *Neoptychocarpus killipii* aislados. Güeppicillo experimenta una mayor cantidad de humedad que cualquiera de los otros sitios estudiados, por lo que las plantas trepadoras de troncos, los helechos y las epífitas eran correspondientemente más diversas. Este índice de diversidad de epífitas es característico de Cuyabeno y Yasuní, así como del sitio de Panguana en nuestro inventario del área de cabeceras Nanay-Mazán-Arabela en Perú (Vriesendorp et al. 2007a).

Güeppí, Perú

En Güeppí, observamos ~500 especies y estimamos que ~900 especies ocurren aquí. Nuestros datos obtenidos de los transectos confirmaron nuestras impresiones de una diversidad más moderada en este sitio, con dos transectos con respectivamente 67 y 68 especies por 100 individuos. La especies dominantes en los transectos fueron *Sorocea steinbachii* (Moraceae) y una *Bauhinia* (Fabaceae s.l.) arbórea.

Observamos tres tipos de hábitat principales: una amplia expansión de terrazas bajas, un aguajal de *Mauritia* y una gran maraña de lianas inundada. La maraña de lianas era pobremente drenada o inundada y con montículos, y estaba cubierta por pequeños árboles

de menos de 10 m de alto y lianas. La diversidad era baja. Palmeras como *Socratea exorrhiza*, *Astrocaryum murumuru* y *Euterpe precatoria*, así como dos especies de *Brownea*, *B. grandiceps* y *B. macrophylla* (Fabaceae), eran dominantes.

En las terrazas bajas observamos evidencia de un sistema menos limitado por nutrientes con ocho especies de *Heliconia*, y una mayor diversidad y abundancia de *Ficus*. La diversidad de árboles de dosel disminuyó y era evidente la dominancia de unas cuantas especies como *Erisma uncinatum*, *Parkia velutina*, *P. multijuga* y una *Virola*. Este sitio tenía los signos más obvios de intervención humana, ya que las áreas cercanas al río estaban entrecruzadas con antiguas trochas de caza, y lugares con actividad maderera vigente a pequeña escala. Esta alteración del bosque promueve la regeneración de especies colonizadoras de áreas abiertas (claros), así que este sitio sostuvo muchas especies "pioneras", p. ej., *Apeiba membranacea* (Tiliaceae).

Aguas Negras, Perú

Observamos ~400 especies y estimamos que ~700 especies ocurren aquí. Este sitio es el único con un tipo de flora más perceptible de la influencia de Loreto, y los suelos son más arenosos que los de nuestros sitios anteriores. Sorprendentemente, la flora de este sitio tiene la mayor similitud con nuestro primer sitio en el drenaje de Lagartococha, con respecto a su generalmente baja diversidad, y al hecho de compartir algunas especies. Esto probablemente refleje que estos dos sitios son dominados por un hábitat frecuentemente inundado. Además del bosque inundado a lo largo de un pequeño río de aguas negras, muestreamos también colinas bajas separadas por bajiales.

Un curioso grupo de especies dominaba el sotobosque de las colinas, incluyendo la raramente colectada *Adenophaedra grandifolia* (Euphorbiaceae), una Lauraceae de hojas pequeñas y pocas nervaduras, *Calyptranthes bipennis* (Myrtaceae), *Ocotea javitensis* y *Paypayrola guianensis* (Violaceae). No registramos *Rinorea* (Violaceae), ni siquiera en nuestros estudios de transectos. Por lo general, Myristicaceae y Chrysobalanaceae tenían mayor prevalencia, y encontramos especies como *Ophiocaryon heterophyllum* (Sabiaceae), comunes en la reserva de Jenaro Herrera.

Un área estacionalmente inundada y con montículos a lo largo de la quebrada Aguas Negras albergó un ensamblaje de baja diversidad dominado por *Macrolobium acaciifolium* (Fabaceae s.l.), *Attalea butyracea* (Arecaceae), *Mabea speciosa* (Euphorbiaceae), una *Anaxagorea* (Annonaceae), *Sterculia* (Sterculiaceae) y *Astrocaryum jauari* (Arecaceae).

Vegetación de los lagos de aguas negras (Garzacocha y Redondococha)

Una flora predecible crece en la mayoría de lagos o lagunas de aguas negras. El árbol emergente característico es *Macrolobium acaciifolium* (Fabaceae s.l.), generalmente entremezclado con árboles más pequeños y arbustos de *Genipa spruceana* (Rubiaceae), *Bactris riparia* (Arecaceae), *Symmeria paniculata* (Polygonaceae), *Myrciaria dubia* (Myrtaceae, fuente de los famosos frutos de camu camu) y matas flotantes de gramalote, *Hymenachne donacifolia* (Poaceae), y del helecho *Salvinia auriculata*. Los altos diques del río de aguas negras Lagartococha tienen algunas de estas especies, pero también una colección más diversa de árboles y lianas que pueden tolerar inundaciones frecuentes, p. ej., los distintivos *Astrocaryum jauari* (Arecaceae), *Pseudobombax munguba* (Bombacaceae), *Mouriri acutiflora* (Memecylaceae), *Securidaca divaricata* (Polygalaceae) y *Rourea camptoneura* (Connaraceae).

Ajuajales o moretales de *Mauritia*

Los pantanos de *Mauritia flexuosa* son colectivamente conocidos como "aguajales" en el Perú o como "moretales" en Ecuador. Estas ciénagas varían tremendamente en cuanto a composición florística, y a veces tienen en común solamente la palmera *Mauritia*. Durante el inventario, los aguajales variaron desde aquellos con sólo unas cuantas *M. flexuosa* o incluso una especie relacionada más pequeña que se encuentra en aguas más ácidas (*Mauritiella armata*, en Garzacocha), hasta pantanos tan dominados por *Mauritia* que aparecen como una mancha púrpura en la imagen de satélite (Redondococha, Fig. 2C). En todas las áreas con

Mauritia observamos *Euterpe precatoria* (Arecaceae), una *Sterculia* sp. (Sterculiaceae) y una de varias *Bactris* spp. (a menudo *B. concinna*, Arecaceae).

En nuestro sitio de Güeppí, los aguajales tenían *Mauritia* sólo ocasionalmente y estaban cubiertas de un extensivo bambú (cf. *Chusquea*, Poaceae). Aquí, las especies de terra firme descendieron hacia el aguajal, incluyendo *Minquartia guianensis* (Olacaceae) y especies de *Inga*, *Sterculia*, *Virola* y *Tovomita*. En Güeppicillo, los aguajales tenían unas cuantas *Mauritia*, aunque menos especies de terra firme. En cambio, documentamos *Bactris concinna*, una extraordinariamente abundante *Ischnosiphon* (Marantaceae) y una *Tovomita* sp. (Clusiaceae). En Aguas Negras, las colinas son interrumpidas aproximadamente cada 200 m por áreas frecuentemente inundadas, que contenían algunas *Mauritia*, *Euterpe precatoria*, *Cespedesia spathulata* (Ochnaceae) dispersas, y un conjunto de especies que se desbordaban desde el bosque de colinas, incluyendo *Tovomita weddelliana* (Clusiaceae), *Parkia* spp., *Hevea guianensis* (Euphorbiaceae), *Xylopia parviflora* (Annonaceae) y varias especies de Chrysobalanaceae. Durante periodos de mucha lluvia, el agua fluye activamente a través de estas áreas pantanosas hacia la quebrada Aguas Negras.

DISTRIBUCIONES DE PLANTAS INFLUENCIADAS POR EL SER HUMANO

Existe un creciente reconocimiento del grado en el que las poblaciones amerindias han tenido una influencia histórica en distribuciones de plantas (p. ej., castañas; Mori y Prance 1990; R. Gribel, datos sin publicar). Reportamos cierta evidencia anecdótica de nuestras experiencias con los Cofan. En Redondococha observamos *Mauritiella armata* (Arecaceae), una especie restringida a Ecuador hacia el este de la selva baja amazónica. Para sorpresa nuestra, L. C. Lucitante, una de nuestras colegas Cofan del piedemonte andino, conocía la especie, e inclusive tenía un nombre para ésta: *fana*. Hace más de 40 años, su abuela había conseguido la especie durante un viaje a Iquitos, y la había replantado en Chandia N'ae, el asentamiento Cofan ubicado en la base de los Andes cerca de la Reserva Ecológica Cofan-Bermejo.

Luego de este inventario, los Cofan retornaron a casa con frutos deliciosos de por lo menos una especie de *Pouteria*, así como con bulbos de *Phenakospermum guyannense* (Strelitziaceae) para cultivar dado su valor estético. Con esta evidencia anecdótica de los Cofan plantando especies útiles y ornamentales, continuamos preguntándonos si el registro de selva baja de *Billia rosea* (Hippocastanaceae) en el Territorio Cofan Dureno podría tratarse de una semilla resembrada (Vriesendorp et al. 2007b).

ESPECIES NUEVAS, REGISTROS POR PAÍS Y RAREZAS

Es virtualmente imposible confirmar nuevas especies de plantas dentro de grandes géneros sin la ayuda de especialistas. Sin embargo, con el apoyo del *Catálogo de Plantas Vasculares del Ecuador* (Jørgensen y León-Yánez 1999) y el *Catálogo de Plantas en Flor y Gymnospermas del Perú* (Brako y Zarucchi 1993), así como mediante los cinco años de información suplementaria para estos catálogos, podemos compilar una lista preliminar de rarezas, nuevos registros de país y posiblemente especies nuevas.

Nuestro mayor descubrimiento durante este inventario fue una planta que aparenta representar un nuevo género de Violacea, con frutos grandes y sólidos, así como con inflorescencias axilares (Fig. 4C). Colectamos esta especie en Güeppicillo, pero encontramos otros individuos en Güeppí. Cuando retornamos a Iquitos y visitamos el Herbario Amazonense, encontramos un espécimen estéril colectado al norte del Napo por Pitman y sus colegas, y luego descubrimos colecciones estériles del mismo en Yasuní.

Tenemos una lista en borrador de especies potencialmente nuevas, incluyendo una *Xylopia* con hojas y cálices grandes y hirsutas, una *Mollinedia* (Monimiaceae) con frutos y hojas grandes (Fig. 4H), un árbol de *Guarea* cuya corteza estaba pelándose y con numerosas folílios diminutos, una Lauracea que colectamos con abundantes flores y hormigas que nos infligían dolorosas picaduras y un *Vitex* (Verbenaceae) con enormes folíolos.

Varios registros representan aparentemente los primeros para Perú o Ecuador. En Aguas Negras, encontramos una especie de *Amasonia* (Verbenaceae, Fig. 4B), la cual es nueva para Perú. Encontramos frutos caídos de un árbol *Chaunochiton* (Olacaceae, Fig. 4F), un nuevo género para Ecuador, en la trocha entre los ríos Aguarico y Güeppicillo. En Redondococha, encontramos dos parches de una palmera rara, *Ammandra dasyneura*, un nuevo género para Perú (Fig. 4D). A lo largo del bajo río Güeppí, cerca de Güeppicillo, encontramos una *Thyrsodium* (Anacardiaceae) floreando, un nuevo género para Ecuador. *Neoptychocarpus* no está registrada en el catálogo ecuatoriano; sin embargo, R. Foster y sus colegas colectaron *N. killipii* cerca de Zábalo en 1998.

OPORTUNIDADES, AMENAZAS Y RECOMENDACIONES

Durante muchos de nuestros inventarios rápidos hemos utilizado helicópteros, los cuales nos permitieron un fácil y directo acceso a los remotos interiores de las áreas de interés. En contraste, viajamos en bote y a pie durante este inventario, lo cual nos dio una visión mucho más completa del grado de intervención humana (p. ej., tala ilegal y cacería furtiva) alrededor de los bordes de la Z.R. Güeppí y la R.P.F. Cuyabeno. No obstante, el acceso al interior de estas áreas ha sido bastante difícil, y esto permanece así hasta el presente. Entonces, la flora y fauna del corazón de estas áreas han disfrutado de un importante grado de protección debido al limitado acceso del ser humano.

La R.P.F. Cuyabeno y la Z.R. Güeppí albergan comunidades de plantas entre las más diversas del mundo. Aquí, los bosques de suelos ricos de la Amazonía ecuatoriana se encuentran con los suelos pobres de Loreto. Sin embargo, sólo una de estas hiper-diversas floras se encuentran verdaderamente protegidas, con la R.P.F Cuyabeno y el Parque Nacional Yasuní acogiendo juntos 1.7 millones de hectáreas en Ecuador.

En Perú, áreas existentes como Pacaya-Samiria y Allpahuayo-Mishana protegen várzea (bosques inundados ubicados a lo largo de ríos de aguas blancas) o bosques de arena blanca. La Z.R. Güeppí representa una tremenda oportunidad para proteger la excepcional flora de terra firme de Loreto. Recomendamos la categorización inmediata de la Z.R. Güeppí—declaración oficial del Parque Nacional Güeppí, la Reserva Comunal Airo Pai y la Reserva Comunal Huimeki—y una implementación integrada de estas tres áreas.

Cualquier actividad a gran escala (agricultura, tala, infraestructura para petróleo) que genera una deforestación extensa amenaza la vegetación de la región. Las poblaciones de especies maderables son escasas pero viables en las planicies aluviales de la Z.R. Güeppí y la R.P.F. Cuyabeno, y observamos evidencia dispersa de tala ilegal. Las especies maderables, incluyendo tornillo (*Cedrelinga cateniformis*, Fabaceae) y cedro (*Cedrela odorata*), están amenazadas no sólo en la Z.R. Güeppí, sino también por toda la Amazonía. Para prevenir la extinción de las especies, necesitamos proteger áreas que puedan albergar poblaciones fuente, como la Z.R. Güeppí y la R.P.F. Cuyabeno, y asegurar que estas áreas tengan un sistema de protección operativo y efectivo, y que estén realmente a salvo de la tala ilegal.

Recomendamos inventarios de otros hábitats importantes que no muestreamos durante el inventario: las terrazas arenosas de *Tachigali* entre el río Putumayo y el drenaje del río Aguarico (porque podrían representar la extensión más occidental de parte de la flora de la Amazonía central); los bosques de colinas en el centro de la Z.R. Güeppí; y las Lagunas de Cuyabeno, un área que posiblemente se superponga en términos de florística con el complejo de Lagartococha.

Finalmente, tanto el río Napo como el Putumayo se originan de las quebradas andinas. La deforestación en los Andes, o en cualquier otro sitio ubicado aguas arriba, va a ocasionar un incremento de sedimentación en ambas cuencas, así como fluctuaciones extremas adicionales en los niveles fluviales. La exitosa protección de la Z.R. Güeppí, la R.P.F. Cuyabeno y el Parque Nacional Natural La Paya (adyacente, en Colombia) dependerán de un manejo coordinado a través de las fronteras políticas, y debe incluir la cuenca completa tanto en el caso del Napo como el Putumayo.

PECES

Autores/Participantes: Max H. Hidalgo y Juan F. Rivadeneira-R.

Objetos de conservación: La población de paiche (*Arapaima gigas*), el pez más grande de la Amazonía y única especie CITES; la población de arahuana (*Osteoglossum bicirrhosum*), especie muy explotada como ornamental; poblaciones de tucunaré (*Cichla monoculus*) y acarahuazú (*Astronotus ocellatus*), especies de valor comercial de consumo y ornamental, abundantes en la cuenca del río Lagartococha; especies pequeñas altamente explotadas en la pesquería ornamental de los géneros *Hyphessobrycon*, *Carnegiella*, *Corydoras*, *Apistogramma* y *Mesonauta*; ecosistemas acuáticos lénticos de aguas negras (lagunas, bosques inundables) que son áreas de reproducción y alimentación de juveniles de especies como el tucunaré y el acarahuazú; cabeceras de los ríos Lagartococha, Peneya y Güeppí que albergan especies de peces que dependen del bosque amazónico

INTRODUCCIÓN

La diversidad de peces que existe en las cuencas de los ríos Putumayo y Napo es muy alta; se estima que albergarían entre 400 a 500 especies de peces respectivamente (Stewart et al. 1987; Barriga 1994; Ortega et al. 2006). Sin embargo, poco o nada se conoce acerca de la ictiofauna que habita el interfluvio en el área de la frontera trinacional Ecuador-Perú-Colombia que corresponde al corredor de gestión de los tres países, área precisamente ubicada entre estas dos cuencas.

Nuestro estudio de peces se centró en la parte sur del corredor de gestión: la Reserva de Producción Faunística Cuyabeno (en Ecuador) y la Zona Reservada Güeppí (en Perú), así como las cabeceras de los ríos Lagartococha, Güeppí y Peneya. Los objetivos específicos de nuestra evaluación fueron identificar y determinar la composición, el estado de conservación y potenciales objetos de conservación para las comunidades de peces que habitan en esta región.

MÉTODOS

Trabajo de campo

Durante 15 días efectivos de trabajo de campo estudiamos la mayoría de hábitats acuáticos de los sistemas hídricos del río Lagartococha (cuenca del Aguarico, tributario del Napo), y ríos Güeppí y Aguas Negras (cuenca del río Putumayo).

Efectuamos colectas diurnas y nocturnas en 24 estaciones de muestreo, que incluyeron ríos, lagunas, y quebradas de aguas negras y claras, así como áreas inundadas ("bajiales") y aguajales. En el río Putumayo no hicimos muestreos.

De todas las estaciones de muestreo, entre un 60% y 70% de ellas correspondieron a aguas negras, y las restantes fueron aguas claras o una mixtura de éstas dos. Anotamos en cada estacíon de muestreo la altitud, las coordenadas geográficas y UTM, y también registramos las características básicas del ambiente acuático (Apéndice 4). Conversaciones con los Secoya, Cofan y mestizos permitieron documentar otras especies no capturadas en los muestreos y sus nombres comunes respectivos.

Colecta y análisis del material biológico

Utilizamos diversas artes de pesca: una red de arrastre grande (6 m de largo por 1.5 m de alto), dos redes de arrastre medianas (2 m de largo por 1.5 m de alto), una atarraya (1.5 m de diámetro), una red agallera pequeña (10 m de largo por 1.5 m de alto y de 3 centímetros de ojo de red), una red agallera grande (40 m de largo por 2 m de alto, malla mixta de 1.5 a 3 pulgadas) y una red de mano. El 80% de las capturas fueron fijadas como muestras, en especial grupos de difícil identificación (p. ej., carácidos y silúridos pequeños). Los peces mayores de 25 cm fueron identificados en campo y en su mayoría liberados. Los ejemplares muertos en la red o parcialmente comidos fueron llevados al campamento como muestras o para consumo.

Fijamos las muestras con formol al 10% por 24 h siendo luego envueltas en gasas humedecidas en alcohol etílico al 70% para su transporte final en bolsas o fundas. Diariamente identificamos los especímenes colectados, utilizando como apoyo algunas guías (Galvis et al. 2006). El material biológico colectado formará parte de las colecciones de peces del Museo de Historia Natural (UNMSM, en Lima) y del Museo Ecuatoriano de Ciencias Naturales (MECN, en Quito). Algunas de las identificaciones en el campo no fueron precisas hasta especie, presentándose como "morfoespecies" (p. ej., *Pimelodella* sp.1, *Pimelodella* sp.2) aquellas que requieren de una revisión más detallada en laboratorio. Esta metodología ha sido aplicada en otros Inventarios Biológicos Rápidos, como las cabeceras Nanay-Mazán-Arabela (NMA), Ampiyacu-Apayacu-Yaguas-Medio Putumayo (AAYM) y Dureno (Hidalgo y Olivera 2004; Hidalgo y Willink 2007; Rivadeneira et al. 2007).

RESULTADOS

Presentamos las características básicas del ambiente acuático en el Apéndice 4.

Riqueza, abundancia y composición

La Reserva de Producción Faunística (R.P.F.) Cuyabeno y la Zona Reservada (Z.R.) Güeppí contienen una alta diversidad de peces, registrada en poco más de dos semanas de trabajo efectivo de campo. De los 3,098 individuos registrados (~98% fue colectado), obtuvimos una lista sistemática de 184 especies correspondiente a 120 géneros, 34 familias y 9 órdenes (Apéndice 5). Estimamos de 260 a 300 especies, que la situarían entre las regiones con más alta diversidad íctica tanto de Perú como de Ecuador. Esta riqueza significa el 47% de lo reportado para el Parque Nacional Yasuní (PNY) (Barriga 1994), el 38% de la cuenca del río Napo (Stewart et al. 1987) y el 61% del Putumayo (Ortega et al. 2006). Comparando la riqueza registrada con otros Inventarios Rápidos Biológicos en Perú, se encontraría en tercer lugar luego de Yavarí (240 spp., Ortega et al. 2003) y de AAYM (207 spp., Hidalgo y Olivera 2004), y por encima de NMA (154 spp., Hidalgo y Willink 2007). Estos resultados confirman que Loreto es la región más diversa en peces de agua dulce en el Perú.

La estructura taxonómica de la ictiofauna de la R.P.F. Cuyabeno y la Z.R. Güeppí muestra a los Characiformes como el grupo más variado, con 98 especies (53% del total), y en segundo lugar a los Siluriformes, con 49 especies (27%). Esta dominancia es característica del llano amazónico y ha sido registrada en PNY, en NMA, en AAYM y en las cuencas del Napo y Putumayo.

La ictiofauna del área de conservación Güeppí-Cuyabeno contiene elementos compartidos de la fauna de peces ecuatoriana y peruana, pero con mayor similaridad a esta última, lo que se refleja en el mayor número de nuevos registros para Ecuador (17 vs. 6 de Perú). Sin embargo, a medida que vayamos identificando las especies indeterminadas de nuestra lista final (74 spp., 40% del total registrado) podría aumentar la cantidad de nuevos registros para los dos países, incluyendo potenciales especies nuevas para la ciencia.

De las 184 especies que registramos en nuestro inventario, al menos unas 40 (22%) no han sido reportadas ni en PNY, ni en el Napo, y 38 especies (20%) en el Putumayo. Las principales diferencias se encuentran en la composición específica de varios pequeños carácidos y silúridos que habitan las quebradas de bosque o de cabeceras y cuerpos lénticos cercanos, en especial aguajales. Estos hábitats han sido poco estudiados previamente debido quizás al difícil acceso. Sin embargo, varias de las especies grandes de la ictiofauna (como el paiche, la arahuana, el tucunaré y el acarahuazú) están presentes en estas otras regiones.

Comparando con el reciente inventario en NMA, aproximadamente 160 km al sur de la R.P.F. Cuyabeno y la Z.R. Güeppí (Hidalgo y Willink 2007), la similaridad resultó relativamente baja (aproximadamente 27% de nuestro total). Considerando que NMA se ubica en una región de cabeceras y que presenta mayor número de especies de peces de piedemonte andino que la R.P.F. Cuyabeno y la Z.R. Güeppí, resultados esperados, a pesar de que parte de NMA corresponde a la cuenca del río Napo.

La R.P.F. Cuyabeno y la Z.R. Güeppí contienen una mixtura de aguas negras y claras, zonas de cabeceras, divisorias de aguas, áreas inundables y una interesante dinámica hidrológica y de liberación de nutrientes (Fig. 22) que explicaría la gran abundancia y riqueza de especies en estos sistemas acuáticos con escasa productividad primaria (ver el capítulo de geología, hidrología y suelos). Por ejemplo, los cambios rápidos del nivel de agua de las lagunas favorecerían a especies grandes, como el paiche, en la búsqueda de alimento durante las crecientes; y especies ilióĝafas (que comen barro), como boquichicos y curimátidos, aprovecharían los nutrientes que son depositados en los fondos de las lagunas. En otros casos, cuando las aguas blancas de los ríos Aguarico y Putumayo represan las aguas negras de los ríos Lagartococha y Güeppí, ingresando varios

Fig. 22. La dinámica hidrológica y de nutrientes.

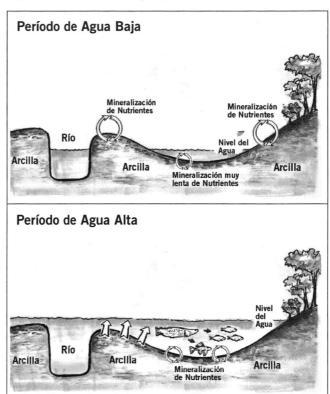

kilómetros aguas arriba en sus cauces, favorecería la migración de especies más frecuentes de aguas blancas, como algunos bagres (*Pinirampus pinirampu, Calophysus macropterus*), que se alimentan de otros peces, como Characiformes, que se desplazan en cardúmenes.

A continuación detallamos los resultados por cada sitio.

Garzacocha

Identificamos 76 especies de peces entre 1,156 individuos colectados u observados (41% y 37% del total del inventario, respectivamente), que taxonómicamente corresponden a 57 géneros, 23 familias y 5 órdenes. Este sitio presentó la mayor abundancia del inventario y fue segundo en riqueza. La composición estuvo dominada por Characiformes (con 41 especies) y Siluriformes (con 14 especies), 54% y 18% para este sitio respectivamente.

En cuanto a familias, Characidae fue la más rica, con 25 especies (33% de las especies observadas en Garzacocha), e incluye diversas especies pequeñas de sardinas o mojarritas: *Hyphessobrycon* aff. *agulha*,

Hemigrammus ocellifer y *Moenkhausia collettii* fueron las más comunes y abundantes en este sitio.

En la laguna Garzacocha los cíclidos grandes, como el tucunaré (*Cichla monoculus*, Fig. 5D) y otros bujurquis o viejas, como *Heros efasciatus*, *Mesonauta* sp., *Aequidens tetramerus* y *Apistogramma* sp., fueron frecuentes y fáciles de observar en cardúmenes cerca de las orillas con o sin vegetación. Observamos además adultos y juveniles de tucunaré en nuestras capturas con redes, lo que indicaría a Garzacocha como sitio de reproducción y crianza para esta especie. Aunque con menor abundancia que el tucunaré, observamos también al acarahuazú (*Astronotus ocellatus*) en estados similares. Hábitats lénticos de aguas negras como Garzacocha son los preferidos por estas especies.

En la laguna también fue notable la gran densidad poblacional de varias especies de pirañas. De estas, la piraña roja (*Pygocentrus nattereri*) fue la más abundante y frecuente en las capturas, tanto en Garzacocha como en el río Lagartococha. El hecho particular de que casi el 100% de los individuos capturados de esta especie estuvieran parasitados (músculo y piel) nos llamó mucho la atención. Pensamos que podría existir alguna relación entre la gran densidad de aves acuáticas y la temperatura relativamente alta del agua de la laguna, lo que incrementaría la densidad de los parásitos y consecuentemente la parasitosis. (Estudios más específicos son necesarios para entender estos procesos y sus efectos sinérgicos sobre otras especies ictiófagas.)

En el río Lagartococha observamos paiche (*Arapaima gigas*, Fig. 5B). Este gigante amazónico fue relativamente fácil de detectar por su conspicuo comportamiento de salir a respirar sobre la superficie del agua. Pudimos observar al menos cuatro individuos que alcazaban 1 m de longitud total, claramente jóvenes inmaduros, siendo la talla mínima de captura de 1.60 m para la Amazonía peruana (Resolución Ministerial N° 147-2001-PE, Ministerio de Pesquería). La presencia de individuos de esta talla en Lagartococha sería un indicador del proceso de recuperación de las poblaciones de paiche, luego de la explotación que han sufrido los recursos faunísticos en la zona para abastecer a las bases militares (R. Borman com. pers.).

De manera general, la abundancia de peces en el río Lagartococha y la laguna Garzacocha es alta, lo que también se deduce por la presencia de muchos depredadores ictiófagos, como el paiche, anguila eléctrica, pirañas, chambiras, caimanes, delfines y aves acuáticas.

Redondococha

Identificamos 87 especies de peces entre un total de 932 individuos colectados u observados (47% y 30% del total del inventario, respectivamente), que corresponden a 68 géneros, 24 familias y 6 órdenes. Este sitio presentó la mayor riqueza de especies y la segunda mayor abundancia del inventario. La composición estuvo dominada por los Characiformes y Siluriformes, con 58 y 13 especies respectivamente (67% y 15% de las especies registradas en este sitio).

En términos de familias, Characidae fue la más variada, con 35 especies (40% de las especies en Redondococha) e incluye algunas especies de *Moenkhausia*, *Hemigrammus* e *Hyphessobrycon*. Otras familias, como Gasteropelecidae de la que registramos *Carnegiella strigata* y *Gasteropelecus sternicla*, fueron relativamente comunes tanto en la laguna como en las quebradas. Las tres especies más abundantes de Redondococha fueron dos pequeños carácidos (*Moenkhausia lepidura* y *Hemigrammus* sp.) y un curimátido (*Steindachnerina* cf. *argentea*), que constituyen el 20% de la abundancia para el sitio.

En Redondococha el tucunaré y otros cíclidos fueron abundantes, al igual que en Garzacocha. La presencia de juveniles de estas especies nos indica que la laguna es una zona de reproducción y crianza. En el río Lagartococha y en la zona de la laguna Redondococha próxima al canal del río, pudimos registrar especies más frecuentes de aguas blancas, como el boquichico o bocachico (*Prochilodus nigricans*), bagres medianos (*Pimelodus blochii* y *Pinirampus pinirampu*) y otras especies de curimátidos grandes, como la llambina o llorón (*Potamorhina altamazonica*). El paiche fue menos evidente en este sitio.

Las quebradas del bosque, a pesar de ser pequeñas, albergan una moderada riqueza de especies (en promedio 26), entre las que destacan peces ornamentales como *Hyphessobrycon copelandi*, *Hyphessobrycon* aff. *agulha*,

Corydoras rabauti y *Apistogramma* aff. *cacatuoides* (Fig. 5E).

Güeppicillo

Identificamos 70 especies entre 516 individuos capturados u observados, significando el 38% y 17% respectivamente del total del inventario. Estos resultados corresponden a 50 géneros, 16 familias y 6 órdenes. Este sitio es el tercero en cuanto a riqueza y abundancia de individuos. A partir de este sitio la diversidad empieza a disminuir hasta el final del inventario. Los Characiformes (45 spp.) y los Siluriformes (12 spp.) son los grupos ícticos dominantes; representan el 64% y 17% de la riqueza encontrada.

La composición de la ictiofauna encontrada en este sitio se caracterizó por una dominancia de la familia Characidae, con 32 especies (46% de las especies en Güeppicillo), donde especies como *Hemigrammus* sp., *Knodus* sp, *Moenkhausia collettii* e *Hyphessobrycon* aff. *agulha* representan el 38% de los individuos encontrados.

Este sitio fue el más cercano al área inundable del río Güeppí, lo que permitió muestrear más tiempo este cuerpo de agua. Sin embargo, el alto nivel de las aguas, la ausencia de orillas y la considerable profundidad del canal (de 4 a 5 m) tanto del Güeppicillo como del Güeppí, influyeron en la efectividad de las capturas, estando los peces más dispersos. Por esta razón, a pesar de que los Cofan mencionaron que la arahuana es común en el Güeppí, no se pudo capturar ni observar alguna.

Los sábalos (*Brycon cephalus*) fueron relativamente frecuentes en la pesca con anzuelos. En las quebradas de aguas claras en el bosque encontramos *Astyanacinus multidens* y *Astyanax bimaculatus*, que tienden a ser más abundantes en el pie de monte andino (Hidalgo obs. pers.), lo que nos indicaría que probablemente estas quebradas son cabeceras del Güeppí. Además, en este sitio la ausencia de grandes lagunas de aguas negras, como en el río Lagartococha, refleja una disminución de la diversidad de cíclidos grandes (como el tucunaré y el acarahuazú) y registramos otros géneros que prefieren aguas claras (como *Bujurquina*).

Güeppí

Identificamos 65 especies entre 205 individuos capturados u observados (35% y 7% del total del inventario, respectivamente), que taxonómicamente corresponden a 45 géneros, 18 familias y 6 órdenes. Los grupos de peces mejor representados fueron los Characiformes y Siluriformes, con 34 y 21 especies (52% y 32%, respectivamente).

La familia dominante fue Characidae, con 22 especies (lo que equivale al 34% de la composición registrada) entre las que tenemos *Moenkhausia colletii*, *M. ceros* e *Hyphessobrycon* cf. *loretoensis*, especies dominantes que abarcan el 30% de los individuos colectados.

En este sitio la abundancia se redujo notablemente a menos de un 25% de lo capturado en los campamentos Garzacocha y Redondococha del río Lagartococha. La ausencia de grandes lagunas puede explicar en parte esta drástica disminución. Además observamos que en aguajales y quebradas la abundancia era mucho menor (p. ej., en muchos de los lances de la red de arrastre no se atrapó individuos; en contraste, en Lagartococha en cada lance capturamos más de 50 individuos). Con mayor probabilidad, la cercanía a las cabeceras del Güeppí y Lagartococha corrobora la teoría del río continuo (Vannote et al. 1980), donde la diversidad de las zonas bajas es mayor que en las zonas altas debido al aumento de la complejidad del hábitat.

Las lagunas en el río Güeppí incrementaron la riqueza para este sitio, en las que capturamos mayor número de especies medianas (20 cm longitud estándar), como lisas (*Rhytiodus argenteofuscus*) y bagres (*Calophysus macropterus* y *Pimelodus blochii*). La cercanía al río Putumayo de esta parte del Güeppí explica la presencia de estas especies más abundantes de las aguas blancas.

Si bien la riqueza de especies de nuestras capturas en la cuenca del Güeppí no fue muy alta, asumimos que ésta debe ser mucho mayor, lo que deducimos por la presencia de delfines (*Sotalia fluviatilis* e *Inia geoffrensis*) y lobo de río (*Pteronura brasiliensis*), especies que consumen grandes cantidades de peces en su dieta diaria (ver capítulo Mamíferos).

Aguas Negras

Registramos 37 especies entre 289 individuos colectados u observados, que corresponden al 20% y 9% de lo registrado en el inventario. Taxonómicamente, estas especies se distribuyen en 29 géneros, 18 familias y 6 órdenes. Este campamento fue el que registró la menor riqueza y el penúltimo en abundancia. Los órdenes dominantes fueron Characiformes (28 spp.) y Siluriformes (5 spp.), 76% y 14% del total, respectivamente.

La composición de la ictiofauna en cuanto a familias presentó una dominancia de Characidae (16 especies, 43% para el sitio), de las cuales *Hyphessobrycon* aff. *agulha* fue la más abundante (62 individuos, 21% de la abundancia), seguido de *Moenkhausia collettii* (46 individuos, 16% de la abundancia).

Este sitio corresponde al menos rico en especies. La quebrada Aguas Negras inundó gran parte del bosque por encima de 1 m, lo que propició una gran dispersión de los peces. Además, a diferencia de los campamentos previos, éste fue el único que no se ubicó sobre algún río mediano (como el Lagartococha y el Güeppí), considerando a Aguas Negras como una quebrada grande. Sin embargo, varios registros nuevos (siete especies) incrementaron nuestra lista total, entre los que se incluyen una probable nueva especie de loricárido. También fue el único sitio donde pudimos observar varios individuos adultos de arahuana: tres frente al campamento y uno en la cocha Aguas Negras.

Especies amenazadas

Las grandes extensiones del sistema río-lagunar Lagartococha albergan al menos una población de paiche, la única especie íctica de la Amazonía categorizada en CITES Apéndice II. A pesar de su enorme importancia en la pesquería comercial, el paiche está poco protegido en el Perú (sólo en la Reserva Nacional Pacaya Samiria y el Parque Nacional Purús) y en el Ecuador (Parque Nacional Yasuní y Reserva de Producción Faunística Cuyabeno). Otras especies de importancia, como la arahuana (*Osteoglossum bicirrhosum*), el tucunaré (*Cichla monoculus*) y el acarahuazú (*Astronotus ocellatus*), fueron comunes en el área y utilizan las lagunas como áreas de reproducción.

La arahuana es la especie de mayor importancia económica de la pesquería ornamental en el Perú, sin embargo no se encuentra protegida por alguna norma que regule tallas mínimas de captura, prohibición de extracción y comercialización de alevinos y juveniles, o vedas de pesca, como sí ocurre con el paiche, el tucunaré y el acarahuazú. Se debe considerar que la arahuana posee una muy baja tasa de fecundidad, que madura sexualmente luego de los dos años, que no es una especie migratoria y que la extracción de juveniles para su comercio implica la mayoría de las veces la muerte de los padres (Moreau y Coomes 2006). Por lo que la explotación de este recurso sin algún tipo de plan de manejo o control es una fuerte amenaza para la especie.

Nuevos registros

Para el Ecuador, registramos 17 especies que no figuran en las listas de ictiofauna ecuatoriana (Barriga 1991, 1994; Reis et al. 2003), entre las que tenemos *Moenkhausia intermedia*, *Serrasalmus spilopleura*, *Tyttocharax cochui*, *Gymnotus javari* y *Ochmacanthus reinhardtii* (Apéndice 5).

Para el Perú, al menos seis especies no constan en las listas de la ictiofauna peruana (Ortega y Vari 1986; Chang y Ortega 1995) ni en la reciente base de datos no publicada de los peces de las aguas continentales del Perú (Ortega y colaboradores, en preparación). Entre las que constan *Leporinus* cf. *aripuanaensis*, *Bryconops melanurus*, *Hemigrammus* cf. *analis*, *Corydoras* aff. *melanistius*, *Rivulus* cf. *limoncochae* y *Steindachnerina* cf. *argentea*.

Nuevas especies

Tenemos al menos tres probables especies nuevas para la ciencia: *Hypostomus* cf. *fonchii* (Fig. 5A), *Tyttocharax sp.* y *Characidium* sp. 1. De las cuales, la primera es muy similar en morfología a la especie nueva encontrada en el Inventario Biológico Rápido de Cordillera Azul (de Rham et al. 2001; Weber y Montoya-Burgos 2002), sin embargo a la fecha sólo es conocida del material tipo y eventualmente considerada endémica de esta área. De tratarse de la misma especie, se incrementaría enormemente el rango de distribución de este *Hypostomus*.

AMENAZAS

- Pesca indiscriminada por comerciantes de carne de monte (que abastecen a los cuarteles militares de la zona) con el uso de ictiotóxicos que afectan a todos los grupos faunísticos.

- Actividades petroleras en la zona. Los impactos generados por esta actividad, tanto en la fase de exploración como de explotación, pueden ser más fuertes, negativos y sinérgicos a mediano y largo plazo.

- El aumento de los sedimentos en los hábitats acuáticos causado por la pérdida de la cobertura vegetal de las orillas. Esto produce cambios en la condición natural del microhábitat, afectando a las especies (reducción de alimento disponible y de refugios, por lo tanto disminución de la diversidad).

- La deforestación, la tala ilegal y el establecimiento de pastos o áreas de cultivos pueden generar pérdida de hábitats y desaparición de especies ícticas en la zona. Muchas especies dependen del bosque como fuentes de alimento y de regulación de condiciones microclimáticas (temperatura, radiación solar, etc.).

- La pesca ilegal de especies ornamentales puede originar sobreexplotación de estos recursos. La presencia de especies ornamentales en el área eventualmente atraerá un mayor número de comerciantes ilegales de fauna, que como es de conocimiento local y del INRENA (Perú), buscan especies ornamentales, como arahuana (*Osteoglossum bicirrhosum*), corredora (*Corydoras rabauti*) y bujurqui (*Apistogramma* aff. *cacatuoides*), que son extraídas para su comercialización en Colombia, sin que exista estadística de esta actividad en el Perú.

RECOMENDACIONES

Protección y manejo

- Proteger el corredor de gestión (incluyendo la R.P.F. Cuyabeno, la Z.R. Güeppí y el Parque Nacional Natural La Paya en Colombia), que permitirá conservar recursos ícticos importantes, como paiche, arahuana, tucunaré, acarahuazú y especies ornamentales, que utilizan los hábitats acuáticos para vitales procesos biológicos.

- Proteger las poblaciones de arahuana en el corredor de gestión, por ser la especie más vulnerable. En la legislación peruana, no existe alguna medida que regule su explotación.

- Incluir el interfluvio de los ríos Güeppí y Putumayo como parte de R.P.F. Cuyabeno en su zona intangible para consolidar el corredor de gestión (Fig. 11A). Esta área, actualmente concesionada como parte del Bloque Petrolero 27 en Ecuador (Fig. 10C), incluye parte de la cuenca del río Güeppí y la divisoria de aguas con el río Putumayo.

- No permitir la explotación de hidrocarburos en el área.

- Controlar estrictamente de la pesca ilegal, estableciendo estaciones de control con la finalidad que se vigile la entrada y salida de personas ajenas al área. Esta actividad puede fortalecerse incluyendo en el control a las bases militares y comunidades locales.

- Promover el apoyo técnico a la comunidades locales para la elaboración de planes de manejo de recursos pesqueros, en especies como el paiche y la arahuana, que en otras regiones del Perú (p. ej., R.N. Pacaya Samiria) están obteniendo resultados positivos.

Investigación

Estudio de poblaciones de peces importantes para consumo humano, pesquería y ornamental: paiche, tucunaré, arahuana y especies ornamentales.

Inventario adicional

- Las cuencas media y baja de Peneya no fueron evaluadas. (Estudiamos una de las cabeceras, Aguas Negras.)

- El río Putumayo no fue muestreado. Un buen sector de este importante río atraviesa el corredor de gestión y en él deben ocurrir especies de importancia pesquera, como los grandes bagres migratorios.

ANFIBIOS Y REPTILES

Autores/Participantes: Mario Yánez-Muñoz y Pablo J. Venegas

Objetos de conservación: Especies restringidas a la porción norte de la cuenca alta amazónica comprendida en los territorios de Ecuador, Perú y Colombia (*Osteocephalus fuscifacies, O. planiceps, O. yasuni, Nyctimantis rugiceps, Ameerega bilinguis, Allobates insperatus, Cochranella ametarsia*); especies de consumo tradicional y comercial incluidas en Apéndices CITES y categorías de amenaza UICN (*Leptodactylus pentadactylus, Hypsiboas boans, Caiman crocodilus, Chelonoidis denticulata, Chelus fimbriatus, Corallus hortulanus, Podocnemis unifilis, Melanosuchus niger*); especies con datos insuficientes en su estado de conservación (*Pristimantis delius, Cochranella ametarsia, Osteocephalus fuscifascies*)

INTRODUCCIÓN

Para los anfibios y reptiles, la porción norte de la cuenca alta amazónica comprendida en los territorios de Perú y Ecuador es una de las áreas más diversas del mundo, siendo posible encontrar hasta 173 especies en tan sólo una extensión aproximada de 3 km (un número equivalente a la herpetofauna de Norte América y el doble de la de Europa: Duellman 1978; Young et al. 2004). A pesar de esto, en esta extensa región las prospecciones herpetológicas aún son escasas y están lejos de mostrarnos la diversidad total. Entre los principales estudios que documentan esta alta diversidad tenemos la herpetofauna de la región de Santa Cecilia (Duellman 1978), los reptiles de la región de Iquitos (Dixon y Soini 1986), anuros de la región de Iquitos (Rodríguez y Duellman 1994), la herpetofauna del norte de Loreto en las cuencas de los ríos Tigre y Corrientes (Duellman y Mendelson 1995) y lagartijas de Cuyabeno (Vitt y de la Torre 1996). Además, existe la información divulgada por los numerosos Inventarios Biológicos Rápidos realizados para impulsar la conservación en esta región—Yavarí (Rodríguez y Knell 2003); Ampiyacu, Apayacu, Yaguas y Medio Putumayo (Rodríguez y Knell 2004); Sierra del Divisor (Barbosa y Rivera 2006); Nanay-Mazán-Arabela (Catenazzi y Bustamante 2007); y Dureno (Yánez-Muñoz y Chimbo 2007)—los cuales reportan una alta densidad de especies de anfibios y reptiles en todos sus lugares de muestreo. La Reserva de Producción Faunística Cuyabeno (en Ecuador) y la

Zona Reservada Güeppí (en Perú) son aún poco conocidas, aunque algunas colecciones han sido realizadas por la Escuela Politécnica Nacional de Quito (Ecuador) y por Lily O. Rodríguez (Perú, com. pers.), sin ser publicadas o difundidas.

Este inventario rápido tiene como objetivo principal caracterizar la composición y diversidad de la herpetofauna que ocurre en los bosques lluviosos irrigados por los afluentes de aguas negras de los ríos Napo y Putumayo, con la finalidad de establecer una línea base para la conservación, zonificación y el plan de manejo del área. Adicionalmente, este estudio realiza una observación general sobre la herpetofauna de la porción norte de la cuenca alta amazónica al norte de Perú y Ecuador, con el fin de resaltar la gran diversidad de especies de esta región y la importancia de su conservación.

MÉTODOS

Trabajamos desde el 5 hasta el 28 de octubre de 2007 en cinco campamentos ubicados en las cuencas de los ríos Napo y Putumayo (ver Panorama Regional y Sitios del Inventario). Buscamos anfibios y reptiles de forma oportunista durante recorridos libres por las trochas, cuerpos de agua (cochas, quebradas, riachuelos, etc.) y muestreo de hojarasca (Heyer et al. 1994) durante 23 días de búsqueda efectiva. Dedicamos un esfuerzo de 138 horas-persona, repartidas en 24, 30, 30, 24 y 30 horas-persona en los campamentos de Garzacocha, Redondococha, Güeppicillo, Güeppí y Aguas Negras, respectivamente (Fig. 2C).

Identificamos cada especie capturada u observada. Además, reconocimos algunas especies de ranas por sus cantos, e identificamos algunos anfibios y reptiles fotografiados por otros investigadores y miembros del equipo logístico. Fotografiamos por lo menos un individuo de todas las especies capturadas durante el inventario.

Para las especies de dudosa identificación, potencialmente nuevas, nuevos registros y especies con pocos especímenes en museos, realizamos una colección de referencia (56 anfibios y 38 reptiles). Estos especímenes fueron depositados en la colección herpetólogica del Centro de Ornitología y Biodiversidad (CORBIDI, Lima) y la División de Herpetología del Museo Ecuatoriano de Ciencias Naturales (MECN, Quito).

Analizamos los datos en el software BioDiversityPro ver. 2. (McAleece et al. 1997) para obtener las estimaciones de similitud entre los puntos de muestreo y en el ámbito regional. Para comparar los puntos de muestreo, utilizamos el análisis cluster basado en las ecuaciones de distancia de Jaccard; mientras que para el análisis regional nos basamos en las ecuaciones Bray-Curtis.

RESULTADOS

Composición y caracterización

Registramos 107 especies (59 anfibios y 48 reptiles) en los cinco sitios de muestreo (Apéndice 6). Los anfibios están compuestos en su totalidad por el orden Anura, agrupados en ocho familias y 20 géneros. La familia Hylidae destaca principalmente, porque contiene el 42% (25 spp.) de los anfibios, seguida de Brachycephalidae, Leptodactylidae y Bufonidae, que alcanzaron 7–10 especies cada una. Las familias restantes (Aromobatidae, Centrolenidae, Dendrobatidae y Leiuperidae) están sólo representadas por 2 especies cada una.

Los reptiles se agrupan en tres órdenes (Crocodylia, Testudines y Squamata), de 16 familias y 39 géneros. La familia Colubridae comprende el 25% de las especies de reptiles registradas. Los saurios Gekkonidae y Gymnophthalmidae son las siguientes familias con mayor riqueza, alcanzando 10% y 17% de la composición, respectivamente; mientras que otros grupos, como lagartijas arborícolas y terrestres (Polychrotidae y Teiidae), serpientes corales, boas, víboras (Elapidae, Boidae, Viperidae) y caimanes (Crocodilia) tienen 2–4 especies. Las restantes familias, que incluyen tortugas terrestres y acuáticas (Testudinidae, Pelomedusidae, Chelidae) y saurios (Amphisbaenidae, Hoplocercidae, Tropiduridae, Scincidae) sólo alcanzaron una especie cada una. Adicionalmente, nueve especies son añadidas a nuestra lista por información de L. O. Rodríguez (com. pers., ver Apéndice 7), quien realizó colecciones en 1994

en la zona de Aguas Negras, por lo que presentamos una lista final de 116 especies (66 anfibios y 50 reptiles).

La herpetofauna está asociada a tres tipos de hábitat: (1) planicies ligeramente colinadas e inundadas por grandes cuerpos de agua, (2) vegetación riparia y flotante de ríos y lagunas de aguas negras y (3) colinas grandes con quebradas.

Las planicies aluviales presentan grandes extensiones de aguajales, ciénegas y cochas temporales que cubren la mayor parte del área, favoreciendo la composición y abundancia de anuros que requieren de agua acumulada para su reproducción; es así que las ranas mugidoras (*Leptodactylus discodactylus*) y las ranas arborícolas (*Hypsiboas cinerascens* y *H. fasciatus*) fueron comunes y frecuentes en estos hábitats. Las pequeñas colinas rodeadas por pantanos y aguajales estuvieron dominadas por especies que no dependen directamente de cuerpos de agua, p. ej., los sapos *Dendrophryniscus minutus* y *Allobates insperatus* habitan la hojarasca, y *Osteocephalus planiceps* el estrato de sotobosque y subdosel. La vegetación riparia y del borde de ríos y lagunas, así como en la vegetación flotante, está habitada por abundantes ranas arborícolas, como *Dendropsophus triangulum*, *Hypsiboas geographicus*, *Osteocephalus taurinus* y *Scinax garbei*. Los bosques asentados en áreas irregulares, con colinas dominantes y quebradas pronunciadas, incrementaron ampliamente la diversidad de anuros terrestres Bufonidae y Dendrobatidae, y a lo largo de las laderas boscosas las ranas arbustivas *Pristimantis*. De la misma forma, en las quebradas con esteros de agua bien oxigenada sobresalieron las ranas de cristal (*Cochranella midas*) y la ranas arborícolas (*Osteocephalus cabrerai*).

Los reptiles en el interior de las planicies inundables fueron poco diversos, aunque algunas serpientes acuáticas (*Micrurus surinamensis* e *Hydrops martii*) fueron registradas en cochas y aguajales. En los bordes de río fueron abundantes las lagartijas *Mabuya nigropunctata* y *Kentropyx pelviceps*, que forrajean en la hojarasca y troncos caídos de la orilla. En las lagunas fueron frecuentes y abundantes los reptiles medianos y grandes, como *Caiman crocodilus*, *Melanosuchus niger* (Fig. 6A) o la boa arborícola *Corallus hortulanus* (Fig. 6H). En la hojarasca de los bosques colinados fue notoria la diversidad y abundancia de saurios Gymnophthalmidae, como *Alopoglossus copii*, *A. atriventris*, *Arthosaura reticulata*, *Cercosaura argulus* y *Leposoma parietale*, y de los gekos diurnos *Gonatodes concinnatus* y *G. humeralis* en la base de grandes árboles a una altura no mayor a 1.5 m.

El 89% (103) de las especies de anfibios y reptiles del área de la R.P.F. Cuyabeno y la Z.R. Güeppí tiene una amplia distribución en la cuenca amazónica. Sin embargo, cuatro especies (*Allobates insperatus, Pristimantis delius, Nyctimantis rugiceps, Osteocephalus fuscifacies*) están restringidas a la Amazonía de Ecuador y Perú; dos están restringidas a Colombia, Ecuador y Perú (*Osteocephalus planiceps* y *O. yasuni*); dos a Colombia y Ecuador (*Cochranella ametarsia* y *Ameerega bilinguis*); y una a Brazil, Ecuador y Perú (*Cochranella midas*).

Debido a la amplia distribución geográfica que poseen las especies, la mayoría de ellas se encuentran categorizadas en Baja Preocupación (LC) de acuerdo con la IUCN et al. (2004). No obstante, ciertas especies de anuros restringidos a pocas localidades de colección y sobre las cuales no se tiene mucha información han sido asignadas en la categoría de Datos Insuficientes (DD): *Pristimantis delius, Cochranella ametarsia* y *Osteocephalus fuscifacies*. En el caso de los reptiles, la mayoría de ellos no cuenta con información consensuada sobre su estado de conservación. Sin embargo, *Melanosuchus niger* y *Podocnemis unifilis* están catalogadas como especies globalmente amenazadas bajo las categorías de En Peligro (EN) y Vulnerable (VU), respectivamente.

Riqueza y comparación entre los sitios de muestreo.

El promedio de especies registradas por sitio fue de 45, alcanzando valores mínimos de riqueza absoluta de 37 especies en Garzacocha y máximos de 59, en Güeppicillo.

Garzacocha

Encontramos 37 especies (19 anfibios y 18 reptiles) de las cuales 8 (*Dendropsophus parviceps, Scinax garbei, Chelus fimbriatus, Podocnemis unifilis, Amphisbaena alba, Iphisa elegans, Oxybelis fulgidus, Bothrops atrox*) fueron exclusivas de este campamento. Destacamos la presencia de *Amphisbaena alba* (Fig. 6B), una lagartija

ápoda ampliamente distribuida en la cuenca amazónica pero difícil de registrar por sus hábitos fosoriales. La composición de especies es relativamente baja en relación a los otros puntos estudiados, ya que las condiciones de planicies inundables favorecieron la dominancia de ciertas especies. El ensamblaje de la herpetofauna en los ecosistemas de aguajal se compone principalmente por especies de anfibios asociados a estrategias reproductivas en ecosistemas de aguas lénticas, donde destacan por su abundancia las ranas mugidoras *Leptodactylus andreae* y los pequeños sapos *Dendrophryniscus minutus*, asentados en pequeñas colinas. Se observaron poblaciones de caimanes blancos (*Caiman crocodilus*) y de tortugas charapa (*Podocnemis unifilis*), especies amenazadas por la presión de caza y tráfico de especies silvestres.

Redondococha

Registramos 44 especies (21 anfibios y 23 reptiles), 11 de ellas (Apéndice 6) exclusivas para el sitio. Destacamos la presencia de una probable nueva especie de sapo del género *Rhinella* (*Ramphophryne*) (Fig. 6G). La herpetofauna está asociada a ecosistemas lacustres y con pequeñas colinas, donde principalmente destacan en la vegetación ripariana la abundancia de *Osteocephalus planiceps* y en las orillas la presencia del saurio *Mabuya nigropunctata*. Se observó una importante población de una especie amenazada, caimán negro (*Melanosuchus niger*, Fig. 6A), con presencia de individuos juveniles y adultos.

Güeppicillo

Encontramos 59 especies (41 anfibios y 18 reptiles), de las cuales 21 (Apéndice 6) fueron exclusivas para el sitio. Destacamos la presencia de especies restringidas a Ecuador, Colombia y Perú (*Osteocephalus fuscifacies, Cochranella ametarsia*), que han sido previamente conocidas de menos de cinco localidades. La composición del área estudiada es la más diversa de todos los sitios evaluados, influenciados principalmente por la orografía compleja del bosque—asentado en colinas fuertemente pronunciadas—favoreciendo la presencia en los sistemas acuáticos de ranas Centrolenidae, Dendrobatidae, y en la zona de tierra firme a Brachycephalidae (los cuales tienen un desarrollo directo de sus embriones, sin pasar por una fase larval acuática). Colectamos un importante número de especies de la familia Bufonidae.

Güeppí

Registramos 41 especies (25 anfibios y 16 reptiles). Cuatro de ellas (*Edalorhina perezi, Leptodactylus knudseni, Atractus snethlageae, Oxyrhopus melanogenys*) son exclusivas para el área. Destacamos la presencia de la rana nodriza (*Allobates insperatus,* Fig. 6F) conocida únicamente de la Amazonía ecuatoriana. La riqueza de especies es similar al promedio por sitios (45), sin embargo concentra una alta diversidad en especies de ranas mugidoras del género *Leptodactylus,* las cuales registran casi el 80% de las especies de la Amazonía. La presencia de colinas ligeramente pronunciadas y de sistemas inundables permite la diversificación y combinación de especies adaptadas a bosques colinados y de aguajales.

Aguas Negras

Encontramos 43 especies (26 anfibios y 17 reptiles), de las cuales 6 (*Pristimantis peruvianus, Osteocephalus taurinus* complex, *Thecadactylus rapicaudus, Anolis ortonii, Atractus major, Micrurus surinamensis*) son exclusivas de este campamento. Destacamos la presencia en Perú de *Osteocephalus fuscifacies* (Fig. 6E), conocida únicamente de la Amazonía ecuatoriana. La composición de especies mantiene el promedio de riqueza por sitios y está caracterizada por presentar ensamblajes asociados a zonas de aguajales y bosques ligeramente colinados, donde destacan especies acuáticas, como *Micrurus surinamensis* (Fig. 6I) y ranas de tierra firme *Pristimantis.*

Comparación entre los sitios

Sólo el 7% de las especies registradas estuvieron presentes en los cinco sitios de estudio (Apéndice 6): los anfibios *Allobates femoralis, A. insperatus, Hypsiboas lanciformis, Osteocephalus planiceps, Trachycephalus resinifictrix* y los reptiles *Alopoglossus atriventris, Leposoma parietale* y *Anolis fuscoauratus.* En contraste, el 69% de los anfibios y reptiles inventariados fueron restringidos en uno o dos sitios de muestreo, correspondiendo al punto de Güeppicillo el mayor número de especies exclusivas del muestreo (21 spp.).

Menos de un cuarto de los registros (23%) están presentes en tres y cuatro sitios de muestreo.

El porcentaje de similitud alcanzado en cinco sitios del área de conservacion Güeppí-Cuyabeno es del 29%. Sólo los sitios de Güeppí y Aguas Negras compartieron el 44% de su composición (Fig. 23).

La tendencia de agrupamiento (análisis cluster basado en las ecuaciones de distancia de Jaccard) entre los sitios de muestreo, relaciona a las comunidades de herpetos de acuerdo a las características vegetal y topográfica de la zona, muestra que el ecosistema de tierra firme asentado en colinas pronunciadas (Güeppicillo) se mantiene independiente del agrupamiento de zonas inundables planas (Garzacocha y Redondococha), y de zonas inundables y ligeramente colinadas (Güeppí y Aguas Negras).

Registros notables

Hemos registrado una posible nueva especie para la ciencia, la cual antes corresponde a la familia Bufonidae.

Fig. 23. Análisis cluster (Jaccard Cluster, single link) para la diversidad beta de la herpetofauna en los sitios visitados por el equipo del inventario rápido biológico de la Z.R. Güeppí y la R.P.F. Cuyabeno.

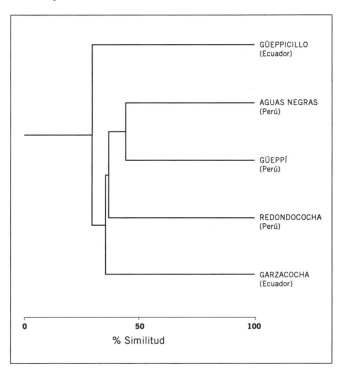

Esta especie se relaciona con *Rhinella festae* de Ecuador y Perú, la cual estaba asignada antiguamente al género *Rhamphophryne*. Los ejemplares obtenidos en los campamentos Güeppí y Redondococha difieren de *Rhinella (Rhanmphophryne) festae* en la textura del dorso, tamaño y proyección del perfil de su rostro. Futuros análisis detallados del material obtenido podrán definir el estatus taxonómico de la especie.

En los sitios Güeppí y Aguas Negras, colectamos *Allobates insperatus* y *Osteocephalus fuscifacies*, los cuales eran previamente conocidos de los drenajes de la cuenca del río Napo en la Amazonía ecuatoriana (Jungfer et al. 2000; IUCN et al. 2004). De esta forma se adicionan a la fauna anfibia de Perú estas dos especies. (Aunque Catenazzi y Bustamante (2007) reportan la presencia de *Osteocephalus* cf. *fuscifacies* en Alto Mazán, no confirman la determinación de este ejemplar.) Sin embargo, nuestros registros representan el límite latitudinal septentrional para *O. fuscifacies*, y potencialmente podría habitar en territorio colombiano.

Reportamos *Pristimantis delius* (Fig. 6D)— conocido previamente sólo de Perú en el extremo del Departamento de Loreto (Duellman y Mendelson 1995)—por primera vez para Ecuador (de registros obtenidos en el campamento Güeppicillo). Representa el límite latitudinal septentrional de la especie. *Rhaebo guttatus* y *Cochranella ametarsia* (también obtenidas en Güeppicillo) constituyen el tercer registro de estas especies en Ecuador.

A pesar de que varios estudios de largo plazo realizados en la R.P.F. Cuyabeno (Vitt y de la Torre 1996; Acosta et al. 2003–2004), añadimos 19 especies a la zona, las que incluyen a *Pristimantis delius*, *Rhinella ceratophrys*, *Dendropsophus leucophyllatus*, *Osteocephalus cabrerai*, *Leptodactylus hylaedactyla*, *Leptodactylus knudseni*, *Amphisbaenia alba*, *Lepidoblepharis festae*, *Hemidactylus mabouia*, *Atractus major*, *Clelia clelia*, *Drepanoides anomalus*, *Hydrops martii*, *Oxybelis fulgidus*, *Oxyrhopus petola*, *Siphlophis compressus*, *Micrurus lemniscatus*, *Bothrocophias hyoprora* y *Chelonoidis denticulata*.

Conocimiento y uso de la herpetofauna por la población indígena.

Unas comunidades indígenas se asientan en la Z.R. Güeppí y la R.P.F. Cuyabeno, que incluyen a indígenas Cofan, Secoya y Kichwa. Los indígenas Secoya compartieron ciertos conocimientos con nosotros. Ellos proporcionaron valiosa información sobre la nomenclatura tradicional y usos de algunas especies en el área. De una serie de fotografías de saurios y anuros, ellos reconocieron 14 unidades taxonómicas de estos vertebrados. A nivel de especie, reconocieron a los saurios *Kentropyx pelviceps* (*siripë*), *Tupinambis teguixin* (*iguana*), *Thecadactylus rapicaudus* (*ojesu'su*), *Uracentron flaviceps* (*egüejero*) y *Enyalioides laticeps* (*tseunse*); y a los anuros *Rhaebo guttatus* (*ñauno*), *Rhinella marinus* (*badaul*), *Leptodactylus pentadactylus* (*jojo*) y *Ranitomeya ventrimaculata* (*mamatui*). A nivel genérico, reconocieron a los anuros *Dendropsophus* (*güitouma*), *Hypsiboas* (*sucu*), *Phyllomedusa* (*sacapenea*) y *Sphaenorhynchus* (*ñuncuacome*); y hasta familia, definieron a los saurios Gymnophtalmidae como *cofsiripë*.

Siete especies son consumidas por la comunidad Secoya, que incluye dos anuros (*Hypsiboas boans*, *Leptodactylus pentadactylus*) y cinco reptiles (*Caiman crocodilus*, *Chelonoidis denticulata*, *Chelus fimbriatus*, *Melanosuchus niger* y *Podocnemis unifilis*).

DISCUSIÓN

La cuenca alta amazónica de Ecuador y Perú alberga una diversidad de aproximadamente 319 especies (Apéndice 7), concentrando la mayor riqueza de este grupo en el planeta. Los patrones de diversidad alfa en la región fluctúan entre 84 y 263 especies en ocho áreas analizadas, los cuales principalmente varían por el tiempo de duración del inventario y el tamaño del área muestreada. Los estudios de largo plazo en regiones como Santa Cecilia, Tiputini, Yasuní e Iquitos son los que mayor riqueza absoluta presentan en la alta Amazonía, alcanzando entre el 59% y 82% de la diversidad regional. Sin embargo, fragmentos de bosque, como Dureno, o estudios con una duración menor a 100 días de muestreo (Loreto), han registrado el 26%–34% de ésta diversidad.

Nuestra zona de estudio en la Z.R. Güeppí y la R.P.F. Cuyabeno contiene el 34% de la riqueza regional y más del 80% en zonas cercanas, como la R.P.F. Cuyabeno (Acosta et al. 2003–2004). Sus valores de riqueza absoluta (107 spp. en el inventario rápido) son similares o superiores a inventarios con mayor tiempo de duración, como Loreto (Duellman y Mendelson 1995), donde se registraron 110 spp., y otros inventarios rápidos (Tabla 2), como Dureno (Yánez-Muñoz y Chimbo 2007), Nanay-Mazán-Arabela (Catenazzi y Bustamante 2007), Ampiyacu (Rodríguez y Knell 2004) y Matsés (Gordo et al. 2006). Así que la riqueza de ciertos grupos de anfibios en la Z.R. Güeppí y la R.P.F. Cuyabeno, como Bufonidae y géneros *Leptodactylus* y *Osteocephalus*, alcanza cerca del 90% de las especies conocidas para la alta cuenca amazónica de Ecuador y Perú.

Tabla 2. Riqueza específica de anfibios y reptiles obtenida en cinco inventarios rápidos en la Amazonía de Ecuador y Perú. (Los datos comparativos de esta tabla se basan en valores absolutos reportados en cada inventario.)

Inventario	Especies de anfibios	Especies de reptiles	Total
Dureno	47	37	84
Nanay-Mazán-Arabela	49	37	86
Ampiyacu	64	40	104
Matsés	74	35	109
Güeppí-Cuyabeno	59	48	107

Un análisis de los patrones de diversidad beta en la región alto amazónica muestra que los ecosistemas pueden llegar a compartir aproximadamente el 44% de su composición (Fig. 24). El análisis cluster aplicado evidencia la tendencia de agrupamientos entre las comunidades altamente diversas (132–263 spp.) y las diferencia de aquellas donde la comunidades disminuyen a más de la mitad su riqueza específica (84–116 spp.). Este patrón de diversidad relaciona a las comunidades del norte del Departamento de Loreto con la Z.R. Güeppí y la R.P.F. Cuyabeno, con las que comparte un promedio del 60% de su composición con las áreas estudiadas en Nanay-Mazán-Arabela (Catenazzi y Bustamante 2007) y cuencas de los ríos Tigre y Corrientes (Duellman y Mendelson 1995).

Fig. 24. Análisis cluster (Bray-Curtis, complete link) para diversidad beta de la herpetofauna de la alta Amazonía de Perú y Ecuador: Nanay-Mazán-Arabela (NMA), región del norte de Loreto (LOR), sitios de la Z.R. Güeppí-R.P.F. Cuyabeno visitados por este inventario (AGC), región de Iquitos (IQU), R.P.F. Cuyabeno (CUY), Parque Nacional Yasuní (YAS) y Santa Cecilia (STC).

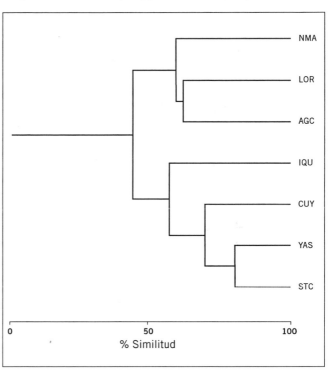

A pesar de la cercanía de nuestra área de estudio con la Reserva de Producción Faunística Cuyabeno (dos de nuestros sitios de inventario quedan en las márgenes norte y este de la Reserva), la herpetofauna estudiada se relaciona más a la fauna de Loreto y de Nanay-Mazán-Arabela. Presumimos que este patrón se deriva principalmente de las características topográficas y vegetales en la Amazonía, marcadas por las planicies aluviales y bosques con colinas pronunciadas, que estarían influyendo en la disponibilidad y diversificación de la herpetofauna, sin embargo no descartamos que también este patrón esté influenciado directamente por los valores de riqueza absoluta. Por esta razón, la diversidad de la herpetofauna en el área de conservación Güeppí-Cuyabeno mantienen una heterogeneidad en su composición, estrechamente relacionada al mosaico de hábitats en el área, permitiendo alcanzar un valor significativo en la riqueza de estos vertebrados en la Amazonía de Perú, Ecuador y Colombia.

AMENAZAS, OPORTUNIDADES Y RECOMENDACIONES

La principal amenaza para las comunidades de anfibios y reptiles es el conjunto de actividades producto de la extracción maderera. Éstas consisten en la tala de bosques de colina, construcción de caminos, uso de maquinaria pesada e ingreso de cazadores. El uso de la maquinaria pesada produce la degradación de los hábitats riparios al afectar el sistema de drenaje de los bosques, produciendo la desaparición de muchas especies de anfibios que requieren de hábitats intactos para su supervivencia, tales como las ranas de cristal (Centrolenidae), ranas arborícolas (Hylidae) y algunos sapos (Bufonidae). Muchas especies de reptiles menores, principalmente lagartijas (Gymnophthalmidae y Amphisbaenidae), son severamente afectadas por la destrucción de sus microhábitats de hojarasca causada por la tala, construcción de caminos y uso de tractores. No obstante, reptiles mayores, como los caimanes y tortugas, son afectados por el uso de los ríos para el transporte de la madera, incidiendo en la tasa de reproducción de estas especies. Las actividades de exploración y explotación petrolera en la zona son una amenaza latente, derivando en impactos negativos como degradación del hábitat y contaminación producto de los desechos y derrames.

Aunque observamos poblaciones saludables de tortugas y caimanes en las microcuencas de los ríos Aguarico y Lagartococha, encontramos indicios de cacería comercial, especialmente para abastecer a las bases militares de la zona. Es muy importante prohibir la caza comercial y manejar la caza para consumo que ejercen las comunidades nativas, mediante programas de monitoreo para caimanes y tortugas (aprovechando el ejemplo del Proyecto Charapa manejado desde hace ya más de diez años, con gran éxito, por la comunidad Cofan).

También consideramos importante la realización de futuros inventarios de herpetofauna en otras épocas del año que sin duda incrementarían considerablemente la lista de diversidad de anfibios y reptiles de esta zona.

El impulso del corredor de gestión de los tres países es una iniciativa que debe ser concretada y puesta en marcha por los gobiernos involucrados, que permitan integrar una gran extensión latitudinal de bosques amazónicos de Perú, Ecuador y Colombia, y asegurar la viabilidad de poblaciones amenazadas de anfibios restringidos a la región y grandes reptiles amenazados de la cuenca amazónica.

AVES

Autores/Participantes: Douglas F. Stotz y Patricio Mena Valenzuela

Objetos de Conservación: Poblaciones sostenibles de aves regularmente cazadas (Cracidae, especialmente Pavón/Paujil de Salvin [*Mitu salvini*], trompeteros, perdices); poblaciones grandes de loros, incluyendo guacamayos grandes y amazonas/auroras (*Amazona* spp.); nueve especies endémicas del noroeste de la Amazonía; poblaciones grandes de garzas y otras aves acuáticas a lo largo del río Lagartococha, y en especial en Garzacocha; y poblaciones de gavilanes grandes y águilas, incluyendo Águila Harpía (*Harpia harpyja*)

INTRODUCCIÓN

La región de selva baja ubicada a lo largo de la frontera entre Ecuador y Perú ha recibido muy poca atención por parte de los ornitólogos, especialmente la zona comprendida entre los ríos Aguarico y Putumayo, ambos estudiados durante este inventario. La parte ecuatoriana de estos drenajes ha recibido mucho más atención que el lado Peruano. Prácticamente no se han realizado estudios ornitológicos en la mayor parte del área noroccidental de Loreto. El único estudio ornitológico significativo de la parte peruana del área investigada durante nuestro inventario fue el estudio no-publicado por José Álvarez en 2002 en la Zona Reservada Güeppí (T. Schulenberg com. pers.). El siguiente estudio más cercano fue el conducido en 2006 durante el Inventario Biológico Rápido de Nanay-Mazán-Arabela (Stotz y Díaz 2007), y los estudios de los Ollalas en la boca del río Curaray en los años 30. Sin embargo, estos estudios datan del sur y oeste del río Napo y de más de 200 km al sureste de la presente área de estudio. Las investigaciones más cercanas hacia el este del Napo en el Perú son de la boca del propio Napo y de los drenajes del Ampiyacu y Apayacu (Stotz y Pequeño 2004). El río

Napo, en el cual desemboca el Aguarico, ha sido la parte más estudiada de la selva baja del Ecuador. El drenaje del Aguarico ha recibido menor atención, pero se han realizado estudios dentro de la reserva de Cuyabeno (Ministerio del Ambiente 2002), y es considerado como un Área Importante de Aves (BirdLife International 2007). Estudios de avifauna más relevantes a este inventario son los conducidos por ornitólogos de la Academia de Ciencias Naturales (de Philadelphia) en Imuyacocha en 1990 y 1991 (Ridgely y Greenfield 2001, sin publicar). El lago Imuyacocha está cerca de la boca del río Lagartococha y tiene muchas similitudes con los sitios que estudiamos en Garzacocha y Redondococha en relación a sus hábitats y aves. La región ubicada a lo largo del río Lagartococha fue visitada con cierta regularidad a fines de los 80 y principios de los 90 por grupos de ecoturismo, y algunos registros para la región, incluyendo algunos específicos para Garzacocha, han sido publicados en Ridgely y Greenfield (2001).

MÉTODOS

Nuestro trabajo de campo consistió en caminar las trochas para avistar aves o escuchar sus vocalizaciones. Salíamos del campamento poco antes del amanecer y por lo general permanecíamos en el campo hasta media tarde, retornando al campamento para tomarnos un descanso de una a dos horas, después del cual retornábamos al campo hasta la puesta del sol. Nosotros (Stotz y Mena) realizamos nuestras investigaciones de manera separada para de esa manera multiplicar esfuerzos con respecto a las observaciones independientes, e intentábamos caminar por diferentes trochas cada día para maximizar así la cobertura de todos los hábitats del área. En todos los campamentos, caminamos cada trocha por lo menos una vez, e inclusive recorrimos la mayoría de las trochas en múltiples oportunidades. Las distancias recorridas variaron entre los campamentos según la longitud de las trochas, los hábitats y la densidad de aves, y variaban entre 5 y 12 km cada día por observador.

Cada uno de nosotros cargaba consigo casi a diario una grabadora y un micrófono para registrar los cantos de las aves y documentar así la incidencia de especies. Llevábamos registros diarios de las frecuencias de

cada especie que observamos. Así mismo, todos los observadores sosteníamos reuniones cada noche para elaborar nuestras listas diarias de las especies registradas. Esta información fue utilizada para estimar las abundancias relativas de especies en cada campamento. Incluimos las observaciones de Debby Moskovits al estimar abundancia. Además, incluimos observaciones de otros participantes del equipo del inventario, especialmente Randy Borman, Álvaro del Campo y Adriana Bravo.

Pasamos tres días enteros (además de parte de los días de llegada y salida) en cuatro de los campamentos, y cuatro días en Redondococha; en Güeppicillo, estos tres días en el campo fueron complementados con un día entero (por ambos Mena y Stotz) en un campamento satélite, cerca de 11 km (por trocha) al sur del campamento principal. La cantidad total de horas de observación por Mena y Stotz en Garzacocha fue de aproximadamente 50 h, en Redondococha ~64 h, en Güeppicillo ~52 h (más 23 h en el campamento satélite), en Güeppí ~49 h y en Aguas Negras ~41.5 h.

Los viajes por río eran relativamente breves y no completamente enfocados en inventariar aves, por lo que las listas no están completas. Sin embargo, éstas dan una idea de las especies adicionales que ocurren dentro de la región y que no fueron encontradas en nuestros campamentos principales. Durante los viajes por río, utilizamos canoas con motores fuera de borda de 40-hp, y estos viajes eran esencialmente continuos excepto por las paradas breves en los puestos militares para reportarnos. Durante estas paradas permanecíamos en las canoas, y también viajábamos en las mismas canoas durante toda la excursión. Navegamos aguas abajo por el río Aguarico desde Zábalo hasta la boca del Lagartococha el 5 de octubre, y luego río arriba por el mismo tramo el 14 de octubre, para un total de 6.5 h de observación. Cubrimos el río Lagartococha aguas arriba desde la boca hasta Garzacocha el 5 de octubre, luego río abajo desde Garzacocha hasta Redondococha el 9 de octubre, y desde Redondococha hacia la boca el 14 de octubre, para un total de 7.5 h de observación. Hicimos observaciones a lo largo del río Güeppí, así como en un tramo corto de la quebrada Güeppicillo mientras bajábamos en bote desde el campamento de Güeppicillo hacia el de Güeppí el 21 de octubre, y luego del campamento de Güeppí hacia su desembocadura en el Putumayo el 25 de octubre para un total de 5.5 h de observación. La lista de Tres Fronteras se basa principalmente en observaciones en el mismo poblado, así como en la vegetación secundaria y en las pasturas circundantes el 28, 29 y 30 de octubre, totalizando 8.5 h de observación, pero ésto incluye cerca de una hora de viaje por río desde y hacia la boca del río Güeppí el 25, 29 y 30 de octubre.

En el Apéndice 8, figura la taxonomía, la nomenclatura y el orden de especies según el Comité de Listas de Sudamérica, versión del 30 de octubre de 2007 (*www.museum.lsu.edu/~Remsen/SACCBaseline.html*). Las abundancias relativas se basan en el número de aves observadas por día. Debido al corto periodo de nuestras visitas estos estimados son imprecisos, y sólo aplican a la época del año en la que realizamos el inventario. Para los cinco campamentos principales, empleamos cuatro clases de abundancia. "Común" indica que las aves fueron observadas a diario en el hábitat apropiado en números sustanciales (promediando diez o más aves). "Poco común" indica que el ave fue vista diariamente, pero en cantidades reducidas, menos de diez por día. Las aves dentro de la categoría "No común" no fueron observadas a diario, pero fueron avistadas más de dos veces, y la categoría "Rara" denota que las aves fueron observadas sólo una o dos veces al día como individuos solos o en parejas. Para los viajes por río relativamente cortos y durante nuestra estadía en Tres Fronteras, modificamos este esquema porque los estudios estuvieron lejos de ser minuciosos y se vieron afectados por el ruido de los motores fuera de borda, y debido a que la observación de aves no era el enfoque primario de nuestras actividades. Para estos estudios, indicamos la presencia de especies vistas o escuchadas durante los viajes, pero listamos como comunes aquellas especies de las que observamos por lo menos diez individuos.

RESULTADOS

Registramos 437 especies de aves durante el inventario rápido realizado del 5 al 30 de octubre de 2007 (Apéndice 8). De éstas, encontramos 405 en los cinco campamentos que inventariamos formalmente. Las otras especies fueron avistadas solamente durante los viajes por río entre los campamentos o por los alrededores de Tres Fronteras en el río Putumayo. J. Álvarez condujo estudios en la Zona Reservada Güeppí en 2002 y registró 55 especies adicionales que nosotros no encontramos; la mayoría fueron especies asociadas a ríos grandes y hábitats abiertos.

Los cinco campamentos que investigamos variaron sustancialmente en tipos de hábitat y especies de aves registradas, pero la riqueza global de especies fue similar entre los sitios de inventario, oscilando desde 247 especies en Aguas Negras (el último sitio estudiado) hasta 284 en Redondococha (al lado peruano del río Lagartococha). Esta variación limitada en riqueza de especies entre los sitios contrasta con Inventarios Biológicos Rápidos (IBRs) recientes realizados en el norte del Perú (Stotz y Pequeño 2004, 2006), donde la riqueza de especies entre los campamentos estudiados varió más ampliamente, de 241 a 301 en Ampiyacu y de 187 a 323 en Matsés. El sitio con la menor diversidad mostrada en nuestro IBR de Güeppí-Cuyabeno tuvo más especies que cualquiera de los sitios de baja diversidad de los otros inventarios, mientras que nuestro sitio con la diversidad más alta tuvo menos especies que cualquiera de los sitios de alta diversidad en otros IBRs.

Estimamos la avifauna total regional en aproximadamente 550 especies en base a nuestro inventario y el de Álvarez, incluyendo especies migratorias, especies raras que no encontramos y especies asociadas a hábitats que no estudiamos minuciosamente. No hubo hábitats obvios de gran extensión en la región que no estudiamos por lo menos brevemente. Las aves migratorias no aparentan significar un componente de gran trascendencia en cuanto a la avifauna de la región, aunque podrían encontrarse quizás 15 especies adicionales si se realizan estudios más completos en el área.

Especies endémicas o con rangos limitados

Ridgely y Greenfield (2006) listan 23 especies endémicas del noroeste de la Amazonía conocidas del este de Ecuador. Encontramos nueve de esas especies: Pavón/Paujil de Salvin* (*Mitu salvini*, Fig. 7E), Ermitaño Golinegro/de Garganta Negra (*Phaethornis atrimentalis*), Jacamar Barbiblanco/de Barbilla Blanca (*Galbula tombacea*), Hormiguerito del Suno (*Myrmotherula sunensis*), Hormiguerito de Dugand (*Herpsilochmus dugandi*), Hormiguero Pizarroso (*Schistocichla schistacea*), Hormiguero Lunado (*Gymnopithys lunulatus*), Gralaria Ocrelistada/Tororoi Ocre Listado (*Grallaria dignissima*) y Saltarín Crestinaranja/de Corona Naranja (*Heterocercus aurantiivertex*). La mayoría de especies endémicas que no encontramos no ocurren en el área del inventario. Sin embargo, unas cuantas, incluyendo Batará de Cocha (*Thamnophilus praecox*), Tororoi Loriblanco/de Lorum Blanco (*Hylopezus fulviventris*) y Cacique Ecuatoriano (*Cacicus sclateri*) deberían estar presentes en la región: ésta es una porción bastante rica de la Amazonía para especies endémicas. No obstante, no encontramos evidencia de especialistas de suelos pobres los que significaron un importante componente en el inventario del área de las cabeceras Nanay-Mazán-Arabela en Perú (Stotz y Díaz 2007). Poca de esta avifauna es conocida de Ecuador, o del este del río Napo en Perú.

Además de las nueve especies endémicas listadas arriba, encontramos ciertas especies que son conocidas en Ecuador de sólo algunos lugares del noreste de la Amazonía ecuatoriana, y que son conocidas en Perú de sólo una porción de la Amazonía septentrional. Estas especies incluyen Elanio/Gavilán Perla (*Gampsonyx swainsonii*), Elanio Piquigarfio/Gavilán de Pico Delgado (*Helicolestes hamatus*), Gallareta/Polla de Agua Azulada (*Porphyrio flavirostris*), Avefría Sureña/Tero (*Vanellus chilensis*), Periquito Lomizafiro/de Lomo Zafiro (*Touit purpuratus*), Añapero Colibandeado/Chotacabras de Cola Bandeada (*Nyctiprogne leucopyga*), Colasuave Sencillo/Cola-Suave Simple (*Thripophaga fusciceps*), Limpiafronda Colirufa/Limpia-follaje de Cola Rufa (*Philydor ruficaudatum*), Tirahojas Piquicorto/Tira-hoja

de Pico Corto (*Sclerurus rufigularis*), Hormiguerito Alicinéreo/de Ala Ceniza (*Terenura spodioptila*), Jejenero Fajicastaño/de Faja Castaña (*Conopophaga aurita*), Viudita Negra Amazónica (*Knipolegus poecilocercus*), Soterrey Alifranjeado/Cucarachero de Ala Franjeada (*Microcerculus bambla*) y Soterillo Collarejo/Acollarado (*Microbates collaris*).

Especies raras y amenazadas

Ridgely y Greenfield (2006) proveen una lista de especies, las cuales ellos consideran que se encuentran en riesgo en Ecuador. Relativamente pocas de estas especies en riesgo son encontradas en la Amazonía debido a que se trata de un área sumamente extensa con hábitats relativamente muy poco intervenidos. Ellos listan como vulnerables tres especies que encontramos (esencialmente equivalente a las categorías de Wege y Long 1995): Pato Real/Criollo (*Cairina moschata*), Águila Harpía (*Harpia harpyja*) y Guacamayo Rojiverde/Rojo y Verde (*Ara chloropterus*).

El Pato Real/Criollo tiene una amplia distribución y no está en riesgo globalmente. Sin embargo, la cacería y la pérdida del hábitat han disminuido sus poblaciones en Ecuador. Las numerosas poblaciones que observamos a lo largo del río Lagartococha—especialmente en Garzacocha, donde Randy Borman (com. pers.) observó bandadas de más de un centenar de aves y donde nosotros observamos cantidades moderadas diariamente—son posiblemente una fuente poblacional importante para Ecuador y el norte de Loreto.

Encontramos un Águila Harpía durante el inventario, ave que fue grabada por Mena en Güeppicillo. Esta especie es de distribución amplia aunque siempre es raro encontrarla. Sus poblaciones están declinando debido a la deforestación a lo largo y ancho de la selva baja del neotrópico. Su presencia en el área indica la existencia de buenas poblaciones de mamíferos arbóreos de los cuales se alimenta. Además de la arpía encontramos otras dos águilas en este inventario, el Águila Azor Adornada/Águila Penachuda (*Spizaetus ornatus*) y el Águila Azor Negra/Águila Negra (*S. tyrannus*), las que además de mostrar una amplia distribución eran más abundantes que lo normal en las tierras bajas de la Amazonía. La región alberga evidentemente poblaciones significativas de estas y otras aves rapaces basadas en el bosque, como

---

* Formato: nombre en Ecuador (Ridgely y Greenfield 2001)/nombre en Perú (Schulenberg et al. en prensa)

las tres especies de gavilanes del género *Leucopternis* (Apéndice 8).

El Guacamayo Rojiverde/Rojo y Verde fue de lejos el menos abundante de las tres especies de guacamayos grandes esperados durante nuestro inventario. Lo encontramos sólo en pequeñas cantidades en dos campamentos, Rendondococha y Güeppí, ambos ubicados en el lado peruano. Si bien esta especie es moderadamente común en partes de la Amazonía (por ejemplo en los bosques cerca de Manaos y en el sureste del Perú), aparentemente es menos común que las otras dos especies de guacamayos grandes por todo el oriente ecuatoriano y el norte del Perú. Ha sido el menos común de los guacamayos grandes de todos los IBRs realizados en el norte peruano (Lane et al 2003; Stotz y Pequeño 2004, 2006; Stotz y Díaz 2007). Esto sugiere que las reducidas cantidades que encontramos y su status por lo general raro en el este ecuatoriano no son indicativos de una amenaza específica para la especie, sino que la especie denota su preferencia general por las grandes extensiones de bosque de *terra firme* (tierras altas), las cuales están aquí interrumpidas por vastas áreas de hábitats bajos.

Encontramos cinco especies que Ridgely y Greenfield (2006) listan como casi amenazadas: Pavón/Paují de Salvin (*Mitu salvini*), Trompetero Aligris/de Ala Gris (*Psophia crepitans*), Gaviotín Picudo/de Pico Grande (*Phaetusa simplex*), Rayador Negro (*Rynchops niger*) y Cotinga-Roja Cuellinegra/de Cuello Negro (*Phoenicircus nigricollis*). El Pavón/Paují de Salvin está restringido al noroeste de la Amazonía, y se encuentra bajo una significativa presión de caza en muchas áreas. Ha desaparecido de regiones cercanas a grandes centros poblados. Encontramos cantidades moderadas en cada campamento durante este inventario, exceptuando Garzacocha, donde no fue registrado. Esta región tiene aparentemente una población significativa de esta especie. El Trompetero Aligris tiene el rango algo más amplio en el noroeste de la Amazonía, pero tal como el paují, ha desaparecido de muchas áreas pobladas y es sensible a la presión de caza. Lo registramos en los cinco campamentos, y era poco común en Redondococha y Güeppicillo. En general, incluso donde las cantidades eran menores, los grupos que encontramos eran

aparentemente mansos. La población de trompeteros en esta región era razonablemente grande.

Los Gaviotines Picudos estuvieron presentes en cantidades reducidas en Redondococha, pero así como en el caso del Rayador Negro, la mayoría de individuos que observamos se encontraban a lo largo del río Aguarico, aguas abajo de Zábalo. Observamos a ambas especies en algunas ocasiones durante nuestros viajes por este río, por lo general en parejas sobre las playas y bancos de arena. Aparentemente la temporada de reproducción empieza en noviembre en la región (R. Borman com. pers.). El río Aguarico tiene poblaciones significativas de ambas especies, las cuales están ampliamente distribuidas y son por lo general comunes en la Amazonía. Globalmente, sus poblaciones no están en riesgo.

La Cotinga-Roja Cuellinegra es una rara, grande y hermosa cotinga del sotobosque de toda la Amazonía septentrional. Debido a su extenso rango, es poco probable que esta especie se encuentre globalmente en peligro. Sin embargo, la densidad de la especie en los bosques de terra firme de esta región aparentaba ser mucho más alta que lo normal. No era poco común encontrar varias en un solo día y encontramos *leks* (sitios de despliegue u ostentación) en por lo menos dos de los campamentos. Existe claramente una numerosa población de esta especie en la región.

Así la Garcilla Cebra/Garza Zebra (*Zebrilus undulatus*) no esté considerada como especie amenazada, es raramente observada a pesar de que su rango se extiende por toda la Amazonía. La observamos en dos ocasiones: en los bosques inundados de Garzacocha y en un aguajal de palmera *Mauritia* en Güeppicillo. Los extensos bosques inundados en la región proveen a esta especie de un hábitat perfecto, y ahí debe existir una población considerable.

Especies migratorias

Encontramos cantidades moderadas de especies migratorias boreales durante el inventario. Playeros, playeros patiamarillas (*Tringa flavipes* y *melanoleuca*), Andarríos/Playero Solitario (*Tringa solitaria*) y Andarríos/Playero Coleador (*Actitis macularius*) estuvieron presentes en cantidades pequeñas a lo largo del río Aguarico y en Garzacocha. Hubo tres especies de golondrinas migratorias—Golondrina Tijereta (*Hirundo rustica*), Martín Arenero/Golondrina Ribereña *(Riparia riparia)* y Golondrina de Riscos/ Risquera (*Petrochelidon pyrrhonota*)—entremezcladas con las grandes cantidades de golondrinas residentes a lo largo de los ríos en Garzacocha y Tres Fronteras. Vimos bandadas de Tiranos Norteños (*Tyrannus tyrannus*) a lo largo de las orillas de los ríos y lagos y en Tres Fronteras. Además de estas aves migratorias en los hábitats ribereños, tuvimos pocos registros de algunas especies migratorias asociadas al bosque. Éstas incluían Pibí Oriental (*Contopus virens*), Zorzal de Swainson (*Catharus ustulatus*), Piranga Roja (*Piranga rubra*) y Reinita Collareja/de Canadá (*Wilsonia canadensis*, Fig. 7G). Excepto por la Reinita Collareja/de Canadá, éstas son todas especies migratorias esperadas en los bosques de la Amazonía occidental. Esta reinita pasa el invierno boreal en las laderas bajas de los Andes y es raramente registrada lejos de la base de las montañas. Obtuvimos registros de siete individuos (seis en Redondococha y uno en Güeppicillo). La mayoría de estas aves fueron vistas en bandadas mixtas de sotobosque. Ellas eran presumiblemente aves migratorias pasajeras porque éste es el periodo durante el cual las especies deberían estar retornando a sus terruños de invierno.

Otros registros notables

Extensiones de Rango

Durante el inventario, encontramos un puñado de especies que estaban fuera de su rango conocido. La mayoría de éstas eran especies previamente conocidas sólo del sur del río Napo. La extensión de rango más significativa fue probablemente Polluela Garganticeniza/ Gallineta de Garganta Ceniza (*Porzana albicollis*, Fig. 7F). Encontramos una población en los pastos altos que rodeaban Tres Fronteras en el río Putumayo. Por lo menos tres pares cantaban ahí, y un individuo salió volando desde otro lugar del pastizal. Esta especie era previamente conocida en el Perú solamente de las pampas del río Heath y de los pastizales cerca de Jeberos en San Martín (Schulenberg et al. 2007). Aunque la especie permanece no registrada en Ecuador, este lugar se encuentra a sólo 4 km de la frontera ecuatoriana. Aunque esta gallineta por lo general se asocia con los

pastos nativos, este registro sugiere que la especie podría utilizar pasturas no-nativas y podría también esperarse que colonice otras áreas abiertas en el este de Ecuador y el norte del Perú, como el Pastorero Pechirrojo/Pecho Colorado Grande (*Sturnella militaris*) así como otras especies que han colonizado nuevos hábitats abiertos en la región como el Avefría Sureña/Tero y el Elanio/ Gavilán Perla.

Otras extensiones de rango consisten principalmente en especies que son conocidas sólo al sur del río Napo, o que al menos son muy poco conocidas tanto en Ecuador como en Perú al norte del Napo. Éstas incluyen Momoto Piquiancho/Relojero de Pico Ancho (*Electron platyrhynchum*), Colasuave Sencillo/Cola-Suave Simple (*Thripophaga fusciceps*), Batará Murino (*Thamnophilus murinus*), Hormiguerito del Suno (*Myrmotherula sunensis*), Hormiguerito Adornado (*Epinecrophylla ornata*), Hormiguerito Golipunteado/de Garganta Punteada (*Epinecrophylla haematonota*), Hormiguero Lunado (*Gymnopithys lunulatus*), Tiranolete/Moscareta Murino (*Phaeomyias murinus*) y Soterillo Carileonado/ de Cara Leonada (*Microbates cinereiventris*).

Especies Abundantes

Encontramos cantidades extremadamente numerosas de garzas y otras aves acuáticas en Garzacocha, las que aparentemente aprovechaban los peces varados en los pequeños charcos formados por el descenso de los niveles del agua por los alrededores de la orilla del lago. Vimos cientos de individuos de Garzón Cocoi/ Garza Cuca (*Ardea cocoi*), Garcita Estriada (*Butorides striatus*), Garza Blanca/Grande (*Ardea alba*), Pato Real/ Criollo (*Cairina moschata*) y Cormorán Neotropical (*Phalacrocorax brasilianus*). Sin embargo, fue más resaltante el hallazgo de docenas de Garzas Agamí/ de Pecho Castaño (*Agamia agami*) y Garzas Cucharón (*Cochlearius cochlearius*) acompañando a las especies acuáticas más comunes (Figs. 7B, 7C). Estas dos especies son por lo general muy poco comunes, y todos nosotros pudimos observar más individuos de los que habíamos podido previamente ver en nuestras vidas. Presumimos que cuando las aguas suban, estas aves podrían dispersarse a través de la región lacustre del río Lagartococha, aunque esta explosión numérica en Garzacocha sea probablemente un evento regular y responsable también del nombre del lago. Otras aves acuáticas eran también mucho más comunes a lo largo del Lagartococha que en cualquier otra parte de la región. Observamos cantidades notables de Ave Sol Americano/ Yacupatito (*Heliornis fulica*) y martines pescadores, especialmente Martín Pescador Grande (*Megaceryle torquata*) y Amazónico (*Chloroceryle amazona*, Fig. 7A), tanto en los lagos como en el río Lagartococha en sí. Este drenaje fluvial es aparentemente muy importante para las poblaciones regionales de ciertas garzas, Yacupatitos y martines pescadores.

Hubo abundancia de especies de loros (17 especies) los que fueron por lo general comunes durante el inventario. Como suele suceder, el Guacamayo Azuliamarillo/Azul y Amarillo (*Ara ararauna*) fue de lejos el guacamayo grande más común. El Guacamayo Ventrirrojo/de Vientre Rojo (*Orthopsittaca manilata*) fue también razonablemente común, como se espera de una región con aguajales moderadamente extensos. Con respecto a las especies más grandes de loros las cantidades fueron por lo general buenas. El Loro Coroninegro/Loro (Chirriclés) de Cabeza Negra (*Pionites melanocephalus*) y el Loro Cachetinaranja/ de Mejillas Naranjas (*Pionopsitta barrabandi*) fueron comunes en la mayoría de los sitios estudiados. Los loros *Amazona* (auroras) fueron también razonablemente comunes, aunque hubo una variación sustancial entre los sitios de inventario en cuanto a la abundancia de diferentes especies. Amazona Harinosa/Loro (Aurora) Harinoso (*Amazona farinosa*) y Amazona Alinaranja/ Loro (Aurora) de Ala Naranja (*Amazona amazonica*) predominaron en los sitios de Lagartococha, mientras que la primera de éstas dos últimas fue fácilmente la especie más abundante a lo largo del río Güeppí. Una excepción con respecto a las generalmente buenas poblaciones de loros fue el Loro Cabeciazul/de Cabeza Azul (*Pionus menstruus*), el cual fue inexplicablemente escaso en la mayoría de los sitios. Una sola observación de como dos a cuatro Periquitos Lomizafiro/de Lomo Zafiro (*Touit purpuratus*) en Aguas Negras, representa uno de sólo un puñado de registros para la región.

Relativamente pocos especies mostraron evidencia de anidamiento durante este inventario (Tabla 3). Esto, sumado a los bajos índices de cantos entre las aves territoriales de sotobosque, sugiere que la estación reproductiva principal para aves en esta región no está cerca al periodo de tiempo de este inventario.

Tabla 3. Evidencia de reproducción de aves.

Especie	Evidencia	Sitio de Inventario
Odontophorus gujanensis	pichones nido con huevos	Redondococha Güeppí
Cathartes melambrotus	juvenil	Aguas Negras
Pionus menstruus	investigando sitio para nido	Güeppicillo
Thamnomanes ardesiacus	alimentando volantón	Güeppicillo
Terenura spodioptila	alimentando volantón recolectando material de nido	Redondococha Güeppicillo
Myrmotherula axillaris	alimentando volantón	Güeppicillo
Myrmotherula menetriesii	alimentando volantón	Güeppí
Schistocichla leucostigma	acompañado por juvenil dependiente	Güeppicillo
Phlegopsis erythroptera	juvenil	Redondococha
Myiozetetes similis	alimentando pichón en el nido, pichón voló	Aguas Negras
Mionectes oleagineus	alimentando volantón	Aguas Negras
Hylophilus hypoxanthus	alimentando volantón	Güeppicillo
Paroaria gularis	recolectando material de nido	Redondococha
Cyanocompsa cyanoides	alimentando volantón	Aguas Negras
Psarocolius angustifrons	construyendo nido	Tres Fronteras
Psarocolius bifascatus	construyendo nido	Güeppí

Especies ausentes o inusitadamente raras

La especie más notable que no pudimos registrar durante este inventario fue el Batará de Cocha (*Thamnophilus praecox*). Ésta es una especie endémica del noreste ecuatoriano, conocida de los drenajes fluviales del Napo, Aguarico y Güeppí. No utilizamos grabaciones de los cantos de esta especie como herramienta para incrementar las posibilidades de encontrarla, y los sistemas de trochas de nuestros campamentos se enfocaron más en bosque de terra firme que en los tipos de hábitat preferidos por esta ave. No obstante, nuestro fracaso para encontrarla continúa siendo una sorpresa.

Un puñado de especies comunes, de amplia distribución, que ocupan los hábitats que estudiamos no fue registrado durante el inventario, sin haber una razón aparente. Éstas incluyeron Hormiguero Cresticanoso/ de Cresta Canosa (*Rhegmatorhina melanosticta*), Arbustero Negro (*Neoctantes niger*), Tororoi Loriblanco/ de Lorum Blanco (*Hylopezus fulviventris*), Mosquero Rayado (*Myiodynastes maculatus*), Siristes (*Sirystes sibilator*), Soterrey Pechianteado/Cucarachero de Pecho Anteado (*Thryothorus leucotis*) y Cacique Solitario (*Cacicus solitarius*). Tororoi Loriblanco sobresale en este grupo porque es una especie endémica de la Amazonía noroccidental, y es uno de los hormigueros de suelo sobre el que discutiremos más adelante.

Durante este inventario, los picaflores fueron por lo general raros (más raros que lo normal), sin contar a los ermitaños (*Phaethornis* spp.) y la Ninfa Tijereta/de Cola Horquillada (*Thalurania furcata*) en el sotobosque. La causa principal de esta rareza fue aparente desde nuestro trabajo de campo: una falta de árboles de dosel en flor que atraen cantidades significativas de picaflores. Encontramos cantidades reducidas de la mayoría de las especies esperadas; menos el Topacio de Fuego (*Topaza pyra*), el cual es generalmente muy raro, incluso cuando está presente.

Comparación entre los sitios y con otros sitios

Los cinco sitios estudiados tuvieron cantidades de especies similares. Observamos un mayor número de especies (284) en Redondococha, pero cabe resaltar que pasamos un día adicional en ese sitio. Luego de tres días ahí, ya habíamos observado 266 especies, aun así más que cualquiera de los otros sitios, pero en mayor conformidad con su diversidad. El menor número de especies fue observado en Aguas Negras, con 246 especies. Sin embargo, si excluimos a las especies observadas solamente en el campamento satélite, Güeppicillo disminuye de 262 a 238 especies. En los otros dos campamentos encontramos cantidades intermedias: 255 especies en Garzacocha y 251 en Güeppí. Esta similitud global en cuanto a números de especies enmascara el hecho que Redondococha, y especialmente Garzacocha, tuvieron avifaunas muy distintivas en comparación a los otros campamentos. Observamos 65 especies solamente en esos dos campamentos. La gran mayoría de éstas fueron especies asociadas con hábitats acuáticos, como garzas, martines pescadores y especies que usan el bosque ubicado al borde del agua.

Garzacocha presentó una avifauna de bosque relativamente pobre, con pocas especies de sotobosque o del suelo del bosque. En ese sentido Aguas Negras representa un caso intermedio. Las aves de suelo eran normalmente comunes y diversas en Redondococha, Güeppicillo y Güeppí. En estos tres sitios encontramos regularmente tinamús/perdices, tirahojas, tororois, formicarios y soterreyes/cucaracheros terrestres: observamos 15–18 de las 19 especies en estos grupos registradas en la totalidad del inventario. En contraste, en Garzacocha observamos sólo 6 especies, y en Aguas Negras sólo 8. En Garzacocha, el área limitada de bosque de terra firme tuvo que ver probablemente con la escasa incidencia de especies de suelo, así como con la evidencia limitada de bandadas de sotobosque. En Aguas Negras, la extensión de terra firme fue considerablemente mayor, aunque se observó muy pocas bandadas de sotobosque así como una baja densidad y riqueza de aves de sotobosque, lo que podría deberse a la dominancia de una única especie de *Monotagma* (Marantaceae) en el mencionado estrato de ese sitio del inventario. Pequeñas especies frugívoras, como las tangaras, mostraron un patrón similar. Éstas fueron menos comunes y diversas en Garzacocha y Aguas Negras que en los otros tres campamentos, aunque aun en los mejores campamentos encontramos relativamente pocas tangaras.

Los bosques amazónicos por lo general albergan cantidades similares de especies de hormigueros y atrapamoscas. Los atrapamoscas incluyen una mayor cantidad de especies que los hormigueros en cuanto a tolerancia frente a alteración del hábitat, entonces en áreas alteradas o en áreas con mayor borde podríamos esperar un cambio dirigido hacia una proporción más alta de atrapamoscas. En general, este inventario mostró un patrón similar al que hemos venido encontrado durante otros inventarios en el norte del Perú y Ecuador, con ligeramente más atrapamoscas que hormigueros. Sin embargo, existen diferencias entre los campamentos. Garzacocha mostró más atrapamoscas que hormigueros (35 vs. 26 especies), mientras que Redondococha, Güeppicillo y Aguas Negras presentaron más hormigueros que atrapamoscas (36 ó 37 vs. 29 especies), y Güeppí tuvo ligeramente más hormigueros que atrapamoscas (37 vs. 35). Estas diferencias aparentemente reflejan la importancia relativa de la avifauna del interior del bosque. En Güeppí, la incidencia resaltante de extracción de madera podría estar reflejada en la relativamente más alta diversidad de atrapamoscas de esa zona.

AMENAZAS

Deforestación

La amenaza más grande para la avifauna de esta región es la deforestación. Encontramos evidencia significativa de tala de madera en los sitios de Güeppí y Aguas Negras. En Güeppí, la mayor parte del bosque comprendido entre nuestro campamento y el río, distante 2.5 km, estaba entrecruzado por trochas de madereros, y la tala selectiva de grandes árboles de gran valor ha alterado sobremanera la estructura del bosque. Una tala incontrolada de esa naturaleza puede potencialmente modificar enormemente la avifauna de la región que depende exclusivamente del bosque. Incluso la tala selectiva puede dañar, especialmente, las aves de sotobosque que están acostumbradas a bajas intensidades de luz. Sin embargo, en este momento, no percibimos evidencia de un impacto negativo del actual grado de actividad maderera en la avifauna del bosque.

Ante la ausencia de actividad maderera comercial sostenida o más intensiva, los efectos de la tala serán probablemente locales. El aislamiento de la región podría proteger el área de tala comercial extensiva. Sin embargo, el acceso a la región desde el Putumayo y las numerosas poblaciones humanas del lado colombiano representan una amenaza que necesita ser atendida.

Cacería

La cacería sólo afecta una pequeña porción de la avifauna. Quizás solamente ocho especies—Tinamú/ Perdiz Grande (*Tinamus major*), Tinamú/Perdiz Abigarrado (*Crypturellus variegatus*), Pato Real/Criollo, Pava de Spix/de Spix (Pucacunga) (*Penelope jacquacu*), Pava Gargantiazul/de Garganta Azul (Campanilla) (*Pipile cumanensis*), Pavón/Paujil Nocturno (*Nothocrax*

urumutum), Pavón/Paujil de Salvin y Trompetero Aligris/ de Ala Gris—son cazadas regularmente en la región, y otras veinte son presas de caza ocasionalmente. Sin embargo, la cacería puede ocasionar fuertes impactos a estas especies cazadas, y además está asociada con otras actividades dañinas que se practican en el bosque, como la tala de madera y la deforestación para agricultura.

Observamos ocasionalmente gente cazando en el bosque en Güeppí y Aguas Negras. La caza de subsistencia practicada por unos cuantos residentes locales aparentemente podría no afectar significativamente las poblaciones de aves en el área. Efectos negativos obvios hacia las aves fueron visibles sólo en Garzacocha (donde los paujiles no fueron registrados, y las perdices eran escasas): La presencia de una base militar en el lugar con caminos de cacería que cruzaban nuestro sistema de trochas fue probablemente el factor responsable de estos efectos. Las numerosas poblaciones militares asentadas en bases de otras partes de la región podrían tener un impacto considerable en poblaciones de aves y mamíferos grandes si se dedican a la caza de manera regular. Inclusive, durante un tiempo existía una operación comercial para proveer carne de monte a los puestos militares locales a lo largo del río Lagartococha (R. Borman com. pers.).

Perturbación

Las numerosas aves acuáticas que son comunes a lo largo del río Lagartococha y en Garzacocha pueden ser sensibles a perturbación, si es que grandes cantidades de gente visitan el área. Los incrementos en abundancia de algunas especies desde un periodo anterior, cuando se desarrollaba una actividad turística regular en el área, sugieren que esto puede representar un problema.

RECOMENDACIONES

Protección y manejo

- Proteger el bosque de la tala y la deforestación para agricultura. Desarrollar e implementar un plan de manejo para la región, el cual disponga la mayor cantidad de área posible para su protección estricta, y delinear claramente las actividades disponibles dentro de las áreas de "uso múltiple".

- Limitar la colonización adicional.

- Monitorear la cacería. La caza de subsistencia por parte de poblaciones locales probablemente no representa mayor problema, pero podría serlo si esta actividad es realizada por foráneos, especialmente de manera comercial.

- Trabajar con las bases militares para transformarlas en oportunidades, para que no representen una amenaza para el bosque.

Investigación

Determinar patrones de uso del hábitat, estacionalidad y distribución de las numerosas garzas en Garzacocha y en toda el área de Lagartococha.

Inventario y monitoreo

- Estudiar *Thamnophilus praecox*, determinar su presencia, requerimientos de hábitat, tamaño de población y distribución.

- Monitorear poblaciones de especies cazadas, especialmente paujiles, pavas y trompeteros.

- Realizar inventarios adicionales en la región, especialmente en otras épocas del año. Estudios en otros lagos a lo largo del Lagartococha y el Güeppí serían de mucha utilidad.

MAMÍFEROS

Autores/Participantes: Adriana Bravo y Randall Borman

Objetos de conservación: Poblaciones abundantes de especies de mamíferos en el interfluvio entre los ríos Napo y Putumayo amenazadas en otros lugares de la Amazonía; poblaciones en recuperación de lobo de río (*Pteronura brasiliensis*), un depredador tope listado En Peligro (INRENA, UICN), en Vía de Extinción (CITES) y En Peligro Crítico (Lista Roja de mamíferos del Ecuador); presencia de manatí (*Trichechus inunguis*), listado En Peligro Crítico (Lista roja de mamíferos del Ecuador), de delfín amazónico o bufeo colorado (*Inia geoffrensis*) y delfín gris (*Sotalia fluviatilis*), listados En Peligro (Lista roja de mamíferos del Ecuador); poblaciones substanciales de primates sensibles a la cacería sin manejo e importantes dispersores de semillas, como el mono choro o chorongo (*Lagothrix lagotricha*), listado como Vulnerable (INRENA y Lista Roja de mamíferos del Ecuador), y el mono coto o aullador (*Alouatta seniculus*), listado como Casi Amenazado (INRENA); depredadores tope, p. ej., otorongo o jaguar (*Panthera onca*) y puma (*Puma concolor*), reguladores clave de poblaciones presa; la sachavaca o danta (*Tapirus terrestris*), importante dispersor de semillas, listado como Vulnerable (CITES, INRENA, UICN) y Casi Amenazado (Lista Roja de mamíferos del Ecuador); y especies raramente observadas, como el perro de monte (*Atelocynus microtis*) y el mono leoncito o leoncillo (*Cebuella pygmaea*)

INTRODUCCIÓN

Los bosques amazónicos tienen una alta diversidad de mamíferos. Para la Amazonía ecuatoriana se han registrado 198 especies de mamíferos, lo cual representa más de 50% de las especies de todo Ecuador (Tirira 2007). Similarmente, para la llanura amazónica peruana se estima 200 especies, lo cual representa aproximadamente 50% del total de especies para Perú (Pacheco 2002). Sin embargo, pese a que se tiene información regional sobre la distribución y presencia de especies de mamíferos (Voss y Emmons 1996; Emmons y Feer 1997; Tirira 2007), la información en el ámbito de las comunidades locales para la región amazónica de Ecuador y Perú es muy limitada (Pacheco 2002). Pocas áreas han sido estudiadas intensamente, p. ej., la cuenca del Napo, la Reserva Nacional Pacaya-Samiria, el Parque Nacional Yasuní (Aquino y Encarnación 1994; Aquino et al. 2001; Di Fiore 2001) pero comunidades de mamíferos, como la del interfluvio entre los ríos Napo y Putumayo, son aún poco conocidas.

En este reporte, presentamos los resultados de un relevamiento rápido en la R.P.F. Cuyabeno (Ecuador) y la Z.R. Güeppí (Perú), en la zona fronteriza de Perú y Ecuador. Comparamos la riqueza de especies y la abundancia en cinco sitios, resaltamos registros notables, identificamos amenazas, identificamos objetos de conservación y proveemos recomendaciones para su conservación.

MÉTODOS

Entre octubre 4 y 30, 2007, evaluamos los mamíferos en cinco localidades en la R.P.F. Cuyabeno y la Z.R. Güeppí: Garzacocha, Redondococha, Güeppicillo, Güeppí y Aguas Negras (Fig. 2C). Usamos observaciones y señales para evaluar la comunidad de mamíferos medianos y grandes, y usamos redes de neblina para estudiar la comunidad de murciélagos. No evaluamos la comunidad de mamíferos pequeños no voladores debido a limitaciones de tiempo.

En cada sitio, caminamos a una velocidad de 0.5–1.0 km/h por un período de 5–7 h, comenzando a las 7 a.m., a lo largo de senderos previamente establecidos. También hicimos caminatas nocturnas por un período de 2 h a la misma velocidad comenzando a las 7 p.m., aproximadamente. Para cada especie observada registramos la fecha y hora, ubicación (nombre y distancia del sendero), nombre de la especie y número de individuos. También registramos señales secundarias como huellas, heces, madrigueras, refugios, restos de comida, senderos y/o vocalizaciones. Para determinar la correspondencia de estas señales con una especie usamos una combinación de guías de campo (Aquino y Encarnación 1994; Emmons y Feer 1997; Tirira 2007), nuestra experiencia y conocimiento local. Además, usamos las observaciones realizadas por otros miembros del equipo del inventario, asistentes locales y miembros del equipo de avanzada. También, mostramos a la gente local las láminas de dos guías de campo (Emmons y Feer 1997; Tirira 2007) para determinar la presencia de mamíferos medianos y grandes en el área.

Capturamos murciélagos usando redes de neblina. Abrimos 5–6 redes de 6 m a lo largo de transectos previamente establecidos, y/o claros por un período de

4 h (~5:45–10:00 pm). Cada murciélago capturado fue identificado y posteriormente liberado.

RESULTADOS Y DISCUSIÓN

La R.P.F. Cuyabeno y la Z.R. Güeppí contienen una alta diversidad de mamíferos medianos y grandes. El número de especies esperadas para esta área es ~56, basado en mapas publicados de distribución de mamíferos (Aquino y Encarnación 1994; Emmons y Feer 1997; Eisenberg y Redford 1999; Tirira 2007). Durante cuatro semanas de evaluación recorrimos 117 km (22 km en Garzacocha, 28 en Redondococha, 25 en Güeppicillo, 22 en Güeppí y 20 en Aguas Negras) y registramos 46 especies, que representan ~80% del número de especies esperadas (Apéndice 9). Registramos todas las especies de primates, ungulados, cetáceos y sirénidos esperadas para el área (10, 5, 2 y 1, respectivamente). Además, registramos 11 de 16 especies esperadas de carnívoros, 7 de 8 roedores, 7 de 9 edentados y 3 de 5 marsupiales.

Los bosques tropicales albergan una alta diversidad de murciélagos. Para la R.P.F. Cuyabeno y la Z.R. Güeppí, estimamos ~70 especies presentes (Eisenberg y Redford 1999; Tirira 2007). Con un esfuerzo de captura de 40 horas/red (20 horas/red en Garzacocha, y 20 en Redondococha) capturamos nueve especies durante dos noches (Apéndice 10), lo cual representa el 13% de especies esperadas. Días de lluvia intensa y presencia de luna llena durante nuestra estadía evitaron la evaluación de murciélagos en Güeppicillo, Güeppí y Aguas Negras.

A continuación, presentamos el panorama para cada uno de los cinco sitios evaluados, seguido por la comparación entre estos sitios, y la comparación con otros estudios realizados en la Amazonía de Ecuador y Perú.

Garzacocha, Ecuador

En tres días, registramos 26 especies de mamíferos medianos y grandes, incluyendo 7 especies de primates, 7 roedores, 4 ungulados, 3 carnívoros, 2 cetáceos, 1 edentado, 1 marsupial y 1 sirenia. La riqueza de especies de este lugar fue una de las más bajas del inventario. Además, observamos una baja abundancia para la mayoría de especies registradas. Esta baja riqueza y abundancia podría deberse a una combinación de factores biológicos y antropogénicos. De un lado, la baja productividad y escasez de frutos en este lugar podría afectar la presencia y/o abundancia de ciertas especies frugívoras. Sumado a esto, la presión de cacería, evidente en el área, también podría afectar la presencia y/o abundancia especialmente de especies sensibles como *Lagothrix lagothricha, Alouatta seniculus* y *Tapirus terrestris*. Cerca del campamento está establecida una base militar cuyo sistema de trochas que se sobreponía con el nuestro podría ser usado potencialmente para cazar. El comportamiento de los primates en este campamento reflejaba claramente una fuerte presión de cacería. Durante nuestras caminatas, los primates huían de manera violenta emitiendo vocalizaciones de alarma inmediatamente después de darse cuenta de nuestra presencia.

Debido a la ubicación del campamento, registramos mamíferos asociados al agua como *Trichechus inunguis* (listado En Peligro Crítico), *Inia geoffrensis* y *Sotalia fluviatilis* (listados En Peligro para el Ecuador; Apéndice 9). La abundancia de cuerpos de agua sin contaminación por actividades antropogénicas y la abundancia de peces en el área eran favorables para la presencia de estas especies.

Redondococha, Perú

En cuatro días, registramos 31 especies de mamíferos grandes y medianos, incluyendo 9 primates, 7 roedores, 5 carnívoros, 4 ungulados, 4 edentados, 1 cetáceo y 1 marsupial. La riqueza de especies encontrada fue mayor que en los otros sitios muestreados, con excepción de Güeppicillo. Además, observamos poblaciones saludables de mamíferos medianos y grandes, lo cual podría estar relacionado con la alta abundancia de frutos y con el bajo impacto de cacería en el área. Registramos tres observaciones directas, innumerables huellas frescas y numerosos caminos de *Tapirus terrestris*. Esta alta abundancia podrían deberse a la presencia de aguajales o mauritiales, parches de vegetación dominados por *Mauritia flexuosa* (que estaban produciendo frutos) y/o la presencia de saladeros o "collpas". En los aguajales, encontramos muchos restos de frutos de aguaje y huellas frescas de *T. terrestris* al pie de las palmeras.

Además, encontramos un individuo de *T. terrestris* en una collpa o saladero ubicado al borde de un aguajal. En las inmediaciones de este saladero o collpa había una cantidad exorbitante de huellas frescas de *T. terrestris*, incluyendo huellas de individuos jóvenes (determinados por el tamaño de huella). Allí también registramos huellas de *Mazama* y *Tayassu pecari*. En cuanto a primates, reportamos *Saguinus nigricollis* como un primate muy común en el área (Fig. 8A) y observamos poblaciones abundantes de *Lagothrix lagothricha* (Fig. 8D), *Alouatta seniculus* y *Pithecia monachus*. En general, los primates al darse de cuenta de nuestra presencia nos observaban curiosos y pocas veces huían.

Güeppicillo, Ecuador

Este lugar tuvo la más alta riqueza de especies entre los cinco sitios evaluados. En cuatro días de evaluación, registramos 36 especies de mamíferos grandes y medianos: 9 primates, 8 carnívoros, 7 edentados, 6 roedores, 5 ungulados y 1 marsupial. Esta alta riqueza podría deberse a la ubicación de este sitio dentro de la zona de protección Cofan en la R.P.F. Cuyabeno, que fue establecida oficialmente el 2003. Mas aún, encontramos poblaciones saludables de *Lagothrix lagothricha*, que es sensible a la cacería sin manejo (Peres 1990). También en este lugar registramos varios grupos de *Callicebus torquatus*. En Ecuador, esta especie tiene una distribución restringida al norte del río Aguarico, hasta altitudes ligeramente por encima de los 400 m (Borman 2002). La R.P.F. Cuyabeno (Tirira 2007) y la Reserva Ecológica Cofan Bermejo (Borman 2002) son las únicas áreas protegidas en las que se encuentra esta especie.

En la zona de bosque inundable en la margen del río Güeppí, observamos *Cebuella pygmaea*, un primate de amplia distribución pero muy difícil de observar debido a los movimientos rápidos y silenciosos que realiza. Con ayuda del equipo botánico identificamos el árbol de *Qualea sp.* (Vochysiaceae) que estaba consumiendo. Éste tenía numerosos hoyos a lo largo de todo el tronco que producían exudados. También en el río Güeppí hicimos dos observaciones de *Pteronura brasiliensis* (Fig. 8C), una especie en peligro de extinción debido a una fuerte presión de cacería por su piel en décadas pasadas.

Güeppí, Perú

En tres días evaluados, registramos 26 especies de mamíferos medianos y grandes: 8 primates, 6 roedores, 5 carnívoros, 4 edentados y 3 ungulados. En este campamento encontramos evidencia de extracción maderera y cacería como restos de árboles aserrados, carreteras hacia el río Güeppí para sacar la madera, un cazador, casquillos de escopeta y el cráneo de un venado. Este escenario podría explicar la baja abundancia de primates grandes y sensibles a la cacería como *Lagothrix lagothricha* y *Alouatta seniculus*, y la ausencia de *Tayassu pecari*. Sin embargo, *Tapirus terrestris* estaba presente en el área. Esto podría deberse a la gran abundancia de frutos de *Mauritia flexuosa* en los aguajales. Allí observamos un individuo de *T. terrestris*, y encontramos restos de frutos de aguaje y numerosas huellas de *T. terrestris* debajo de las palmeras.

La gente local nos informó de la presencia de *Pteronura brasiliensis* en las cochas aledañas al río Güeppí. Esta especie es un depredador tope actualmente categorizado como en peligro de extinción debido a la fuerte presión de cacería que sufrió en décadas pasadas.

Hicimos una observación de *Atelocynus microtis*, especie de amplia distribución pero de difícil observación debido a su comportamiento silencioso.

Aguas Negras, Perú

Durante tres días de evaluación, registramos 24 especies: 7 primates, 5 roedores, 4 carnívoros, 4 edentados y 4 ungulados. Esta baja riqueza de especies, comparada a los otros sitios evaluados, podría estar relacionada a factores ambientales y antropogénicos. El mosaico de bosques inundables y aguajales podría limitar la presencia de especies asociadas a tierra firme o hábitats más específicos, como *Callicebus torquatus*, que está asociado a varillales. Además, la presencia de algunos madereros y cazadores en el área podría explicar en parte la baja abundancia de algunas especies como *Lagothrix lagothricha*. A lo largo de los transectos, encontramos grandes claros creados por árboles talados y posteriormente aserrados, cartuchos de cacería, y restos de animales y cazadores. También encontramos dos cráneos de venado y cartuchos de escopeta en el sendero que iba de la comunidad de Tres Fronteras hacia el campamento. Sin embargo, encontramos poblaciones abundantes de otras especies como *Alouatta seniculus*, que estaban mayormente en las inmediaciones del bosque inundable de la quebrada Aguas Negras y en los aguajales, y *Tayassu pecari*, los cuales escuchamos y registramos huellas en las zonas de aguajales. El grupo de avanzada también encontró tres piaras grandes de *Tayassu pecari* en los aguajales (Fig. 8B). Estas observaciones indican que los niveles de cacería en este lugar aún no son muy altos, y que los aguajales atraen esta y otras especies, como *Tapirus terrestris* y *Pecari tajacu*, por ser fuente importante de alimento. El grupo de avanzada observó *Pteronura brasiliensis* en la quebrada Aguas Negras.

Comparación entre los sitios del inventario

Muchas de las especies se compartían entre los cinco sitios evaluados; sin embargo, hubo algunas diferencias en las abundancias. Basados en información publicada, esperábamos el mismo número de especies de mamíferos medianos y grandes para los cinco campamentos. Sin embargo, la riqueza de especies varió: 24 en Aguas Negras, 26 en Garzacocha, 26 en Güeppí, 31 en Redondococha y 36 en Güeppicillo.

Las diferencias en la riqueza de especies y las abundancias observadas puede deberse a una combinación de factores ambientales y antropogénicos. Así, en Garzacocha, el lugar que mostró una baja riqueza de especies, hubo una baja productividad primaria y escasez de frutos. Sin embargo, *Sotalia fluviatilis* y *Trichechus inunguis* sólo fueron registradas en este lugar. Ésto se debe a que a diferencia de los otros sitios, Garzacocha y Redondococha están ubicados en la orilla de dos cochas del río Lagartococha. Por esta razón, estos campamentos presentaron especies asociadas a cuerpos de agua como *Hydrochaeris hydrochaeris*, *Inia geoffrensis*, *Sotalia fluviatilis* y *Trichechus inunguis*.

De otro lado, encontramos evidencia de cacería en todos los lugares visitados. Solamente Güeppicillo, ubicado dentro de la zona de protección Cofan en la R.P.F. Cuyabeno, tiene un plan de manejo para caza. Ésto se refleja en las poblaciones saludables de *Lagothrix lagothricha*, *Tapirus terrestris* y *Pecari tajacu* presentes en este lugar. En los otros sitios, la intensidad de cacería varía y ésto se refleja en el comportamiento de los animales.

En Redondococha, encontramos abundantes poblaciones de *L. lagothricha, Pithecia monachus, Pecari tajacu* y *T. terrestris*, que podría estar relacionado con la alta abundancia de frutos y esporádicos eventos de cacería para subsistencia, p. ej., uno de nosotros (R. B.) encontró restos de una sachavaca o danta y un caimán negro cerca de la cocha. Sin embargo, es importante señalar la vulnerabilidad del área: años atrás, varios kilómetros río abajo de nuestro campamento, existía un campamento que proveía carne de monte a la base militar peruana ubicada en el río Napo (R. Borman com. pers.). En Güeppí y Güeppicillo, a pesar que la abundancia de algunas especies (como *L. Lagothricha*) fue menor que en sitios sin cacería, los animales eran algo curiosos y no tan tímidos como en Garzacocha. Esto podría deberse a la presencia de una cacería de subsistencia y no comercial.

Registros notables

Realizamos varios registros notables durante el inventario del área de conservación Güeppí-Cuyabeno. En Garzacocha, Redondococha y Güeppicillo, en más de una oportunidad, observamos una ardilla que podría ser *Sciurus ignitus* o *S. aestuans*. Ambas especies son físicamente muy similares, por lo que son difíciles de distinguir en el campo. Además, sus rangos de distribución según la literatura no alcanzan la región que evaluamos (Emmons y Feer 1997). Por lo tanto, la confirmación de la presencia de cualquiera de estas especies significaría una extensión de su rango actual.

Un hallazgo importante es la presencia de especies en estado crítico de conservación. En Güeppicillo, Güeppí y Aguas Negras, registramos la presencia de lobos de río (*Pteronura brasiliensis*), que está categorizado En Peligro Crítico y En Peligro por la Lista Roja de mamíferos de Ecuador e INRENA, respectivamente. En Garzacocha, registramos el manatí (*Trichechus inunguis*), que está En Peligro Crítico según la Lista Roja de mamíferos de Ecuador.

Durante el inventario, tuvimos dos registros de especies raramente observadas. En Güeppí, observamos el perro de monte (*Atelocynus microtis*), una especie de amplia distribución pero rara de ver y de la cual se conoce muy poco acerca de su biología. Del mismo modo, en Güeppicillo observamos el mono leoncito o leoncillo (*Cebuella pygmaea*). A pesar de su amplia distribución, este primate es muy raro de observar por su comportamiento tranquilo y por su especificidad de hábitat.

A pesar de la evidente presencia de cacería en el área, encontramos poblaciones saludables de huanganas (*Tayassu pecari*), especialmente en las zonas de Aguas Negras, donde hay abundantes extensiones de *Mauritia flexuosa* llamadas "aguajales" o "mauritiales". También registramos poblaciones saludables de mono choro o chorongo (*Lagothrix lagothricha*) y *Tapirus terrestris* en la zona de proteccion Cofan en la R.P.F. Cuyabeno.

Objetos de conservación

Cuarenta y seis especies observadas de mamíferos medianos y grandes en la R.P.F. Cuyabeno y la Z.R. Güeppí son consideradas objetos de conservación en el ámbito internacional (CITES 2007; UICN 2007; Apéndice 9). En Ecuador, 22 de estas especies son parte de la Lista Roja de mamíferos del Ecuador (Tirira 2007), mientras que en Perú, nueve de las especies observadas son consideradas como especies amenazadas por el Instituto Nacional de Recursos Naturales (INRENA 2004). Dos especies En Peligro Crítico (*Pteronura brasiliensis* y *Trichechus inunguis*) y dos especies En Peligro (*Inia geoffrensis* y *Sotalia fluviatilis*) están presentes en el área. Muchas especies amenazadas y muchas veces exterminadas localmente en otros lugares de Amazonía (p. ej., *Alouatta seniculs, Lagothrix lagothricha, Tapirus terrestris*) son abundantes en el área.

Comparación con otros sitios

La diversidad de especies de mamíferos grandes y medianos registrados en otros inventarios en el norte de la Amazonía peruana y en la Amazonía ecuatoriana es similar a la encontrada en nuestro inventario en el interfluvio Napo-Putumayo en la frontera entre Ecuador y Perú. Durante el inventario rápido de Ampiyacu, en el interfluvio Amazonas-Napo-Putumayo cerca de la frontera con Colombia, 39 especies de mamíferos medianos y grandes fueron registrados (Montenegro y Escobedo 2004). Las principales diferencias entre Ampiyacu y el área Güeppí-Cuyabeno son la presencia

de *Saguinus nigricollis* y *Cebus apella*, y la ausencia de
Callicebus cupreus y *Aotus vociferans*, en Ampiyacu.
Teniendo en cuenta la distribución propuesta por Aquino
y Encarnación (1994), *C. apella* debería estar presente en
el interfluvio Napo-Putumayo. Sin embargo, de acuerdo a
Tirira (2007), la distribución de esta especie es aún poco
conocida para el Ecuador y al parecer se encuentra al sur
del río Napo. Del mismo modo, siguiendo a Aquino y
Encarnación (1994), *Callicebus cupreus* (*C. discolor*) no
debería estar presente en el área de conservación Güeppí-
Cuyabeno; sin embargo, el mapa de distribución para
esta especie dado por Tirira (2007) comprende también
el norte del río Napo. Tanto para Ampiyacu como
para el área de conservación Güeppí-Cuyabeno, *Ateles
belzebuth* estaba ausente. Según Aquino y Encarnación
(1994) y Emmons y Feer (1997), esta especie estaría
presente en Ampiyacu, pero Montenegro y Escobedo
(2004) atribuyen su ausencia a la intensa presión de
cacería. Sin embargo, contrario a Aquino y Encarnación
(1994) y Emmons y Feer (1997), Tirira (2007) sugiere
que la distribución de *A. belzebuth* es hacia el sur del
río Napo. Recomendamos estudios más detallados en el
ámbito local para determinar con precisión la correcta
distribución de estas especies.

Para el inventario rápido en las cabeceras Nanay-
Mazán-Arabela, al sur del río Napo en Perú, fueron
registradas 35 especies de mamíferos medianos y grandes
(Bravo y Ríos 2007). Las diferencias más notables con
este inventario son la presencia de *Ateles belzebuth*,
Pithecia aequatorialis, *Cebus apella*, *Saguinus fuscicollis*
y *Lagothrix poeppiggii*, y la ausencia de *Lagothrix
lagothricha* y *Saguinus nigricollis* en las cabeceras Nanay-
Mazán-Arabela. La ausencia de estas especies en las
cabeceras Nanay-Mazán-Arabela es por su distribución
restringida al norte del río Napo (Tirira 2007). Como
señalamos anteriormente, la distribución de *Ateles
belzebuth* según Aquino y Encarnación (1994) y Emmons
y Feer (1997) alcanza también la región norte del río
Napo, pero Tirira (2007) restringe esta especie al sur del
Napo. Por lo tanto, recomendamos un estudio detallado
para esclarecer estas distribuciones incluyendo la de
C. apella.

En el inventario rápido en Dureno, territorio Cofan
en Ecuador al norte del río Napo, se encontraron
26 especies de mamíferos grandes (Borman et al.
2007). Todas estas especies fueron registradas en
la R.P.F. Cuyabeno y la Z.R. Güeppí. De acuerdo a
su distribución, *Lagothrix lagothricha* y *Pteronura
brasiliensis* son especies esperadas en Dureno al igual que
en Güeppí-Cuyabeno; sin embargo, Borman et al. (2007)
reporta éstas especies como extirpadas de Dureno.

CONCLUSIONES

La R.P.F. Cuyabeno y la Z.R. Güeppí contienen una
comunidad sumamente rica y diversa de mamíferos.
En tres semanas registramos 46 especies de mamíferos
grandes y medianos. Muchas de estas especies juegan roles
importantes en el mantenimiento de la alta diversidad de
los bosques tropicales, incluyendo especies dispersoras de
semillas (sachavacas o dantas, monos choro o chorongos,
monos coto o aulladores y murciélagos frugívoros) y
depredadores tope (lobos de río, otorongos o jaguares
y pumas). Conservar esta comunidad de mamíferos es
indispensable para asegurar la persistencia de un ecosistema
de bosque tropical funcional, y de especies fuertemente
amenazadas (delfines rosados, lobos de río y manatíes) o
localmente extintas en otras partes de la Amazonía.

AMENAZAS Y RECOMENDACIONES

Amenazas

La cacería a gran escala o sin algún tipo de manejo es
una amenaza persistente, especialmente para los mamíferos
grandes y de alto valor económico como primates y
ungulados. El impacto de esta actividad puede ser bastante
dramático y muchas veces irreversible. Así, poblaciones
de monos choro o chorongos y huanganas han sido
localmente exterminadas de algunas áreas de la Amazonía
(Peres 1990, 1996; Di Fiore 2004). Otra amenaza es la
destrucción del hábitat. La exploración y extracción de
petróleo, la extracción de madera, la agricultura a gran
escala y la ganadería intensiva favorecen la destrucción y
modificación de hábitats críticos para la subsistencia de
algunas especies de mamíferos. Específicamente,
la contaminación del agua por actividades de extracción
petrolera pondría en riesgo la existencia de especies que
ahora están en peligro de extinción, como lobos de río,
manatíes, delfines rosados y delfines grises.

Recomendaciones

Recomendamos la urgente protección de la R.P.F. Cuyabeno la Z.R. Güeppí por varias razones. Esta área alberga una alta diversidad de mamíferos, incluyendo el lobo de río (*Pteronura brasiliensis*) y el manatí (*Trichechus inunguis*), especies en peligro de extinción, y varias especies amenazadas o localmente extintas en la Amazonía debido a una cacería desmedida y sin manejo. En especial, recomendamos el control en el consumo de carne de monte por parte de bases militares que se encuentran en la zona fronteriza. También, consideramos crítica la participación de todas las comunidades nativas y/o ribereñas, y autoridades gubernamentales de los tres países, en la elaboración de un plan de manejo integral de fauna para asegurar que el corredor de gestión (incluyendo el Parque Nacional Natural La Paya, en Colombia) funcione como una unidad de protección para la comunidad de mamíferos medianos y grandes. Finalmente, recomendamos implementar programas de educación ambiental para los moradores del área, incluyendo comunidades nativas y/o mestizas, y bases militares.

COMUNIDADES HUMANAS VISITADAS: FORTALEZAS SOCIALES Y USO DE RECURSOS

Autores/Participantes: Alaka Wali, Mario Pariona, Teófilo Torres, Dora Ramírez y Anselmo Sandoval

Objetos de Conservación: Trochas, quebradas, y varaderos de interconexión comunal que facilitan el mecanismo de control de ingreso de foráneos; lugares sagrados indicados en los mapas de uso de recursos; mantenimiento de idiomas nativos, como medio de transmisión de sabiduría local; técnicas de manejo tradicionales, como chacras diversificadas, rotación de purmas, vedas de caza y pesca; y normas de autocontrol a través de mitos y relatos orales

INTRODUCCIÓN

El inventario social fue desarrollado del 13 al 29 de octubre de 2007 por un equipo intercultural y multidisciplinario a solicitud de la Organización Indígena Secoya del Perú (OISPE) y la Jefatura de la Zona Reservada Güeppí (Z.R. Güeppí).

Tuvo por finalidad informar a las comunidades las actividades desarrolladas por el equipo biológico en los campamentos al interior de la Z.R. Güeppí (en Perú) y en la Reserva de Producción Faunística Cuyabeno (en Ecuador). Además, quisimos analizar las principales fortalezas y oportunidades socioculturales y determinar las posibles amenazas para las poblaciones humanas y al ecosistema del área. Visitamos 14 comunidades de las 22 que se encuentran alrededor de la Z.R. Güeppí (Figs. 2A, 25; Apéndice 11). Visitamos cuatro en la cuenca del río Napo: Angoteros, Torres Causana (comunidades Kichwa), Cabo Pantoja (mestiza) y Guajoya (o Vencedor, Secoya); y en el Putumayo trabajamos en nueve: Nuevo Belén, Santa Rita, Bellavista, San Martín de Porres, Mashunta y Zambelín de Yaricaya (comunidades Secoya), Santa Teresita (Huitoto), Miraflores (Kichwa) y Tres Fronteras (mestiza). También el coordinador de logística del inventario, Álvaro del Campo, recopiló información relevante en la comunidad Secoya Mañoko Daripë (conocida también como Puerto Estrella). Estas comunidades fueron seleccionadas por su representatividad étnica y por su ubicación estratégica. Abajo detallamos la metodología empleada, la historia del proceso de poblamiento, demografía e infraestructura, fortalezas sociales, uso de los recursos naturales, enlaces con el mercado comercial, amenazas principales y recomendaciones pertinentes.

MÉTODOS

Aplicamos la metodología siguiendo los patrones similares empleados en los inventarios previos (p. ej., Vriesendorp et al. 2007a), con nuevas herramientas participativas.

Para el taller informativo, empleamos materiales visuales, como cartillas (p. ej., mapas de ubicación de la propuesta de categorización de la Z.R. Güeppí, de las comunidades a visitar, y de los campamentos donde se desarrolló el inventario biológico rápido).

Teniendo en cuenta la diversidad cultural y de idioma de la zona, hemos previsto la presencia de un traductor indígena para las comunidades *Airo Pai*, *Naporuna* y *Murui*[1], a fin de asegurar que la información pueda ser comprendida por la mayor cantidad de participantes.

---

[1] Con el fin de respetar los procesos de revaloración de su identidad cultural, usaremos las auto-denominaciones de los pueblos indígenas: para el Secoya como *Airo Pai*, Kichwa como *Naporuna* y Huitoto como *Murui*, en vez de usar las denominaciones comunes de la literatura académica.

Fig. 25. Asentamientos humanos visitados por el equipo científico-social durante el inventario rápido.

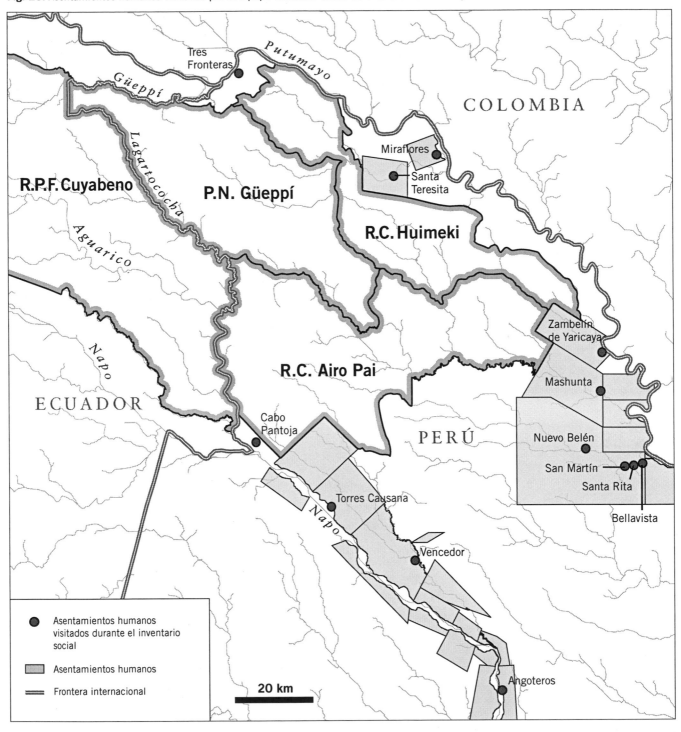

Tres Fronteras

Putumayo

Güeppí

COLOMBIA

R.P.F. Cuyabeno

Lagartococha

P.N. Güeppí

Miraflores

Santa Teresita

R.C. Huimeki

Aguarico

Napo

R.C. Airo Pai

Zambelin de Yaricaya

Mashunta

ECUADOR

Cabo Pantoja

Nuevo Belén

PERÚ

San Martín

Santa Rita

Napo

Torres Causana

Bellavista

Vencedor

Asentamientos humanos
visitados durante el inventario
social

Asentamientos humanos

Frontera internacional

20 km

Angoteros

Para el propósito del inventario social rápido, hemos realizado entrevistas semi-estructuradas a hombres y mujeres, informantes calificados y autoridades de las diversas comunidades visitadas para lo cual contamos con una guía de temas con preguntas abiertas. También participamos de las actividades cotidianas de la gente.

Aprovechamos las reuniones informativas para elaborar mapas sobre uso de recursos y el croquis de las comunidades, y aplicamos la "dinámica del hombre de la buena vida". Esta dinámica consiste en delinear la figura de uno de los participantes, que se pide se acueste sobre papelotes. Luego se secciona la figura del cuerpo en cinco partes: el tronco representa el medio ambiente, cada brazo representa la vida cultural y social, y cada pierna la vida política y económica. Se asigna un puntaje en un rango de 0 (lo peor) a 5 (lo ideal). Al final es posible hacer una lectura de la percepción de los comuneros respecto a su calidad de vida, además de generar un proceso de reflexión sobre las posibles soluciones para superar algunas falencias.

Además hemos recurrido a las fuentes secundarias para recoger información: revisión de documentos, base de datos, informes y material bibliográfico. Los estudios detallados por el proyecto PIMA (APECO-ECO 2006) y los informes del proyecto de reunificación, revalorización cultural y continuidad del pueblo Airo Pai de Ibis (2003–2006) nos dieron un contexto global importante.

RESULTADOS

Breve historia del proceso de poblamiento

El ámbito de ocupación geográfica de los pueblos indígenas es extenso, en la actualidad son transfronterizos dado que abarcan territorios en Ecuador, Colombia y Perú.

Las condiciones de vida de los hombres y mujeres Murui, Naporuna y Airo Pai de hoy son el resultado de una serie de luchas y resistencias que han forzado una readaptación de su estructura económica, política y social, ocasionando modificaciones en sus patrones de vida. Entre los hechos que han marcado el cambio de vida de estos pueblos, se mencionan las misiones que forzaron las reagrupaciones en reducciones, la explotación del caucho como una fase de devastación

para muchos pueblos y los procesos de desarrollo educativo que causaron la sedentarización y la pérdida del idioma en algunos casos. Las poblaciones mestizas y ribereñas que hoy habitan en la zona llegaron a raíz de las olas de extracción, las políticas fronterizas y el establecimiento de las bases militares.

Los Murui (Huitoto)

Debido a la redefinición de los límites físicos, al momento los Murui abarcan territorios transfronterizos entre Colombia y Perú. En Colombia se encuentran en los ríos Orteguasa, Caquetá y Putumayo y sus afluentes Igara-Parana y Cara-Parana principalmente, y en el área aledaña a Leticia. En el Perú, se encuentran en los ríos Putumayo (sector medio y bajo, y en el río Peneya), Napo (Murui de Negro Urco) y Amazonas (río Ampiyacu) (Murdock 1975; Gasché 1979; APECO-ECO 2006).

El misionero colombiano Pinell (1924), encontró en el río Güeppí y las cabeceras del río Peneya a cuatro "parcialidades de Murui: Sebuas (*zeuaï*—clan de sapo macho), de huecos, pacuyas, caimitoa, (*jificuena*—clan caimito)".

Después de un periodo de migraciones por los ríos Angusilla y Yaricaya, formaron relaciones de vecindad con los Airo Pai. En 1980, se establecieron en una finca abandonada por mestizos peruanos ubicados en el río Peneya, denominada Santa Teresita. Esta comunidad fue titulada en 1991.

Los Naporuna (Kichwa)

Sobre los Naporuna, Whitten (1987), señala que migraron de la región de Quijos en Ecuador para trabajar como mano de obra en la explotación de caucho. Un hecho trascendental es la fundación de Angoteros o Monterrico en 1877 aproximadamente, por el patrón Daniel Peñafiel.

El ex alcalde del distrito, Profesor Richard Oraco Noteno, indica que en 1964 se fundó la escuela primaria y en 1972 se inició el proceso de titulación de sus tierras; dicho proceso concluyó en 1975. Fue un centro importante para la explotación de caucho, shiringa, tagua y palo de rosa (Mercier 1980). En el momento, Angoteros es el centro político y cultural de los Naporuna, y es la cuna de muchos líderes que han ocupado puestos importantes en el distrito y en su organización.

Desde 1960, un gran número de familias migró al Putumayo y fundaron comunidades enteras de población Naporuna, como es el caso de las comunidades de Nueva Angusilla, Nueva Esperanza, Urco Miraño, Miraflores y Nueva Ipiranga (PNUD-GEF 2000), ubicadas en el ámbito de la Z.R. Güeppí. Parte de estas familias se asentaron en la margen izquierda del Putumayo (Colombia).

Actualmente la mayoría de las comunidades del Napo están tituladas de manera contigua, lo cual constituye una seguridad para su territorio, de amenazas como las actividades de extracción de madera y otros recursos por agentes externos (APECO-ECO 2006; Jefatura de la Zona Reservada Güeppí 2003).

Los Airo Pai (Secoya)

Existen extensas referencias bibliográficas del contacto de los Airo Pai con los españoles (Chantre 1901; Grohs 1974; Belaunde 2001; Casanova 2002) Varias crónicas mencionan que los Jesuitas y Franciscanos habían contactado grupos indígenas con los cuales formaron sus reducciones desde 1635 hasta 1741 en las cercanías de los ríos Jevinineto (hoy Yubineto) y Pinzioueya (probablemente hoy río Angusilla). Estiman que la población Airo Pai fue de 8,000 personas aproximadamente (Grohs 1974). Según los moradores, los nombres de los pequeños ríos del área tienen origen en el idioma Airo Pai tales como Uʼcuisilla (Angusilla), Yë huiya (Yubineto), Peneña (Peneya), Campoya (Campuya) y Yariya (Yaricaya). Al momento, el territorio ancestral Airo Pai cubre toda el área de la actual propuesta de Reserva Comunal Airo Pai y parte del propuesto Parque Nacional Güeppí.

Uno de los aspectos que ha impulsado la sedentarización de las comunidades Airo Pai es la implementación de las escuelas; sin embargo los territorios ancestrales no han dejado de ser utilizados, vigilados y protegidos por ellos, hecho que ha coincidido con los objetivos de la creación del área protegida y la propuesta de la Reserva Comunal Airo Pai.

La gente mestiza y ribereña

A diferencia de los pueblos indígenas de la zona, la historia de las poblaciones mestizas y ribereñas es más reciente; ésta data de principios del siglo XX. Estas poblaciones vinieron por efecto de las actividades de extracción y la militarización de la frontera (APECO-ECO 2006). Por ejemplo, el poblado de Cabo Pantoja fue fundado en 1941, después del conflicto entre Perú y Ecuador. Algunos pobladores también son descendientes de los patrones que tuvieron presencia en la zona. Estas poblaciones al momento habitan en las comunidades de Cabo Pantoja en el Napo, y en Tres Fronteras, Soplín Vargas, Sargento Tejada y Puerto Nuevo, en el Putumayo.

Demografía e infraestructura

La población humana de la Zona de Amortiguamiento de Güeppí llega a 2,500 habitantes aproximadamente (Apendice 11).

Todas las comunidades indígenas de esta parte cuentan con títulos de propiedad entregados entre los años 1975 a 1991; otras están anexadas. Las comunidades mestizas no poseen títulos. Sin embargo, dos de éstas, Cabo Pantoja (Apéndice 11) y Soplín Vargas, son capitales de distrito.

El comportamiento migratorio de los Airo Pai sobre su territorio ancestral, aún vigente, ha propiciado el desplazamiento de las familias de la comunidad de Guajoya (Vencedor) fuera de su territorio titulado, y ha generado la reocupación de la antigua comunidad Mañoko Daripë, en Lagartocha, por familias de la comunidad de Nuevo Belén y Guajoya.

En general, el pueblo Naporuna (con 857 habitantes aproximadamente) alberga la mayor cantidad de población en el área, siendo la comunidad de Angoteros la más grande, y superando la totalidad de habitantes del pueblo Airo Pai en Perú, que es de 700 aproximadamente (Chirif 2007). La comunidad Airo Pai de Mañoko Daripë tiene la menor población, 18 habitantes (Apéndice 11).

Respecto a la infraestructura educativa, todas cuentan con escuelas primarias. Las escuelas secundarias sólo existen en seis comunidades: por el Napo, Cabo Pantoja y Angoteros; y por el Putumayo, Bellavista,

Angusilla, Soplín Vargas y Tres Fronteras. De las escuelas primarias y secundarias existentes, sólo Angoteros es reconocida como escuela bilingüe. En las otras, si bien la mayoría de maestros son indígenas, no aplican una metodología de enseñanza bilingüe, lo cual pone en riesgo la pérdida del idioma.

Por la zona del Napo existen dos centros de salud y un puesto con infraestructura y equipamiento adecuados, a diferencia de las comunidades del Putumayo que sólo cuentan con un centro de salud y dos puestos poco abastecidos.

Existen dos vías de comunicación entre comunidades —la fluvial y la terrestre—a través de trochas, varaderos y caminos que son utilizados principalmente durante la vaciante de los ríos. Las canoas son las embarcaciones más utilizadas para el desplazamiento de los pobladores locales. Sin embargo, es posible encontrar en cada comunidad por lo menos un bote y un motor fuera de borda o peque peque de uso comunal o individual.

Todas las comunidades visitadas cuentan con equipos de radiofonía de onda corta, a excepción de Santa Teresita. Las comunidades de mayor población, como Angoteros y Cabo Pantoja, disponen además de servicio de comunicación telefónica. Algunas comunidades cuentan con fluido eléctrico que funciona con paneles solares y/o generadores de luz.

Existen oficinas de registro civil[2] en las comunidades de Cabo Pantoja, Angoteros y Vencedor, por el Napo; y por el Putumayo, en San Martín de Porres, Zambelín de Yaricaya y Tres Fronteras.

Observamos en muchas de las comunidades infraestructuras instaladas por programas de "desarrollo". Algunas, como los paneles solares en varias comunidades del Putumayo funcionan y son sostenibles. En otros casos, las instalaciones han fracasado o no estaban operativas. Por ejemplo, en Torres Causana encontramos letrinas sanitarias de concreto, abandonadas por el deterioro de la parte de madera y por la falta del uso. Encontramos antenas parabólicas, tubos de filtración de agua y motores de luz, entre otros, pero muchos de estos aparatos no son

apropiados con respecto a los modos de vida de la población.

En cuanto a saneamiento básico, Cabo Pantoja es la única comunidad que cuenta con red de agua potable. Ninguna de las comunidades cuenta con sistemas de desagüe adecuados lo que ocasiona la contaminación de las aguas y suelos. Por otra parte, no existe una planificación consensuada sobre la infraestructura necesaria, teniendo en cuenta el crecimiento de la población.

Fortalezas sociales y culturales

Identificamos fortalezas sociales y culturales en todas las comunidades visitadas. Algunas son generales para todos los grupos culturales mientras que en estos pueblos indígenas, hay fortalezas particulares. Además de las fortalezas organizativas, las comunidades visitadas mantienen patrones de uso y manejo de recursos naturales que son compatibles con la conservación del medioambiente.

Fortalezas generales

En todas las comunidades visitadas, identificamos patrones sociales comunes que caracterizan a muchas comunidades amazónicas, tanto indígenas como ribereñas y mestizas. Estos patrones forman parte fundamental de la estructura social y se orientan hacia una vida más equitativa y menos individualizada y estratificada. En todas las comunidades existen relaciones de reciprocidad: comparten el producto de la cosecha, la caza y pesca entre sus miembros. Por ejemplo, durante nuestra visita a la Comunidad Nativa (C.N.) Zambelín de Yaricaya, vimos cómo la carne de dos sachavacas (*Tapirus terrestris*) fue distribuida entre ocho familias del pueblo, sin contar a los visitantes. En Angoteros, la carne de una huangana (*Tayassu pecari*) fue repartida entre miembros de una familia extendida. Observamos en varias comunidades que también se comparte tecnología, por ejemplo familias que tienen televisor invitan a otras a ver películas. Las relaciones fuertes de parentesco ayudan al mantenimiento de estas relaciones de reciprocidad, pero aún en las comunidades mestizas donde el parentesco no es tan fuerte como enlace social, se manifiesta el patrón de reciprocidad.

---

[2] A través de los registros civiles se reporta a la oficina central los nacimientos y defunciones que ocurren en las comunidades, garantizándose el derecho al ejercicio de la ciudadanía, la democracia y la participación, y disminuyendo el problema de marginalidad y exclusión que atraviesan un gran porcentaje de comunidades indígenas.

Tabla 4. Calificación de calidad de vida. Se asigna un puntaje en un rango de 0 (lo peor) a 5 (lo ideal).

Comunidad	Vida natural	Vida cultural	Vida social	Vida política	Vida económica	Total promedio
Cabo Pantoja	4.0	2.0	3.0	4.0	3.5	3.3
Torres Causana	5.0	3.0	3.0	4.0	5.0	4.0
Angoteros	4.0	4.0	4.5	3.0	4.0	3.9
Mañoko Daripë (Puerto Estrella)	5.0	5.0	5.0	5.0	2.0	4.4
Guajoya (Vencedor)	5.0	5.0	4.0	3.5	4.5	4.4
Bellavista	4.0	3.0	3.5	2.5	4.5	3.5
San Martín de Porres	3.0	5.0	4.5	3.0	4.0	3.9
Santa Rita	4.0	4.0	4.0	4.0	4.0	4.0
Nuevo Belén	5.0	5.0	5.0	4.0	5.0	4.8
Mashunta	5.0	3.5	3.5	3.5	5.0	4.1
Zambelín de Yaricaya	4.0	3.0	5.0	5.0	5.0	4.4
Santa Teresita	4.5	4.0	4.0	3.5	4.0	4.0
Miraflores	4.0	3.0	5.0	3.0	4.0	3.8
Tres Fronteras	4.0	3.0	3.0	2.0	4.0	3.2

Otro patrón que hemos observado es la presencia de trabajos comunales para hacer obras mayores, como limpieza de veredas y mingas (ayudas mutuas) para trabajos familiares, como las construcciones de casas nuevas o chacras. Las prácticas sociales de compartir recursos ayudan a mantener un nivel de consumo relativamente bajo asumiendo que todas las familias tuvieran que gastar en forma individual.

Otra fortaleza social fue la percepción de la calidad de vida y la valoración del medioambiente como la fuente principal de subsistencia básica. Durante las reflexiones que acompañaron el ejercicio del "hombre de la buena vida", conversamos sobre la relación entre el estado de la naturaleza y la economía. En casi todas las comunidades, menos una, la vida natural al igual que la vida económica tenía una alta calificación (Tabla 4). Coincidimos con el cuestionamiento del antropólogo Alberto Chirif (2007:2−4), respecto a los indicadores de pobreza basados en conceptos hegemónicos de riqueza y desarrollo. Afirma que "Estos indicadores no miden la calidad de los alimentos que los indígenas consumen frescos, del buen aire que respiran, del agua limpia que beben de la quebrada, de la alegría de los niños que juegan en los ríos o del control de la gente sobre su propia vida…" (Fig. 9F).

En la base de datos de la línea base conformada por el Proyecto PIMA, notamos que la mayoría de las comunidades muestreadas perciben el riesgo que corren cuando hay sobre explotación de los recursos naturales (APECO-ECO 2006). Los moradores comentaron que era importante para ellos mantener intactos sus bosques y estaban preocupados por las actividades de las empresas petroleras y madereras. En todas las comunidades, las autoridades y líderes hablaban del posible daño que podría causar la actividad de la exploración de hidrocarburos. El cacique de Angoteros describió la visita de la Compañía Barrett (una empresa estadounidense) y afirmó que él y muchos otros en la comunidad no estaban convencidos de los "beneficios" que supuestamente traería esta actividad. Él manifestó su preocupación por la posible contaminación de los ríos, basado en las experiencias de sus parientes en Ecuador. También, el Alcalde del distrito de Teniente Manuel Claveros nos manifestó su preocupación por los cambios sociales y ambientales que provocaría la actividad petrolera.

La mayoría de moradores percibe que tiene una buena calidad de vida. Los promedios más bajos (3.3 en Cabo Pantoja y 3.2 en Tres Fronteras, en Tabla 4) estaban en las comunidades mestizas cercanas a los mercados o bajo fuerte presión foránea. La percepción de una buena calidad de vida es importante como indicador de la satisfacción de la gente con su entorno y su modo de vida. Cuando perciben que su calidad de vida ya es buena, y que esto depende mucho de la calidad de la vida natural, los moradores pueden participar con entusiasmo en la protección del medioambiente. Además, cuando reconocen sus debilidades (p. ej., en la vida cultural por la pérdida de costumbres, prácticas o sabiduría local), pueden tomar ellos mismos iniciativas para mejorar.

Una característica impresionante de esta zona fue la participación de mujeres en los eventos públicos de la comunidad. En comparación con otros lugares visitados en inventarios rápidos previos, notamos que en toda esta zona, las mujeres expresaron sus opiniones y percepciones en asambleas comunales, talleres o reuniones. En Bellavista, observamos durante una asamblea que las mujeres aportaron sus opiniones sobre las obras de reparación y construcción de las veredas peatonales. En Santa Teresita, comunidad Murui, las mujeres asistieron a la reunión del comité de vigilancia con el Jefe de la Z. R. Güeppí. Y en la comunidad de Tres Fronteras, una lideresa activa expresó sus opiniones sobre el taller informativo. Esta fortaleza social es una gran ventaja para el trabajo de conservación y el fortalecimiento organizativo de la gente.

Como en el caso de las cuencas de Mazán y Curaray, la Iglesia Católica juega un rol importante en las comunidades del Napo, tanto en la capacitación de promotores y técnicos de salud como en el fortalecimiento organizativo. En Angoteros, por ejemplo, hay una larga historia de participación de la Iglesia a través de los esfuerzos e iniciativas del Padre Juan Marcos Mercier. Este esfuerzo es continuado por el grupo de hermanas de la congregación española Mercedarias Misioneras que tiene una sede en la comunidad. Ellas trabajan en el colegio, promueven educación ambiental y apoyan los esfuerzos de las autoridades en cuanto a la amenaza de las actividades petroleras. En el lado del Putumayo, la presencia de la Iglesia Evangélica, en ciertas instancias, tiene una influencia positiva. En las comunidades Airo Pai y mestizas, la iglesia evangélica contribuye al mantenimiento de la baja incidencia de consumo de alcohol. En ambos casos, las iglesias católicas y evangélicas podrían jugar un rol importante en las comunidades, si respetan los valores culturales autóctonos.

La Jefatura de la Z.R. Güeppí juega un rol importante en auspiciar la participación de varias comunidades en los procesos de monitoreo y vigilancia, con los fondos del Proyecto PIMA. Estableció comités de vigilancia en cinco comunidades del Putumayo, equipándolas con motor fuera de borda, sedes locales y radiofonías de onda corta. Esta acción ha generado un lazo de confianza entre comunidades y la administración de la Z.R. Güeppí, que puede formar la base para la "co-administración" en el futuro de las dos reservas comunales y el Parque Nacional.

Fortalezas específicas de las comunidades nativas

Es impresionante la fuerte identidad cultural de los pueblos indígenas de esta zona, a pesar de la larga historia de interacción con la sociedad nacional y las fuertes presiones para la asimilación. Reconocemos que todos estos procesos culturales son dinámicos y caracterizados por cambios. Sin embargo, observamos que las diferencias culturales juegan un rol importante en la valoración del medioambiente y prácticas de manejo del uso de recursos naturales. En comparación con la zona de Arabela y Curaray (Vriesendorp et al. 2007a), donde las comunidades ya casi han perdido sus idiomas, aquí su uso aún es fuerte. En Angoteros y en todas las comunidades Airo Pai, y también en la C.N. de Santa Teresita (Murui), los moradores hablan su idioma no solamente en conversaciones cotidianas, sino también en las asambleas y otros eventos públicos. Estudios recientes han demostrado el fuerte vínculo entre el idioma y la sabiduría de la diversidad biológica en el entorno (Nabhan 1997; Maffi 1998; Carlson y Maffi 2004). En los pueblos de Angoteros, Guajoya y Santa Teresita, tanto niños como adultos identificaron fácilmente los peces de la guía fotográfica.

Observamos el uso de artefactos y herramientas tradicionales (canoas de madera, ollas y platos de barro, canastas, hamacas, *tipitis* para sacar el veneno de la yuca) en la vida diaria. Los hombres Airo Pai usan la *cushma*, un traje típico de algunos pueblos amazónicos. En las comunidades indígenas, las relaciones de parentesco siguen siendo la manera más importante de crear relaciones sociales, tanto dentro de una comunidad como entre comunidades (Gashé 1979; Mercier 1980; Belaunde 2001, 2004; Casanova 2002). Hemos observado en la comunidad de Angoteros, por ejemplo, la celebración de la *tupachina*, una actividad tradicional que consiste en el abastecimiento de leña entre compadres. El compadre que recibe leña, en agradecimiento prepara *masato* (bebida de yuca fermentada) y comida. La transmisión de patrones culturales y el idioma a los niños sigue siendo fuerte, aunque algunos jóvenes están más influenciados por patrones de consumo más intensivos.

Las organizaciones indígenas de base en esta zona son fuertes y son reconocidas en las comunidades por sus gestiones. La organización ORKIWAN (Organización Kichwaruna Wangurina del Alto Napo) se fundó en 1972 y esta afiliada a la Organización Regional de Pueblos Indígenas del Oriente (ORPIO, antes ORAI[3]). Actualmente 22 comunidades integran ORKIWAN. Esta organización tiene varios programas, y uno de ellos, el programa de educación bilingüe (PEBIAN), apoya y capacita a profesores bilingües desde hace 20 años. También en Angoteros, ORKIWAN mantiene un pequeño molino de arroz para generar fondos para sus gestiones, y cuenta con un motor fuera de borda.

Después de más de quince años de procesos organizativos, la Organización Indígena Secoya del Perú (OISPE) fue legalmente reconocida en 2005 con el apoyo del Proyecto de Reunificación, Revalorización Cultural y Continuidad del Pueblo Secoya, auspiciado por Ibis (una organización danesa de apoyo a pueblos indígenas en Bolivia, Ecuador y Perú). La oficina de OISPE está ubicada en la comunidad de Bellavista.

Cuenta además con un generador de luz, bote y motor fuera de borda. OISPE integra a las ocho comunidades Airo Paị en Perú y realiza un congreso anual. OISPE, junto con ORPIO, condujeron talleres informativos sobre las actividades petroleras en casi todas las comunidades del distrito Teniente Manuel Clavero del Putumayo, advirtiendo sobre los riesgos de la contaminación y problemas sociales. Una tercera organización, la Federación Indígena Kichwaruna del Alto Putumayo Inti Runa (FIKAPIR), se creó el 2003 y está en proceso de reconocimiento legal, representando a

---

[3] La Organización Regional AIDESEP-Iquitos

doce comunidades. Todas las organizaciones mencionadas participaron en los procesos de consulta para la categorización de las dos reservas comunales.

Las tres organizaciones están trabajando juntas para el rechazo de actividades petroleras, formando un frente común para llevar adelante sus principales acuerdos: "Queremos un bosque sano, no queremos contaminación petrolera, queremos que nos respeten nuestro territorio, no queremos enfermedad mortal, no queremos más violación de nuestros derechos de parte del gobierno peruano" (OISPE, ORKIWAN y FIKAPIR 2006).

Uso de los recursos naturales

Notamos claramente que la economía de subsistencia de las comunidades, desde hace varias generaciones, está fuertemente ligada al potencial de los bosques, la abundancia de la fauna silvestre, el estado de los cuerpos de agua y la productividad de los cultivos para autoconsumo. Los moradores requieren invertir poco tiempo para capturar animales, peces, y extraer frutos silvestres y diversos materiales para usos domésticos. En muchas comunidades, el tiempo de viaje para realizar las actividades en el bosque fluctúa entre media hora y cuatro horas. El tiempo varía el tiempo dependiendo de la magnitud de sus necesidades (Apéndice 12).

La gente hace sus chacras mediante jornadas de ayuda mutua ("mingas"). Las dimensiones de las chacras varían de 0.5 a 1.0 ha por familia, y anualmente se hace una chacra. Cultivan principalmente diversas variedades de yuca, piña, algunas hortalizas y plátanos. Estas chacras están ubicadas a un tiempo de caminata que varía entre media a una hora del centro poblado comunal (Apéndice 12).

Las purmas constituyen áreas importantes para la recuperación del bosque, del suelo para los cultivos e incluso para la fauna silvestre. Cada familia mantiene de tres a cuatro purmas jóvenes (de 2 a 8 años). Las purmas antiguas o viejas (bosque secundario) continúan siendo de propiedad de la familia que las construyó. Estas purmas están compuestas principalmente por cultivos perennes, como árboles frutales, especies maderables, plantas medicinales, palmeras, etc.

En Angoteros, observamos en una purma de 0.5 ha, más de 25 especies de plantas, resaltando entre ellas frutales, medicinales, palmeras y árboles maderables. Las purmas de los Airo Pai sobresalen por la predominancia de las palmeras de *pijuayo* (*Bactris gasipaes?*), plantas como *shihuango* (probablemente una especie del género *Renealmia*), *barbasco* (del género *Jacquinia*) y *yoco* (*Paullinia yoco*).

Los mapas de uso de recursos naturales dibujados en cada comunidad mostraron extensas áreas de convivencia permanente conectados por caminos, quebradas y ríos. Igualmente, exhibieron con mucha facilidad la importancia y los beneficios de las plantas, de los árboles, del suelo, de los cuerpos de agua, de la fauna silvestre y de lugares sagrados. Determinaron con detalle la distribución espacial de cada uno de los componentes del bosque. Por ejemplo, en el caso de los Airo Pai, las áreas de ubicación de las sachavacas y huanganas, y de los monos choro (*Lagothrix lagothricha*) y sábalos (varias especies de peces de la familia *Characidae*), resultaron ser los más importantes para su consumo, mientras que para los Naporunas las más importantes son las áreas de distribución de las huanganas y majás (*Agouti paca*), y de los primates, como maquisapa (*Ateles belzebuth*), choro y coto mono (*Alouatta seniculus*).

Es asombroso percibir en cada uno de los pueblos visitados los aprendizajes y los conocimientos que dichos pueblos mantienen con relación al bosque y su entorno. Para los Airo Pai, los periodos de fructificación de ciertas plantas y palmeras constituyen indicadores importantes para una mejor actividad de cacería. Por ejemplo, el periodo de fructificación del pijuayo (febrero a marzo) es muy importante para la caza de majás (*Agouti paca*), carachupas (*Dasypus sp.*) y añujes (*Dasyprocta fuliginosa*). De agosto a octubre los aguajes están en fructificación, y por lo tanto son meses significativos para la caza de las sachavacas. Las poblaciones de palmeras de *ungurahui* (*Oenocarpus batua*) fructifican de mayo a agosto, y esta época es importante para la caza de tucanes. Y los árboles de leche caspi (*Couma macrocarpa*) fructifican de marzo a abril, el periodo cuando los monos tienen mayor peso.

Los ríos, las quebradas y las cochas constituyen una fuente importante de producción de peces para la alimentación de las poblaciones locales. Los moradores de la comunidad de Angoteros exteriorizaron su preocupación por la disminución de las poblaciones de peces en el río Napo, debido a la contaminación provocada por las empresas petroleras en Ecuador. Un morador comentó que hace diez años podían pescar muchos peces grandes en una hora de jornada, hoy en día sólo pueden capturar de 4 a 5 peces pequeños y están obligados a viajar a otras quebradas para realizar una buena pesca.

Las comunidades Airo Pai han calendarizado el periodo de diciembre a febrero como la mejor época para la pesca de consumo y venta. Asimismo ellos tienen identificadas las cochas y las pozas de mayor predominancia de ciertas especies de peces. Esta clasificación permite seleccionar los lugares de pesca de acuerdo a sus prioridades alimenticias.

Observamos logros importantes en las comunidades de Zambelín de Yaricaya y Nuevo Belén, pues mediante un manejo y control comunitario se han incrementado poblaciones de peces y animales.

En las 14 comunidades visitadas logramos identificar 26 sitios sagrados. Tanto los Airo Pai, Naporuna, Murui y mestizos señalan que éstos constituyen zonas prohibidas o áreas intangibles. Sobre esta lógica, establecen un fuerte control social que evita la sobre explotación del área, constituyéndose una fuente-sumidero que favorece la reproducción, basados en su cosmovisión.

Los moradores afirman que los animales, los árboles y los cuerpos de agua están representados por una madre o dueño, los que tienen espíritu o forma de enormes animales raros, algunas veces gigantescos. Otras se presentaron como duendes. Es casi imposible acceder a estos lugares o a sus productos; para ello, se requiere hacer rituales especiales o solicitar la ayuda de un shamán. Por ejemplo, los Airo Pai, respetan las cochas encantadas, "donde los animales hablan *Paicoca*[4] y se convierten en gente". Así también se considera algo especial a las "chacras de la gente que come ojos", denominados en su idioma como *Nacuano'a*. Estas áreas son lugares con bosque alto, con sotobosque bastante limpio y muy poca hojarasca. Al encontrarse frente a estas áreas, evitan acercarse excesivamente y hacer ruido.

La participación de las mujeres en las actividades de uso y manejo del bosque es compartida con el

---

4 En idioma Secoya.

Fig. 26. Cuyabeno-Güeppí, subsistencia e intercambio comercial.

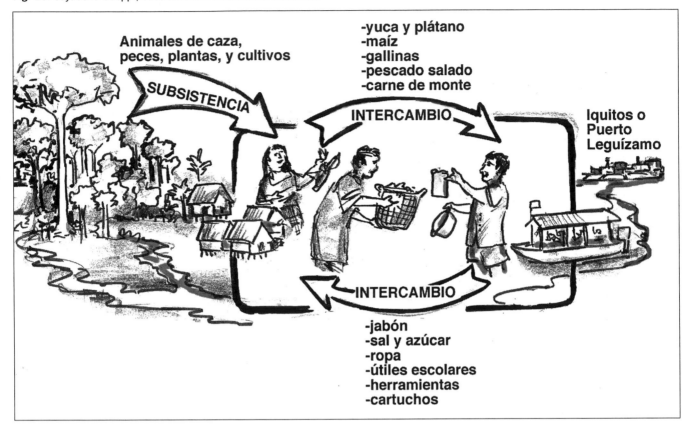

varón. Es notorio el hecho que las mujeres disponen de informaciones detalladas de los lugares importantes para la pesca, caza, cultivos, uso de plantas medicinales y artesanía.

Enlaces con la economía del mercado

En términos generales, los pobladores en las áreas visitadas complementan su economía de subsistencia mediante la crianza de animales menores (principalmente aves de corral) y cerdos, ganadería a pequeña escala y por medio de cultivos de yuca, plátanos, arroz, maíz, etc. Con los excedentes de estos productos realizan trueque o los venden localmente, tanto a las bases militares como a los comerciantes itinerantes (localmente denominados como "cacharrero" en Colombia y "regatones" en el Perú). Gracias a ésto, adquieren los productos del mercado, como jabón, sal, azúcar, vestidos, herramientas, cartuchos, combustible, útiles escolares y medicinas (Figs. 9B, 26).

A lo largo del Putumayo, el movimiento de la economía monetaria se rige por la dinámica del mercado colombiano, lo que significa que los precios de los artículos de primera necesidad son más altos que en el Napo.

Sin embargo, notamos que hay variación en el manejo del comercio. La comunidad de Miraflores, por ejemplo, tiene mayor vínculo con el mercado de Puerto Leguízamo (en Colombia), donde venden plántanos, yuca, pescado y gallinas, entre otros. Santa Teresita, una comunidad poblada mayormente por Murui, resiste la tentación de vender grandes volúmenes de pescado porque consideran que causarían un desequilibrio en la repoblación de los peces en las cabeceras del río Peneya. Otras comunidades del Putumayo dependen más de los cacharreros y no requieren ir a Leguízamo con mucha frecuencia.

La extracción de madera comercial tiene una larga historia en la zona, sobre todo en el Putumayo. La década de 1980 fue la época más intensiva en cuanto a la extracción de cedro (una especie del árbol del género *Cedrela*), depredando la zona. A finales de esta década, las comunidades Airo Pai del Yubineto frenaron a los extractores colombianos, decomisando unos 30,000 cuartones de madera (Chirif 2007:6). Con la creación de la Z.R. Güeppí, se controlaba en parte esta actividad. Sin embargo, tanto en el Napo como el Putumayo, al momento está reemergiendo la extracción de madera (Fig. 10B), ahora con especies mas variadas, como *azúcar huayo* (probablemente *Hymenea*), *huimba* (probablemente *Ceiba*), y *granadillo* y *cahuiche* (denominaciones locales, no sabemos las especies). Las poblaciones son presionadas por los habilitadores, y algunas familias están participando en la tala. Esta actividad está generando discusiones, conflictos internos, y preocupaciones por muchas comunidades y sus organizaciones. Por su escala, la intensidad laboral y monetaria es mucho menos manejable por las mismas comunidades, en contraste con el sistema de trueque.

AMENAZAS

Identificamos como principales amenazas:

- Zona fronteriza Perú-Colombia con mecanismos de control y vigilancia débiles, que permite la presencia de madereros colombianos que invaden el territorio peruano para extraer ilegalmente recursos forestales. La depredación de los bosques amenaza al modo de vida y la supervivencia de las culturas indígenas.

- La superposición del Lote Petrolero 117 de Petrobras con la Z.R. Güeppí y la propuesta de categorización generan división y conflictos sociales por la vulnerabilidad de la cultura, y crea desconfianza y desconcierto por parte de la población hacia el gobierno (por no respetar los acuerdos firmados en un acta por representantes de INRENA, el proyecto PIMA y las comunidades para la creación de dos reservas comunales y un parque nacional).

- Falta de recursos para el seguimiento de los procesos generados por los proyectos participativos, como el de Ibis, Proyecto PIMA y la Jefatura de la Z.R. Güeppí. Al terminarse los fondos, las instituciones y organizaciones discontinuaron su acompañamiento organizativo, lo cual es todavía necesario para la consolidación y usos sostenibles.

- Falta de recursos suficientes para las organizaciones indígenas para mantener vínculos con sus bases y seguir con sus gestiones para la protección de las reservas comunales y sus territorios titulados.

RECOMENDACIONES

- Apoyar el fortalecimiento institucional de las organizaciones OISPE, ORKIWAN y FIKAPIR, y promover la colaboración entre ellos y con la Jefatura de la Z.R. Güeppí para la ayuda mutua en las gestiones y para la administración de las reservas comunales.

- Aprovechar la participación activa de las mujeres en la esfera pública para fomentar su participación directa en las actividades de administración, manejo y vigilancia de las áreas protegidas, y en el liderazgo de las organizaciones.

- Aprovechar la presencia física de la Z.R. Güeppí para impulsar un rol más protagónico de las federaciones indígenas frente a las amenazas grandes, tales como actividades de sobreextracción.

- Agilizar el proceso de ampliación de los títulos comunales de las comunidades Airo Pai y Naporuna adyacentes a la Z.R. Güeppí, para fortalecer la zona de amortiguamiento.

- Crear e implementar inmediatamente un protocolo de uso de los recursos de acuerdo a la ley de Áreas Naturales Protegidas (ANP) de Perú con las instituciones en la zona (militares, policiales y autoridades distritales).

- Crear mecanismos para difundir las iniciativas tomadas por las comunidades locales para la protección del medioambiente e implementar programas de educación y concientización sobre los valores de la diversidad biológica y cultural.

- Asegurar que todas las escuelas de las comunidades indígenas tengan educación bilingüe intercultural.

HISTORIA REGIONAL DE LOS COFAN

Recopilada con permiso de W. S. Alverson y D. K. Moskovits a partir de información provista por la Fundación Sobrevivencia Cofan (*www.cofan.org*), y de una conversación con Randy Borman a orillas del río Güeppicillo el 19 de octubre de 2007.

Orígenes

Es probable que la cultura Cofan tenga sus raíces en los cazadores proto-Chibchas, quienes en un pasado distante deambularon desde las tierras altas colombianas cerca de la actual frontera entre Colombia y Ecuador. La cultura se auto-estableció en las cabeceras de varios ríos de la región, organizándose eventualmente a lo largo de las líneas de "pueblos y estados", manteniendo cada villa independiente, salvo cuando una amenaza foránea unió fuerzas para enfrentar a un enemigo en común. Poco se sabe acerca de esta época temprana, excepto por extractos poco asequibles de varias leyendas. Los Cofan eran cazadores semi-nómadas y pescadores cuya supervivencia estaba estrechamente ligada a la salud de los ríos y bosques dentro de un área ancestral de más de tres millones de hectáreas. Ellos eran guerreros que blandían una serie de armamentos que incluían lanzas, espadas de madera dura, arcos y flechas, y hondas durante las batallas que sostenían contra sus enemigos. También eran comerciantes quienes se embarcaban en travesías largas y peligrosas aguas abajo hacia el propio río Amazonas, para luego surcar sus afluentes en busca de ropa, sal y cuentas de conchas marinas. Sus principales artículos de mercadeo eran aparentemente hachas superiores de piedra, azadas y cuchillos—parte de una sofisticada artesanía que comprendía canoas y muchos otros artefactos. Se cree que tenían una estructura social con cierta especialización debido a su complejo conocimiento de plantas medicinales y venenosas, las cuales mantienen en vigencia hasta el presente. Los Cofan seguían las estrellas, y predecían la llegada de las inundaciones anuales con precisión extraordinaria. Sin embargo, la ausencia de historias escritas antes de la llegada de los españoles, junto a una frustrante escasez de sitios arqueológicos bien preservados, dificulta el hallazgo de conocimientos acerca de la cultura durante esta temprana etapa.

Primeros contactos con europeos

Los españoles arribaron a los territorios Cofan alrededor del año 1536. Sin embargo, los primeros contactos no ocurrieron hasta unos 30 años después, cuando los conquistadores españoles empezaron a ingresar a las tierras que los Cofan vislumbraban bajo su protección. Una serie de campañas que apuntaban a dominar a los Cofan repercutieron en derrota durante los siguientes diez años. Las batallas culminaron en la quema del poblado colono de Mocoa y el asedio de Pasto (en lo que hoy en día es el sur de Colombia) por guerreros Cofan.

En 1602, un sacerdote jesuita llamado Rafael Ferrer hizo un contacto pacífico con los Cofan que vivían a orillas del río Aguarico, y progresaron mucho en establecer una misión. No obstante, cuando los colonos y los militares empezaron a aprovecharse de las ahora pacíficas poblaciones de las villas por ese entonces recientemente convertidas, los Cofan se rebelaron. El Padre Ferrer se ahogó bajo circunstancias sospechosas mientras cruzaba un puente en el alto bosque de nubes, así que los Cofan fueron dejados en paz por un buen tiempo.

A pesar de haber luchado contra los esfuerzos colonizadores de los españoles hasta paralizarlos, los Cofan no pudieron combatir la llegada de enfermedades del Viejo Mundo. De una población estimada de entre quince y cincuenta mil habitantes, ésta menguó dramáticamente a unos cuantos cientos para comienzos del siglo XX. Epidemias de viruela, sarampión, polio, tos ferina y cólera se combinaron para exterminar poblados enteros. Los sobrevivientes enfrentaron cepas virulentas de tuberculosis y de malaria—una importación letal del Mediterráneo.

Historias españolas mencionan a menudo a los Cofan por varios nombres basados en los sitios donde se encontraban los poblados locales, incluyendo Sucumbíos y Macas, entre otros. Entonces, es frecuentemente difícil averiguar con exactitud cuándo la gente de la cultura Cofan apareció en los registros que datan desde principios del siglo XVII hasta principios del siglo XIX. Sabemos que los franciscanos frecuentaban el área a mediados del siglo XVII, quejándose debido a la bigamia practicada por algunos líderes Cofan (sin lograr muchos progresos), y porque durante el siglo XIX el oro fue encontrado y explotado en el noreste de Ecuador (cerca de la actual localidad de Cascales). Algunas otras referencias similares en historias registradas, y muchas anécdotas verbales de una tradición oral son nuestras principales fuentes para este periodo. La figura global que describieron es la de gente fuerte, orgullosa y numerosa, con un alto nivel de tecnología, y lentamente perdiendo terreno ante las enfermedades, cambiando de un alto grado de organización a una cultura mucho más simple enfocándose principalmente en sobrevivir. Una transición fascinante es la de una nación guerrera convirtiéndose en una cultura amante de la paz donde todas las formas de violencia física son consideradas diabólicas.

Los años del petróleo

Para fines de los años 40, los Cofan contaban probablemente con menos de 500 habitantes quienes vivían a orillas de los ríos Guamues, San Miguel y Aguarico del sur de Colombia y el norte de Ecuador. En los tres sistemas fluviales, ellos compartieron territorio con los Siona, un grupo Tucano que también había sido devastado por las epidemias. Los Siona y los Cofan se interrelacionaron libre y frecuentemente, y había mucha fertilización cultural mutua. La norma era un alto grado de bilingüismo, pero a pesar de largos siglos de contacto, los dos idiomas permanecieron intactos y distintos. Reducidas poblaciones y abundantes recursos naturales convirtieron a ambos grupos en cazadores semi-nómadas y pescadores. La agricultura de subsistencia giraba alrededor de la yuca y plátanos, y el tiempo libre era utilizado para obtener poderes sobrenaturales mediante el uso de un amplio rango de drogas de mediano efecto. La tuberculosis y la malaria continuaron cobrando vidas con frecuencia, y epidemias ocasionales de fiebre amarilla aminoraron las poblaciones, especialmente las de la selva baja oriental.

La compañía petrolera Shell ingresó a este lugar en 1948. Las novedades abundaron. La primera observación de cerca de los aviones, el bullicio de grandes grupos de trabajadores construyendo carreteras en el bosque, los motores fuera de borda y un millar de otras innovaciones excitantes del mundo exterior titilaban a los frecuentemente aburridos hombres y mujeres jóvenes que crecían en las villas del Aguarico. Algunos

de los trabajadores alardeaban a voz en cuello sobre la carretera que seguiría a sus esfuerzos, cruzando las montañas e inmergiéndose en la selva baja. La gente mayor meditó por un momento, aunque no pudo dar mucha credibilidad a la idea de que los bosques de nubes podrían ser alguna vez penetrados. Afortunadamente para los Cofan, el precio del petróleo era bajo por ese entonces, lo que ocasionó que Shell corte sus pérdidas y se retire de lo que iba a significar una propuesta extremadamente cara. El petróleo estaba ahí, pero considerando los precios de fines de los 40 y principios de los 50, no valía la pena el esfuerzo.

El siguiente cambio notable en el estilo de vida de los Cofan ocurrió en 1954, cuando los misioneros norteamericanos Bub y Bobbie Borman arribaron a trabajar en Dureno, uno de los tres poblados del Aguarico por ese entonces. Su meta era triple: aprender el idioma y analizarlo lingüísticamente; desarrollar un alfabeto y los materiales básicos para aprender a leer y escribir en Cofan; y a traducir la Biblia al mencionado idioma. Sin embargo, los Borman se dieron cuenta pronto que las necesidades médicas de la comunidad eran una prioridad inmediata. Guillermo Quemaná, líder de Dureno, había reconocido también el valor del avión en el que arribaron los misioneros para traer consigo los abastecimientos codiciados de afuera, tal como cuentas para collares, ropa, machetes, teteras de aluminio y otras mercancías.

Para el grupo de Dureno, los siguientes años significaron una época de oro, recordados con nostalgia por todos. La afición de los Cofan por los atuendos finos alcanzó su apogeo al momento que las cuentas y ropa se volvieron fácilmente disponibles. El bosque seguía siendo ilimitado, y las expediciones de caza eran tanto una recreación como una necesidad. Los recursos para construcción y artesanías eran también ilimitados, y la disponibilidad de herramientas de acero dejó el resto del problema a la decisión de que si uno realmente quería desperdiciar el uso del acero del machete en un proyecto en particular. La disponibilidad de medicinas de afuera había finalmente transformado el largo declive que padeció la población: Los adultos eludieron la malaria y se recuperaron en buena forma de episodios de tuberculosis. El poblado floreció, y el mundo exterior y el futuro parecían muy lejanos.

Todo esto cambió diez años después cuando Texaco y Gulf combinaron esfuerzos para retomar lo que Shell había abandonado. La disponibilidad de nueva tecnología y las promesas de alzas en los precios del petróleo hizo que todo ese crudo de la jungla valiese la pena, y en 1964, Geodetic Services Inc. arribó a la zona con precisión y planeamiento militares, a empezar a allanar el terreno en beneficio del nuevo reino petrolero Texaco-Gulf. La campaña resultante hizo que las incursiones de Shell se viesen insignificantes y benignas. Los helicópteros, parte de la nueva tecnología que hizo esto posible, trasladaban a los trabajadores y suministros. Las canoas impulsadas con motores fuera de borda rugían estruendosas río arriba y río abajo. Depósitos de suministros y pistas de aterrizaje aparecían como por arte de magia, y enormes aviones cuatrimotores (DC-4 y DC-6) empezaron a transportar a la zona desde papas hasta dinamita. Los equipos en impactante despliegue, cortaban las trochas perfectamente lineales a través del bosque y sembraban cargas explosivas a unos doscientos metros de distancia unas de otras. Las ondas sonoras causadas por las detonaciones eran seguidas y monitoreadas, y emergió una figura aproximada donde el petróleo podría ser encontrado.

Todo esto se hizo sin considerar siquiera la presencia de los pobladores indígenas que habitaban la región afectada. Los Borman protestaron y trataron de persuadir al gobierno ecuatoriano para separar áreas de reserva ya desde 1965, pero la palabra de un misionero extranjero abogando por la causa de unos cuantos cientos de "indígenas salvajes de la jungla" no tuvo mucho peso cuando se puso en balance con la fabulosa bonanza del petróleo prometida por las compañías petroleras. El verdadero impacto en el ámbito local era brutal. La compañía exhortaba a los hombres jóvenes para trabajar para ésta, cortando el bosque que había provisto sostenimiento por muchos siglos, y fueron ridiculizados por usar atuendos "femeninos" como collares de cuentas y *ondiccuje* (o *cushma*, un tradicional poncho liviano utilizado por algunos habitantes amazónicos). Las mujeres jóvenes eran indecentemente seducidas y frecuentemente violadas. El alcohol fluía libremente.

Los robos menores, casi desconocidos dentro de esta tradicional cultura cerrada e igualitaria, se volvieron comunes. La estructura de la cultura se resquebrajó de mil maneras.

En 1966, el primer pozo exploratorio confirmó la presencia de grandes cantidades de petróleo de buena calidad en la región. Al mismo tiempo vinieron las primeras grandes repercusiones ecológicas de la exploración al correr los ríos y quebradas llevando consigo químicos tóxicos y petróleo crudo. Los peces muertos eran bienvenidos al principio para luego ser descartados mientras los pobladores intentaban comerlos, al descubrir que hasta la carne tenía sabor a petróleo. Igual, el bosque era vasto, y si una quebrada era arruinada, muchas otras permanecían fuera del alcance de la contaminación.

Esto terminó abruptamente en 1972, cuando se completó la carretera desde Quito hasta el actual Lago Agrio. Con la carretera llegaron miles de colonos hambrientos de tierras desde todo Ecuador. Lotes de 50 ha de "jungla sin usar" fueron otorgados a todas las familias, cada una de las cuales fue obligada a cortar un porcentaje del bosque existente para reemplazarlo por cultivos durante un cierto periodo de tiempo. Poco importaba que esa "jungla sin usar" fuera el sustento de los Cofan, su territorio de caza y recolección. Importaba aún menos que ese bosque "inútil" haya provisto de una excelente calidad de vida a mucha gente durante siglos. Para las autoridades gubernamentales externas, el único indicativo aceptable de que la tierra estaba siendo utilizada era si ésta era desprovista de sus bosques llenos de vida. Para 1974, inclusive los campos y hogares de los Cofan de Dureno estaban en riesgo a la vez que las carreteras serpenteaban para engarzarse con los pozos petroleros, lo que motivó que los colonos presionaran en busca de madera y vivienda.

En 1974, una gran inundación rompió el oleoducto en varios lugares y destruyó puentes por todo el oriente de Ecuador. Esto significó el ejemplo más dramático de contaminación que lentamente se diseminaba por todo el bosque. También en 1974, los Cofan de Dureno empezaron a cortar una trocha de delimitación para detener el flujo de colonos inmigrantes. Luego de prolongadas negociaciones dentro del ámbito local y nacional, Dureno recibió finalmente un título de 9,500 hectáreas en 1977. Incluyó sólo un lado del beneficioso río, el cual comprendía únicamente un tramo de menos de 10 km (ver mapa en Borman et al. 2007). También incluyó, por descuido, un pozo petrolero (el cual fue conectado en 1976, y para 1992 ya había extraído más de un millón de barriles de crudo) que contaminó el Pisorie, el único río pequeño dentro del territorio Cofan, con numerosos derrames y un flujo continuo de residuos tóxicos de producción. Los Cofan nunca vieron un solo centavo de compensación en alguna forma por la presencia de este pozo y su grado de destrucción.

Más allá del petróleo

Para 1979, un pequeño grupo de residentes de Dureno se involucró en actividades de turismo, lo que representó una forma no destructiva de ganarse la vida, utilizando así sus conocimientos tradicionales del bosque. Sin embargo, para encontrar bosques "buenos" que los turistas podrían apreciar, el grupo se encontró de pronto a sí mismo lejos, aguas abajo, cerca de la frontera de Ecuador con Perú. Esto significó el comienzo de la comunidad de Zábalo.

Hacia 1984, el grupo involucrado en lo que hoy se conoce como "ecoturismo" estaba firmemente establecido en el nuevo centro poblado de Zábalo. Originalmente con sólo tres familias y algunos adolescentes, creció durante los siguientes diez años hasta alcanzar las 20 familias y más de 100 personas. Envuelto fuertemente en ecoturismo, el grupo de Zábalo estaba también al tanto de la fragilidad del medioambiente y del impacto que la explotación petrolera podría tener en el área. Varias iniciativas locales—incluyendo las primeras leyes de caza del país, prácticas y bien obedecidas, un programa de recuperación de charapas y un sistema de zonificación para reconocer y apoyar los métodos tradicionales del uso de la tierra—fueron pioneros y eventualmente se volvieron populares en otras comunidades. Zábalo fue declarado parte de una nueva extensión de la Reserva de Producción Faunística (R.P.F.) Cuyabeno en 1991 (ver Fig. 2C en el presente reporte). Los líderes de Zábalo protestaron porque ellos nunca habían sido incluidos en el planeamiento de esta extensión, y demandaron el reconocimiento legal del derecho de la comunidad

a tener sus propias reglas y tierras dentro del marco de la Reserva. El reconocimiento provisional no fue otorgado antes del surgimiento de una nueva amenaza en forma de una intromisión por parte de una compañía de sísmica (sin autorización de la administración de la R.P.F. Cuyabeno).

SeisComDelta obtuvo un contrato para operar una red sísmica sobre la zona que incluía el territorio reclamado por los Cofan de Zábalo. No se solicitaron permisos para el ámbito gubernamental local ni para el nacional, debido a que nunca antes lo habían necesitado. Las compañías petroleras y sus subsidiarias siempre tuvieron prioridad sobre los intereses locales, y los escasos roces que se presentaron con nativos furiosos por las invasiones de sus territorios se resolvían siempre con sobornos menores y pagos. Si la situación se les complicaba seriamente, la compañía podía siempre recurrir al gobierno para que respalde sus intereses: después de todo, contrario a la razón, como el petróleo paga las cuentas siempre debe tener derecho sobre todo lo demás. Sin embargo, SeisComDelta no había sido reconocida como una nueva fuerza dentro del escenario político. Los Cofan de Zábalo habían vivido a través del auge del petróleo que circundó a Dureno, y sabían exactamente lo que significaban las exploraciones y explotaciones petroleras sin control. También estaban penosamente concientes del peligro de una carretera, con sus colonos y madereros. Ellos estaban preparados para luchar contra una posible réplica de las actividades desenfrenadas que habían condenado su hogar en Dureno.

De esta manera, en 1991 empezó la primera escaramuza entre la diminuta banda de los Cofan de Zábalo y el monstruo petrolero. Un grupo de trabajadores de sísmica arribó para hacer un helipuerto. La gente de Zábalo los arrestó, demandando que ellos mismos redactaban su autorización de gobierno para trabajar en la Reserva. Los trabajadores vociferaban y se hacían las víctimas, pero al día siguiente sus jefes los sacaron del área, instantes antes que los periodistas llegaran para cubrir la historia. La compañía petrolera envió a sus negociadores habituales para calmar las aguas turbulentas mediante baratijas, pero para su sorpresa y disgusto, los Cofan siguieron demandando la autorización, y se burlaron de los sobornos ofrecidos.

El conflicto acaparó el interés nacional en Ecuador cuando los periódicos y las estaciones de TV empezaron a seguirlo, y luego de un par de confrontaciones más, la compañía petrolera empezó a proceder siguiendo las rutas legales apropiadas. La comunidad hizo un seguimiento a su ventaja inicial, demandando regulaciones mucho más estrictas para los estudios sísmicos. Eventualmente, la compañía estuvo de acuerdo en acatar las regulaciones y reunió todos sus papeles. Se les permitió finalizar el estudio bajo una supervisión mucho más estricta que la realizada anteriormente a cualquier otra operación petrolera. Las regulaciones demandadas por Zábalo en este sentido se convirtieron al poco tiempo en ley nacional.

La siguiente ronda empezó a principios de 1973, cuando la compañía petrolera nacional Petroecuador se preparó para perforar dos pozos exploratorios dentro de los territorios de Zábalo. Los sitios de "Zábalo" y "Paujil" servirían de escenario para una dura y prolongada batalla hasta el final de ese año. La compañía contrató empresas locales para abrir los lugares de perforación y para construir plataformas para las torres de perforación. Las empresas locales contrataron pobladores ribereños, los que penetraron en los sitios designados armados con escopetas y motosierras. Los helicópteros que abastecían las provisiones retornaban a sus campamentos base repletos de maderas finas que encontraban por los alrededores de los sitios, y canastas llenas de carne de monte ahumada para su venta. Esto contrastaba completamente con los lineamientos oficiales de la compañía de operar respetando el medioambiente. Además de esto, la compañía empezó a operar nuevamente sin la autorización de la administración de la R.P.F. Cuyabeno ni el permiso de las comunidades locales. Y para seguir empeorando la situación, se estaban estableciendo los pozos en el área que había sido protegida durante mucho tiempo por los Cofan de la caza y explotación. La gente de Zábalo no amainó y empezó una contracampaña.

Durante los siguientes seis meses, los líderes Cofan visitaron el pozo de Zábalo en repetidas oportunidades y buscaron activamente una solución pacífica dentro del ámbito gubernamental. Todo era en vano. La fuerza era la única respuesta, así que eventualmente 20 guerreros armados expulsaron a todo el equipo de trabajadores del lugar. Las motosierras y escopetas fueron decomisadas y entregadas al personal de la R.P.F. Cuyabeno. Debido a esta actividad, el director del Instituto Ecuatoriano Forestal y de Áreas Naturales (INEFAN, que también opera el sistema de áreas protegidas) declaró la baja R.P.F. Cuyabeno como área fuera de los límites de la compañía petrolera. Los guerreros de Zábalo quemaron las plataformas y suministros que habían sido dejados en el primer sitio en un acto simbólico de victoria.

Mientras tanto, los trabajos continuaron en Paujil, el otro sitio de perforación. Cuando el presidente de Ecuador entregó una carta personal a Petroecuador— no la autorización requerida por las leyes ecuatorianas— la compañía petrolera empezó inmediatamente a perforar en ese sitio. Representantes de Zábalo, junto a una alianza de conservacionistas, empresarios y la prensa, manifestaron una demostración de protesta ante el trato arrogante tanto de la ley ecuatoriana como del estatus de la reserva, y pudieron dialogar con oficiales de nivel presidencial. Sin embargo, nada sobrevino de esta reunión, y una vez más los Cofan tomaron cartas en el asunto. Esta vez fue una caminata de dos días a través de pantanos para arribar al sitio del pozo. Al llegar, los guerreros de Zábalo—incluyendo mujeres y niños— capturaron el sitio de perforación y forzaron el inicio de una negociación honesta. Al día siguiente, todo el evento fue motivo de primeras planas, y el gobierno empezó a retractarse. En uno de los momentos más históricos de la historia Cofan, el pozo petrolero fue clausurado, y la cuestión sobre una posible explotación dentro de tierras Cofan en Zábalo fue archivada para siempre. Esto se hizo oficial a través de un decreto presidencial firmado en 1999 que creó zonas intangibles, donde se prohíbe realizar actividades de extracción en la parte baja de la R.P.F. Cuyabeno, y en una gran parte del Parque Nacional Yasuní.

Impactos históricos de recursos vivientes por los Cofan y otros en la región

Además de los Cofan, varios otros grupos indígenas han tenido niveles importantes de actividad en la región. Históricamente, la cultura más numerosa e importante en el área de Güeppí y Putumayo era la de los Huitoto.

No obstante, esta cultura fue casi destruida durante los días del auge del petróleo, desde fines de la década de 1880 hasta las primeras décadas del siglo XX. Miles fueron esclavizados bajo precarias condiciones que provocaron eventualmente una investigación internacional, desafortunadamente demasiado tarde para la mayoría de los Huitoto. Entre el mercado de esclavos y las enfermedades que arrasaron con la región durante la década de 1920, este grupo una vez numeroso fue destruido casi por completo.

La misma gama de enfermedades que le dieron el tiro de gracia a la población Huitoto (incluyendo la famosa influenza pandémica que siguió a la primera guerra mundial, así como una epidemia de sarampión que mató a miles en 1923) también diezmaron a los otros principales grupos indígenas de la región, incluyendo a los Siona-Secoya. Los Siona Tucano-hablantes habían coexistido durante siglos con los Cofan y con otras culturas vecinas en los sistemas fluviales del Aguarico y el Putumayo. A fines de la década de 1920, grandes poblados Siona se encontraban a lo largo del río Lagarto y en la laguna Zancudo (originalmente conocida como *Tsoncorá*, debido a un pequeño pez que abundaba en la zona). Las historias contadas por los Siona hablan de una larga relación con los grandes sistemas lacustres a lo largo del río Lagarto, donde vivieron una vida que giraba alrededor de recursos estacionales de peces, manatíes y otros mamíferos acuáticos en la época de vaciante, y animales terrestres y arbóreos durante la temporada de creciente (en las tierras altas abundantes hacia el sur del propio río Lagarto). Los Secoya, considerados una rama de la cultura Siona, también usaron el área esporádicamente. Todas estas comunidades fueron virtualmente destruidas por las epidemias, dejando a los ríos Güeppí y Lagarto completamente despoblados y escasamente utilizados durante fines de la década de 1920 y principios de la de 1930.

La Guerra de 1941 entre Ecuador y Perú ocasionó una migración de los Kichwa del río Napo, los cuales escaparon del conflicto. Varias familias entraron al río Aguarico y se establecieron a lo largo de su curso, mayormente en poblados Siona y Cofan. La comunidad Kichwa de Zancudo fue construida en los vestigios de una antigua localidad Siona, y fue esporádicamente ocupada por sus presentes familias desde las décadas del 40 y 50, con movimientos frecuentes hacia el río San Miguel, el propio Napo, y otros puntos a lo largo del Aguarico. Junto a la llegada de Kichwas y ribereños, llegó una nueva forma de explotación de recursos locales. Esto fue manifestado durante principios de los años 50, cuando las pieles de caimán negro (*Melanosuchus niger*) y nutria gigante de río (*Pteronura brasiliensis*) se volvieron comercialmente valiosas. Tanto en el sistema del Lagarto como en el del Güeppí, los cazadores destruyeron las poblaciones de estos animales. Mientras que tenemos muy poca información acerca de las matanzas, un programa similar de caza en el Napo extrajo 2,000 pieles de caimán de Limoncocha, un lago comparable a los lagos ubicados a lo largo del Lagarto. Fue durante esa década que la nutria gigante de río dejó de existir como habitante de los grandes ríos de la región, incluyendo al Napo, el Aguarico y el Putumayo. Poblaciones remanentes en las partes altas del Güeppí y del Lagarto están en proceso de reaparecer, cincuenta años después del impacto original.

Una segunda ola de cacería empezó durante los últimos años de la década de 1960, esta vez con el caimán blanco (*Caiman crocodilus*), el ocelote (*Leopardus pardalis*), el jaguar (*Panthera onca*) y la nutria común de río (*Lontra longicaudis*) como los principales objetivos. Las poblaciones de caimanes y nutrias fueron rápidamente reducidas hasta el borde de la extinción. La caza de ocelotes y jaguares ocasionó un tipo de problema muy diferente. Éstos son depredadores inteligentes, tan difíciles de encontrar que la mayoría de cazadores—y también científicos modernos—raramente pueden ver. Para capturarlos, trampas primitivas fueron colocadas utilizándose para carnada cualquier animal que estuviese al alcance. Con trampas rudimentarias y escasa tradición de captura, los cazadores involucrados podían atrapar sólamente un pequeño porcentaje de la población de felinos manchados, siendo mínimo el impacto directo causado a esas poblaciones. Sin embargo, los cazadores eran expertos en cazar a las especies regulares de caza de la región, como los monos choro (*Lagothrix lagothricha*), pecaríes y otros animales. La cacería común de subsistencia tenía algunos "chequeos y balances" internos, incluyendo factores como cuántos animales de presa puede cargar un cazador, cuán lejos quiere cargarlos y cuánto puede comer una familia antes que la carne se malogre o pierda un valor nutricional significativo. No obstante, con las capturas, el cazador que habría retornado a casa al haber colectado una carga de animales de presa, que se habría contentado con no cazar por al menos algunos días, y que nunca hubiera pensado en salir durante toda la noche o por distancias muy largas, cuenta repentinamente con docenas de trampas que llenar sin tener limitaciones en cuanto al peso, distancia o uso. En otras palabras, ese cazador estaba en condiciones de cazar, trozar y dedicar a las trampas tanto tiempo como las poblaciones de animales presa lo permitiesen. Las especies de caza fueron diezmadas durante fines de la década del 60 hacia los años 70 debido a que excelentes cazadores locales, en vez de comer sus habituales animales presa, ponían las carcasas en las trampas con la esperanza de que un ocelote especialmente ingenuo pudiera deambular por ahí. Es por esto que las especies de caza se volvieron cada vez más escasas a lo largo de los ríos Lagarto y Güeppí.

Mientras tanto, el río Lagarto adquirió una fama particular entre los comandos militares peruanos como una fuente de paiche (*Arapaima gigas*) y manatíes fácil de obtener. Uno de los Kichwa que permaneció en el lado peruano de la frontera luego de la guerra empezó a hacerse la reputación de cazador y pescador comercial. Para fines de la década del 60, Gaspar Coquinche proveía de carne a toda la base militar de Cabo Pantoja, y junto a sus familiares diezmaba rápidamente las poblaciones de paiche y manatí del río. La utilización comercial de redes de pesca empezó a finales de los 70, y otros cazadores peruanos empezaron a involucrarse. Los años 80 fueron testigos de grandes barcazas motorizadas que navegaban aguas abajo repletas de pescado seco y salado, además de caimanes y manatíes. Mientras que un reconocimiento tácito de la frontera entre Ecuador y Perú minimizó el impacto de los lagos ecuatorianos, las poblaciones de fauna silvestre en y por los alrededores de los lagos peruanos quedaron prácticamente destruidas. Durante la década de los 90, los esfuerzos desplegados a ambos lados de la frontera aminoraron eventualmente esta explotación descontrolada, pero las expediciones peruanas con uso de redes todavía extraían enormes cargamentos de carne río abajo hasta el año 1999.

Una situación similar ocurrió en el río Güeppí. La base militar peruana ubicada en la desembocadura del Güeppí depende casi por completo de pescado y carne de monte para satisfacer sus necesidades carnívoras. En la población ecuatoriana de Puerto Carmen, el Güeppí permanece como objetivo de los cazadores, quienes utilizan generadores y congeladores durante sus actividades de caza. El puesto de control Cofan ubicado en el límite de la R.P.F. Cuyabeno ha detenido en gran manera estas prácticas dentro de la reserva, aun cuando la pesca y caza comercial continúan en las regiones bajas.

Dentro de las tierras Cofan, Zábalo pasó de ser una comunidad de seis familias con 20 cazadores de práctica intensiva, a una de 34 familias pero con muy poca cacería. Poblaciones de algunos animales como la pava de Spix (*Penelope jacquacu*) y el sajino (*Pecari tajacu*) están disminuyendo a un kilómetro de la comunidad, pero de otro modo hay muy poca cacería. Desde el año 2000, las poblaciones de chorongo ("mono choro" en Perú) se recuperaron cuando eran protegidas en tierras Cofan. Las poblaciones de caimán se recuperaron al mismo tiempo. Zábalo representa un ejemplo concreto de cómo las poblaciones de fauna silvestre pueden recobrarse cuando se establecen y respetan las regulaciones de caza auto-impuestas.

Madera y caucho

El auge original del caucho en el área empezó a fines de la década de 1890. Comenzando en los años 1940 y continuando hasta fines de la década de 1950, hubo un mini-auge basado en diferentes especies, *fansoco* (*Castilla*, Moraceae?), el cual era cortado para la extracción de látex, que a su vez era destinado a los mercados ubicados a lo largo del Putumayo. Este segundo auge colapsó a fines de los años 50.

En el presente, el cedro (*Cedrela odorata*, Meliaceae) es una especie de mucha demanda en Colombia, y ha sido virtualmente talado por completo de áreas accesibles; fue extraído a veces de hasta 20 kilómetros de distancia usando caminos de herradura, por lo general durante los ochenta y los noventa. Una segunda ronda de actividad maderera para otras especies de madera dura nunca prosiguió realmente. Las especies de mayor demanda en la actualidad incluyen chuncho (también conocida como tornillo en Perú, *Cedrelinga cateniformis*, Fabacea) entre otras.

Hacia el futuro

Siete comunidades Cofan están establecidas en la región, todas asociadas con la Federación Indígena de la Nacionalidad Cofan del Ecuador (FEINCE), la cual coordina las actividades dentro de estas comunidades distantes. Dureno es la más grande, con aproximadamente quinientos habitantes. La escasez de recursos forestales ha obligado a la mayoría de la gente a adoptar alguna forma de agricultura comercial, aunque la cultura permanece fuerte y el idioma intacto. Otros poblados Cofan se encuentran en varios estados de riesgo debido a la colonización y falta de organización (ver mapa en Borman et al. 2007). Dovuno es el más afectado, con poco más de 2,000 hectáreas disponibles y un alto grado de interrelación marital con colonos Kichwa-hablantes de la región del Napo hacia el sur. Sinangoe todavía mantiene una buena base territorial, pero de igual manera está cediendo tradición y cultura debido a la interrelación marital con colonos hispanohablantes. Chandia Na'e, que con menos de 80 personas es la comunidad más pequeña, está aislada y todavía mantiene su estilo de vida tradicional. La cultura de los Cofan de Colombia ha sido afectada sobremanera por colonización intensa en la región, y las tierras disponibles para su uso han sido bruscamente disminuidas. En años recientes, no obstante, los Cofan han reclamado porciones significativas de sus territorios ancestrales, y sirven ahora de guardianes de estas áreas. A través de acuerdos con el Ministerio del Ambiente del Ecuador, ellos controlan más de 400,000 hectáreas dentro de parques y reservas ecológicas.

Los Cofan de Zábalo continúan en búsqueda de sus metas de conservación y uso sostenible de su medioambiente. Los proyectos de conservación son las principales actividades económicas, mientras que la caza, pesca, y agricultura de subsistencia proveen las necesidades diarias del poblado. El crecimiento de una identidad junto al orgullo por su historia y tradiciones es bastante evidente en esta comunidad. No han habido confrontaciones con madereros, petroleros o colonos desde 2003, excepto por unos cuantos grupos de cazadores y algunas incursiones de madereros.

La Fundación para la Sobrevivencia del Pueblo Cofan (FSC), una organización sin fines de lucro, construye alianzas con el gobierno ecuatoriano y otros grupos en apoyo de trabajo de campo, proyectos de conservación (p. ej., Proyecto Charapa), así como otras actividades de apoyo por parte de los Cofan, como ecoturismo, piscicultura y la construcción de "ecocanoas", grandes canoas de fibra de vidrio. A manera de defensa territorial, la FSC ha entrenado un grupo de más de 50 guardaparques y guardabosques Cofan. Cada mes, seis equipos de cinco guardaparques/guardabosques patrullan y mantienen las fronteras del territorio Cofan, desde las faldas de los Andes hasta la selva baja amazónica que limita con Perú y Colombia.

El sistema Cofan de guardaparques y guardabosques, así como otros programas de conservación, no sobrevivirán en el futuro a no ser que puedan desarrollar mecanismos adecuados que garanticen a los miembros de las comunidades no sólo participar en estos exitosos esfuerzos de conservación regional, sino también convertirse en líderes que puedan representar a los Cofan en sus negociaciones con el mundo exterior. Los niños Cofan crecen en un medioambiente marcadamente tradicional. El idioma principal de los Cofan del Ecuador es *A'ingae*, y sus valores culturales son muy fuertes. En el ámbito local, pocos recursos se encuentran disponibles para proveer educación acerca del mundo exterior. Aunque los niños tengan una enorme ventaja para aprender acerca de su cultura a través del conocimiento del bosque que los rodea, ellos casi no tienen oportunidad de adquirir habilidades para conseguir algunas ocupaciones "occidentales". Entonces, las futuras generaciones Cofan podrían carecer de algunas de las habilidades que necesitan para resistir las intensas presiones externas en tierras y cultura Cofan. Para afrontar esto, los Cofan mantienen un grupo de 20 estudiantes quienes reciben entrenamiento y educación secundaria en Quito. Ellos sienten que ésta es la mejor inversión para asegurar la supervivencia a largo plazo de sus bosques, y para crear líderes nacionales: Sólo aquellos con capacidades bien desarrolladas serán capaces de continuar los esfuerzos de conservación a través de todo el territorio Cofan en los años venideros.

Tsampina sema'cho a'ta	Biologondeccuta tsu sema'fa'cho: 4–30 de octubre de 2007ni
	Aindeccuja: 13–29 de octubre de 2007ni
Manima	Napo na'en toya'caen Putumayo nainima; tsa tsu Ecuador toya'caen Perunima sema'fa'cho. Toya'caen tsu Colombianima'qque sema'fa. Tsa ccoanifae'ccoma coira'je'fa'chove an'mbian'fa'choma: tsa osha'choma atapaen'jen'cho reserva faunistica Cuyabenonima (Ecuadornima) tsa pa'cco tsu Guepini (Perú) toya'caen parque nacional natural La Paya (Colombiani). Tsa ccoanifae'cco'ttindeccuta tsu ccoanifae ande'sundeccu ña'me ccoanifae nacionalndeccu tsampima coira'je'fa'chove antte'fa'cho.

Ma'tti can'jen'fa'cho	Tsa biologondeccuta tsu faefayi'cco'ttinga ja'fa (ccoangi andenga) ccoanifae'cco tsu Peruni tsa pa'cco toya'caen Putumayoni.

Naponi tsu: Vasaga singu'ccuja Ecuadorni, tsa tsu 5–9 de octubre de 2007
Funia singu'ccuja Peruni, tsa tsu 9–14 de octubre de 2007

Putumayoni: Guepicho'cco, Ecuadorni, tsa tsu 15–21 de octubre de 2007
Guepi, Peruni, 21–25 de octubre de 2007
Sian naini, Peruni, 25–29 de octubre de 2007

A'i semasundeccuta tsu nampi'fa (13) tive pa'cco ccoanifae'cco comunandeccunga, Peruni, tsa pa'cco napone toya'caen Putumayoni (Fig. 2A).

Naponi: Guajoyani, Cabo Pantojani, Torres Causanani, Angoteroni, tsu napi'fa 13–21 de octubre de 2007ni

Putumayoni: Bellavistani, San Martín, Santa Ritani, Nueva Beleni, Mashuntani, Zambelín Yari yacuni, Santa Teresitani, Mira floresni, toya'caen ccoanifae fronterani, tseni tsu nampi'fa 21–29 de octubre de 2007ni

Cientificcoi'ccu jacansundeccuta tsu cunshoan'me jacan'fa. Soplín Vangas, tsa rande canqque distrito Peruano'su, Teniente Manuel Clavero, toya'caen Colombia canqque'su Leguizamoni tsa tsu rande canqque Putumayo na'eni. Toya'caen tsu nampi'fa comuna secoya Mañoconi tsa (puerto estrella) tsa naponi 11 de octubreni.

Jongaesuma biologondeccu atte'fa'cho	Atte'fa tsu ma'can ande, toya'caen tsa'ccu jin'choma. Quiji'si, avundeccu, magupa jacanqque'su toya'caen chochopa coenqque'suma'qque toya'caen rande, bovechoccoa chimbima'qque
Aindeccu mingae tson'fa'cho	Tisuningae avujatssi'fa. Tsa'caen tsomba tsu ma'caen tsampi ma'caen tsave jin'choma tsoña'chove tson'fa
Pa'cco cansia jin'cho'suma jongaesuma ti'tsse atte'fa'cho	Guepini tsampima coira'jeni tsu jin reserva osha'choma atapaen'jen'cho tsa Faunistica Cuyabenonijan jin, tsa tsu pa'cco andema ti'tsse rande. Pa'cco tsu ñocca'tssi tsa osha'cho jin'chopa, pa'cco canse'cho, andepa'ttinga gi mingae sombo'choma tevaeña:

	Vasaga singu'ccu	Funia singu'ccu	Guepicho'cco	Guepi	Sin'an na'en	Pa'ccoma sombaen'cho	Pa'cco sombo'cho
Quini'si	400	700	600	500	400	1,400	3,000–4,000
Avundeccu	76	87	70	65	37	184	260–300
Manguqque'su	19	21	46	25	27	59	90
Chochoqque'su	18	23	18	16	17	48	60
Ca'tssi	255	284	262	251	247	437	550
Chochoqque'su rande toya'caen chipiri*	25	31	36	26	24	46	56

* 9 osha'cho echhopapa chimbi tsu jincho.

Ande rande jin'cho: Tsenijan tssipaccu ande tsu, tsa tsu tsaimbi'tssi canqquefa 8 tsambi'ta 13 millones canqquefave jincho. Tsaimbi'tssi ciento de metrove tsu an'mbian pa'ccoja. Tssipaccuveyi. Pa'cco na'en bia'suni aña'cho canse'cho. Joccaningaeta tsu jacho ccottacco, sisipa toya'caen patufo'cho'qque tsu na'en quia'me japa anga'cho, tssipaccu tsata tsu tayopi tsa'camba tsu pa'cco tsampi jin'choja singu'ccuve da. Nai'quive, tso'siquia've, tansin'quia've, shuju'cho, jin'choma gi ingi atesu'pai'ccu atte'fa. Tsa'cansi tsu tssipaccu toya'caen osha'choja attian, tsacansi tsu andengaja tsa'ccuja junde sutsayembi. Ccottacco'faye tsu unjinfo'ccuja oshapa japa tsa'ccu chandia'veja da. Tsambi'ta sinjunccuja singu'ccuve da. Re'ri'ccoeyi tsu shoyoqquesu andemajan an'mbian ccaqueje congombai'ccuyi. Quini'ccoma injan'tsse ttuttu'paeninda tsu, tsambi'ta injan'tsse sema'ninda tsu junde andeja shoyombive daqque'sia'can'on.

Quinisisicco: Tsa botanico, tsambi'ta quini'sima atesu'chondeccuta tsu ña'me injenge'chone tevaen'fa tsampini osha'cho jin`choma (1,400) osha'chove. Tsa pa'cco osha'cho tsu ecuador estefani toya'caen norte Purufa'sui'ccu pa'ccota tsu 3,000 tsambi'ta 4,000 osha'cho tsenijan jincho. Tai'fa gi osha'choma tsa hamamelidaceama, tansien cuenca Amazonicanima atte'fa tsa tsu cuna jin'cho atesuye injenge'cho. Toya'caen gi tevaen'fa cuna quini'jima ecuadornima (*Chaunochiton*) tsama gi asi'ttaen'fa 14 osha'cho jin'cho tsu cuna, atesuya'chove injenge'cho. Tsa nai otafa'su sinjunccuninda tsu jin quini'cco bare'cho, pa'cco shaga' ttoi'ccu echhoe (*Cedrela odorata*) toya'caen tornillo (*Cedrelinga cateniformis*) tsa'ma tsa'caeñi gi osha'cho quini'ccoma ttuttu'paen'fa'choma atte'fa.

Osha'cho na'ensu: Na'eni canse'cho ma atesu'chondeccu (tsa actiólogondeccu) tsu atte'fa ña'me tsaimbi'tssi avu sheque'choma (osha'cho avu tsu sheque'choma 184 osha'cho) suye tsu in'jan 38% toya'caen 61% tsu pa'cco Napo na'en Toya'caen Putumayoni, pa'cco Napo na'en, Putuyonima tsu tsa avuma atesu'chondeccuja atesuye osha'mbi'e dáfa. Tsaimbi'tssi osha'cho peiche, arahuaco toya'caen tucurare tsu jin'fa. Tsaimbi'tssi tsu jincho. Tsesuma gi aiyembe singu'ccunima atte'fa. Toya'caen

Osha'cho na'ensu

minga'ma, toya'caen tsenisu naáema, toya'caen gi naéma'qque atte'fa chandía toya'caen sin'ama. Naiqui tsutoni ma'ttija pa'cco picco'je'choma tsu atte'fa. Toya'caen osha'cho atapa'je'ctti'qque tsu jin. Anqque'su avui'ccu echhoe. In'jan'fa gi pa'ccota tsu 260, tsambi'ta 300 osha'cho avuja jincho. Toya'caen avuma atesu'chondeccu tsu tevaen'fa 23 cuna avu jinchoma Perufani, Ecuadorfa 3 avu tsu jin atesuya'chove injenge'cho.

Chhajeqque'su toya'caen manguqque'su: Tsa herpetologosndeccu tsu tevaen'fa 107 osha'cho jin'chove (59 chhajeqque'su toya'caen 48 manguqque'suve) in'jan'fa tsu 150ve pporofa'o tsu osha'cho sheque (90 tsuipa jacanqque'su toya'caen 60 mangupa jacan qque'su) tsenijan. 19 cuna jin'choma gi taeve'fa, tsa Cuyabenonima osha'choma coira'je'ttima. Cachai'fangi sapo *Allobates insperatus*, cuname Perumbe tevaen'cho tsu. Jo'su ecuador atesu'cho tsu, toya'caen sapo *Pristimantis delius* tsu cuname tevaen'cho ecuadormbe. Tsa Peruyi atesu'choma. Toya'caen gi tevaen'fa jocca'ttimajan atte'fa *Osteocephalus fuscifacies* Amazonía Peruanombe. Toya'caen gi atte'fa cuna sapoma ibufonidea osha'cho cansia jin'choma tise'pa jonqque'su sefaji'choma. Chavaensundeccu tson'jen'choma gi a'tatsse atte'fa. Angia vatovama (*Melanosuchus niger*), totoa vatova (*Caiman crocodilus*), toya'caen charapa (*Podocnemis unifilis*), tutucco'cho (*Chelonoidis denticulata*), toya'caen canjansi (*Corallus hortulanus*) tsa pa'cco tsu joccaningae sefaye ton'jen UICN.

Ca'tssi: Tsa ornitologondeccuta tevaen'fa 437 osha'cho ca'tti jin'choma pa'ccoja 550 osha'co cansia tseni jin'choma ca'tssi canse'choninda tsu osha'cho tsa'ccuni canseqque'su'qque sheque'fa. Na'en'su chhiriria, vatova singuccu'su vasaga, dasa'ro, toya'caen coeje ca'tssi. Nortefanima gi in'jantsse tevae'fa. 10 osha'cho sheque'choma, toya'cáen ccoangi ña'me ccaninga ca'tssima. Inzia po'chha (*Porphyrio flavirostris*) toya'caen tsu polluelo tsifoccufa totopa'ma (*Porzana albicollis*) fae'cco tsu ma'caen ja'je'choma ronda'masiama tsa tsu rainila collreja (*Wilsonia canadensis*) toya'caen 9 cunama tsu noroeste tsa amazoniani, bataran singuccuma gi atte'fambi (*Thamnophilus praecox*) tsa noresteni ecuadornima. America del norteni ja'suma'qque gi tevaen'fa: ti'tsse injan'tssi sheque'chota tsu tirano norteño (*Tyrannus tyrannus*) tsampisu ca'tsita tsu ña'me'qque tsaimbi'tssi. Tsaimbi'tssi ccachapa, omandoi'ccu echhoe, faéniñi.

Tsuipa jaqque'su: Tsa mastozoologosndeccu tsu tsaimbi'tsse tsuipa jacanqque'su rande osha'cho jin'choma tevae'fa (46 osha'cho sheque'chove) 11 nama anqque'su, 10 primates, 7 seyoqque'su, 7 ttettopa, 5 ungulado, 2 cetaceos, 3 marsupiles. Toya'caen fae sirenio. In'jan'fa gi pa'ccota tsu 56 osha'chgo jincho sheque'fa tsenijan. Tsaimbi'tssi osha'cho chochopa coenqque'su tsu sheque'fa tsenijan tsendeccu tsu ai'aia'caen coemba cansechondeecu osha'cho tsu ñotsse tsa amazoniajan canse'fa. Toya'caen tsaimbi'tssi con'sin (*Lagothrix lagothricha*) tsa guepi na'en ecuadorni, saquira, (*Pecari tajacu*) toya'caen munda'qque (*Tayassu pecari*) pa'cco tseni. Toya'caen gi trvaen'fa naén su'chonima'qque (*Pteronura brasiliensis*) tsa tsu nepiye tson'jen (INRENA, UICN) ña'me sefaye tson'jen'cho (tsa tsu cu'a tevaen'jeni nepiji'cho ecuadorni jin'cho) nepiye tson'jen'cho (CITES). Atte'fa gi osha'cho tso'ga, tuinfacho chi'me tsu egatsse nepiye tson'je'fa'cho (*Cebuella pygmaea*) toya'caen tsapisu ainqque (*Atelocynus microtis*).

Aindeccune ñotsse sombo'cho	Aindeccuta tsu nampi'fa 13 comunidadenccunga Peruanoni 4 napo naini toya'caen 9 Putumayonima tsa secoya canqquenga, Kichwua, Huitoto. Toya'caen mestizondeccuni. Tsa proyecto tson'cho ENIEX (Ibis 2003–2006) toya'caen PIMA (APECO–ECO 2006) tsenima tsu pa'ccoma tevaen'fa. Pa'ccoma tsu aindecccuja a'tatsse atte'fa, bia'a condase'pama pa'cco tsu rande jin'chove atteye. Bia a condase'pave tsu jincho. Mingae atapaji'cho toya'caen reri'je'choma (o boomo toya'caen bust) tsa'caen tsu jincho 100 canqquefa'can'tsse. Mapan ma'caen coiraya'chove tisu'paningae jini'qque. Joccaningae jacho'ni'qque. Toya'caen nasundeccu, aindeccu angaji'fani'qque. Tsa'caen tson'choma osha'ta joccaningae minge tsampima coiraya'chove tsoñe, tsa guepinima. Tsaimbi'tssi canqque tsu ja'ñacca'chove an'mbian'fa. Tsa'caen tsomba tsu injan'fa osha'choma chavaeña'chove, tson'fa tsu Cuname a'i caniñacca'choye osha'choja sefajimbi tsu (ma'caen suya quini'cco, avu, hidrocarburos) tsesundeccu tsu egaeja tson'jen'fa. Tsa'cansi tsu comunandeccuja caña'jen'fa. Tisu'pa coiraqqueningae tso'qqueningae an'mbiañe.
Otie nepiji'cho	01 Osha'cho bare'cho tsaimbi'tssi jin'cho tsaimbi'tssi barembi'qquia'can'en daji 02 Pa'cco faesu andembe utufa'su 03 Petroleoma sema'fa'choi'ccu 04 Tsave jin'cho tsampi'qque tsu sefaji 05 Tsave jin'cho'suma caña'cho tsu shaca
Ma'caen joccaningae tsampima coiraya'chove da'cho	01 Ña'me rande tsampi jin'cho tsu tsaimbi'tssi jincho. Ñotsse tsu jincho tsampima coira'je'fasi. Toya'caen dañosundeccuja tsampinga cani'jen'fambi si 02 Na'en jin'cho'qque tsu pporaeñe'jembi (rande naine hasta sin'an naine singuccupi) 03 Tsesuve tsu tisu'pa ccoanifae ande ñoña'fa—Colombia, Ecuador toya'caen Perú— tsa tsampima coira'je'choma parque nacional La Paya, reserva de producción faunistaca Cuuyabeno toya'caen tsa reserva Guepinima 04 Tsesune tsu sombaen'fa 2006ni tsu ccoanifae'cco andei'ccu tson'f a conveniome tsa trinacionave. Pa'cco ccoanifae andei'ccu ttu'fa'choma "corredor de gestion" tsa coiraya'cho andema 05 Ñotsse tson'chove tisu'pa tisu canqque'su toya'caen estadoi'ccu semaña'chove

Ma'caen joccaningae tsampima coiraya'chove da'cho	06 Aindeccumbe organizacionda tsu quin'an, tsa'caen tso'choma tsu pa'cco atesucho'fa
	07 Tsampi jin'cho bare'chove, tsa tsu ña'me injenge'cho toya'caen corifindema an'mbiañe, mingae comuna'su jaya'chove pa'cco napi'cho comunanga

Mingae joccaningae da'je'cho

Pa'cco Putumayo naén, toya'caen Guepini, tsa tsu jincho trinacionalni tsa ecuador. Peru, toya'caen Colombiani. Pui ande'su tsu tson'fa ma'caen tisu ande'suma coiraya'chove. Ecuadorni tsu jin reserva producción faunistaca Cuyabeno (603,380 ha) team tsu tson'fa canqquefa 1979ni. Ccattufayi'cco aindeccu—kichwa, siona, secoya toya'caen cofain'ccu—tsendeccu tsu coira'je'cho andeni canse'fa. Peruni tsu tsa Gueppi (625,971 ha) tsama tsu sombaen'fa canqquefa 1997ni. Tsa'caen tsenima tsoñe puiyi'cco in'jan'fa'chota tsu—parque nacional Güeppí. Reserva comunal Airoi Pai, reserva comunal Huimeki—tsama tsu estado ju qquen suyangae ronda'je'fa. Hitoto, kichea, secoya, toya'caen comunandeccu tsa su'chombe utufani canjensundeccu'qque. Tsa Colombiani parque nacional natural La Paya (422,000 ha) tsama tsu tson'fa canqquefa 1984ni. Tsa andeninda tsu tsaimbi'tssi a'i canse'fa. Tsani tsu can'jen'fa, cocama, siona, muinane, huitoto (murui) toya'caen inganondeccu.

Canqquefa 2006ni tsu ccoanifae'cco aindeccu in'ja'cho conveniome tson'fa. Tsa ja'je'cho atufa gestion trinacionama tsoña'chove. Toya'caen chipiri reserva 1.7 millones de hectareave pa'cco tsama caña'jeña'chove.

Ma'caen tsampima coiraya'chove ña'me injan'jen'cho

01 Junde tsu ma'caen joccaningae tsa reserva Güeppí Peruni ji'choma tsoña'cho.

02 Puiyi'cco tsu tson'faya'cho tsa mega reservama ccoanifae'ccoma treyi'cco andei'ccu tsa na'en otafani can'jen'fa'cho aindeccui'ccu pui ma'caen joccaningae tsampima coiraya'chove atesu'faye pui ande'sundeccui'ccu. Puiyi'cco faengae tsenisundeccu bopa tsoña'chove, tsa'caen tsomba plame ñoñaña'chove (ma'caen tsama tsoña'chove).

03 Joqquitssian'jen'fa tsu petrolera 117 tsa Güeppí'su reserva'suma Perunima, toya'caen ma'can concesion petrolerama'qque, tsa ccoanifae ande jin'cho'suma. Pa'cco tsutonima. Tsa andeta tsu ña'me singe po'ta'choi'ccu egae da'cho. Tse'tti'sundeccu in'janchoma ccaningae. Por destruir la oportunidad de entrar al mercado de carvono (deforestacion evitada).

04 Tsa'suma tsu joccaningae tisu'pa caña'jen'chove tsoña'cho comuna'su federación tse'tti'su nasundeccui'ccu, tsa tsampima jongaesuma dañosa'ne, tsambi'ta tsampi tsave jin'cho'suma chavaeñe oshasa'ne.

Coamaña nesimu'seña	Pa'icohua'ire ye'ye tsëcapë: Cajese'e–toasoñe peoye octubre 2007
	Pai pa'iye ye'ye tsëcapë: Te'o toasoñe–cayaye ariyo quë nomacayo octubre 2007
Te'e soro huë	Ëmëje jaiya cui'ne catëya Caya tsiaña'ë Ecuador, Perú cui'ne Colombia. Hua hue sisa'noa pa'ico toaso sanoa, ësejë paja'ñe, itia'ë Zona Reservada Güeppí (Perú tete), Reserva de Producción Faunística Cuyabeno (Ecuador tete), cuine Parque Nacional Natural la Paya (Colombia tete) iye tooso sanoa iña cuañe se'ea'ë tutu te'e toasoñe paija'ñe tiaja'ñe, cajë yo'oye nejoñe pajañere.

Pi'o sidari	Pa'icohua'ire ye'ye tsëcapë cu'u'ë tejëtë pa'i dari (cayaye Ecuador tete, toasoñe Perú tete) ëmë jejaiya cui'ne catëya tsiaya saraja'a.

Ëmë jejaiya: Sacujaira (Garzacocha), Ecuador, tejëte—ariyoquë nomacayo mu'seña octubre 2007

Ca'huaro jaira (Redondococha), Perú tete, ariyo quë nomacayo te'o cajese'e mu'seña octubre 2007

Catëya: Güeppicillo, Ecuador te'te—cayaye te'o mu'sena octubre 2007

Güeppí, Perú te'te, cayaye tejëtë octubre 2007

Nea tsiaya (Aguas Negras), Perú tete, Cayaye tejëtë—cayaye ariyo quënomacoyo octubre 2007

Pai paiye ye'ye tsëcapë cu'u'ë te'o toosoñe pai'dari Perú te'te, ëmëje jaiya cui'ne catëya ya'ri tsiasara (Fig. 2A).

Ëmëje jaiyare (cajese'e): Guajoya, Cabo Pantoja, Torres Causana, Angotero, te'otoposoñe cayaye te'o octubre 2007

Catëya (ariyoqué nomacoyo): Bellavista, Conetupë, Santa Rita, Huajë Belén, Mashunta, Zambelín de Yaricaya, Santa Teresita Miraflores, Tres Fronteras, cayaye te'o Cayaye ariyoquë no macayo octubre 2007

Pai paiye ye'ye hue'sëcohua'i do'i cu'ë Soplín Vargas, cui'neje paiye Leguízamo Colombia daripëje. Mañoko Daripëje cui'jë iñahuë ëmëje tete tsiaya 11 museña ñañë'e octubre 2007. |
Jarepapi paicohua'i paiyë case'e	Yeja tsiaya oco, soquë hua'i, aña cui'ne jojo caquëo hua'i, tsu'sucohua'i jaicohua'i cui'ne oyo
Jarepapi paipaiye	Paine cojë paiye cui'ne ainu'ñayere yojë paiye, cui'neje paiye airopaiye ta'ñë yo'ojë daiye
Itirepase'e pa'icohua'ire dutase'e	Zona Reserva Güeppí cui'ne Reserva de Producción Faunística Cuyabeno paiyë tisi'aohua'i pa'ihue'na yequë yeja paima'cohua'i pa'ihue'ñane, tsë case'e iñose'e deoyerepa'ë. Huë'ehuëna tsisohuë ti'ama'ñene ti'ase'e:

	Sacujaira (Garzacocha)	Ca'huaro jaira (Redondococha)	Güeppicillo	Güeppí	Nea tsiaya (Aguas Negras)	Te'esusupë caje se'e tiahuë	To'aso tsu'su tiañu'u cu asa se'e
Soquë	400	700	600	500	400	1,400	3,000–4,000
Hua'i	76	87	70	65	37	184	260–300
Jojo	19	21	46	25	27	59	90
Jiucohua'i	18	23	18	16	17	48	60
Caquë'i	255	284	262	251	247	437	550
Tsusuhua'i ya'rijai'cohua'i jaicohua'i*	25	31	36	26	24	46	56

* Tsëo'ye pa'huë oyore (9 tsë'ca tia huë tia jeta'a).

Yeja tsiaña: Soto yejapi tëtosaico maipai hue'ña. Pa'ico jopoayo te'o toasoñe tsusu pai ometëca Jaiye soto ya'o tsi'sio jairaje paiye cui'neje paiye tsiaya ñequeja. Jai ëmë yao tsusu darë simaca meja cuine jeje maya'o nejo coaño jaiitutu mea tsiañapi. Pariro mu'seña inti airo tiñeje paiye ponëo jainaje yari tsiaña huai duruña. Yeja come'hue' tsëacore soquëre cueto etaye pa'co. Cuine Tsiore neto aiñe te'erepa etatëji cua.

Soquë: Soquë yeyeohua'ipi ti'ahuë te daripë jai soquëo (1,400 paiye) pa'ico soquë comese'e jaiye. Ecuador te'te ëse mëi hue'ña cuineje paiye ëme jetete Perú quëro. Coasayë (3,000–4,000 paiye) si'a airo. Ti'ahuë te'ore Iye tsë capë duruacoa amazonía yeja. Cui'neje pa'iye huajëcopa'iañeje pa'io tisiaye yeyecohua'ire. Jaje pa'iona toyahuë te'oro Ecuadorna. Cui'neje paiye jopoayo tejëtë paiohua'ire. Cuosayë cui'neje huajëyëa'ë sia'ye ye'yecohua'ire tsiaya të'tëre pa'ico jaiye soquë cayë iti mëa cui'ne muse ti'ahuë iye soquë quëa majë ne'ñe. Jaje pa'iona ti'ahuë huajë quëre jojore caya dari sanihuë ocuatete sarona. Ji'ujë cu'icohua'i nejo hue'so jë cui'ne jëjesojë yo'ye so'ona, ma'nine, payopë'ë cou tari jaicou cutihuë cou cui'ne mañumi.

Hua'i: Hua'i ye'yecohua'ipi ti'ahuë jai paine tiñeje pa'i hua'ire (184 pa'io huai're) ti'aco 38% ëmetsiaya sara iñacohua'i cui'neje 61% catëya, ëmëjaiya cui'ne catëya. Hua'iye'ye repacohua'ipi huesëyë ai hua'i pëahueña. Jaina cui'ne tsiaña tiña iña cua'ñocohua'i. Teto, arahuanu cui'ne yaupa. Jaje pa'iona coa sia'oco cocuesicoa, neo oco cui'ne cosijaioco, ocosio cui'ne oco suhue'na, cojehue'ña cui'ne cojeco hueaco soro huëa jarujai'ño mia ocopi catëya cui'ne ëmëje jaiya tiñeje paiye ti'asepi. Cui'neje paiye yequë hua'i jojo hue'ña, ai hua'ipi, coasayë jasa'noa pëayë 260 cui'ne, 300 ja pa'iohua'i jaohua'ia'cohua'ipi paiye sia jëña pa'iohua'i huajëcohua'i. Perure cui'ne Ecuador cui'ne toosocohua'ia'ë ye'ye cohua'i pari ye'yea'ñeje pa'io hua'i huajë'cohua'i.

Ji'ucohua'i cui'ne sa'cacohua'i: Ji'ucohua'ire, sa'cacohua'ire yeye'cohua'ipi toyahuë 107 ja pa'iohua'ire (59 ja sa'caco hua'ire cui'ne 48 ji'ucohua'ire) ti'añeje pa'io hua'sayë 150 ja pa'iohua'i (90 ja sa'cacohua'i cui'ne 60 ji'ucohua'i) iti ye'yesihue'ña. Durua'core ti'ahuë 19 ja pa'iohua'ire, Cuyabeno ësejë pahue'ña. Ti'ahuë omane Perure huajëquë pa'ia'ñeje pa'ire. Sa'nihuë'se'e iña quëre. Oco sio, ñë'te quë pere, ëmë cuti pere. Cui'ne nuiyejaña yëquë yeyehue'ña. Iye soto ya'o ajiñe oco cacaye pa'co. Ëme cuti pereja ococo meaco co'si oco tsiaña deoja'co panita sitana daya huëa. Pa'ico yarijai'ye quëna tiña yeja iña coa ñoñe jaje pa'io aijai deoye quëiñe cocaiye pa'ico airore cui'neje pa'ye yeja pëpëre. Soquë ai cuejë panita'a jai tsiña neto esa cara jaiañe'je pa'ioa deo'ye quëiñe peodo'ire yejapi tutupeo do'ire. Jai'ra pai'cohua'i neapë'ë pa'jopëë cunti'huë co'ë tari jai'co'ë nehue'tsë'jere pai'yë ëmë inañumi inti'tëji'jañere'co'eyë.

Caquë'iohua'i: Toyahuë 437 ja pa'iohua'i caquë'iohua're iohua'ire ye'ye mu'seña, cui'ne ti'aco coasayë 550 ja pa'iohua'i. Caquë'iohua'i ai pa'iyë airore cui'neje jai pai paiye ëaye pa'iohua'i tsiaya pi'a pëtsiayare iti paia'ë sacu, sa'sa, cui'ne ësëpi'a. Toyahuë siajëña pa'iohua'ire, ti'ahuë iohua'i pa'imahue'nane paijëna jaihueña. Cayao hua'i huesë ëaye pa'iohua'ire pi'ane. Sia'hue'ña cui'coa'ire tiahuë te'e tsëcapë. Cui'neje paiye ti'ahuë ariyoquënoma'ca soa tsë'ca cu'ije ma'jë pa'icohua'ire ëmëje tete sa'ro quë'rona. Ti'añe pahuë yequë soquë capëa cu'icohua'ire sanihuë ëmë jetete sa'ro. Ti'ahue ëmëje te'te pai'jë cu'icohua'i tsëca yari jaipai pa'ijëna. Ocojëcapë, mejahuë paicohua'i cui'ne jai paine huai cohua're cui'nejerepa hueco paine mapaina coni.

Tsusucohua'i: Aicohua'ire ye'ye cohua'i toyasicoa. Jaicohua'i, ya'ricomaña jaipai pa'iyë (46 ja paiohua'i), 11 ja pa'iohua'i ca ai'cohua'i, siajëñaja pa'io hua'i soquë ja cu'icohuaire, jopoayo ja pa'iohua'ire huë, seme, pe'e yecohua'ireje. Jopoayo ja pa'iohua'i jamu, mie yecohua'ireje. Tejëtë ja pa'iohua'i huequë, sese yecohuai're cayaohuai're huëhuëre te neahuëhuë, te ma huëhuë Te tsiaya huequë, cui'ne te sësë. Ti'aco coasayë 56 ja pa'io hua'i iya airo. Jai huahue si'cohuaipi pa'iye pai iohuai're yo jë'codo'ire. Pa'iyë yequë yëca de'oye, yecuaipi co'aye, cayu'u naso jai pai paico'hua'ire Güeppí tsiaya sara Perú tete, cui'ne hueque je paico iye airo. Cui'neje paiye iñahuë cuajeyo'ore. Jehua'yoreje. Carajaiñe'ne pa'icohua'ire. Pi'ohuë yeco hua'ire tiñeje pa'iohua'ire, cayu'u, hua'o, ñucuasi'si cui'nehuë yai.

Duruna tijane	Pai paiye ye'ye tsëcapë cu'e 13 ja pai dari Peruaye. Caje se'e ëmë jaiya cui'ne ariyoquë nomacayo ja catëya Airo pai ORAË, quë'yë cui'ne aquë paiquë'ro, proyecto Secoya-ENIEX (Ibis 2003–2006), cui'ne PIMA (APECO–ECO 2006) yo se'ere isihuë siaye. Sia tsiaña paico hua'i payë io huaire tëto saise'e iohua'i mëije, Cajejë pa'iye. 100 ja pai Ometëca Jaime curiquë ue do'ire. Jaje paiquëta'a, jaita'repapi pa'iyë nejo majë pa'icohua'i iohua'i pa'iyepi, pai deo'ye pa'iyepi cui'netsisi tsëcapëo ëja pai. Jaohuai'pi coecaija'co hua'ia'ë deoye Iñajë paye zona reservada de Güeppï. Jai pai quëcojë paiye se'e nejë pa'iyë mëijañe. Nejëta'a ya'rijaiye nejë airoaye cui'ne dehuarepa peoji mercado etoye. Pai paiye nejoñë airoaye yo' do'ire cayu'u. Soquë hua'i yeja huëe'huë tete pa'iye. Lye yo do'i pa'iañeje pa'io pai iohua'i paiye iohua'i nejë aihue'ña.

Coayere'pa	01 Dehuarepa airopaiye itirepa'ë cajë cuasa mañe, cui'neje tsoea'ye pai paiye
	02 Si'ahua'i esa sehuo'ye frontera paido'ire
	03 Petrorio du'teye
	04 Airoa'ye nejañe Paipi timë hue'sëye
	05 Curiquë peodo'i gestión yoja'ñe
Quë'cojëpa'ye ësejëpa'ye	01 Jai airo sia'ye pa'ihue'ña deoreyepa iñajë pa hue'ña dehua'repa yoma hue'ña
	02 Tsiaña ti yoma'co (cayu'u jai tsiaya nea'oco jaina)
	03 Paiñape toaso pais—Colombia, Ecuador cui'ne Perú, iñajë ëseje pajañe te maca: Parque Nacional Natural La Paya, Reserva de Producción Faunística Cuayabeno, cui'ne Zona Reservada Güeppí
	04 Nesicoa 2006 tetoasocohua'i co'ejañe; Ësejë pajasa'noa iñaja'ñe
	05 Deo'yerepa nejë, pai daripi cui'ne Estado a'ne
	06 Tutu quë ëjao hua'i tsiositsëca, ione paicohua'i iña caisicohua'i
	07 Paicohua'i oijë pa'ye peodeo'to airo pa'iye. Janone paicosi'aohua'i yë'ye pai dari cui'ne ye'quë hue'ña dari
Janë cui'ne yurepaiye	Catëya cui'ne Güeppí tsiaya pa'ico toasoñe. Ecuador, Perú, cui'ne Colombia, teohuai'se'e ësejë pajasanoa.
	Sanihuë'ne, Reserva de Producción Faunística de Cuyabeno (603,380 ha), ione nese'e paico 1979, Cajese pai tsë'ca, Airo Pai yëca oraë, Siona, Airopai cui'ne Cofan pa'icohua'iaë itisa'ro.
	Perú tete Zona Reservada Güeppí (625,971 ha) 1997 huëosi'coa. Jaje paija'co cajë cuasasi'co. Parque Nacional Güeppí, Reserva Comunal Airopai, Reserva Comunal Huimeki—jaita repapi ëteyë carepasicore. Oraë, Airopai, cui'ne aquë pa'iyë Coa se cocaisa'rore.
	Colombiane, Parque Nacional Natural La Paya (422,000 ha) cui'neje nesi'coa 1984. Jano'ne pai dari pa'ico se cosaisa'rore jano'ne paiyë Siona, Muinane, quëye, Murui cui'ne Oraë.
	2006 ne huëo si'co huaipite toaso cua'i neñu cajë yoye daiyë. Ë'sejë pajacore te'ejaisaro te'o tetete'jëtë cui'ne ye'quë tete ëja tupë. Tsun'suo'huai'i tsiña iñajë pajaco.

TSISOSE'E NESEREPA

Deoyerepase'e cua'ñejë case'e quëcojë neja'ñe

01 Esa aproba caiye Zona Reservada Güeppí Perú tete.

02 Toaso yeja tsiori iñajë pa'ye te'e, Airopai daripëa cui'ne aquë pai, paiñape sanoa iñajë paye pa'iji, mai daripëa pa'icohua'i coni neñe paiji plan maestro (plan manejo).

03 Etojeoñe pa'iji lote 117 (sa'ro cuecuesi) ye que cui'ne je paiye paitoje, toaso te'ña, ëmëjeja nesepaitoje, yequeje oco sio sani quëro maje. Yequeje esa coadeo hue'ña, cui'neje paiye iti paicohua'i. Cui'neje paiye huaje paiye nejo macuaipi (soquë nejañe ësejë).

04 Pai daripi cocaiye pa'iji ione iñajë paico hua'ire. Cui'neje paiye pai tsisi'sitsëca, ëjaë ëmëje depaquë, airo nejo ñene iñaja cuai'pi, soquë cuenijea'ñe carepase peoye yoyere.

| **Kanpupi llankaska punchakuna** | Sachapi kawsakkunata rikukamakuna: 04–30 de octubre 2007 |
| | Runa Kawsaymanta rikuk bulakuna: 13–29 de octubre 2007 |

Pampa

Napu yakuma Putumayu Yakuwa chawpi pampa allpata, Ecuadorwa, Peruwa, Colombiana chikanyana pampapi, kinsa wakachira pampakuna tiyan. Chaykunaka, Kanakun: Ecuadorpi; Reserva de Producción Faunística Cuyabeno (Sacha Aychakuna mirankapa wakachira, Kuyabeno pampa). Perupi: Zona Reservada Güeppí (Güeppí wakachira pampa). Colombiapi: Parque Nacional Natural la Paya (Sapalla wiñakkunata wakachira la Paya niska pampa).

Riksiska pampakuna	Kawsakkunata rikukkama bulakunaka, pichka pampakunata rikusa purinakuska (Ecuadorpi ishkay pampata, Perúpi kinsa pampata), tukuy chaykunaka Napu yaku, Putumayu yaku patakunata kanakun.

Napu yakuta: Ecuadorpi; Garsa kucha (Garzacocha): 05–09 octubre 2007
Perúpi; Muyuylla kucha (Redondococha): 09–14 octubre 2007

Putumayu yakuta: Ecuadorpi; Güeppicillo: 15–21 octubre 2007
Perúpi; Güeppí: 21–25 octubre 2007
Perúpi; Yana yaku (Aguas Negras): 25–29 de octubre 2007

Runa kawsaymanta rikukkunaka kinsa chunka kinsa chunka kinsa, Napo yakuta Putumayu yakuta kawsak runa bulakunata muntuchisa purinakurka (Fig. 2A). Chay llaktakunaka kanakun.

Napu yakuta: Guajoya, Cabo Pantoja, Torres Causana, Angoteros, 13–21 octubre 2007

Putumayuta: Bellavista, San Martín, Santa Rita, Nuevo Belén, Mashunta, Zambelin de Yaricaya, Santa Teresita, Miraflores, Tres Fronteras, 21–29 octubre 2007

Runa kawsaymanta rikukkunaka Soplín Vargas llaktata pas purinakuska, distrito Teniente Manuel Claveropa capital niska llakta mari kan. Chasnallata purinakuska Puerto Leguízamo Colombiano llaktata, chayka Putumayu yaku patapi tiyak llaktakunamanta yalli hatun mari kan. Chasnallatapas purinakuska shuk Secoya Mañoko Daripë (Puerto Estrella) niska llaktata, chayka Napu yaku patapi kan, purinakuska 11 de octubre.

Kawsayukkunata rikuskamanta	Paykuna tupanakuska, allpata, achka yakukunata, sachakuna, challwakuna, allpalla chakiyuk-allpata purikkuna, yakupi-urkupipas kawsakkuna (hampatukuna), pishkukuna, hatunnaya ichillanaya chuchusa wiñakkuna, tutapishkukunapas tiyanakuska chay pampapi
Runa kawsaymanta rikukkuna	Sinchi wankuriska runa bulakuna, runa laya sumakta kawsanata sachapi yakupipas tiyakukkunata sumakta kuyrasa chariskata rikunakurka
Kawsakkunata imasna rikuskamanta	Zona Reservada Güeppí, Reserva de Producción Faunística Cuyabeno pampapi achka laya sacha yurakkuna tiyanakun. Chaykunaka alli pacha tukuy laya kanakun. Kunan Kaipi rikushun:

	Garsa kucha (Garzacocha)	Muyuylla kucha (Redondococha)	Güeppicillo	Güeppí	Yana yaku (Aguas Negras)	Total registrado	Total stimado
Sacha kuna	400	700	600	500	400	1,400	3,000–4,000
Challwa kuna	76	87	70	65	37	184	260–300
Hampatu kuna	19	21	46	25	27	59	90
Haka laya kuna	18	23	18	16	17	48	60
Pishku kuna	255	284	262	251	247	437	550
Chuchusa wiñak*	25	31	36	26	24	46	56

* Tuta pishkukunata mana churarkanchi (Ishkay pampapi iskun laya tiyanakun).

Allpa pampa yakukunapas: Chay pampapi sapira laya wiki allpa yalli tiyan. Kallariskamanta, pusakmanta, chunka kinsa hunu tupu raku allpa huntariska chay urasmanta, Maykan pampapika pukrukunapi, maykan pampapika yaku muyunakunapi huntariska chay sapira allpakuna. Ruku allpa wiñasa ripika, chaymanta pulpuriska alpakuna, playamuyukunawa, lapayaska allpawapas masariskakunaka sinchi yacu kallpaskawa, chay sapira hawapi huntarinakuska. Wata wata pasaska washaka, chay pampakunaka ima kucha, kiwrarakuna, achuwalu pampa, imapas sakirisa rinakuska. Chay sapira allpapika yaku mana tsunkarinchu, chayrayku tamiya yakuka sapira allpahawata kallpasa chuya yaku larkakunata ruraska; chaymantapas maykampika tawampapi, yaku hunta pampapipas sakirinakun. Mana yapa tiyan mineral niskakuna chay allpakunapi, sacha yurakunata wiñachikkunaka chayllapi sakirinakun, wiñachik allpakunapas chayllapita sakirinakun. Yapakta sacha yurakunata kuchupi, hatun pampakunata chakrapi, chay wiñachik allpaka, mana imata wiñachik sakirinka.

Sachakunamanta: Sachamanta yachakkunaka achka laya sumak kaspiyu, wikiyu yurakunata tupanakuska (Shuk waranka chusku pacha kaspi layakunata), chaykunata Ecuador uray partima, tiyahakun ranti Perupika hana partipi tiyanakun. Yuyanchi ñalla kinsa warankamanta chusku waranka maya laya sachakuna tiyanka chay pampakunapi. Chaymantapas Ecuadorpi shuk mushu laya sachata tuparkanchi (*Chaunochiton* niska), ashuwan pas yuyanchi pusakmanta chunka maya naya laya mushu sachakuna tiyanka. Chaymantapas, Amazonas pampa yaku patakunata achka laya sumak kaspiyu yurakkuna tiyanka, rimasa ima cidra (*Cedrela odorata*), wayra kaspi (*Cedrelinga cateniformis*), kaykunataka allipacha mari kuchusa tukuchiranakun.

Callwakunamanta: Yaku ukupi tiyakkunamanta yachakunaka achka laya imakunata tupanakuska (Shuk pacha pusak chunka chusku laya challwakunata), Napu yakupi pas riksiska challwakunamantaka, chari karanpachamanta kinsa chunka pusak (38%) surta chunka shuk (61%) tupu kanka yuyanchi. Napu yakuma Putumayu yakuwa chawpi pampa allpakunapimana yapa riksisika yukukunapi, achka laya challwakuna tiyanakun.

Callwakunamanta

Chay yakukunapika allipacha achka paychi, tukunari, arawana pas tiyan. Ashuwan pas , yana yaku, yura yaku, chuya yaku, yaku umachinakuna, yaku pallkakuna, yaku huntanalla pampakuna tiyan. Napu, Putumayu pasyurak yakuta chariskarayku ima cari kanka, chasnallata challwakuna wachana pampakuna tiyan. Kay pampakunapi, ishkay pacha suktamanta kinsa pacha naya challwa layakuna tiyanakun, chaykunamantaka, ishkay chunka ishkayka, mushu layakuna kanakun Perupi Ecuadorpi pas, ashuwan pas kinsa mushu laya challwakuna tiyanakun.

Llukasa purik, yakupi—urkupi pas kawsakkuna: Kay layakunata riksikunaka, shuk pacha pusak (107 especies) layakunata tupanakuska (Sukta chunka yakupi-urkupi pas kawsakkuna, chusku chunka pusak yucaza purikkuna), yuyanchi yalli tiyanka, cari shuk pacha pichka chunka tupu layakuna (90 yakupi-urkupi pas kawsakkuna, 60 llukasa purikkuna), Reserva de Producción Faunística Cuayabeno niska pampapi (Ecuadorpi kan), ishkay chunka (19) mushu layakunata tuparkanchi. *Allobates insperatus* niska hampatuta tuparkanchi, Perupika manara riksiska karka, Ecuadorpilla riksiska karka; chay pampallapita tuparkanchi *Osteocephalus fuscifacies.* Chaymantapas tuparkanchi shuk mushu laya *Osteocephalus fuscifacies* niska hampatuta. Tuparkanchi pas mushu laya Bufonidae niska hampatu layata, chayka *Rhinella* niska bulamanta mari kan. Kay layaka Peruwa Ecuadorwa tuparina mayapi tiyan. Yucaza purikkunapas tiyan chay pampakunapi. Maykankunaka ñalla tukuriran runakuna mikunkapa, rantichinkapa pas hapiska rayku; chaykunaka kanakun: Yana lagartu (*Melanosuchus niger*), yura lagartu (*Caiman crocodilus*), taricaya, charapa pas (*Podocnemis unifilis*), yawati (*Chelonoides denticulata*), sacha yura hawata kawsak amarukuna pas (*Corallus hortulanus*), tukuy chaykuna CITIES, IUCN kaska pampakunapi.

Pishkukunamanta: Kayta riksikunaka, chusku pacha kinsa kanchis (437) pishkulayakunata killkapi churanakurka, ranti yuyanchi chay pampapi tiyanka ñalla pichka pacha, pichka chunka pishku layakuna (550). Pishkulaya kukaka, maykankuna yaku, kucha mayakunata shayakun. Lagarto kucha mayataka garsakuna, duyukuna, garceta sol niskakuna rikurin. Chunka pishku layakunata tuparkanchi hana partima, ishkayka, yakuta waytasapurik kanakurka, ranti mana riksiskakuna: gallareta azulada (*Porphyrio flavirostis*), polluela garganticeniza (*Porzana albicollis*), mana yuyaska shuk partimanta shamu reinita collareja (*Wilsonia canadensis*) niska pishku, unkuyu iskun laya pishkukunata pas tuparkanchi, chayka, Amazonas hananaya pampamanta shamunakun. Mana tuparkanchi batará de cocha (*Thamnophilus praecox*) niska laya pishkuta. Chayka Ecuadorpi unkuyu pishku mari kan, Ecuador hananaya partima kawsanakun. America hana partimanta shamuk pishkukunata pas tuparkanchi; ansa karan sachapi shayak pishkunatapas rikurkanchi, ansa golondrina, layapi shaya pishkukunata pas rikurkanchi. Ranti achka tirano norteño (*Tyrannus tyrannus*) niska pishkukuna tiyanakun runa mikuna pawakuna, tukkuy laya lunakunapas achka tiyanakun chay pampapi, chayka kanakun: wakamaya, awka lura, hichillu, awita, tywika, imapas.

Chuchusa wiñakkunamanta: Kay bulamanta riksikunaka, achka layakunata tupanakurka, ichillamanta atún kama (chusku chunka sukta (46) layakunata), chunka shuk (11) aycha mikuk, chunka (10) makiyuk, kanchis (7) suni kiruyuk, kanchis (7) sinchi kiruyuk, pichka (5) shilluyuk, ishkay (2) yakuukupi chuchuk, kinsa (3) bulsarickchapi wawata wiñachik, shuk (1) kiwata mikuk yakupi kawsak. Chay pampapi yuyanchi pichkachunka surta layakuna tiyanka. Chuchusa wiñakkuna tukuy laya tiyanakun, ñawpaka paykunallata miranakurka, kunaka runapas ña kuyraranakun. Ranti maykan Amazonas pampakunapika, ña tukurinakun; achka churo layakuna tiyanakun, chaypi kanakun: chorukuna (*Lagothrix lagothricha*) Ecuadorpa Güeppí yakupi, ranti Perupa Putumayu yaku mayata tiyan achka Ituchi (*Pecari tajacu*), wankana (*Tayassu pecari*), sacha wakra (*Tapirus terrestris*) chayka tukuy pampata tiyan. Chaymantapas rikurkanchi yaku lubukunata, pishñakunata pas (*Pteronura brasiliensis*) paykunaka ña tukuriranakun, chasna riman INRENA, UICN, tukurinalla (Ecuadorpika chasna churaska kan), tukurinkapa kallarira CITES nin. Tuparkanchi mana riksiska laya sukali, champira chichikutapas (*Cebuella pygmaea*), sacha allku (*Atelocynus microtis*).

Runakunamanta rikuskakuna	Perú participi chunka kinsa llaktakunata rikusa purirkanchi; Napu yakupika chusku llaktakunapi purirkanchi, Putumayupika iskun llaktakunata purirkanchi. Chay llaktakunapika Secoya, Kichwa, Huitoto, ansa wiracucha layakuna pas kawsanakun. ENIEX Ibis manta (Ibis 2003–2006), PIMA mantapas (APECO–ECO 2006) surkurkanchi cahy pampapi imasna kaskamanta. Chay pampakunapi ansa yuyanakuna tiyan, kayak mana yanka, unaymanta kay pampapi kawsak runakunaka, mushu laya kawsayta hapinakuska, kikin runalaya kawsayka mana yapa rikurin, chaymantapas, ñawpaka sachamantaimakunata surkusalla kawsanakuska ñalla shuk pacha wata tuputa. Ranti chayra sachapi tiyak imakunata kuyrana yuyay tiyan, paykunasumakta wankuriskaraycu kunkaylla ushaypa kan chay Zona Reservada Güeppí niska pampata kuyrankapa. Kay pampapi kawsak runakunaka, kawsankapalla imatapas llankanakun, mana yapa tiyan yurakkunata rantichinkapa kuchuna. Chasnapas, mayamanta runakuna chay pampapi yaykusa, ima kaspikunata kuchunka, petroleota surkunkapa, challwakunata hapinkapa, sacha aychakunata wañuchinkapa imapas, mana yapa alli kanka. Chay runakunapa kikin kawsana laya, paykuna mikunakunata maskana pampa, chakrata rurana pampakuna tukurinka.
Ina mana allikuna	01 Unaymanta chay pampapi tiyaskunata, ima sacha aycha, pishkukuna, challwakuna, yurakkuna, tukuy laya runa kawsayta mana yapa balichinchi 02 Arcana pampapi tiyaska allpata mana yuyarisa waklichinchi 03 Ña tiyanka ran petróleo surkuna 04 Chaypi tiyaska imakunata mana yuyasa yapilla surkuna 05 Chay pampata kuyrankapamana tiyan kullki, imapas

Imakuna tiyan kay pampata kuyrankapa	01 Achka imakunayu sacha pampa, sumakta wakachira, mana yapa yaykuypa pampa mari kan
	02 Tukuy laya sumak yakukuna mari tiyan (Kallarisa hatun yakukuna yanayakuyu kuchakunapas)
	03 Hatun Ilaktakuna: Colombia, Ecuador, Perúpas; chay pampallapita kinsa wakachira pampakunata surkunakuska. Chaykunaka kanakun: Parque Nacional Natural la Paya, Colombiapi; Reserva de Producción Faunística Cuyabeno, Ecuadorpi; Zona Reservada de Güeppí, Perupi
	04 Kinsa hatun Ilaktakuna: Colombia, Ecuador Perú; 2006 watapi yurarisa hawinakuska shuk convenio niskata "Corredor de Gestión de las Áreas Protegidas" parihu kuyrankapa nisa
	05 Gobierno, chay pampapi tiyak runakunawa parihu yuyarisa sumakta kuyrana yuyay ña tiyan
	06 Sinchi yuyayuk apukuna, sumakta wankuriska Ilaktakuna chay pampapi tiyanakun
	07 Chay pampapi kawsak runakuna, Ilakinakun chay pampakunata yuyasa kuyrana kan ama washa pishinkapa
Ñawpa kaska—kuna kaskamanta pas	Putumayu Güeppíwa chawpi pampa allpapi kinsa hatun Ilaktakunapa harkana tiyan; chay kinsa hatun Ilaktakunaka kanakun: Colombia, Ecuador, Perú. Karan Ilaktakunaka kanakun. Colombia, Ecuador, Perú. Karan Ilaktakuna kuyrara pampakunata ruranakurka.
	Ecuadorpika, Reserva de Producción Faunística Cuyabeno, niska kan. Charin 603,380 hectáreas. Surkunakurka 1979 watapi. Chusku runa bulakuna kawsanakun chay pampapi: Kichwa, Secoya, Siona, Cofan niskakuna.
	Perupika, Zona Reservada de Güeppí niska charin 625,971 hectáreas, rurariska 1997 watapi. Kinsa laya tukunkapa munanchi chay pampapi: Parque Nacional Güeppí, Reserva Comunal Airo Pai, Reserva Comunal Huimeki, chayta chayra chaparanchi gobierno partimanta uyankapa. Chay pampapi Huitoto, Kichwa, Secoya, mestizokuna pas kawsanakun.
	Colombiapika, Parque Nacional Natural La Paya, 422,000 hectáreas charin, rurakiska 1984 watapi. Achka Ilaktakuna chay pampapi tiyan, chaykunaka kanakun: campesinos, Siona, Muinane, Huitoto (Murui), Ingano pas.
	Ña tiyan shuk (2006) convenio trinacional "Corredor de Gestión de las Áreas Protegidas" niska, charin 1,7 hunu tupu hectáreas. Chay "hatun pampataka parihu sumakta" yuyarisa kuyrankapa alli kanka.

Imata rurana kan chay pampakunata kuyrankapa

01 Gobierno peruano utka ari rimachu chay Zona Reservada Güeppí ukupi kinsa laya ichilla pampakuna tiyankapa: Parque Naciona Güeppí, Reserva Comunal Airo Pai, Reserva Comunal Huimeki niskakuna.

02 Chay wakachina pampata kinsa hatun llaktakuna, awkakuna, tukuy, chay pampapi kawsak runakunanti munturisa, sumakta yuyarisa, parihu ruranakanchi shuk Plan de Manejo niskata.

03 Anchuchina kan chay lote petrolero 117 ta chay Zona Reservada Güeppí ukumanta, chasnallata shukkunata pas. Chay pampakunapika achka yaku umachinakuna, Mana yapa waklichipakuna, Chaypi kawsakkuna mana munaskarayku, Turuy imakuna manar chinkariska kaska rayku kuyrana kan.

04 Ama sachakunata yanka waklichinkapa; mana yuyasa imatapas hapinkapa; rantichinkapalla imapas, chay wakachira pampati tiyaskunata kuyrana wankurina parihu kan chay pampapi kawsak runa bulakuna, wankurinakuna pas kan ahswan pas ñukanchipa gobiernota sinchita mañanakanchi paktachinkapa.

ENGLISH CONTENTS

(for Color Plates, see pages 27–46)

PARTICIPANTS

FIELD TEAM

Roberto Aguinda L. (*field logistics*)
Fundación para la Sobrevivencia del Pueblo Cofan (FSC)
Federación Indígena de la Nacionalidad Cofan
  del Ecuador (FEINCE)
Quito and Dureno, Ecuador
robertotsampi@yahoo.com

William S. Alverson (*plants*)
Environmental and Conservation Programs
The Field Museum, Chicago, IL, USA
walverson@fieldmuseum.org

Randall Borman A. (*large mammals*)
Fundación para la Sobrevivencia del Pueblo Cofan (FSC)
Federación Indígena de la Nacionalidad Cofan
  del Ecuador (FEINCE)
Quito and Dureno, Ecuador
randy@cofan.org

Adriana Bravo (*mammals*)
Louisiana State University
Baton Rouge, LA, USA
abravo1@lsu.edu

Daniel Brinkmeier (*communications*)
Environmental and Conservation Programs
The Field Museum, Chicago, IL, USA
dbrinkmeier@fieldmuseum.org

Nállarett Dávila (*plants*)
Universidad Nacional de la Amazonía Peruana
Iquitos, Peru
arijuna15@hotmail.com

Álvaro del Campo (*field logistics, photography, video*)
Environmental and Conservation Programs
The Field Museum, Chicago, IL, USA
adelcampo@fieldmuseum.org

Sebastián Descanse U. (*plants*)
Comunidad Cofan Chandia Na'e
Sucumbíos, Ecuador

Robin B. Foster (*plants*)
Environmental and Conservation Programs
The Field Museum, Chicago, IL, USA
rfoster@fieldmuseum.org

Max H. Hidalgo (*fishes*)
Museo de Historia Natural Universidad Nacional Mayor
  de San Marcos
Lima, Peru
maxhhidalgo@yahoo.com

Guillermo Knell (*field logistics*)
Universidad Ricardo Palma
Lima, Peru
kchemo@yahoo.com

Jill López (*plants*)
Universidad Nacional de la Amazonía Peruana
Iquitos, Peru
jillsita02@yahoo.com.mx

Bolívar Lucitante (*cook*)
Comunidad Cofan Zábalo
Sucumbíos, Ecuador

Laura Cristina Lucitante C. (*plants*)
Comunidad Cofan Chandia Na'e
Sucumbíos, Ecuador

Alfredo Meléndez (*field logistics, cook*)
Comunidad Tres Fronteras
Loreto, Peru

Patricio Mena Valenzuela (*birds*)
Museo Ecuatoriano de Ciencias Naturales
Quito, Ecuador
pmenavalenzuela@yahoo.es

Norma Mendúa (*cook*)
Comunidad Cofan Zábalo
Sucumbíos, Ecuador

Italo Mesones (*field logistics*)
Universidad Nacional de la Amazonía Peruana
Iquitos, Peru
italoacuy@yahoo.es

Debra K. Moskovits (*coordination, birds*)
Environmental, Culture, and Conservation
The Field Museum, Chicago, IL, USA
dmoskovits@fieldmuseum.org

Rodrigo Pacaya Levi (*translation*)
Organización Indígena Secoya del Perú (OISPE)
Bellavista, Loreto, Peru

Walter Palacios (*plants*)
Universidad Técnica del Norte, Ibarra
Quito, Ecuador
walterpalacios@uio.satnet.net

Mario Pariona (*social inventory*)
Environmental and Conservation Programs
The Field Museum, Chicago, IL, USA
mpariona@fieldmuseum.org

Amelia Quenamá Q. (*natural history*)
Fundación para la Sobrevivencia del Pueblo Cofan (FSC)
Federación Indígena de la Nacionalidad Cofan
    del Ecuador (FEINCE)
Quito and Dureno, Ecuador

Dora Ramírez Dávila (*social inventory*)
Consultant
Iquitos, Peru
ramirezdora2005@yahoo.com.ar

Juan Francisco Rivadeneira R. (*fishes*)
Museo Ecuatoriano de Ciencias Naturales
Quito, Ecuador
jf.rivadeneira@mecn.gov.ec

Anselmo Sandoval Estrella (*social inventory*)
Organización Indígena Secoya del Perú (OISPE)
Bellavista, Loreto, Peru

Guido Sandoval Estrella (*field logistics, boat pilot*)
Organización Indígena Secoya del Perú (OISPE)
Bellavista, Loreto, Peru

Sara Sandoval Levi (*cooking*)
Comunidad Secoya Nuevo Belén
Loreto, Peru

Thomas J. Saunders (*geology, soils and water*)
University of Florida
Gainesville, FL, USA
tsaunders@fieldmuseum.org

Douglas F. Stotz (*birds*)
Environmental and Conservation Programs
The Field Museum, Chicago, IL, USA
dstotz@fieldmuseum.org

Teófilo Torres (*social inventory*)
Jefatura, Zona Reservada Güeppí
Iquitos, Peru
teofilotorres@yahoo.com

Oscar Vásquez Macanilla (*plants*)
Comunidad Secoya Guajoya
Loreto, Peru

Pablo J. Venegas (*amphibians and reptiles*)
Centro de Ornitología y Biodiversidad (CORBIDI)
Lima, Peru
sancarranca@yahoo.es

Participants (continued)

Corine Vriesendorp (*plants*)
Environmental and Conservation Programs
The Field Museum, Chicago, IL, USA
cvriesendorp@fieldmuseum.org

Tyana Wachter (*general logistics*)
Environmental and Conservation Programs
The Field Museum, Chicago, IL, USA
twachter@fieldmuseum.org

Alaka Wali (*social inventory*)
Center for Cultural Understanding and Change
The Field Museum, Chicago, IL, USA
awali@fieldmuseum.org

Mario Yánez-Muñoz (*amphibians and reptiles*)
Museo Ecuatoriano de Ciencias Naturales
Quito, Ecuador
m.yanez@mecn.gov.ec

COLLABORATORS

Luis Borbor
Reserva de Producción Faunística Cuyabeno

Miryan García
INRENA, Lima

Asociación Interétnica de Desarrollo de la
Selva Peruana (AIDESEP)
Lima, Peru

Comunidad Huitoto (*Murui*) Santa Teresita
Peru

Comunidades Cabo Pantoja y Tres Fronteras
Peru

Comunidades Cofan Chandia Na'e, Dureno y Zábalo
Sucumbíos, Ecuador

Comunidades Kichwa (*Naporuna*) Angoteros,
Miraflores y Torres Causana
Peru

Comunidades Secoya (*Airo Pai̲*) Bellavista, Guajoya (Vencedor),
Mañoko Daripë (Puerto Estrella), Martín de Porres, Mashunta,
Nuevo Belén, Santa Rita y Zambelín de Yaricaya
Peru

Ejército Ecuatoriano

Ejército Peruano

Federación Indígena de la
Nacionalidad Cofan del Ecuador (FEINCE)
Lago Agrio, Ecuador

Fuerza Aérea del Perú (FAP)
Iquitos, Peru

Herbario Nacional del Ecuador (QCNE)
Quito, Ecuador

Hotel Doral Inn
Iquitos, Peru

Instituto de Investigaciones de la Amazonía Peruana (IIAP)
Iquitos, Peru

Instituto Nacional de Recursos Naturales (INRENA)
Lima, Peru

Ministerio del Ambiente del Ecuador
Quito, Ecuador

Ministerio de Relaciones Exteriores
Lima, Peru

The Field Museum

The Field Museum is a collections-based research and educational institution devoted to natural and cultural diversity. Combining the fields of Anthropology, Botany, Geology, Zoology, and Conservation Biology, museum scientists research issues in evolution, environmental biology, and cultural anthropology. One division of the Museum—Environment, Culture, and Conservation (ECCo)—through its two departments, Environmental and Conservation Programs (ECP) and the Center for Cultural Understanding and Change (CCUC), is dedicated to translating science into action that creates and supports lasting conservation of biological and cultural diversity. ECCo works closely with local communities to ensure their involvement in conservation through their existing cultural values and organizational strengths. With losses of natural diversity accelerating worldwide, ECCo's mission is to direct the Museum's resources—scientific expertise, worldwide collections, innovative education programs—to the immediate needs of conservation at local, national, and international levels.

The Field Museum
1400 South Lake Shore Drive
Chicago, Illinois 60605-2496, USA
312.922.9410 tel
www.fieldmuseum.org

INRENA, Zona Reservada Güeppí

As a legacy for future generations, the Instituto Nacional de Recursos Naturales (INRENA) is responsible for managing the nationally protected areas, with the goal of conserving biological diversity and ecological services that contribute to the country's sustainable development.

The 625,971-hectare Zona Reservada Güeppí was created in 1997, and it harbors great biodiversity. After a long process of participative planning with local stakeholders, the area now has a consensus with a concerted proposal for categorization that includes the creation of two communal reserves (Airo Pai and Huimeki), as well as a national park (Parque Nacional Güeppí).

INRENA, Zona Reservada Güeppí
Calle Pevas No. 339, Iquitos, Peru
51.65.223.460 tel
zrgueppi@yahoo.es

Ministerio del Ambiente del Ecuador

The Ministerio del Ambiente del Ecuador (MAE) is the national environmental agency responsible for the sustainable development and environmental quality of the country. It is the highest authority for issuance and coordination of national policies, rules, and regulations, including basic guidelines for organizing and implementing environmental management.

MAE develops environmental policies and coordinates strategies, projects, and programs for the protection of ecosystems and for sustainable use of natural resources. MAE sets regulations necessary for environmental quality associated with conservation-based development and the appropriate use of natural resources.

Ministerio del Ambiente, República del Ecuador
Avenida Eloy Alfaro y Amazonas
Quito, Ecuador
593.22.563.429, 593.22.563.430 tel
www.ambiente.gov.ec
mma@ambiente.gov.ec

Fundación para la Sobrevivencia del Pueblo Cofan

The Fundación para la Sobrevivencia del Pueblo Cofan is a non-profit organization dedicated to conserving the Cofan indigenous peoples, their culture, and the Amazonian forests that sustain them. Together with its international counterpart, the Cofan Survival Fund, the foundation supports conservation and development programs in seven Cofan communities in eastern Ecuador. Programs focus on biodiversity conservation and research, protecting and titling Cofan ancestral territories, developing economic and ecological alternatives, and educational opportunities for young Cofan.

Fundación para la Sobrevivencia del Pueblo Cofan
Casilla 17-11-6089
Quito, Ecuador
593.22.470.946 tel/fax
www.cofan.org

Organización Indígena Secoya del Perú

The Organización Indígena Secoya del Perú (OISPE), is a non-profit indigenous organization founded 22 November 2003 and registered in the Oficina Registral de Loreto, in Iquitos. Its headquarters are located in the native community of San Martin, Anexo Bellavista. OISPE's board members include the President, Vice President, and Secretary of Official Documents and Archives. It has jurisdiction over eight communities in the Napo and Putumayo watersheds, Districts of Teniente Manuel Clavero and Torres Causana, Maynas Province, Loreto.

OISPE's mission is to obtain land titling and legal consolidation of Secoya territory, work toward integrated and sustainable development, and secure Secoya legal rights and autonomy. At present, OISPE is negotiating land expansion and titling for their communal territories, as well requesting recognition of the proposals to establish the Airo Pai and Huitoto-Mestizo-Kichua (HUIMEKI) communal reserves, and the "SEKIME National Park" (Parque Nacional Güeppí), within the Zona Reservada Güeppí.

OISPE
Comunidad Nativa San Martín, Anexo Bellavista
Río Yubineto, Distrito de Teniente Clavero
Putumayo, Peru
Radiotelephone frequency 6245

Organización Kichwaruna Wangurina del Alto Napo

The Organización Kichwaruna Wangurina del Alto Napo (ORKIWAN) is a non-profit indigenous institution created in 1984 and registered in 1986 in the Oficina Registral de Loreto, Iquitos. Its headquarters are located in the native community of Angotero. The governing board includes a President, Vice President, Secretary, Treasurer, Secretary for Indigenous Women, and Advisor of the Organziation. ORKIWAN's jurisdiction extends throughout the watershed of the Napo River. It includes 26 communities, of which 17 sit in the district of Torres Causana, and 9 in Napo, all in Maynas Province of Loreto.

The mission of ORKIWAN is to oversee and encourage the financial and legal consolidation of Kichwaruna territory in support of integrated, sustainable development, and the free exercise of indigenous culture, language, and identity. It also seeks to strengthen the capacity for self-governance based on federal rights in support of intercultural development. ORKIWAN promotes bilingual education in its territories and the titling of communal lands.

ORKIWAN
Comunidad Nativa Angotero, Napo River
District of Torres Causana
Maynas, Loreto, Peru
(also, Apartado 216, Iquitos, Peru)
Radiophone frequency 7020
Rural communal telephone 812042

Organización Regional de Pueblos Indígenas del Oriente

The Organización Regional de Pueblos Indígenas del Oriente (ORPIO, previously ORAI) is an institution with legal status, registered in the Oficina Registral de Loreto, in Iquitos. It includes 13 indigenous federations, composed of 16 ethnolinguistic settlements, along the Putumayo, Algodón, Ampiyacu, Amazon, Nanay, Tigre, Corrientes, Marañon, Samiria, Ucayali, Yavarí, and Tapiche rivers, all in the Loreto Region.

ORPIO is a regional indigenous organization represented by an executive council of five members, each with a three-year term. It has autonomy of decision-making in a regional context.

ORPIO's mission is to work in support of indigenous rights, access to lands, and autonomous economic development based on the values and traditional knowledge of each indigenous community.

The organization promotes communication that enables its members to make informed decisions. It encourages the participation of women in community organization, and works with titling of indigenous lands. ORPIO participates broadly as a consultant, and in working groups with federal and other civil officials, for the development and conservation of the environment in the Loreto Region.

ORPIO
Av. del Ejército 1718
Iquitos, Peru
51.65.227345 tel
orpio_aidesep@yahoo.es

Herbario Amazonense de la Universidad Nacional de la Amazonía Peruana

The Herbario Amazonense (AMAZ) is located in Iquitos, Peru, and forms part of the Universidad Nacional de la Amazonía Peruana (UNAP). It was founded in 1972 as an educational and research institution focused on the flora of the Peruvian Amazon. The bulk of the collections showcase representative specimens of the Amazonian flora of Peru, considered one of the most diverse floras on the planet; the herbarium also houses collections made in other countries. These collections serve as a valuable resource for understanding the classification, distribution, phenology, and habitat preferences of plants in the Pteridophyta, Gymnospermae, and Angiospermae. Local and international students, docents, and researchers use these collections to teach, study, identify, and research the flora. In this way, the Herbario Amazonense contributes to the conservation of the diverse Amazonian flora.

Herbarium Amazonense (AMAZ)
Esquina Pevas con Nanay s/n
Iquitos, Peru
51.65.222649 tel
herbarium@dnet.com

Museo Ecuatoriano de Ciencias Naturales

The Museo Ecuatoriano de Ciencias Naturales (MECN) is a public entity established on 18 August 1977 by government decree 1777-C, in Quito, as a technical, scientific, and public institution. The MECN represents the only state institution whose objectives are to inventory, classify, conserve, exhibit, and disseminate understanding of the country's biodiversity. The institution offers assistance, cooperation, and guidance to scientific institutions, educational organizations, and state offices on issues related to conservation research, natural resource conservation, and Ecuador's biodiversity. It also contributes technical support for designing and establishing national protected areas.

Museo Ecuatoriano de Ciencias Naturales
Rumipamba 341 y Av. De los Shyris
Casilla Postal 17-07-8976
Quito, Ecuador
593.22.449.825 tel/fax

Museo de Historia Natural de la Universidad Nacional Mayor de San Marcos

Founded in 1918, the Museo de Historia Natural is the principal source of information on the Peruvian flora and fauna. Its permanent exhibits are visited each year by 50,000 students, while its scientific collections—housing 1.5 million plant, bird, mammal, fish, amphibian, reptile, fossil, and mineral specimens—are an invaluable resource for hundreds of Peruvian and foreign researchers. The museum's mission is to be a center of conservation, education, and research on Peru's biodiversity, highlighting the fact that Peru is one of the most biologically diverse countries on the planet, and that its economic progress depends on the conservation and sustainable use of its natural riches. The museum is part of the Universidad Nacional Mayor de San Marcos, founded in 1551.

Museo de Historia Natural de la
Universidad Nacional Mayor de San Marcos
Avenida Arenales 1256
Lince, Lima 11, Peru
51.1.471.0117 tel
www.museohn.unmsm.edu.pe

ACKNOWLEDGMENTS

This inventory of the biologically and culturally rich region where Ecuador, Peru, and Colombia intersect was suggested years ago by Randy Borman, Cofan leader. Last year, when we were approached by INRENA-Güeppí, and eventually the Secoya Federation (OISPE), we realized the stage was set for an incredible collaboration. The inventory would not have been possible without the deep knowledge and strong organizational skills of local indigenous communities, as well as the support of regional military personnel, collaborating local and national institutions, and other local residents. To all, we offer our sincere thanks along with a huge sigh of relief that together we were able to carry out the long and complicated field itinerary and the subsequent in-country presentations and preparations for the written report.

The *Airo Pai* (Secoya) communities of Bellavista, San Martín, Santa Rita, Nuevo Belén (on the Yubineto River), Mashunta (Angusilla River), Zambelín (Yaricaya River), Guajoya (Santa María River), and Puerto Estrella (Lagartococha River) helped us immensely with field logistics and provided valuable information to the biological and social teams. In particular, we are grateful for the help provided by Gustavo Cabrera, Leonel Cabrera, Ricardo Chota, Segundo Coquinche, Wilder Coquinche, Wilson Coquinche, Gamariel Estrella (Jaguarcito), Javier Estrella, Rita Estrella, Luis Garcés, Andrés Levy, Ceferino Levy, Aner Macanilla, Elizabeth Macanilla, John Macanilla, Olivio Macanilla, Mauricio Magallanes, Cecilio Pacaya, Francisco Pacaya, Rodrigo Pacaya, Venancio Payaguaje, Roger Rojas, Anselmo Sandoval, Guido Sandoval, Marcelino Sandoval y familia, Marcos Sandoval, Moisés Sandoval, Véliz Sandoval, Oscar Vásquez, Germán Vílchez, Jorge Vílchez, Nilda Vílchez, and Roldán Yapedatze.

The Cofan community of Zábalo (on the Aguarico River) was the hub of the biological inventory of the first three sites. The biological team camped at Zábalo the first night in the field and then spun east and north to the first three field camps with the invaluable help of our Cofan collaborators. The following individuals from Zábalo, and from the Cofan communities of Dureno and Chandia Na'e, played central roles in the inventory: Alba Criollo, Braulio Criollo, Delfín Criollo, Floresto Criollo, Maura Criollo, Natasha Criollo, Oswaldo Criollo, Orlando Huitca, Arturo Lucitante, Bolívar Lucitante and family, Elio Lucitante, Alex Machoa, Francisco Machoa, Lucía Machoa, Valerio Machoa, Andrés Mendúa, Luis Mendúa and family, Mauricio Mendúa, Linda Ortiz, Daniel Quenamá, Carlos Yiyoguaje, Debica Yiyoguaje, and Jose Yiyoguaje.

The biological and social teams are grateful for the help and information shared by the *Murui* (Huitoto) community of Santa Teresita (on the Peneya River), and by the *Naporuna* (Kichwa) communities of Miraflores (Putumayo River), Torres Causana, Santa María de Angotero (Napo River), and Zancudo (Aguarico River).

We also thank members of the mestizo communities of Tres Fronteras (Putumayo River) and Angoteros (Napo River), who played important roles in the work of the biological and social teams. We also thank Tres Fronteras residents Julián Ajón, Alejandro Arimuya, Nemesio Arimuya, Jorge Luis Chávez, Wilmer Chávez, Mario Chumbe, Pablo Cruz, Oclives Garcés, Luis Gonzáles, Adalberto Hernández, Elvis Imunda, José Manuyama, Julia Manuyama, José Mayorani, Alfredo Meléndez, Luis Miranda, Darío Noteno, Juan Wilson Noteno, Hernando Noteno, Jairo Orozco, Eloy Papa, Joel Papa, Manuel Pizango, Deiner Ramírez, Alex Saboya, Alejandro Sánchez, César Sánchez, Deiner Sánchez, Jaime Sánchez, José Luis Sánchez, Elvis Tapullima, and Jorge Vargas.

The inventory would not have been a success without permission and support for work in the region from several indigenous organizations. These organizations will be central players in the efforts to translate the recommendations of this report into action: Organización Indígena Secoya del Perú (OISPE), Federación Indígena de la Nacionalidad Cofan del Ecuador (FEINCE), Organización Kichwaruna del Alto Napo (ORKIWAN), and the Organización Regional de Pueblos Indigenas del Oriente (ORPIO).

Personnel at regional military bases gave us permission to travel in sometimes difficult border areas, offered useful advice, and showed a surprising degree of interest in our work. These individuals were stationed at several military bases in Peru: Cabo Pantoja (Napo River), Güeppí (Putumayo River), Aguas Negras (Lagartococha River); and in Ecuador: Zancudo (Aguarico River), Lagartococha, Patria (Lagartococha River), and Panupali (Güeppí River). Pilots of the Fuerza Aérea del Perú (FAP)-Iquitos skillfully extracted the field teams and their mountain of gear at the close of the inventory. Capitán Carlos Vargas Serna and Orlando Soplín were key to these operations from their base in Iquitos.

Other national and regional organizations provided crucial help and advice, including the Ministerio del Ambiente (L. Altamirano, G. Montoya) and Herbario Nacional (QCNE) in Ecuador; and in Peru, the Asociación Interétnica de Desarrollo de la Selva Peruana (AIDESEP), Ministerio de Relaciones Exteriores-Cancillería del Perú (Pablo Cisneros), Instituto Nacional de Recursos Naturales (INRENA)-Lima (Jorge Ugaz, Miryan García, Jorge Lozada,

Carmen Jaimes), Instituto de Investigaciones de la Amazonía Peruana (IIAP)-Iquitos, Hotel Doral Inn-Iquitos, Vicariato Apostólico de Iquitos, Kantu Tours-Lima, Hotel Señorial-Lima, and Alas del Oriente-Iquitos.

As usual, our advance teams overcame many challenges. Guillermo Knell and Italo Mesones, leaders of the two advance field teams, were responsible for the establishment of inventory camps 3, 4, and 5, and their respective trail systems. Through great effort, and with time against them, they were able to complete all of their tasks before the inventory began. Their efforts allowed the biological inventory team to be successful in its work, and we are grateful to them. Other Peruvian friends and colleagues at the Centro de Conservación, Investigación y Manejo de Áreas Naturales (CIMA) provided excellent logistical support in the field, in Iquitos, and in Lima during our trip. We thank Jorge Aliaga, Lotti Castro, Alberto Asín, Manuel Álvarez, Tatiana Pequeño, Jorge Luis Martínez, Yessenia Huamán, Lucía Ruiz, Wacho Aguirre, and Techy Marina.

Likewise, several individuals were stellar in the organization and management of logistics in Ecuador. Roberto Aguinda orchestrated the supply of food and additional equipment for the advance team in camps 1 and 2, as well as for all five camps during the inventory proper. Freddy Espinosa and his wife, Maria Luisa López, ensured coordination of efforts from their base in Quito. Sadie Siviter, Hugo Lucitante, Mateo Espinosa, Juan Carlos González, Carlos Menéndez, Víctor Andrango, and Lorena Sánchez provided fast and efficent logistical aid from the offices of the Fundación Sobrevivencia Cofan, in Quito, before, during, and after the inventory; Elena Arroba did the same from the FSC office in Lago Agrio. John Lucitante drew the graphic of the giant river otter that we printed on T-shirts for participants.

Special thanks go to our cooks, Sara Sandoval (camps 1 and 2), Bolívar Lucitante y Norma Mendúa (Zábalo subsite and camp 3), and Alfredo Meléndez (camps 4 and 5); and to our boatmen, Guido Sandoval (advance and social teams), Aner Macanilla, Oscar Vásquez (advance), George Pérez, Stalin Vílchez (social), Bolívar Lucitante (advance), Luis Mendúa (advance, biological team camps 1 and 2), Isidro Lucitante (camps 1 and 2), Miguel Ortiz, Román Criollo, Venancio Criollo, Pablo Criollo (camps 3 and 4), and Alejandro Sánchez (camps 4 and 5).

Other friends and colleagues provided help or insights with specific, critical elements of the inventory. For this, we offer our thanks to Coronel PNP Dario "Apache" Hurtado Cárdenas, Luis Narvaez, César Larraín Tafur, Carlos Carrera, Aldo Villanueva, Carolina de la Rosa, Maria Luisa Belaunde, Pepe Álvarez, Cindy Mesones, Daniel

Schuur, Rodolfo Cruz Miñán, Milagritos Reátegui, and Yolanda Guerra. The herpetological team thanks Karl-Hainz Jungfer for his valuable help in determining the species of *Osteocephalus*; William Lamar for his useful comments about the diversity of the herpetofauna of Iquitos; Walter Schargel for his determination of the species of *Atractus*; Diego F. Cisneros-Heredia, for sharing his knowledge of the Tiputini region; Lily O. Rodríguez, who generously shared her information about her collections made at Aguas Negras, Peru, in 1994; L. Cecilia Tobar and Paúl Meza-Ramos, who from Quito made available literature held in the Museo Ecuatoriano de Ciencias Naturales (MECN); and Carlos Carrera for his constant help and support in the care of collections at MECN. For their invaluable guidance and help in the exporting process for the plant collections, the botany team is profoundly grateful to the Ministerio del Ambiente (MAE). In particular, we recognize the key support of Gabriela Montoya, Unidad de Vida Silvestre; Wilson Rojas, Director Nacional de Biodiversidad; and Fausto Gonzales, Director Regional de Sucumbíos. Similarly, we thank Elva Díaz and Francisco Quizana for their help in obtaining collecting and export permits.

We also thank Marcela Galvis, Adriana Rojas Suárez, and Rafael Sánchez (Parques Nacionales Naturales de Colombia) for supplying up-to-date information on P.N.N. La Paya.

From our home base in Chicago, we received invaluable help from these individuals: Jonathan Markel prepared excellent maps using digitalized satellite images, both for the advance team and the later biological inventory team. Dan Brinkmeier quickly produced visual materials extremely useful for in-country presentations, and developed graphics for extension efforts in local communities, all of which explained the results of our inventory. Tyana Wachter was critically important for the inventory, from Chicago to Lima, Iquitos, and Quito. She, together with Chicago-based Rob McMillan and Brandy Pawlak, wove their magic to make problems disappear as they arose. Brandy and Tyana also carefully proofread the report. We thank Wilber H. Gantz for a critical upgrade of our GPS-navigation system. Bil Alverson thanks Drs. Joaquin Brieva, John P. Flaherty and George Mejicano, and the kind staff of the Infusion Center of University of Wisconsin-Madison Hospitals, for expert treatment of leishmaniasis. Finally, Jim Costello and staff of Costello Communications continued to help us streamline and perfect the editing and production of printed and on-line reports, and showed remarkable patience in the process.

Funds for this inventory were provided by The Hamill Family Foundation and The Field Museum.

The goal of rapid inventories—biological and social—
is to catalyze effective action for conservation in threatened
regions of high biological diversity and uniqueness.

Approach

During rapid biological inventories, scientific teams focus primarily on groups of organisms that indicate habitat type and condition and that can be surveyed quickly and accurately. These inventories do not attempt to produce an exhaustive list of species or higher taxa. Rather, the rapid surveys (1) identify the important biological communities in the site or region of interest, and (2) determine whether these communities are of outstanding quality and significance in a regional or global context.

During social asset inventories, scientists and local communities collaborate to identify patterns of social organization and opportunities for capacity building. The teams use participant observation and semi-structured interviews to evaluate quickly the assets of these communities that can serve as points of engagement for long-term participation in conservation.

In-country scientists are central to the field teams. The experience of local experts is crucial for understanding areas with little or no history of scientific exploration. After the inventories, protection of natural communities and engagement of social networks rely on initiatives from host-country scientists and conservationists.

Once these rapid inventories have been completed (typically within a month), the teams relay the survey information to local and international decisionmakers who set priorities and guide conservation action in the host country.

| Dates of field work | Biological team: 4–30 October 2007 |
| | Social team: 13–29 October 2007 |

| Region | Three protected areas cover a huge expanse of the interfluvium of the Napo and Putumayo rivers along the borders of Ecuador, Peru, and Colombia: Reserva de Producción Faunística Cuyabeno (Ecuador), Zona Reservada Güeppí (Peru), and Parque Nacional Natural La Paya (Colombia). Together, the areas form a conservation corridor with the potential to be managed as an integrated unit by the three countries. |

Sites inventoried	The biological team visited five sites (two in Ecuador and three in Peru), in the watersheds of the Napo and Putumayo rivers (Figs. 2A, 2C). We did not visit any sites in Colombia.	

Napo: Garzacocha, Ecuador, 5–9 October 2007
Redondococha, Peru, 9–14 October 2007

Putumayo: Güeppicillo, Ecuador, 15–21 October 2007
Güeppí, Peru, 21–25 October 2007
Aguas Negras, Peru, 25–29 October 2007

The social team worked exclusively in Peru, visiting 13 communities in the Napo and Putumayo watersheds (Fig. 2A).

Napo: Guajoya, Cabo Pantoja, Torres Causana, Angoteros, 13–21 October 2007

Putumayo: Bella Vista, San Martín, Santa Rita, Nuevo Belén, Mashunta, Zambelín de Yaricaya, Santa Teresita, Miraflores, Tres Fronteras, 21–29 October 2007

In addition to these 13 communities, the social team briefly visited Soplín Vargas, capital of the Teniente Manuel Clavero district (in Peru), and Puerto Leguízamo, a Colombian town that is the largest settlement in this part of the Putumayo River. Álvaro del Campo, logistics coordinator for the inventory, visited Mañoko Daripë, in Peru (also known as Puerto Estrella), a Secoya community on the Lagartococha River, in the Napo watershed, on 11 October.

Biological focus	Soils and hydrology, plants, fishes, reptiles and amphibians, birds, large and medium mammals, and bats
Social focus	Social and cultural strengths, natural resource use, and community management practices
Principal biological results	Zona Reservada Güeppí and Reserva de Producción Faunística Cuyabeno lie in the most diverse forests in the world, and the diversity in all groups we sampled is spectacular. Below we summarize our findings.

	Garzacocha	Redondococha	Güeppicillo	Güeppí	Aguas Negras	Species Recorded	Regional Estimate
Plants	400	700	600	500	400	1,400	3,000–4,000
Fishes	76	87	70	65	37	184	260–300
Amphibians	19	21	46	25	27	59	90
Reptiles	18	23	18	16	17	48	60
Birds	255	284	262	251	247	437	550
Medium and large mammals*	25	31	36	26	24	46	56

* Bats not included here (9 species observed in the first two sites).

Soils and hydrology: Clay soils dominate the region. Hundreds of meters of clay were deposited approximately 8–13 million years ago within a mosaic of lakes and meandering rivers. With the uplift of the Andes, sands and gravels were introduced into the area by fast-flowing rivers, and over time the landscape was sculpted into blackwater lakes, entrenched streams, erosive gullies, terraces, rounded hills, and low-lying valleys that characterize the study area. The clay soils are not easily penetrated by water, causing rain to flow overland from hilltops to clearwater streams or stagnate in lower-lying valleys and swamps. There are very few available minerals in the soils; the majority of nutrients are retained in the forests themselves and in the soil organic matter. Intensive logging or agriculture would quickly drain soil nutrient reserves, leaving behind infertile lands.

Plants: Botanists documented a rich plant community (1,400 species) representing a mix of the floras of eastern Ecuador and northern Peru. We estimate 3,000–4,000 species occur in the region. Our greatest discovery was a tree with large fruits that represents a new genus of Violaceae. In addition, we recorded a handful of new genera for Ecuador (*Chaunochiton, Thyrsodium, Condylocarpon, Neoptychocarpus*) and Peru (*Ammandra, Clathrotropis*) and up to 14 species we suspect are new to science. There are timber populations in the floodplains of the major rivers, including cedro (*Cedrela odorata*) and tornillo (*Cedrelinga cateniformis*), and scattered evidence of small-scale logging.

Fishes: The ichthyologists recorded a rich fish community (184 species) representing 38% and 61% of the known diversity for the Napo and Putumayo rivers, respectively. Twenty-three species are new records for Peru or Ecuador, and three appear to be new to science. The Napo-Putumayo interfluvium is a little-studied area that harbors abundant populations of commercially important species such as *paiche, arahuana,* and *tucunaré,* all easily observed in the lakes, streams, and rivers. Aquatic habitats range from mixed environments of black waters and clear waters, headwater streams and drainage divides, flooded areas, and a hydrological system influenced by the white waters of the Putumayo and Napo rivers; this great variation in aquatic habitats promotes high fish diversity. Some habitats provide reproductive sites for various species, including species for human consumption. We estimate 260 to 300 species occur in the region.

Amphibians and reptiles: The herpetologists recorded 107 species (59 amphibians, 48 reptiles) and estimate that 150 species (90 amphibians, 60 reptiles) occur in the area. Our inventory revealed 19 new records for the R.P.F. Cuyabeno. The frog *Allobates insperatus*, previously known from Ecuador, was recorded in Peru, and the frog *Pristimantis delius*, previously known from Peru, was recorded in Ecuador. Our record of the frog *Osteocephalus fuscifacies* represents only the second locality in the Peruvian Amazon. In our two Peruvian sites adjacent to Ecuador, we found a species potentially new to science (a frog in the genus *Rhinella*). Commercially important and threatened species are well-represented in our inventory sites, especially black caiman

Principal biological results (continued)	(*Melanosuchus niger*), white caiman (*Caiman crocodilus*), river turtle (*Podocnemis unifilis*), yellow-footed tortoise (*Chelonoidis denticulata*), and tree boa (*Corallus hortulanus*), all listed by the IUCN and CITES.

Birds: The ornithologists recorded 437 species of birds during the inventory, and estimate that 550 species occur in the region. The bird community includes a rich forest avifauna, and an impressive diversity of aquatic birds along the Lagartococha River, especially herons, kingfishers, and sungrebes. We documented ten notable range extensions to the north; two rare waterbirds, Azure Gallinule (*Porphyrio flavirostris*) and Ash-throated Crake (*Porzana albicollis*); an unexpected migrant (Canada Warbler, *Wilsonia canadensis*); and nine species endemic to northwestern Amazonia. We did not encounter the Cocha Antshrike (*Thamnophilus praecox*), endemic to northeastern Ecuador. North American migrants were present, with small numbers of forest-using landbirds, moderate numbers of swallows and shorebirds, and good numbers of Eastern Kingbirds (*Tyrannus tyrannus*). Game birds are notably abundant and parrot populations are considerable, including large macaws.

Mammals: The mammalogists documented a high diversity of medium and large mammals (46 species), with 11 carnivores, 10 primates, 7 rodents, 7 edentates, 5 ungulates, 3 marsupials, 2 cetaceans, and 1 sirenian. We estimate 56 species occur in the region. Abundances varied, reflecting both productivity levels and human impacts. However, the area supports healthy populations of species threatened in other parts of the Amazon basin, including abundant woolly monkey (*Lagothrix lagothricha*) in the Güeppí drainage in Ecuador, collared peccary (*Pecari tajacu*) and white-lipped peccary (*Tayassu pecari*) in the Putumayo drainage in Peru, and tapir (*Tapirus terrestris*) at all our sites. We were encouraged by the presence of giant river otters (*Pteronura brasiliensis*), a species considered endangered (INRENA, IUCN), critically endangered (Red List of mammals of Ecuador), and near extinction (CITES). We observed several rarely seen species, including pygmy marmoset (*Cebuella pygmaea*) and short-eared dog (*Atelocynus microtis*).

Principal social results	The social team visited 13 Peruvian communities (4 on the Napo River and 9 on the Putumayo River) of Secoya, Kichwa, Huitoto, and *mestizo* peoples. Previous studies (Ibis 2003–2006; APECO-ECO 2006) provide a global context. Communities in both river drainages inhabit a complex social reality produced by the boom-and-bust dynamics of more than a century of extractive economies. However, there are well-established social traditions of management and environmental protection, and social and institutional assets that will enable and promote management and conservation in the Z.R. Güeppí. Most of the population is involved in subsistence-level activities, with low-impact resource use and few links to markets. Nonetheless, both biological and cultural diversity are threatened by new resource-use patterns (e.g., timber, fishing, hydrocarbons) that endanger the abilities of communities to continue to protect their ways of life and resource bases.

Principal threats	01 Low or non-existent appreciation at various social and political levels of the high value of intact cultures and natural resources
	02 Vulnerability of border areas
	03 Oil exploitation, especially in the Z.R. Güeppí, Peru
	04 Depletion of natural resources
	05 Insufficient resources to manage the area
Principal assets for conservation	01 Vast extensions of highly diverse, well-conserved, remote forests
	02 Diverse and intact hydrological resources (from large rivers to blackwater lakes)
	03 Independent establishment by Colombia, Ecuador, and Peru of three adjacent conservation areas: Parque Nacional Natural La Paya, Reserva de Producción Faunística Cuyabeno, and Zona Reservada Güeppí
	04 Draft of an agreement by Colombia, Ecuador, and Peru for integrated management of the three adjacent conservation areas as a conservation corridor (*corredor de gestión*)
	05 Existing, effective models of co-administration by local villages and state institutions
	06 Strong leadership in indigenous organizations, with support from their constituents
	07 Local awareness of the critical importance of the natural environment as the source of basic necessities and foundation for their subsistence economy— complemented by strong communal links and reciprocity—in visited communities
Antecedents and current status	The trinational border of Ecuador, Peru, and Colombia lies at the confluence of the Putumayo and Güeppí rivers. Each country has established a protected area in the region.

In Ecuador, the Reserva de Producción Faunística Cuyabeno (603,380 ha) was created in 1979. Five ethnicities (Kichwa, Siona, Secoya, Shuar, and Cofan) live within the protected area.

In Peru, the Zona Reservada Güeppí (625,971 ha) was created in 1997. The consensus proposal for categorizing the area—Parque Nacional Güeppí, Reserva Comunal Airo Pai, Reserva Comunal Huimeki—is still awaiting approval by the state of Loreto. Huitoto (*Murui*), Kichwa, Secoya, and *mestizos* live in the proposed buffer zone. |

Antecedents and current status (continued)	In Colombia, Parque Nacional Natural La Paya (422,000 ha) was created in 1984. Settlements in the buffer zone, include *campesinos*, Siona, Muinane, Huitoto (*Murui*), and Ingano (Appendix 13).
	Since 2006, the three countries have been developing an agreement to manage the areas as an integrated unit, a "conservation corridor" of 1.7 million hectares.
Principal recommendations for protection and management	01 Ensure definitive and effective protection of the Reserva de Producción Faunística Cuyabeno and the Zona Reservada Güeppí.
	▪ Immediate approval of the categorization of Zona Reservada Güeppí (into Parque Nacional Güeppí, and communal reserves Airo Pai and Huimeki)
	▪ Exclusion of oil concession 117 (Petrobras) from the Z.R. Güeppí in Peru, as well as any other oil concession that overlaps with these conservation areas (Fig. 10C) because of their importance as headwater zones, highly vulnerable to erosion; because of local opposition to large-scale extractive industries; and because it would eliminate the opportunity to finance management and conservation of the area through the carbon market (avoided deforestation)
	02 Adjust the boundaries of the Reserva de Producción Faunística Cuyabeno and the Zona Reservada Güeppí (Fig. 11A).
	03 Manage the adjacent conservation areas as a conservation corridor (Fig. 11A), with involvement of the three countries and local indigenous and colonist communities in and around the conservation areas, and incorporate management appropriate to the various conservation categories within each country.
	▪ Participation of local inhabitants in the development of the management plans (*Plan Maestro/Plan de Manejo*)
	▪ Development and implemenation of a regional plan for organization and zoning in the buffer zone surrounding the conservation corridor
	04 Rely on local assets and strengths for effective management of the conservation corridor.
	▪ Strengthened co-adminstration of the area by local communities, indigenous organizations, and the central government, in order to prevent forest destruction, unmanaged natural resource use, or commercial use of natural resources in the conservation area

ECUADOR

Located in a remote region that may be the most diverse on earth—at the trinational border of Colombia, Ecuador, and Peru— the forests we surveyed held high promise for species new to science or new to each country.

Our findings surpassed our expectations. Although these results still need further analysis, the preliminary numbers are impressive: 1 genus of plant and 13 species (11 plants, 2 fishes) are new to science. And, 4 plant genera and 22 species of plants and fishes had never before been recorded in Ecuador. We summarize the results for our Ecuadorian sites on the facing page.

The biological and cultural wealth of the region merit the highest protection. Coordinated and collaborative management of a "conservation corridor" by the three adjoining countries, as already under discussion by the three governments, will be crucial to secure long-term success for each of the conservation areas and for the entire complex.

Specific to Ecuador, we highlight the opportunity to conserve the entire Güeppí watershed by readjusting the CITY oil concession (Bloque 27; Figs. 10C, 11A).

Also specific to Ecuador is the strength of participatory management and commitment of indigenous communities living within the Reserva de Producción Faunística Cuyabeno, with whom cooperative agreements have been signed since 1995.

Although established in 1979, the R.P.F. Cuyabeno (which encompasses two of our biological inventory sites) still lacks adequate resources for strong management. Increased focus on the biological values of Cuyabeno should yield international interest and support, possibly through the carbon market. Strengthened and formalized coordination among the three countries, along with an intensified and formalized role in management for the Cofan and other indigenous groups, should provide the structure necessary to garner enthusiasm and support from investors in forested, intact landscapes. This region offers opportunities for protection of diversity unique not only in Ecuador, but on earth.

PLANTS

New to science

- **1 genus** of Violaceae

- **11 species** of
  Clidemia (Melastomataceae),
  Xylopia (Annonaceae),
  Catasetum (Orchidaceae),
  Plinia (Myrtaceae),
  Eugenia (Myrtaceae),
  Mouriri (Memecylaceae),
  Alibertia? (Rubiaceae),
  Paullinia (Sapindaceae),
  Vitex (Verbenaceae),
  Guarea (Meliaceae), and
  Ouratea (Ochnaceae)

New for Ecuador

- **4 genera:**
  Chaunochiton (Olacaceae),
  Thyrsodium (Anacardiaceae),
  Condylocarpon (Apocynaceae),
  and Neoptychocarpus
  (Flacourtiaceae)

- **5 species:**
  Vantanea parviflora
  (Humiriaceae),
  Conceveiba terminalis
  (Euphorbiaceae),
  Dicranostyles densa
  (Convolvulaceae),
  Dicranostyles holostyla
  (Convolvulaceae), and
  Ouratea (Ochnaceae)

Of special interest

- **Crossroads of two extraordinarily
  diverse floras:** the rich-soil
  species of Yasuní, Ecuador,
  and the poorer-soil species
  of Loreto, Peru

FISHES

New to science

- **2 species** of Characidium
  and Tyttocharax

New for Ecuador

- **17 species,** including
  Moenkhausia intermedia,
  Serrasalmus spilopleura,
  Tyttocharax cochui,
  Gymnotus javari, and
  Ochmacanthus reinhardtii

Of special interest

- **Healthy populations of paiche**
  (Arapaima gigas)

AMPHIBIANS AND REPTILES

New for Ecuador

- **1 species:** Pristimantis delius
  (a frog known only from the Tigre
  and Corrientes watersheds in Peru)

Of special interest

- **19 new records for the
  R.P.F. Cuyabeno**

- **Healthy populations of hunted
  reptile species,** including
  black caiman (Melanosuchus niger),
  white caiman (Caiman crocodilus),
  river turtle (Podocnemis unifilis),
  yellow-footed tortoise
  (Chelonoidis denticulata), and
  arboreal boa (Corallus hortulanus)

BIRDS

Of special interest

- **Healthy populations of
  hunted bird species in
  the Cofan-managed
  Güeppicillo site,** including
  Salvin's Curassow (Mitu salvini),
  Guans (Penelope and Pipile),

Birds (continued)

and Gray-winged Trumpeter
(Psophia crepitans)

- **Presence of 7 endemics of
  northwestern Amazonia:**
  Mitu salvini, Galbula tombacea,
  Myrmotherula sunensis,
  Herpsilochmus dugandi,
  Gymnopithys lunulatus,
  Grallaria dignissima, and
  Heterocercus aurantiivertex

- **Abundant numbers of herons,**
  especially Agami and Cochlearius

- **Sighting of Harpy Eagle**
  (Harpia harpyja)

- **Sighting of Zigzag Heron**
  (Zebrilus undulatus)

MAMMALS

Of special interest

- **Presence of the critically
  endangered giant otter**
  (Pteronura brasiliensis)

Presence of manatees
  (Trichechus inunguis), listed as
  critically endangered in Ecuador

- **Healthy populations of woolly
  monkeys** (Lagothrix lagothricha)
  and tapirs (Tapirus terrestris)
  **in the Cofan-managed
  Güeppicillo site**

- **Presence of pygmy marmoset**
  (Cebuella pygmaea), a common
  but rarely observed species

PERU

Much of what was known about the forests we surveyed indicated that we would find extraordinary biological and cultural diversity.

Because the region is poorly explored— it sits at remote corners of Peru, Ecuador, and Colombia—we also expected to find species new to science and records new to each country. Our preliminary findings show even more than we expected: 1 genus of plant (which we also found in Ecuador) and 8 species (4 plants, 3 fishes, 1 amphibian) new to science. An additional 2 plant genera and 11 species of plants and fishes are new to Peru. We summarize the results for the Peru sites on the facing page.

Collaborative management of the three adjacent protected areas as a "conservation corridor," coordinated by the three frontier countries, is under discussion by their governments. This coordination is crucial to secure long-term protection for the exceptional biological and cultural riches in the region, and to secure financing for management of the conservation complex. This conservation corridor, much of which lies in Peru, holds extraordinary promise for the long-term protection of abundant and unique cultural and biological diversity.

Specific to Peru, we highlight the urgent need to approve the recommended final categorization of the Zona Reservada Gueppi (which was created in 1997) into Parque Nacional Güeppí, Reserva Comunal Airo Pai, and Reserva Comunal Huimeki (Figs. 2A, 40). Without final categorization, the entire area remains dangerously vulnerable to degradation and fragmentation.

Also specific to Peru is the overlap of an oil concession (Lote 117) with the entire Zona Reservada Güeppí (Fig. 10C). This headwater region is extremely sensitive to erosion and would be damaged severely by oil exploration and subsequent access to the area by seismic trails. Peru has several strengths on which it can draw, including the great effort of the local Secoya communities, who have organized themselves to provide effective protection (especially with the Reserva Comunal Airo Pai). Similarly, the Huitoto, Kichwa, and local riverine communities (*mestizos*) are beginning to organize themselves to protect the natural resources use in the Reserva Comunal Huimeki.

PLANTS

New to science
- **1 genus** of Violaceae
- **4 species** of
  Banara (Flacourtiaceae),
  Mollinedia (Monimiaceae),
  Vitex (Verbenaceae), and
  Columnea (Gesneriaceae)

New for Peru
- **2 genera:**
  Ammandra (Arecaceae) and
  Clathrotropis (Fabaceae)
- **5 species** of
  Amasonia (Verbenaceae),
  Calathea (Marantaceae),
  Guarea (Meliaceae),
  Dichorisandra (Commelinaceae),
  and *Ouratea* (Ochnaceae)

Of special interest
- **Crossroads of two extraordinarily diverse floras:** the rich-soil species of Yasuní, Ecuador, and the poorer-soil species of Loreto, Peru

FISHES

New to science
- **3 species** of
  Hypostomus, Tyttocharax,
  and *Characidium*

New for Peru
- **6 species,** including
  Leporinus cf. *aripuanaensis,*
  Bryconops melanurus,
  Hemigrammus cf. *analis,*
  Corydoras aff. *melanistius,* and
  Rivulus cf. *limoncochae*

Of special interest
- **Apparently healthy populations of paiche** (*Arapaima gigas*),
  arahuana (*Osteoglossum bicirrhosum*), tucunaré (*Cichla monoculus*), and acarahuazú
  (*Astronotus ocellatus*)

AMPHIBIANS AND REPTILES

New for Peru
- **1 species** of *Rhinella* (Bufonidae)

New for Peru
- *Allobates insperatus*
  (a frog known only from
  the Santa Cecília region
  in Ecuador)

Of special interest
- **Second locality for the tree frog**
  Osteocephalus fuscifacies
- **Healthy populations of hunted reptile species,**
  including black caiman
  (*Melanosuchus niger*),
  white caiman (*Caiman crocodilus*),
  river turtle (*Podocnemis unifilis*),
  yellow-footed tortoise
  (*Chelonoidis denticulata*), and
  tree boa (*Corallus hortulanus*)

BIRDS

Of special interest
- **Healthy populations of hunted bird species,** primarily
  Salvin's Curassow (*Mitu salvini*),
  guans (*Penelope* and *Pipile*),
  and Gray-winged Trumpeter
  (*Psophia crepitans*)
- **Presence of 5 endemics of northwestern Amazonia:**
  Mitu salvini,
  Phaethornis atrimentalis,
  Herpsilochmus dugandi,
  Schistocichla schistacea,
  and *Grallaria dignissima*
- **Range extension of Ash-throated Crake** (*Porzana albicollis*)
- **Presence of a rare migrant, Canada Warbler** (*Wilsonia canadensis*)

MAMMALS

Of special interest
- **Presence of the critically endangered giant otter**
  (*Pteronura brasiliensis*)
- **Healthy populations of white-lipped peccaries**
  (*Tayassu pecari*), especially
  in *Mauritia* palm swamps
- **Presence of short-eared dog**
  (*Atelocynus microtis*), a species
  rarely observed

Why Cuyabeno-Güeppí?

The Reserva de Producción Faunística Cuyabeno and the Zona Reservada Güeppí are spectacularly diverse: species richness of several biological groups—plants, fishes, amphibians and reptiles, birds, and mammals—is among the highest of any other region on the planet. The forest and wetland complexes sprawl over a huge area, with limited access by humans. This has confined most commercial exploitation to peripheral areas accessible by rivers and navigable streams, leaving large core areas that function as sources for game populations and safe havens for the myriad other native species, known and unknown, that live there.

Indigenous peoples—Cofan, Secoya, Kichwa, Huitoto, and others—have a deep history in the region. Centuries of turbulence and adaptation to external pressures, such as the rubber boom of the late 1800s and early 1900s, have forced major changes in their social, political, and economic structures. Yet these indigenous communities still depend on the forests, wetlands, and rivers for sustenance and other benefits that offer them a high quality of life. Their interest in retaining their cultures, their local-grown models for the wise use of resources, and their strong support for intact forests and clean waters make them powerful and central allies in conservation.

Two factors warrant immediate action. The government of Peru is now considering the designation of a new national park (Parque Nacional Güeppí) and two new communal reserves (Reserva Comunal Airo Pai and R. C. Huimeki). This inventory aims to move that process forward. Meanwhile, a huge petroleum claim (Lote 117 of Petrobras) has been superposed on the entire Zona Reservada Güeppí (Fig. 10C). It represents a severe threat to wildlife and human communities. The findings of this rapid inventory emphasize the extraordinary biological and cultural value of the region, will aid local residents in their fight to protect the area, and will support plans already well developed by Peru, Ecuador, and Colombia to manage the region as a 1.7-million hectare "conservation corridor."

Conservation in Cuyabeno-Güeppí

CONSERVATION TARGETS

The following ecosystems, biological communities, forest types, and species are the most critical for conservation in the Reserva de Producción Faunística (R.P.F.) Cuyabeno and the Zona Reservada (Z.R.) Güeppí. Some of these conservation targets are important because they are unique in the region; others are rare, threatened, or vulnerable in other parts of Amazonia; some are crucial for human communities or play important roles in ecosystem funcion; and other are critical for long-term management of the area.

Geology, hydrology, and soils	• Extensive blackwater river and lake systems on clay-based soils, rare in the Amazon Basin • *Aguajales* (*Mauritia*-palm swamps) that provide critical food resources for regional fauna • Whitewater-blackwater mixing zones • Headwaters of the Lagartococha, Peneya, and Güeppí rivers, which ensure the integrity of the watershed
Flora and vegetation	• Huge expanses of intact, heterogeneous forests on hills, wet valleys, and river flood plains • High hills with especially heterogeneous forest, each one different from the next • Crossroads of two extraordinarily diverse floras (the rich-soil species of Yasuní and the poorer-soil species of Loreto) • Up to 14 species potentially new to science • Sparse but viable populations of valuable timber species (e.g., *Cedrela odorata* and *Cedrelinga cateniformis*)
Fishes	• Populations of *paiche* (*Arapaima gigas*), the largest Amazonian fish, threatened in most of its range • *Arahuana* (*Osteoglossum bicirrhosum*), exploited as an ornamental • *Tucunaré* (*Cichla monoculus*) and *acarahuazú* (*Astronotus ocellatus*), both commercial species valued as food and ornamentals

	Fishes (continued)	■ Small species of *Hyphessobrycon, Carnegiella, Corydoras, Apistogramma,* and *Mesonauta* targeted by the ornamental-fishes trade
		■ Slow-moving, blackwater environments (lagoons, flooded forests) that tucunaré and acarahuazú use for reproduction and as nursery feeding grounds
		■ Headwaters of the Lagartococha, Peneya, and Güeppí rivers that harbor fish species dependent on the Amazon forest for survival
	Amphibians and reptiles	■ Species restricted to the northern portion of the upper Amazon Basin within Ecuador, Peru, and Colombia (*Osteocephalus fuscifacies, O. planiceps, O. yasuni, Nyctimantis rugiceps, Ameerega bilinguis, Allobates insperatus, Cochranella ametarsia*)
		■ Species traditionally consumed and/or commercial species listed in CITES Appendices and categorized as threatened by the IUCN (*Leptodactylus pentadactylus, Hypsiboas boans, Caiman crocodilus, Chelonoidis denticulata, Chelus fimbriatus, Corallus hortulanus, Podocnemis unifilis, Melanosuchus niger*)
		■ Species for which insufficient data exist to determine conservation status (*Pristimantis delius, Cochranella ametarsia, Osteocephalus fuscifascies*)
	Birds	■ Sustainable populations of birds that are hunted (Cracidae, especially Salvin's Curassow [*Mitu salvini*], trumpeters and tinamous)
		■ Large populations of parrots, including large macaws, and *Amazona* parrots
		■ Nine species endemic to northwestern Amazonia

	■ Large populations of herons and other waterbirds along the Lagartococha River, and especially at Garzacocha
	■ Populations of large hawks and eagles, including Harpy Eagle (*Harpia harpyja*)
Mammals	■ Abundant populations of mammal species found in the interfluvium of the Napo and Putumayo Rivers that are threatened in other parts of the Amazon
	■ Recovering populations of giant otter (*Pteronura brasiliensis*), a top predator listed as Endangered (INRENA, IUCN), Threatened with Extinction (CITES), and Critically Endangered (Red List of mammals of Ecuador)
	■ Amazonian manatee (*Trichechus inunguis*), listed as Critically Endangered (Red List of mammals of Ecuador), pink river dolphin (*Inia geoffrensis*) and gray dolphin (*Sotalia fluviatilis*), listed as Endangered (Red List of mammals of Ecuador)
	■ Substantial populations of primates that are important seed dispersers yet susceptible to overhunting, such as the common woolly monkey (*Lagothrix lagothricha*), listed as Vulnerable (INRENA and Red List of mammals of Ecuador), and the red howler monkey (*Alouatta seniculus*), listed as Near Threatened (INRENA)
	■ Top predators, such as the jaguar (*Panthera onca*) and puma (*Puma concolor*), which are key regulator species
	■ Brazilian tapir (*Tapirus terrestris*), another important seed disperser, listed as Vulnerable (CITES, INRENA, IUCN) and Near Threatened (Red List of mammals of Ecuador)
	■ Rarely seen species, such as the short-eared dog (*Atelocynus microtis*) and pygmy marmoset (*Cebuella pygmaea*)

Conservation Targets (continued)

	Human communities	▪ Paths, streams, and *varaderos* (portages across oxbows and between adjacent rivers) that connect communities and help control of the entrance of outsiders
		▪ Sacred sites indicated on resource-use maps
		▪ Maintenance of native languages as a means of transmitting local wisdom
		▪ Traditional management techniques, such as diversified small farms, *purma* (old field/secondary forest) rotation, off-seasons for hunting and fishing, and the maintenance of norms of behavior through myths and stories

01 **Weak or non-existent appreciation of the great value of natural resources and intact cultures**

- Little appreciation, at all levels—from local self-esteem to the highest levels of government—of the enormous value of rich biological and cultural diversity (in large part due to the lack of a concrete monetary value of this diversity)

- Conflicting policies regarding the protection and use of natural resources

- Need for final approval and categorization of the Zona Reservada Güeppí (in Peru)

02 **Vulnerability of frontier zones**

- Lack of coordination and collaboration among the three countries, at multiple levels (local, regional, national, and international)

- Missed opportunities for using the existing infrastructure in frontier zones (i.e., the military posts and soldiers) to support conservation efforts

- Lack of efficient control in border areas, which allows individuals to cross national borders and prey on forests (extracting lumber, overhunting, etc.)

03 **Exploitation of petroleum** (see map, Fig. 10C)

- Lote Petrolero 117 (of Petrobras), which covers the entire Zona Reservada Güeppí, in Peru

- The petroleum concession in Ecuador (Bloque 27, of CITY) that covers a large part of the watershed of the Güeppí River

- Other potential petroleum concessions in the Reserva de Producción Faunística Cuyabeno, in Ecuador

- Pollution from petroleum exploration and production surrounding the conservation corridor

04 **Overexploitation of natural resources**

- Unregulated hunting and fishing, and overexploitation by the military bases

- Unmanaged timber harvest for commercial use

- Inappropriate agriculture in areas dominated by clay soils with poor capacity for recuperation

Threats (continued)

- Deforestation in the headwaters outside of the R.P.F. Cuyabeno and the Z.R. Güeppí

05 **Human population pressures**

- Human colonization and the advance of the agricultural frontier
- Population growth and *sedentarismo* (increasingly sendentary lifestyles) of local peoples
- Uncertain land tenure of residents

06 **Financial pressures**

- Lack of resources for management of the R.P.F. Cuyabeno and the Z.R. Güeppí
- Constant pressure on local people to associate with the market economy, putting their natural resources at risk

CONSERVATION ASSETS AND STRENGTHS

01 **Great diversity and health of natural resources in the area**

- Extensive forests, highly diverse, in a good state of conservation and with limited accessibility (which tends to reduce threats)

- Hydrological resources that are notably diverse and intact (ranging from large rivers to blackwater lakes)

02 **Significant social strengths in local communities**

- Indigenous organizations with strong leaders and popular support (e.g., FEINCE, FSC, OISPE, ORKIWAN, and FIKAPIR)

- Subsistence economy, complemented by reciprocal trading and strong community bonds, in all of the communities we visited

- Retention of indigenous languages, worldviews, and knowledge in local communities

- Titles to contiguous blocks of indigenous lands, which permits collaborative control of natural resources by the Secoya and Kichwa along the Napo River

- Strong participation by women in public life (e.g., meetings and workshops)

- Local initiatives for the management of natural resources and titling of lands

- Collaboration of external institutions with local communities

03 **Some signs that natural resources are valued**

- Independent creation by three countries—Colombia, Ecuador, and Peru— of adjacent conservation areas: Parque Nacional Natural La Paya, Reserva de Producción Faunística Cuyabeno, and Zona Reservada Güeppí

- Initial drafting, in 2006, of an agreement by Colombia, Ecuador, and Peru for an integrated-management corridor that includes the three adjacent conservation areas

- Recognition by local communities that the environment is the basis of their susbsistence

- Sites rich in biological and cultural diversity, valued as destinations for tourism and scientific studies

Conservation Assets and Strengths (continued)

04 **Biological, sociocultural, and economic connections among the three countries**

- Presence of indigenous groups that extend across international borders (e.g., Secoya, Kichwa, Huitoto, Siona)

05 **Effective models for co-administration by local communities and national government**

- In Ecuador, the successful experience of the Cofan in Cuyabeno

- In Peru, the proposed Secoya, Kichwa, Huitoto, and mestizo reserves (Reservas Comunales), currently part of the Z.R. Güeppí

Below, we provide recommendations for effective, long-term conservation of the area.

Protection and management

01 **Secure definitive and effective protection of the conservation areas.**

- Immediate approval and categorization of Zona Reservada Güeppí, in Peru

- Exclusion of the Petrobras oil concession (Lote Petrolero 117), and any other oil concessions that overlap the conservation areas because these include headwater regions that are highly vulnerable to erosion, because the concessions are not wanted by local communities and are contrary to the regional vision, because the concessions violate the laws of protected natural areas, and because oil development will destroy the opportunity of entry into the carbon market (for avoided deforestation)

- Obligatory mitigation of cultural and environmental damage produced by activities associated with petroleum (oil spills, pollution, etc.), and setup of a transparent process for impact assessment, engaging independent professionals in the monitoring and mitigation activities

- Immediate enforcement of appropriate use of natural resouces, in accordance with pertinent laws, to stop overhunting and overfishing in parts of the region

- Identification of the headwaters that remain outside of the proposed conservation areas, and implementation of strategies to protect these headwaters from pollution and excessive erosion

02 **Adjust the boundaries of the proposed conservation areas and build connections with Parque Nacional Natural La Paya, in Colombia (Fig. 11A, Appendix 13).**

- In Ecuador, excision of the easternmost section of an oil concession (CITY, Fig. 10C), to protect the watershed of the Güeppí River (57,051 ha)

- In Peru, inclusion of the military zones within the conservation corridor, to promote integrated use and management throughout the area (14,549 ha)

- In Peru, extension of the conserved area to the southeast to include hill forests, which are rich and very diverse in plant species (141,877 ha)

03 **Coordinate management of the conservation corridor among the three adjoining countries: Peru, Ecuador, and Colombia.**

- Integrated management of the entire conservation area as a conservation corridor, involving all three countries as well as indigenous and riverine (*mestizo*) communities, and incorporation of management appropriate to the various conservation categories within each country

- Participation of local indigenous and riverine communities in the development of the management plans (*Plan Maestro/Plan de Manejo*)

Protection and
management
(continued)

- Development and implementation of land-use planning, zoning, and land titling in the buffer zone of the conservation corridor in all three countries, to stabilize the buffer zone and reduce pressure on the conservation corridor

- Participatory development—involving the three countries and local indigenous and riverine communities—of a shared vision for the conservation of the conservation corridor, with clear assignment of responsibilities to each group to realize this vision

- Development of active campaigns to effectively communicate the biological and social values of the conservation corridor to local and regional audiences

04 **Rely on local strengths and assets for the effective protection of the area.**

- Strong co-adminstration of the area by local communities, indigenous organizations and the central government to prevent forest destruction, unmanaged natural resource use, or commercial use of natural resources in the conservation corridor

- Under this co-administration, creation of control mechanisms focused initially on the most critical (most vulnerable) areas

- Establishment of small indigenous settlements at strategic locations in the most critical areas, to ensure a continuous vigil and prevent overharvesting of the forest and encroachment of agricultural lands (e.g., a small Cofan settlement in Cuyabeno on the Güeppicillo River) (Highly fragile sites should be avoided, however.)

05 **Enlist frontier military posts in support of protection of the area.**

- Creation of agreements to use the military's frontier infrastructure for the protection of the conservation corridor

- Conservation training of armed forces personnel (including specific kinds of monitoring, such as water quality), and development of courses for the various ranks of the armed forces (taking advantage of successful courses already developed for park guards)

06 **Ensure the economic resources needed for efficient administration of the conservation corridor.**

- Establishment of coordinated, transparent, and efficient administration of the area so that it can enter the carbon market for avoided deforestation (The funds would cover the costs of management for conservation as well as the maintenance of the quality of life in local communities, inside and around the conservation corridor.)

Additional inventories

01 **Inventory the vegetation of important habitats not visited during the rapid inventory:**

- Sandy *Tachigali* terraces south of the Putumayo River and north of the lower Aguarico River

- The highest, dissected hills north of the junction of the Aguarico and Napo rivers

- The Lagunas de Cuyabeno

02 **Inventory the fishes in these areas:**

- The mid- and lower Peneya watershed

- The Putumayo River, which crosses a large part of the conservation corridor

03 **Carry out additional herpetofauna inventories during different seasons of the year,** which would register substantially greater amphibian and reptilian diversity.

04 **Conduct additional inventories of birds in the region, especially at other times of year.** Surveys of more lake sites along the Lagartococha and the Güeppí would be useful.

Research	01	Study the processes of soil formation on the dominant landforms.
	02	**Conduct detailed chemical investigations into the nature and distribution of soil fertility.**
	03	**Study the relationships between soil fertility and plant diversity.**
	04	**Investigate the possibility that the Lagartococha lake-river complex was formed by a geological uplift.**
	05	**Study the relevance of hydrologic pulses,** for example the effects of mineralization of nutrients during periods of high and low water on fish populations.
	06	**Study commercially important fish species, including those important for local consumption and regional markets,** e.g., paiche, tucunaré, and arahuana.
	07	**Determine patterns of habitat use, seasonality, and distribution of the large numbers of herons** at Garzacocha and in the entire Lagartococha region.
	08	**Survey Cocha Antshrike (*Thamnophilus praecox*)** to determine presence, habitat requirements, population size, and distribution.
	09	**Study fauna hunted by the military bases,** to develop management plans for threatened species, with the indigenous communities.
Monitoring	01	**Establish caiman and turtle monitoring programs** (emulating Proyecto Charapa within the Cofan community, which has been successful for more than ten years).
	02	**Monitor populations of hunted bird species,** especially curassows, guans, trumpeters.
	03	**Monitor deforestation in the conservation corridor and its buffer zone.**

Technical Report

REGIONAL OVERVIEW AND INVENTORY SITES

Authors: Corine Vriesendorp, Robin Foster, and Thomas Saunders

The trinational border of Ecuador, Peru, and Colombia lies at the confluence of the Putumayo and Güeppí rivers. All three countries recognize the tremendous conservation value of this enormously diverse region, and each has established a protected area along the border. Parque Nacional Natural (P.N.N.) La Paya, a 422,000-ha area established in 1984, sits north of the Putumayo in Colombia (Appendix 13). South of the Güeppí and west of the Lagartococha River lies the Reserva de Producción Faunística (R.P.F.) Cuyabeno of Ecuador, a 603,380-ha wildlife reserve established in 1979. The Colombian and Ecuadorian areas each share a border with the Zona Reservada (Z.R.) Güeppí in Peru, a 625,971-ha area established in 1997.

In October of 2006, a two-year series of meetings and workshops culminated in the environmental and natural resource ministries from the three countries drafting an agreement to manage the area as a "conservation corridor" (*corredor de gestión*). The agreement represents a great opportunity to manage an integrated unit, but it has not been signed yet. Together these areas would form a protected area of 1.7 million hectares.

In October of 2007, we conducted two concurrent rapid inventories, one biological and one social, to provide additional technical support for coordinated management among the three countries. Our biological inventory spanned two of the three countries, Ecuador and Peru. We did not conduct fieldwork in Colombia because of reports of persistent danger associated with guerilla activities. However, one of our sites, Aguas Negras, is 10 km from the Colombian border and appears to be similar, at least on satellite images, to habitats within P.N.N. La Paya.

We conducted our social inventories in Peru. We complement this information with data from our Cofan collaborators in Ecuador, key players in ongoing management efforts within R.P.F. Cuyabeno. Below, we describe the five sites visited by the biological team, and the 13 communities visited by the social team.

SITES VISITED BY THE BIOLOGICAL TEAM

Prior to our field work, we examined satellite images to select sites that would sample the broadest range of habitats in the Güeppí and Cuyabeno protected areas, as well as any unique habitats. In Peru, we also used observations and video we made during an overflight of the area in May 2003. We considered the active categorization process within the Zona Reservada Güeppí: The current proposal to INRENA, Peru's natural resources agency (Instituto Nacional de Recursos Naturales) envisions three protected areas—a national park and two communal reserves—so we sampled three sites in Peru, one within each of these proposed areas.

We traveled mainly by boat, although in Ecuador we hiked 22 km from the Aguarico River to the Güeppicillo River (Fig. 2C). In the two weeks prior to the inventory, the advance teams established small camps and a 15–25-km network of trails at each inventory site.

The overall geology of the region reflects processes of mountain-building in the Andes, large-scale deposition of eroded rocks and sands, and several local uplifts. Over time, much of the deposited material has been eroded, mixed, and redeposited in streams and lakes. On a large scale, there are some obvious differences between Peru and Ecuador. In Peru, the Z.R. Güeppí is raised up along its northern and western borders, creating a slope for the headwater streams of rivers that drain the area to the south and east, e.g., the Angusilla. Hills dominate the Z.R. Güeppí, and overall, topographic variability is greater in the Peruvian, versus the Ecuadorian, areas we inventoried. In Ecuador, R.P.F. Cuyabeno lies on lower ground, though there is a large raised feature in the interfluvium between the Aguarico and Güeppí watersheds that runs roughly southeast, which is being actively eroded by streams draining into the Lagartococha River.

Our five sites are all within 10 km of a large river or stream. Though the sites are close to large waterways, because of ridges in the Z.R. Güeppí, four of these sites encompassed headwater divides. The sites spanned two major drainages, with two sites in the Lagartococha watershed, and three sites in the Güeppí-Putumayo watershed. Below we give an overview of each watershed, and then briefly describe our sites. The geology, hydrology, soils, and vegetation of each site are described in greater detail elsewhere in the technical report.

Lagartocha watershed (Garzacocha and Redondococha sites)

As seen from space, the extensive complex of lakes along the Lagartococha River is striking (Fig. 2C). Areas with concentrations of blackwater lakes are rare in the Amazon, and we suspect that only a handful of sites (e.g., Playas de Cuyabeno, the upper Zábalo River, the lower Yasuní River, in Ecuador; Lago Rimachi in Peru) have similar origins. Our working hypothesis is that the current complex of lakes was once a single massive lake. A broad uplift near the Peru-Ecuador border likely served as a dam, creating a tremendous pooling of water. Eventually, water broke through the barrier and deposited material downriver, producing a series of smaller lakes (Fig. 31, p. 198). These lakes are small and independent when water levels are low, but likely overflow and interconnect during higher waters (Fig. 3D). All drain into the Lagartococha River, which forms the border between Ecuador and Peru and eventually joins with the Aguarico River to feed the Napo.

Within the Lagartococha watershed, we established an inventory site on either side of the river, one in the low-lying areas in Ecuador and the other at the edge of the higher hills in Peru.

Garzacocha, Ecuador (5–9 October 2007; 00°28'53.8" S, 75°20'39.1" W, 190–212 m)

This was our first of two sites within the blackwater lake complex. We camped along the southeastern end of Garzacocha, one of the lakes on the Ecuadorian side of the Lagartococha River, within the R.P.F. Cuyabeno.

Over three days we sampled 23 km of trails through forests bounded on the north and east by the Lagartococha River, the west by Garzacocha itself, and to the south by another blackwater lake, Piuricocha. The forest was a mix of palm swamps, muddy and hummocky bottomlands, and low hills that probably never flood. Leaf litter was extraordinarily deep in the bottomlands and shallower on the hills. All of the habitats were underlain by thick clay, a great surprise to most of us who expected the blackwater lake complex to be similar to other blackwater areas in the Amazon basin, which are dominated by sandy soils. Moreover, a dense

Fig. 27. Regional watersheds. The Napo, Putumayo, and Curaray watersheds all span international boundaries.

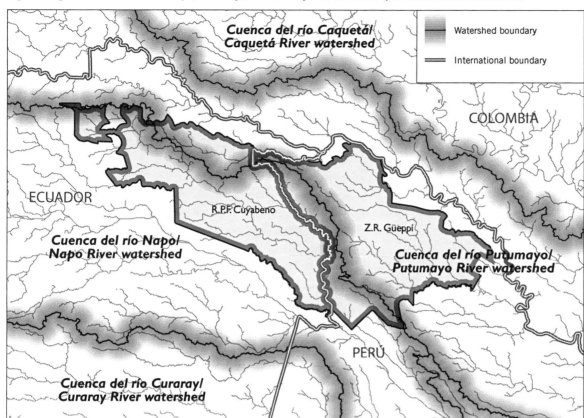

Cuenca del río Caquetá/
Caquetá River watershed

COLOMBIA

ECUADOR

R.P.F. Cuyabeno

Z.R. Güeppí

Cuenca del río Napo/
Napo River watershed

Cuenca del río Putumayo/
Putumayo River watershed

PERÚ

Cuenca del río Curaray/
Curaray River watershed

Watershed boundary
International boundary

spongy root mat covers the hill clays, similar to root mats typically found on sandy soils.

When the advance team established the campsite ten days prior to our arrival, the water was ~1.5 m higher than during the inventory. The receding waters exposed a muddy lakefront that became increasingly more expansive because the waters retreated substantially each day.

Garzacocha has a muddy, relatively flat bottom. The black waters were unpleasantly warm, reaching temperatures of 31°C by midday and 28°C in the morning. The lake was shallow, about 1 m at its deepest point, and measured about 150 m across at its widest point.

In contrast, the Lagartococha River was about 15 m across, and deeply entrenched into a box-shaped channel with a greatest depth of ~10 m. The river course itself is dynamic, with daily changes in water levels causing islands of floating vegetation to merge and close areas that only days earlier were navigable passages. On our trip down the Aguarico and up the Lagartococha to our

first site, we spent an hour pulling the boats through a 50-m stretch of floating grass mats that had appeared since the advance team had left two days earlier.

On the western edge of the northern part of the lake, a tremendous area had been burned, spanning several square kilometers. The area is not immediately obvious on the satellite image, as it is difficult to distinguish the burned area from the seasonally flooded areas near the lake edge that also only have sparse vegetation. R. Borman reports that the area was burned by the Kichwa 15–16 years ago. Vegetation has barely begun to regrow, indicating extremely infertile soils (Fig. 10A).

The Ecuadorian military operates a guardpost at the entrance to Garzacocha, while the Peruvian military is situated at the far end of the Cocha Aguas Negras, about 2 km upstream along the Lagartococha River. Both are located on the highest hills of otherwise low terrain. The closest settlement is Puerto Estrella (also known as Mañoko Daripë), a 2-to-3-year-old village of Secoya who relocated to the Lagartococha River from Nuevo Belén in the Putumayo Basin (or on the Yubineto River, Putumayo basin) in Peru. Puerto Estrella is 14 km downriver from our camp, on the Peruvian side of the border. In Ecuador, the closest settlements are those of the Kichwa in Zancudo, along the Aguarico River about 20 km upstream from its confluence with the Lagartococha.

There are several existing hunting trails established from the Ecuadorian guardpost, and probably also used sporadically by others traveling along the Lagartococha. Mammals reacted strongly to human presence, with large monkeys fleeing quickly.

Redondococha, Peru (9–14 October 2007; 00°34'16.7" S, 75°13'09.2" W, 192–235 m)

This was our second camp within the blackwater lake complex along the Lagartococha River. It was 16 km south of the first and situated along on the southeastern edge of Redondococha, a blackwater lake on the Peruvian side of the border that is essentially a broad expansion of the river. This site is within the proposed Reserva Comunal Airo Pai, which is part of the Z.R. Güeppí.

We explored 19.5 km of trails in habitats markedly different from our first camp. Although our trails crossed through some small palm swamps and a few lower areas along the lake edge that were similar to the seasonally inundated areas around Garzacocha, the overwhelming habitat type was a series of rolling to steep hills, higher than any of the hills in Garzacocha. Clays, with more organic matter than those at our first camp, underlie the forest. An extraordinarily rich flora grows on these hills, with almost no overlap with the flora on the few hills in Garzacocha. As seen on the satellite image, hills dominate the Peruvian side of Lagartococha River, and stretch north and east throughout much of the Z.R. Güeppí.

The headwater stream that feeds this section of the Lagartococha River appears to sit only 3 km to the east of the lake's edge, and is visible on the satellite image. On the other side of this divide, the runoff moves toward the Angusilla and other rivers that feed the Putumayo.

Water levels in Redondococha rose an impressive ~1.5 m over two days. We had almost no rain during these days, but the water level in the Aguarico River, 10 km downstream, rose significantly and essentially dammed the outflow of the slow-moving Lagartococha River, thus raising river and lake levels upstream. When we left camp at the end of our stay, water near the mouth of the Lagartococha had changed (at least 2 km from its junction with the Aguarico) from black and tea-like to an appearance resembling that of the silty waters characteristic of whitewater rivers.

Mammals were plentiful and monkeys were curious of humans, rather than frightened. We found a few old hunting trails around a large salt lick in the palm swamp, as well as a recently abandoned hunting camp along the lakeshore with remains of a tapir and a black caiman. Nearby we found a patch of *Theobroma cacao*, an indication of previous human presence. Another trail led from a small river tributary to a cut *cedro* (*Cedrela odorata*); much of the tree, which we assume was cut down to make a canoe, had been left in the forest. Other cedro trees in the area were untouched.

R. Borman reports that there was a semi-permanent hunting and fishing camp several kilometers upriver, in-between our first and second camps. The camp has been abandoned for at least four years, but was a tremendous source of bush meat and fish for Cabo Pantoja, a large town and military post on the Napo in Peru.

Güeppí-Putumayo watershed (Güeppicillo, Güeppí, and Aguas Negras sites)

Similar to the black waters of the Lagartococha that ultimately join the white waters of the Napo, the Güeppí is a blackwater river that feeds into a large whitewater river, the Putumayo. According to our Cofan boatmen, when the Putumayo rises it blocks the outflow of the Güeppí, causing it to rise and overflow its bank even without rainfall in the Güeppí watershed, akin to the phenomenon we observed in the Lagartococha and the Aguarico.

The blackwater lakes that form along the Güeppí reflect entirely different processes than the massive damming event that formed the lake complex in Lagartococha. The Güeppí is a slow-moving, meandering river, with only very weakly developed cutting-and-depositing areas, and occasional small oxbow lakes. The oxbows become increasingly large closer to the confluence with the Putumayo.

The Güeppí and the Lagartococha rivers loosely flow perpendicular to one another, and at their closest point they are only 4 km apart (near the Ecuador-Peru border). In Ecuador, there are areas where, without a good topographic map, it is difficult to determine whether streams are draining into the Güeppí, or whether they are running parallel to the Güeppí and ultimately draining south into the Lagartococha.

Our three sites in this drainage follow the Güeppí downriver to the Putumayo, sampling a site in the middle Güeppí, the lower Güeppí, and the Putumayo. All three sites encompass headwater drainages; the two along the Güeppí River are headwater streams for the Güeppí itself, and the site along the Putumayo is in the headwaters of the Peneya River, which feeds the Putumayo about 150 km downstream from its confluence with the Güeppí.

Güeppicillo, Ecuador (14–21 October 2007; 00°10'38.3" S, 75°40'33.3" W, 220–276 m)

To cross from the Lagartococha drainage to the Güeppi drainage, we left our Redondococha camp and traveled by boat to the Cofan settlement of Zábalo on the north side of the Aguarico River. About 5 km upriver from Zábalo, we began hiking to the Güeppí watershed, following a seismic line established in 1989 by a French oil company. The Cofan maintain this trail to connect their settlement at Zábalo with the park guard post they have established on the Peru-Ecuador border. We covered the 22-km distance over three days, walking 10.5 km, spending a day exploring this midway point, and then walking another 11.5 km to reach the Güeppicillo stream, a tributary of the Güeppí. In the technical report, we combine our day of observations from the midway point with our three-day inventory of the Güeppicillo site.

Our walk allowed us to document large-scale habitat changes between the two drainages. We left the Aguarico floodplain behind after a kilometer and then traversed more than 8.5 km of flat or gently sloping terraces, with a well-established root mat and some sandy soil close to the surface. About 1.5 km from the midway point, the terraces reverted to steeper hills, and we crossed several streams. About 5 km from the Güeppicillo, these hills descended into a broad bottomland, and here we

crossed a large meandering stream that eventually joins the Güeppicillo. Again, we crossed a series of small hills, eventually culminating in a large hill with a steep slope half a kilometer down to the Güeppicillo.

The Güeppicillo was ~12 m across, and rose ~50 cm during our stay. The area remains geologically active with substantial natural landslip erosion on the hillslopes, and regenerating forest and vine tangles. Many trees were tipped over, or snapped, suggesting frequent windstorms.

Habitats vary from a few high (~60 m) terraces with the distinctive root mat, to more sharply eroded hills, to the entrenched streams that dissect them, as well as the frequently flooded bottomlands along the Güeppicillo. The entrenched streams mainly cut through dense clay soils, although a handful of streams have sandy bottoms and gravel overlaying the clays. This was the site that exhibited the greatest soil diversity, though we never observed the truly broad variation in sands and clays characteristic of sites in Loreto, Peru, including areas we have visited during other rapid biological inventories.

In a straight line, our camp was 7.5 km from the Peru-Ecuador border. There are four military guardposts at the border: Panupali and Cabo Maniche in Ecuador, and Subteniente García and Cabo Reyes in Peru.

This Ecuadorian side of the Güeppí River is under Cofan stewardship, and represents a protected nucleus within R.P.F. Cuyabeno. Wildlife was abundant and tame, with healthy populations of woolly monkeys (*Lagothrix lagothricha*, Fig. 8D).

Güeppí, Peru (21–25 October 2007; 00°11'04.9" S, 75°21'32.3" W, 213–248 m)

This site was along the lower Güeppí River, 12 km from the junction with the Putumayo, and within the proposed Parque Nacional Güeppí (part of the Z.R. Güeppí). We established our camp 2.5 km south of the river. Our 22 km of trails traversed a complex of low terraces, gently sloping low hills, a *Mauritia* palm swamp, and other low-lying inundated areas. In addition, one of our trails traversed a large, swampy, low-lying tangle of lianas, visible on the satellite image. Ichthyologists sampled one of the blackwater lakes along the Güeppí, as well as the Güeppí itself.

This site had very obvious signs of human disturbance. The area is crisscrossed by lumber trails and smaller hunting trails. One member of our group encountered someone on our trails with a machete and a shotgun. There were obvious signs of active logging: cut trunks, drying planks of wood, and extraction trails. Much of this activity is from Tres Fronteras, a community located an hour downstream by boat, which has used these forests for the last twenty years.

The streams here are entrenched, similar to the other sites close to drainage divides (Redondococha, Güeppí, Aguas Negras). At its closest point, the divide at the Güeppí site appears to be 2.2 km from the Güeppí River. Overwhelmingly, clays dominated the soils, and although some sand was present, we did not find any round gravels like the ones we observed at Güeppicillo.

Despite the obvious signs of human intervention, wildlife was not skittish, and one of the rarest Amazonian mammals, the short-eared dog (*Atelocynus microtis*), was seen only at this site. However, large primates were noticeably less common.

Aguas Negras, Peru (25–29 October 2007; 00°06'01.6" S, 75°10'04.7" W, 195–240 m)

This site was on the edge of the proposed Reserva Comunal Huimeki (within the Z.R. Güeppí), and was our only campsite close to the Putumayo, a major tributary of the Amazon. From the community of Tres Fronteras, at the confluence of the Güeppí and Putumayo rivers, we walked 9.5 km inland over several sandier terraces, a small swampy area, and finally a stretch of *terra firme* (upland) hills.

We camped on a hilltop ~10 m above a blackwater stream, the Quebrada Aguas Negras. This stream is one of the principal headwater streams for the Peneya River, a tributary that joins the Putumayo 150 km downstream from Tres Fronteras. The Aguas Negras stream and the Peneya River form a boundary between the vast *Mauritia* swamps to the north, which extend several kilometers inland along the banks of the Putumayo, and the matrix of hills and smaller swamps that we surveyed on the south side of the Aguas Negras.

Our trails followed the Aguas Negras and the seasonally inundated forest along its banks, traversed a series of small hills interspersed with small *Mauritia* palm swamps in the flat-bottomed valleys in between, and crossed flatter terraces farther from the streambed. During rainstorms, water flows through the *Mauritia* swamps into the Aguas Negras. When the advance team established the camp, water levels were at least 1 m lower than when we worked in the area. Often we were walking through waist-deep water.

We sampled a small blackwater lake along the Aguas Negras, barely visible on the satellite image (Fig. 2C). Residents of the community of Santa Teresita (on the mid-Peneya River), fish in this lake, as well as the larger one to the southeast more obvious on the satellite image.

Our hilltop campsite was cleared ~15–20 years ago by people from Tres Fronteras to plant crops, but they abandoned the site before planting (according to our guides from that same community). A suite of fast-growing trees and the giant bird-of-paradise herb (*Phenakospermum guyannense*) have colonized the site.

There are small, temporary fishing and/or hunting camps along the banks of the Quebrada Aguas Negras, as well as older more established hunting trails crisscrossing our trails. Our guides from Tres Fronteras knew this area well because they hunt here regularly.

COMMUNITIES VISITED DURING THE SOCIAL INVENTORY

While the biological team surveyed sites in both Ecuador and Peru, the social science team concentrated its efforts in Peru. In large measure this decision reflects the extreme vulnerability of the communities living near the Z.R. Güeppí in Peru, and the urgent need to categorize and implement the proposed conservation area.

In Ecuador, effective models of engaging local people in the protection of the R.P.F. Cuyabeno are already operative, as demonstrated by the Cofan park-guard program and Cofan initiatives to manage and conserve natural resources in their ancestral territories. More details on these initiatives and the history of the Cofan can be found in "Regional History of the Cofan" in this technical report.

The social science team visited 13 of 22 communities in the proposed buffer zone of the Z.R. Güeppí. From

13 to 29 October 2007 in the Napo and Putumayo watersheds, the team surveyed 3 Kichwa, 7 Secoya, and 3 predominantly *mestizo* communities. Additionally, Á. del Campo from the biological inventory team visited and worked with the Secoya community of Puerto Estrella ("Mañoko Daripë" in Secoya) in the Lagartococha watershed.

We conducted participatory workshops on natural resource use and perceptions of quality of life, as well as interviews with leaders and key informants. We visited resource-use areas, observed and participated in daily life, identified threats to local residents and their lifestyles, and documented critical social and institutional assets and land-use practices that will be fundamental to the development of a master plan for the management of the new national park and indigenous reserves.

Our work was undertaken under a memorandum of understanding between The Field Museum and OISPE, the Secoya indigenous organization of Peru (Organización Indígena Secoya de Perú), and with the permission from ORKIWAN, the federation of Kichwa communities of the Napo (Organización Kichwaruna Wangurina del Alto Napo). We were unable to contact the third indigenous organization in the area—the federation of Kichwa communities of the Putumayo (FIKAPIR, Federación Indígena Kichwaruna del Putumayo Inti Runa)—but received permission to visit the communities from relevant authorities in the Kichwa, Huitoto, and mestizo communities of the Putumayo.

In addition, the social team briefly visited Soplín Vargas, a town that houses the headquarters of the Z.R. Güeppí and represents the capital of the Teniente Manuel Clavero District on the Peruvian side of the Putumayo. We also visited Puerto Leguízamo, an important regional commercial hub on the Colombian side of the Putumayo.

More extensive details of the social assets and resource-use practices of the communities in the buffer zone of the Z.R. Güeppí are in the final two chapters of this technical report.

GEOLOGY, HYDROLOGY, AND SOILS: LANDSCAPE PROPERTIES AND PROCESSES

Author/Participant: Thomas J. Saunders

Conservation targets: Clay-based forests, blackwater river and lake systems, aguajales, and whitewater/blackwater mixing zones in the Amazonian Ecuador and Peru

INTRODUCTION

The geology of the Cuyabeno-Güeppí region is the result of a diverse combination of processes, from those occurring on a sea bottom over 13 million years ago to erosion occurring in today's high Andes. Distinct soils formed in the region's clay-dominated geological deposits, each with a unique combination of organic matter, clay, and minerals determined by their physical and biological surroundings. Soils, in turn, influence water movement through the landscape, as well as the chemical properties of the streams and rivers that drain them. The landscape of the Cuyabeno-Güeppí region is characterized by a mosaic of terraces, hills, and wetlands. The region's terraces and hills drain to valleys, blackwater lakes, and meandering streams, which flow to join the Andean whitewater rivers of the Putumayo and Napo watersheds. Few clay-based blackwater systems exist in the Amazon and none have been studied in detail. This chapter provides an introduction to the physical and chemical properties of the Cuyabeno-Güeppí system and describes a number of the geological, pedological (the study of the processes of soil formation), and hydrological concepts that have emerged during the process of this inventory.

METHODS

Geology and soils

This summary of the geological history of the Cuyabeno-Güeppí area was derived from published literature, an analysis of radar (Jarvis et al. 2006) and satellite (USGS 2002) images, and field observations of local rock outcrops and soils. Field sites visited in the Reserva de Producción Faunística (R.P.F.) Cuyabeno (Ecuador) and the Zona Reservada (Z.R.) Güeppí (Peru) are summarized in the chapter entitled Regional Overview and Inventory Sites. I observed and described landform variability at each site, using a barometric altimeter and GPS (Garmin GPSMAP 60CSx). I measured river and lake bottom depths using a handheld sonar device (Speedtech Instruments). I evaluated soils with hundreds of spot samples (to a depth of ~20 cm) and 21 full soil descriptions (to a depth of ~1.4 m), using a Dutch auger. Each field description included determination of soil horizon, soil color (Munsell Color Book), hand texture, and soil structure (NRCS 2005). Soil data are presented in Appendix 1.

Hydrology and water quality

I evaluated the physical and chemical properties of water in streams, lakes, rivers, wetlands, and rain, including temperature and dissolved oxygen (using a YSI 85; YSI Incorporated) and pH plus electrical conductivity (with an ExStick II; Extech Instruments). All instruments were calibrated regularly in the field using standard solutions and manufacturer protocols. These data, plus the general characteristics of each body of water, are available in Appendix 2.

RESULTS AND DISCUSSION

Landscape properties

Regional and local geology

Geological processes (rock formation/deformation, large-scale sediment deposition, and faulting/uplift) and geomorphological processes (erosion and sediment redistribution in terrestrial and aquatic systems) determine the template on which soil and the overlying environment form. Underlying the Cuyabeno-Güeppí region, perhaps tens to thousands of meters underground, are vast expanses of marine clays deposited over 13 million years ago (MYA) before the Andes began to rise (Wessenlingh et al. 2006a, 2006b). As the Andes began to rise, an inland estuary formed, eventually giving way to a system of freshwater lakes and slow-moving, meandering streams as the mountain range grew. This progression of landscape changes produced the sedimentary sequence found today: marine clays overlain by clays derived from the young Andes and from the lands to the east of Andes (Wessenlingh et al. 2006a, 2006b). Over the last 8–13

million years, the Andes have undergone continual uplift, dramatic volcanic activity, and erosion on a massive scale (Coltorti and Ollier 2000). During this period, clays, sands, and gravels eroded and were transported by fast-moving rivers into the lowlands of Ecuador, Peru, and Colombia. The resulting deposition created a huge alluvial fan spanning ~400 km from northeastern Ecuador well into northern Peru (Fig. 28). The Cuyabeno-Güeppí region sits at the lower, northeastern edge of this alluvial fan within the area of influence of the Putumayo River. It is likely that both the Putumayo (to the north) and the complex of rivers forming the Pastaza alluvial fan (to the south) have played a dynamic role in the cycles of erosion and deposition of these Andean-derived clays, sands, and gravels.

Significant erosion of the northeastern section of the Pastaza alluvial fan has produced dramatic ridges and valleys, dissecting the terrain in a radial pattern from the top of the fan and forming the headwaters of the Tigre River and many of the tributaries to the Napo River. Remaining hills and ridges (the "high terraces" that were commonly encountered during this inventory) still appear

Fig. 28. This radar image was created from topographical data provided by Jarvis et al. (2006). Arrows indicate the depositional environment of a massive alluvial fan crossing the border from Ecuador to Peru. Dashed arrows delineate older deposits that have subsequently been dissected by rivers, in contrast to more recent/ongoing alluvial deposits (solid arrows). Major watersheds and the inventory area are indicated.

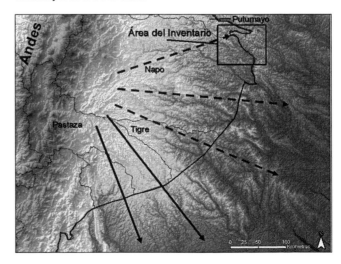

as flat but slightly tilted surfaces that were likely part of the original alluvial fan surface.

During the inventory, I encountered dense gray and red claystone deposits with obvious horizontal layering at the base of a number of soils and stream beds, and in a rock outcrop along the Güeppí River. These deposits match the description of the Marañón Formation by Wessenlingh et al. (2006b). The Marañón Formation, reportedly deposited in a system of lakes and slowly moving rivers following the initial merging of the Andes with South America, overlies the well known Pebas and Curaray formations, which are associated with deposition during late marine and early Amazonian inland-lake environments (Wessenlingh et al. 2006b). Superimposed on this extremely dynamic landscape are a number of local faults and their associated uplift features. One notable uplift feature is associated with the formation of the Lagartococha complex of blackwater lakes and meandering streams. This fault runs northeast to southwest, and its uplift likely played a key role in the formation of the Lagartococha lake complex as described on page 198 (Fig. 31).

Dominant landforms

Terraces, rounded hills, saturated valleys, and erosive gullies are the dominant terrestrial landforms across the Cuyabeno-Güeppí region; Figure 29 illustrates these landforms and their relative position in the landscape.

High terraces are likely remnants of past depositional surfaces (such as the large alluvial fan described above), of which erosion has not yet worn away the entire original flat (planation) surface. Intermediate and low terraces are active or recently deposited floodplains, and they are common along the entrenched, meandering streams currently draining intermediate elevations of the landscape. Rounded hills are likely former terraces that have been highly eroded. The presence of each landform and the general landscape characteristics of each camp are summarized in Table 5.

Dominant fluvial landforms (landforms associated with running water) include erosional gullies, small meandering streams, saturated valleys, and large meandering streams. Erosional gullies are common in steep headwater regions and indicate sites of active erosion. We observed many tree falls in erosional gullies,

Fig. 29. Conceptual diagram of dominant landforms of the R.P.F. Cuyabeno and Z.R. Güeppí visited during the rapid biological inventory.

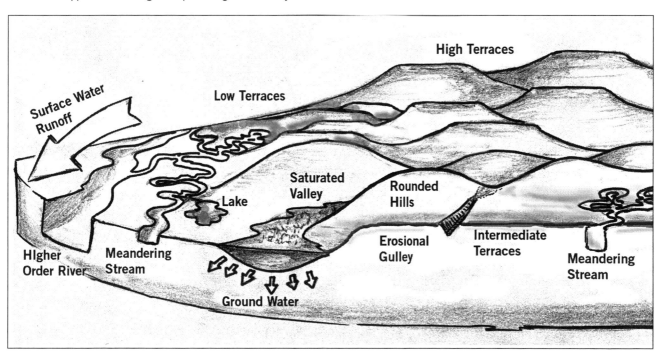

Table 5. Summary of the relative presence of terrestrial and fluvial landforms and elevation range for the trail systems of each camp. Terrestrial landforms: high terrace (ht), intermediate terrace (it), low terrace (lt), rounded hills (rh), saturated valleys (sv). Fluvial landforms: erosive gullies (eg), meandering stream (ms), meandering river (mr), lakes (lk).

Inventory site	Dominant terrestrial landforms[1]	Dominant fluvial landforms[2]	Elevational range (m)[3]	Length of trails (km)
Garzacocha	sv, lt, rh	lk, mr, ms	190–212	23
Redondococha	rh, lt, it, ht, sv	ms, lk, eg, mr	192–235	19.5
Güeppicillo	rh, ht, it, lt, sv	eg, ms, mr	220–276	18
Güeppí	rh, sv, it, lt	ms, eg, mr	213–248	22
Aguas Negras	sv, rh, lt, ht	ms, mr, eg	195–240	16

[1] Dominant terrestrial landforms are listed in their order of prevalence in the landscape, with the most common features listed first.
[2] Dominant fluvial landforms refer to the most common features in the local area of the campsite, within and beyond the trail system, listed in order of prevalence.
[3] Measurements were made using a barometric altimeter and may vary by approximately 3 m.

especially along trails of the Güeppicillo camp. In lower areas of the landscape, meandering streams wind through low terraces, occasionally overflowing into their floodplains during periods of high water.

Dominant soils

The soils evaluated during this study vary significantly in color, chemical properties, and content of organic matter among differing landforms. Despite these differences, all soils are derived from the same or similar types of clay parent material. Fig. 30 shows the typical horizons, their depths, and a color description of each soil; Fig. 3A (p. 30) provides examples of the appearance of various soils, in color. In general, water-saturated soils are characterized by gray colors resulting from a dissolution of iron minerals, rendering the iron colorless (solid iron minerals are often orange or red). Saturated areas also tend to accumulate organic matter because they receive upslope inputs. Organic matter breaks down very slowly underwater and therefore accumulates over time, sometimes creating organic matter deposits well over a meter thick in saturated valleys. Higher in the landscape, soils are drier and characterized by two dominant colors: browns (which result from organic

Fig. 30. Conceptual diagram of soil characteristics associated with each dominant landform. Drawings are based on multiple soil descriptions from each landform.

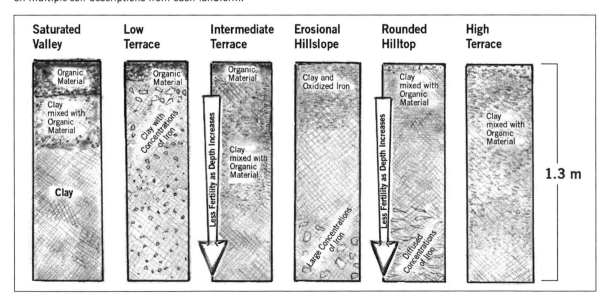

matter that has been worked into the soil over long periods of time) and oranges (from the presence of oxidized iron and the absence of organic matter). Soils on seasonally inundated landscapes, such as active floodplains and transition zones between wetlands and upland areas, are characterized by a mix of oranges, or reds and grays, indicating temporary saturation. For an in-depth discussion of the formation of distinct types of hydric (wet) soils and the redistribution of iron minerals, see Hurt and Vasilas (2006).

Soil texture (the relative content of sand, silt, and clay) and soil structure (how soil particles aggregate to form chunks) differ significantly among soils. Generally, soils rich in organic matter, such as those found on older terrace tops, are characterized by clay and sandy-clay textures, and "granular" structure. Granular structure provides spaces in the soil for water and air to enter and decreases the density of the soil, allowing roots to easily penetrate to greater depths. In contrast, on steep portions of hillslopes dense clay is exposed as the overlying soil is eroded away. Recently exposed clays have very low organic matter contents, a clay or occasionally sandy-clay texture, and are much more dense and consequently impenetrable to water and air.

Dominant water types

Most water draining the landscape of the Cuyabeno-Güeppí region can be classified as white (sediment-rich), black (dark colors with presence of dissolved organic acids), and clear (transparent waters with few suspended sediments or organic acids)(Appendix 2). However, we observed varying mixtures of these when distinct bodies of water merged. True white water is found only in large rivers draining actively eroding areas, such as the Andes, and was not present at any of our camps (though all of the waters sampled eventually drain to major whitewater systems). Black waters were associated with low-lying floodplains and saturated valleys.

Clear waters originated in higher-elevation areas of the landscape and were common in erosive gullies and in meandering streams deeply entrenched into intermediate terraces. During storms, these waters would become clouded with suspended clays, changing their appearance to that of white water. However, unlike traditional whitewater streams, which are often characterized by elevated electrical conductivity (expressed as microsiemens, and generally ranging from >30 to >1000 µS), the average conductivity of all stream waters measured in the R.P.F. Cuyabeno and the Z.R. Güeppí was 8 µS and the highest value in a stream was 17.6 µS. However, in one site, a salt lick draining to a stream resulted in a conductivity of 78.8 µS and the source of the salt lick itself had a conductivity of 635 µS. The salt lick was draining an exposed fine-grained sandstone deposit that was rich in weatherable minerals. In contrast, the low conductivity values that dominated the region indicate a lack of weatherable minerals in the soils and support the hypothesis that the system is mainly composed of highly weathered (low nutrient), relatively non-reactive forms of simple aluminum-based clay minerals (i.e., kaolinite or gibbsite).

Landscape processes

Geomorphology

Rivers and streams of the Cuyabeno-Güeppí region continually erode into their headwaters, constantly redistributing and reworking the original geologic deposits and thus producing important geomorphological features. One impressive example of sediment redistribution is the formation of the Lagartococha blackwater lake complex along the Peruvian-Ecuadorian border. Figure 31 illustrates the hypothesized formation process, following the fault that stimulated initial lake formation. Other geomorphological processes include hillslope and gully erosion, deposition of materials in eroded valleys, channel entrenchment, and migration of river meanders and floodplains.

The redistribution of original deposits of clay and rounded gravels transported from the Andes explains how the gravel- (and/or sand-) bottom streams typical of the Güeppicillo, Güeppí, and Aguas Negras camps came to overlie clay-sized materials (Fig. 32).

Fig. 31. Hypothesized formation processes of the Lagartococha blackwater lake complex. Geological uplift formed a natural dam, behind which clays eroded from headwater regions were deposited. Through time, the natural dam eroded, allowing the lake and its recently eroded clays to drain downriver, eventually redepositing to form the Lagartococha lake complex.

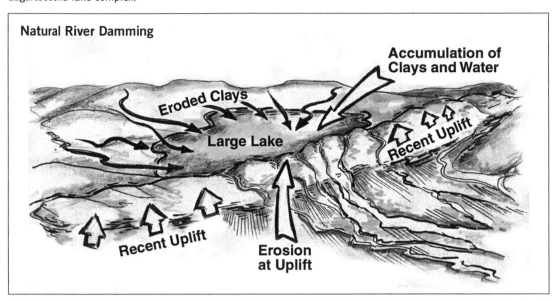

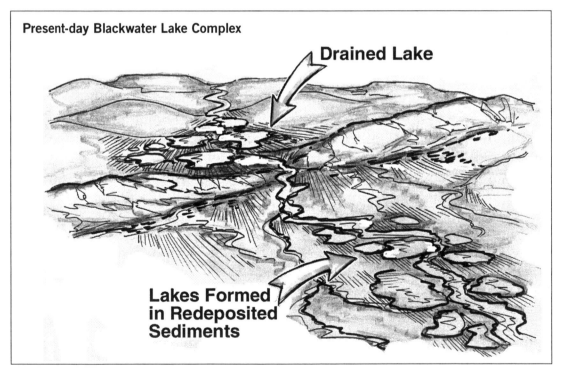

Soil formation (pedogenesis)

The properties of present-day soils are the result of processes that depend on landscape position, climate, and the biota that develops on the original deposits of geologic material. The study region is unique in that much of its base material appears to be a rather inert form of clay (kaolinite and/or gibbsite) that does not contain appreciable amounts of weatherable minerals (nutrient sources) or a large capacity to hold nutrients (i.e., cation exchange capacity). Therefore, in contrast to

Fig. 32. Formation and redistribution of Andean gravels and sands into soils and stream systems of the Cuyabeno-Güeppí region. Erosion slowly deepens the valleys while processes of bioturbation (mixing caused by burrowing organisms) integrate gravels into the hilltop soils. Gravels remain in stream beds because the streams do not flow fast enough to transport them.

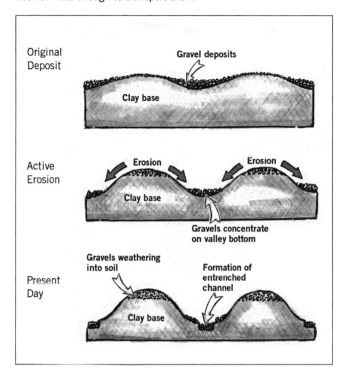

many soils derived from rock or sands rich in weatherable minerals, the clays forming the base of the R.P.F. Cuyabeno and the Z.R. Güeppí are relatively infertile and likely to limit ecosystem productivity (Fig. 10A). However, through time, organic matter works into the soil via plant growth, tree falls, and processes of bioturbation caused by ant mounds, worm tunnels, and burrowing mammals like armadillos and anteaters (Fig. 33).

In contrast to weathered clays, organic matter has a high cation-exchange capacity. When organic matter accumulates in inert clays, the soil as a whole increases in fertility. The formation of organic-rich soils through time depends on plant growth, which in turn depends on an adequate nutrient source. The nutrient source of early infertile soils likely included inputs from precipitation (Zimmermann et al. 2007), atmospheric and volcanic dust, and any transport of nutrients into the system by animals (Fig. 33).

A story from the memory of the Cofan highlights the importance of bioturbation in creating soil fertility. The story, as translated in "The Old People Told Us" (R. Borman pers. comm.) is as follows:

The world came to an end by an earthquake. When the earthquake ended it, all the people died except for three survivors. Then everything became like a river. They all clung to floating trees. Clinging, the people went. Then this one thought, "I'm alone." He began walking and searching. There was no jungle, just sand. Everything was cleaned and there was no earth. It was like mud—just watery stuff. There was only mud. (The group gets together, but there are no leaves to make a house.) Then Father God came walking. Coming, he asked, "Do you want some earth?" The men answered, "Yes, we very much want some earth. Please create some for us." God said, "Well don't be sad." He brought some earth all wrapped up. He gave it to them. They laid it down. In it lived the red

Fig. 33. Soil enrichment by integration of organic material through time.

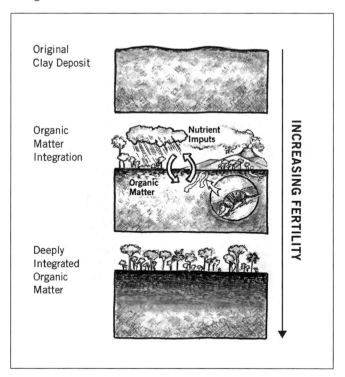

*earthworm. They laid the earth down on the
sand. Then they went to sleep. In the morning
the patch had grown this big. The next day it
was larger and the grass, plantain, and the balsa
had begun to grow…*

Hydrological processes

Geological material, soil physical properties, landscape
structure, and climate control the volume and chemical
properties of water moving through forests, across
hillslopes, down gullies, and into the valleys and
meandering rivers of the R.P.F. Cuyabeno and the Z.R.
Güeppí. This unique, clay-dominated region produces
a hydrologic environment distinct from those found
in white-sand forests and floodplains common to the
lowland Amazonian floodplain. Instead of quickly
infiltrating through sand-dominated soils, precipitation
fails to penetrate the clay-soil surface (cf. Freeze and
Cherry 1979) and flows in sheets and rivulets down
any appreciable slope. On terrace tops, water forms
seasonal pools due to extremely slow penetration.
Though it quickly drains to low-lying points in the
landscape, once in saturated valleys water often sits
stagnant or slowly migrates toward an outlet stream.
During this long stagnation period, clear waters
turn black: they extract humic acids and tannins
from the organic matter they flow through like hot
water extracting organics from a tea bag (Fig. 34).
Therefore, the physical and chemical properties of the
terrestrial system control many of the characteristics
of its associated aquatic system. Alterations of the
terrestrial environment would likely have a significant
impact on the properties and functioning of adjacent
aquatic systems.

Another important hydrologic characteristic of a
clay-based ecosystem is the production of hydrologic
pulses. A large proportion of rainfall quickly drains from
the landscape, so valleys and rivers can receive huge
volumes of water over short periods of time. As noted on
numerous occasions during our fieldwork, waters rose
quickly in low-lying streams and valleys in response to
intense rainfall. Many team members witnessed pooling

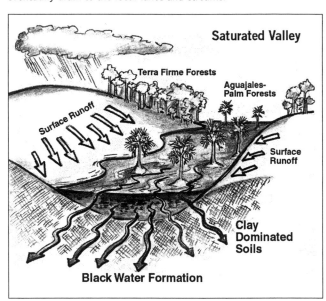

Fig. 34. Formation of black water on clay soils. As water slowly
moves through the organic-rich valley bottoms, it slowly extracts
organic acids, taking on the characteristics of black waters that
eventually drain to the local lakes and streams.

and surface water flow along previously dry hillslopes
and in gullies during rainstorms. Water levels in
tributaries also respond to changes in downstream water
elevations: increasing water levels in mainstem rivers
effectively dam their tributaries, causing water levels
to rise throughout the tributary catchment, especially
when clays do not absorb the incoming water but instead
force it further upstream. Therefore, rainfall both within
and outside a given watershed can cause large increases
in water level, so that hydrologic pulses can occur
frequently. In fact, at every camp we witnessed dramatic
(~1 meter) increases or decreases (sometimes both) in
water level resulting from a mix of both localized and
regional rainfall. These hydrologic pulses have significant
implications for nutrient production in the aquatic
systems of the Cuyabeno-Güeppí region (Fig. 37, p. 211).
Altering the hydrologic regime of small tributaries or
even mainstem rivers by damming rivers or diverting
waters could potentially impact the productivity of the
aquatic system, though more detailed research is required
to confirm this.

THREATS

Nutrients build slowly in weathered clays over time. Any process that removes nutrients, especially activities such as intensive agriculture or timber extraction, will rapidly exhaust soil fertility in clays, as opposed to soils formed from rocks or sands with a more nutrient-rich mineralogy. A striking test of the resilience of these systems occurred when a large forest patch was burned ~16 years ago (R. Borman pers. comm.). Although some nutrient-rich ash from the burn likely remained in the system, today there is still very limited growth in the burned area and a significant vegetative cover has yet to develop (Fig. 10A).

Any soil system with appreciable slopes, such as the many headwater areas in the inventory area, is susceptible to erosion if its protective vegetation is removed. Road-building, clearing fields for agriculture, and deforestation dramatically increase erosion rates, having potentially negative impacts on both terrestrial and aquatic systems.

Water quality appears to be excellent in the R.P.F. Cuyabeno and the Z.R. Güeppí, and we encountered no significant sources of anthropogenic contamination. However, oil spills in the Aguarico River have been common in the past due to oil extraction upstream (R. Bormann pers. comm). Oil spills and disposal of formation waters (brines often pumped from great depth) can release significant concentrations of heavy metals and salts. These contaminants are a direct threat to the Aguarico River, but may also significantly impact the Largartococha River and other downstream tributaries during periods of high water.

RECOMMENDATIONS FOR PROTECTION AND MANAGEMENT

The interaction of geomorphology, soils, and water has developed slowly over millions of years, resulting in a region that, on the whole, is highly productive and biodiverse. Because this system has evolved on relatively infertile clays, it is highly sensitive to land-use change and needs to be managed accordingly. Thoroughly understanding the sensitivities of the landscape and applying sound management planning will be essential to maintain productivity within the region.

RECOMMENDATIONS FOR RESEARCH

Multiple research opportunities exist in the region, including more in-depth studies of the processes outlined above, detailed chemical investigations into the nature and distribution of soil fertility, and multi-disciplinary research into the relationships between soil fertility and plant biodiversity. The Cuyabeno-Güeppí region may be particularly instructive for research into the relevance of hydrologic pulses, such as the flood-pulse concept first outlined by Junk et al. (1989), due to its unique hydrology.

RECOMMENDATIONS FOR FURTHER INVENTORY

The Lagartococha River is one of the few known clay-based blackwater lake complexes in the Amazon. These systems are extremely dynamic, relatively unstudied, unique environments among the vast expanses of Amazonian wetlands and terra firme. Of these blackwater systems, Lake Rimachi, in the lower Pastaza River basin forms the largest blackwater lake in the lowland Amazon and is deserving of future attention. Other blackwater lake systems at the base of the Andes, including smaller formations on the Pastaza River near the international border between Ecuador and Peru, and small systems on the Corrientes River would also be worthwhile areas for future inventories.

FLORA AND VEGETATION

Authors/Participants: Corine Vriesendorp, William Alverson, Nállarett Dávila, Sebastián Descanse, Robin Foster, Jill López, Laura Cristina Lucitante, Walter Palacios, and Oscar Vásquez

Conservation targets: Crossroads of two extraordinarily diverse floras: the rich-soil species of Yasuní, Ecuador, and the poorer-soil species of Loreto, Peru; up to 14 species potentially new to science; sparse but viable populations of valuable timber species (e.g., *Cedrela odorata*, Meliaceae; *Cedrelinga cateniformis*, Fabaceae s.l.) logged unsustainably and/or locally extinct elsewhere in Amazonia

INTRODUCTION

Botanically, Reserva de Producción Faunística (R.P.F.) Cuyabeno and Zona Reservada (Z.R.) Güeppí remain poorly known. The few reports that exist document an incredibly rich flora, including the most diverse 1-ha plot in the world in R.P.F. Cuyabeno (Valencia et al. 1994). Botanists from the Smithsonian and the Instituto de Investigaciones de la Amazonía Peruana (IIAP) surveyed Z.R. Güeppí in 1993 (F. Encarnación unpub. data). The best floristic points of reference are the 50-ha plot in Parque Nacional Yasuní to the south of R.P.F. Cuyabeno (Valencia et al. 2004), and the florula of biological reserves near Iquitos, Peru (Vásquez-Martínez 1997).

METHODS

Using a combination of fertile collections, photographs, unvouchered observations of common plants, and several quantitative measures of plant diversity, we generated a preliminary list of the flora in two sites in R.P.F. Cuyabeno, and three sites in Z.R. Güeppí. In addition, we characterized the vegetation types and habitat diversity at the five sites, covering as much ground as possible.

We collected 800 specimens during the inventory, with Peruvian specimens now housed in the Herbario Amazonense (AMAZ) of the Universidad Nacional de la Amazonía Peruana in Iquitos, Peru, and Ecuadorian specimens at the Herbario Nacional (QCNE) in Quito, Ecuador. Duplicate specimens were sent to The Field Museum (F) in Chicago, USA, as well as the other participating institution. As a complement to the museum collections, R. Foster and W. Alverson took photographs of plants, mostly in fertile condition. A selection of the best of these photographs will be freely available at *http://www.fieldmuseum.org/plantguides/*.

We established transects to assess the diversity of canopy trees, palms, and understory plants. N. Dávila, J. López, and C. Vriesendorp surveyed 11 transects of 100 understory trees (1–10 cm DBH): 2 in Garzacocha, 2 in Redondococha, 3 in Güeppicillo, 2 in Güeppí, and 2 in Aguas Negras. N. Dávila recorded the richness of the largest trees (individuals at least 40 cm DBH) in 12 transects (each 500 x 20 m), using binoculars and a combination of bark characteristics and fallen leaves to identify individuals to species. J. López surveyed 100 individuals of palms over 1.5 m tall in 8 transects: 2 in Garzacocha, 3 in Redondococha, and 1 each in Güeppí, Güeppicillo, and Aguas Negras.

Two Cofan botanists, S. Descanse and L.C. Lucitante, and a Secoya botanist, O. Vásquez, joined the botanical team in our first two sites, Garzacocha and Redondococha.

FLORISTIC RICHNESS AND COMPOSITION

Based on our collections and observations, we generated a preliminary list of ~1,400 plant species (Appendix 3). We estimate that the combined flora for Z.R. Güeppí and R.P.F. Cuyabeno comprises 3,000 to 4,000 species.

Several families were abundant and species rich as trees, including ones that are typically diverse at Amazonian sites (Sapotaceae, Chrysobalanaceae, Lauraceae, Annonaceae, Moraceae, Rubiaceae, Clusiaceae, and Sapindaceae). Compared to other sites in Loreto, Burseraceae and Myristicaceae were moderately abundant and not particularly species rich, although most American genera were represented. For lianas, both the Hippocrateaceae and the Menispermaceae were especially abundant and diverse across all five sites.

At the generic level, some of the most species-rich groups included *Pouteria* (Sapotaceae), *Inga* (Fabaceae s.l.), *Paullinia* (Sapindaceae), *Pourouma* (Cecropiaceae), and *Machaerium* (Fabaceae s.l.). Undoubtedly there are several genera of Lauraceae and Chrysobalanaceae that are diverse, but most sterile specimens are too difficult to sort into distinct genera. In absolute terms, *Buchenavia* (Combretaceae), *Ischnosiphon* (Marantaceae), *Matisia*

(Bombacaceae), and *Sterculia* (Sterculiaceae) are not particularly species-rich genera, but their richness in this region is relatively high.

Some families or genera were species rich only at one or two sites, e.g., Flacourtiaceae at Güeppí and Güeppicillo, and Melastomataceae at Güeppicillo, *Pourouma* at Redondococha, or *Heliconia* (Heliconiaceae) at Güeppí. Others were rich only in certain habitas, e.g., *Calathea* (Marantaceae) in wetter areas, *Monotagma* (Marantaceae) on hills, and Bignoniaceae, Hippocrateaceae, and other lianas along river and lake edges. A few genera were not terribly species rich, but were abundant at all sites, including *Parkia* (Fabaceae s.l.) canopy trees, *Leonia* (Violaceae) and *Tovomita* (Clusiaceae) subcanopy trees and treelets, and *Geonoma* and *Bactris* palms.

Transect data for palms, canopy trees, and understory trees

Our quantitative data reveals a landscape that varies broadly in species richness, from low-diversity inundated areas to high-diversity hills. Palms were abundant and moderately rich: we registered ~42 species during the inventory. On a small scale, palm diversity ranged from 5–15 species in 100-stem transects, with the greatest diversity found at Redondococha.

Canopy trees (Fig. 35) were also most diverse at Redondococha, with 24 species in a survey of 27 individuals, an extraordinary level of richness for the overstory. A few species were consistently abundant as canopy trees across several sites, including *Parkia velutina*, *P. multijuga*, and *Erisma uncinatum* (Vochysiaceae) at Güeppicillo, Güeppí, and Aguas Negras.

In surveys of 100 understory stems (Fig. 36), richness ranged from 23 species in a seasonally inundated terrace in Garzacocha to 84 species on hills in Redondococha, areas separated only by ~16 km. Considering only *terra firme* (upland) habitats, the sites rank from lowest to highest richness as follows: Garzacocha, Güeppí, Aguas Negras, Güeppicillo, and Redondococha, seemingly reflecting that the latter sites had older terraces and hills. Notably, our two highest diversity transects were in terra firme on high hills or hill terraces, one in the

Fig. 35. Twelve transects of canopy trees.

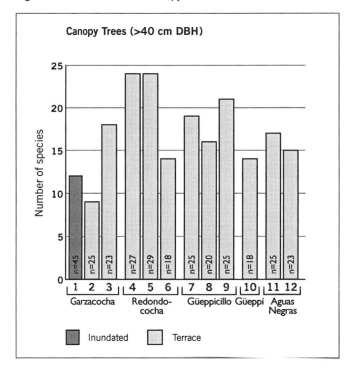

Fig. 36. Eleven transects of understory plants.

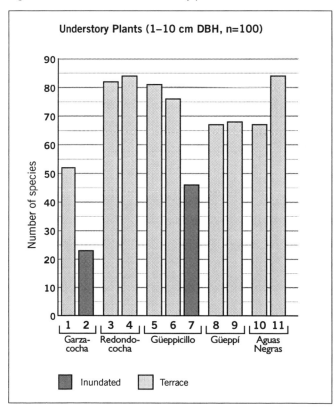

Lagartococha drainage and the other in the Putumayo. Though both recorded 84 species per 100 stems, they shared only a single species (*Ocotea javitensis*, Lauraceae) and appeared to represent two different floras: one similar to the rich-soil forest of Yasuní National Park in Ecuador, and another more similar to the poor-soil forest of Jenaro Herrera near Iquitos, Peru.

Large-scale vegetation patterns

Neotropical botanists have begun to examine large-scale patterns of richness within the Amazon basin (ter Steege et al. 2006). Much of our understanding of plant distributions, however, still relies heavily on data from a few areas, e.g., Parque Nacional Yasuní in Ecuador; areas around Iquitos, Peru; and the Reserva Ducke near Manaus, Brazil. We still have little idea of how plant distributions change in-between these better-studied areas. Days before we went into the field, Nigel Pitman sent us an unpublished manuscript describing plant community change in a 700-km transect from the Ecuadorian Andes to eastern Peru. Pitman and his colleagues found an area of abrupt turnover of genera roughly at the Peru-Ecuador border, with areas to the west dominated by an "oligarchy" of 150 species typical of areas near Yasuní in Ecuador, and areas to the east representing the Central Amazonian flora of Iquitos and Manaus.

Our inventory provided an opportunity to rapidly assess how far this pattern extends to the north of the Napo River. Overall, our inventory sites reflect an Ecuadorian flora. However, at all of our sites we found some evidence of a mixed community. At Garzacocha and Aguas Negras, *Iriartea deltoidea* (Arecaceae) was nearly absent, and Chrysobalanaceae and Myristicaceae were more dominant elements of the flora. Pitman et al. identified *Nealchornea* (Euphorbiaceae) as one of the genera that varies dramatically in abundance, changing from absent or nearly absent in Ecuador to more common in Peru. However, in our inventory, *Nealchornea* was relatively common everywhere.

Our only truly representative sample of the Central Amazonian flora was found outside of our inventory sites, on a terrace with a small layer of surface sand 1 km east of the community of Tres Fronteras on the Putumayo River and ~8 km west of our Aguas Negras site. Species here were typical of Jenaro Herrera, a biological station on sandy soils near Iquitos, and included *Ophiocaryon heterophyllum* (Sabiaceae); *Iryanthera* cf. *lancifolia* (Myristicaceae); *Eschweilera coriacea* (Lecythidaceae, although this species is also the most common *Eschweilera* in Yasuní); one species of *Inga*, *Licania*, and *Protium*; and several poor-soil specialists such as *Neoptychocarpus killipii* (Flacourtiaceae) and *Ampelozizyphus amazonicus* (Rhamnaceae).

We believe that within Z.R. Güeppí, the Central Amazonian flora grows on hills and high terraces that begin along the Putumayo River and extend westward into the area. On our overflight in May 2003, we observed large terraces along the Putumayo covered in senescent *Tachigali setifera* (Fabaceae s.l.) trunks. Similar terraces are obvious north and south of the Napo near its junction with the Curaray River, as well as in the high hills north of the confluence of the Aguarico and the Napo. Our current thinking is that the Central Amazonian flora dominates these terraces. In addition, we suspect that the terraces north of Zábalo on the Aguarico River in Ecuador may be the westernmost extent of some of the Central Amazonian flora, based on scattered observations we made while walking with heavy packs. *Neoptychocarpus* dominates the understory and *Tachigali setifera* is common.

Globally common species

Each of the five sites we surveyed (in two major drainages) had unique elements, but we encountered some species at all sites. Widely distributed Amazonian palms were well-represented, including *Bactris maraja*, *B. brongniartii*, *Euterpe precatoria*, *Oenocarpus bataua*, *Mauritia flexuosa*, and *Socratea exorrhiza*. However, the most common palm was *Attalea insignis*, a species with a much smaller range. Other widely-distributed species present at all sites included *Abuta grandifolia*, *Cecropia sciadophylla*, *Guarea macrophylla*, *Matisia malacocalyx*, *Nealchornea yapurensis*, *Ocotea javitensis*, *Parkia multijuga*, *P. velutina*, *Sorocea pubivena* var. *oligotricha*, and *Trichilia septentrionalis*. Less widely distributed species were also unexpectedly common here e.g., *Oxandra euneura* (Annonaceae) and *Warszewiczia schwackii* (Rubiaceae).

A filmy fern, *Trichomanes pinnatum*, was nearly always found at the transition between frequently inundated valley bottoms and terra firme. Two *Tachigali* species are common and present at all sites: one that we have been calling *T.* "formicarium" (with large ant domatia at the leaf bases), and another, *T. pilosula* (with leaflets smooth and orange below, and with little round stipules at the base of the leaves).

Our stay coincided with a period of seedling germination, and several species were found germinating at all sites, including a *Dicranostyles* (Convolvulaceae), *Euterpe precatoria*, *Sterculia* (Sterculiaceae), *Trattinnickia* (Burseraceae), and *Hymenaea* (Fabaceae s.l.). A few common species were reproductively asynchronous. One of the most abundant understory species, *Psychotria iodotricha* (Rubiaceae), was dominant at all sites except for Aguas Negras, but found flowering and fruiting only at one or two sites.

VEGETATION TYPES AND HABITAT DIVERSITY

Across sites, we can coarsely define three major habitat types: swampy bottomlands that are wet year-round or seasonally flooded, low hills and terraces that may flood only rarely or never, and high hills that sometimes have high terraces. Most of the floristic diversity occurred on the high hills and high terraces. Other habitats were shared across several sites, e.g., *Mauritia* palm swamps, and vegetation along and in blackwater lakes and rivers.

There are several important habitats that we did not sample during the inventory, including the sandier *Tachigali* terraces in various places south of the Putumayo and north of the Aguarico; the highest, dissected hills north of the junction of the Aguarico and Napo rivers; and the Lagunas de Cuyabeno, an area that apparently overlaps floristically with the Lagartococha complex.

Below we give a brief overview of each site.

Garzacocha, Ecuador

This was one of our two sites with relatively low diversity. We observed ~400 species and estimate that ~700 species occur here. Most of the area appears to be flooded much of the year, and the few low hills in the area are likely islands during the wetter periods. Similar to other poor-soil forests, the forest floor is hummocky and the soil covered with a mat of roots. However, soils are universally clays, with no apparent sand.

Huberodendron swietenioides (Bombacaceae), *Conceveiba terminalis* (Euphorbiaceae), *Warszewiczia schwackii*, *Guarea macrophylla* (Meliaceae), and *Compsoneura* (Myristicaceae) dominated the low hills. Many of the species and genera we found on the low hills are widely-distributed in the Amazon and most typical of poorer soils, e.g., *Oenocarpus bataua*, *Tachigali*, *Tovomita*, *Miconia tomentosa* (Melastomataceae), *Geonoma maxima*, and *Hymenaea oblongifolia* (Fabaceae s.l.).

On a small area of higher hills we found a markedly different flora with higher diversity and many species and genera more representative of richer-soil areas such as Yasuní, Ecuador, e.g., *Otoba glycycarpa*, *Virola flexuosa* and *V. duckei* (Myristicaceae); *Carapa guianensis* and several *Guarea* (Meliaceae); *Besleria* (Gesneriaceae); *Piper* (Piperaceae); and *Heliconia* cf. *hirsuta* (Heliconiaceae). Although isolated, this area appears similar on satellite images to hills found on the eastern (Peruvian) side of the Lagartococha River.

The bottomlands between hills are dominated by two *Zygia* spp. (Fabaceae s.l.), *Oxandra sp.* (Annonaceae), *Cespedesia spathulata* (Ochnaceae), two *Hirtella* spp. (Chrysobalanaceae), and *Mauritiella armata* (Arecaceae). These species are also frequently found on the margins of the blackwater lakes and rivers.

Redondococha, Peru

This was the most diverse site we surveyed, with ~700 species observed and ~2,000 species estimated for the area. High hills were the dominant habitat, but with some low hills and bottomlands and blackwater lake margins similar to Garzacocha, and one *Mauritia* palm swamp. In comparison to Garzacocha, the hill forests were highly heterogeneous, with much more evidence of natural disturbance, such as local landslides, blowdowns, and a much greater density of lianas, many of large size.

Understory diversity at Redondococha is high, with our two transects of 100 understory stems recording 82 and 84 species each. However, unlike Yasuní, where diversity is concentrated in the understory, at

Redondococha both the understory and overstory are exceedingly diverse. In such a diverse site, almost every species is rare. Only a few species could be considered common: *Attalea insignis*, *Phenakospermum guyannense* (Strelitziaceae), *Psychotria iodotricha*, and in the overstory, *Cabralea canjerana* (Meliaceae). At both Garzacocha and Redondococha the epiphyte abundance and diversity is quite low, with few bromeliads, orchids, and trunk climbers. Our other three sites, all closer to a major river and subject to fog at night and early morning, had much higher epiphyte diversity.

Güeppicillo, Ecuador

We observed ~600 species, and estimate ~1,200 species occur in the area. The relatively high diversity at this site likely reflects a greater overall diversity of habitats and soils.

We spent a day surveying the forest at a point midway between the Aguarico and Güeppicillo rivers. Fallen flowers of *Gordonia fruticosa* (Theaceae) and *Mollia* (Tiliaceae) were surprisingly abundant, and on the walk from the Aguarico to the Güeppicillo, there was an ~8 km stretch, on a high terrace with some sand and gravel, dominated by *Neoptychocarpus killipii*, with *Oxandra euneura* in the understory and *Tachigali sertifera* in the canopy. Although there is floristic overlap with our first two sites in the Lagartococha watershed, about a third of the flora appears unique.

Closer to our camp at the Güeppicillo River, we surveyed a mix of steep or gently rolling hills, often with narrow, flat tops. Each hilltop appeared to harbor a different flora, and there was much greater patchiness in composition here compared to Redondococha. Some of the flora on the hills was also present in the inundated areas, suggesting that the inundations may be rapid and may recede quickly enough that species not adapted to anoxic conditions are retained.

This site was the first to display any sort of soil diversity, with a sandy layer and gravel overlaying clay at the headwaters of the streams. However, we did not find the characteristic Central Amazonian flora here, only some scattered *Neoptychocarpus killipii*. Güeppicillo experiences greater humidity than any of our other sites, and trunk climbers, ferns, and epiphytes were correspondingly more diverse. This level of epiphyte diversity is typical of Cuyabeno and Yasuní as well as the Panguana site in our inventory of the Nanay-Mazán-Arabela headwaters in Peru (Vriesendorp et al. 2007a).

Güeppí, Peru

At Güeppí, we observed ~500 species, and expect that ~900 species occur here. Our transect data confirmed our impressions of more moderate diversity at this site, with two transects of 67 and 68 species in 100 individuals. The dominant species in the transects were *Sorocea steinbachii* (Moraceae) and an arboreal *Bauhinia* (Fabaceae s.l.).

We observed three principal habitats: a broad expanse of low terraces, a *Mauritia* palm swamp, and a large inundated liana tangle. The liana tangle was hummocky, poorly drained or flooded, and covered by small trees (<10 m tall) and lianas. Diversity was low. Palms, such as *Socratea exorrhiza*, *Astrocaryum murumuru*, and *Euterpe precatoria*, as well as two species of *Brownea*, *B. grandiceps* and *B. macrophylla* (Fabaceae), were dominant.

On the low terraces we saw indications of a system less limited by nutrients with eight species of *Heliconia*, and a greater diversity and abundance of *Ficus*. Canopy trees are less diverse and more dominated by a few species: *Erisma uncinatum*, *Parkia velutina*, *P. multijuga*, and a *Virola*. This site had the most obvious signs of human intervention, as the areas close to the river were crisscrossed with old hunting trails, timber-extraction trails, and sites of active small-scale logging. These disturbances promote the regeneration of species that colonize open areas, and this site supported many "pioneer" species, e.g., *Apeiba membranacea* (Tiliaceae).

Aguas Negras, Peru

We observed ~400 species and estimate that ~700 species occur here. This site is the only one with a flora that has a more noticeable Loreto influence, and soils are sandier than our previous sites. Surprisingly, the flora at this site has most in common with our first site in the Lagartococha drainage, both in terms of its generally low diversity, as well as some shared species. This likely reflects that both of these sites are dominated by frequently inundated habitat. In addition to the flooded forest alongside a small blackwater river, we sampled low hills separated by frequently-flooded bottomlands.

An odd group of species dominate the understory of the hills, including the rarely collected *Adenophaedra grandifolia* (Euphorbiaceae), a Lauraceae with tiny leaves, *Calyptranthes bipennis* (Myrtaceae), *Ocotea javitensis*, and *Paypayrola guianensis* (Violaceae). *Rinorea* (Violaceae) is scarce, we did not even register it in our transect surveys. Generally, Myristicaceae and Chrysobalanaceae were more prevalent, and we found species, such as *Ophiocaryon heterophyllum* (Sabiaceae), also common in the Jenaro Herrera reserve near Iquitos.

A seasonally inundated and hummocky area along the Aguas Negras stream harbored a low-diversity assemblage dominated by *Macrolobium acaciifolium* (Fabaceae s.l.), *Attalea butyracea* (Arecaceae), *Mabea speciosa* (Euphorbiaceae), an *Anaxagorea* (Annonaceae), *Sterculia* (Sterculiaceae), and *Astrocaryum jauari* (Arecaceae).

Blackwater lake vegetation (Garzacocha and Redondococha)

A predictable flora grows in most of the blackwater lakes or lagoons. The characteristic emergent tree is *Macrolobium acaciifolium* (Fabaceeae s.l.), usually mixed with smaller trees and shrubs of *Genipa spruceana* (Rubiaceae), *Bactris riparia* (Arecaceae), *Symmeria paniculata* (Polygonaceae), *Myrciaria dubia* (Myrtaceae, source of the famous *camu camu* fruits), with great floating mats of *gramalote*, *Hymenachne donacifolia* (Poaceae, a tall grass), and thin pinkish mats of the floating fern *Salvinia auriculata*. The higher levees of the blackwater river, Lagartococha, have some of these species but also a much more diverse array of trees and lianas that can tolerate frequent flooding, e.g., the distinctive *Astrocaryum jauari* (Arecaceae), *Pseudobombax munguba* (Bombacaceae), *Mouriri acutiflora* (Memecylaceae), *Securidaca divaricata* (Polygalaceae), and *Rourea camptoneura* (Connaraceae).

Mauritia palm swamps (*aguajales or moretales*)

Mauritia flexuosa swamps are collectively known as *aguajales* in Peru or *moretales* in Ecuador. These swamps vary tremendously in floristic composition, and sometimes have only *Mauritia* in common. During the inventory, palm swamps varied from those with only a smattering of *M. flexuosa* or even a smaller, related species found in more acid waters (*Mauritiella armata*, in Garzacocha), to swamps so dominated by *Mauritia* that they appear as a purple blaze on the satellite image (Redondococha, Fig. 2C). In all of the areas with *Mauritia* we observed *Euterpe precatoria* (Arecaceae), a *Sterculia* sp. (Sterculiaceae), and one of several *Bactris* spp. (often *B. concinna*, Arecaceae).

In our Güeppí site, swamps had only an occasional *Mauritia* and were covered by a sprawling bamboo (cf. *Chusquea*, Poaceae). Here, species from terra firme descended into the swamp, including *Minquartia guianensis* (Olacaceae) and species of *Inga*, *Sterculia*, *Virola*, and *Tovomita*. In Güeppicillo, the swamps had a smattering of *Mauritia* but fewer terra firme species. Instead, we documented *Bactris concinna*, an extraordinarily abundant *Ischnosiphon* (Marantaceae), and a *Tovomita* sp. (Clusiaceae). In Aguas Negras, the hills are interrupted about every 200 m by low, frequently inundated areas filled with some *Mauritia*, *Euterpe precatoria*, *Cespedesia spathulata* (Ochnaceae), and a suite of species that spill over from the hill forest, including *Tovomita weddelliana* (Clusiaceae), *Parkia* spp., *Hevea guianensis* (Euphorbiaceae), *Xylopia parvifolia* (Annonaceae), and several species of Chrysobalanaceae. During periods of heavy rainfall, water actively drains across these swampy areas into the Aguas Negras stream.

HUMAN-INFLUENCED PLANT DISTRIBUTIONS

There is a growing recognition of the degree to which Amerindian populations have had a historical influence on plant distributions (e.g., Brazil nuts; Mori and Prance 1990; R. Gribel unpub. data). We report some anecdotal evidence from our experiences with the Cofan. At Redondococha, we observed *Mauritiella armata* (Arecaceae), a species restricted in Ecuador to the eastern lowland Amazon. Much to our surprise, L. C. Lucitante, one of our Cofan colleagues from the Andean foothills, knew this species, and even had a name for it, *fana*. More than 40 years ago, her grandmother had brought the species back from a trip to Iquitos and planted it in Chandia N'ae, the Cofan settlement at the base of the Andes near the Reserva Ecológica Cofan-Bermejo.

After this inventory, the Cofan returned home with delicious fruits of at least one species of *Pouteria*, as well as corms from *Phenakospermum guyannense* (Strelitziaceae) to cultivate for its aesthetic value. With this anecdotal evidence of the Cofan planting both useful and ornamental species, we continue to wonder whether the lowland record for *Billia rosea* (Hippocastanaceae) in the Territorio Cofan Dureno may reflect a planted seed (Vriesendorp et al. 2007b).

NEW SPECIES, COUNTRY RECORDS, AND RARITIES

It is virtually impossible to confirm new plant species in large genera without assistance from specialists. However, with the help of the *Catalogue of the Vascular Plants for Ecuador* (Jørgensen and León-Yánez 1999) and the *Catalogue of the Flowering Plants and Gymnosperms for Peru* (Brako and Zarucchi 1993), as well as the five-year supplements to these catalogues, we can gather a preliminary list of rarities, new country records, and possible new species.

Our greatest discovery during the inventory was a plant that appears to represent a new genus of Violaceae, with large, solid fruits and axillary inflorescences (Fig. 4C). We collected this species at Güeppicillo, but found other individuals in Güeppí. When we returned to Iquitos and visited the Herbario Amazonense, we found a sterile specimen collected by Pitman and his colleagues north of the Napo, and later discovered sterile collections of it from Yasuní.

We have a laundry list of potential new species, including a *Xylopia* with large hairy leaves and calyces, a *Mollinedia* (Monimiaceae) with large fruits and leaves (Fig. 4H), a huge *Guarea* tree with peeling bark and many small leaflets, a Lauraceae that we collected with abundant flowers and miserable stinging ants, and a *Vitex* (Verbenaceae) with huge leaflets.

Several records appear to represent a first for Ecuador or Peru. At Aguas Negras, we found a species of *Amasonia* (Verbenaceae, Fig. 4B), which is new to Peru. We found fallen fruit of a *Chaunochiton* tree (Olacaceae, Fig. 4F), a new genus for Ecuador, on the trail between the Aguarico and the Güeppicillo rivers. At Redondococha, we found two patches of a rare palm, *Ammandra dasyneura*, a new genus for Peru (Fig. 4D). Along the lower Güeppí River near Güeppicillo we found a flowering *Thyrsodium* (Anacardiaceae), a new genus for Ecuador. *Neoptychocarpus* is not listed in the Ecuadorian catalogue; however, R. Foster and colleagues have collected *N. killipii* near Zábalo in 1998.

OPPORTUNITIES, THREATS, AND RECOMMENDATIONS

Many of our rapid biological inventories have employed helicopters, which gave us fast and direct access to the remote interiors of areas of interest. In contrast, we traveled by boat and on foot during this inventory, giving us a much better look at the degree of human disturbance (e.g., illegal logging and poaching) around the edges of Z.R. Güeppí and R.P.F. Cuyabeno. Nevertheless, access to the interiors of these areas has been very difficult, and remains so today. Thus, the flora and fauna at the heart of these areas has generally enjoyed a large degree of protection because of limited human access.

R.P.F. Cuyabeno and Z.R. Güeppí harbor some of the most diverse plant communities in the world. Here, the rich-soil forests of the Ecuadorian Amazon meet the poor-soil forests of Loreto. However, only one of these hyperdiverse floras is truly protected, with R.P.F. Cuyabeno and Parque Nacional Yasuní sheltering 1.7 million hectares in Ecuador.

In Peru, existing areas (Pacaya-Samiria, Allpahuayo-Mishana) protect *varzea* (inundated forests along white-water rivers) or white-sand forests. Z.R. Güeppí represents a tremendous opportunity to protect the exceptional terra firme flora of Loreto. We recommend immediate categorization of Z.R. Güeppí— official declaration of Parque Nacional Güeppí, Reserva Comunal Airo Pai, and Reserva Comunal Huimeki— and integrated implementation of the three areas.

Any large-scale activities (agriculture, logging, oil infrastructure) that create widespread deforestation threaten the vegetation of the region. Timber populations are sparse but viable in the floodplains of Z.R. Güeppí and R.P.F. Cuyabeno, and we observed scattered evidence of illegal logging. Timber species, including *tornillo* (*Cedrelinga cateniformis*, Fabaceae) and *cedro* (*Cedrela odorata*) are threatened not only in Z.R. Güeppí, but also throughout the Amazon. To prevent species extinction, we need to protect areas that will shelter source populations, such as Z.R. Güeppí and R.P.F. Cuyabeno, and ensure that these areas have an operational and effective system of protection and are truly safe from illegal logging.

We recommend inventories of several other important habitats that we did not sample during the inventory: the sandy *Tachigali* terraces between the Putumayo River and the Napo drainage (because they may be the westernmost extent of some of the Central Amazonian flora); the high, dissected hills in the central Z.R. Güeppí; and the Lagunas de Cuyabeno, an area that likely overlaps floristically with the Lagartococha complex.

Finally, the Napo and the Putumayo rivers both spring forth from Andean streams. Deforestation in the Andes, or any sites upstream, will lead to increased sedimentation in both of these drainages, as well as more extreme fluctuations in river levels. Successful protection of the Z.R. Güeppí, R.P.F. Cuyabeno, and Parque Nacional Natural La Paya (adjacent, in Colombia) will depend on coordinating management across political boundaries, including the entire watershed for the Napo and Putumayo rivers.

FISHES

Authors/Participants: Max H. Hidalgo and Juan F. Rivadeneira-R.

Conservation Targets: Populations of *paiche* (*Arapaima gigas*), the largest Amazonian fish and the only one listed on CITES; *arahuana* (*Osteoglossum bicirrhosum*), exploited as an ornamental; *tucunaré* (*Cichla monoculus*) and *acarahuazú* (*Astronotus ocellatus*), both commercial species valued as food and ornamentals, and abundant throughout the Lagartococha River basin; small species of *Hyphessobrycon*, *Carnegiella*, *Corydoras*, *Apistogramma* and *Mesonauta* targeted by the ornamental-fishes trade; slow moving, blackwater environments (lagoons, flooded forests) that tucunaré and acarahuazú use for reproduction and as nursery feeding grounds; headwaters of the Lagartococha, Peneya, and Güeppí Rivers that harbor fish species dependent on the Amazon forest for survival

INTRODUCTION

Fish diversity in the Putumayo and Napo Rivers is extremely high; scientists estimate 400–500 species, respectively (Stewart et al. 1987; Barriga 1994; Ortega et al. 2006). Yet, little to no data exist about the ichthyofauna inhabiting the interfluvial area between these two basins, which is along the trinational border of Ecuador, Peru, and Colombia, and corresponds to the proposed conservation corridor.

We studied the ichthyofauna in the southern part of this proposed conservation corridor, within the Reserva de Producción Faunística (R.P.F.) Cuyabeno (in Ecuador), the Zona Reservada (Z.R.) Güeppí (in Peru), and the headwaters of the Lagartococha, Güeppí, and Peneya Rivers. Our specific objectives were to identify and determine species composition, conservation status, and conservation targets within the fish communities inhabiting the region.

METHODS

Fieldwork

During 15 days of intense fieldwork, we studied the majority of the aquatic habitats of the Lagartococha River (within the Aguarico basin, a tributary of the Napo River), and the Güeppí and Aguas Negras Rivers (of the Putumayo River basin).

We conducted daily and nocturnal collections at 24 sample stations from different habitats, including blackwater and clearwater rivers, lagoons, and streams as well as flooded areas (*bajiales*) and palm swamps (*aguajales*). We did not sample directly from the Putumayo River.

Of our sampling stations, 60%–70% corresponded to blackwater habitats, while the rest were clear water or a mixture of both. At every sampling station, we noted altitude, geographic coordinates (including UTM), and basic characteristics of the aquatic environment (Appendix 4). We documented several additional species based on conversations with local Secoya, Cofan, and *mestizo* inhabitants even though we did not capture those species during our fieldwork.

Collection and analysis of biological material

We captured fish species using the following equipment: one large drag net (6 m long, 1.5 m deep), two medium drag nets (2 m long, 1.5 m deep), a circular cast net called an *atarraya* (1.5 m diameter), one small gillnet (10 m long, 1.5 m deep, with 3-cm mesh), one large gill net (40 m long, 2 m deep, and net openings 1.5–3 inches), and one hand net. Eighty percent of the individuals captured were fixed as specimens, especially those not easily identified in the field (such as the Characidaes and small Siluridaes). For the most part, fish longer than 25 cm were identified in the field and subsequently released. Occasionally, we found dead or partially eaten fish in our nets, and we brought those back to camp to keep as samples or to consume.

We fixed collected fish in a 10% formol solution for 24 hours, after which we wrapped them in gauze soaked in an 70% ethyl alcohol solution and placed them in bags or cases for transport. After our daily fieldwork, we worked with several field guides (Galvis et al. 2006) back at camp to identify collected species. The biological material is now part of the fish collections at the Museo de Historia Natural (UNMSM, in Lima) and the Museo Ecuatoriano de Ciencias Naturales (MECN, in Quito). We were not always able to make positive, conclusive field identifications to the species level. Those species sorted to morphospecies (for example, *Pimelodella* sp.1, *Pimelodella* sp.2) require additional laboratory identification. This methodology has been applied in other Rapid Biological Inventories, such as Nanay-Mazán-Arabela headwaters (NMA), Ampiyacu-Apayacu-Yaguas-Medio Putumayo

(AAYM), and Dureno (Hidalgo and Olivera 2004; Hidalgo and Willink 2007; Rivadeneira et al. 2007).

RESULTS

As mentioned above, basic characteristics of the aquatic environments we studied are detailed in Appendix 4.

Richness, abundance, and composition

Our 15 days of fieldwork show that the Reserva de Producción Faunística (R.P.F.) Cuyabeno and Zona Reservada (Z.R.) Güeppí harbor high fish diversity. Of the 3,098 individuals documented (of which 98% were actually collected), there were 184 species belonging to 120 genera, 34 families, and 9 orders (Appendix 5). We estimate 260–300 species, placing this region among those with the highest fish diversity in Peru and Ecuador. Its actual species richness is 47% of the species richness reported for Parque Nacional Yasuní (PNY) (Barriga 1994), 38% of species richness in the Napo River Basin (Stewart et al. 1987), and 61% of Putumayo (Ortega et al. 2006). When compared to species richness registered in other Rapid Biological Inventories conducted in Peru, our inventory results rank third behind Yavarí (240 spp., Ortega et al. 2003) and AAYM (207 spp., Hidalgo and Olivera 2004), and ranks above NMA (154 spp., Hidalgo and Willink 2007). These results taken together confirm that the department of Loreto harbors Peru's highest diversity of freshwater fish.

Considering the taxonomy of the ichthyofauna within R.P.F. Cuyabeno and Z.R. Güeppí, Order Characiformes was the most varied, with 98 species (53% of the total) followed by the Siluriformes, with 49 species (27%). This dominance is characteristic in the Amazonian lowlands and has been documented in PNY, NMA, AAYM, and in the Napo and Putumayo Basins.

Ichthyofauna of the R.P.F. Cuyabeno and the Z.R. Güeppí shares elements with the ichthyofauna of both Ecuador and Peru, although it is more similar to the later as demonstrated by the higher number of new records for Ecuador (17 vs. 6 for Peru). As we continue to classify those unidentified species for our final list (74 spp., or 40% of the total), we expect to see additional, new records for both countries as well as species possibly new to science.

Fig. 37. Fluctuations in water levels and nutrient cycling.

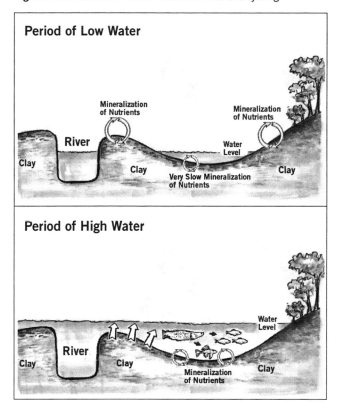

Period of Low Water

Mineralization of Nutrients

Mineralization of Nutrients

River

Water Level

Clay

Clay

Very Slow Mineralization of Nutrients

Clay

Period of High Water

Water Level

River

Clay

Clay

Mineralization of Nutrients

Clay

Of the 184 species registered in this inventory, at least 40 (22%) were not registered in PNY or in the Napo River, and 38 species (20%) were not registered in the Putumayo River. Principal differences are in the specific composition of small characids and silurids that inhabit forest or headwater streams and lentic bodies of water, especially the aguajales. These habitats have received little scientific attention, probably because of their inaccessibility. Nonetheless, many of the large species (such as the *paiche, arahuana, tucunaré,* and *acarahuazú*) are present in regions where previous studies have taken place.

When compared to the results of the recent inventory in NMA, which is approximately 160 km south of R.P.F Cuyabeno and Z.R. Güeppí (Hidalgo and Willink 2007), there were few similarities; only ~27% of the species were recorded in both inventories. Even though NMA is part of the Napo River watershed, it is located in a headwaters region and as a result there are more fish representative of the Andean foothills than there are in the R.P.F. Cuyabeno and the Z.R. Güeppí.

There are a wide variety of aquatic habitats in the R.P.F. Cuyabeno and the Z.R. Güeppí including black water and clear water, headwaters, headwater divides, flooded areas, as well as an interesting hydrological and nutrient liberation dynamics (Fig. 37) that explain great species abundance and richness despite the aquatic systems' overall low primary productivity (see the chapter here on Geology, Hydrology, and Soils). For example, rapid water level changes within the lagoons favor large species, such as paiche, that search for food during periods of high water; and illiophagous (mud-eating) species, such as *boquichicos* and Curimatidae, take advantage of the nutrients deposited on the bottom of the lagoons. In other cases, when the white waters of the Aguarico and Putumayo Rivers flow various kilometers up the Lagartococha and Güeppí blackwater rivers, species that are normally associated with white water, such as certain catfish (*Pinirampus pinirampu, Calophysus macropterus*), migrate here to take advantage of schools of prey species, such as Characiformes.

We provide details of our results per site in the following sections.

Garzacocha

We collected or observed 1,156 individuals and identified 76 fish species (representing 41% and 37% of the totaled inventoried, respectively), which correspond to 57 genera, 23 families, and 5 orders. Garzacocha had the highest abundance and was the second richest of the inventoried sites. Species of Characiformes and Siluriformes dominated fish composition (with 41 and 14, respectively) and represented 54% and 18% of the fish species collected or observed.

Of the families represented, Characidae was the richest, with 25 spp. (33% of the species observed in Garzacocha), and included diverse, small species of sardines known as *mojaditas*: *Hyphessobrycon* aff. *agulha, Hemigrammus ocellifer,* and *Moenkhausia collettii* were the most common and abundant at this site.

In the lagoon at Garzacocha, schools of large cichlids, such as tucunaré (*Cichla monoculus,* Fig. 5D) and other *bujurquis* (also known as *viejas*) like *Heros efasciatus, Mesonauta* sp., *Aequidens tetramerus,* and *Apistogramma* sp., were frequent and easy to observe along the shores or in areas without vegetation. We also captured adult and young tucunaré in our nets, which indicates that Garzacocha is a reproduction- and nursery area for this species. We observed acarahuazú (*Astronotus ocellatus*) in the same way, although in fewer quantities than the tucunaré. These species prefer lentic, blackwater habitats like Garzacocha.

We also found large populations of piranhas. Of these, *piraña roja* (*Pygocentrus nattereri*) was the most abundant and most captured in both the Garzacocha and Lagartococha Rivers. We were surprised to find that almost 100% of the individuals captured had parasites in their muscles and skin. We hypothesized that the combination of a high density of aquatic birds and warm water temperature in the lagoon had increased the number of parasites and resulting parasitosis. Additional studies are needed to understand these processes and their synergic effects on these species.

We observed paiche (*Arapaima gigas*, Fig. 5B) in Lagartococha River. This Amazonian giant was easy to detect when it came to the surface to breathe. We saw four individuals, which we determined were immature young because they were only 1 m long. The minimum length for capture in Peru's Amazon is 1.60 m (Resolución Ministerial N° 147-2001-PE, Ministerio de Pesquería). The presence of one-meter-long individuals in Lagartococha indicates that these paiche populations are in a recovery process, for these and other fauna species have suffered from overexploitation to meet the consumption demands of the military bases in the area (R. Borman pers. comm.).

Generally speaking, fish abundance in Lagartococha River and Garzacocha Lagoon is high. Not only do our results demonstrate high abundance, we observed many predators that rely on healthy fish populations to survive, such as paiche, electric eels, piranhas, *chambiras*, caimans, dolphins, and aquatic birds.

Redondococha

We identified 87 species from the 932 individuals collected or observed (47% and 30% of all those collected or observed in the inventory, respectively). These 87 species correspond to 68 genera, 24 families, and 6 orders. Redondococha presented the most species

and had the second highest abundance of the inventoried sites. Like Garzacocha, species of Characiformes and Siluriformes dominated species composition, with 58 and 13 respectively (representing 67% and 15% of the species registered at this site).

Of the families, Characidae was most varied, with 35 spp. (40% of the Redondococha species) and included several species of *Moenkhausia, Hemigrammus*, and *Hyphessobrycon*. Other families, such as Gasteropelecidae (including registered species *Carnegiella strigata* and *Gasteropelecus sternicla*), were relatively common in the lagoon and streams. The three most abundant species in Redondococha, making up 20% of individuals captured, were two small Characidae (*Moenkhausia lepidura* and *Hemigrammus* sp.) and one Curimatidae (*Steindachnerina* cf. *argentea*).

In Redondococha like Garzacocha, tucunaré and other cichlids were abundant. Juvenile individuals were present, indicating that the lagoon is a breeding and nursery ground. Within the Lagartococha River and part of the lagoon at Redondococha (next to the river channel), we registered species more common in white waters, such as boquichico (*Prochilodus nigricans*, also known as *bocachico*), the medium-size catfish *Pimelodus blochii* and *Pinirampus pinirampu*, and other large curimatids, such as the *llambina* (*Potamorhina altamazonica*, also known as *llorón*). The paiche was less evident in this site.

We found that the forest streams, while small, harbored moderate a species richness (26 on average). Notable species include several ornamentals, such *Hyphessobrycon copelandi, Hyphessobrycon* aff. *agulha, Corydoras rabauti*, and *Apistogramma* aff. *cacatuoides* (Fig. 5E).

Güeppicillo

We identified 70 species from those 516 individuals captured or observed, representing 38% and 17% of the entire inventory, respectively. These species correspond to 50 genera, 16 families, and 6 orders. The site was third in species richness and abundance. Starting with this site, diversity of the remaining inventoried sites begins to diminish. Consistent with the previous sites, the Characiformes (45 spp.) and Siluriformes (12 spp.) are the dominant fish groups, representing 64% and 17% of the richness found.

Characidae dominated the ichthyofauna composition in this site, with 32 species (46% of the species in Güeppicillo). *Hemigrammus* sp., *Knodus* sp, *Moenkhausia collettii*, and *Hyphessobrycon* aff. *agulha* represented 38% of the individuals collected.

This site was the closest to areas flooded by a river (the Güeppí), allowing for longer sampling time. However, high water levels, no shoreline, and profound channel depths (4–5 m) meant that the fish were dispersed and capturing them was much harder. That is why, for example, we did not capture or observe any arahuana even though the Cofan claimed it to be a common species in this area.

Sábalos (*Brycon cephalus*) were frequently caught with hooks and lines. In the clearwater streams within the forest, we found *Astyanacinus multidens* and *Astyanax bimaculatus*, which tend to be more abundant in the Andean foothills (Hidalgo pers. obs.) and therefore indicate that these streams are probably headwaters for the Güeppí. Furthermore, unlike the Lagartococha River, there were no large blackwater lagoons here and subsequently, less diversity of large cichlids (like tucunaré and acarahuazú) and more registries of genera that prefer clear water (such as *Bujurquina*).

Güeppí

We identified 65 species from the 205 individuals captured or observed (35% and 7% of those inventoried, respectively), which correspond to 45 genera, 18 families, and 6 orders. There were more Characiformes and Siluriformes than any other order, with 34 and 21 species (52% and 32%, respectively).

The dominant family was Characidae, with 22 species (34% of the species recorded at the site), including the three prevalent species: *Moenkhausia collettii*, *M. ceros*, and *Hyphessobrycon* cf. *loretoensis*, which made up 30% of the individuals collected.

Abundance at this site was less than 25% that found in Garzacocha and Redondococha (oxbow lakes of the Lagartococha River); the absence of large lagoons could be responsible. In addition, we observed significantly less abundance in this site's *aguajales* (palm swamps)

and streams. (For example, on many occasions we did not pull in any individuals in our drag nets, whereas in Lagartococha we pulled in over 50 individuals each time.) The close proximity of the Güeppí and Lagartococha headwaters likely corroborates the "continuous-river concept" (*la teoría del río continuo*, Vannote et al. 1980), which states that there is more diversity downriver than upriver because of increasing habitat complexity.

The lagoons present along Güeppí River did increase the site's species richness. We captured the most medium-sized species (20 cm, on average) as well as *lisas* (*Rhytiodus argenteofuscus*) and catfish (*Calophysus macropterus* and *Pimelodus blochii*) in these lagoons. Close proximity to Putumayo River along this part of the Güeppí explains the presence of species more abundant in white waters.

While our inventory in the Güeppí basin did not demonstrate high species richness, we believe that it is actually higher because we observed dolphins (*Sotalia fluviatilis* and *Inia geoffrensis*) and river otters (*Pteronura brasiliensis*), which consume enormous quantities of fish (see the mammals chapter of this report).

Aguas Negras

We registered 37 species among the 289 individuals collected or observed, which represents 20% and 9% of all those registered in the inventory. These 37 species correspond to 29 genera, 18 families, and 6 orders. This is where we recorded the least species richness and second least abundance. As with all other sites, species of Characiformes (28) and Siluriformes (5) were dominant, with 76% and 14% respectively.

The Characidae family was dominant, with 16 species (43%) of the site's species. The most abundant members of this family were *Hyphessobrycon* aff. *agulha* (62 individuals, 21% of the total), and *Moenkhausia collettii* (46 individuals, 16% of the abundance).

Why did Aguas Negras have the least species richness? First, Aguas Negras had flooded its banks and left the surrounding forest under at least 1 m of water. This, in turn, dispersed its fish. In addition, this was the only site without a medium-sized river, such as the Lagartococha or the Güeppí. Instead, the Aguas Negras is a large stream (*quebrada*). Despite this, several new records (7 spp.) augmented our species list and included a species of Loricariidae that is probably new to science. In addition, it was the only site where we observed several adult arahuana: three in front of camp and one in the Aguas Negras oxbow lake.

Threatened species

The great expanse of the Lagartococha's river-lagoon system harbors at least one paiche population, which is the only Amazonian fish species listed in CITES Appendix II. Despite its enormous importance to commercial fishing, the paiche is poorly protected in Peru (the only protected areas where the species can be found are Reserva Nacional Pacaya Samiria and Parque Nacional Purús) and Ecuador (the only protected areas were the species can be found are Parque Nacional Yasuní and Reserva de Producción Faunística Cuyabeno). Other commercially important species, such as the arahuana (*Osteoglossum bicirrhosum*), tucunaré (*Cichla monoculus*), and acarahuazú (*Astronotus ocellatus*), were common throughout the area and use the lagoons as breeding grounds.

The arahuana is the most important ornamental species in Peru, yet there are no statutes that regulate the minimum size for capture, or stipulate fishing seasons, or prohibit the capture and sale of fry and juvenile individuals—such statutes do exist for other the commercially important species (paiche, tucunaré, acarahuazú). Continued exploitation of this species without any management plan or type of control is a serious threat given that the arahuana has a very low fecundity rate, does not mature sexually until into its second year of life, is not migratory, and many adult parents die during juvenile capture (Moreau and Coomes 2006).

New records

For Ecuador, we registered 17 species not previously on the ichthyofauna lists (Barriga 1991, 1994; Reis et al. 2003), including *Moenkhausia intermedia, Serrasalmus spilopleura, Tyttocharax cochui, Gymnotus javari*, and *Ochmacanthus reinhardtii* (Appendix 5).

For Peru, there were at least six species not previously listed for the country's ichthyofauna (Ortega and Vari 1986; Chang and Ortega 1995) or listed in a recent, unpublished database of Peru's continental waters (Ortega and collaborators, in prep.). These species are *Leporinus* cf. *aripuanaensis, Bryconops melanurus, Hemigrammus* cf. *analis, Corydoras* aff. *melanistius, Rivulus* cf. *limoncochae*, and *Steindachnerina* cf. *argentea*.

New species

We registered at least three species we believe are new science: *Hypostomus* cf. *fonchii* (Fig. 5A), *Tyttocharax sp.*, and *Characidium* sp. 1. Of these, the first species' morphology is very similar to a new species found during the Rapid Biological Inventory of Cordillera Azul (de Rham et al. 2001; Weber and Montoya-Burgos 2002). However at the time of this writing, that species is known only from type material and ultimately considered endemic to the area. If it is the same species, our find represents a vast extension of its distribution range.

THREATS

- Indiscriminant fishing done by bushmeat suppliers who supply military outposts in the area and who use fish poison that affect all fauna species.

- Petroleum activity in the zone. Impacts generated during exploration or exploitation can build up over time creating stronger, more negative, and unforeseen synergetic harm in the medium and long term.

- Lost vegetative cover along the shores increases sediment build-up in the aquatic habitats. This in turn produces changes in the natural state of the microhabitat thereby affecting the species (through reduced food and shelter availability, and reduced diversity).

- Deforestation, illegal logging, and creation of pasture or cultivated land could generate direct habitat loss and demise of the area's ichthyofauna. Many species depend on the forest for food and for its ability to regulate microclimatic conditions (such as temperature and solar radiation, among others).

- Illegal fishing of ornamental species that could lead to overfishing and exploitation of this resource. While official statistics do not exist in Peru, is well known among locals and INRENA that the area's ornamental species attract a large number of merchants in illegal fauna looking for ornamental species like arahuana (*Osteoglossum bicirrhosum*), corredora (*Corydoras rabauti*), and bujurqui (*Apistogramma* aff. *cacatuoides*), to sell in Colombia.

RECOMMENDATIONS

Protection and management

- Protect the conservation corridor (including R.P.F. Cuyabeno, Z.R. Güeppí, and the adjacent Parque Nacional Natural La Paya in Colombia) and conserve important fishes, such as paiche, arahuana, tucunaré, acarahuazú and ornamental species, that rely on the area's aquatic habitats to survive.

- Protect populations of arahuana, the most vulnerable species inhabiting the conservation corridor. Peruvian law lacks measures regulating the capture and sale of this species.

- Include the interfluvial area of the Güeppí and Putumayo Rivers as part of the core zone of the R.P.F. Cuyabeno to strengthen the conservation corridor (Fig. 11A). This area, currently part of an oil concession in Ecuador (Bloque Petrolero 27; Fig. 10C), includes portions of the Güeppí and Putumayo rivers' watersheds.

- Prohibit hydrocarbon exploitation in the area.

- Strictly control illegal fishing by establishing control posts that monitor the comings and goings of outsiders. If military bases and local communities are included, control could be strengthened.

- Provide technical support to local communities to develop management plans for fish resources. Positive results are seen in other regions of Peru (such as Reserva Natural Pacaya Samiria), where plans are in place for species like paiche and arahuana.

Additional research

Study commercially important fish species, including those important for local consumption and larger-scale commercialization: paiche, tucunaré, arahuana, and other ornamentals.

Further inventory recommendations

- Although at Aguas Negras we surveyed a headwater of the Peneya River, the middle and lower parts of this drainage have not been studied and should be surveyed.

- We did not sample the Putumayo River itself, yet this important river crosses a large part of the conservation corridor and should be inventoried. In addition, we expect that commercially important species, such as large migratory catfish, inhabit the river and should be studied.

AMPHIBIANS AND REPTILES

Authors/Participants: Mario Yánez-Muñoz and Pablo J. Venegas

Conservation targets: Species restricted to the northern portion of the upper Amazon Basin within Ecuador, Peru, and Colombia (*Osteocephalus fuscifacies, O. planiceps, O. yasuni, Nyctimantis rugiceps, Ameerega bilinguis, Allobates insperatus, Cochranella ametarsia*); traditionally consumed and/or commercial species listed in CITES Appendices and categorized as threatened by the IUCN (*Leptodactylus pentadactylus, Hypsiboas boans, Caiman crocodilus, Chelonoidis denticulata, Chelus fimbriatus, Corallus hortulanus, Podocnemis unifilis, Melanosuchus niger*); species for which insufficient data exist to determine conservation status (*Pristimantis delius, Cochranella ametarsia, Osteocephalus fuscifascies*)

INTRODUCTION

The northern portion of the upper Amazon Basin located within Peru and Ecuador is one of the most diverse areas for amphibians and reptiles in the world. Here, it is possible to find 173 species within a 3-km area: that is the same number of species within all of North America and twice the number of species in Europe (Duellman 1978; Young et al. 2004). Despite this impressive statistic, there are actually few herpetological studies in this expansive region and they are far from elaborating the area's total diversity. The principal studies documenting this diversity include the herpetofauna of Santa Cecilia (Duellman 1978), reptiles of Iquitos (Dixon and Soini 1986), anurans of Iquitos (Rodríguez and Duellman 1994), herpetofauna in the Tigre and Corrientes river basins of northern Loreto (Duellman and Mendelson 1995), and lizards of Cuyabeno (Vitt and de la Torre 1996). In addition, information provided in numerous Rapid Biological Inventories, which have been conducted in the region to promote its conservation, all report high amphibian and reptile species densities in sampled areas, including Yavarí (Rodríguez and Knell 2003); Ampiyacu, Apayacu, Yaguas and Medio Putumayo (Rodríguez and Knell 2004); Sierra del Divisor (Barbosa and Rivera 2006); Nanay-Mazán-Arabela (Catenazzi and Bustamante 2007); and Dureno (Yánez-Muñoz and Chimbo 2007). The Reserva de Producción Faunística Cuyabeno (in Ecuador) and Zona Reservada Güeppí (in Peru) remain largely unknown, although Quito's Escuela Politécnica Nacional (Ecuador) and Lily O. Rodríguez (Peru, pers. comm.) have conducted several collections without publishing their results.

Our main objective in this rapid biological inventory was to characterize herpetofauna composition and diversity in the rainforest surrounding the blackwater tributaries of the Napo and Putumayo Rivers and thereby establish baseline data for the area's future conservation, zoning, and management plan. In addition, our study provides a general overview of the herpetofauna in the northern portion of the upper Amazon Basin (in Peru and Ecuador) and highlights the region's immense diversity and conservation importance.

METHODS

We worked from 5 to 28 October 2007 in five sites within the Napo and Putumayo Rivers (see Regional Panorama and Sites Overview). We registered amphibians and reptiles found during hikes along trails, within bodies of water (oxbow lakes, streams, creeks, etc.) and from leaf litter (Heyer et al. 1994), over a 23-day search period. Total fieldwork effort amounted to 138 person-hours, divided among the sites as follows: Garzacocha 24, Redondococha 30, Güeppicillo 30, Güeppí 24, and Aguas Negras 30 (Fig. 2C).

We recorded species identified by direct capture or observation. We also registered certain frog species based on their calls. Finally, we identified amphibians and reptiles photographed by other members of the inventory and logistics support teams. We photographed at least one individual of all the species captured during the inventory.

We collected hard-to-identify species, including several potentially new species and/or records, as well as species with few representative museum specimens (56 amphibians and 38 reptiles). These specimens have been deposited in the herpetological collections of the Centro de Ornitología and Biodiversidad (CORBIDI, Lima) and the División de Herpetología del Museo Ecuatoriano de Ciencias Naturales (MECN, Quito).

We analyzed our data using BioDiversityPro ver. 2. software (McAleece et al. 1997) to estimate similarities between sample points and within the regional environment. To compare sample points, we based our cluster analysis on Jaccard's Index; for the regional analysis we used the Bray-Curtis Index.

RESULTS

Composition and characterization

We registered 107 species (59 amphibians and 48 reptiles) in the five sample sites (Appendix 6). All of the amphibians registered belong to the Order Anura and include eight families and 20 genera. The Hylidae stands out with 42% (25 spp.) of the amphibians, followed by Brachycephalidae, Leptodactylidae, and Bufonidae, which had 7–10 species each. Two species represent the remaining families (Aromobatidae, Centrolenidae, Dendrobatidae, and Leiuperidae).

The reptiles registered belong to three orders (Crocodylia, Testudines, and Squamata), 16 families, and 39 genera. Colubridae make up 25% of the registered reptiles. Saurians of the Gekkonidae and Gymnophthalmidae are the second richest, with 10% and 17% of reptile composition, respectively. Other groups, such as arboreal and terrestrial lizards (Polychrotidae and Teiidae), coral snakes, boas, vipers (Elapidae, Boidae, Viperidae), and caimans (Crocodilia) have 2–4 species. The remaining families, including terrestrial and aquatic turtles (Testudinidae, Pelomedusidae, Chelidae) and saurians (Amphisbaenidae, Hoplocercidae, Tropiduridae, Scincidae) each had one species. In addition, collections from Aguas Negras in 1994 (L. O. Rodríguez pers. comm., Appendix 7) added nine species, bringing the final list to 116 species (66 amphibians and 50 reptiles).

The herpetofauna is associated with three habitat types: (1) lowlands with some low hills, subject to flooding over large areas, (2) riparian and floating vegetation of blackwater rivers and lagoons, and (3) larger hills with streams.

The alluvial lowlands contain large extensions of *aguajales* (*Mauritia* palm swamps), wetlands, and temporary oxbow lakes that cover most of the area. This habitat type favors composition and abundance of anurans that require standing water for reproduction and explains why some frogs (*Leptodactylus discodactylus*) and tree frogs (*Hypsiboas cinerascens* and *H. fasciatus*) were common and frequent in these habitats. Low hills surrounded by wetlands and aguajales were dominated by species that do not depend directly on water, such as the toads *Dendrophryniscus minutus* and *Allobates insperatus* (which inhabit the leaf litter), and *Osteocephalus planiceps* (which resides in the understory). Abundant tree frogs inhabit the riparian vegetation along the rivers and lagoons as well as floating vegetation, including *Dendropsophus triangulum*, *Hypsiboas geographicus*, *Osteocephalus taurinus*, and *Scinax garbei*. Thanks to the presence of atypical areas within our study site—forested, steep slopes with pronounced streams—the diversity of terrestrial anurans within the Bufonidae and Dendrobatidae families increased significantly, as did *Pristimantis* frogs along forested slopes. Along streams with highly oxygenated wetlands, glass frogs (*Cochranella midas*) and tree frogs (*Osteocephalus cabrerai*) stood out.

The flooded lowlands lacked reptile diversity, although several water snakes (*Micrurus surinamensis* and *Hydrops martii*) were registered in the oxbow lakes and aguajales. The lizards *Mabuya nigropunctata* and *Kentropyx pelviceps* were abundant along river shores, mostly foraging in leaf litter and on fallen trunks. Medium to large reptiles, including *Caiman crocodilus*, *Melanosuchus niger* (Fig. 6A), and the tree boa *Corallus hortulanus* (Fig. 6H), were frequent and abundant in and along the lagoons. The leaf litter within the forested hills harbored notable diversity and abundance of saurians in the family Gymnophthalmidae, such as *Alopoglossus copii*, *A. atriventris*, *Arthosaura reticulata*, *Cercosaura argulus*, and *Leposoma parietale*, while the diurnal geckos *Gonatodes concinnatus* and *G. humeralis* were often found on the base of large trees at heights of 1.5 m and below.

Eighty-nine percent (103) of the amphibian and reptile species found within R.P.F. Cuyabeno and Z.R. Güeppí are widely distributed throughout the Amazon Basin. Nonetheless, four species (*Allobates insperatus*, *Pristimantis delius*, *Nyctimantis rugiceps*, *Osteocephalus fuscifacies*) are restricted to Ecuador and Peru; two are restricted to Colombia, Ecuador, and Peru (*Osteocephalus planiceps* and *O. yasuni*); two to Colombia and Ecuador (*Cochranella ametarsia* and *Ameerega bilinguis*); and one to Brazil, Ecuador, and Peru (*Cochranella midas*).

Because of their wide geographic distribution, the IUCN and NatureServe place the majority of these species in the "Least Concern" (LC) category (2004). Yet, certain anurans have been found in a few sample sites only and have been assigned to the "Data Deficient" (DD) category, including *Pristimantis delius*, *Cochranella ametarsia*, and *Osteocephalus fuscifacies*. There is little consensus regarding the conservation status for the majority of the reptiles registered in our inventory, but *Melanosuchus niger* and *Podocnemis unifilis* are considered globally threatened species and are categorized as Endangered (EN) and Vulnerable (VU), respectively.

Species richness and site comparison

On average, we registered 45 species per site. The minimum number was in Garzacocha (37) and the maximum was in Güeppicillo (59).

Garzacocha

We registered 37 species (19 amphibians and 18 reptiles) here, 8 of which were registered only at this site (*Dendropsophus parviceps*, *Scinax garbei*, *Chelus fimbriatus*, *Podocnemis unifilis*, *Amphisbaena alba*, *Iphisa elegans*, *Oxybelis fulgidus*, *Bothrops atrox*). We detected *Amphisbaena alba* (Fig. 6B), a legless lizard widely distributed throughout the Amazon but difficult to find because of its fossorial habits. Species composition at Garzacocha is relatively low when compared to other studied sites, mostly because conditions in flooded lowlands favor only a few species. Herpetofauna of aguajal ecosystems consists mostly of amphibian species whose reproductive strategies are associated with lentic ecosystems, and includes notable abundance of *Leptodactylus andreae* frogs and small toads (*Dendrophryniscus minutus*), usually found on low hills. We observed populations of spectacled caiman (*Caiman crocodilus*) and yellow-spotted Amazon River turtle, locally known as *charapa* (*Podocnemis unifilis*), both threatened by hunting and the wildlife trade.

Redondococha

We registered 44 species (21 amphibians and 23 reptiles), 11 of which were exclusive to this site (Appendix 6). One of the most exciting finds was a potentially new species of the toad genus *Rhinella* (*Ramphophryne*) (Fig. 6G). Redondococha's herpetofauna is associated with its lakes and small hills; *Osteocephalus planiceps* are easily found on riparian vegetation and *Mabuya nigropunctata* are abundant along the shores. We observed a considerable population of threatened black caimans (*Melanosuchus niger*, Fig. 6A), including juveniles and adults.

Güeppicillo

We found 59 species (41 amphibians and 18 reptiles), of which 21 were only found at this site (Appendix 6). We registered two species restricted to Ecuador, Colombia, and Peru (*Osteocephalus fuscifacies, Cochranella ametarsia*) that had been known previously in less than five localities. Species composition in Güeppicillo is the most diverse and influenced by the site's complex relief and steeper hills, where Centrolenidae and Dendrobatidae frogs predominate in the aquatic areas and Brachycephalidae (whose embryos develop directly, without passing through an aquatic larval phase) thrive in terrestrial portions. We collected a significant number of species from the Bufonidae family.

Güeppí

We registered 41 species (25 amphibians and 16 reptiles), 4 of which are exclusive to this site (*Edalorhina perezi, Leptodactylus knudseni, Atractus snethlageae, Oxyrhopus melanogenys*). Presence of the dendrobatid frog *Allobates insperatus* (Fig. 6F) is notable, as it was known previously only in Ecuador. Species richness is close to the average (45), but the diversity of *Leptodactylus* spp. found here is anything but average: we registered almost 80% of the *Leptodactylus* species known in the Amazon. There are gently sloped hills and flooded lowlands in this site, and as a result, greater herpetofauna diversity and presence of species adapted to both forested hills and aguajales.

Aguas Negras

We found 43 species (26 amphibians and 17 reptiles), of which 6 were exclusive to this site (*Pristimantis peruvianus, Osteocephalus taurinus* complex, *Thecadactylus rapicaudus, Anolis ortonii, Atractus major, Micrurus surinamensis*). Previously, *Osteocephalus fuscifacies* (Fig. 6E) had been registered in Amazonian Ecuador only, and its presence in this site extends this species' range to Peru. Species richness at this site was close to the overall average and species associated with aguajales and slightly sloped forests characterize its composition. Notable aquatic species include *Micrurus surinamensis* (Fig. 6I) and notable terrestrial species include *Pristimantis* frogs.

Site comparison

Only 7% of the species registered were present in all five sites (Appendix 6), including the amphibians *Allobates femoralis, A. insperatus, Hypsiboas lanciformis, Osteocephalus planiceps, Trachycephalus resinifictrix*, and reptiles *Alopoglossus atriventris, Leposoma parietale*, and *Anolis fuscoauratus*. In contrast, 69% of the amphibians and reptiles inventoried were found in one or two sample sites. Güeppicillo had the largest number of exclusive registries (21 spp.). Less than a quarter of the species registered (23%) were present in three and four sample sites.

Fig. 38. Cluster analysis (Jaccard Cluster, single link) of the herpetofaunal beta diversity in Rapid Biological Inventory sites in the Z.R. Güeppí and the R.P.F. Cuyabeno.

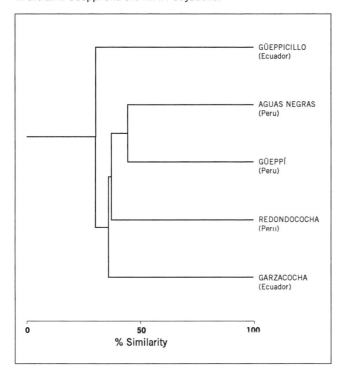

The percentage of similarity among our inventory sites was 29%. Only Güeppí and Aguas Negras shared 44% of their composition (Fig. 38).

The cluster analysis (based on Jaccard's Index calculations) of the sampled sites grouped the herpetofauna according to vegetative and topographic characteristics of the zone. Terra firma ecosystems associated with pronounced slopes (Güeppicillo) are independent from the flooded lowlands sites (Garzacocha and Redondococha), and the pair of sites in flooded, slightly hilly zones (Güeppí and Aguas Negras).

Notable registries

We recorded a species of Bufonidae possibly new to science. This species is related to *Rhinella festae* of Ecuador and Peru, which had been previously assigned to *Rhamphophryne*. Specimens obtained in Güeppí and Redondococha differ from *Rhinella* (*Rhanmphophryne*) *festae* in dorsal texture, size, and the length of the head/ snout profile. Future detailed analysis of the collected specimens will help to define this species' taxonomy.

In Güeppí and Aguas Negras, we collected *Allobates insperatus* and *Osteocephalus fuscifacies*, which had been previously known in the Napo River drainage basin in Ecuador (Jungfer et al. 2000; IUCN et al. 2004). As a result, these two species are new additions to Peru's amphibian list. It should be noted that Catenazzi and Bustamante (2007) reported the presence of *Osteocephalus* cf. *fuscifacies* in Alto Mazán; however, they did not confirm the final determination of the specimen. Regardless, our registry represents the northern latitudinal recorded limit for *O. fuscifacies*, and we hypothesize that it could inhabit Colombian territory as well.

We report *Pristimantis delius* for the first time in Ecuador (in Güeppicillo; Fig. 6D); previously, it had only been registered in Peru, in the remote reaches of Loreto (Duellman and Mendelson 1995). This represents its northern latitudinal limit for *P. delius*. Our registries of *Rhaebo guttatus* and *Cochranella ametarsia* in Güeppicillo are only the third time these species have been registered in Ecuador.

Even though several long-term studies have taken place in the R.P.F. Cuyabeno (Vitt and de la Torre 1996; Acosta et al. 2003–2004), our inventory increased the known number of species in the zone by 19, including *Pristimantis delius, Rhinella ceratophrys, Dendropsophus leucophyllatus, Osteocephalus cabrerai, Leptodactylus hylaedactyla, Leptodactylus knudseni, Amphisbaenia alba, Lepidoblepharis festae, Hemidactylus mabouia, Atractus major, Clelia clelia, Drepanoides anomalus, Hydrops martii, Oxybelis fulgidus, Oxyrhopus petola, Siphlophis compressus, Micrurus lemniscatus, Bothrocophias hyoprora,* and *Chelonoidis denticulata.*

Indigenous herpetofauna knowledge and use

Several indigenous communities live in the Z.R. Güeppí and R.P.F. Cuyabeno. The Secoya indigenous community shared some of their knowledge with us. Specifically, they provided valuable information regarding traditional nomenclature and uses of some of the area's species. Using photographs, they recognized 14 taxonomic groups of saurians and anurans. To the species level, they recognized the saurians *Kentropyx pelviceps* (*siripë*, in Secoya), *Tupinambis teguixin* (*iguana*), *Thecadactylus rapicaudus* (*ojesu'su*), *Uracentron flaviceps* (*egüejero*), and *Enyalioides laticeps* (*tseunse*); and the anurans *Rhaebo guttatus* (*ñauno*), *Rhinella marinus* (*badaul*), *Leptodactylus pentadactylus* (*jojo*), and *Ranitomeya ventrimaculata* (*mamatui*). To the genus level, they recognized the anurans *Dendropsophus* (*güitouma*), *Hypsiboas* (*sucu*), *Phyllomedusa* (*sacapenea*), and *Sphaenorhynchus* (*ñuncuacome*); and they referred to the saurian family Gymnophtalmidae as *cofsiripë*.

The Secoya consume seven species, including two anurans (*Hypsiboas boans, Leptodactylus pentadactylus*) and five reptiles (*Caiman crocodilus, Chelonoidis denticulata, Chelus fimbriatus, Melanosuchus niger,* and *Podocnemis unifilis*).

DISCUSSION

The upper Amazonian Basin of Ecuador and Peru harbors approximately 319 herpetofauna species (Appendix 7), which is the highest concentration of herpetofauna species on earth. Patterns of alpha diversity in the eight areas analyzed in the region fluctuate between 84 and 263 species. Some of this variance could be attributed to the different sizes of sampled areas and varying lengths of inventories. Long-term studies in regions such as Santa Cecilia, Tiputini, Yasuní, and Iquitos present the highest absolute richness in the upper Amazon, reaching between 59% and 82% of the overall regional diversity. Studies of smaller habitat fragments, such as Dureno, or studies in which there were fewer than 100 days of sampling (e.g., Loreto) registered between 26% and 34% of this diversity. Our study zone in Z.R. Güeppí and R.P.F. Cuyabeno harbors 34% of the regional richness and more than 80% of the richness registered in nearby areas of R.P.F. Cuyabeno (Acosta et al. 2003–2004). Species richness (107 spp.) recorded during this rapid inventory are similar or superior to inventories of longer duration, such as Loreto (Duellman and Mendelson 1995), where 110 spp. were registered, and other rapid inventories (Table 6) such as Dureno (Yánez-Muñoz and Chimbo 2007), Nanay-Mazán-Arabela (Catenazzi and Bustamante 2007), Ampiyacu (Rodríguez and Knell 2004), and Matsés (Gordo et al.

Table 6. Species richness of amphibians and reptiles in five Rapid Biological Inventories conducted in Amazonian Ecuador and Peru (based on absolute values reported in each inventory).

Inventory	Amphibian species	Reptile species	Total
Dureno	47	37	84
Nanay-Mazán-Arabela	49	37	86
Ampiyacu	64	40	104
Matsés	74	35	109
Güeppí-Cuyabeno	59	48	107

2006). Species richness of certain amphibian groups in the Z.R. Güeppí and R.P.F. Cuyabeno, such as Bufonidae and the genera *Leptodactylus* and *Osteocephalus*, reach close to 90% of the known species for the entire upper Amazon Basin of Ecuador and Peru.

An analysis of beta diversity patters in the upper Amazon region show that the ecosystems share approximately 44% of their composition across all of the RBI sites (Fig. 39). In our cluster analysis, the highly diverse communities (132–263 species) tend to group together, differing from those communities with lower species richness (84–116 spp.). The communities of northern Loreto group with the Z.R. Güeppí and R.P.F. Cuyabeno, and these share on average 60% of their composition with the studied areas of Nanay-Mazán-Arabela (Catenazzi and Bustamante 2007) and the Tigre and Corrientes River Basins (Duellman and Mendelson 1995).

Despite the proximity of our study sites to the Reserva de Producción Faunística Cuyabeno as a whole (two of our sites were on the north and eastern edges of the reserve), the herpetofauna was more closely related to that of Loreto and Nanay-Mazán-Arabela. We believe that the topographic and vegetative characteristics in the Amazon basin, such as alluvial lowlands and forests with more pronounced slopes, explain this relation and influence herpetofauna presence and diversity. However, we do not discard the idea that this observed trend is directly influenced by absolute richness values. The herpetofauna of the Z.R. Güeppí and R.P.F. Cuyabeno has a heterogeneous composition, closely related to the area's mosaic of habitats, and thus the area's herpetofaunal richness is quite significant for Amazonian Peru, Ecuador, and Colombia.

Fig. 39. Cluster analysis (Bray-Curtis, complete link) of herpetofauna beta diversity in the upper Amazon Basin of Peru and Ecuador: Nanay-Mazán-Arabela (NMA), northern region of Loreto (LOR), Z.R. Güeppí-R.P.F. Cuyabeno sites sampled in this inventory (AGC), Iquitos Region (IQU), R.P.F. Cuyabeno (CUY), Parque Nacional Yasuní (YAS), and Santa Cecilia (STC).

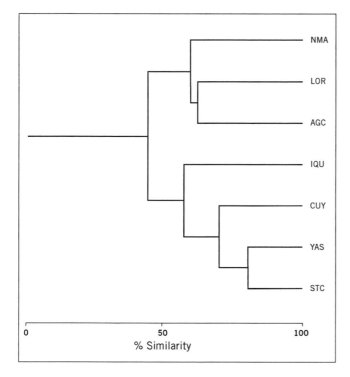

THREATS, OPPORTUNITIES, AND RECOMMENDATIONS

Timber extraction, which brings direct and associated activities like logging, road construction, use of heavy machinery, and increased number of hunters, is the biggest threat to amphibian and reptile communities. Heavy machinery, for example, degrades riparian habitats by affecting the forests' drainage systems, which in turn causes amphibian species that require intact habitats to disappear, such as glass frogs (Centrolenidae), tree frogs (Hylidae) and some toads (Bufonidae). Many small reptiles, especially lizards (Gymnophthalmidae and Amphisbaenidae), are seriously affected by destruction of leaf litter that results from logging, road construction, and tractor use. Large reptiles, such as caimans and turtles, are also subject to harm. Logs floated down the rivers directly disturb these large reptiles and their reproduction rates fall. Another potential threat to the region's amphibians and reptiles comes from petroleum exploration and exploitation. Negative impacts, such as habitat degradation, waste, and contamination from spills, are an inherent part of extracting oil.

Although we observed healthy populations of turtles and caimans in the microbasins of the Aguarico and Lagartococha Rivers, we did find evidence of commercial hunting, especially to supply the area's military bases. Commercial hunting should be prohibited and subsistence hunting (carried out by native communities) should be managed through caiman and turtle monitoring programs. An example to be emulated is Proyecto Charapa within the Cofan community, which has been successfully managing the yellow-spotted Amazon River turtle for more than ten years.

We also recommend carrying out additional herpetofauna inventories during different seasons of the year. Without a doubt, substantially greater amphibian and reptilian diversity would be registered.

Involved governments should support the effort to create and implement the conservation corridor (the "megareserve"), which would bring together and protect a large latitudinal expanse of Amazonian forests of Peru, Ecuador, and Colombia. It would assure vitality of threatened populations of amphibians restricted to the region and protect large, threatened reptiles of the Amazon Basin.

BIRDS

Authors/Participants: Douglas F. Stotz and
Patricio Mena Valenzuela

Conservation targets: Sustainable populations of birds that are hunted (Cracidae, especially Salvin's Curassow [Mitu salvini], trumpeters, tinamous); large populations of parrots, including large macaws, and Amazona parrots; nine species endemic to northwestern Amazonia; large populations of herons and other waterbirds along the Lagartococha River, and especially at Garzacocha; and populations of large hawks and eagles, including Harpy Eagle (Harpia harpyja)

INTRODUCTION

The lowland region along the Ecuadorian-Peruvian border has received little attention from ornithologists. This is especially true of the zone between the Aguarico and Putumayo rivers surveyed during this inventory. The part of these drainages in Ecuador has received much more attention than the Peruvian section. Almost all of northwestern Loreto has received little ornithological study. The only significant ornithological study of the Peruvian portion of the area surveyed in our inventory was unpublished surveys by José Álvarez in 2002 in the Zona Reservada Güeppí (T. Schulenberg pers. comm.). The next nearest ornithological survey was that conducted in 2006 during the Nanay-Mazán-Arabela Rapid Biological Inventory (Stotz and Diaz 2007), and surveys by the Ollalas at the mouth of the Cururay River in the 1930s. However, these surveys are from south/west of the Napo River and more than 200 km southeast of the current survey area. The nearest surveys east of the Napo in Peru come from the mouth of the Napo and the Ampiyacu and Apayacu drainages (Stotz and Pequeño 2004). The Napo River, into which the Aguarico flows, has been the best studied part of lowland Ecuador. The Aguarico drainage has received less attention, but there have been studies within the Cuyabeno reserve (Ministerio del Ambiente 2002), and it is considered an Important Bird Area (Birdlife International 2007). Most relevant to this inventory are bird surveys conducted by ornithologists from The Academy of Natural Sciences (Philadelphia) at Imuyacocha in 1990 and 1991 (Ridgely and Greenfield 2001, unpublished). Lake Imuyacocha is near the mouth of the Lagartococha River and has many similarities in its habitats and birds to the survey sites we examined at Garzacocha and Redondococha. The region along the Lagartococha River was visited with some regularity in the late 1980s and early 1990s by ecotourism groups, and some records for the region, including some specifically from Garzacocha, are published in Ridgely and Greenfield (2001).

METHODS

Our field work consisted of walking trails, looking and listening for birds. We departed camp shortly before first light and were typically in the field until mid-afternoon, returning to camp for a one- to two-hour break, after which we returned to the field until sunset. We (Stotz and Mena) conducted our surveys separately to increase the amount of independent observer effort, and we attempted to walk separate trails each day to maximize coverage of all habitats in the area. At all camps, we walked each trail at least once, and most were walked multiple times. Distances walked varied among camps in response to trail lengths, habitats, and density of birds, but ranged from 5–12 km each day per observer.

Each of us carried a tape recorder and microphone on most days to record bird sounds to document the occurrence of species. We kept daily records of the numbers of each species that we observed. In addition, during a round-table meeting of all observers, each evening we compiled a daily list of species encountered. This information was used to estimate relative abundances of species at each camp. We included the observations of Debby Moskovits in estimating abundance. In addition, we received observations from other participants in the inventory team, especially Randy Borman, Álvaro del Campo, and Adriana Bravo.

We spent three full days (plus parts of arrival and departure days) at four of the camps and four days at Redondococha; at Güeppicillo, these three days in the field were supplemented by a full day (by both Mena and Stotz) at a satellite camp, about 11 km south (by trail) of the main camp. Total hours of observation by Mena and Stotz at Garzacocha were ~50 h, at Redondococha ~64 h, at Güeppicillo ~52 h (plus 23 h at the satellite camp), at Güeppí ~49 h, and at Aguas Negras ~41.5 h.

The river trips were relatively brief and not completely focused on inventorying birds, so the lists are very incomplete. However, they do give an idea of the additional species that occur within the region that were not surveyed at our main camps. On the river trips, we traveled in canoes powered by 40-hp outboard motors, and travel was essentially continuous except for brief stops at military posts to do paperwork. We did not leave the canoes at these stops, and traveled in the same canoe for the entire boat trips. We traversed the Aguarico River downstream from Zábalo to the mouth of the Lagartococha River on 5 October, and upstream across the same stretch on 14 October, for a total of 6.5 h of observation. We covered the Lagartococha River upstream from the mouth to Garzacocha on 5 October, then downstream from Garzacocha to Redondococha on 9 October, and from Redondococha to the mouth on 14 October, for a total of 7.5 h of observation. We made observations along the Güeppí River and a short portion of Quebrada Güeppicillo by boat going downstream from the Güeppicillo camp to the Güeppí camp on 21 October, and from the Güeppí camp to the mouth on 25 October for a total of 5.5 h of observation. The list from Tres Fronteras is based primarily on observations in the village and surrounding second growth and pasture on 28, 29, and 30 October totaling 8.5 h of observation, but includes about 1 h of river travel to and from the mouth of the Güeppí River on 25, 29, and 30 October.

In Appendix 8, taxonomy, nomenclature, and the order of taxa follow the South American Checklist Committee, version 30 October 2007 (*www.museum.lsu.edu/~Remsen/SACCBaseline.html*). Relative abundances are based on the number of birds seen per day of observation. Because of the short period of our visits, these estimates are necessarily crude, and only apply to the season we visited. For the five main camps, we employ four classes of abundance. "Common" indicates that birds were observed daily in the appropriate habitat in substantial numbers (averaging ten or more birds). "Fairly common" indicates that a bird was seen daily, but in small numbers, less than ten per day. "Uncommon" birds were not observed daily, but were encountered more than two times, and "Rare" birds were observed only once or twice as single individuals

or pairs. For the relatively brief river trips and our time at Tres Fronteras, we modified this scheme because the surveys were far from thorough and were affected by the noise of the outboard motors, and because bird observation was not the primary focus of our activities. For these, we indicate the presence of species seen or heard during the trips, but list those species for which we observed at least ten individuals as common.

RESULTS

We registered 437 species of birds during the rapid inventory from 5 to 30 October 2007 (Appendix 8). Of these, we found 405 at the five camps that we formally inventoried. The other species were seen only during river trips between camps or around the town of Tres Fronteras on the Putumayo River. J. Álvarez conducted surveys in the Güeppí Reserved Zone in 2002 and recorded an additional 55 species that we did not encounter, mostly species associated with large rivers and open habitats.

The five camps we surveyed varied substantially in habitats and species of birds recorded, but overall species richness was similar among the sites, ranging from 247 species at Aguas Negras, the last site surveyed, to 284 at Redondococha on the Peruvian side of the Lagartococha River. This limited variation in species richness among sites contrasts with recent Rapid Biological Inventories in northern Peru (Stotz and Pequeño 2004, 2006), where the species richness among sites varied much more broadly, from 241 to 301 at Ampiyacu and 187 to 323 at Matsés. The low diversity site on our Cuyabeno-Güeppí RBI had more species than any of the low diversity sites on the other inventories, while our highest diversity site had fewer species than any of the high diversity sites on other RBIs.

We estimate a total regional avifauna of ~550 species based on our inventory and that of Álvarez, including migratory species, rare species that we did not encounter, and species associated with habitats that we did not thoroughly survey. There are no obvious habitats of large extent in the region that we did not survey at least briefly. Migratory birds are not likely to be a major component of the avifauna in the region, but perhaps an additional 15 species could be found in more complete surveys of the area.

Endemics, species with limited ranges

Ridgely and Greenfield (2006) list 23 species endemic to northwestern Amazonia that are known from eastern Ecuador. We found nine of these species: Salvin's Curassow (*Mitu salvini*, Fig. 7E), Black-throated Hermit (*Phaethornis atrimentalis*), White-chinned Jacamar (*Galbula tombacea*), Rio Suno Antwren (*Myrmotherula sunensis*), Dugand's Antwren (*Herpsilochmus dugandi*), Slate-colored Antbird (*Schistocichla schistacea*), Lunulated Antbird (*Gymnopithys lunulatus*), Ochre-striped Antpitta (*Grallaria dignissima*), and Orange-crowned Manakin (*Heterocercus aurantiivertex*). Most of the endemics not encountered do not occur in the region inventoried. However, a few, including Cocha Antshrike (*Thamnophilus praecox*), White-lored Antpitta (*Hylopezus fulviventris*), and Ecuadorian Cacique (*Cacicus sclateri*), should occur in the region: this is a fairly rich portion of Amazonia for endemic species. However, we found no evidence of the poor-soil specialists that were a major component of the inventory in the Nanay-Mazán-Arabela headwaters in Peru (Stotz and Díaz 2007). Little of this avifauna is known from Ecuador, or east of the Napo River in Peru.

Besides the nine endemics listed above, we found a number of species that are known in Ecuador from only a few sites in the northeastern part of Amazonian Ecuador, and which are known in Peru from only a portion of northern Amazonia. These include Pearl Kite (*Gampsonyx swainsonii*), Slender-billed Kite (*Helicolestes hamatus*), Azure Gallinule (*Porphyrio flavirostris*), Southern Lapwing (*Vanellus chilensis*), Sapphire-rumped Parrotlet (*Touit purpuratus*), Band-tailed Nighthawk (*Nyctiprogne leucopyga*), Plain Softtail (*Thripophaga fusciceps*), Rufous-tailed Foliage-gleaner (*Philydor ruficaudatum*), Short-billed Leaftosser (*Sclerurus rufigularis*), Ash-winged Antwren (*Terenura spodioptila*), Chestnut-belted Gnateater (*Conopophaga aurita*), Amazonian Black-Tyrant (*Knipolegus poecilocercus*), Wing-banded Wren (*Microcerculus bambla*), and Collared Gnatwren (*Microbates collaris*).

Rare and threatened species

Ridgely and Greenfield (2006) provide a list of species that they consider at risk in Ecuador. Relatively few of these species at risk are found in Amazonia because of its large area and relatively intact habitat. They list three species we encountered as Vulnerable (essentially equivalent to the categories of Wege and Long 1995): Muscovy Duck (*Cairina moschata*), Harpy Eagle (*Harpia harpyja*), and Red-and-green Macaw (*Ara chloropterus*).

Muscovy Duck is widespread and not at risk globally. However, hunting and habitat loss have diminished its numbers in Ecuador. The large populations we observed along the Lagartococha River—especially at Garzacocha, where Randy Borman (pers. comm.) saw flocks of more than hundred birds and where we observed moderate numbers daily—are likely an important source population for Ecuador and northern Loreto.

We encountered Harpy Eagle once during the inventory, a bird that Mena tape-recorded at Güeppicillo. This species is widespread but always rare. It is declining because of deforestation across the lowlands of the Neotropics. Its presence in an area is indicative of good populations of the large arboreal mammals on which it feeds. Besides Harpy Eagle, we found two other eagles, Ornate and Black Hawk-Eagle (*Spizaetus ornatus* and *S. tyrannus*) on this inventory, and both were widespread and more abundant than is often the case in lowland Amazonia. The region clearly harbors significant populations of these and other forest-based hawks, such as the three species of *Leucopternis* hawks (Appendix 8).

Red-and-green Macaw was by far the least abundant of the three large macaws during our inventory. We encountered it in only small numbers in two camps, Rendondococha and Güeppí, both on the Peruvian side. This species, while moderately common in parts of Amazonia (for example, forests near Manaus and in southeastern Peru), seems to be less common than the other two large macaws throughout eastern Ecuador and in northern Peru. It was the least common large macaw on all of the RBIs in northern Peru (Lane et al 2003; Stotz and Pequeño 2004, 2006; Stotz and Díaz 2007). This suggests that the small numbers we encountered and its generally rare status in eastern Ecuador are not indicative of a specific threat to the species, but rather its general preference for large areas of *terra firme* (upland) forest that are here interrupted by extensive areas of low-lying habitats.

We encountered five species that Ridgely and Greenfield (2006) list as near-threatened: Salvin's Curassow (*Mitu salvini*), Gray-winged Trumpeter (*Psophia crepitans*), Large-billed Tern (*Phaetusa simplex*), Black Skimmer (*Rynchops niger*), and Black-necked Red-Cotinga (*Phoenicircus nigricollis*).

Salvin's Curassow is restricted to northwestern Amazonia, and is under significant hunting pressure in many areas. It has disappeared from regions close to major population centers. We found moderate numbers at each camp during this inventory, except at Garzacocha, where it was not recorded. This region appears to have a significant population of this species. Gray-winged Trumpeter has a somewhat broader range in northwestern Amazonia, but like the curassow has vanished from many populated areas and is sensitive to hunting pressure. We recorded it at all five camps, and it was fairly common at Redondococha and Güeppicillo. In general, even where numbers were smaller, the groups we encountered seemed quite tame. The population of trumpeters in this region is reasonably large.

Large-billed Terns were present in small numbers at Redondococha, but like the Black Skimmer most individuals we observed were along the Aguarico River below Zábalo. We saw both species on a number of occasions during our trips on this river, typically sitting on beaches and sandbars in pairs. Apparently the breeding season begins in the region in November (R. Borman pers. comm.). The Aguarico River has significant populations of both species, which are widespread and generally common in Amazonia. Globally, their populations are not at risk.

Black-necked Red-Cotinga is a rare, large, beautiful cotinga of the understory across northern Amazonia. Because of its wide range, globally it is unlikely this species is at risk. However, the density of this species in the terra firme forests of this region seemed much higher than is typical. It was not uncommon to encounter several in a day and we found leks at least two camps. There is clearly a large population of this species in this region.

Although Zigzag Heron (*Zebrilus undulatus*) is not considered to be at risk, it is rarely encountered despite its range across Amazonia. We observed it on two occasions: in flooded forest at Garzacocha and in a *Mauritia* palm swamp (aguajal) at Güeppicillo. The extensive flooded forests in the region provide the perfect habitat for this species, and there may be a significant population.

Migrants

We found moderate numbers of boreal migrants during the inventory. Sandpipers, yellowlegs (*Tringa flavipes* and *melanoleuca*), and Solitary (*Tringa solitaria*) and Spotted Sandpiper (*Actitis macularius*) were present in small numbers along the Aguarico River and at Garzacocha. There were three species of migratory swallows—Barn (*Hirundo rustica*), Bank (*Riparia riparia*), and Cliff (*Petrochelidon pyrrhonota*)—mixed in with the large numbers of resident swallows along the rivers at Garzacocha and at Tres Fronteras. We saw flocks of Eastern Kingbirds (*Tyrannus tyrannus*) along the edges of the rivers and lakes and at Tres Fronteras. Besides these migrants in the riverine habitats, we had small numbers of some migrants associated with forest. These included Eastern Wood Pewee (*Contopus virens*), Swainson's Thrush (*Catharus ustulatus*), Summer Tanager (*Piranga rubra*), and Canada Warbler (*Wilsonia canadensis*, Fig. 7G). Except for Canada Warbler, these are all expected migrants in the forests of western Amazonia. Canada Warbler winters on the lower slopes of the Andes and is seldom recorded far from the base of the mountains. We had records of seven individuals (six at Redondococha and one at Güeppicillo). Most of these birds were seen in understory mixed-species flocks. They were presumably passage migrants because this is the period during which the species should be moving to its wintering grounds.

Other notable records

Range extensions

During the inventory, we encountered a handful of species that were outside their known range. Most of these are species that were previously known only from south of the Napo River. The most significant range extension was probably Ash-Throated Crake (*Porzana albicollis*, Fig. 7F). We found a population in the tall pasture that surrounded Tres Fronteras on the Río Putumayo. At least three pairs were calling there, and a bird was flushed from another part of the pasture. This species was previously known in Peru only from the pampas of the Río Heath and from grasslands near Jeberos in San Martín (Schulenberg et al. 2007). It remains unrecorded in Ecuador, although this site was only about 4 km from the Ecuadorian border. Although the crake is typically associated with native grasslands, this record suggests that it can use non-native pasture and should probably be expected to colonize other open areas in eastern Ecuador and northern Peru, like the Red-breasted Blackbird (*Sturnella militaris*) and other species that have colonized the newly opened habitats in the region, such as Southern Lapwing and Pearl Kite.

Other range extensions consist primarily of species known only south of the Napo river, or at least poorly known in either Ecuador or Peru from north of the Napo. These include Broad-billed Motmot (*Electron platyrhynchum*), Plain Softtail (*Thripophaga fusciceps*), Mouse-colored Antshrike (*Thamnophilus murinus*), Río Suno Antwren (*Myrmotherula sunensis*), Ornate Antwren (*Epinecrophylla ornata*), Stipple-throated Antwren (*Epinecrophylla haematonota*), Lunulated Antbird (*Gymnopithys lunulatus*), Mouse-colored Tyrannulet (*Phaeomyias murinus*), and Half-collared Gnatwren (*Microbates cinereiventris*).

Abundant species

We found extremely large numbers of herons and other waterbirds at Garzacocha, which apparently were taking advantage of fish stranded by falling water levels in small pools around the edge of the lake. We saw hundreds of Cocoi (*Ardea cocoi*) and Striated Herons (*Butorides striatus*), Great Egrets (*Ardea alba*), Muscovy Ducks (*Cairina moschata*), and Neotropic Cormorants (*Phalacrocorax brasilianus*). Most notable, however, were the dozens of Agami Herons (*Agamia agami*) and Boat-billed Herons (*Cochlearius cochlearius*) that accompanied them (Figs. 7B, 7C). These two species are typically fairly uncommon, and for all of us, they represented more individuals than we had seen previously in our lives. Presumably, when the water rises, these birds scatter through the lake region of the Lagartococha River, but this explosion of numbers at Garzacocha is probably a regular event and responsible for

the name of the lake. A number of other waterbirds were also much more common along Lagartococha than elsewhere in the region. We had notable numbers of Sungrebes (*Heliornis fulica*) and kingfishers, especially Ringed (*Megaceryle torquata*) and Amazon Kingfishers (*Chloroceryle amazona*, Fig. 7A) at the lakes and along the Lagartococha River. It appears that this river drainage may be quite important to the regional populations of certain herons, Sungrebes, and kingfishers.

Parrots were species-rich (17 species) and generally common during the inventory. Blue-and-yellow Macaw (*Ara ararauna*), by far, was the most common large macaw, as is often the case. Red-bellied Macaw (*Orthopsittaca manilata*) was also reasonably common, as expected in a region with moderately extensive *aguajales*. Numbers of the larger species of parrots were generally good. Black-headed Parrots (*Pionites melanocephalus*) and Orange-cheeked Parrots (*Pionopsitta barrabandi*) were common at most sites surveyed. *Amazona* parrots were also reasonably common, although there was substantial variation among sites in the abundance of the different species. Mealy (*Amazona farinosa*) and Orange-winged Parrot (*Amazona amazonica*) predominated at the Lagartococha sites, while Mealy Parrot was easily the most abundant species along the Güeppí River. An exception to the generally good populations of parrots was Blue-headed Parrot (*Pionus menstruus*), which was inexplicably uncommon at most sites. A single observation of two to four Sapphire-rumped Parrotlets (*Touit purpuratus*) at Aguas Negras is one of only a handful of records for the region.

Relatively few species showed signs of nesting during this inventory (Table 7). This, along with relatively low singing rates among territorial understory birds, suggests that the main breeding season for birds in this region is not close to the time period of this inventory.

Missing or unusually rare species

The most notable species that we failed to encounter during this inventory was the Cocha Antshrike (*Thamnophilus praecox*). This species is endemic to northeastern Ecuador, known from the Napo, Aguarico, and Güeppí drainages. We did not use playback of the song of this species to increase the chance of finding it, and the trail systems at our camps focused more on

Table 7. Breeding evidence for birds.

Species	Evidence	Inventory site
Odontophorus gujanensis	chicks nest with eggs	Redondococha Güeppí
Cathartes melambrotus	juvenile	Aguas Negras
Pionus menstruus	investigating nest site	Güeppicillo
Thamnomanes ardesiacus	feeding fledgling	Güeppicillo
Terenura spodioptila	feeding fledgling collecting nesting material	Redondococha Güeppicillo
Myrmotherula axillaris	feeding fledgling	Güeppicillo
Myrmotherula menetriesii	feeding fledgling	Güeppí
Schistocichla leucostigma	accompanied by dependent young	Güeppicillo
Phlegopsis erythroptera	juvenile	Redondococha
Myiozetetes similis	feeding young in nest, young fledged	Aguas Negras
Mionectes oleagineus	feeding fledgling	Aguas Negras
Hylophilus hypoxanthus	feeding fledgling	Güeppicillo
Paroaria gularis	collecting nesting material	Redondococha
Cyanocompsa cyanoides	feeding fledgling	Aguas Negras
Psarocolius angustifrons	building	Tres Fronteras
Psarocolius bifascatus	building	Güeppí

terra firme forest than the preferred habitat of this bird. Nonetheless, our failure to detect it remains something of a surprise.

A handful of widespread, often common species that occupy habitats we surveyed were not recorded during the inventory, for no apparent reason. These included Hairy-crested Antbird (*Rhegmatorhina melanosticta*), Black Bushbird (*Neoctantes niger*), White-lored Antpitta (*Hylopezus fulviventris*), Streaked Flycatcher (*Myiodynastes maculatus*), Sirystes (*Sirystes sibilator*), Buff-breasted Wren (*Thryothorus leucotis*), and Solitary Black Cacique (*Cacicus solitarius*). White-lored Antpitta stands out among this group because it is an endemic to northwestern Amazonia, and is one of the ground-walking antbirds discussed later.

During this inventory, hummingbirds were generally rare (rarer than normal), other than hermits (*Phaethornis* spp.) and Fork-tailed Woodnymph (*Thalurania furcata*) in the understory. The major cause of this rarity was apparent from our fieldwork: a lack of flowering canopy trees to attract significant numbers of hummingbirds. We found small numbers of most of the expected species; only Fiery Topaz (*Topaza pyra*) was missed, and it is typically quite rare, even when present.

Comparison of sites and with other sites

The five sites surveyed had similar numbers of species. We observed the largest number of species (284) at Redondococha, but we spent an extra day at that site. After three days there, we had observed 266 species, still more than any of the other camps, but more in line with their diversity. The lowest number of species was observed at Aguas Negras, with 247 species. However, if we exclude species observed only at the satellite camp, Güeppicillo drops from 262 to 238 species. The other two camps had intermediate numbers, with 255 species at Garzacocha and 251 at Güeppí. This overall similarity in number of species masks the fact that Redondococha, and especially Garzacocha, had very distinctive avifaunas compared to the other camps. We observed 65 species only at these two camps. The vast majority of these species were species associated with aquatic habitats, such as herons, kingfishers, and species that use forests at the edge of water.

Garzacocha had a relatively poor forest avifauna, with few understory or ground-dwelling species. Aguas Negras was somewhat intermediate in this respect. Ground-dwelling birds were normally common and diverse at Redondococha, Güeppicillo, and Güeppí. At these three sites, tinamous, leaftossers, antpittas, antthrushes, and terrestrial wrens were regularly encountered: we observed 15 to 18 of the 19 species in these groups recorded on the overall inventory. In contrast, at Garzacocha we observed only 6 species, and at Aguas Negras only 8. At Garzacocha, the limited extent of terra firme forest likely played a role in the few ground-dwelling species, as well as limited evidence of understory flocks. At Aguas Negras, we had considerably more terra firme, but poor understory flocks and low density and richness of understory birds which may be due to the dominance of a single species of *Monotagma* (Marantaceae) in the understory at that site. Small frugivores, such as tanagers, showed a similar pattern. They were less common and diverse at Garzacocha and Aguas Negras than at the other three camps, although even at the best camps, we encountered relatively few tanagers.

In general, Amazonian forests host similar numbers of species of antbirds and flycatchers. Flycatchers include more species that tolerate disturbance than do the antbirds, so in disturbed areas or areas with more edge, we would expect a shift to a higher proportion of flycatchers. Overall, this inventory showed a pattern similar to that we have encountered in other inventories in northern Peru and Ecuador, with slightly more flycatchers than antbirds. However, there are differences among camps. Garzacocha shows more flycatchers than antbirds (35 vs. 26 species), while Redondococha, Güeppicillo, and Aguas Negras have more antbirds than flycatchers (36 or 37 vs. 29 species), and Güeppí has slightly more antbirds than flycatchers (37 vs. 35). These differences appear to reflect the relative importance of the interior forest avifauna. At Güeppí, the noticeable level of logging that had occurred may be reflected in the relatively higher diversity of flycatchers there.

THREATS

Deforestation

The largest threat to the avifauna of this region is deforestation. We found significant evidence of logging at the Güeppí and Aguas Negras sites. At Güeppí, much of the forest between our camp and the river, 2.5 km distant, was crisscrossed by logging trails, and the selective removal of large, high-value trees had significantly altered the forest structure. Such uncontrolled logging has the potential to greatly modify the forest-dependent avifauna of the region. Even selective logging can damage, especially, the understory birds that are accustomed to low light levels. However, to this point, we saw no evidence of a negative impact of this level of lumbering on the forest avifauna.

In the absence of more intensive or sustained commercial logging, the effects of logging will probably be local. The isolation of the region may protect the area from extensive commercial logging. However, the access to the region from the Putumayo and the larger human populations on the Colombian side are a threat that needs to be addressed.

Hunting

Hunting affects only a very small portion of the avifauna. Perhaps only eight species—Great Tinamou (*Tinamus*

major), Variegated Tinamou (*Crypturellus variegatus*), Muscovy Duck, Spix's Guan (*Penelope jacquacu*), Blue-throated Piping-Guan (*Pipile cumanensis*), Nocturnal Curassow (*Nothocrax urumutum*), Salvin's Curassow, and Gray-winged Trumpeter—are regularly hunted in the region, and another twenty are shot occasionally. However, hunting can have strong impacts on those species hunted regularly and is associated with other damaging activities in the forest, such as logging and clearing for agriculture.

We occasionally observed people hunting in the forests at Güeppí and Aguas Negras. Subsistence hunting by small numbers of local residents appears unlikely to significantly affect bird populations in the area. Obvious effects on birds were visible only at Garzacocha (where curassows were not recorded, and tinamous were scarce): The presence of a military base there with trails that intersected our trail system was likely responsible for these effects. Larger numbers of military personnel at bases elsewhere in the region could have a significant impact on bird and large mammal populations if they hunt regularly. In fact, for a time there existed a commercial operation to provide forest game to the local military posts along the Lagartococha River (R. Borman pers. comm.).

Disturbance

The large waterbirds that are common along the Lagartococha River and at Garzacocha could be sensitive to disturbance, if large numbers of people visit the area. Increases in abundance of some species since an earlier period, when there was regular tourism into the area, suggest that this could be an issue.

RECOMMENDATIONS

Protection and management

- Protect the forest from logging and clearing for agriculture. Develop and implement a management plan for the region that places as much of the area as possible in strict protection, and clearly delineate allowable activities in the areas of "multiple use."

- Limit additional colonization.

- Manage hunting. Subsistence hunting by local populations is likely not a problem, but hunting by outsiders, and especially commercial hunting, could be.

- Work with the military bases to turn them into an asset rather than a threat to the forest.

Research

Determine patterns of habitat use, seasonality, and distribution of the large numbers of herons at Garzacocha and in the entire Lagartococha region.

Inventory and Monitoring

- Survey *Thamnophilus praecox*; determine presence, habitat requirements, population size, and distribution

- Monitor populations of hunted species, especially curassows, guans, and trumpeters.

- Conduct additional inventories in the region, especially at other times of year. Surveys of more lake sites along the Lagartococha and the Güeppí would be useful.

MAMMALS

Authors/Participants: Adriana Bravo and Randall Borman

Conservation targets: Abundant populations of mammal species found in the interfluvium of the Napo and Putumayo Rivers that are threatened in other parts of the Amazon; recovering populations of giant otter (*Pteronura brasiliensis*), a top predator listed as Endangered (INRENA, IUCN), Threatened with Extinction (CITES), and Critically Endangered (Red List of mammals of Ecuador); presence of Amazonian manatee (*Trichechus inunguis*), listed as Critically Endangered (Red List of mammals of Ecuador), pink river dolphin (*Inia geoffrensis*) and gray dolphin (*Sotalia fluviatilis*), listed as Endangered (Red List of mammals of Ecuador); substantial populations of primates that are important seed dispersers yet susceptible to overhunting, such as the common woolly monkey (*Lagothrix lagothricha*), listed as Vulnerable (INRENA and Red List of mammals of Ecuador), and the red howler monkey (*Alouatta seniculus*), listed as Near Threatened (INRENA); top predators, such as the jaguar (*Panthera onca*) and puma (*Puma concolor*), which are key regulator species; Brazilian tapir (*Tapirus terrestris*), another important seed disperser, listed as Vulnerable (CITES, INRENA, IUCN) and Near Threatened (Red List of mammals of Ecuador); and rarely observed species, such as the short-eared dog (*Atelocynus microtis*) and pygmy marmoset (*Cebuella pygmaea*)

INTRODUCTION

Amazonian forests harbor incredible mammalian diversity. In the Ecuadorian Amazon, 198 mammal species have been recorded, which represents 50% of Ecuador's mammal species (Tirira 2007). Equally impressive, Peru's Amazonian lowlands harbor an estimated 200 species, representing approximately 50% of its mammal species (Pacheco 2002). Despite the existence of regional information on the presence and distribution of mammal species (Voss and Emmons 1996; Emmons and Feer 1997; Tirira 2007), information at the community level within the Ecuador-Peru Amazon region is extremely limited (Pacheco 2002). Only a few areas have received intense study, such as the Napo Basin, Reserva Nacional Pacaya-Samiria, and Parque Nacional Yasuní (Aquino and Encarnación 1994; Aquino et al. 2001; Di Fiore 2001); yet, little is known about local mammal communities, including those in the interfluvium of the Napo and Putumayo Rivers.

In this chapter, we present our results of the Rapid Biological Inventory of the Reserva de Producción Faunística (R.P.F.) Cuyabeno (in Ecuador) and the Zona Reservada (Z.R.) Güeppí (in Peru), located along the Peru-Ecuador border. We compare species richness and abundance in five sites, highlight notable species, identify threats and conservation targets, and discuss conservation opportunities.

METHODS

Between October 4 and 30, 2007, we evaluated mammals in five sites within the R.P.F. Cuyabeno and the Z.R. Güeppí: Garzacocha, Redondococha, Güeppicillo, Güeppí, and Aguas Negras (Fig. 2C). We evaluated large- and medium-sized mammals using direct observations and secondary clues. We utilized mist nets to study bats, but did not attempt to evaluate other small mammals due to time constraints.

In each site, we walked previously established trails at a velocity of 0.5–1.0 km/h for 5–7 h, starting at 7 a.m. We began our nocturnal sample at approximately 7 p.m. and walked the same velocity for 2 h. We recorded the date, time, location (name and distance of trail), species name, and number of individuals for each observed species. We also registered mammal species based on secondary signs, such as tracks, scat, burrows, refuges, food remains, trails, and/or vocalizations. We used several field guides (Aquino and Encarnación 1994; Emmons and Feer 1997; Tirira 2007), our expertise, and local knowledge to aid in matching these signs to the corresponding species. We included observations made by the entire inventory team, local assistants, and the site preparation team. In addition, we showed local inhabitants plates from two field guides (Emmons and Feer 1997; Tirira 2007) to determine the presence of medium and large mammals in the area.

We captured bats using mist nets. We opened 5–6, six-meter-long mist nets along previously established transects and/or clearings for 4 h (~5:45 pm–10 pm). Each captured bat was released after identification.

RESULTS AND DISCUSSION

The R.P.F. Cuyabeno and the Z.R. Güeppí harbor an impressive diversity of medium and large mammal species. Based on information from published mammal distribution maps (Aquino and Encarnación 1994; Emmons and Feer 1997; Eisenberg and Redford 1999; Tirira 2007), we expected to find approximately 56 species in the area. During the four-week inventory, we covered 117 km (22 km in Garzacocha, 28 in Redondococha, 25 in Güeppicillo, 22 in Güeppí, and 20 in Aguas Negras) and registered 46 species, or 80% of the expected number (Appendix 9). We registered all of the primates, ungulates, and species of Orders Cetacea and Sirenia expected for the area (10, 5, 2 and 1, respectively). In addition, we registered 11 of the 16 expected carnivores, 7 of the 8 rodents, 7 of 9 expected species of Xenarthra, and 3 of 5 expected marsupials.

Tropical forests are well known for high species-diversity of bats. We estimated 70 bat species for the R.P.F. Cuyabeno and the Z.R. Güeppí (Eisenberg and Redford 1999; Tirira 2007). After 40 net-hours capture effort (20 net-hours in Garzacocha, and 20 in Redondococha) we captured nine species over two evenings, which represents 13% of the expected number (Appendix 10). We were unable to evaluate bats in Güeppicillo, Güeppí, and Aguas Negras because of intense rain and/or a full moon.

In the following sections, we detail our findings in each of the five evaluated sites. We then compare the sites with one another and with other sites previously studied in the Ecuadorian-Peruvian Amazon.

Garzacocha, Ecuador

In three days, we registered 26 medium and large mammal species, including 7 primate species, 7 rodents, 4 ungulates, 3 carnivores, 2 species of Cetacea, 1 species of Xenarthra, 1 marsupial, and 1 species of Sirenia. Species richness at this site was one of the lowest of the inventoried sites. Moreover, we observed low abundance for the majority of species registered here. A combination of biological and anthropogenic factors could be responsible. First of all, low productivity and scarcity of fruit probably affected presence and/or abundance of certain frugivore species. Adding to this, hunting pressure is evident in the area and could affect presence and/or abundance of certain sensitive species, such as *Lagothrix lagothricha, Alouatta seniculus*, and *Tapirus terrestris*. A military base is located close to our camp. During our inventory, we crossed their trail system that we believe could be used for hunting. The primates' behavior here clearly reflected intense hunting pressure. During our hikes, the primates vocalized alarm calls and fled violently upon detecting our presence.

Because of the camp's location, we registered mammals associated with water, such as *Trichechus inunguis* (listed as Critically Endangered), *Inia geoffrensis*, and *Sotalia fluviatilis* (both listed as Endangered in Ecuador; Appendix 9). This area offers pristine, abundant bodies of clean water and plenty of fish—favorable factors for these species.

Redondococha, Peru

In four days, we registered 31 medium and large mammal species, including 9 primates, 7 rodents, 5 carnivores, 4 ungulates, 4 species Xenarthra, 1 species of Cetacea, and 1 marsupial. This site was second highest in species richness, after Güeppicillo. In addition, we observed healthy populations of medium and large mammals, which could be related to high fruit abundance and low levels of hunting in the area. We observed *Tapirus terrestris* on three occasions and we saw innumerable fresh tracks and trails as well. High abundance of this species could be due to the presence of *aguajales* or *mauritiales*, which are patches of vegetation dominated by *Mauritia flexuosa* palms (which were producing fruit), and/or presence of clay licks known as *collpas*. In the aguajales, we found a lot of *aguaje*-palm fruit remains and *T. terrestris* fresh tracks around the palms. We observed an individual *T. terrestris* at the collpa located next to an aguajal. In the immediate area surrounding the collpa, there were numerous *T. terrestris* fresh tracks, including tracks made by young individuals (as evidenced by their smaller size). We also found *Mazama* and *Tayassu pecari* tracks here. As for the primates, we report *Saguinus nigricollis* as a very common primate for the area (Fig. 8A) and we observed abundant populations of *Lagothrix lagothricha* (Fig. 8D), *Alouatta seniculus*, and *Pithecia monachus*. In general, primates at this site rarely fled upon detecting our presence and instead showed curious interest in us.

Güeppicillo, Ecuador

This site had the highest species richness of all five evaluated sites. In four days, we registered 36 medium and large mammal species: 9 primates, 8 carnivores, 7 species of Xenarthra, 6 rodents, 5 ungulates, and 1 marsupial. The reason for high species richness could be attributed to the fact that the site is located in the Cofan protection zone that was officially created in 2003 within the R.P.F. Cuyabeno. In addition to high species richness, we found healthy populations of *Lagothrix lagothricha*, which are sensitive to unmanaged hunting (Peres 1990). We also registered several groups of *Callicebus torquatus*. In Ecuador, this species' distribution is restricted to areas north of the Aguarico River and altitudes up to slightly above 400 m (Borman 2002). The R.P.F. Cuyabeno (Tirira 2007) and the Reserva Ecológica Cofan-Bermejo (Borman 2002) are the only protected areas where this species is found.

In the flooded forest zone along the Güeppí River, we observed *Cebuella pygmaea*, a widely distributed primate but one that is very hard to observe because of its quick, silent movements. Members of the botanical team identified that the tree it fed upon was *Qualea sp.* (Vochysiaceae). There were numerous holes along the length of the tree producing exudates. Also within the

Güeppí River, on two separate occasions, we observed *Pteronura brasiliensis* (Fig. 8C), which has been intensely hunted in past decades for its fur and is now endangered.

Güeppí, Peru

During three days, we registered 26 medium and large mammal species: 8 primates, 6 rodents, 5 carnivores, 4 species of Xenarthra, and 3 ungulates. At this site we saw unmistakable evidence of both logging and hunting, including debris from sawed trees, trails to the Güeppí River (which is used to float logs out of the forest), a hunter, empty shotgun cartridges, and a deer's skull. More than likely, this explains low abundance of large primates sensitive to hunting, such as *Lagothrix lagothricha* and *Alouatta seniculus*, and the absence of *Tayassu pecari*. Nonetheless, *Tapirus terrestris* was present in the area, probably because of abundant *Mauritia flexuosa* fruit in the aguajales. That is where we observed an individual *T. terrestris* and found fruit remains as well as numerous *T. terrestris* tracks underneath the palms.

Local inhabitants informed us that *Pteronura brasiliensis* is found in the oxbow lakes surrounding the Güeppí River. As mentioned previously, this top predator species is categorized as endangered because of intense hunting in the past.

Another notable sighting at this location was *Atelocynus microtis*, which is widely distributed but difficult to observe because of its elusive behavior.

Aguas Negras, Peru

During three days, we registered 24 species: 7 primates, 5 rodents, 4 carnivores, 4 species of Xenarthra, and 4 ungulates. We suspect that this low species richness, compared to the other sites, is due to both environmental and anthropogenic factors. First of all, the site was a mosaic of flooded forests and aguajales and thereby not suitable habitat for many forest-dwelling species or species that require specific habitats, such as *Callicebus torquatus*, that is associated with white sand forests (known locally as *varillales*). The presence of loggers and hunters most likely explains low abundance of certain species, such as *Lagothrix lagothricha*. Along the transects, we came across clearings left from felled trees, empty cartridges, animal remains, and even several hunters. We also found two deer skulls and rifle cartridges along the trail that connects the Tres Fronteras community to our site. Despite this, we did find abundant populations of certain species, such as *Alouatta seniculus*, which was found mostly on the outskirts of the flooded forest of the Aguas Negras stream and in the aguajales, and *Tayassu pecari*, which we heard and saw tracks in the aguajales. The advance team (for site preparation) came upon three large herds of *Tayassu pecari* in the aguajales (Fig. 8B). These observations indicate several things: first, that hunting levels in the area are still low; and second, that the aguajales supply an important food source attracting this and species like *Tapirus terrestris* and *Pecari tajacu*. The site preparation team also observed *Pteronura brasiliensis* in the Aguas Negras stream.

Comparisons between inventoried sites

Many of the same species were found in all five evaluated sites; however, there were more notable differences when it came to species abundance. Based on published information, we expected to find the same number of medium and large mammal species in all five sites, yet species richness varied: 24 species in Aguas Negras, 26 in Garzacocha, 26 in Güeppí, 31 in Redondococha, and 36 in Güeppicillo.

These observed differences, in both species richness and abundance, are probably due to a combination of environmental and anthropogenic factors. In Garzacocha, where species richness was low, there was also low primary productivity and a scarcity of fruit. Yet, *Sotalia fluviatilis* and *Trichechus inunguis* were registered there but in no other sites because that site and Redondococha are located along two oxbow lakes along Lagartococha River, unlike the other sites. As a result, species associated with bodies of water, such as *Hydrochaeris hydrochaeris*, *Inia geoffrensis*, *Sotalia fluviatilis*, and *Trichechus inunguis*, were found there.

One commonality among all sites was evidence of hunting. Only Güeppicillo, within the Cofan protection zone in R.P.F. Cuyabeno, has a hunting management plan. As a result, there are healthy populations of *Lagothrix lagothricha*, *Tapirus terrestris*, and *Pecari*

tajacu present. Hunting intensity varies in the other sites and is reflected in the animals' behavior.

In Redondococha, we registered abundant populations of *L. lagothricha*, *Pithecia monachus*, *Pecari tajacu*, and *T. terrestris*. We suspect that this is related to abundant fruit and only sporadic subsistence hunting (for example, one us [R. Borman] found the remains of a Brazilian tapir and a black caiman near the oxbow lake). Despite Redondococha's current, relatively stable situation, the area is still vulnerable: years ago, just several kilometers downstream from our camp, there was an outpost that supplied bush meat to the Peruvian military base located on the Napo River (R. Borman pers. comm.). Even though the abundance of certain species (such as *L. lagothricha*) was less in Güeppí and Güeppicillo than in sites without hunting, these species were still somewhat curious and far less timid than those observed at Garzacocha. This could indicate that hunting at these sites is done for subsistence rather than commercial purposes.

Noteworthy registries

We had several noteworthy registries during our inventory of the R.P.F. Cuyabeno and the Z.R. Güeppí. In Garzacocha, Redondococha, and Güeppicillo, on more than one occasion, we observed a squirrel that may have been either *Sciurus ignitus* or *S. aestuans*. Both species are very similar physically, which makes field identification extremely difficult. In addition, according to the literature, neither species' distribution ranges extend to the region of our inventory (Emmons and Feer 1997). As a result, confirming presence of either species would mean an extension of its current range.

We confirmed the presence of several species facing critical conservation situations. In Güeppicillo, Güeppí, and Aguas Negras, we registered the giant otter (*Pteronura brasiliensis*), which is categorized as Critically Endangered and Endangered by the Red List of mammals of Ecuador and INRENA, respectively. In Garzacocha, we registered the Amazonian manatee (*Trichechus inunguis*), which is listed as Critically Endangered according to the Red List of mammals of Ecuador.

During the inventory, we registered two rarely observed species. In Güeppí, we saw a short-eared dog (*Atelocynus microtis*). While this species is widely distributed, it is rarely observed and as a result, very little is known about its biology. In addition, we observed a pygmy marmoset (*Cebuella pygmaea*) in Güeppicillo. It is also widely distributed, but rarely seen because of its quiet behavior and specific habitat requirements.

Despite evidence of hunting in the area, we found healthy populations of white-lipped peccary (*Tayassu pecari*), especially in Aguas Negras, where abundant extensions of *Mauritia flexuosa* (aguajales or mauritiales) are found. We also recorded healthy populations of the common woolly monkey (*Lagothrix lagothricha*) and Brazilian tapir (*Tapirus terrestris*) in the Cofan protection zone within the R.P.F. Cuyabeno.

Conservation targets

Forty-six of the medium and large mammal species observed in the R.P.F. Cuyabeno and the Z.R. Güeppí are considered conservation targets by the international community (CITES 2007; IUCN 2007; Appendix 9). In Ecuador, 22 of these species are included on the Red List of mammals of Ecuador (Tirira 2007), while in Peru, the Instituto Nacional de Recursos Naturales considers 9 of the observed species as threatened (INRENA 2004). Two species considered Critically Endangered (*Pteronura brasiliensis* and *Trichechus inunguis*) and two considered Endangered (*Inia geoffrensis* and *Sotalia fluviatilis*) are present in the inventory area. Many threatened species, and even ones that have suffered local extinctions in other parts of the Amazon (such as *Alouatta seniculus, Lagothrix lagothricha,* and *Tapirus terrestris*) are abundant here.

Comparison with other sites

Species diversity of medium and large mammals recorded in previous inventories conducted in Peru's northern Amazon and Ecuador's Amazon is similar to what we found in our inventory of Napo-Putumayo interfluvium along the Ecuador-Peru border. For example, the Rapid Biological Inventory of Ampiyacu, in Amazonas-Napo-Putumayo interfluvium near the border of Colombia, recorded 39 medium and large

mammals (Montenegro and Escobedo 2004). The main differences between Ampiyacu and the R.P.F. Cuyabeno-Z.R. Güeppí were the presence of *Saguinus nigricollis* and *Cebus apella* and the absence of *Callicebus cupreus* and *Aotus vociferans* in Ampiyacu. Based on Aquino and Encarnación's proposed distribution (1994), *C. apella* should be present in the Napo-Putumayo interfluvium. However, according to Tirira (2007), this species' distribution is not well known for Ecuador and it appears to be found south of the Napo River. Along these same lines, per Aquino and Encarnación (1994), *Callicebus cupreus* (*C. discolor*) should not be found in the Güeppí-Cuyabeno conservation area; yet Tirira's distribution map (2007) for the species extends to the northern region of the Napo River. Neither inventory in Ampiyacu nor Güeppí-Cuyabeno recorded *Ateles belzebuth*. According to Aquino and Encarnación (1994) and Emmons and Feer (1997), this species should be present in Ampiyacu, but Montenegro and Escobedo (2004) blame intense hunting pressure as the reason for its absence there. Tirira (2007) is in direct contradiction to Aquino and Encarnación (1994) and Emmons and Feer (1997) on this species, and suggests that the distribution of *A. belzebuth* is south of Napo River. Based on these contradictory predictions, we recommend further, detailed studies in order to precisely determine this species' correct distribution.

The rapid biological inventory at Nanay-Mazán-Arabela headwaters, south of the Napo River in Peru, registered 35 medium and large species (Bravo and Ríos 2007). That inventory recorded five notable species different from our inventory: *Ateles belzebuth, Pithecia aequatorialis, Cebus apella, Saguinus fuscicollis,* and *Lagothrix poeppiggii*. In addition, the inventory at Mazán-Nanay-Arabela headwaters did not detect two notable species that were present and even abundant in our inventoried sites, *Lagothrix lagothricha* and *Saguinus nigricollis*. Their distributions are restricted to north of the Napo (Tirira 2007), and explain their absence. We would like to reemphasize the need to conduct a detailed study of *Ateles belzebuth*, which according to past studies is distributed in the northern region of the Napo (Aquino and Encarnación 1994; Emmons and Feer 1997), while another study indicates that its distribution is south of the Napo (Tirira 2007). In addition, *C. apella* should also be given special attention because contradictions exist regarding its distribution as well.

During the rapid inventory in Dureno, the Cofan territory in Ecuador north of Napo River, scientists recorded 26 mammal species (Borman et al. 2007). All 26 species were registered in the R.P.F. Cuyabeno and the Z.R. Güeppí. Based on previous distribution studies, we expected *Lagothrix lagothricha* and *Pteronura brasiliensis* to be present in Dureno as well as Güeppí-Cuyabeno; however, Borman et al. (2007) reports that these species have been eradicated in Dureno.

CONCLUSIONS

The R.P.F. Cuyabeno and the Z.R. Güeppí contain an astonishingly rich and diverse mammal community. In three weeks, we registered 46 large and medium mammal species. Many of these species have important roles in maintaining the tropical forest's overall diversity, including seed dispersers (Brazilian tapirs, common woolly monkeys, red howler monkeys, and fruit bats), and top predators (river otters, jaguars, and pumas). Conservation of this mammalian community is indispensable, not only to assure continued functionality of this tropical forest, but also to protect severely threatened species (such as pink river dolphins, river otters, and Amazonian manatees) and species that have already suffered local extinctions in other parts of the Amazon.

THREATS AND RECOMMENDATIONS

Threats

Large-scale hunting or unmanaged hunting is a persistent threat, especially for large mammals and economically valuable species like primates and ungulates. Impacts from hunting can be dramatic and often irreversible. In fact, the common woolly monkey and white-lipped peccary have been overhunted and are now locally extinct in certain areas of the Amazon (Peres 1990, 1996; Di Fiore 2004). Despite the Amazon's international recognition and importance, it is hardly shielded from the threat of habitat destruction. Activities leading to habitat destruction and modification include

exploration and extraction of oil, logging, large-scale agriculture, and cattle ranching. Water contamination from oil extraction is especially alarming because it may seal the fate of already threatened species, such as river otters, Amazonian manatees, pink river dolphins, and gray dolphins.

Recommendations

We recommend immediate protection of the R.P.F. Cuyabeno and the Z.R. Güeppí. As our inventory results show, the area harbors incredible mammalian diversity. Endangered species, such as the giant otter (*Pteronura brasiliensis*) and Amazonian manatee (*Trichechus inunguis*), endure here as do other threatened species and species now locally extinct in other parts of the Amazon because of excessive, unmanaged hunting. We recommend that bush meat consumption within the military bases along the border be controlled. It is critically important that the native and/or riparian communities and governmental authorities of the three countries elaborate an integrated management plan for fauna to ensure that the "conservation corridor" (including Parque National Natural La Paya, in Colombia) functions as a unit that protects medium and large species of mammals. We also recommend implementing environmental education programs for area residents, including native and mestizo communities, and for the military bases.

HUMAN COMMUNITIES VISITED: SOCIAL ASSETS AND USE OF RESOURCES

Authors/Participants: Alaka Wali, Mario Pariona, Teófilo Torres, Dora Ramírez, and Anselmo Sandoval

Conservation Targets: Paths, streams, and *varaderos* (portages across oxbows and between adjacent rivers) that connect communities and help control of the entrance of outsiders; sacred sites indicated on resource-use maps; maintenance of native languages as a means of transmitting local wisdom; traditional management techniques, such as diversified small farms, *purma* (old field/secondary forest) rotation, off-seasons for hunting and fishing, and the maintenance of norms of behavior through myths and stories

INTRODUCTION

The social inventory was carried out from 13 to 29 October 2007 by an intercultural and multidisciplinary team at the request of the Organización Indígena Secoya del Perú (OISPE) and the Jefatura (headquarters) de la Zona Reservada Güeppí (Z.R. Güeppí).

Its purpose was to inform communities about the activities carried out by the biological team in camps inside the Z.R. Güeppi (in Peru) and in the Reserva de Producción Faunística Cuyabeno (in Ecuador). We also wanted to analyze the main sociocultural assets of and opportunities for human populations in the area, as well as to determine possible threats to them and to the ecosystem. We visited 14 of the 22 communities located around the Z.R. Güeppí (Figs. 2A, 40; Appendix 11). Four were situated in the valley of the Napo River: Angoteros and Torres Causana (Kichwa communities), Cabo Pantoja (*mestizo*, or of mixed indigenous-European ancestry), and Guajoya (a Secoya community also known as Vencedor); and nine were in the Putumayo region: Nuevo Belén, Santa Rita, Bellavista, Martín de Porres, Mashunta, and Zambelín de Yaricaya (Secoya communities), Santa Teresita (Huitoto), Miraflores (Kichwa), and Tres Fronteras (mestizo). In addition, the logistics coordinator of the inventory, Álvaro del Campo, compiled relevant information from the Secoya community Mañoko Daripë (also known as Puerta Estrella). These communities were selected for being ethnically representative and strategically located. Below we describe the methodology used, the history of the settlement process, demography and infrastructure, social assets, the use of natural resources, links with the commercial market, principal threats, and relevant recommendations.

METHODS

Our methodology followed that used in previous inventories (e.g., Vriesendorp et al. 2007a), with new participatory tools. For the informational workshop, we used visual materials like posters (e.g., maps showing the location of proposed categories of the Z.R. Güeppí, of communities to visit, and of camps where the rapid biological inventory was carried out).

Taking into account the diversity of cultures and languages in the area, we used a native translator for the communities of *Airo Pai*, *Naporuna*, and *Murui* [1] to ensure that the information was understood by the greatest number of participants.

For the rapid social inventory, we conducted semi-structured interviews with men and women, qualified informants, and authorities from the diverse communities visited using open-ended questions about a variety of topics. We also participated in the daily activities of the people.

During the informational meetings we created maps of the communities and their resource use, and conducted an exercise called the "man of the good life." This exercise consists of asking one of the participants to lie down on a large piece of paper and outlining his or her shape. Then the outline of the body is divided into five parts, each of which represents a component of the people's lives: the trunk represents the role of the environment, the arms cultural and social components, and the legs politics and the economy. A score is assigned ranging from 0 (the worst) to 5 (ideal). At the end it is possible to get a sense of community members' perception of their quality of life, as well as to generate discussion on possible ways to improve any low-scoring areas.

In addition, we reviewed secondary sources to gather information: documents, databases, reports, and bibliographic material. The studies produced by Project PIMA (APECO-ECO 2006) and the reports of the Ibis project for the reunification, cultural revaluation, and continuity of the Airo Pai people (2003–2006) gave us an important global context.

RESULTS

Brief history of human settlement

The geographic area occupied by indigenous peoples is extensive and currently extends across borders, including territories in Ecuador, Colombia, and Peru.

The living conditions today of Murui, Naporuna, and Airo Pai men and women are the result of a series of struggles and resistance that forced a readjustment of

---

[1] In order to respect efforts to revalue their cultural identities, we will use the names the indigenous peoples use for themselves: *Airo Pai* for Secoya, *Naporuna* for Kichwa, and *Murui* for Huitoto, instead of the names commonly used in the academic literature.

Fig. 40. Human settlements visited by the social inventory team during the rapid inventory.

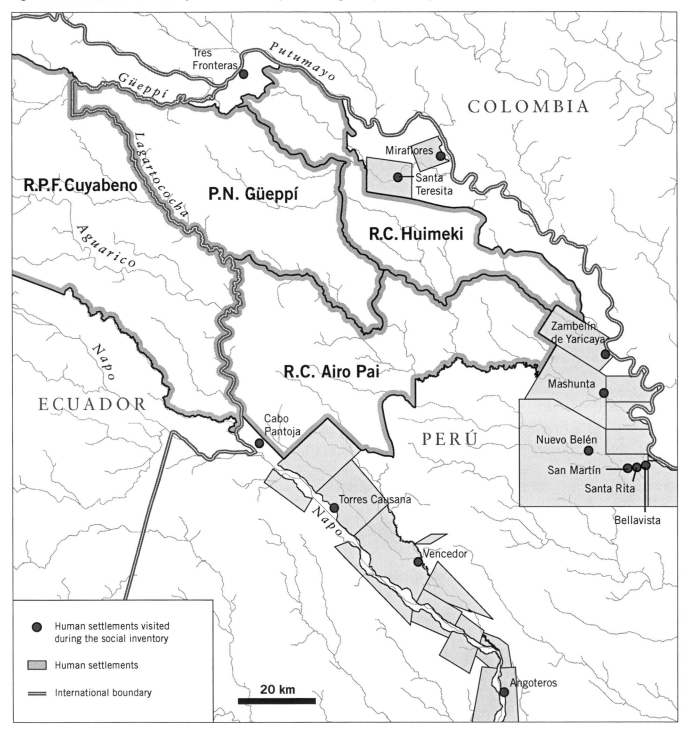

their economic, political, and social structures, and thus modifications in their lifestyles. Among the events that brought changes to the lives of these people were the missions, which forced them to relocate to reservations; the exploitation of rubber, which devastated many towns; and developments in education, which resulted in sedentarization and the loss of languages in some cases. The mestizo and river-dwelling populations who now inhabit the area arrived in the wake of the waves of resource extraction, border politics, and establishment of military bases.

The Murui (Huitoto)

Because of the redefinition of the physical borders, today the Murui occupy territories traversing the Colombian-Peruvian border. In Colombia they are found primarily on the Orteguasa, Caquetá, and Putumayo rivers and their tributaries, Igara-Parana and Cara-Parana, as well as the area bordering Leticia. In Peru, they are found on the Putumayo River (the middle and lower sections, and on the Peneya River), the Napo River (Murui de Negro Urco), and the Amazon River (Ampiyacu River) (Murdock 1975; Gasché 1979; APECO-ECO 2006).

The Colombian missionary Pinell (1924) found, on the Güeppí River and at the head of the Peneya River, four subgroups of the Murui: *Sebuas* (*zeuai*—male toad clan), *de huecos*, *pacuyas*, and *caimitoa* (*jificuena*—little alligator clan).

After a period of migrations along the Angusilla and Yaricaya rivers, they established friendly relations with the Airo Pai. In 1980, they settled on a farm abandoned by Peruvian mestizos located on the Peneya River, which was called Santa Teresita. This community achieved legal status (*fue titulada*) in 1991.

The Naporuna (Kichwa)

According to Whitten (1987), the Naporuna migrated to the Quijos region in Ecuador to work as manual laborers in the rubber industry. A very important event was the founding of Angoteros or Monterrico around 1877, by the landowner, Daniel Peñafiel.

The former mayor of the district, Professor Richard Oraco Noteno, notes that the primary school was founded in 1964, and in 1972 the process of granting titles for land was iniciated; this process ended in 1975. Angoteros was an important center for the exploitation of rubber and *shiringa* (*Hevea* spp.), *tagua* (*Phytelephas macrocarpa*), and *palo de rosa* (Mercier 1980). Today it is the political and cultural center of the Naporuna, and is the birthplace of many leaders who have occupied important positions in the district and in its organization.

Since 1960, a large number of families have migrated to the Putumayo and founded communities with entirely Naporuna populations, such as Nueva Angusilla, Nueva Esperanza, Urco Miraño, Miraflores, and Nueva Ipiranga (PNUD-GEF 2000), located around the boundaries of the Z.R. Güeppí. Some of these families settled in Colombia on the north side of the Putumayo.

At present the majority of Napo communities have title to contiguous lands, providing security for their property from threats such as logging and the extraction of other resources by outside interests (APECO-ECO 2006; Jefatura de la Z.R. Güeppí 2003).

The Airo Pai (Secoya)

Extensive bibliographic references exist of contact among the Airo Pai and the Spanish (Chantre 1901; Grohs 1974; Belaunde 2001; Casanova 2002). Various early chronicles mention that the Jesuits and Franciscans had contact with indigenous groups, with whom they formed settlements of religious converts from 1635 to 1741 in the vicinity of the Jevinineto (today the Yubineto) and Pinzioueya (today probably the Angusilla) rivers. It is estimated that the Airo Pai population was approximately 8,000 people (Grohs 1974). According to local residents, the names of small rivers in the area have origins in the Airo Pai language, such as U'cuisilla (Angusilla), Yë huiya (Yubineto), Peneña (Peneya), Campoya (Campuya), and Yariya (Yaricaya). Currently the ancestral Airo Pai territory covers the entire area of the proposed Airo Pai Communal Reserve and part of the proposed Güeppí National Park.

One factor that has driven the settlement of Airo Pai communities is the implementation of schools; however, the ancestral territories have continued to be used, overseen, and protected by them, a fact coinciding with the objectives of the creation of the Z.R. Güeppí and the proposed Reserva Comunal Airo Pai.

The mestizos and river-dwellers

Unlike the indigenous peoples of the area, the mestizo and river-dwelling populations have a more recent history, dating from the early 20th century. These populations arrived in effect with the extraction operations and the militarization of the border (APECO-ECO 2006). For example, the town of Cabo Pantoja was founded in 1941, after the conflict between Peru and Ecuador. Some inhabitants are also descendents of the landowners present in the area. Today these populations live in the communities of Cabo Pantoja on the Napo, and in Tres Fronteras, Soplín Vargas, Sargento Tejada, and Puerto Nuevo on the Putumayo.

Demography and infrastructure

The human population of the Güeppí buffer zone is approximately 2,500 inhabitants (Appendix 11).

All of the indigenous communities in this area possess property titles granted between 1975 and 1991; others are annexed. The mestizo communities do not have titles to land. However, two of these, Cabo Pantoja (Appendix 11) and Soplín Vargas, are district capitals.

Migrations of the Airo Pai over their ancestral territory, still practiced today, have mitigated the displacement of families of the Guajoya (Vencedor) community away from their titled territory and have resulted in the reoccupation of the former community of Mañoko Daripë, in Laratococha, by families from the communities of Nuevo Belén and Guajoya.

In general, the Naporuna people (numbering approximately 857) represent the largest population in the area, Angoteros being the largest community and exceeding the total population of the Airo Pai in Peru, which numbers about 700 (Chirif 2007). The Airo Pai community of Mañoko Daripë is the smallest, with 18 inhabitants (Appendix 11).

With respect to the educational infrastructure, all the communities have primary schools. Only six communities have secondary schools: in the Napo area, Cabo Pantoja and Angoteros; and in the Putumayo area, Bellavista, Angusilla, Soplín Vargas, and Tres Fronteras. Of all the primary and secondary schools, only Angoteros is recognized as a bilingual school. In the others, although the majority of teachers are indigenous, they do not apply bilingual teaching strategies, which puts the survival of their languages at risk.

In the Napo region there are two health centers and one clinic with adequate infrastructure and equipment, unlike the communities of the Putumayo, which have only one health center and two poorly supplied clinics.

There are two means of travel between communities—by water and by land—on paths, *varaderos* (portage trails between parts of rivers), and roads that are used mainly during the rivers' low tides. Canoes are the vessels used most to transport local inhabitants. However, it is possible to find at least one boat with an outboard motor or *peque-peque* (a large canoe with modified outboard motor) in each community, for communal or individual use.

All of the communities visited have short-wave radio equipment, with the exception of Santa Teresita. The largest communities, like Angoteros and Cabo Pantoja, also have telephone service. Some communities have electricity generated by solar panels and/or power generators.

Civil registry offices[2] are found in the communities of Cabo Pantoja, Angoteros, and Vencedor, in the Napo area; and in the Putumayo area in San Martín de Porres, Zambelín de Yaricaya, and Tres Fronteras.

In many communities we observed infrastructures installed by "development" programs. Some, like the solar panels in several Putumayo communities, function well and are sustainable. In other cases, the installations have failed or are not effective. For example, in Torres Causana we found concrete sanitary latrines, abandoned because of deterioration of wood parts and lack of use. We found parabolic antennas, water filtration tubes, and generators, among other things, many of which were not appropriate with regard to the lifestyles of the population.

---

2 Civil registries report births and deaths in the communities to the central office, guaranteeing the rights of citizenship, democracy, and participation, and reducing the problem of marginality and exclusion that hinders a large percentage of indigenous communities.

As for basic sanitation, Cabo Pantoja is the only community with a network of potable water. None of the communities have adequate waste-water systems, which results in the contamination of water and soils. There is no consensus on a plan for necessary infrastructure that takes the growth of the population into account.

Social and cultural assets

We identified social and cultural assets in all the communities we visited. Some are general for all the cultural groups, while others are particular to an indigenous group. In addition to their organizational strengths, these communities maintain patterns of natural-resource use and management that are compatible with environmental conservation.

General assets

In all the communities visited, we identified common social patterns that characterized many Amazonian communities, the indigenous ones as well as the river-dwelling and mestizo groups. These patterns form a fundamental part of the social structure and are oriented toward a life more equitable than individualized and stratified. In all the communities there are relations of reciprocity: they share the yields from harvests, hunting, and fishing among their members. For example, during our visit to the Zambelín de Yaricaya indigenous Community, we saw how the meat of two tapirs (*Tapirus terrestris*) was distributed among eight families of the town, as well as to some visitors. In Angoteros, the meat of a white-lipped peccary (*Tayassu pecari*) was shared among members of an extended family. In several communities we observed that technology is also shared; for example, families that have televisions invite others to watch movies. Strong kinship relationships help maintain these relations of reciprocity, but even in mestizo communities where kinship is not as strong a social tie, the pattern of reciprocity is manifested.

Another pattern we observed is the practice of working communally on major tasks, such as clearing trails and *mingas* (mutual help) for large family jobs, such as building new houses or farms. The social practices of sharing resources help maintain a relatively low level of consumption, as compared with what families would otherwise spend individually.

Another social asset was the perception of quality of life and the valuation of the environment as the principal source of basic subsistence. During the discussions generated by the "man of the good life" exercise, we addressed the relationship of the condition of their natural environment and the economy. In all of the communities except one, the role of nature in the lives of community residents, as well as the economy, got high ratings (Table 8). Along with the anthropologist Alberto Chirif (2007:2–4), we question indicators of poverty based on hegemonic concepts of wealth and development. He asserts that "*Estos indicadores no miden la calidad de los alimentos que los indígenas consumen frescos, el buen aire que respiran, del agua limpia que beben de la quebrada, de la alegría de los niños que juegan en los ríos o del control de la gente sobre su propia vida.*" (These indicators do not measure the quality of fresh foods indigenous peoples eat, the good air they breathe, the fresh water they drink from the streams, the happiness of the children playing in the rivers, or the control they feel over their own lives; Fig. 9F).

On the basis of baseline data adapted by Project PIMA, we note that the majority of communities shown perceive the risks involved in the exploitation of natural resources (APECO-ECO 2006). The residents commented that it was important for them to keep their forests intact, and they were concerned about the activities of oil and logging companies. In all the communities, the authorities and leaders spoke of the possible harm that could be done by hydrocarbon exploration. The indigenous leader of the community of Angoteros described the visit of the Barrett Company (a United States firm) and affirmed that he and many others in the community were not convinced of the "benefits" that its activities would supposedly bring. He expressed his concern about the possible contamination of the rivers, based on the experiences of his relatives in Ecuador. The mayor of the Teniente Manuel Claveros district also expressed his concern about social and environmental changes that would be brought about by petroleum operations.

The majority of inhabitants feel that they have a good quality of life. The lowest averages assessed

Table 8. Quality of life assessment. Scores range from 0 (the worst) to 5 (ideal).

Community	Component of life in the community					Average
	Nature	**Culture**	**Social life**	**Politics**	**Economy**	
Cabo Pantoja	4.0	2.0	3.0	4.0	3.5	3.3
Torres Causana	5.0	3.0	3.0	4.0	5.0	4.0
Angoteros	4.0	4.0	4.5	3.0	4.0	3.9
Mañoko Daripë (Puerto Estrella)	5.0	5.0	5.0	5.0	2.0	4.4
Guajoya (Vencedor)	5.0	5.0	4.0	3.5	4.5	4.4
Bellavista	4.0	3.0	3.5	2.5	4.5	3.5
San Martín de Porres	3.0	5.0	4.5	3.0	4.0	3.9
Santa Rita	4.0	4.0	4.0	4.0	4.0	4.0
Nuevo Belén	5.0	5.0	5.0	4.0	5.0	4.8
Mashunta	5.0	3.5	3.5	3.5	5.0	4.1
Zambelín de Yaricaya	4.0	3.0	5.0	5.0	5.0	4.4
Santa Teresita	4.5	4.0	4.0	3.5	4.0	4.0
Miraflores	4.0	3.0	5.0	3.0	4.0	3.8
Tres Fronteras	4.0	3.0	3.0	2.0	4.0	3.2

(3.3 in Cabo Pantoja and 3.2 in Tres Fronteras, in Table 8) were in mestizo communities close to the markets or under strong outside pressure. The perception of a good quality of life is an important indicator of people's satisfaction with their environment and their way of life. When they perceive that their quality of life is currently good—and that this depends very much on the quality of their natural environment—residents can enthusiastically participate in the protection of the environment. And when they recognize deficiencies (for example, with regard to their culture, due to the loss of customs, practices, or local wisdom), they can take steps to improve them.

One impressive characteristic of this region was the participation of women in public events in the community. As compared with places visited for previous rapid inventories, throughout this region women more freely expressed their opinions and perceptions at communal meetings, workshops, and gatherings. In Bellavista, we observed during a meeting that women contributed their opinions on the repair and construction of sidewalks. In Santa Teresita, a Murui community, women attended a meeting of the community security (*vigilancia*) committee with the head of the Z.R. Güeppí. And in Tres Fronteras, a community leader expressed her opinions on the informational workshop. This social asset is a great advantage for conservation work and for the organizational capacity of the people.

As in the watersheds of Mazán and Curaray, the Catholic Church plays an important role in the Napo communities, in promoting and providing health care as well as in the communities' capacity to organize. In Angoteros, for example, there is a long history of Church participation through the actions and iniciatives of Father Juan Marcos Mercier. This effort is continued by a group of sisters of the Spanish congregation Mercedarias Misionarias, who have a headquarters in the community. They work in the school, promote environmental education, and support the efforts of the authorities with regard to the threat from petroleum-related activities. In the Putumayo region, the presence of the Evangelical Church in certain cases has had a positive influence. In the Airo Pai and mestizo communities, it contributes to maintaining the low incidence of alcohol consumption. The Catholic and Evangelical churches could both play important roles in the communities if they respect native cultural values.

The Jefatura de la Z.R. Güeppí plays an important role in supporting the participation of several communities in monitoring and surveillance, with funds from Project PIMA. It established surveillance committees in five Putumayo communities, providing them with outboard motors, local headquarters, and short-wave radios. This action has created a level of confidence among the communities and the administration of the Z.R. Güeppí that may form the basis for the future "co-administration" of the two communal reserves and the National Park.

Specific strengths of the native communities

The indigenous peoples in this region maintain a strong cultural identity, despite the long history of interaction with the larger society and intense pressures to assimilate. We recognize that all of these cultural processes are dynamic and are characterized by change. However, cultural differences play an important role in the valuation of the environment and in management practices of natural-resource use. In comparison with the Arabela and Curaray region (Vriesendorp et al. 2007a), where the communities have already almost lost their languages, here their use is still strong. In Angoteros and in all the Airo Pai communities, as well as in the Santa Teresita community (Murui), residents speak their languages not only in daily conversation but also at meetings and other public events. Recent studies have shown the strong link of language and overall knowledge about biological diversity in the environment (Nabhan 1997; Maffi 1998; Carlson and Maffi 2004). In the towns of Angoteros, Guajoya, and Santa Teresita, children as well as adults easily identified photographs of fish in a guidebook.

We observed the use of traditional artifacts and tools (wooden canoes, clay pots and dishes, baskets, hammocks, *tipitis* for extracting toxins from yucca) in daily life. Airo Pai men wear the *cushma*, a lightweight robe traditional for some Amazonian peoples. In the indigenous communities, family relationships continue to be the most important way to create social relations, as much within communities as between communities (Gashé 1979; Mercier 1980; Belaunde 2001, 2004; Casanova 2002). We have seen in the Angoteros community, for example, the celebration of the *tupachina*, a traditional activity that consists of supplying firewood among men who are relatives or close friends. The man who receives the firewood prepares *masato* (a fermented yucca drink) and food in appreciation. The transmission of cultural patterns

and language to children continues to be strong, although some young people are more influenced by patterns of more-intensive consumption.

The indigenous organizations based in this region are strong and are recognized in the communities for their efforts. The organization ORKIWAN (Kichwaruna Wangurina Organization of the Upper Napo) was founded in 1972 and is affiliated with the Organización Regional de Pueblos Indígenas del Oriente (ORPIO, formerly ORAI[3]). Currently ORKIWAN is made up of 22 communities. This organization has several programs; one of them, the bilingual education program (PEBIAN), has supported and trained bilingual professors for 20 years. In Angoteros, ORKIWAN maintains a small rice mill to generate funds for its programs and has an outboard motor.

After more than 15 years of organizing efforts, the Organización Indígena Secoya del Perú (OISPE) was legally recognized in 2005 with the support of the Proyecto de Reunificación, Revalorización Cultural y Continuidad del Pueblo Secoya, sponsored by Ibis (a Danish organization supporting indigenous peoples in Bolivia, Ecuador, and Peru). The office of the OISPE is located in the community of Bellavista. It has a power generator, boat, and outboard motor. OISPE is made up of the eight Airo Pai communities in Peru and holds an annual congress. OISPE, together with ORPIO, conducts informational workshops on petroleum-related activities in almost all the communities of the Putumayo district of Teniente Manuel Clavero, warning residents of the risks of contamination and social problems. A third organization, the Federación Indígena Kichwaruna del Alto Putumayo Inti Runa (FIKAPIR), was created in 2003 and is in the process of obtaining legal recognition. It represents 12 communities. All of the organizations mentioned participated in the consultation process for the categorization of the two communal reserves.

These three organizations are working together to re-ject petroleum-related activities, forming a common front to carry forward their shared principles:
"We want a healthy forest, we do not want petroleum contamination, we want others to respect our land, we do not want deadly disease, we do not want more

---

3 La Organización Regional AIDESEP—Iquitos.

violations of our rights by the Peruvian government."
("*Queremos un bosque sano, no queremos contaminación petrolera, queremos que nos respeten nuestro
territorio, no queremos enfermedad mortal, no queremos
más violación de nuestros derechos de parte del gobierno
peruano.*") (OISPE, ORKIWAN, and FIKAPIR 2006).

Use of natural resources

It is clear that the subsistence economy of the communities,
for the past several generations, has been strongly
tied to the potential of the forests, the abundance of
forest animals, the condition of bodies of water, and
the productivity of crops for their own consumption.
Residents can invest only a limited amount of time in
hunting and fishing, and in collecting fruits and various
materials from the forests for domestic use. In many
communities, travel time to carry out activities in the forest
varies between half an hour and four hours. The time
varies with the extent of their needs (Appendix 12).

People work their farms through mutual-help days
(*mingas*). Farm size varies from 0.5 to 1.0 hectare per
family, and they are constructed every year. Community
members cultivate primarily various varieties of yucca,
pineapple, a few vegetables, and bananas. These farms
are located some walking distance away, from half
an hour to an hour from the communal town center
(Appendix 12).

Purmas (old fields) are important areas for the recovery
of the forest and cultivated soil, as well as for forest animals.
Each family maintains three or four young purmas (2–8
years old). Older purmas continue being the property of the
families that constructed them. These purmas are planted
primarily in perennial crops, like fruit trees, timber-yielding
species, medicinal plants, and palm trees.

In Angoteros, we observed, in a 0.5-hectare purma,
more than 25 species of plants, including fruit trees,
medicinal plants, palms, and timber-yielding trees. The
purmas of the Airo Pai show a predominance of *pijuayo*
palms (*Bactris gasipaes?*), plants such as *shihuango*
(probably a species of the genus *Renealmia*), *barbasco*
(from the genus *Jacquinia*), and *yoko* (*Paullinia yoco*).

Resource-use maps drawn in each community
showed extensive areas of permanent human occupation
connected by roads, streams, and rivers. They also clearly

displayed the importance and benefits of plants, trees,
soil, bodies of water, forest animal species, and sacred
sites. The maps displayed in detail the spatial distribution
of each of the forest components. For example, in the
case of the Airo Pai, the locations of *sachavacas* (tapirs),
huanganas (white-lipped peccaries), *monos choros*
(common woolly monkeys, *Lagothrix lagothricha*), and
sábalos (various species of fish in the family *Characidae*)
are most important because of their role in the people's
diet, whereas for the Naporunas the most important are
areas of distribution of white-lipped peccaries and *majás*
(pacas, *Agouti paca*), and of primates, like *maquisapa*
(*Ateles belzebuth*), common woolly monkeys, and *coto
mono* (red howler monkey, *Alouatta seniculus*).

It is remarkable to observe in each of the towns visited
the learning and knowledge they maintain with respect
to the forest and their environment. For the Airo Pai,
the fruiting periods of certain plants and palm trees are
important indicators for a better hunt. For example, the
fruiting time of the pijuayo palm (February to March)
is very important for the hunting of pacas, *carachupas*
(armadillos, *Dasypus* sp.), and *añujes* (black agoutis,
Dasyprocta fuliginosa). From August to October *aguajes*
(*Maritia flexuosa* palms) are fruiting, and therefore these
are the best months to hunt tapirs. Populations of the palm
ungurahui (*Oenocarpus batua*) fruit from May to August,
so this period is important for hunting toucans. And the
leche caspi trees (*Couma macrocarpa*) fruit from March to
April, the time when monkeys have the greatest weight.

The rivers, streams, and ox-bow lakes constitute
important sources of fish in the diets of the local
populations. Residents of the community of Angoteros
expressed their concern about the reduction in fish
populations in the Napo River, due to contamination
from petroleum operations in Ecuador. One resident
commented that ten years ago they could catch many
large fish within an hour's journey; today they can catch
only four to five small fish and have to travel to other
streams to get a good catch.

The Airo Pai communities have determined that
the period from December to February is the best time
to catch fish for consumption and sale. They have
also identified the ponds and pools with the greatest
predominance of certain fish species. This classification

Fig. 41. Cuyabeno-Güeppí, subsistence and trading exchange.

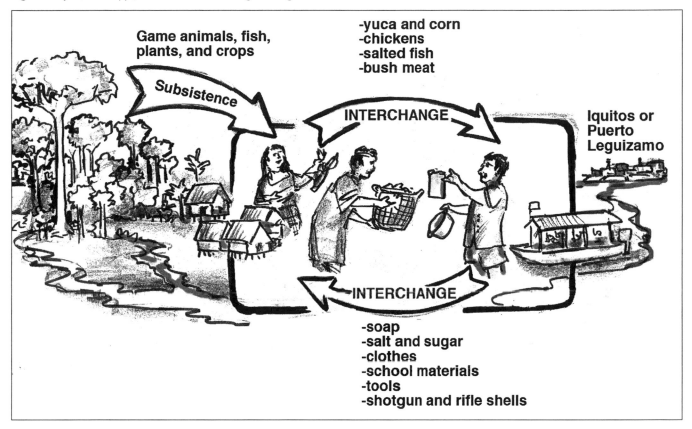

allows the selection of fishing locations in accordance with their nutritional priorities.

We observed important successes in the Zambelín de Yaricaya and Nuevo Belén communities with regard to increasing populations of fish and other animals through community management and control.

In the 14 communities visited we were able to identify 26 sacred sites. The Airo Pai, Naporuna, Murui, and mestizos all indicated that these constitute prohibited or untouchable areas. Consequently, they have established strong social controls, which avert overexploitation of the areas, constituting a source of reproduction (under a "source-sink" concept) based on their cosmological view.

Residents believe that the animals, trees, and bodies of water are represented by a mother or master (*dueño*) that has the spirit or form of enormous rare animals, sometimes gigantic ones. Others appear as *duendes* (goblin-like creatures). It is almost impossible to gain access to these places or any objects related to them; to do so requires conducting special rituals or enlisting the help of a shaman. For example, the Airo Pai respect enchanted ponds, "where animals speak *Paicoca*[4] and change into humans." They also consider special places the "glades (*chacras*) of the people who eat eyes," who are called *Nacuano'a* in their language. These areas have tall forests, with a fairly open understory and little leaf litter. When they are near these areas, they do not approach too closely or make noise.

Women participate equally in the use and management of forests with men. Women are the acknowledged source of detailed information on the important places for fishing, hunting, and farming, on the use of medicinal plants, and on handicrafts.

Ties with the market economy

Generally, residents of the areas visited complement their subsistence economy with the raising of small animals (primarily domestic fowl), pigs, and cattle (on a small

---

4 In the Secoya language.

scale), and the cultivation of yucca, bananas, rice, corn, and other crops. They barter or sell the surplus of these products locally to military bases as well as to itinerant traders (known locally as *cacharreros* in Colombia and *regatones* in Peru). In this way they acquire items like soap, salt, sugar, clothing, tools, ammunition, fuel, school supplies, and medicine (Figs. 9B, 41).

All along the Putumayo, the monetary economy is governed by the dynamics of the Colombian market, which means that prices of necessities are higher than in the Napo region.

However, we noticed that there is variation in how business is managed. The community of Miraflores, for example, has strong ties with the market in Puerto Leguízamo (in Colombia), where they sell bananas, yucca, fish, and chicken, among other things. Santa Teresita, a community made up primarily of Murui, resists the temptation to sell large amounts of fish because the residents believe it would cause an imbalance in the populations of fish in the headwaters of the Peneya River. Other Putumayo communities depend more on itinerant traders and do not need to go to Leguízamo with much frequency.

The commercial extraction of timber has a long history in the region, especially in the Putumayo area. The decade of the 1980s saw the most intensive logging of *cedro* (a species of tree in the genus *Cedrela*), devastating the area. Toward the end of that decade, the Airo Pai communities of Yubineto stopped the Colombian loggers, confiscating 30,000 planks of wood (Chirif 2007:6). With the creation of the Z.R. Güeppí, some of this activity was controlled. However, in the Napo region as well as the Putumayo, logging is currently reemerging (Fig. 10B), now of a wider variety of species, such as *azúcar huayo* (probably *Hymenea*), *huimba* (probably *Ceiba*), *granadillo*, and *cahuiche* (the last two are local names whose species names we do not know). Local residents are pressured by the owners of the logging operations, and some families are participating in the tree harvesting. This activity is generating discussion, internal conflicts, and concern on the part of many communities and their organizations. Because of the size of these communities, the intensity of labor and money involved is much less manageable than is the case with the current system based on barter (*trueque*).

THREATS

We identify as the principal threats:

- Weak mechanisms of control and surveillance in the Peru-Colombia border region, which allow Colombian loggers to invade Peruvian territory to extract illegal forest resources. Forest depredation threatens the lifestyles and the survival of the indigenous cultures.

- The superimposition of petroleum concessions on the Z.R. Güeppí, and the proposal to officially subdivide Z.R. Güeppí into two communal reserves and a national park, generate division and social conflicts because of the culture's vulnerability. This creates a lack of trust and confusion on the part of the population toward the government (for not respecting agreements signed by representatives of INRENA, the PIMA Project, and the communities).

- Lack of resources for follow-up on courses of action initiated through participatory projects, like that of Ibis, the PIMA Project, and the Jefatura de la Z.R. Güeppí. When funds run out, the institutions and organizations no longer continue their support, which is still needed to consolidate and sustain projects.

- Lack of sufficient resources for indigenous organizations to maintain ties with their constituents and to continue protecting communal reserves and their titled lands.

RECOMMENDATIONS

- Support institutional strengthening of the organizations OISPE, ORKIWAN, and FIKAPIR, and promote collaboration among them and with the Jefatura de la Z.R. Güeppí, for mutual support of various actions and for the administration of the communal reserves.

- Take advantage of the active role of women in the public sphere by encouraging their direct participation in the administration, management, and surveillance of protected areas, and in the leadership of the organizations.

- Take advantage of the physical presence of the Z.R. Güeppí to stimulate more of a leadership role for the indigenous federations in the face of large threats, such as the overharvesting of resources.

- Facilitate the expansion of communal land titles in the Airo Pai and Naporuna communities adjacent to the Z.R. Güeppí to fortify the buffer zone.

- Create and immediately implement a protocol for use of resources in accordance with the ANP laws (Áreas Naturales Protegidas, in Peru) with the institutions in the region (military, police, and district authorities).

- Create mechanisms to publicize iniciatives enacted by local communities to protect the environment, and implement educational and consciousness-raising programs on the value of biological and cultural diversity.

- Ensure that all schools in indigenous communities offer intercultural bilingual education.

REGIONAL HISTORY OF THE COFAN

Compiled with permission by W. S. Alverson and D. K. Moskovits from information provided by the Cofan Survival Fund (*www.cofan.org*) and a conversation with Randy Borman along the Güeppicillo River on 19 October 2007.

Origins

Cofan culture probably has its roots in proto-Chibchan hunters who in the distant past wandered down from the Colombian highlands near the present border of Colombia and Ecuador. The culture established itself in the headwaters of several rivers in the region, eventually organizing along the lines of "towns and states," with each village independent except when an outside threat united coalitions to face a common enemy. Little is known about these early days except for tantalizing scraps from various legends. The Cofan were semi-nomadic hunters and fishers whose survival was tightly linked to the health of the rivers and forests in an ancestral area of over three million hectares. They were warriors who wielded a variety of weapons in battles with their enemies, including spears, hardwood swords, bows and arrows, and slings. They also were traders who embarked on long and dangerous voyages downstream to the main Amazon and back up its tributaries in search of cloth, salt, and seashell beads. Their main items of trade appear to have been superior stone axes, adzes, and knives—part of a sophisticated craftsmanship that extended to canoes and many other items. That they had a social structure with some specialization is implied by the intricate knowledge of medicinal and poisonous plants, which is maintained today. The Cofan followed the stars, and predicted the arrival of the yearly floods with uncanny accuracy. But the absence of written histories prior to the arrival of the Spanish, along with the frustrating lack of well-preserved archeological sites, makes knowledge of what the culture was like at this early stage difficult to find.

Early contact with Europeans

The Spanish arrived in Cofan territory as early as 1536. But the first major contacts didn't come for another thirty years, when Spanish settlers began to enter lands that the Cofan saw as under their protection. A series of campaigns aimed at subduing the Cofan straggled back in defeat during the next ten years. The battles culminated in the burning of the settlers' town of Mocoa and the siege of Pasto (in what is now southern Colombia) by Cofan warriors.

In 1602, a Jesuit priest named Rafael Ferrer made peaceful contact with the Cofan living along the Aguarico River, and made much progress in establishing a mission. However, when colonists and the military began to take advantage of the now-peaceful people of the newly converted villages, the Cofan rebelled. Padre Ferrer drowned under suspicious circumstances while crossing a bridge in the high cloud forest, and the Cofan were left alone for awhile longer.

Despite having fought the Spanish colonial efforts to a standstill, the Cofan were unable to combat the arrival of diseases from the Old World. From a population variously estimated between fifteen and fifty thousand, they dwindled dramatically to a few hundred by the early 1900s. Smallpox, measles, polio, whooping cough, and cholera epidemics combined to wipe out entire villages.

The survivors faced virulent strains of tuberculosis and a lethal import from the Mediterranean—malaria.

Spanish histories often mention the Cofan by various names based on local village sites, including Sucumbios and Macas, among others. Thus, it is often hard to figure out exactly when people of the Cofan culture appear in the records from the early 1600s to the early 1800s. We do know the Franciscans were in and out of the area in the middle 1600s, complaining about bigamy practiced by some of the Cofan chiefs (and not making much headway), and that during the 1800s gold was found and exploited in northeastern Ecuador (near the present day Cascales). A few other similar references in recorded histories and many verbal anecdotes from an oral tradition are our main sources for this period. The overall picture they paint is of a strong, proud, and numerous people with a high level of technology slowly losing ground to disease, changing from a high level of organization to a much simpler culture focused mainly on survival. One fascinating transition is that of a warrior nation becoming a peace-loving culture where all forms of physical violence are considered evil.

The petroleum years

By the late 1940s, the Cofan probably numbered less than five hundred people living on the Guamues, San Miguel, and Aguarico rivers of southern Colombia and northern Ecuador. On all three river systems, they shared territory with the Siona, a Tucanoan group that had also been devastated by the epidemics. The Siona and Cofan intermarried freely and frequently, and there was significant cultural cross-fertilization. A high degree of bilingualism was the norm, but in spite of long centuries of contact, the two languages remained intact and distinct. Low populations and abundant natural resources turned both groups into semi-nomadic hunters and fishers. Subsistence agriculture revolved around yuca (manioc) and plantains, and leisure time was spent in the pursuit of supernatural powers via the use of a broad range of mind-altering drugs. Tuberculosis and malaria continued to take lives with frequency, and occasional epidemics of yellow fever thinned village populations, especially in the eastern lowlands.

Into this world came Shell Oil Company, in 1948. Novelties abounded. The first good look at airplanes, the bustle of large groups of workers carving trails through the woods, outboard motors, and a thousand other exciting innovations from the outside world titillated the often bored young men and women growing up in Aguarico villages. Some of the workers boasted loudly of the road that would follow their efforts, crossing the mountains and plunging down into the lowland forests. The older people thought about it, but could not give much credence to the idea that the cloud forests would ever truly be penetrated. Fortunately for the Cofan, the price of oil at the time was low, so Shell cut its losses and pulled out of what was going to be an extremely expensive proposition. Oil was there, but at the prices of the late 1940s and early 50s, it wasn't worth the effort.

The next notable change in Cofan lifestyle came in 1954, when American missionaries Bub and Bobbie Borman arrived to begin work at Dureno, one of the three villages on the Aguarico at the time. Their goal was threefold: to learn the language and analyze it linguistically; to develop an alphabet and the basic materials to teach reading and writing in Cofan; and to translate the Bible into the language. However, the Bormans soon realized that the medical needs of the community were an immediate priority. The chief of Dureno, Guillermo Quenama, had also recognized the value of the airplane the missionaries came in for bringing coveted outsider supplies like beads, cloth, machetes, aluminum kettles, and other trade goods.

For the Dureno group, the next few years were a golden age, looked back upon with nostalgia by everyone. The Cofan penchant for fine dressing reached a zenith as beads and cloth became easily available. The forest was still unlimited, and hunting trips were as much recreation as necessity. Resources for building and crafts were likewise unlimited, and the availability of steel tools put to rest the problem of deciding whether you really wanted to waste machete steel on a particular project. The availability of outsider medicine had finally turned around the long population decline: Adults weathered malaria and came back in good shape from bouts with tuberculosis. The village blossomed, and the outside world and future seemed far away.

This all changed ten years later when Texaco and Gulf combined forces to take up where Shell had left off. The availability of new technology and the promise of higher oil prices made that jungle crude worth the trouble, and in 1964, Geodetic Surveys, Inc. arrived with military precision and planning, to begin laying the groundwork for Texaco-Gulf's new oil kingdom. The campaign that ensued made the Shell incursions look tiny and benign. Helicopters, part of the new technology making this possible, flew in workers and supplies. Outboard motor-driven canoes roared up and down the river. Supply depots and then airfields appeared as if by magic, and huge four-engine airplanes (DC-4s and DC-6s) began flying in everything from potatoes to dynamite. Crews fanned out, carving perfectly straight trails through the forest and planting explosive charges every couple hundred meters. The shock waves from the detonations were traced and monitored, and a rough picture emerged of where oil might be found.

All of this was done with no thought whatsoever to the presence of indigenous peoples living in the affected region. The Bormans protested and tried to get the Ecuadorian government to set aside reserve areas as early as 1965, but the word of a foreign missionary championing the cause of a few hundred "savage jungle indians" did not carry much weight when put in the balance of the fabulous oil bonanza being promised by the oil companies. The actual impact at the local level was brutal. Young men were urged to work for the company, cutting down the forest that had provided sustenance for many centuries, and were ridiculed for wearing "womanly" beads and *ondiccuje* (or *cushma*, a lightweight robe traditional for some Amazonian peoples). Young women were propositioned and often raped. Alcohol flowed freely. Petty robbery, almost unknown among a closed and egalitarian traditional culture, became common. The fabric of the culture frayed in a thousand ways.

In 1966, the first exploratory well confirmed the presence of major quantities of good-quality petroleum in the region. Along with it came the first major ecological repercussions of the exploration as streams flowed with toxic chemicals and crude oil. Dead fish were at first welcomed and then discarded as people

tried to eat them, only to discover that even the meat had the flavor of oil. Still, the forest was vast, and if one stream was ruined, there were numerous others that remained uncontaminated.

This ended abruptly in 1972, when the road from Quito to present day Lago Agrio was completed. With the road came thousands of land-hungry colonists from all over Ecuador. Each family was allowed 50 ha of "unused jungle," and given the mandate to clear a percentage of that forest for crops in a certain time period. It mattered not that much of that "unused jungle" was the livelihood of the Cofan, their hunting and gathering grounds. It mattered even less that that "useless" forest had provided a very good standard of living for many people for centuries. The only sign acceptable to the outside government officials that land was being used was if it was cleared of its life-giving forests. By 1974, even the fields and homes of the Dureno Cofan were at risk as roads snaked out to link up the oil wells and colonists pushed farther in search of lumber and home sites.

In 1974, a major flood broke the oil pipeline in several places and destroyed bridges throughout eastern Ecuador. It was only the most dramatic example of the contamination slowly spreading through the forest. Also in 1974, the Dureno Cofan began clearing a boundary trail to stem the influx of colonists. After lengthy negotiations at the local and national levels, Dureno finally received title to 9,500 ha in 1977. It included only one side of the life-giving river, and that only for a distance of less than 10 km (see map in Borman et al. 2007). It also included, by oversight, an oil well (which went on line in 1976 and by 1992 had pumped more than a million barrels of oil) that polluted the Pisorie, the only small river within the Cofan territory, with numerous leaks and a continuous flow of toxic production wastes. The Cofan never saw a cent of compensation in any form for this well's presence and destructiveness.

Beyond petroleum

By 1979, a small group of Dureno residents became involved in tourism, which represented a non-destructive way to make a living that made use of their traditional knowledge of the forest. However, to find "good" forest that tourists could appreciate, the group soon found themselves far down the river near Ecuador's border with Peru. This was the beginning of the Zábalo community.

By 1984, the group involved in what was now becoming known as "ecotourism" was firmly established at the new village site of Zábalo. Originally only three families and some teenagers, it grew during the next ten years to 20 families and more than 100 people. Involved heavily in ecotourism, the Zábalo group also was aware of the fragility of the environment and the impact that oil exploitation could have on an area. Various local initiatives—including the first practical and well-obeyed game laws in the country, a river-turtle recovery program, and a zoning system to recognize and support traditional land-use methods—were pioneered and eventually became popular with other communities. Zábalo was declared part of a new extension of the Reserva de Producción Faunística (R.P.F.) Cuyabeno in 1991 (Fig. 2C). Zábalo leaders protested that they had never been included in the planning of this extension, and demanded legal recognition of the community's right to its own rules and land within the framework of the Reserve. Provisional recognition was no sooner granted than a new threat arose in the form of the intrusion of a seismic company (without authorization from the administration of R.P.F. Cuyabeno).

SeisComDelta got a contract to run a seismic grid over the zone that included land claimed by the Zábalo Cofan. No permissions were sought, either at the local or national government level, because they had never been needed before. The oil companies and their subsidiaries always had priority over local interests, and the few brushes with irate natives over invasions of their territories always were resolved with minor bribes and payoffs. If worse came to worst, the company could always call upon the government to back its interests: after all, the reasoning went, oil pays the bills, and so must always be in the right. But SeisComDelta had not reckoned with a new force in the political scene. The Zábalo Cofan had lived through the oil boom around Dureno, and knew exactly what uncontrolled oil exploration and exploitation could mean. They also were painfully aware of the danger of a road, with its colonists

and lumbermen. They were prepared to fight against a repetition of the unbridled activities that had doomed their home at Dureno.

Thus, in 1991 the first skirmishing between Zábalo's tiny band of Cofan and the petroleum juggernaut began. A group of seismic workers arrived to make a helicopter pad. The Zábalo people arrested them, demanding that they produce their government authorization for work within the Reserve. The workers blustered and postured, but the next day their bosses pulled them out of the area, just slightly ahead of the newspaper people on their way to get the story. The oil company sent in the usual negotiators to smooth the troubled waters with cheap gifts, but to their surprise and chagrin, the Cofan still demanded the authorization and laughed at the offered bribes. The conflict took on nation-wide interest in Ecuador as the papers and TV stations began following it, and after a couple more confrontations, the oil company began to go through the proper legal routes. The community followed up their initial advantage, demanding far more stringent regulations for seismic studies. Eventually, the company agreed to follow the regulations and got all of their papers together. They were allowed to finish the study under far stricter supervision than any oil operation had ever been subjected to. The regulations demanded by Zábalo in this encounter became national law shortly thereafter.

The next round began in early 1993, when the national oil company Petroecuador prepared to drill two exploratory wells within Zábalo's territories. The "Zábalo" and "Paujil" sites were to be the scenes of a rough and drawn-out battle during the rest of the year. The company contracted local firms to clear the drilling sites and build platforms for the drill rigs. The local firms hired river people, who went into the designated sites armed with shotguns and chain saws. Helicopters flying in supplies returned to their base camps loaded with the finer lumbers found around the sites and basketfuls of smoked wild game for sale. This was all in sharp contrast to the official oil-company line that they were running an environmentally sound operation. On top of this, the company once again began operations without authorization of the administration of the R.P.F. Cuyabeno or permission of the local communities.

And to make matters still worse, the area where they were establishing wells was long protected by the Cofan from hunting and exploitation. The Zábalo people rallied to begin a counter-campaign.

During the following six months, Cofan leaders visited the Zábalo well site repeatedly and actively sought a peaceful solution at government levels. It was all in vain. Force was the only answer, and eventually twenty armed warriors marched the entire work crew out of the site. Chain saws and firearms were confiscated and turned over to R.P.F. Cuyabeno staff. In the wake of this activity, the Director of INEFAN (which also runs the park system) declared the lower R.P.F. Cuyabeno off limits to the oil company. Zábalo warriors burned the platforms and supplies left behind at the first site in a symbolic act of victory.

Meanwhile, work at Paujil, the other drilling site, continued. When the President of Ecuador gave the oil company a personal letter—not the legal authorization demanded by Ecuadorian law—the company immediately began drilling at that site. Zábalo representatives, along with a coalition of conservationists, business people, and the press, staged a demonstration protesting the cavalier treatment of both Ecuadorian law and the status of the reserve, and were able to talk with presidential level officials. But nothing came of the meeting, and once again the Cofan went into action. This time it was a two-day hike through swamps to arrive at the well site. Once there, the Zábalo warriors—including women and children—captured the drilling site and forced negotiations to begin in earnest. The whole event was front-page news the following day, and the government began to back down. In one of the most historic moments of Cofan history, the oil well was capped and the question of possible oil exploitation within Cofan lands at Zábalo was permanently shelved. This was made official via a presidential decree signed in 1999 that created *zonas intangibles*, where no extractive activities may take place, in the lower half of the Cuyabeno Wildlife Reserve and in a major portion of the Yasuní National Park.

Historic impacts on living resources by Cofan and others in the region

In addition to the Cofan, several other indigenous groups have had important levels of activity in the region. Historically, the most numerous and important culture in the Güeppí and Putumayo area was that of the Huitoto. However, this culture was almost destroyed during the rubber-boom days, beginning in the late 1880s and extending into the first decades of the twentieth century. Thousands were enslaved under conditions that eventually provoked an international investigation, unfortunately too late for the majority of the Huitoto. Between the slave trade and the diseases that swept the region during the 1920s, this once numerous group was almost totally destroyed.

The same battery of diseases that delivered the coup de grace to the Huitoto population (including the famous influenza pandemic that followed World War I and a measles epidemic that killed thousands in 1923) also decimated the other major indigenous groups of the region, including the Siona-Secoya. The Tucanoan-speaking Siona had for centuries coexisted with the Cofan and other neighboring cultures on both the Aguarico and the Putumayo river systems. As late as the 1920s, large Siona villages were present along the Lagarto River and at Laguna Zancudo (originally called *Tsoncorá*, after a small fish that was abundant there). Siona oral histories speak of a long-term relationship with the large lake systems along the Lagarto River, where they lived a life that revolved around the seasonal resources of fish, manatee, and other aquatic animals in the dry season, and land and arboreal animals during the wet season (in the abundant highlands to the south of the Lagarto River proper). The Secoya, an offshoot of the Siona culture, also used the area sporadically. All of these communities were virtually destroyed by the epidemics, leaving the Güeppí and Lagarto rivers entirely unpopulated and scarcely used during the late 1920s and 1930s.

The 1941 war between Ecuador and Peru sparked a migration of Río Napo Kichwa fleeing from the conflict. Several families entered the Aguarico River and established themselves along its course, mostly in Siona and Cofan villages. The Zancudo Kichwa community was built on the remnants of an earlier Siona site, and was sporadically occupied by its present families through the 1940s and 1950s, with frequent moves to the San Miguel River, the Napo itself, and other points along the Aguarico.

Along with the arrival of the Kichwas and rivereños came a new form of exploitation of local resources. This was first manifested during the early 1950s, when black caiman (*Melanosuchus niger*) and giant otter (*Pteronura brasiliensis*) hides became commercially valuable. On both the Lagarto and the Güeppí systems, hunters virtually destroyed the populations of these animals. While we have little information concerning actual kills, a similar hunting program on the Napo took 2,000 caiman skins from Limoncocha, a lake comparable to the lakes along the Lagarto. It was during this decade that the giant otter ceased to exist as a denizen of the larger rivers of the region, including the Napo, the Aguarico, and the Putumayo. Remnant populations in the upper reaches of the Güeppí and the Lagarto are in the process of staging a comeback, fifty years after the original impact.

A second wave of hunting began in the last years of the 1960s, this time with white caiman (*Caiman crocodilus*), the ocelot (*Leopardus pardalis*), the jaguar (*Panthera onca*), and the common river otter (*Lontra longicaudis*) as the main targets. Caiman and otter populations were quickly reduced to the point of near-extinction. Ocelot and jaguar hunting caused a very different kind of problem. These were intelligent, difficult-to-encounter predators that most hunters—and modern scientists, for that matter—rarely see. To capture them, primitive box traps were developed, and whatever wildlife was in the area was used for bait. With rudimentary traps and scant tradition of trapping, the hunters involved were able to capture only a very small percentage of the spotted-cat populations, and the direct impact on these populations was minimal. However, the hunters were experts in hunting the normal game animals of the region, such as woolly monkeys (*Lagothrix lagothricha*), peccaries, and other wildlife. Normal hunting for subsistence use had several internal "checks and balances," including factors such as how many prey animals a hunter can carry, how far he wants to carry them, and how much a family can eat before

the meat goes bad or loses significant nutritional value. But, with trapping, the hunter who would have returned home once he collected a backload of prey animals, who had been content to not hunt for at least several days, and who would never think of going out overnight or for long distances, suddenly had dozens of traps to fill and no limitations based on weight, distance, or usage. In other words, that hunter was able to kill, cut up, and put into traps as much as time and game populations allowed. Game species were decimated during the late 1960s through the 1970s because excellent local hunters, instead of eating their normal prey animals, put the carcasses in their traps in hope that an especially naïve ocelot might wander in. Thus, game became increasingly scarce along both the Lagarto and the Güeppí.

Meanwhile, the Lagarto River achieved particular fame among the Peruvian military command as an easy source of *paiche* (*Arapaima gigas*) and manatee. One of the Kichwa who remained on the Peruvian side of the border after the war now began to make a reputation for himself as a commercial hunter and fisher. By the late 1960s, Gaspar Conquinche was supplying the entire military base of Cabo Pantoja with meat, and with his family members was rapidly decimating the manatee and paiche populations of the river. Commercial netting began by the late 1970s, and other Peruvian hunters began to get into the act. The 1980s saw the presence of large, motorized scows that would head downriver loaded to their gunwales with dried and salted fish, caiman, and manatee. While a tacit recognition of the Ecuadorian-Peruvian border minimized the impact on the Ecuadorian lakes, wildlife populations in and around the Peruvian lakes were all but destroyed. During the 1990s, efforts on both sides of the border eventually slowed this uncontrolled exploitation, but Peruvian netting expeditions were still taking huge loads of meat down the river as late as 1999.

A similar situation was occurrred on the Güeppí River. The Peruvian military base at the mouth of the Güeppí relies almost entirely on fish and game for its meat needs. At the Ecuadorian town of Puerto Carmen, the Güeppí remains a target for hunters, who take generators and freezers in to hunt and fish. Cofan control at the limit of the R.P.F. Cuyabeno has largely stopped these practices within the reserve, but commercial hunting and fishing continues in the lower regions.

On Cofan lands, Zábalo went from 6 families with 20 intense hunters to 34 families but with very little hunting. Some animals like Spix's Guans (*Penelope jacquacu*) and peccaries (*Pecari tajacu*) are dwindling within 1 km of the village, but otherwise there is little hunting. Since 2000, *chorongo* (woolly monkey) populations rebounded when protected on Cofan lands. Caiman populations came back around then, too. Zábalo represents a concrete example of how game populations can rebound when self-imposed hunting regulations are enforced and respected.

Timber and rubber

The original rubber boom in the area began in the late 1890s. Starting in the 1940s and continuing until the late 1950s, there was a miniboom based on a different species, *fansoco* (*Castilla*, Moraceae?), which was tapped and cut for latex destined for markets along the Putumayo. This second boom crashed by the late 1950s.

At present, cedar (*Cedrela odorata*, Meliaceae) is in demand in Colombia, and has been virtually lumbered out of accessible areas; it was sometimes extracted up to 20 km using horse trails, mostly during the 1980s and 1990s. A second round of lumbering for other hardwood species never really got going. The species in most demand now include *chuncho* (also known as *tornillo* in Peru; *Cedrelinga cateniformis,* Fabaceae) and some other hardwoods.

Toward the future

Seven Cofan communities are established in the region, all associated with the Federación Indígena de la Nacionalidad Cofan del Ecuador (FEINCE), which coordinates activities among these distant communities. Dureno is the largest, with approximately five hundred inhabitants. Lack of forest resources has pushed most people into some form of commercial agriculture, but the culture remains strong and the language intact. Other Cofan villages are in various states of risk due to colonization and lack of organization (see map in Borman et al. 2007). Dovuno is the most affected, with little more than 2,000 ha available and a high rate of

intermarriage with the Kichwa-speaking colonists from the Napo region to the south. Sinangoe still maintains a good land base but is likewise losing tradition and culture to intermarriage with Spanish-speaking colonists. Chandia Na'e, the smallest community with fewer than eighty people, is isolated and still maintains its traditional lifestyle. Cofan in Colombia largely have been acculturated by intense colonization in their region, and the lands available for their usage are sharply curtailed. In recent years, however, the Cofan have reclaimed significant portions of their ancestral lands, and now serve as the guardians of these areas. Through agreements with Ecuador's Ministerio del Ambiente, they have control over 400,000 ha within parks and ecological reserves.

The Cofan of Zábalo continue to pursue their goals of conservation and sustainable use of their environment. Conservation projects are the main economic activities, while hunting, fishing, and subsistence agriculture provide the daily needs of the village. The growth of an identity along with a pride in their history and traditions is very apparent in this community. There have been no confrontations with lumber, oil, or settlers since 2003, except for a few, minor hunting parties and lumber incursions.

La Fundación para la Sobrevivencia del Pueblo Cofan (FSC), a non-profit organization, builds alliances with the Ecuadorian government and other groups in support of field work, conservation projects (e.g., Proyeto Charapa), and other work supporting Cofan communities, such as ecotourism, piscicultura, and construction of large fiberglass canoes. As a form of territorial defense, the FSC has trained a group of over 50 Cofan park guards and forest rangers. Each month, six teams of five guards/rangers walk and maintain the borders of Cofan territory, from the foothills of the Andes to the Amazon lowlands bordering Peru and Colombia.

The Cofan park guard/forest ranger system, as well as other conservation programs, won't survive in the future unless they can develop adequate mechanisms to ensure that community members not only participate in these successful regional conservation efforts but also become leaders who can represent the Cofan in their negotiations with the outside world. Cofan children grow up in a markedly traditional environment. The first language of Ecuadoran Cofan is *A'ingae*, and their cultural values are strong. At the local level, few resources are available to provide an education about the outside world. Even though the children have an enormous advantage to learn about their culture through knowledge of the forests that surround them, they have almost no opportunity to acquire skills for some "western" occupations. Thus, future generations of Cofan may lack some of the abilities they need to resist the intense external pressures on Cofan lands and culture. To address this, the Cofan maintain a group of 20 students who receive middle- and high-school training in Quito. They feel that this is the best investment to ensure the long-term survival of their forests, and to create national leaders: only those with well-developed capacities will be able to continue conservation efforts across all Cofan ancestral lands in future years.

Apéndices/Appendices

Resumen de las muestras de suelo tomadas por Thomas Saunders durante el inventario biológico rápido de la Reserva de Producción Faunística Cuyabeno (Ecuador) y la Zona Reservada Güeppí (Perú) del 5 al 29 de octubre de 2007.

SUELOS / SOILS								
Identificación de capa/Horizon identification	Sitio/ Site	Terreno/ Landform	Tipo de capa/ Horizon type	Profundidad/ Depth (cm)	Color dominante/ Dominant color	Textura/ Texture	Estructura/ Structure	REDOX
C1T1D1-1	1	Tb	Oi	0 – 8	–	–	–	no
C1T1D1-2	1	Tb	Oe	8 – 17	10YR 2/2	–	–	no
C1T1D1-3	1	Tb	A1	17 – 23	10YR 3/2	cl	M	de
C1T1D1-4	1	Tb	Bs1	23 – 35	10YR 5/2	cl	M	de
C1T1D1-5	1	Tb	Bs2	35 – 120+	10YR 6/6	cl	M	cd
C1T1D2-1	1	Vs	Oi1	0 – 4	–	–	–	no
C1T1D2-2	1	Vs	Oi2	4 – 18	2.5YR 3/2	mu	–	no
C1T1D2-3	1	Vs	A1	18 – 35	5YR 2.5/1	cl	M	no
C1T1D2-4	1	Vs	A2	35 – 90	2.5YR 2.5/1	cl	M	de
C1T1D2-5	1	Vs	B1	90 – 180+	G1 5/10Y	cl	M	de
C2T3D1-1	2	Tb	Oi	0 – 2	–	–	N	no
C2T3D1-2	2	Tb	A1	2 – 25	10YR 3/6	cl	M	no
C2T3D1-3	2	Tb	A2	25 – 73	10YR 4/6	cl	M	no
C2T3D1-4	2	Tb	Bt	73 – 120+	10YR 4/6	cl	M	cd
C2T2D1-1	2	Ti	O	0 – 2	–	–	–	no
C2T2D1-2	2	Ti	A1	2 – 40	10YR 4/6	cl	G	no
C2T2D1-3	2	Ti	A2	40 – 80	10YR 6/6	cl	S	no
C2T2D1-4	2	Ti	Bt1	80 – 110	10YR 5/8	cl	S	no
C2T2D1-5	2	Ti	Bt2	110 – 140+	7.5YR 5/6	cl	M	no
C3TPD1-1	3	Cr-l	Oi	0 – 3	–	–	–	no
C3TPD1-2	3	Cr-l	A	3 – 14	5YR 4/6	cl	G	no
C3TPD1-3	3	Cr-l	B1	14 – 35	2.5YR 4/6	sa-cl	S	no
C3TPD1-4	3	Cr-l	B2	35 – 60	10R 4/6	sa-cl	S	pl
C3TPD1-5	3	Cr-l	B3	60 – 90	10R 3/6	sa-cl	S	cd
C3TPD1-6	3	Cr-c	B4	90 – 130+	G1 7/5GY	sa-cl	M	cd
C3TPD2-1	3	Cr-c	Oi	0 – 4	–	–	–	no
C3TPD2-2	3	Cr-c	A1	4 – 30	10YR 3/3	sa-cl	G	no
C3TPD2-3	3	Cr-c	A2	30 – 70	10YR 3/4	sa-cl	S	no
C3TPD2-4	3	Cr-c	A3	70 – 100+	10YR 3/6	sa-cl	S	no
C3G1D1-1	3	Ti	Oi	0 – 2	–	–	–	no
C3G1D1-2	3	Ti	A1	2 – 6	10YR 3/4	cl-lo	G	no
C3G1D1-3	3	Ti	A2	6 – 30	10YR 4/6	cl-lo	G	no
C3G1D1-4	3	Ti	A3	30 – 40	10YR 4/6	cl	S	no
C3G1D1-5	3	Ti	B1	40 – 70	5YR 5/8	cl	S	no
C3G1D1-6	3	Ti	B2	70 – 120+	2.5YR 4/8	cl	M	cd
C3G2D1-1	3	Cr-c	Oi	0 – 2	–	–	–	no
C3G2D1-2	3	Cr-c	A1	2 – 5	10YR 3/3	cl	G	no
C3G2D1-3	3	Cr-c	A2	5 – 10	10YR 3/6	cl	G	no
C3G2D1-4	3	Cr-c	A3	10 – 60	10YR 4/6	cl	S	no
C3G2D1-5	3	Cr-c	A4	60 – 100+	7.5YR 4/6	cl	S	no
C4T3D1-1	4	Cr-l	Oi	0 – 2	–	–	–	no
C4T3D1-2	4	Cr-l	A1	2 – 8	10YR 3/6	cl	G	no
C4T3D1-3	4	Cr-l	A2	8 – 28	7.5YR 4/6	cl	S	no

Summary of the soil samples taken by Thomas Saunders during the rapid biological inventory in the Reserva de Producción Faunística Cuyabeno (Ecuador) and the Zona Reservada Güeppí (Peru) from 5 to 29 October 2007.

Identificación de capa/Horizon identification	Sitio/ Site	Terreno/ Landform	Tipo de capa/ Horizon type	Profundidad/ Depth (cm)	Color dominante/ Dominant color	Textura/ Texture	Estructura/ Structure	REDOX
C4T3D1-4	4	Cr-l	A3	28 – 57	5YR 4/6	cl	S	no
C4T3D1-5	4	Cr-l	B1	57 – 83	10R 4/8	cl	S	cd
C4T3D1-6	4	Cr-l	B2	83 – 100+	G1 7/10Y	cl	S	cd
C4T3D2-1	4	Cr-c	Oi	0 – 3	–	–	–	no
C4T3D2-2	4	Cr-c	A1	3 – 15	10YR 3/4	cl	G	no
C4T3D2-3	4	Cr-c	A2	15 – 37	7.5YR 4/4	cl	S	no
C4T3D2-4	4	Cr-c	A3	37 – 60	5YR 5/4	cl	S	no
C4T3D2-5	4	Cr-c	B1	60 – 90	5YR 5/6	cl	S	cd
C4T3D2-6	4	Cr-c	B2	90 – 140+	G1 7/10Y	cl	M	cd
C4T3D3-1	4	Ta	Oi	0 – 2	–	–		no
C4T3D3-2	4	Ta	A1	2 – 8	10YR 3/4	cl	G	no
C4T3D3-3	4	Ta	A2	8 – 38	7.5YR 4/6	cl	S	no
C4T3D3-4	4	Ta	A3	38 – 70	7.5YR 4/6	cl	S	pl
C4T3D3-5	4	Ta	B1	70 – 80	5YR 5/6	cl	S	pl
C4T3D3-6	4	Ta	B2	80 – 120+	G1 7/10Y	cl	S	cd

LEYENDA/ LEGEND

Identificación de capa/ Horizon identification

Por ejemplo, "C1T1D1-1" significa Campamento 1, Trocha 1, Descripción 1, Capa 1./For example, "C1T1D1-1" indicates Camp 1, Trail 1, Description 1, Horizon 1.

3F = Tres Fronteras

G = Río Güeppí

TP = Trocha Principal

Sitio/Site

1 = Garzacocha

2 = Redondococha

3 = Güeppicillo

4 = Güeppí

5 = Aguas Negras

Terreno/Landform

Ta = Terraza alta/High terrace

Ti = Terraza intermedia/ Intermediate terrace

Tb = Terraza baja/Low terrace

Cr = Colina redonda/Rounded hill

Cr-c = Colina redonda, cumbre/ Rounded hill, top

Cr-l = Colina redonda, ladera/ Rounded hill, sideslope

Vs = Valle saturado/Saturated valley

Tipo de capa/Horizon type

Ver NRCS (2005) para una definición completa./See NRCS (2005) for a complete definition of horizon designations.

Color dominante/Dominant color

Ver NRCS (2005) para una definición completa de las designaciones de los colores y del sistema Munsell./See NRCS (2005) for a complete description of soil color designations and Munsell color notation.

Textura/Texture

cl = Arcilla/Clay

cl-lo = Franco arcillosa/Clay loam

mu = Fango/Muck

mu-sa = Arena fangosa/Mucky sand

sa = Arena/Sand

sa-cl = Arcilla arenosa/Sandy clay

sa-cl-lo = Franco arcillosa arenosa/ Sandy clay loam

Estructura/Structure

G = Granular/Granular

M = Masiva (sin estructura formal)/ Massive (without formal structure)

S = Bloques subangulares/ Subangular blocky

REDOX (Características redoxomórficas/ Redoxomorphic features)

cd = Presencia de concentraciones y lavados redox/Presence of redox concentratons and depletions

de = Sólo presencia de lavados redox/ Presence of redox depletions only

no = Niguna observada/None observed

pl = Plinthite está presente/ Plinthite present

SUELOS / SOILS								
Identificación de capa/Horizon identification	Sitio/ Site	Terreno/ Landform	Tipo de capa/ Horizon type	Profundidad/ Depth (cm)	Color dominante/ Dominant color	Textura/ Texture	Estructura/ Structure	REDOX
C5T3D1-1	5	Cr-l	Oi	0 – 3	–	–	–	no
C5T3D1-2	5	Cr-l	A1	3 – 40	7.5YR 5/6	sa-cl	S	no
C5T3D1-3	5	Cr-l	A2	40 – 100	7.5YR 5/8	sa-cl	S	no
C5T3D1-4	5	Cr-l	B	100 – 140+	5YR 5/6	sa-cl	S	cd
C5T3D2-1	5	Ta	Oi	0 – 6	–	–	–	no
C5T3D2-2	5	Ta	A1	6 – 40	7.5YR 4/4	sa-cl	S	no
C5T3D2-3	5	Ta	A2	40 – 100	7.5YR 4/6	sa-cl	S	no
C5T3D2-4	5	Ta	B	100 – 140+	7.5YR 5/6	sa-cl	S	cd
C5T1D1-1	5	Tb	Oi	0 – 4	–	–	–	no
C5T1D1-2	5	Tb	A1	4 – 30	7.5YR 5/2	sa-cl-lo	G	no
C5T1D1-3	5	Tb	A2	30 – 60	10YR 7/3	sa-cl-lo	S	no
C5T1D1-4	5	Tb	A3	60 – 100	7.5YR 7/1	sa-cl-lo	S	no
C5T1D1-5	5	Tb	AB	100 – 130+	7.5YR 7/2	sa-cl-lo	S	cd
C5T1D2-1	5	Vs	Oi	0 – 6	–	–	–	no
C5T1D2-2	5	Vs	A	6 – 30	7.5YR 6/1	sa-cl	S	de
C5T1D2-3	5	Vs	B1	30 – 65	7.5YR 7/1	sa-cl	M	cd
C5T1D2-4	5	Vs	B2	65 – 100	7.5YR 8/1	sa-cl	M	cd
C5T1D2-5	5	Vs	B3	100 – 120+	7.5YR 8/1	cl	M	cd
C5T1D3-1	5	Tb	Oi	0 – 2	–	–	–	no
C5T1D3-2	5	Tb	A1	2 – 20	7.5YR 5/4	sa-cl	G	de
C5T1D3-3	5	Tb	A2	20 – 80	7.5YR 5/6	sa-cl	S	cd
C5T1D3-4	5	Tb	B1	80 – 110+	2.5Y 6/1	cl	M	cd
C5T4D1-1	5	Cr	Oi	0 – 2	–	–	–	no
C5T4D1-2	5	Cr	A1	2 – 8	7.5YR 3/3	sa-cl-lo	G	no
C5T4D1-3	5	Cr	A2	8 – 35	10YR 4/6	sa-cl	S	no
C5T4D1-4	5	Cr	A3	35 – 80	5YR 5/8	sa-cl	S	cd
C5T4D1-5	5	Cr	Bs	80 – 120+	2.5YR 6/4	sa-cl	M	cd
C5T2D1-1	5	Ta	Oi	0 – 2	–	–	–	no
C5T2D1-2	5	Ta	A1	2 – 4	10YR 3/2	sa-cl-lo	G	no
C5T2D1-3	5	Ta	A2	4 – 55	10YR 3/6	sa-cl	S	no
C5T2D1-4	5	Ta	B1	55 – 100	5YR 5/6	sa-cl	S	cd
C5T2D1-5	5	Ta	B2	100 – 140+	10R 4/8	sa-cl	M	cd
C5T2D2-1	5	Vs	Oi	0 – 4	–	–	–	no
C5T2D2-2	5	Vs	A1	4 – 15	10YR 5/1	mu-sa	S	de
C5T2D2-3	5	Vs	A2	15 – 50	10YR 7/1	sa-cl-lo	M	de
C5T2D2-4	5	Vs	A3	50 – 90	10YR 8/1	sa-cl	M	de
C5T2D2-5	5	Vs	B1	90 – 130+	G1 8/N	sa-cl	M	de
3FTPD1-1	5	Cr-l	Oi	0 – 2	–	–	–	no
3FTPD1-2	5	Cr-l	A1	2 – 6	10YR 3/3	sa-cl-lo	G	no
3FTPD1-3	5	Cr-l	A2	6 – 45	10YR 3/6	sa-cl	S	no
3FTPD1-4	5	Cr-l	B1	45 – 95	5YR 5/6	sa-cl	S	cd
3FTPD1-5	5	Cr-l	B2	95 – 120+	10R 4/8	sa-cl	M	cd

LEYENDA/ LEGEND	**Identificación de capa/ Horizon identification**	**Terreno/Landform**	**Textura/Texture**

**Identificación de capa/
Horizon identification**

Por ejemplo, "C1T1D1-1" significa Campamento 1, Trocha 1, Descripción 1, Capa 1./For example, "C1T1D1-1" indicates Camp 1, Trail 1, Description 1, Horizon 1.

3F = Tres Fronteras

G = Río Güeppí

TP = Trocha Principal

Sitio/Site

1 = Garzacocha

2 = Redondococha

3 = Güeppicillo

4 = Güeppí

5 = Aguas Negras

Terreno/Landform

Ta = Terraza alta/High terrace

Ti = Terraza intermedia/Intermediate terrace

Tb = Terraza baja/Low terrace

Cr = Colina redonda/Rounded hill

Cr-c = Colina redonda, cumbre/Rounded hill, top

Cr-l = Colina redonda, ladera/Rounded hill, sideslope

Vs = Valle saturado/Saturated valley

Tipo de capa/Horizon type

Ver NRCS (2005) para una definición completa./See NRCS (2005) for a complete definition of horizon designations.

Color dominante/Dominant color

Ver NRCS (2005) para una definición completa de las designaciones de los colores y del sistema Munsell./See NRCS (2005) for a complete description of soil color designations and Munsell color notation.

Textura/Texture

cl = Arcilla/Clay

cl-lo = Franco arcillosa/Clay loam

mu = Fango/Muck

mu-sa = Arena fangosa/Mucky sand

sa = Arena/Sand

sa-cl = Arcilla arenosa/Sandy clay

sa-cl-lo = Franco arcillosa arenosa/Sandy clay loam

Estructura/Structure

G = Granular/Granular

M = Masiva (sin estructura formal)/Massive (without formal structure)

S = Bloques subangulares/Subangular blocky

REDOX (Características redoxomórficas/Redoxomorphic features)

cd = Presencia de concentraciones y lavados redox/Presence of redox concentratons and depletions

de = Sólo presencia de lavados redox/Presence of redox depletions only

no = Niguna observada/None observed

pl = Plinthite está presente/Plinthite present

Agua/Water

Resumen de las muestras de agua tomadas por Thomas Saunders durante el inventario biológico rápido de la Reserva de Producción Faunística Cuyabeno (Ecuador) y la Zona Reservada Güeppí (Perú) del 5 al 29 de octubre de 2007.

AGUA / WATER

Muestra/ Sample	Fecha/Date	Hora/Time	Sitio/Site	Trocha/Trail	Distancia en la trocha/ Distance on trail (m)	Tipo de muestra/ Sample type	Tipo de agua/ Water type
C1T4-1	8-Oct	8:35	1	4	340	val	N
C1T4-2	8-Oct	8:45	1	4	475	val	N
C1T4-3	8-Oct	9:02	1	4	575	val	N
C1T4-4	8-Oct	9:36	1	4	1450	val	N
C1T4-5	8-Oct	10:09	1	4	1775	val	N
C1T1-1	8-Oct	10:58	1	1	2785	val	N
C1T1-2	8-Oct	13:09	1	1	2825	val	N
C1T2-1	9-Oct	8:06	1	2	460	val	N
C1T2-2	9-Oct	8:24	1	2	930	val	N
C1T2-3	9-Oct	8:51	1	2	1440	val	N
C1T2-4	9-Oct	9:16	1	2	1675	val	N
C1T2-5	9-Oct	9:50	1	2	2000	val	N
C1T2-6	9-Oct	10:40	1	2	2840	val	N
C1T2-7	9-Oct	10:52	1	2	2890	qbr	C
C1T2-8	9-Oct	11:46	1	2	3350	val	N
C1T2-9	9-Oct	12:23	1	2	3300	rio	N
C1T2-10	9-Oct	12:49	1	2	3350	llu	C
C1T2-11	9-Oct	13:08	1	2	3525	qbr	N
C1T2-12	9-Oct	13:55	1	2	4125	val	N
C1T2-13	9-Oct	15:21	1	2	6320	val	N
C1T2-14	9-Oct	15:41	1	2	6840	val	N
C2T1-1	11-Oct	8:51	2	1	1000	qbr	C
C2T1-2	11-Oct	8:55	2	1	1000	llu	C
C2T1-3	11-Oct	8:59	2	1	1000	llu	C
C2T1-4	11-Oct	10:15	2	1	1660	qbr	C
C2T1-5	11-Oct	10:25	2	1	1655	llu	C
C2T1-6	11-Oct	11:17	2	1	2140	qbr	C
C2T1-7	11-Oct	12:36	2	1	3250	qbr	C
C2T1-8	11-Oct	1:30	2	1	3575	qbr	C
C2T1-9	11-Oct	2:02	2	1	4040	qbr	C
C2T1-10	11-Oct	3:10	2	1	5850	qbr	C
C2T1-11	11-Oct	3:35	2	1	6240	llu	C
C2T1-12	12-Oct	8:13	2	1	2200	sdo	C
C2T2-1	13-Oct	8:52	2	2	Cocha 1	coc	N
C2T2-2	13-Oct	10:10	2	2	Cocha 2	coc	N
C2T2-3	13-Oct	11:21	2	2	2165	qbr	C
C2T2-4	13-Oct	13:03	2	2	3275	qbr	C
C3G1	19-Oct	13:50	3	río Güeppí	–	qbr	C
C3T3-1	20-Oct	8:30	3	3	50	qbr	C
C3T3-2	20-Oct	9:10	3	3	425	qbr	C
C3T3-3	20-Oct	9:50	3	3	575	qbr	C

Summary of the water samples taken by Thomas Saunders during the rapid biological inventory in the Reserva de Producción Faunística Cuyabeno (Ecuador) and the Zona Reservada Güeppí (Peru) from 5 to 29 October 2007.

Temperatura/ Temperature (°C)	Conductividad/ Conductivity (µS cm-1)	pH	Oxígeno disuelto/ Dissolved oxygen (%)	Oxígeno disuelto/ Dissolved oxygen (mg/L)
22.5	17.6	4.61	6.9	0.58
22.3	12.6	4.44	5.0	0.41
22.3	14.6	4.17	6.1	0.49
22.7	14.1	4.21	6.0	0.51
22.1	12.7	4.25	4.8	0.40
23.2	10.4	4.32	2.5	0.27
23.4	12.1	4.20	0.1	0.00
21.8	22.7	4.71	8.0	0.68
21.1	19.5	4.85	6.1	0.61
21.0	16.9	4.91	4.7	0.39
21.3	22.0	5.00	5.9	0.49
21.3	15.6	5.84	8.5	0.70
22.5	12.0	5.02	11.0	0.91
22.1	13.8	5.70	23.2	1.92
23.8	20.1	4.97	2.9	0.24
26.2	18.2	5.50	40.1	3.10
24.1	62.4	6.41	2.4	0.19
22.6	10.3	5.06	8.7	0.74
24.1	13.9	5.11	2.5	0.19
24.0	16.1	4.95	6.3	0.52
23.4	19.4	4.44	10.5	0.88
22.9	12.7	5.10	15.0	1.24
23.1	186.2	6.83	–	–
23.2	135.3	6.19	–	–
23.2	14.9	5.97	26.5	2.27
24.6	1096.0	7.53	–	–
23.5	78.8	6.46	5.7	0.58
23.7	11.7	5.68	20.1	1.69
24.5	11.8	5.71	20.1	1.67
23.7	11.0	5.70	32.0	2.72
24.4	17.6	5.80	11.8	0.97
25.8	130.4	6.50	–	–
23.1	635.0	7.20	13.2	1.20
28.2	7.5	5.22	56.2	4.37
31.6	7.9	5.45	51.5	3.72
24.3	9.7	5.85	24.1	2.04
24.1	13.5	5.62	19.4	1.65
24.1	4.9	5.25	61.8	5.18
23.8	2.5	5.80	83.6	7.05
24.0	2.6	5.70	67.5	5.67
24.1	3.5	5.65	74.2	6.21

LEYENDA/LEGEND

Sitio/Site

1 = Garzacocha
2 = Redondococha
3 = Güeppicillo
4 = Güeppí
5 = Aguas Negras

Tipo de muestra/Sample type

cha = Charco encima de terraza/ Saturated terrace pool
coc = Cocha/Oxbow lake
llu = Lluvia que cae por los árboles/ Concentrated throughfall
qbr = Quebrada/Stream
rió = Río/River
sdo = Saladero o collpa/Salt lick
val = Valle saturado/Saturated valley

Tipo de agua/Water type

C = Agua clara/Clear water
N = Agua negra/Black water

| AGUA / WATER | | | | | | | |
Muestra/ Sample	Fecha/Date	Hora/Time	Sitio/Site	Trocha/Trail	Distancia en la trocha/ Distance on trail (m)	Tipo de muestra/ Sample type	Tipo de agua/ Water type
C3T3-4	20-Oct	10:30	3	3	875	qbr	C
C3T3-5	20-Oct	11:10	3	3	1375	val	C
C3T3-6	20-Oct	11:50	3	3	1750	qbr	C
C3T3-7	20-Oct	12:30	3	3	2365	qbr	C
C3T3-8	20-Oct	13:10	3	3	2475	qbr	C
C3T3-9	20-Oct	13:50	3	3	3075	qbr	C
C3T3-10	20-Oct	14:30	3	3	3775	qbr	C
C3T3-11	20-Oct	15:10	3	3	4290	qbr	C
C3T2-1	21-Oct	8:30	3	2	370	val	C
C3T2-2	21-Oct	9:10	3	2	400	qbr	C
C3T2-3	21-Oct	9:50	3	2	850	val	C
C3T2-4	21-Oct	10:30	3	2	1090	val	N
C3T2-5	21-Oct	11:10	3	2	1240	qbr	C
C3T2-6	21-Oct	11:50	3	2	3125	qbr	C
C3T1-1	21-Oct	13:35	3	1	50	qbr	C
C3T1-2	21-Oct	14:20	3	1	440	val	N
C3T1-3	21-Oct	15:05	3	1	1540	qbr	C
C3T1-4	21-Oct	15:50	3	1	2260	qbr	C
C4T3-1	23-Oct	8:22	4	3	250	qbr	C
C4T3-2	23-Oct	8:57	4	3	1100	qbr	C
C4T3-3	23-Oct	9:15	4	3	1250	qbr	C
C4T3-4	23-Oct	9:32	4	3	1440	qbr	C
C5T1-1	29-Oct	9:00	5	1	25	qbr	N
C5T2-1	29-Oct	14:16	5	2	150	cha	N
C5T2-2	29-Oct	15:04	5	2	900	cha	C
C5T2-3	29-Oct	15:30	5	2	1450	cha	C
C5T2-4	29-Oct	16:13	5	2	1525	cha	N
C5T2-5	29-Oct	16:30	5	2	2200	qbr	C

Temperatura/ Temperature (°C)	Conductividad/ Conductivity (µS cm-1)	pH	Oxígeno disuelto/ Dissolved oxygen (%)	Oxígeno disuelto/ Dissolved oxygen (mg/L)
24.0	2.6	5.15	64.9	5.47
23.8	5.0	5.67	62.7	5.30
24.4	7.6	5.04	10.9	0.91
24.2	3.1	5.50	58.5	4.92
23.9	4.5	5.55	73.0	6.17
23.9	5.9	5.45	81.3	6.85
24.6	5.7	5.33	38.4	3.22
24.3	10.2	4.80	40.5	3.36
23.5	10.2	5.10	20.5	1.73
23.5	10.6	5.60	69.3	5.89
23.5	6.2	5.70	56.8	4.77
23.8	8.8	4.95	9.0	0.75
23.8	6.3	5.37	26.1	2.17
24.0	6.0	5.30	59.3	4.92
24.1	6.3	5.70	58.5	4.96
23.6	8.7	4.95	11.6	1.00
24.0	7.8	5.12	23.8	1.97
24.8	7.7	4.83	12.6	1.05
23.7	6.2	5.30	63.8	5.40
23.8	8.7	5.05	60.3	5.10
24.1	4.8	4.95	66.6	5.50
24.1	8.0	4.93	74.3	6.24
24.0	–	5.00	33.3	2.80
24.3	–	4.00	26.1	2.20
24.0	–	4.80	25.0	2.10
24.0	–	4.50	27.8	2.36
23.8	–	4.50	23.8	2.01
24.0	–	4.80	61.5	5.16

LEYENDA/LEGEND

Sitio/Site

1 = Garzacocha
2 = Redondococha
3 = Güeppicillo
4 = Güeppí
5 = Aguas Negras

Tipo de muestra/Sample type

cha = Charco encima de terraza/ Saturated terrace pool

coc = Cocha/Oxbow lake

llu = Lluvia que cae por los árboles/ Concentrated throughfall

qbr = Quebrada/Stream

rio = Río/River

sdo = Saladero o collpa/Salt lick

val = Valle saturado/Saturated valley

Tipo de agua/Water type

C = Agua clara/Clear water

N = Agua negra/Black water

Plantas Vasculares/
Vascular Plants

Especies de plantas vasculares registradas durante el inventario biológico rápido de la Reserva de Producción Faunística Cuyabeno (Ecuador) y la Zona Reservada Güeppí (Perú) del 5 al 29 de octubre de 2007, por Robin Foster, Walter Palacios, Corine Vriesendorp, Nállarett Dávila, Jill López, William Alverson, Sebastián Descanse, Laura Cristina Lucitante y Oscar Vásquez.

PLANTAS VASULARES / VASCULAR PLANTS

Nombre científico/ Scientific Name	Sitio/ Site 1	Sitio/ Site 2	Sitio/ Site 3	Sitio/ Site 4	Sitio/ Site 5	Foto/ Photo	Colección/Collection
Acanthaceae							
Aphelandra aurantiaca	–	x	o	–	–	f	Dávila 4728
Aphelandra spp.	x	x	–	–	–	f	Palacios 15962 Dávila 4884
Justicia sp.	–	–	x	–	–	f	Palacios 16142
Mendoncia sp.	–	–	–	o	x	f	Dávila 5186
Ruellia sp.	–	–	o	–	–	f	
Sanchezia spp.	–	–	–	x	–	f	Dávila 4989/5030
(desconocido/unknown) spp.	–	–	x	–	–	–	Palacios 16135/16297/16340
Alismataceae							
Echinodorus sp.	–	x	–	–	–	f	Dávila 4907
Amaryllidaceae							
Eucharis sp.	–	–	–	x	–	f	Dávila 5018
Anacardiaceae							
Astronium graveolens	–	–	o	–	–	–	
Mauria sp.	–	–	x	–	–	f	Palacios 16093
Tapirira guianensis	o	o	o	o	–	–	
Tapirira sp.	–	–	o	–	–	–	
Thyrsodium herrerense	–	–	o	–	–	f	
Annonaceae							
Anaxagorea spp.	–	–	–	–	x	–	Dávila 5080/5156
Annona spp.	–	x	–	x	x	f	Dávila 4841/5045/5163
Cremastosperma sp.	–	–	o	x	–	–	Dávila 4964
Cymbopetalum spp.	–	x	–	x	–	–	Dávila 4891/4987
Duguetia spixiana	–	o	–	–	–	–	
Duguetia spp.	x	x	x	–	–	f	Palacios 15921/15988/16113 Dávila 4729/4735/4786/4887/4931
Fusaea spp.	–	x	–	–	x	f	Dávila 4924/5155
Guatteria spp.	x	x	o	x	x	f	Palacios 15963/16039 Dávila 4720/4833/4889/4932/5056/5075
Oxandra euneura	–	–	x	o	–	f	Palacios 16120
Oxandra xylopioides	–	o	o	o	o	–	
Oxandra spp.	x	o	x	–	x	f	Palacios 15931/16175/16194/16335 Dávila 5125
Rollinia spp.	x	–	–	x	–	f	Palacios 16014 Dávila 4969
Trigynaea spp.	–	x	x	–	–	f	Palacios 16211 Dávila 4724
Unonopsis veneficiorum	–	o	–	–	–	–	
Xylopia cuspidata	–	x	o	–	–	–	Dávila 4898
Xylopia parviflora	o	–	o	o	o	–	
Xylopia sp.	o	–	–	o	x	f	Dávila 5193
(desconocido/unknown) spp.	x	x	x	–	x	f	Palacios 15985/15992/16019/16 106/16209/16314/16349 Dávila 4835/4933/5084/5170
Apocynaceae							
Aspidosperma sp.	o	–	–	–	–	–	
Condylocarpon sp.	–	–	x	–	–	f	Palacios 16243
Couma macrocarpa	o	o	o	o	o	–	

Species of vascular plants recorded during the rapid biological inventory in the Reserva de Producción Faunística Cuyabeno (Ecuador) and the Zona Reservada Güeppí (Perú), from 5 to 29 October 2007, by Robin Foster, Walter Palacios, Corine Vriesendorp, Nállarett Dávila, Jill López, William Alverson, Sebastián Descanse, Laura Cristina Lucitante, and Oscar Vásquez.

PLANTAS VASULARES / VASCULAR PLANTS

Nombre científico/ Scientific Name	Sitio/ Site 1	Sitio/ Site 2	Sitio/ Site 3	Sitio/ Site 4	Sitio/ Site 5	Foto/ Photo	Colección/Collection
Himatanthus sucuuba	o	–	o	o	–	–	
Lacmellea lactescens cf.	–	o	–	x	–	f	Dávila 4985
Macoubea guianensis	x	–	–	–	–	–	Palacios 15909
Malouetia flavescens	o	o	–	–	–	–	
Mandevilla sp.	–	–	x	–	–	f	Palacios 16241
Odontadenia sp.	–	–	–	o	–	–	
Tabernaemontana sananho	–	o	o	x	–	–	Dávila 5049
Tabernaemontana spp.	o	x	x	–	–	f	Palacios 16220 Dávila 4760
(desconocido/unknown) sp.	o	–	x	–	–	f	Palacios 16133
Aquifoliaceae							
Ilex inundata	–	o	x	–	–	f	Palacios 16283
Araceae							
Anthurium breviscapum	–	o	o	o	–	f	
Anthurium clavigerum	o	o	o	o	o	–	
Anthurium eminens	–	o	–	o	–	–	
Anthurium gracile	x	–	–	–	–	–	Palacios 15918
Anthurium pseudoclavigerum	–	o	o	–	o	f	
Anthurium spp.	x	x	x	x	x	f	Palacios 15943/16010/16038/16042/16138/16143/16147/16191/16200/16223/16233/16255/16293 Dávila 4721/4820/5014/5090/5124
Dieffenbachia parvifolia	–	x	–	o	–	f	Dávila 4769
Dieffenbachia sp.	–	–	o	–	o	–	
Dracontium spp.	–	x	o	x	–	f	Dávila 4949/5011
Heteropsis sp.	o	o	o	–	o	–	
Homalomena picturata	–	o	o	–	–	–	
Monstera obliqua	o	x	–	x	–	–	Dávila 4902/5060
Monstera spp.	o	x	x	o	–	f	Palacios 16260 Dávila 4741
Montrichardia linifera	–	o	–	o	–	f	
Philodendron asplundii	o	–	–	–	–	–	
Philodendron campii	–	o	o	o	o	–	
Philodendron deflexum	–	o	–	–	–	–	
Philodendron ernestii	o	o	–	o	o	–	

LEYENDA/ LEGEND	**Sitio/Site**	**Presencia por sitio/Presence at site**	**Foto/Photo**
	S1 = Garzacocha	x = Colectada/Collected	f = Foto tomada/Photo taken (Ver/See
	S2 = Redondococha	o = Observada/Observed	*http://www.fieldmuseum.org/plantguides*.)
	S3 = Güeppicillo		
	S4 = Güeppí	**Collección/Collection**	
	S5 = Aguas Negras	Depositamos el primer juego de especímenes peruanos en el Herbario Amazonense (AMAZ) de la Universidad Nacional de la Amazonía Peruana en Iquitos, y el primer juego de los ecuatorianos en el Herbario Nacional (QCNE) en Quito./We deposited the first set of Peruvian specimens in the Herbario Amazonense (AMAZ) of the Universidad Nacional de la Amazonía Peruana in Iquitos, and the first set of Ecuadorian specimens in the Herbario Nacional (QCNE) in Quito.	

PLANTAS VASULARES / VASCULAR PLANTS							
Nombre científico/ Scientific Name	Sitio/ Site 1	Sitio/ Site 2	Sitio/ Site 3	Sitio/ Site 4	Sitio/ Site 5	Foto/ Photo	Colección/Collection
Philodendron fragrantissimum	o	o	o	o	o	–	
Philodendron wittianum	–	o	o	o	o	f	
Philodendron spp.	o	x	x	x	x	f	Palacios 16254/16287 Dávila 4782/4803/48 19/4877/4954/4975/5005/5136
Pistia stratiotes	o	–	–	o	–	–	
Rhodospatha sp.	o	o	o	o	o	–	
Spathiphyllum cannifolium	–	–	o	–	–	f	
Spathiphyllum sp.	–	–	–	o	o	–	
Stenospermatium amomifolium	x	–	o	–	o	f	Palacios 15991
Stenospermatium parvum	–	–	x	–	–	f	Palacios 16274
Syngonium sp.	–	–	–	o	–	–	
Urospatha sagittifolia	–	x	–	–	o		Dávila 4753
Xanthosoma sp.	–	–	o	–	–	–	
(*desconocido/unknown*) spp.	–	–	x	–	–	–	Palacios 16129/16290
Araliaceae							
Dendropanax spp.	–	o	x	o	x	–	Palacios 16338 Dávila 5194
Schefflera morototoni	o	o	–	o	o	–	
Schefflera sp.	–	–	o	–	–	–	
Arecaceae							
Aiphanes ulei	–	o	o	o	–		
Ammandra dasyneura	–	x	–	–	–	f	Dávila 4860
Astrocaryum chambira	o	o	o	o	o	–	
Astrocaryum jauari	o	o	o	o	o	f	
Astrocaryum murumuru	o	–	o	o	o	–	
Astrocaryum sp.	–	o	–	–	–	–	
Attalea butyracea	–	o	o	o	o	f	
Attalea insignis	o	x	o	o	o	f	Dávila 4743/4996
Attalea maripa	–	–	o	–	o	–	
Bactris brongniartii	o	o	o	o	o	–	
Bactris concinna	–	–	o	o	o	f	
Bactris maraja	o	o	o	o	o	–	
Bactris riparia	o	o	o	o	–	f	
Bactris simplicifrons	–	–	o	o	x	–	Dávila 5099
Bactris spp.	x	x	x	x	o	–	Palacios 15997/16330/16332 Dávila 4727/5038
Chamaedorea pauciflora	–	x	–	–	o		Dávila 4862
Chamaedorea pinnatifrons	–	o	o	o	o	–	
Chamaedorea spp.	x	x	–	–	–		Palacios 15998 Dávila 4758
Desmoncus giganteus	o	o	o	o	o	–	
Desmoncus mitis	o	o	–	o	o	–	
Desmoncus orthacanthos	–	o	–	–	o	–	
Desmoncus polyacanthos	o	–	–	–	o	–	
Desmoncus sp.	–	–	–	x	–	–	Dávila 5064
Euterpe precatoria	o	o	o	o	o	–	
Geonoma aspidifolia cf.	–	–	–	–	o	–	

PLANTAS VASULARES / VASCULAR PLANTS							
Nombre científico/ Scientific Name	**Sitio/ Site 1**	**Sitio/ Site 2**	**Sitio/ Site 3**	**Sitio/ Site 4**	**Sitio/ Site 5**	**Foto/ Photo**	**Colección/Collection**
Geonoma camana	x	x	o	o	o	–	Palacios 15996 Dávila 4761
Geonoma deversa	x	o	–	o	o	f	Palacios 15932
Geonoma leptospadix	o	–	–	o	–	f	
Geonoma longepedunculata	o	x	o	o	–	f	Dávila 4738
Geonoma macrostachys	o	x	x	o	–	f	Palacios 16159 Dávila 4863
Geonoma maxima	o	o	o	o	o	–	
Geonoma stricta	–	x	x	–	x	f	Palacios 16149 Dávila 4730/4796/5149
Geonoma triglochin	–	–	o	–	–	f	
Geonoma spp.	x	–	x	x	–	–	Palacios 15999/16002/16052/16152/16178 /16331 Dávila 5017/5028
Hyospathe elegans	x	x	o	o	o	–	Palacios 16000 Dávila 4763
Iriartea deltoidea	o	o	o	o	o	–	
Mauritia flexuosa	o	o	o	o	o	f	
Mauritiella armata	o	–	–	–	o	f	
Oenocarpus bataua	o	o	o	o	o	–	
Oenocarpus mapora	o	o	o	–	o	–	
Phytelephas tenuicaulis	–	o	–	o	–	–	
Socratea exorrhiza	o	o	o	o	o	–	
Asclepiadaceae							
(*desconocido/unknown*) sp.	–	o	–	o	–	–	
Asteraceae							
Clibadium sp.	–	–	x	–	–	–	Palacios 16302
Mikania sp.	o	o	x	o	–	f	Palacios 16262
Piptocarpha sp.	–	o	–	–	–	–	
Balanophoraceae							
Ombrophytum sp.	–	x	–	–	–	–	Dávila 4838
Begoniaceae							
Begonia glabra	–	o	o	–	–	–	
Bignoniaceae							
Arrabidea sp.	–	–	–	–	x	–	Dávila 5190
Callichlamys latifolia	–	o	o	o	–	–	
Cydista sp.	–	–	o	–	–	f	
Jacaranda copaia	–	–	o	–	o	–	

LEYENDA/
LEGEND

Sitio/Site
S1 = Garzacocha
S2 = Redondococha
S3 = Güeppicillo
S4 = Güeppí
S5 = Aguas Negras

Presencia por sitio/Presence at site
x = Colectada/Collected
o = Observada/Observed

Foto/Photo
f = Foto tomada/Photo taken (Ver/See
http://www.fieldmuseum.org/plantguides.)

Collección/Collection
Depositamos el primer juego de especímenes peruanos en el Herbario Amazonense
(AMAZ) de la Universidad Nacional de la Amazonía Peruana en Iquitos, y el primer juego
de los ecuatorianos en el Herbario Nacional (QCNE) en Quito./We deposited the first set
of Peruvian specimens in the Herbario Amazonense (AMAZ) of the Universidad Nacional
de la Amazonía Peruana in Iquitos, and the first set of Ecuadorian specimens in the
Herbario Nacional (QCNE) in Quito.

Plantas Vasculares/
Vascular Plants

PLANTAS VASULARES / VASCULAR PLANTS							
Nombre científico/ Scientific Name	Sitio/ Site 1	Sitio/ Site 2	Sitio/ Site 3	Sitio/ Site 4	Sitio/ Site 5	Foto/ Photo	Colección/Collection
Jacaranda glabra	–	–	o	o	–	–	
Memora cladotricha	o	o	o	o	o	–	
Memora sp.	–	o	–	–	o	–	
Paragonia pyramidata	–	–	o	–	–	f	
Tabebuia chrysantha	–	o	–	o	–	–	
Tabebuia serratifolia	–	–	–	o	–	–	
Tabebuia sp.	–	o	–	–	–	–	
(desconocido/unknown) spp.	x	o	x	–	–	f	Palacios 16032/16246
Bixaceae							
Bixa platycarpa	–	–	o	–	–	–	
Bixa sp.	–	–	–	x	–	–	Dávila 5061
Bombacaceae							
Ceiba pentandra	–	o	o	o	–	f	
Huberodendron swietenioides	x	o	–	–	–	–	Palacios 15961
Matisia bracteolosa	–	x	x	x	o	–	Palacios 16198 Dávila 4857/4959
Matisia intricata	–	–	–	–	x	–	Dávila 5137
Matisia lecythicarpa cf.	–	–	–	x	–	–	Dávila 5001
Matisia malacocalyx	o	o	x	x	–	f	Palacios 16109 Dávila 5057
Matisia obliquifolia	–	o	–	–	–	f	
Matisia oblongifolia	–	–	o	x	x	–	Dávila 5074/5108
Matisia spp.	x	x	x	–	x	–	Palacios 15945/16006/16312/16319 Dávila 4777/4852/5204
Pachira insignis	–	o	–	x	–	f	Dávila 4958
Pachira sp.	–	–	–	x	o	f	Dávila 5063
Patinoa sphaerocarpa cf.	–	–	–	o	–	–	
Pseudobombax munguba	o	o	–	–	–	–	
Quararibea amazonica	–	–	o	o	o	–	
Quararibea wittii	–	–	–	–	x	–	Dávila 5123
Boraginaceae							
Cordia nodosa	o	o	o	o	o	–	
Cordia sp.	–	o	o	o	o	–	
Bromeliaceae							
Aechmea abbreviata	o	o	–	–	–	–	
Aechmea longifolia	–	o	–	–	o	–	
Aechmea nidularioides	–	o	–	–	–	f	
Aechmea penduliflora	–	o	o	–	–	f	
Aechmea strobilacea	–	–	–	o	–	f	
Aechmea woronowii	o	o	–	–	o	f	
Aechmea zebrina cf.	o	o	o	–	–	f	
Aechmea spp.	–	x	–	–	–	f	Dávila 4756/4879
Pitcairnia sp.	–	–	x	–	–	f	Palacios 16258
Tillandsia spp.	–	x	–	x	–	f	Dávila 4881/5072
Vriesia sp.	–	–	o	–	–	f	
(desconocido/unknown) spp.	x	–	x	–	–	–	Palacios 16041/16179/16226/16266

PLANTAS VASULARES / VASCULAR PLANTS

Nombre científico/ Scientific Name	Sitio/ Site 1	Sitio/ Site 2	Sitio/ Site 3	Sitio/ Site 4	Sitio/ Site 5	Foto/ Photo	Colección/Collection
Burseraceae							
Crepidospermum rhoifolium	o	x	o	o	o	f	Dávila 4848
Protium amazonicum	–	–	o	o	o	–	
Protium aracouchini cf.	o	–	–	–	o	–	
Protium fimbriatum	–	–	–	o	–	–	
Protium gallosum	–	–	–	–	o	–	
Protium nodulosum	o	o	o	o	o	f	
Protium sagotianum	–	–	o	o	–	–	
Protium subserratum	–	o	o	o	o	–	
Protium spp.	o	–	x	x	x	f	Palacios 16351 Dávila 5003/5087/5192
Tetragastris panamensis	–	–	o	o	o	–	
Trattinnickia glaziovii	o	–	–	o	–	–	
Trattinnickia peruviana	–	–	–	–	o	–	
Trattinnickia sp.	–	–	x	–	–	–	Palacios 16095
Cactaceae							
Disocactus amazonicus	–	–	x	–	o	f	Palacios 16259
Epiphyllum phyllanthus cf.	–	o	–	–	–	–	
Campanulaceae							
Centropogon loretensis	–	–	o	–	–	f	
Centropogon sp.	–	x	–	–	–	f	Dávila 4823
Capparaceae							
Capparis detonsa	–	o	–	o	o	f	
Capparis sola	–	o	–	o	–	–	
Capparis spp.	–	x	x	–	x	–	Palacios 16240 Dávila 4804/4909/5164
Carlcaceae							
Carica microcarpa	–	o	–	o	o	–	
Jacaratia digitata	–	x	–	o	–	–	Dávila 4813
Caryocaraceae							
Caryocar glabrum	o	o	o	o	o	f	
Caryocar sp.	x	–	–	–	–	–	Palacios 15925
Cecropiaceae							
Cecropia engleriana	–	–	–	o	–	–	
Cecropia ficifolia	–	o	o	o	–	–	

PLANTAS VASULARES / VASCULAR PLANTS							
Nombre científico/ Scientific Name	Sitio/ Site 1	Sitio/ Site 2	Sitio/ Site 3	Sitio/ Site 4	Sitio/ Site 5	Foto/ Photo	Colección/Collection
Cecropia latiloba	o	–	o	o	–	–	
Cecropia membranacea	–	–	–	o	–	–	
Cecropia sciadophylla	o	o	o	o	o	–	
Cecropia sp.	o	–	–	–	–	–	
Coussapoa herthae	o	–	o	o	–	–	
Coussapoa orthoneura	o	–	–	–	–	–	
Coussapoa trinervia	o	o	o	o	–	f	
Coussapoa sp.	x	–	–	o	–	–	Palacios 16065
Pourouma bicolor	o	o	o	o	–	–	
Pourouma cecropiifolia	–	–	o	–	–	–	
Pourouma guianensis	o	o	–	–	–	–	
Pourouma minor	o	–	o	o	–	–	
Pourouma napoensis	–	o	o	–	–	f	
Pourouma sp.	o	o	o	o	o	f	
Celastraceae							
Maytenus sp.	–	x	–	–	–	–	Dávila 4755
Ceratophyllaceae							
(*desconocido/unknown*) sp.	–	–	–	x	–	–	Dávila 4999
Chrysobalanaceae							
Couepia sp.	–	x	–	–	o	–	Dávila 4845
Hirtella spp.	x	o	x	x	o	f	Palacios 15913/15959/15980/16102 Dávila 5073
Licania urceolaris	o	–	–	–	–	–	
Licania spp.	x	x	x	–	–	f	Palacios 16075/16245
Parinari excelsa	o	–	–	–	–	–	
Parinari sp.	o	–	–	–	o	f	
Clusiaceae							
Calophyllum brasiliense	o	–	o	–	–	–	
Calophyllum longifolium	o	o	–	o	o	f	
Chrysochlamys membranacea	o	–	–	o	o	–	
Chrysochlamys ulei	–	–	o	o	–	–	
Chrysochlamys sp.	–	–	–	o	–	–	
Clusia peruviana	–	–	o	–	–	–	
Clusia spp.	x	o	x	x	o	f	Palacios 16034/16067/16167/16232/16261 Dávila 5024
Garcinia macrophylla	–	–	–	o	–	–	
Garcinia madruno	o	–	–	–	–	–	
Garcinia sp.	–	x	–	–	–	f	Dávila 4832
Haveteopsis sp.	–	–	x	–	–	–	Palacios 16116
Marila laxiflora	o	o	o	o	o	–	
Moronabea sp.	–	–	o	–	–	–	
Symphonia globulifera	o	x	o	o	o	f	Dávila 4844
Tovomita weddelliana	–	–	–	–	o	–	
Tovomita spp.	x	x	x	x	x	f	Palacios 15900/15902/15941/15942/ 15972/16183 Dávila 4895/4976/5089

PLANTAS VASULARES / VASCULAR PLANTS							
Nombre científico/ **Scientific Name**	**Sitio/** **Site 1**	**Sitio/** **Site 2**	**Sitio/** **Site 3**	**Sitio/** **Site 4**	**Sitio/** **Site 5**	**Foto/** **Photo**	**Colección/Collection**
Vismia floribunda	o	–	–	–	–	–	
Vismia macrophylla	o	–	o	–	o	–	
Vismia sp.	–	–	o	o	o	–	
Combretaceae							
Buchenavia parvifolia	–	o	o	o	–	–	
Buchenavia tetraphylla	o	–	–	o	o	–	
Buchenavia spp.	x	x	–	–	o	–	Palacios 16036 Dávila 4752/4839
Combretum assimile	o	–	–	–	–	–	
Terminalia amazonica	–	–	–	o	–	–	
Terminalia oblonga	–	–	–	o	–	–	
Thiloa paraguariensis	x	o	–	o		f	Palacios 16078/16080
Commelinaceae							
Dichorisandra spp.	–	x	o	x	x	f	Dávila 5078/4962/4809
Floscopa peruviana	o	–	x	–	–	–	Palacios 16306
Floscopa sp.	–	x	–	–	–	–	Dávila 4808
Geogenanthus ciliatus	–	x	o	–	–	f	Dávila 4911
Geogenanthus rhizanthus	–	–	o	–	–	–	
Plowmanianthus sp.	–	o	–	–	–	–	
Tradescantia zanonia	–	x	–	–	–	–	Dávila 4910
Connaraceae							
Connarus ruber	x	o	x	–	o	f	Palacios 16268
Rourea comptoneura	o	–	o	–	–	f	Palacios 16035
(desconocido/unknown) sp.	–	x	–	–	–	–	Dávila 4917
Convolvulaceae							
Dicranostyles densa cf.	–	–	o	–	–	f	
Dicranostyles holostyla	o	–	o	o	o	f	
Evolvulus sp.	o	–	–	–	–	–	
Ipomoea sp.	–	–	–	o	–	–	
Costaceae							
Costus lasius	–	–	–	–	x	f	Dávila 5097
Costus scaber	–	–	–	x	–	–	Dávila 5036
Costus sp.	x	o	o	o	–	f	Palacios 15981

LEYENDA/
LEGEND

Sitio/Site
S1 = Garzacocha
S2 = Redondococha
S3 = Güeppicillo
S4 = Güeppí
S5 = Aguas Negras

Presencia por sitio/Presence at site
x = Colectada/Collected
o = Observada/Observed

Foto/Photo
f = Foto tomada/Photo taken (Ver/See
http://www.fieldmuseum.org/plantguides.)

Colección/Collection
Depositamos el primer juego de especímenes peruanos en el Herbario Amazonense
(AMAZ) de la Universidad Nacional de la Amazonía Peruana en Iquitos, y el primer juego
de los ecuatorianos en el Herbario Nacional (QCNE) en Quito./We deposited the first set
of Peruvian specimens in the Herbario Amazonense (AMAZ) of the Universidad Nacional
de la Amazonía Peruana in Iquitos, and the first set of Ecuadorian specimens in the
Herbario Nacional (QCNE) in Quito.

PLANTAS VASULARES / VASCULAR PLANTS							
Nombre científico/ Scientific Name	Sitio/ Site 1	Sitio/ Site 2	Sitio/ Site 3	Sitio/ Site 4	Sitio/ Site 5	Foto/ Photo	Colección/Collection
Cucurbitaceae							
Cayaponia sp.	–	o	–	o	o	f	
Gurania spp.	–	x	x	x	–	f	Palacios 16305/16324 Dávila 4870/5016/5023
Psiguria sp.	–	–	–	o	–	f	
(desconocido/unknown) sp.	x	–	–	–	–	–	Palacios 16061
Cyclanthaceae							
Asplundia sp.	x	o	o	o	o	f	Palacios 16016
Cyclanthus bipartitus	o	o	x	o	o	–	Palacios 16295
Evodianthus funifer	–	–	–	o	–	–	
Ludovia lancifolia	o	o	–	–	o	–	
Thoracocarpus bissectus	–	x	–	–	–	–	Dávila 4734
Cyperaceae							
Calyptrocarya poeppigiana	o	–	x	–	o	f	Palacios 16333
Diplasia karatifolia	–	–	–	–	o	–	
Rhynchospora sp.	o	–	–	–	–	f	
Scleria secans	o	–	o	–	o	–	
Scleria sp.	–	o	–	–	o	–	
(desconocido/unknown) spp.	o	–	–	–	x	f	Dávila 5173/5200
Dichapetalaceae							
Dichapetalum rugosum	o	o	–	o	x	f	Dávila 5083
Tapura amazonica	o	x	–	o	–	f	Dávila 4768
Tapura peruviana	–	o	–	–	–	–	
Tapura spp.	–	–	x	x	x	f	Palacios 16084 Dávila 4972/5026/5114
Dilleniaceae							
Davilla spp.	o	–	x	o	–	f	Palacios 16221/16222
Doliocarpus multiflorus	–	–	x	–	–	–	Palacios 16284
Doliocarpus sp.	o	–	o	–	–	f	
Dioscoreaceae							
Dioscorea sp.	–	o	o	–	o	–	
Ebenaceae							
Diospyros capreaefolia cf.	–	–	o	–	–	–	
Elaeocarpaceae							
Sloanea grandiflora	–	o	–	–	–	–	
Sloanea pubescens	–	o	–	–	–	–	
Sloanea synandra	–	–	o	–	–	–	
Sloanea spp.	x	x	x	–	o	f	Palacios 15957/16070/16195 Dávila 4836
Erythroxylaceae							
Erythroxylum sp.	o	o	o	o	o	f	
Euphorbiaceae							
Acalypha diversifolia	–	o	–	–	–	–	
Acalypha sp.	–	–	x	–	–	f	Palacios 16264
Acidoton nicaraguensis	–	–	o	o	–	–	
Adenophaedra grandifolia	–	–	–	–	o	f	
Alchornea latifolia	–	–	o	–	–	–	

PLANTAS VASULARES / VASCULAR PLANTS							
Nombre científico/ Scientific Name	Sitio/ Site 1	Sitio/ Site 2	Sitio/ Site 3	Sitio/ Site 4	Sitio/ Site 5	Foto/ Photo	Colección/Collection
Alchornea schomburgkii	–	o	–	–	–	f	
Alchornea triplinervia	–	–	o	–	o	–	
Aparisthmium cordatum	o	o	–	–	o	–	
Caryodendron orinocense	–	–	–	o	–	f	
Conceveiba martiana	–	o	–	–	o	–	
Conceveiba terminalis	x	–	–	–	x	f	Palacios 15939 Dávila 5195
Croton palanostigma	–	o	–	o	–	f	
Croton schiedeanus	o	o	o	–	–	f	
Croton spp.	–	x	x	–	–	–	Palacios 16267 Dávila 4806
Dalechampia scandens	–	–	–	x	–	f	Dávila 5104
Hevea guianensis	–	o	o	–	o	–	
Hieronyma alchorneoides	o	–	o	o	o	–	
Hieronyma laxiflora	–	o	–	–	–	–	
Hieronyma oblonga	–	–	x	–	–	–	Palacios 16189
Jablonskia congesta	x	–	–	–	–	f	Palacios 15911
Mabea macbridei cf.	o	o	x	o	o	f	Palacios 16181
Mabea speciosa	–	–	–	–	x	f	Dávila 5141
Mabea sp.	x	o	–	–	o	f	Palacios 16023
Manihot brachyloba	–	o	–	–	–	–	
Maprounea guianensis	–	–	–	–	o	–	
Nealchornea yapurensis	o	x	–	o	–	–	Dávila 4939
Omphalea diandra	–	o	–	o	–	–	
Pausandra trianae	–	o	o	o	o	–	
Pausandra spp.	–	–	–	–	x	–	Dávila 5088/5140
Richeria racemosa	–	–	–	x	–	f	Dávila 4978
Sapium glandulosum cf.	–	–	–	o	–	f	
Sapium peruvianum	–	–	o	–	o	–	
Senefeldera inclinata	o	o	o	o	o	–	
(desconocido/unknown) spp.	–	–	–	–	x	–	Dávila 5093/5105
Fabaceae-Caesalpin.							
Apuleia leiocarpa	–	–	–	o	–	f	
Bauhinia acreana cf.	–	o	–	–	–	–	
Bauhinia arborea	o	o	o	–	–	–	

LEYENDA/
LEGEND

Sitio/Site

S1 = Garzacocha
S2 = Redondococha
S3 = Güeppicillo
S4 = Güeppí
S5 = Aguas Negras

Presencia por sitio/Presence at site

x = Colectada/Collected
o = Observada/Observed

Foto/Photo

f = Foto tomada/Photo taken (Ver/See
http://www.fieldmuseum.org/plantguides.)

Colección/Collection

Depositamos el primer juego de especímenes peruanos en el Herbario Amazonense
(AMAZ) de la Universidad Nacional de la Amazonía Peruana en Iquitos, y el primer juego
de los ecuatorianos en el Herbario Nacional (QCNE) en Quito./We deposited the first set
of Peruvian specimens in the Herbario Amazonense (AMAZ) of the Universidad Nacional
de la Amazonía Peruana in Iquitos, and the first set of Ecuadorian specimens in the
Herbario Nacional (QCNE) in Quito.

PLANTAS VASULARES / VASCULAR PLANTS						
Nombre científico/ Scientific Name	Sitio/ Site 1	Sitio/ Site 2	Sitio/ Site 3	Sitio/ Site 4	Sitio/ Site 5	Foto/ Photo	Colección/Collection
Bauhinia brachycalyx	–	–	–	o	–	–	
Bauhinia glabra cf.	–	–	o	o	–	–	
Bauhinia guianensis	o	–	o	o	o	f	
Bauhinia microstachya cf.	o	–	–	–	–	–	
Bauhinia tarapotensis	–	–	–	o	–	–	
Bauhinia sp.	–	o	–	o	o	f	
Brownea grandiceps	x	x	o	o	o	f	Palacios 16005 Dávila 4725
Brownea macrophylla	–	o	–	o	o	–	
Cassia grandis cf.	–	–	o	–	–	–	
Dialium guianense	–	o	o	o	–	f	
Hymenaea oblongifolia	x	o	–	–	–	f	Palacios 16069
Macrolobium acaciifolium	x	o	o	o	–	f	Palacios 16026
Macrolobium angustifolium	–	–	o	–	o	–	
Macrolobium archeri cf.	–	–	o	o	–	f	
Macrolobium gracile	–	–	o	–	–	f	
Macrolobium limbatum	–	–	–	x	–	–	Dávila 5007
Macrolobium multijugum	o	o	–	–	–	–	
Macrolobium spp.	x	x	x	–	–	–	Palacios 16015/16082/16316 Dávila 4837
Senna multijuga cf.	o	–	–	–	–	–	
Senna ruiziana cf.	–	–	–	o	–	–	
Senna silvestris	–	o	–	–	o	–	
Senna spinosa	–	–	x	–	–	–	Palacios 16132
Senna sp.	–	–	o	–	–	f	
Tachigali pilosula (ined.)	o	o	–	o	–	–	
Tachigali setifera	–	o	o	–	o	f	
Tachigali sp.	o	o	o	o	–	f	
Fabaceae-Mimos.							
Abarema jupunba	–	o	–	–	o	f	
Abarema laeta	–	o	o	o	o	–	
Abarema sp.	–	x	–	–	–	–	Dávila 4736
Acacia glomerosa	–	o	–	–	–	–	
Albizia corymbosa	–	–	o	–	–	f	
Calliandra trinervia	–	o	–	o	–	–	
Cedrelinga cateniformis	–	o	o	o	o	–	
Cojoba arborea	–	o	–	o	–	f	
Enterolobium barnebianum	–	–	–	o	–	–	
Enterolobium schomburgkii cf.	–	–	–	–	o	–	
Inga acuminata	–	–	o	–	–	–	
Inga alba	–	–	–	–	o	–	
Inga auristellae	–	o	o	o	o	–	
Inga brachyrhachis	–	–	o	o	–	–	
Inga capitata	–	–	–	o	–	–	
Inga ciliata	o	–	o	o	–	–	
Inga cordatoalata	o	o	o	o	o	–	
Inga heterophylla	–	–	–	o	–	–	

PLANTAS VASULARES / VASCULAR PLANTS							
Nombre científico/ Scientific Name	Sitio/ Site 1	Sitio/ Site 2	Sitio/ Site 3	Sitio/ Site 4	Sitio/ Site 5	Foto/ Photo	Colección/Collection
Inga nobilis	–	–	–	o	–	–	
Inga poeppigiana	–	–	2	o	–	f	
Inga stipularis	–	–	–	–	o	f	
Inga tenuicalyx cf.	–	–	o	–	–	f	
Inga thibaudiana	–	–	o	–	–	–	
Inga umbellifera	–	–	o	o	–	–	
Inga venusta	–	o	o	–	–	–	
Inga spp.	x	o	x	o	x	f	Palacios 16079/16172 Dávila 5183
Parkia balslevii	–	o	–	–	o	–	
Parkia multijuga	o	o	o	o	o	f	
Parkia nitida	–	–	o	o		–	
Parkia velutina	o	o	o	o	o	f	
Piptadenia anolidurus	–	o	o	–	–	–	
Piptadenia uaupensis	–	–	o	–	o	–	
Piptadenia sp.	–	o	–	–	o	–	
Pseudopiptadenia suaveolens	–	–	o	–	o	f	
Stryphnodendron sp.	–	–	o	–	–	–	
Zygia sp.	x	o	o	–	–	f	Palacios 15958
(*desconocido/unknown*) spp.	–	–	x	–	–	–	Palacios 16190/16252
Fabaceae-Papapil.							
Aeschynomene sp.	o	o	–	–	–	f	
Andira inermis	–	o	–	o	–		
Centrosema sp.	–	–	o	–	–	f	
Clathrotropis macrocarpa	–	–	–	–	x	f	Dávila 5196
Clitoria sp.	–	o	–	o	–	f	
Dalbergia sp.	–	x	–	–	–	f	Dávila 4767
Dioclea sp.	–	–	o	x	–	–	Dávila 4977
Dipteryx micrantha	–	–	–	o	–	f	
Dipteryx sp.	o	o	o	–	o	f	
Dussia tessmannii	–	–	o	–	–	–	
Erythrina peruviana cf.	–	–	–	–	o	–	
Hymenolobium sp.	–	o	–	o	–	–	
Lonchocarpus sp.	–	o	–	–	–	–	

LEYENDA/
LEGEND

Sitio/Site
S1 = Garzacocha
S2 = Redondococha
S3 = Güeppicillo
S4 = Güeppí
S5 = Aguas Negras

Presencia por sitio/Presence at site
x = Colectada/Collected
o = Observada/Observed

Foto/Photo
f = Foto tomada/Photo taken (Ver/See
http://www.fieldmuseum.org/plantguides.)

Colección/Collection
Depositamos el primer juego de especímenes peruanos en el Herbario Amazonense (AMAZ) de la Universidad Nacional de la Amazonía Peruana en Iquitos, y el primer juego de los ecuatorianos en el Herbario Nacional (QCNE) en Quito./We deposited the first set of Peruvian specimens in the Herbario Amazonense (AMAZ) of the Universidad Nacional de la Amazonía Peruana in Iquitos, and the first set of Ecuadorian specimens in the Herbario Nacional (QCNE) in Quito.

PLANTAS VASULARES / VASCULAR PLANTS						
Nombre científico/ **Scientific Name**	**Sitio/** **Site 1**	**Sitio/** **Site 2**	**Sitio/** **Site 3**	**Sitio/** **Site 4**	**Sitio/** **Site 5**	**Foto/** **Photo**	**Colección/Collection**
Machaerium cuspidatum	–	o	o	o	o	f	
Machaerium floribundum	–	–	–	o	–	–	
Machaerium macrophyllum	o	–	o	o	o	–	
Machaerium sp.	–	o	x	–	–	–	Palacios 16199
Ormosia sp.	o	o	–	–	–	f	
Platymiscium stipulare	–	–	o	–	–	–	
Pterocarpus amazonicus	o	o	o	–	–	–	
Pterocarpus rohrii cf.	–	–	o	o	o	f	
Pterocarpus sp.	–	–	x	–	–	–	Palacios 16225
Swartzia arborescens	–	o	o	o	–	–	
Swartzia klugii	–	x	–	–	–	f	Dávila 4940
Swartzia sp.	–	o	o	–	–	–	
Vigna sp.	–	o	o	–	–	f	
(desconocido/unknown) spp.	–	–	x	o	x	f	Palacios 16098/16127/16231 Dávila 5121
Flacourtiaceae							
Banara axilliflora vel aff.	–	–	–	x	–	f	Dávila 4957/5012/5013/5058
Carpotroche longifolia	–	–	x	o	–	–	Palacios 16216
Casearia aculeata	–	o	–	o	–	–	
Casearia javitensis	o	–	–	o	–	–	
Casearia prunifolia	–	–	–	o	o	–	
Casearia spp.	–	–	x	–	–	f	Palacios 16111/16313
Hasseltia floribunda	–	o	–	–	–	–	
Laetia procera	–	o	o	o	–	–	
Mayna odorata	–	–	–	o	o	–	
Mayna spp.	–	–	x	x	–	f	Palacios 16219 Dávila 5055
Neoptychocarpus killipii	–	–	x	–	x	f	Palacios 16101/16163 Dávila 5189
Neosprucea grandiflora	–	o	–	o	–	–	
Ryania speciosa	x	o	o	o	o	–	Palacios 15989
Tetrathylacium macrophyllum	o	–	o	o	–	–	
Xylosma sp.	–	o	–	–	–	f	
Gentianaceae							
Potalia coronata	–	x	o	o	x	f	Dávila 4847/5098
Voyria sp.	–	–	o	o	–	–	
Gesneriaceae							
Besleria aggregata	x	o	–	o	–	–	Palacios 15968
Besleria solanoides	–	–	o	–	–	f	
Besleria spp.	–	–	x	–	–	–	Palacios 16089/16298
Codonanthe uleana	o	o	–	–	–	–	
Columnea ericae	–	o	–	o	o	–	
Columnea sp.	–	x	–	–	–	f	Dávila 4834
Drymonia anisophylla	–	–	o	–	–	–	
Drymonia semicordata	–	o	–	–	–	f	
Drymonia serrulata	–	–	o	–	–	–	
Drymonia spp.	–	x	–	–	–	–	Dávila 4723/4810
Episcia reptans	–	–	o	–	–	f	

PLANTAS VASULARES / VASCULAR PLANTS							
Nombre científico/ Scientific Name	Sitio/ Site 1	Sitio/ Site 2	Sitio/ Site 3	Sitio/ Site 4	Sitio/ Site 5	Foto/ Photo	Colección/Collection
Nautilocalyx sp.	–	x	–	–	–	–	Dávila 4943
Paradrymonia sp.	–	x	–	–	–	–	Dávila 4882
(*desconocido/unknown*) spp.	x	–	x	x	–	–	Palacios 16020/16201/16300/16336 Dávila 4984
Gnetaceae							
Gnetum sp.	o	–	x	–	–	–	Palacios 16230
Haemodoraceae							
Xiphidium caeruleum	–	–	–	o	–	–	
Heliconiaceae							
Heliconia apparicioi	–	–	–	o	–	f	
Heliconia chartacea	–	–	–	o	–	f	
Heliconia densiflora	–	–	o	–	–	–	
Heliconia hirsuta cf.	o	–	–	–	–	–	
Heliconia marginata	–	–	–	o	–	–	
Heliconia orthotricha	–	–	o	–	–	f	
Heliconia rostrata	–	–	–	–	o	–	
Heliconia schumanniana	–	o	–	o	–	–	
Heliconia spathocircinata	–	–	–	o	–	f	
Heliconia stricta	–	o	–	o	–	–	
Heliconia velutina	–	o	o	o	o	–	
Heliconia spp.	–	–	x	x	o	f	Palacios 16140/16173/16303 Dávila 4967/4990/5033/5041
Hernandiaceae							
Sparattanthelium sp.	–	–	o	o	–	–	
Hippocrateaceae							
Cheiloclinium cognatum	–	–	o	o	–	–	
Hippocratea volubilis	–	–	x	–	–	f	Palacios 16235
Hylenaea sp.	–	–	–	o	–	f	
(*desconocido/unknown*) spp.	x	–	x	o	–	f	Palacios 16007/16238/16281/16282
Humiriaceae							
Sacoglottis sp.	o	–	–	–	o	–	
Vantanea parviflora cf.	x	–	x	–	–	f	Palacios 16012/16217
(*desconocido/unknown*) sp.	–	–	o	o	–	–	

LEYENDA/
LEGEND

Sitio/Site
S1 = Garzacocha
S2 = Redondococha
S3 = Güeppicillo
S4 = Güeppí
S5 = Aguas Negras

Presencia por sitio/Presence at site
x = Colectada/Collected
o = Observada/Observed

Foto/Photo
f = Foto tomada/Photo taken (Ver/See
http://www.fieldmuseum.org/plantguides.)

Colección/Collection
Depositamos el primer juego de especímenes peruanos en el Herbario Amazonense (AMAZ) de la Universidad Nacional de la Amazonía Peruana en Iquitos, y el primer juego de los ecuatorianos en el Herbario Nacional (QCNE) en Quito./We deposited the first set of Peruvian specimens in the Herbario Amazonense (AMAZ) of the Universidad Nacional de la Amazonía Peruana in Iquitos, and the first set of Ecuadorian specimens in the Herbario Nacional (QCNE) in Quito.

PLANTAS VASULARES / VASCULAR PLANTS						
Nombre científico/ Scientific Name	Sitio/ Site 1	Sitio/ Site 2	Sitio/ Site 3	Sitio/ Site 4	Sitio/ Site 5	Foto/ Photo	Colección/Collection
Icacinaceae						
Discophora guianensis	o	–	–	o	o	–	
(desconocido/unknown) sp.	–	–	x	–	–	–	Palacios 16317
Lacistemataceae						
Lacistema aggregatum	o	–	–	–	–	–	
Lacistema sp.	–	x	–	–	–	–	Dávila 4733
Lozania klugii cf.	–	–	–	o	–	–	
Lamiaceae						
Hyptis sp.	o	–	–	–	–	f	
Scutellaria coccinea	–	–	o	–	–	f	
Lauraceae						
Aniba hostmanniana	o	–	–	o	–	–	
Aniba spp.	x	–	x	x	–	–	Palacios 15938/16022/16213/16251 Dávila 4973
Caryodaphnopsis fosteri	o	–	o	–	–	–	
Caryodaphnopsis tomentosa	–	o	–	–	–	–	
Endlicheria sp.	–	o	–	o	x	f	Dávila 5129
Licaria sp.	–	x	–	–	–	–	Dávila 4899
Nectandra coeloclada	o	–	–	–	–	–	
Nectandra spp.	x	x	–	–	–	f	Palacios 16008/16072 Dávila 4928
Ocotea aciphylla	o	–	–	–	–	–	
Ocotea bofo	o	–	–	–	–	–	
Ocotea javitensis	o	o	o	o	o	–	
Ocotea oblonga	–	o	–	–	o	–	
Ocotea spp.	x	x	x	–	–	–	Palacios 15929/16352 Dávila 4740
(desconocido/unknown) spp.	x	x	x	o	x	f	Palacios 15978/16108/16169/16289/ 16311/16318 Dávila 4779/4849/4926/ 5116/5117/5127/5130/5134/5161/5181
Lecythidaceae						
Couratari guianensis	x	o	o	o	–	f	Palacios 16013
Eschweilera coriacea	–	–	–	–	o	–	
Eschweilera parvifolia	o	–	o	–	–	f	
Eschweilera spp.	x	x	–	–	o	–	Palacios 15916/15826/15946/16027 Dávila 4798/4890
Grias neuberthii	o	o	o	o	–	f	
Gustavia hexapetala	o	o	o	o	–	–	
Gustavia longifolia	o	o	o	o	–	–	
Gustavia spp.	–	x	–	–	–	–	Dávila 4800/4843
Lecythis ampla	–	o	–	–	–	–	
Linaceae						
Roucheria columbiana	o	–	–	–	–	–	
Roucheria humiriifolia	o	–	–	o	–	f	
(desconocido/unknown) sp.	–	–	–	–	x	–	Dávila 5203
Loganiaceae						
Strychnos peckii cf.	o	o	o	o	o	f	

PLANTAS VASULARES / VASCULAR PLANTS						
Nombre científico/ Scientific Name	Sitio/ Site 1	Sitio/ Site 2	Sitio/ Site 3	Sitio/ Site 4	Sitio/ Site 5	Foto/ Photo	Colección/Collection
Strychnos spp.	x	o	x	o	–	f	Palacios 16004/16053/16228/16269
Malpighiaceae							
Byrsonima japurensis	x	–	–	–	–	f	Palacios 16063
Heteropterys sp.	–	o	–	–	–	f	
Hiraea sp.	–	–	–	o	–	–	
Tetrapterys sp.	–	–	x	–	–	f	Palacios 16250
(desconocido/unknown) spp.	x	–	–	x	–	–	Palacios 16071 Dávila 5050
Malvaceae							
Hibiscus sororius	x	–	–	o	–	f	Palacios 16059
Malvaviscus concinnus	–	o	–	o	–	–	
Marantaceae							
Calathea altissima	o	o	–	o	–	f	
Calathea contrafenestra	–	–	o	o	–	f	
Calathea fucata	–	o	–	–	o	f	
Calathea gandersii	–	o	–	–	–	f	
Calathea micans	o	o	o	–	o	–	
Calathea variegata	–	o	–	–	–	–	
Calathea wallisii	–	–	–	o	o	f	
Calathea spp.	x	x	x	o	x	f	Palacios 15970/16094/16144/16185 Dávila 4731/4853/4855/4894/4951/4953/5139/ 5182
Hylaeanthe hexantha	–	x	–	o	–	–	Dávila 4821
Ischnosiphon hirsutus	x	o	o	–	o	f	Palacios 15920
Ischnosiphon killipii cf.	–	–	–	–	o	–	
Ischnosiphon leucophaeus	o	–	–	o	–	f	
Ischnosiphon spp.	o	x	x	x	x	f	Palacios 16171 Dávila 4859/5029/5103/5154/5158
Monotagma aurantiaca	–	–	–	–	o	–	
Monotagma juruanum	–	o	–	–	o	f	
Monotagma laxum	–	–	–	–	o	f	
Monotagma secundum	–	o	o	o	o	–	
Monotagma spp.	x	–	–	–	x	–	Palacios 15944 Dávila 5112/5138
Marcgraviaceae							
Marcgravia spp.	x	o	x	–	–	f	Palacios 15923/16139

LEYENDA/
LEGEND

Sitio/Site
S1 = Garzacocha
S2 = Redondococha
S3 = Güeppicillo
S4 = Güeppí
S5 = Aguas Negras

Presencia por sitio/Presence at site
x = Colectada/Collected
o = Observada/Observed

Foto/Photo
f = Foto tomada/Photo taken (Ver/See
http://www.fieldmuseum.org/plantguides.)

Colección/Collection
Depositamos el primer juego de especímenes peruanos en el Herbario Amazonense (AMAZ) de la Universidad Nacional de la Amazonía Peruana en Iquitos, y el primer juego de los ecuatorianos en el Herbario Nacional (QCNE) en Quito./We deposited the first set of Peruvian specimens in the Herbario Amazonense (AMAZ) of the Universidad Nacional de la Amazonía Peruana in Iquitos, and the first set of Ecuadorian specimens in the Herbario Nacional (QCNE) in Quito.

Plantas Vasculares/
Vascular Plants

PLANTAS VASULARES / VASCULAR PLANTS							
Nombre científico/ Scientific Name	Sitio/ Site 1	Sitio/ Site 2	Sitio/ Site 3	Sitio/ Site 4	Sitio/ Site 5	Foto/ Photo	Colección/Collection
Souroubea sp.	–	–	–	o	–	–	
Melastomataceae							
Aciotis rubricaulis	–	–	o	–	–	f	
Aciotis sp.	–	–	o	–	–	f	
Adelobotrys sp.	–	–	x	–	–	–	Palacios 16309
Bellucia pentamera	–	–	–	o	o	–	
Blakea bracteata	–	o	–	–	–	–	
Blakea rosea	–	o	o	o	o	–	
Clidemia allardii	–	–	o	o	–	–	
Clidemia dimorphica	–	o	o	o	–	–	
Clidemia epiphytica cf.	–	–	o	–	–	–	
Clidemia heterophylla	–	o	–	–	–	–	
Clidemia septuplinervia	–	o	–	o	o	–	
Clidemia sp.	o	–	o	–	o	f	
Clidemia sp. nov.	o	–	–	–	–	f	
Graffenrieda sp.	o	–	–	–	–	–	
Henriettea sp.	–	x	–	–	–	f	Dávila 4913
Leandra chaetodon	–	–	–	–	o	–	
Leandra longicoma	–	o	–	o	–	f	
Leandra spp.	–	x	x	–	–	–	Palacios 16118/16170 Dávila 4947
Maieta guianensis	o	–	o	o	o	–	
Maieta poeppigii	o	–	–	–	–	f	
Miconia abbreviata	–	o	o	o	o	f	
Miconia acutipetala	–	–	–	–	o	–	
Miconia aurea	–	–	o	–	–	f	
Miconia bubalina	o	–	–	o	–	–	
Miconia fosteri	o	o	o	o	o	–	
Miconia grandifolia	–	–	–	o	o	–	
Miconia minutiflora cf.	o	–	–	–	–	–	
Miconia nervosa	o	o	o	o	–	f	
Miconia prasina	–	–	–	o	–	f	
Miconia pterocaulon	o	o	o	–	o	–	
Miconia punctata cf.	o	–	–	–	–	–	
Miconia tomentosa	o	–	o	o	o	–	
Miconia trinervia	–	–	–	o	–	–	
Miconia zubenetana	–	o	–	–	–	–	
Miconia spp.	o	x	x	o	o	f	Palacios 16105/16107/16115/16164/16182/ 16341/16346 Dávila 4773/4805/4946
Monolena primuliflora	–	–	o	–	–	–	
Ossaea boliviensis	–	o	o	o	o	f	
Ossaea sp.	–	–	o	–	–	f	
Salpinga sp.	–	–	–	–	x	f	Dávila 5096
Tessmannianthus sp.	–	–	–	–	x	f	Dávila 5142
Tococa caquetana	–	o	o	o	–	–	
Tococa coronata	–	–	o	–	o	f	

PLANTAS VASULARES / VASCULAR PLANTS							
Nombre científico/ Scientific Name	**Sitio/ Site 1**	**Sitio/ Site 2**	**Sitio/ Site 3**	**Sitio/ Site 4**	**Sitio/ Site 5**	**Foto/ Photo**	**Colección/Collection**
Tococa guianensis	o	–	o	o	–	f	
Tococa spp.	x	o	x	–	–	–	Palacios 15927/15964/16184
Triolena amazonica	–	o	–	–	–	–	
(desconocido/unknown) spp.	–	–	x	–	x	–	Palacios 16141 Dávila 5157
Meliaceae							
Cabralea canjerana	o	o	–	o	–	–	
Carapa guianensis	o	–	–	–	–	–	
Cedrela assimile	–	–	–	o	–	–	
Cedrela odorata	–	o	o	o	–	f	
Guarea carinata	–	o	o	–	–	–	
Guarea cinnamomea	–	–	o	o	x	f	Dávila 5122
Guarea cristata	–	o	o	o	o	f	
Guarea ecuadoriensis	–	o	–	o	o	–	
Guarea fissicalyx	o	o	o	o	–	–	
Guarea fistulosa	–	o	x	o	o	–	Palacios 16323
Guarea gomma	–	o	o	o	–	–	
Guarea grandifolia	o	o	o	o	–	–	
Guarea juglandiformis	–	o	o	o	–	–	
Guarea kunthiana	o	x	o	o	x	–	Dávila 4789/5166
Guarea macrophylla	x	o	o	o	–	–	Palacios 15967
Guarea pterorhachis	–	o	o	o	o	–	
Guarea pubescens	–	o	–	–	–	–	
Guarea purusana	–	o	–	x	–	f	Dávila 5048
Guarea silvatica	o	o	o	o	o	–	
Guarea spp.	–	x	x	x	x	f	Palacios 16315 Dávila 4764/4925/4938/5046/5165/5198
Trichilia elsae	–	–	o	o	o	–	
Trichilia maynasiana	–	–	o	–	–	–	
Trichilia micrantha	o	–	–	o	o	–	
Trichilia pallida	x	o	o	o	o	–	Palacios 15974
Trichilia quadrijuga	–	–	o	o	–	–	
Trichilia rubra	–	–	o	o	–	–	
Trichilia septentrionalis	o	o	o	o	x	–	Dávila 5082/5085

LEYENDA/ LEGEND	**Sitio/Site**	**Presencia por sitio/Presence at site**	**Foto/Photo**
	S1 = Garzacocha	x = Colectada/Collected	f = Foto tomada/Photo taken (Ver/See
	S2 = Redondococha	o = Observada/Observed	*http://www.fieldmuseum.org/plantguides*.)
	S3 = Güeppicillo		
	S4 = Güeppí	**Collección/Collection**	
	S5 = Aguas Negras		

Collección/Collection

Depositamos el primer juego de especímenes peruanos en el Herbario Amazonense (AMAZ) de la Universidad Nacional de la Amazonía Peruana en Iquitos, y el primer juego de los ecuatorianos en el Herbario Nacional (QCNE) en Quito./We deposited the first set of Peruvian specimens in the Herbario Amazonense (AMAZ) of the Universidad Nacional de la Amazonía Peruana in Iquitos, and the first set of Ecuadorian specimens in the Herbario Nacional (QCNE) in Quito.

PLANTAS VASULARES / VASCULAR PLANTS							
Nombre científico/ Scientific Name	Sitio/ Site 1	Sitio/ Site 2	Sitio/ Site 3	Sitio/ Site 4	Sitio/ Site 5	Foto/ Photo	Colección/Collection
Trichilia solitudinis	–	o	–	o	–	–	
Trichilia stipitata	–	–	–	–	x	–	Dávila 5135/5162
Trichilia spp.	x	x	x	–	x	f	Palacios 16062/16114/16128/16272 Dávila 4762/4930/5159
Memecylaceae							
Mouriri acutiflora	x	o	o	–	o	f	Palacios 15901/16074
Mouriri myrtilloides	o	o	–	–	–	–	
Mouriri spp.	o	–	x	o	o	f	Palacios 16087/16278/16322
Menispermaceae							
Abuta grandifolia	o	o	–	o	o	–	
Abuta pahnii	o	o	–	o	o	–	
Curarea tecunarum	–	o	o	o	–	–	
Curarea toxicofera	–	o	–	–	–	–	
Disciphania sp.	–	–	–	–	o	–	
Orthomene schomburgkii	–	–	x	–	–	f	Palacios 16229
Sciadotenia toxifera	–	–	o	o	–	–	
Telitoxicum sp.	–	o	o	o	o	–	
(desconocido/unknown) spp.	x	x	–	–	–	–	Palacios 16017 Dávila 4787
Monimiaceae							
Mollinedia sp.	o	–	x	–	o	f	Palacios 16083
(desconocido/unknown) sp.	–	–	–	–	x	–	Dávila 5118
Moraceae							
Batocarpus orinocensis	o	o	o	–	–	–	
Brosimum guianense	–	–	x	o	x	f	Palacios 16325 Dávila 5092
Brosimum lactescens	–	o	o	o	o	–	
Brosimum multinervium	–	o	o	o	o	–	
Brosimum potabile	o	o	–	–	–	–	
Brosimum rubescens	–	–	–	–	o	–	
Brosimum utile	o	–	o	o	–	–	
Brosimum sp.	x	–	–	–	–	–	Palacios 16003
Castilla tunu	–	o	–	o	–	–	
Castilla ulei	–	–	o	o	–	–	
Clarisia racemosa	–	o	o	o	–	–	
Ficus americana ssp. *guianensis*	–	–	o	–	o	–	
Ficus boliviana	o	–	–	–	–	–	
Ficus caballina	–	o	–	–	–	–	
Ficus insipida	–	–	–	o	o	f	
Ficus nymphaeifolia	o	–	o	o	–	–	
Ficus obtusifolia	–	o	–	–	x	f	
Ficus paraensis	–	o	x	–	–	f	Palacios 16256
Ficus piresiana	o	–	–	–	–	–	
Ficus popenoei	–	o	o	o	–	–	
Ficus schippii	–	–	–	–	x	–	Dávila 5184
Ficus tonduzii	–	o	–	–	–	–	
Ficus spp.	x	x	o	–	x	f	Palacios 16073 Dávila 4726/5178

PLANTAS VASULARES / VASCULAR PLANTS							
Nombre científico/ Scientific Name	Sitio/ Site 1	Sitio/ Site 2	Sitio/ Site 3	Sitio/ Site 4	Sitio/ Site 5	Foto/ Photo	Colección/Collection
Helicostylis tomentosa	o	o	–	–	o	–	
Helicostylis sp.	–	–	o	–	–	–	
Maquira calophylla	o	o	o	o	–	–	
Maquira guianensis	–	–	–	o	–	–	
Naucleopsis glabra	–	–	o	o	o	–	
Naucleopsis humilis	–	o	–	–	–	f	
Naucleopsis krukovii	o	o	o	–	–	–	
Naucleopsis ulei	–	o	o	–	–	–	
Naucleopsis spp.	–	x	x	o	–	–	Palacios 16162 Dávila 4783
Perebea angustifolia	–	–	–	o	–	–	
Perebea guianensis	o	o	o	x	o	–	Dávila 5054
Perebea mennegae	–	–	o	–	–	–	
Perebea mollis	–	o	–	o	–	f	
Perebea xanthochyma	o	–	–	–	–	–	
Perebea spp.	–	x	x	–	–	–	Palacios 16168 Dávila 4801
Pseudolmedia laevigata	o	o	o	o	–	–	
Pseudolmedia laevis	o	o	x	x	o	–	Palacios 16165 Dávila 5004
Sorocea guilleminiana	–	o	o	o	–		
Sorocea muriculata	x	–	–	o	–	f	Palacios 15957
Sorocea pubivena ssp. oligotricha	o	o	–	o	–	–	
Sorocea pubivena ssp. *pubivena*	–	–	o	–	o	–	
Sorocea steinbachii	–	–	–	o	o	–	
Sorocea sp.	–	–	o	–	–	–	
(desconocido/unknown) sp.	–	–	x	–	–	–	Palacios 16123
Myristicaceae							
Compsoneura spruceana	x	–	–	–	–	–	Palacios 15905
Iryanthera juruensis	o	–	–	o	–	f	
Iryanthera laevis	–	–	–	–	o	–	
Iryanthera lancifolia	–	–	–	–	o	–	
Iryanthera macrophylla	–	–	–	o	o	–	
Iryanthera paraensis cf.	o	–	o	o	–	f	
Iryanthera tessmannii	o	–	–	–	–	f	

LEYENDA/ LEGEND	Sitio/Site	Presencia por sitio/Presence at site	Foto/Photo
	S1 = Garzacocha	x = Colectada/Collected	f = Foto tomada/Photo taken (Ver/See
	S2 = Redondococha	o = Observada/Observed	*http://www.fieldmuseum.org/plantguides*.)
	S3 = Güeppicillo		
	S4 = Güeppí	**Collección/Collection**	
	S5 = Aguas Negras	Depositamos el primer juego de especímenes peruanos en el Herbario Amazonense (AMAZ) de la Universidad Nacional de la Amazonía Peruana en Iquitos, y el primer juego de los ecuatorianos en el Herbario Nacional (QCNE) en Quito./We deposited the first set of Peruvian specimens in the Herbario Amazonense (AMAZ) of the Universidad Nacional de la Amazonía Peruana in Iquitos, and the first set of Ecuadorian specimens in the Herbario Nacional (QCNE) in Quito.	

PLANTAS VASULARES / VASCULAR PLANTS

Nombre científico/ Scientific Name	Sitio/ Site 1	Sitio/ Site 2	Sitio/ Site 3	Sitio/ Site 4	Sitio/ Site 5	Foto/ Photo	Colección/Collection
Iryanthera spp.	x	–	–	–	–	–	Palacios 15939/15960/15993/16043/16044
Osteophloem platyspermum	o	o	o	o	–	–	
Otoba glycycarpa	o	o	o	o	–	–	
Virola calophylla	o	o	o	o	–	–	
Virola decorticans cf.	–	x	–	–	–	–	Dávila 4892
Virola duckei	o	o	o	o	o	–	
Virola elongata	o	–	o	–	o	–	
Virola flexuosa	o	o	o	–	–	–	
Virola mollissima	o	–	–	o	o	–	
Virola multinervia cf.	o	–	–	–	–	–	
Virola peruviana	o	–	–	–	–	f	
Virola surinamensis	o	o	o	–	–	–	
Virola spp.	x	–	x	–	–	–	Palacios 16033/16321/16326
Myrsinaceae							
Ardisia sp.	–	o	x	–	–	f	Palacios 16326
Cybianthus spp.	x	x	–	o	o	f	Palacios 15912/15915/15990 Dávila 4888
Stylogyne cauliflora	–	–	–	o	o	–	
Stylogyne sp.	o	–	–	–	–	f	
(desconocido/unknown) spp.	x	–	–	–	–	–	Palacios 15971/15979
Myrtaceae							
Calyptranthes bipennis	–	–	–	–	o	f	
Calyptranthes cuspidata	–	–	o	–	–	f	
Calyptranthes glandulosa	–	–	–	–	o	f	
Calyptranthes maxima	–	o	–	–	–	f	
Calyptranthes nervata (ined.)	–	o	–	–	o	f	
Calyptranthes speciosa	–	x	–	o	–	–	Dávila 4759
Calyptranthes spp.	x	x	x	x	x	–	Palacios 15956/16117 Dávila 4744/4807/ 4816/4871/5008/5132/5146/5177
Eugenia egensis aff.	–	–	o	–	–	f	
Eugenia spp.	–	o	x	x	o	f	Palacios 16286/16320 Dávila 5002
Myrcia obumbrans cf.	–	–	–	–	o	f	
Myrcia sp.	o	o	–	–	–	–	
Myrciaria dubia	x	–	–	–	–	f	Palacios 15966
Plinia sp.	–	o	–	–	–	f	
(desconocido/unknown) spp.	x	x	x	x	x	–	Palacios 15960/16066/16236 Dávila 4876/4986/5128/5185
Nyctaginaceae							
Neea spp.	x	x	x	–	x	–	Palacios 15982/16100 Dávila 4788/5102
Ochnaceae							
Cespedesia spathulata	o	o	o	o	o	–	
Ouratea spp.	x	x	–	x	x	f	Palacios 15910/15914/15963/15965/16060 Dávila 5062/5133/5172
Olacaceae							
Chaunochiton kappleri	–	–	o	–	–	–	
Dulacia candida	–	–	o	–	o	f	

PLANTAS VASULARES / VASCULAR PLANTS							
Nombre científico/ Scientific Name	Sitio/ Site 1	Sitio/ Site 2	Sitio/ Site 3	Sitio/ Site 4	Sitio/ Site 5	Foto/ Photo	Colección/Collection
Dulacia spp.	–	x	x	–	–	f	Palacios 16206 Dávila 4766
Heisteria acuminata	o	–	–	o	–	–	
Heisteria insculpta cf.	–	–	o	–	o	f	
Heisteria nitida	–	–	o	–	–	f	
Heisteria scandens	–	–	–	x	–	f	Dávila 4983
Heisteria spp.	–	–	x	–	–	–	Palacios 16124/16237/16294
Minquartia guianensis	o	o	o	o	o	–	
Oleaceae							
Chionanthus sp.	–	o	–	–	–	–	
Onagraceae							
Ludwigia decurrens	o	o	–	–	–	f	
Ludwigia spp.	x	–	–	–	–	f	Palacios 16056/16058
Orchidaceae							
Catasetum sp.	x	–	–	–	–	f	Palacios 15961
Dichaea sp.	–	–	–	–	o	f	
Epidendrum sp.	x	o	–	–	o	f	Palacios 16064
Maxillaria sp.	–	–	o	–	–	f	
Notylia sp.	x	–	–	–	–	f	Palacios 15958
Octomeria sp.	o	–	–	–	–	f	
Oncidium sp.	–	–	x	–	–	–	Palacios 16276
Ornithocephalus sp.	x	–	–	–	–	f	Palacios 16047
Palmorchis sp.	–	o	o	–	–	f	
Pleurothallis sp.	–	–	o	–	–	f	
Psygmorchis sp.	–	–	o	–	–	f	
Scaphyglottis sp.	–	–	o	o	–	f	
Sobralia sp.	–	–	–	–	o	f	
(desconocido/unknown) spp.	x	x	x	x	x	f	Palacios 15904/16009/16048/1608 5/16247/16248/16249/16279 Dávila 4916/5020/5143/5144/5145
Oxalidaceae							
Biophytum sp.	–	x	–	–	–	–	Dávila 4915
Passifloraceae							
Dilkea sp.	–	o	o	o	o	–	

LEYENDA/ LEGEND

Sitio/Site
S1 = Garzacocha
S2 = Redondococha
S3 = Güeppicillo
S4 = Güeppí
S5 = Aguas Negras

Presencia por sitio/Presence at site
x = Colectada/Collected
o = Observada/Observed

Colección/Collection
Depositamos el primer juego de especímenes peruanos en el Herbario Amazonense (AMAZ) de la Universidad Nacional de la Amazonía Peruana en Iquitos, y el primer juego de los ecuatorianos en el Herbario Nacional (QCNE) en Quito./We deposited the first set of Peruvian specimens in the Herbario Amazonense (AMAZ) of the Universidad Nacional de la Amazonía Peruana in Iquitos, and the first set of Ecuadorian specimens in the Herbario Nacional (QCNE) in Quito.

Foto/Photo
f = Foto tomada/Photo taken (Ver/See *http://www.fieldmuseum.org/plantguides*.)

PLANTAS VASULARES / VASCULAR PLANTS							
Nombre científico/ Scientific Name	Sitio/ Site 1	Sitio/ Site 2	Sitio/ Site 3	Sitio/ Site 4	Sitio/ Site 5	Foto/ Photo	Colección/Collection
Passiflora spinosa	–	–	o	–	–	f	
Passiflora spp.	–	–	x	–	x	f	Palacios 16224/16227 Dávila 5207
Picramniaceae							
Picramnia latifolia cf.	o	o	o	–	–	–	
Picramnia sellowii	–	x	–	–	–	–	Dávila 4742
Picramnia sp.	–	–	–	o	–	–	
Piperaceae							
Peperomia serpens	o	o	–	o	–	–	
Peperomia spp.	–	o	x	x	x	f	Palacios 16174/16202/16334/16337/16339 Dávila 5022/5110
Piper arboreum cf.	–	o	–	–	o	–	
Piper augustum	o	o	o	o	o	–	
Piper obliquum	–	o	–	o	–	–	
Piper spp.	x	x	x	x	x	f	Palacios 15969/16088/16186/16207/ 16343/16344 Dávila 4745/4771/4772/ 4774/4775/4812/4825/4829/4893/4904/ 5035/5052/5202
Poaceae							
Chusquea sp. cf.	–	–	o	–	–	f	
Guadua sp.	–	x	–	–	–	f	Dávila 4914
Hymenachne donacifolia	o	o	–	–	–	f	
Lasiacis sorghoidea	–	o	–	o	o	f	
Lasiacis spp.	–	–	–	x	–	–	Dávila 4988/4997
Olyra sp.	–	o	o	o	o	f	
Orthoclada laxa	–	–	o	–	–	–	
Pariana sp.	–	–	o	x	–	f	Dávila 5019
Paspalum sp.	–	x	–	–	–	–	Dávila 4908
Pharus latifolius	–	o	o	o	–	f	
Pharus virescens cf.	–	o	–	–	–	–	
Pharus sp.	–	–	–	x	–	–	Dávila 5059
Piresia sp.	–	o	–	–	–	–	
Rhipidocladum sp. cf.	–	o	–	–	–	–	
(*desconocido/unknown*) spp.	x	–	x	–	–	f	Palacios 16024/16210/16291
Polygalaceae							
Moutabea aculeata	o	–	o	–	o	f	
Securidaca divaricata	o	–	x	–	o	f	Palacios 16091/16280
Polygonaceae							
Coccoloba densifrons	–	o	o	–	–	f	
Coccoloba mollis	o	o	–	–	o	f	
Coccoloba spp.	o	x	x	o	o	f	Palacios 16130/16134 Dávila 4934
Symmeria paniculata	o	o	–	–	–	f	
Triplaris weigeltiana	–	–	o	o	–	f	
Triplaris sp.	o	o	o	–	–	–	
Pontedariaceae							
Eichhornia crassipes	o	–	–	o	–	–	

PLANTAS VASULARES / VASCULAR PLANTS

Nombre científico/ Scientific Name	Sitio/ Site 1	Sitio/ Site 2	Sitio/ Site 3	Sitio/ Site 4	Sitio/ Site 5	Foto/ Photo	Colección/Collection
Proteaceae							
Panopsis rubescens	x	o	–	–	–	f	Palacios 16076
Roupala montana	–	–	o	–	–	–	
Roupala sp.	–	o	x	–	–	–	Palacios 16092
Quiinaceae							
Lacunaria sp.	–	o	–	o	o	–	
Quiina amazonica	o	o	–	o	–	–	
Quiina sp.	–	o	o	–	x	f	Dávila 5095
Rapateaceae							
Rapatea spp.	x	x	–	–	x	f	Palacios 15964 Dávila 4941/5152
Rhamnaceae							
Ampelozizyphus amazonicus	–	–	–	–	x	–	Dávila 5208
Colubrina glandulosa	–	–	–	o	–	–	
Ziziphus cinnamomifolia	–	o	–	o	–	–	
Rhizophoraceae							
Cassipourea peruviana	–	x	o	o	–	f	Dávila 4900/4929
Rubiaceae							
Alibertia spp.	–	x	–	–	x	f	Dávila 4799/5109/5113
Alseis sp.	–	–	o	–	–	–	
Amaioua sp.	x	–	o	–	o	f	Palacios 16025
Amphidasya colombiana	–	–	o	–	–	f	
Borojoa spp.	x	–	–	x	x	f	Palacios 15937 Dávila 5010/5126
Calycophyllum megistocaulum	–	o	o	o	–	–	
Capirona decorticans	–	o	o	–	–	–	
Chimarrhis sp.	–	x	o	–	–	–	Dávila 4840
Chomelia sp.	–	–	o	–	–	f	
Cinchona sp.	x	–	–	–	–	f	Palacios 16021
Coussarea brevicaulis cf.	–	o	–	–	–	f	
Coussarea klugii	–	–	o	–	–	f	
Coussarea spp.	–	x	x	o	x	f	Palacios 16203/16350 Dávila 4824/5191
Duroia hirsuta	o	o	o	o	o	f	
Duroia sp.	x	–	–	–	–	–	Palacios 15987
Faramea axillaris	–	o	–	–	–	f	

LEYENDA/ LEGEND	**Sitio/Site** S1 = Garzacocha S2 = Redondococha S3 = Güeppicillo S4 = Güeppí S5 = Aguas Negras	**Presencia por sitio/Presence at site** x = Colectada/Collected o = Observada/Observed	**Foto/Photo** f = Foto tomada/Photo taken (Ver/See *http://www.fieldmuseum.org/plantguides.*)

Collección/Collection

Depositamos el primer juego de especímenes peruanos en el Herbario Amazonense (AMAZ) de la Universidad Nacional de la Amazonía Peruana en Iquitos, y el primer juego de los ecuatorianos en el Herbario Nacional (QCNE) en Quito./We deposited the first set of Peruvian specimens in the Herbario Amazonense (AMAZ) of the Universidad Nacional de la Amazonía Peruana in Iquitos, and the first set of Ecuadorian specimens in the Herbario Nacional (QCNE) in Quito.

PLANTAS VASULARES / VASCULAR PLANTS						
Nombre científico/ Scientific Name	Sitio/ Site 1	Sitio/ Site 2	Sitio/ Site 3	Sitio/ Site 4	Sitio/ Site 5	Foto/ Photo	Colección/Collection
Faramea capillipes	x	o	o	o	o	–	Palacios 15907
Faramea multiflora	–	–	o	–	o	–	
Faramea quinqueflora	–	o	o	o	–	f	
Faramea uniflora	–	o	o	–	–	f	
Faramea spp.	x	x	x	x	x	–	Palacios 15919/15922/15924/16051/16345 Dávila 4875/4912/4945/5053/5100
Ferdinandusa sp.	–	–	x	–	–	–	Palacios 16296
Genipa spruceana	x	o	o	–	–	f	Palacios 16029/16011/16054
Geophila cordata	o	o	o	–	o	–	
Geophila herbacea	o	o	o	–	–	–	
Geophila sp.	x	–	–	–	–	–	Palacios 15994
Gonzalagunia bunchosioides	–	–	–	o	–	f	
Hillia sp.	x	o	–	–	–	f	Palacios 15903
Ixora killipii	–	x	–	–	–	f	Dávila 4828/4878
Ixora sp.	–	x	–	–	–	–	Dávila 4747
Malanea ecuadorensis	–	–	x	–	–	f	Palacios 16288
Notopleura leucantha	–	o	–	–	–	f	
Notopleura plagiantha	–	o	–	–	–	f	
Notopleura polyphlebia	–	–	o	–	–	f	
Notopleura spp.	–	x	–	–	–	–	Dávila 4826/4827/4944
Palicourea spp.	x	x	o	x	–	f	Palacios 15977/16040 Dávila 4770/4776/4935/4956/4982
Pentagonia parvifolia	o	o	o	o	–	f	
Pentagonia sp.	–	x	–	o	–	–	Dávila 4842
Posoqueria latifolia	–	–	–	–	o	–	
Posoqueria sp.	–	–	o	–	–	–	
Psychotria bertieroides	o	o	–	–	–	f	
Psychotria blepharophylla	–	o	–	–	o	f	
Psychotria hoffmannseggiana	–	o	o	o	–	f	
Psychotria iodotricha	o	o	o	o	o	f	
Psychotria limitanea	–	–	o	–	o	f	
Psychotria lupulina	o	o	–	–	–	f	
Psychotria marcgraviella	–	o	–	–	–	–	
Psychotria poeppigiana	–	–	o	o	–	–	
Psychotria racemosa	o	o	o	o	o	–	
Psychotria remota	–	–	o	–	o	–	
Psychotria stenostachya	–	o	o	o	–	–	
Psychotria ulviformis	–	x	o	o	–	f	Dávila 4952
Psychotria spp.	x	x	x	x	x	f	Palacios 15917/15962/15965/15959/15973/ 15976/16037/16103/16166/16188/16205/ 16218/16234 Dávila 4737/4802/4814/4818/ 4830/4831/4856/4874/4942/4955/4963/ 5000/5006/5025/5037/5042/5106/5107/ 5160/5169/5187/5199/5205/5209
Randia spp.	–	x	o	o	o	f	Dávila 4739/4790
Rudgea cornifolia	–	o	o	–	–	f	

PLANTAS VASULARES / VASCULAR PLANTS							
Nombre científico/ Scientific Name	Sitio/ Site 1	Sitio/ Site 2	Sitio/ Site 3	Sitio/ Site 4	Sitio/ Site 5	Foto/ Photo	Colección/Collection
Rudgea sessiliflora cf.	–	–	o	o	–	f	
Rudgea spp.	x	–	x	–	o	f	Palacios 15986/16263
Rustia rubra	–	–	–	x	–	f	Dávila 4980
Uncaria guianensis	o	–	–	–	–	–	
Warszewiczia coccinea	o	o	o	o	–	–	
Warszewiczia cordata	–	–	o	–	–	–	
Warszewiczia schwacki	o	o	x	o	o	–	Palacios 16090
Wittmackanthus stanleyanus	–	o	–	o	–	f	
(desconocido/unknown) spp.	x	x	x	x	x	f	Palacios 15930/16031/16208/16212/ 16214/16242/16271/16342/16348 Dávila 4858/4905/4979/5081/5119/5120/5151/ 5167/5180
Rutaceae							
Ertela trifolia	–	–	–	x	–	f	Dávila 5015
Esenbeckia amazonica	–	–	o	–	–	f	
Esenbeckia sp.	–	x	–	–	–	f	Dávila 4901
Neoraputia sp.	–	–	–	–	o	–	
Raputia simulans	–	–	–	–	o	–	
Zanthoxylum sp.	–	o	–	o	o	f	
(desconocido/unknown) spp.	–	–	x	–	–	–	Palacios 16097 Dávila 5197/5206
Sabiaceae							
Meliosma sp.	–	–	o	–	o	–	
Ophiocaryon heterophyllum	–	–	–	o	o	–	
Ophiocaryon sp.	o	o	x	o	o	–	Palacios 16187
Sapindaceae							
Allophylus pilosus	–	–	o	o	–	–	
Allophylus sp.	–	o	–	–	–	–	
Matayba purgans	–	–	–	o	–	–	
Paullinia bracteosa	–	o	o	–	–	–	
Paullinia pachycarpa	–	o	o	o	o	–	
Paullinia rugosa	–	–	o	–	o	–	
Paullinia serjaniaefolia	–	–	o	–	–	–	
Paullinia yoco	–	o	–	–	–	–	

PLANTAS VASULARES / VASCULAR PLANTS							
Nombre científico/ Scientific Name	**Sitio/ Site 1**	**Sitio/ Site 2**	**Sitio/ Site 3**	**Sitio/ Site 4**	**Sitio/ Site 5**	**Foto/ Photo**	**Colección/Collection**
Paullinia spp.	–	–	x	–	x	f	Palacios 16275 Dávila 5168
Serjania sp.	–	x	–	–	–	–	Dávila 4922
Talisia spp.	x	x	x	o	o	f	Palacios 15906/16244 Dávila 4850
(desconocido/unknown) sp.	–	–	–	–	x	–	Dávila 5086
Sapotaceae							
Chrysophyllum spp.	–	x	–	x	–	f	Dávila 4765/4778/4811/4927/4966
Manilkara bidentata	–	o	–	x	–	f	Dávila 5047
Micropholis guyanensis	–	o	–	–	o	–	
Micropholis venulosa cf.	o	o	o	–	–	–	
Micropholis spp.	o	x	o	x	–	f	Dávila 4897/4965/4970
Pouteria spp.	x	x	x	–	x	f	Palacios 16028/16077/16104 Dávila 4784/4885/4937/5076
(desconocido/unknown) spp.	–	–	x	–	o	–	Palacios 16112/16125
Simaroubaceae							
Simaba polyphylla cf.	–	o	–	–	o	–	
Simaba sp.	o	o	o	o	–	–	
Simarouba amara	–	o	o	o	o	–	
Siparunaceae							
Siparuna cervicornis	–	–	–	o	–	–	
Siparuna spp.	–	x	x	x	x	f	Palacios 16119/16292 Dávila 4815/4822/4873/4886/5051/5131
Smilacaceae							
Smilax spp.	x	o	x	o	–	f	Palacios 16081/16257
Solanaceae							
Cestrum megalophyllum	–	–	o	–	–	–	
Cestrum sp.	–	–	–	o	–	f	
Cyphomandra (Solanum) sp.	–	o	o	o	–	–	
Juanulloa parasitica	o	x	–	–	–	–	Dávila 4923
Juanulloa sp.	–	–	–	x	–	–	Dávila 4998
Solanum anceps	–	–	o	–	–	–	
Solanum leptopodum	–	–	–	o	–	–	
Solanum monarchostemon	–	–	o	–	–	–	
Solanum pedemontanum	–	o	o	o	–	–	
Solanum sessile	–	–	o	–	–	–	
Solanum uleanum	–	–	o	–	–	–	
Solanum spp.	x	x	o	x	–	f	Palacios 16018 Dávila 4780/4851/4948/4971/5009
(desconocido/unknown) spp.	–	x	–	x	–	–	Dávila 4883/4896/4981
Staphyleaceae							
Huertea glandulosa	–	o	–	–	–	–	
Turpinia occidentalis	–	–	–	o	–	–	
Sterculiaceae							
Herrania cuatrecasana	o	–	o	o	–	–	
Herrania nitida	–	x	o	o	–	–	Dávila 4950
Sterculia apeibophylla	o	o	o	o	o	f	

PLANTAS VASULARES / VASCULAR PLANTS

Nombre científico/ Scientific Name	Sitio/ Site 1	Sitio/ Site 2	Sitio/ Site 3	Sitio/ Site 4	Sitio/ Site 5	Foto/ Photo	Colección/Collection
Sterculia apetala	–	–	–	o	–	–	
Sterculia colombiana	o	o	o	o	o	f	
Sterculia frondosa	–	–	o	–	–	–	
Sterculia sp.	–	–	o	–	–	–	
Theobroma obovatum	–	o	–	o	o	f	
Theobroma speciosa	o	o	o	o	o	–	
Theobroma subincana	o	o	o	o	o	–	
Theobroma spp.	–	x	–	x	–	–	Dávila 4921/4846/4960/
(*desconocido/unknown*) sp.	x	–	–	–	–	–	Palacios 15983
Strelitziaceae							
Phenakospermum guyannense	–	x	–	–	o	f	Dávila 4781
Styracaceae							
Styrax tessmannii	x	o	x	–	–	f	Palacios 16068/16270
Theaceae							
Gordonia fruticosa	–	–	x	o	–	f	Palacios 16096
Theophrastaceae							
Clavija longifolia cf.	–	o	–	–	–	–	
Clavija tarapotana cf.	–	o	–	–	–	f	
Clavija venosa	–	–	o	o	–	–	
Clavija weberbaueri cf.	–	o	–	o	–	–	
Clavija spp.	–	x	–	x	o	–	Dávila 4750/4880/5043
Thymelaeaceae							
Schoenobiblus daphnoides	–	–	x	–	–	f	Palacios 16308
Tiliaceae							
Apeiba membranacea	o	o	o	o	o	–	
Apeiba tibourbou	–	o	o	o	–	–	
Luehea grandiflora	o	o	–	–	–	f	
Lueheopsis sp.	o	o	–	–	–	–	
Mollia lepidota	–	–	x	o	–	f	Palacios 16086/16099
Ulmaceae							
Ampelocera edentula	–	o	–	o	–	–	
Celtis schippii	o	o	o	o	o	–	

LEYENDA/ LEGEND	Sitio/Site	Presencia por sitio/Presence at site	Foto/Photo

Sitio/Site
S1 = Garzacocha
S2 = Redondococha
S3 = Güeppicillo
S4 = Güeppí
S5 = Aguas Negras

Presencia por sitio/Presence at site
x = Colectada/Collected
o = Observada/Observed

Foto/Photo
f = Foto tomada/Photo taken (Ver/See *http://www.fieldmuseum.org/plantguides*.)

Colección/Collection
Depositamos el primer juego de especímenes peruanos en el Herbario Amazonense (AMAZ) de la Universidad Nacional de la Amazonía Peruana en Iquitos, y el primer juego de los ecuatorianos en el Herbario Nacional (QCNE) en Quito./We deposited the first set of Peruvian specimens in the Herbario Amazonense (AMAZ) of the Universidad Nacional de la Amazonía Peruana in Iquitos, and the first set of Ecuadorian specimens in the Herbario Nacional (QCNE) in Quito.

PLANTAS VASULARES / VASCULAR PLANTS							
Nombre científico/ Scientific Name	Sitio/ Site 1	Sitio/ Site 2	Sitio/ Site 3	Sitio/ Site 4	Sitio/ Site 5	Foto/ Photo	Colección/Collection
Urticaceae							
Pilea sp.	–	o	o	o	o	f	
Urera baccifera	–	–	–	o	–	–	
Verbenaceae							
Aegiphila spp.	–	x	–	–	o	f	Dávila 4722/4817
Amasonia sp.	–	–	–	–	o	f	
Petraea sp.	–	o	o	o	o	–	
Vitex triflora	x	o	o	–	x	f	Palacios 15984 Dávila 5179
Vitex sp.	–	–	x	o	–	f	Palacios 16277
(desconocido/unknown) sp.	x	–	–	–	–	–	Palacios 16057
Violaceae							
Gloeospermum equatoriense	–	o	o	o	–	–	
Gloeospermum longifolium	o	o	–	–	–	–	
"Gueppia" gen.nov. sp. nov.	–	–	x	o	o	f	Palacios 16110/16215
Leonia crassa	–	–	–	x	x	f	Dávila 5021/5115
Leonia cymosa	x	o	o	o	o	f	Palacios 15908
Leonia glycycarpa	o	o	o	o	o	–	
Paypayrola guianensis	–	–	–	–	x	f	Dávila 5101
Rinorea lindeniana	–	o	o	o	o	–	
Rinorea viridifolia	–	o	–	o	o	–	
Rinorea spp.	x	–	x	–	x	f	Palacios 15975/16136/16204/16310 Dávila 5077
Vitaceae							
Cissus sp.	–	–	x	–	–	f	Palacios 16239
Vochysiaceae							
Erisma uncinatum	o	o	o	o	o	–	
Qualea acuminata	o	–	–	–	–	–	
Qualea paraensis	o	–	o	–	–	–	
Qualea sp.	–	o	o	–	–	f	
Vochysia braceliniae	–	–	–	o	–	–	
Vochysia ferruginea	o	o	x	o	–	f	Palacios 16126
Zamiaceae							
Zamia sp.	–	o	o	–	–	–	
Zingiberaceae							
Renealmia breviscapa	–	o	–	–	–	–	
Renealmia nicolaioides	–	o	o	o	–	–	
Renealmia spp.	–	x	x	x	x	f	Palacios 16347/16193 Dávila 4754/4854/4872/4903/5027/5111
(Desconocido/Unknown)							
(Desconocido/Unknown) spp.	x	x	x	x	x	–	Palacios 16030/16273/16285/16131 Dávila 4906/4936/4974/5071/5094/5153/5171
PTERIDOPHYTA							
Adiantum spp.	o	o	o	x	x	f	Dávila 4993/4995/5201
Asplenium angustum	–	o	o	o	o	f	
Asplenium serratum	o	x	x	x	–	–	Palacios 16151 Dávila 4757/4968

PLANTAS VASULARES / VASCULAR PLANTS

Nombre científico/ Scientific Name	Sitio/ Site 1	Sitio/ Site 2	Sitio/ Site 3	Sitio/ Site 4	Sitio/ Site 5	Foto/ Photo	Colección/Collection
Asplenium spp.	o	x	x	x	–	f	Palacios 16146 Dávila 4751/4795/4991/4992
Azolla sp.	o	o	–	–	–	–	
Bolbitis lindigii	–	o	o	–	–	–	
Bolbitis sp.	–	x	–	–	–	–	Dávila 4732
Campyloneurum sp.	–	–	x	o	–	f	Palacios 16145
Cyathea lasiosora	o	x	–	o	o	–	Dávila 4866
Cyathea spp.	x	–	x	x	–	–	Palacios 16055/16157/16192 Dávila 5069
Cyclodium meniscioides	–	o	–	–	–	–	
Danaea nodosa	o	–	–	–	–	–	
Danaea spp.	o	x	o	o	o	–	Dávila 4748/4797
Dicranoglossum sp.	–	–	x	o	o	–	Palacios 16148
Didymochlaena truncatula	–	–	o	x	–	–	Dávila 5044
Diplazium spp.	x	–	–	x	–	–	Palacios 15995 Dávila 5066
Elaphoglossum raywaense	–	o	o	o	o	f	
Elaphoglossum spp.	–	x	x	x	x	f	Palacios 16137/16196/16265 Dávila 4746/4868/5070/5150
Hymenophyllum sp.	o	–	–	–	x	f	Dávila 5148
Lindsaea lancea var. *falcata*	–	–	–	–	o	–	
Lindsaea spp.	o	–	x	x	–	–	Palacios 16307 Dávila 5031/5034/
Lomagramma guianensis	o	–	–	x	x	–	Dávila 5032/5157
Lomariopsis japurensis cf.	x	o	o	o	x	–	Palacios 16001 Dávila 5091
Lomariopsis nigropaleata	–	o	o	o	o	–	
Lomariopsis sp.	–	–	–	–	o	f	
Lygodium sp.	–	–	–	o	–		
Metaxya rostrata	o	o	x	–	o	–	Palacios 15934/16329
Microgramma fuscopunctata	–	o	–	o	–	f	
Microgramma megalophylla	x	–	–	–	–	–	Palacios 15928
Microgramma percussa	–	–	o	o	–	–	
Microgramma reptans cf.	o	–	–	–	–	–	
Microgramma spp.	–	x	–	–	o	f	Dávila 4785/4791/4861/4920
Nephrolepis biserrata	o	x	x	–	o	–	Palacios 16299 Dávila 4749/4794
Niphidium crassifolium	x	–	–	–	–	f	Palacios 15933
Oleandra sp.	o	–	–	–	–	f	

LEYENDA/
LEGEND

Sitio/Site
S1 = Garzacocha
S2 = Redondococha
S3 = Güeppicillo
S4 = Güeppí
S5 = Aguas Negras

Presencia por sitio/Presence at site
x = Colectada/Collected
o = Observada/Observed

Foto/Photo
f = Foto tomada/Photo taken (Ver/See
http://www.fieldmuseum.org/plantguides.)

Collección/Collection
Depositamos el primer juego de especímenes peruanos en el Herbario Amazonense (AMAZ) de la Universidad Nacional de la Amazonía Peruana en Iquitos, y el primer juego de los ecuatorianos en el Herbario Nacional (QCNE) en Quito./We deposited the first set of Peruvian specimens in the Herbario Amazonense (AMAZ) of the Universidad Nacional de la Amazonía Peruana in Iquitos, and the first set of Ecuadorian specimens in the Herbario Nacional (QCNE) in Quito.

Plantas Vasculares/
Vascular Plants

PLANTAS VASULARES / VASCULAR PLANTS							
Nombre científico/ Scientific Name	Sitio/ Site 1	Sitio/ Site 2	Sitio/ Site 3	Sitio/ Site 4	Sitio/ Site 5	Foto/ Photo	Colección/Collection
Pityrogramma calomelanos	–	–	–	–	o	–	
Polybotrya pubens	o	o	o	o	o	–	
Polybotrya sp.	–	o	–	o	–	–	
Polypodium decumanum	o	–	o	o	–	–	
Polypodium fraxinifolium cf.	–	o	x	–	–	f	Palacios 16301
Polytaenium spp.	–	x	x	–	–	f	Palacios 16150 Dávila 4864
Saccoloma inaequale	o	–	x	o	o	–	Palacios 16156
Saccoloma sp.	–	–	–	x	–	–	Dávila 5067
Salpichlaena volubilis	o	o	x	–	o	–	Palacios 16154
Salvinia auriculata	o	o	–	–	–	–	
Selaginella exaltata	o	o	o	o	–	–	
Selaginella haematodes	–	o	–	–	x	–	Dávila 5147
Selaginella quadrifaria	–	o	–	–	–	–	
Selaginella spp.	x	x	x	o	x	f	Palacios 16045/16049/16180 Dávila 4792/5176
Tectaria draconoptera	–	–	–	o	–	–	
Tectaria incisa	–	–	–	–	o	–	
Tectaria spp.	–	o	o	x	x	–	Dávila 4994/5174
Thelypteris decussata	–	o	–	–	–	–	
Thelypteris macrophylla	–	–	o	–	o	f	
Thelypteris spp.	o	x	–	x	x	f	Dávila 4865/4918/5039/5188
Trichomanes arbuscula	o	–	–	–	–	f	
Trichomanes diversifrons	–	–	o	–	–	f	
Trichomanes elegans	x	–	x	–	o	–	Palacios 15935/16153
Trichomanes pinnatum	o	o	o	x	o	f	Dávila 5065
Trichomanes sp.	o	–	x	o	–	–	Palacios 16158
Triplophyllum funestum	–	x	o	–	o	–	Dávila 4793/4867
(desconocido/unknown) spp.	x	x	x	x	x	f	Palacios 16046/16050/16122/16155/16160/16161/16176/16177/16197/16253/16304/16327/16328 Dávila 4869/4919/4961/5040/5068/5079

LEYENDA/ LEGEND	Sitio/Site	Presencia por sitio/Presence at site	Foto/Photo
	S1 = Garzacocha	x = Colectada/Collected	f = Foto tomada/Photo taken (Ver/See
	S2 = Redondococha	o = Observada/Observed	*http://www.fieldmuseum.org/plantguides.*)
	S3 = Güeppicillo		
	S4 = Güeppí	**Colección/Collection**	
	S5 = Aguas Negras	Depositamos el primer juego de especímenes peruanos en el Herbario Amazonense (AMAZ) de la Universidad Nacional de la Amazonía Peruana en Iquitos, y el primer juego de los ecuatorianos en el Herbario Nacional (QCNE) en Quito./We deposited the first set of Peruvian specimens in the Herbario Amazonense (AMAZ) of the Universidad Nacional de la Amazonía Peruana in Iquitos, and the first set of Ecuadorian specimens in the Herbario Nacional (QCNE) in Quito.	

Resumen de las principales características de las estaciones de muestreo de peces durante el inventario biológico rápido de la Reserva de Producción Faunística Cuyabeno (Ecuador) y la Zona Reservada Güeppí (Perú) del 5 al 29 de octubre de 2007, por Max H. Hidalgo y Juan F. Rivadeneira-R./Summary of the primary characteristics of sampling stations for fishes during the rapid biological inventory in the Reserva de Producción Faunística Cuyabeno (Ecuador) and the Zona Reservada Güeppí (Peru) from 5 to 29 October 2007, by Max H. Hidalgo and Juan F. Rivadeneira-R.

ESTACIONES DE MUESTREO DE PECES / FISH SAMPLING STATIONS					
	Sitio/Site 1, Garzacocha	**Sitio/Site 2, Redondococha**	**Sitio/Site 3, Güeppicillo**	**Sitio/Site 4, Güeppí**	**Sitio/Site 5, Aguas Negras**
Número de estaciones/ Number of stations	5 (E1–E5)	6 (E6–E11)	5 (E12–E16)	3 (E17–E19)	5 (E20–E24)
Fechas/Dates	5–9 oct	9–14 oct	15–21 oct	22–24 oct	25–28 oct
Ambientes/ Environments	dominancia de lénticos/mostly lentic	dominancia de lénticos/mostly lentic	todos lóticos/all lotic	todos lóticos/all lotic	todos lóticos/all lotic
Tipos de agua/ Type of water	aguas negras y claras/black and clearwater	aguas negras y claras/black and clearwater	dominancia de aguas negras/ mostly blackwater	dominancia de aguas negras/ mostly blackwater	aguas negras y claras/black and clearwater
Ancho/Width (m)	3–150	3–200	1–10	2–25	2–15
Profundidad/ Depth (m)	0–5	0–1.5	0–4	0–5	0–3
Tipo de corriente/ Type of current	nula a lenta/ none to slow	nula a lenta/ none to slow	lenta a moderada/ slow to moderate	lenta a moderada/ slow to moderate	nula a moderada/ none to moderate
Color	té claro a oscuro/ tea to dark tea	té claro a oscuro/ tea to dark tea	verdoso a té claro/ light green to tea	verdoso a té claro/ light green to tea	té claro a oscuro/ tea to dark tea
Tipo de substrato/ Type of substrate	arcilla y fango/ clay and mud	arcilla y fango/ clay and mud	arcilla, grava, y fango/clay, gravel, and mud	arcilla y fango/ clay and mud	arcilla y fango/ clay and mud
Tipo de orilla/ Type of bank	estrecha a amplia/ narrow to wide	estrecha a amplia/ narrow to wide	nula a estrecha/ none to narrow	nula a estrecha/ none to narrow	nula a estrecha/ none to narrow
Vegetación/ Vegetation	bosque primario/ primary forest	bosque primario/ primary forest	bosque primario/ primary forest	bosque primario, aguajal/primary forest, *Mauritia* palm swamp	bosque primario, aguajal/primary forest, *Mauritia* palm swamp

Peces/Fishes

Especies de peces registradas durante el inventario biológico rápido de la Reserva de Producción Faunística Cuyabeno (Ecuador) y la Zona Reservada Güeppí (Perú) del 5 al 29 de octubre de 2007, por Max H. Hidalgo y Juan F. Rivadeneira-R.

PECES / FISHES								
Nombre científico*/ Scientific name*	Nombre común en español/ Spanish common name	Nombre Secoya/ Secoya name	Nombre Kichwa/ Kichwa name	Registros por sitio/ Records by site				
				S1	S2	S3	S4	S5
MYLIOBATIFORMES (1)								
Potamotrygonidae (1)								
Potamotrygon sp.	raya amazónica	–	–	–	–	–	–	1
OSTEOGLOSSIFORMES (2)								
Arapaimatidae (1)								
Arapaima gigas	paiche	–	–	4	–	–	–	–
Osteoglossidae (1)								
Osteoglossum bicirrhosum	arahuana	–	–	–	–	1	–	1
CLUPEIFORMES (1)								
Pristigasteridae (1)								
Ilisha amazonica	–	*payoposaë*	–	–	–	–	1	–
CHARACIFORMES (98)								
Acestrorhynchidae (2)								
Acestrorhynchus lacustris	pejezorro, dientón	*toaña'se*	*allku challwa*	1	–	–	–	1
Acestrorhynchus microlepis	pejezorro, dientón	*ococatëpë*	*chucha challwa*	9	–	–	–	1
Anostomidae (5)								
Laemolyta taeniata	lisa, ratón	*jie'yoyë*	*yanipa sitimu*	–	–	1	–	–
Leporinus cf. *aripuanaensis*	lisa, ratón	*masa'ni (neputiya)*	*muru sitimu*	–	–	–	–	1
Leporinus friderici	lisa, ratón	–	–	–	–	1	–	–
Pseudanos trimaculatus	lisa, ratón	*soñoë-jijeputiya*	–	1	–	1	–	–
Rhytiodus argenteofuscus	lisa, ratón	*jije putiya*	*yana yulilla*	–	–	–	1	–
Characidae (62)								
Aphyocharax sp.	mojarita, sardina	–	–	–	–	–	1	–
Astyanacinus multidens	mojarita, sardina	*aiuje sardina*	*wira sardina*	–	–	2	–	–
Astyanax bimaculatus	mojarita, sardina	*aiuje sardina*	*wira sardina*	–	–	1	–	–
Axelrodia stigmatias	mojarita, sardina	*pë'coyo*	–	–	8	3	1	–
Brachychalcinus cf. *copei*	mojarita, sardina	*huaja*	*siksi sapamama*	1	–	2	–	–
Brycon cephalus	sábalo	*mahuaso*	*katupa, handia*	–	–	2	–	–
Bryconamericus cf. *beta*	mojarita, sardina	–	–	–	–	1	–	–
Bryconella pallidifrons	mojarita, sardina	–	–	–	7	3	–	8
Bryconops cf. *inpai*	mojarita, sardina	*penemutu'cu*	–	–	–	9	4	5
Bryconops melanurus	mojarita, sardina	*pë'coyo*	–	1	7	–	–	4
Bryconops sp.	mojarita, sardina	*pë'coyo*	–	–	–	–	3	–
Charax tectifer	sardina, dentón	*aohuero*	*chaparu*	–	7	5	1	–
Charax sp.	sardina, dentón	*aohuero*	*chaparu*	2	4	–	–	–
Chrysobrycon sp.	mojarita, sardina	–	–	–	16	3	2	–

Fish species recorded during the rapid biological inventory in the Reserva de Producción Faunística Cuyabeno (Ecuador) and the Zona Reservada Güeppí (Peru) from 5 to 29 October 2007, by Max H. Hidalgo and Juan F. Rivadeneira-R.

Número total de individuos/ Total number of individuals	Tipo de registro/Type of record	Nuevos registros Perú/ Not previously known from Peru	Nuevos registros Ecuador/Not previously known from Ecuador	Consumo de subsistencia/ Subsistence consumption	Pesquería comercial/ Commercially fished
1	obs	–	–	–	OR
4	obs	–	–	X	CO
2	obs	–	–	X	CO, OR
1	col	–	X	X	CO
2	col	–	–	X	CO
10	col	–	–	–	–
1	col	–	–	X	OR
1	obs	X	–	X	CO
1	obs	–	–	X	CO
2	col	–	–	X	OR
1	col	–	–	X	CO
1	obs	–	–	–	OR
2	col	–	–	–	–
1	col	–	–	–	–
12	col	–	X	–	–
3	col	–	–	–	OR
2	obs	–	–	X	CO
1	col	–	–	–	–
18	col	–	–	–	–
18	col	–	–	–	–
12	col	X	X	X	–
3	col	–	–	–	–
13	col	–	–	X	–
6	col	–	–	–	–
21	col	–	–	–	–

PECES / FISHES								
Nombre científico*/ Scientific name*	**Nombre común en español/ Spanish common name**	**Nombre Secoya/ Secoya name**	**Nombre Kichwa/ Kichwa name**	**Registros por sitio/ Records by site**				
				S1	S2	S3	S4	S5
Ctenobrycon hauxwellianus	mojarita, sardina	–	–	33	16	–	–	–
Gymnocorymbus thayeri	mojarita, sardina	–	–	43	41	–	–	–
Hemigrammus cf. analis	mojarita, sardina	–	–	–	–	–	1	–
Hemigrammus lunatus	mojarita, sardina	huëoya'a	–	51	8	–	–	–
Hemigrammus ocellifer	mojarita, sardina	–	–	60	33	–	1	–
Hemigrammus sp.	mojarita, sardina	–	–	–	70	60	–	30
Heterocharax sp.	mojarita, sardina	huoya'a	–	–	2	–	–	–
Hyphessobrycon aff. agulha	mojarita, sardina	–	–	90	21	40	–	62
Hyphessobrycon bentosi A	mojarita, sardina	huëoya'a	–	27	–	4	2	30
Hyphessobrycon bentosi B	mojarita, sardina	huëoya'a	–	–	5	–	–	–
Hyphessobrycon copelandi	mojarita, sardina	huëoya'a	–	53	22	4	1	3
Hyphessobrycon cf. loretoensis	mojarita, sardina	sasahuaru	–	–	22	21	12	5
Hyphessobrycon peruvianus	mojarita, sardina	sasahuaru	–	–	–	5	–	–
Hyphessobrycon aff. peruvianus	mojarita, sardina	huoya'a	–	–	–	4	–	30
Iguanodectes spilurus	mojarita, sardina	penemutu'cu	–	14	12	–	–	–
Iguanodectes sp.	mojarita, sardina	penemutu'cu	yulilla	–	–	–	1	–
Jupiaba anteroides	mojarita, sardina	catëhuari	wira sardina	–	–	1	–	–
Jupiaba zonata	mojarita, sardina	sasahua'ru	–	–	–	15	–	–
Knodus sp.	mojarita, sardina	–	–	–	40	51	–	–
Microschemobrycon sp.	mojarita, sardina	–	–	–	1	–	–	–
Moenkhausia ceros	mojarita, sardina	sasahuaru	–	–	–	5	20	–
Moenkhausia collettii	mojarita, sardina	–	–	59	46	43	30	46
Moenkhausia comma	mojarita, sardina	–	–	1	18	–	6	10
Moenkhausia dichroura	mojarita, sardina	–	–	1	–	–	–	–
Moenkhausia aff. dichroura	mojarita, sardina	sasahuaru	–	–	–	–	1	–
Moenkhausia intermedia	mojarita, sardina	sasahuaru	–	–	–	35	5	–
Moenkhausia lepidura	mojarita, sardina	–	–	32	71	1	2	–
Moenkhausia melogramma	mojarita, sardina	huëoya'a	–	15	–	–	–	–
Moenkhausia aff. naponis	mojarita, sardina	sotocuero	sapa mama	–	1	1	–	–
Moenkhausia oligolepis	mojarita, sardina	–	–	20	31	13	2	3
Moenkhausia sp.	mojarita, sardina	–	–	3	–	–	–	–
Myleus cf. rubripinnis	palometa	–	–	1	–	–	–	–
Mylossoma cf. duriventre	palometa	–	–	–	2	–	–	–
Phenacogaster cf. pectinatus	mojarita, sardina	huëoya'a	–	–	1	15	2	4
Poptella compressa	mojarita, sardina	–	–	–	4	–	–	–
Pygocentrus nattereri	paña roja	mapuñu	muyu paña	2	5	–	–	–

Número total de individuos/ Total number of individuals	Tipo de registro/Type of record	Nuevos registros Perú/ Not previously known from Peru	Nuevos registros Ecuador/Not previously known from Ecuador	Consumo de subsistencia/ Subsistence consumption	Pesquería comercial/ Commercially fished
49	col	–	–	X	OR
84	col	–	–	–	OR
1	col	X	–	–	–
59	col	–	–	–	OR
94	col	–	X	–	OR
160	col	–	–	–	–
2	col	–	–	–	–
213	col	–	–	–	OR
63	col	–	–	–	OR
5	col	–	–	–	OR
83	col	–	–	–	OR
60	col	–	–	–	OR
5	col	–	–	–	OR
34	col	–	–	–	OR
26	col	–	–	–	–
1	col	–	–	–	–
1	col	–	–	–	–
15	col	–	X	–	–
91	col	–	–	–	–
1	col	–	–	–	–
25	col	–	X	–	–
224	col	–	–	–	–
35	col	–	–	–	–
1	col	–	–	–	–
1	col	–	–	–	–
40	col	–	X	–	–
106	col	–	–	–	–
15	col	–	–	–	–
2	col	–	–	–	–
69	col	–	–	X	OR
3	col	–	–	–	–
1	col	–	–	X	CO, OR
2	col	–	–	X	CO, OR
22	col	–	–	–	–
4	col	–	–	–	–
7	obs	–	–	X	CO, OR

LEYENDA/LEGEND

* Órdenes según la clasificación de Reis et al. (2003)/Ordinal classification follows Reis et al. (2003)

** Especies probablemente nuevas para la ciencia/Probable new species

Sitios/Sites

S1 = Garzacocha

S2 = Redondococha

S3 = Güeppicillo

S4 = Güeppí

S5 = Aguas Negras

Tipo de registro/Type of record

col = Colectado/Collected

obs = Observado/Observed

Pesquería comercial/ Commercially fished

CO = Para consumo/For food

OR = Como ornamental/ As ornamentals

PECES / FISHES								
Nombre científico*/ Scientific name*	**Nombre común en español/ Spanish common name**	**Nombre Secoya/ Secoya name**	**Nombre Kichwa/ Kichwa name**	**Registros por sitio/ Records by site**				
				S1	S2	S3	S4	S5
Serrapinnus piaba	mojarita, sardina	*sasahuaru*	–	–	–	–	7	2
Serrasalmus elongatus	paña	*puñu*	puka paña	1	–	–	–	–
Serrasalmus rhombeus	paña blanca	–	–	10	2	–	–	–
Serrasalmus spilopleura	paña negra	*puñu*	puka paña	1	–	8	–	–
Serrasalmus sp.	paña blanca	–	–	3	6	–	–	–
Tetragonopterus argenteus	sabaleta, mojarra	–	–	–	–	1	–	4
Thayeria obliqua	mojarita, sardina	*hua'ira imi*	–	–	20	–	–	–
Triportheus sp.	pechón, sardina	*usë'yë*	gungu sapamama	–	5	–	–	–
Tyttobrycon sp.	mojarita, sardina	*sasahuaru*	–	10	1	2	–	–
Tyttocharax cochui	mojarita, sardina	*imi*	siwi	–	18	7	–	–
Tyttocharax sp.**	mojarita, sardina	*imi*	–	–	21	12	5	–
Characidae sp.	mojarita, sardina	*sasahua'ru*	–	–	–	–	–	1
Chilodontidae (1)								
Chilodus punctatus	sardina, mojarra	*yoyë*	sitimu	8	11	–	–	3
Crenuchidae (4)								
Characidium cf. *etheostoma*	sardina, mojarita	–	–	–	23	1	3	–
Characidium sp.1**	sardina, mojarita	–	–	–	2	–	6	5
Characidium sp.2	sardina, mojarita	–	–	–	1	–	–	–
Characidium sp.3	sardina, mojarita	–	–	–	–	–	1	–
Ctenoluciidae (1)								
Boulengerella maculata	picudo	–	–	–	1	–	–	–
Curimatidae (9)								
Curimata vittata	llorón, chiochio	*coro*	sara challwa	5	3	–	–	–
Curimatella alburna	llorón, chiochio	–	–	20	–	–	1	–
Curimatella sp.	llorón, chiochio	–	–	–	30	–	–	–
Curimatopsis macrolepis	llorón, chiochio	–	–	131	15	30	3	6
Cyphocharax spiluropsis	llorón, chiochio	–	–	20	–	2	–	–
Potamorhina altamazonica	llorón, llambina	*mejani'no*	yawarachi	1	1	–	–	–
Psectrogaster amazonica	llorón, ractacara	–	–	–	1	–	3	–
Steindachnerina argentea	llorón, chiochio	–	–	–	56	13	–	1
Steindachnerina sp.	llorón, chiochio	*jaicoro*	–	–	2	–	2	–
Cynodontidae (1)								
Rhaphiodon vulpinus	perro, chambira, machete	–	–	1	1	–	–	–
Erythrinidae (3)								
Erythrinus erythrinus	shuyo	*najo*	pashin	–	1	1	–	–
Hoplerythrinus unitaeniatus	shuyo	*cu'ji*	shuyu	–	3	–	2	–

Número total de individuos/ Total number of individuals	Tipo de registro/Type of record	Nuevos registros Perú/ Not previously known from Peru	Nuevos registros Ecuador/Not previously known from Ecuador	Consumo de subsistencia/ Subsistence consumption	Pesquería comercial/ Commercially fished
9	col	–	–	–	–
1	col	–	–	X	CO
12	obs	–	–	X	CO, OR
9	col	–	X	X	CO
9	col	–	–	X	CO
5	obs		–	X	OR
20	col	–	–	–	OR
5	col	–	–	X	CO
13	col	–	–	–	–
25	col	–	X	–	–
38	col	–	–	–	–
1	col	–	–	–	–
22	col	–	–	–	OR
27	col	–	–	–	–
13	col	–	–	–	–
1	col	–	–	–	–
1	col	–	–	–	–
1	col	–	–	–	–
8	obs	–	–	X	CO
21	col	–	–	X	–
30	col	–	–	X	–
185	col	–	–	–	–
22	col	–	–	X	–
2	obs	–	–	X	CO
4	col	–	–	X	CO
70	col	X	X	X	–
4	col	–	–	X	–
2	obs	–	–	X	
2	col	–	–	X	–
5	col	–	–	X	CO

LEYENDA/LEGEND

* Órdenes según la clasificación de Reis et al. (2003)/Ordinal classification follows Reis et al. (2003)

** Especies probablemente nuevas para la ciencia/Probable new species

Sitios/Sites

S1 = Garzacocha
S2 = Redondococha
S3 = Güeppicillo
S4 = Güeppí
S5 = Aguas Negras

Tipo de registro/Type of record

col = Colectado/Collected
obs = Observado/Observed

Pesquería comercial/ Commercially fished

CO = Para consumo/For food
OR = Como ornamental/ As ornamentals

PECES / FISHES								
Nombre científico*/ Scientific name*	Nombre común en español/ Spanish common name	Nombre Secoya/ Secoya name	Nombre Kichwa/ Kichwa name	Registros por sitio/ Records by site				
				S1	S2	S3	S4	S5
Hoplias malabaricus	huanchinche, huasaco	–	–	19	1	1	1	–
Gasteropelecidae (3)								
Carnegiella myersi	pechito	–	–	53	2	–	–	–
Carnegiella strigata	pechito	–	–	7	24	1	–	4
Gasteropelecus sternicla	pechito	–	–	20	26	–	2	1
Hemiodontidae (1)								
Hemiodus unimaculatus	julilla	–	–	–	2	–	3	1
Lebiasinidae (5)								
Nannostomus trifasciatus	sardina, pez lápiz	–	–	–	–	–	–	3
Pyrrhulina cf. brevis	sardina, urquisho	–	–	15	3	–	–	–
Pyrrhulina cf. laeta	sardina, urquisho	–	–	–	7	7	–	2
Pyrrhulina sp.1	sardina, urquisho	–	–	6	–	1	–	–
Pyrrhulina sp.2	sardina, urquisho	yoyë	makuni	–	–	2	–	–
Prochilodontidae (1)								
Prochilodus nigricans	boquichico	–	–	–	1	–	–	–
GYMNOTIFORMES (10)								
Apteronotidae (2)								
Adontosternarchus sp.	macana	yari ñucuatëtë	–	1	–	–	–	–
Apteronotus albifrons	macana	yari ñucuatëtë	–	1	–	–	–	–
Gymnotidae (3)								
Electrophorus electricus	temblón, anguila éléctrica	–	–	1	–	–	–	–
Gymnotus carapo	anguila, macana	saramu	muru chumpi	–	1	–	–	–
Gymnotus javari	anguila, macana	ñucuatëtë	muru chumpi	–	1	–	–	–
Hypopomidae (3)								
Brachyhypopomus brevirostris	macana	ñucuatëtë	chumpi	–	–	–	1	–
Hypopygus sp.	macana	–	–	2	–	–	–	–
Steatogenys elegans	macana	ñucuatëtë	muru chumpi	2	–	–	–	2
Sternopygidae (2)								
Eigenmannia virescens	anguila, macana	ñucuatëtë	chuya chumpi	35	5	–	–	–
Sternopygus macrurus	anguila, macana	nea saramu	yana chumpi	4	1	2	–	–
SILURIFORMES (49)								
Aspredinidae (1)								
Bunocephalus verrucosus	sapocunshi	–	–	2	–	–	–	–
Auchenipteridae (6)								
Auchenipterus ambyiacus	maparate	tutupë	maparanu	–	–	–	1	–

Número total de individuos/ Total number of individuals	Tipo de registro/Type of record	Nuevos registros Perú/ Not previously known from Peru	Nuevos registros Ecuador/Not previously known from Ecuador	Consumo de subsistencia/ Subsistence consumption	Pesquería comercial/ Commercially fished
22	col	–	–	X	CO
55	col	–	–	–	OR
36	col	–	–	–	OR
49	col	–	–	–	OR
6	obs	–	–	X	–
3	col	–	–	–	OR
18	col	–	–	–	OR
16	col	–	–	–	OR
7	col	–	–	–	OR
2	col	–	–	–	OR
1	obs	–	–	X	CO
1	col	–	–	–	–
1	col	–	–	–	–
1	obs	–	–	X	–
1	col	–	–	–	OR
1	col	–	X	–	–
1	col	–	–	–	–
2	col	–	–	–	–
4	col	–	–	–	–
40	col	–	–	–	OR
7	col	–	–	–	–
2	col	–	–	–	–
1	col	–	–	X	CO

LEYENDA/LEGEND

* Órdenes según la clasificación de Reis et al. (2003)/Ordinal classification follows Reis et al. (2003)

** Especies probablemente nuevas para la ciencia/Probable new species

Sitios/Sites

S1 = Garzacocha

S2 = Redondococha

S3 = Güeppicillo

S4 = Güeppí

S5 = Aguas Negras

Tipo de registro/Type of record

col = Colectado/Collected

obs = Observado/Observed

Pesquería comercial/ Commercially fished

CO = Para consumo/For food

OR = Como ornamental/ As ornamentals

Nombre científico*/ Scientific name*	Nombre común en español/ Spanish common name	Nombre Secoya/ Secoya name	Nombre Kichwa/ Kichwa name	Registros por sitio/ Records by site				
				S1	S2	S3	S4	S5
Centromochlus heckelii	barbudito, pirillo	*añapëquë sasaë*	*bugio gasi*	–	–	–	1	–
Tatia intermedia	pirillo	–	*kumalu bagri*	2	2	1	–	–
Tatia perugiae	pirillo	–	–	–	–	4	–	–
Tatia sp.	pirillo	–	–	–	–	–	3	–
Trachelyopterus sp.	bagre, pirillo	*tënëpë*	*kumalu bagri*	1	–	–	–	–
Callichthyidae (9)								
Corydoras aff. *ambiacus*	corredoras, shirui	–	–	1	–	–	–	–
Corydoras arcuatus	corredoras, shirui	–	*utku muyu*	–	–	3	1	–
Corydoras elegans	corredoras, shirui	–	*utku muyu*	–	–	–	1	–
Corydoras aff. *melanistius*	corredoras, shirui	–	*utku muyu*	8	–	–	–	–
Corydoras rabauti	corredoras, shirui	–	*utku muyu*	–	1	–	1	–
Corydoras cf. *stenocephalus*	corredoras, shirui	–	*utku muyu*	–	–	2	–	–
Corydoras aff. *trilineatus*	corredoras, shirui	–	–	8	–	–	–	–
Dianema longibarbis	caracha, shirui	*use*	*puka shiruri*	2	–	–	–	–
Megalechis personata	caracha, shirui	*muca*	*muru shiruri*	1	1	–	1	–
Cetopsidae (1)								
Denticetopsis cf. *seducta*	canero	–	–	–	3	–	–	1
Doradidae (4)								
Amblydoras hancockii	bagre	*tu'pupë*	–	17	1	–	–	–
Nemadoras cf. *humeralis*	bagre hueso, pirillo	*birdi guiru guiru*	–	–	–	–	1	–
Nemadoras trimaculatus	bagre hueso, pirillo	*killu guiru guiru*	–	–	–	–	2	–
Pterodoras granulosus	bagre, picalón	*guiru guiru*	–	–	–	–	–	1
Heptapteridae (6)								
Gladioglanis conquistador	bagrecito	–	–	30	1	–	2	–
Pariolius armillatus	bagrecito	*si'riyo*	–	–	–	2	–	–
Pimelodella sp.1	bagre picalón, cunshi	*tia-bagre*	*lumu gasi*	9	–	–	–	–
Pimelodella sp.2	bagre picalón, cunshi	*yari si'riyo*	*chuya gasi*	–	1	–	1	–
Pimelodella sp.3	bagre picalón, cunshi	*yari si'riyo*	*chuya gasi*	–	–	–	1	–
Pimelodella sp.4	bagre picalón, cunshi	*tia-bagre*	*nanki*	–	–	–	2	1
Loricariidae (16)								
Ancistrus sp.	raspabalsa, carachama	*cosë*	*kawa*	–	7	3	3	–
Farlowella cf. *oxyrryncha*	palito, carachama palito	–	–	–	2	–	–	–

Número total de individuos/ Total number of individuals	Tipo de registro/Type of record	Nuevos registros Perú/ Not previously known from Peru	Nuevos registros Ecuador/Not previously known from Ecuador	Consumo de subsistencia/ Subsistence consumption	Pesquería comercial/ Commercially fished
1	col	–	–	–	–
5	col	–	–	–	OR
4	col	–	–	–	OR
3	col	–	–	–	–
1	col	–	–	–	–
1	col	–	–	–	OR
4	col	–	–	–	OR
1	col	–	–	–	OR
8	col	X	–	–	OR
2	col	–	X	–	OR
2	col	–	–	–	OR
8	col	–	–	–	OR
2	col	–	–	–	–
3	col	–	–	–	–
4	col	–	–	–	–
18	col	–		–	OR
1	col	–	–	–	–
2	col	–	–	–	–
1	obs	–	X	X	–
33	col	–	–	–	–
2	col	–	–	–	–
9	col	–	–	X	OR
2	col	–	–	X	OR
1	col	–	–	X	–
3	col	–	–	X	–
13	col	–	–	X	OR
2	col	–	–	–	OR

LEYENDA/LEGEND

* Órdenes según la clasificación de Reis et al. (2003)/Ordinal classification follows Reis et al. (2003)

** Especies probablemente nuevas para la ciencia/Probable new species

Sitios/Sites

S1 = Garzacocha
S2 = Redondococha
S3 = Güeppicillo
S4 = Güeppí
S5 = Aguas Negras

Tipo de registro/Type of record

col = Colectado/Collected
obs = Observado/Observed

Pesquería comercial/ Commercially fished

CO = Para consumo/For food
OR = Como ornamental/ As ornamentals

PECES / FISHES								
Nombre científico*/ Scientific name*	Nombre común en español/ Spanish common name	Nombre Secoya/ Secoya name	Nombre Kichwa/ Kichwa name	Registros por sitio/ Records by site				
				S1	S2	S3	S4	S5
Farlowella smithi	palito, carachama palito	–	–	–	–	–	3	–
Hemiodontichthys acipenserinus	carachama, shitari	–	–	1	–	–	–	–
Hypoptopoma sp.	carachama	–	–	–	1	–	–	–
Hypostomus aff. *fonchii***	raspabalsa, carachama	*yaca-carachama*	*shirari*	–	–	–	–	1
Hypostomus pyrineusi	raspabalsa, carachama	*yari yaca*	*kaspi kawa*	–	–	1	–	–
Hypostomus sp.	raspabalsa, carachama	–	–	–	–	–	1	–
Limatulichthys griseus	carachama, shitari	*ënemi'naño*	*tiwampa*	–	–	–	2	–
Loricaria sp.	carachama, shitari	–	–	1	–	–	–	–
Otocinclus macrospilus	carachama	–	–	–	–	1	–	–
Otocinclus sp.	carachama	–	–	–	–	16	–	–
Oxyropsis sp.	carachama	–	–	–	–	1	–	–
Rineloricaria lanceolata	carachama, shitari	*ënemi'neño*	*pintu tiwampa*	–	–	–	1	–
Rineloricaria sp.1	carachama, shitari	*ënemi'neño*	*pintu tiwampa*	–	–	1	–	–
Rineloricaria sp.2	carachama, shitari	*ënemi'neno*	*pintu tiwampa*	–	–	–	1	–
Pimelodidae (4)								
Calophysus macropterus	bagre, picalón, mota	*ñaña simi*	*muta*	–	–	–	4	–
Pimelodus blochii	bagre, barbudo, cunshi	–	–	–	1	–	1	–
Pimelodus ornatus	bagre, barbudo, cunshi	*yaë*	*muru gasi*	–	–	–	–	1
Pinirampus pininampu	bagre, picalón, mota	*posimi*	*digamu*	–	1	1	–	–
Trichomycteridae (2)								
Ituglanis amazonicus	canero	–	–	–	5	–	–	–
Ochmacanthus reinhardtii	canero	–	–	4	–	–	–	–
CYPRINODONTIFORMES (3)								
Rivulidae (3)								
Rivulus cf. *limoncochae*	–	–	–	–	1	–	3	–
Rivulus sp.1	–	–	–	–	–	3	–	–
Rivulus sp.2	–	–	–	–	–	1	1	–

Número total de individuos/ Total number of individuals	Tipo de registro/Type of record	Nuevos registros Perú/ Not previously known from Peru	Nuevos registros Ecuador/Not previously known from Ecuador	Consumo de subsistencia/ Subsistence consumption	Pesquería comercial/ Commercially fished
3	col	–	–	–	–
1	col	–	X	–	–
1	col	–	–	–	OR
1	col	–	–	X	CO
1	col	–	X	X	CO, OR
1	col	–	–	–	CO
2	col	–	–	–	–
1	col	–	–	–	OR
1	col	–	–	–	OR
16	col	–	–	–	OR
1	col	–	–	–	–
1	col	–	–	–	OR
1	col	–	–	–	–
1	col	–	–	–	–
4	col	–	–	X	CO
2	obs	–	–	X	CO
1	obs	–	–	X	CO, OR
2	col	–	–	X	CO
5	col	–	X	–	–
4	col	–	X	–	–
4	col	X	–	–	OR
3	col	–	–	–	OR
2	col	–	–	–	OR

LEYENDA/LEGEND

* Órdenes según la clasificación de Reis et al. (2003)/Ordinal classification follows Reis et al. (2003)

** Especies probablemente nuevas para la ciencia/Probable new species

Sitios/Sites

S1 = Garzacocha
S2 = Redondococha
S3 = Güeppicillo
S4 = Güeppí
S5 = Aguas Negras

Tipo de registro/Type of record

col = Colectado/Collected
obs = Observado/Observed

Pesquería comercial/ Commercially fished

CO = Para consumo/For food
OR = Como ornamental/ As ornamentals

Nombre científico*/ Scientific name*	Nombre común en español/ Spanish common name	Nombre Secoya/ Secoya name	Nombre Kichwa/ Kichwa name	Registros por sitio/ Records by site				
				S1	S2	S3	S4	S5
BELONIFORMES (1)								
Belonidae (1)								
Potamorrhaphis guianensis	pez aguja, pez lápiz	*ocopouyo*	*bujin aguja*	–	4	–	–	–
PERCIFORMES (19)								
Sciaenidae (2)								
Pachypops sp.	corvina	*pai quënapë*	*rumi challwa*	–	–	–	1	–
Plagioscion squamosissimus	corvina	–	–	1	–	–	–	–
Cichlidae (17)								
Aequidens tetramerus	vieja, bujurqui	*huani*	*puka umuruku*	31	9	1	–	–
Apistogramma aff. *cacatuoides*	vieja, bujurqui	*hue'e*	*sisu umuruku*	20	17	8	9	4
Apistogramma cruzi	vieja, bujurqui	*maduru hua'ni*	–	–	–	1	–	–
Apistogramma sp.	vieja, bujurqui	–	–	15	–	–	2	–
Astronotus ocellatus	oscar, acarahuazú	*tupë huani*	*akarawasu*	2	–	–	–	–
Bujurquina sp.	vieja, bujurqui	*suero hua'n*	*sisu umuruku*	–	–	13	10	–
Chaetobranchus flavescens	vieja, bujurqui	*ñëo'turuo*	*pifano umuruku*	1	–	–	–	–
Cichla monoculus	tucunaré	*yaupa*	*tukunari*	5	4	–	–	–
Crenicara punctulatum	vieja, bujurqui	–	–	–	1	–	–	–
Crenicichla anthurus	chuy, añashua	*caipëa*	*puka añashuwa*	1	2	5	3	–
Crenicichla cf. *proteus*	chuy, añashua	*tayapëa-huocuepei*	*yana añashuwa*	5	6	1	–	–
Heroina isonycterina	vieja, bujurqui	*yaji huani*	*panka umuruku*	1	1	–	–	–
Heros efasciatus	vieja, bujurqui	*hui huani*	*kasha umuruku*	40	22	–	–	–
Hypselecara temporalis	vieja, bujurqui	*hui huani*	*birdi umuruk*	–	–	1	–	–
Laetacara flavilabris	vieja, bujurqui	*hue'e*	*yana umuruku*	–	–	1	2	–
Mesonauta sp.	vieja, bujurqui	–	–	31	7	1	–	–
Satanoperca jurupari	vieja, bujurqui	*ñëoturuo*	*piganu umuruku*	15	12	–	–	–
Número de especies/Number of species				76	87	70	65	37
Número de individuos/Number of individuals				1156	932	516	205	289

Número total de individuos/ Total number of individuals	Tipo de registro/Type of record	Nuevos registros Perú/ Not previously known from Peru	Nuevos registros Ecuador/Not previously known from Ecuador	Consumo de subsistencia/ Subsistence consumption	Pesquería comercial/ Commercially fished
4	col	–	–	–	–
1	col	–	–	–	–
1	col	–	–	X	CO
41	col	–	–	X	CO, OR
58	col	–	–	–	OR
1	col	–	–	–	OR
17	col	–	–	–	OR
2	col	–	–	X	CO, OR
23	col	–	–	X	–
1	col	–	–	X	–
9	obs	–	–	X	CO, OR
1	col	–	–	–	OR
11	col	–	–	X	CO
12	col	–	–	X	CO
2	col	–	–	X	–
62	col	–	–	X	CO, OR
1	col	–	–	X	–
3	col	–	–	–	OR
39	col	–	–	–	OR
27	col	–	–	X	CO, OR
184		6	17		
3098					

LEYENDA/LEGEND

* Órdenes según la clasificación de Reis et al. (2003)/Ordinal classification follows Reis et al. (2003)

** Especies probablemente nuevas para la ciencia/Probable new species

Sitios/Sites

S1 = Garzacocha

S2 = Redondococha

S3 = Güeppicillo

S4 = Güeppí

S5 = Aguas Negras

Tipo de registro/Type of record

col = Colectado/Collected

obs = Observado/Observed

Pesquería comercial/ Commercially fished

CO = Para consumo/For food

OR = Como ornamental/ As ornamentals

Anfibios y Reptiles/
Amphibians and Reptiles

Anfibios y reptiles observados durante el inventario biológico rápido en la Reserva de Producción Faunística Cuyabeno (Ecuador) y la Zona Reservada Güeppí (Perú) del 5 al 29 de octubre de 2007, por Mario Yánez-Muñoz y Pablo J. Venegas.*

ANFIBIOS Y REPTILES / AMPHIBIANS AND REPTILES							
Nombre científico/ Scientific name	Sitio/Site	Tipo de registro/ Record Type	Tipos de vegetación/ Vegetation type	Microhábitat/ Microhabitat	Actividad/ Activity	Distribución/ Distribution	UICN/ IUCN
AMPHIBIA (59)							
ANURA (59)							
Aromobatidae (2)							
Allobates femoralis	1, 2, 3, 4, 5	aud, col	BC, ZI	catt	D	Am	LC
*Allobates insperatus***	1, 2, 3, 4, 5	aud, col	ZI	capt	D	Ec-Pe	LC
Brachycephalidae (10)							
Limnophys sulcatus	3	col	BC	terr	N	Am	LC
Oreobates quixensis	1, 2, 3, 5	col	BC	terr	N	Am	LC
Pristimantis acuminatus	2	obs	BC	capa	N	Am	LC
Pristimantis altamazonicus	3, 4	col	BC	arbs	N	Am	LC
Pristimantis conspicillatus	3, 4	col	BC	arbs	N	Am	LC
*Pristimantis delius***	3	col	BC	arbs	N	Ec-Pe	DD
Pristimantis lanthanites	2	col	BC	arbs	N	Am	LC
Pristimantis malkini	3, 4	col	BC, VR	capa	N	Am	LC
Pristimantis ockendeni	3, 4, 5	col	BC	arbs	N	Am	LC
Pristimantis peruvianus	5	col	BC	arbs	N	Am	LC
Bufonidae (7)							
Dendrophryniscus minutus	1, 3, 5	col	ZI	catt	D	Am	LC
Rhaebo guttatus	3	obs	BC	terr	N	Am	LC
Rhinella ceratophrys	3, 5	col	BC	terr	D, N	Am	LC
Rhinella dapsilis	1, 2, 3, 5	col	BC	terr	D, N	Am	LC
Rhinella margaritifera	1, 2, 4, 5	col	BC	terr	D, N	Am	LC
Rhinella marinus	1, 3	obs	BC	catt	N	Am	LC
Rhinella (Rhamphophryne) sp.	2, 4	col	BC	terr	D, N	?	NE
Centrolenidae (2)							
Cochranella ametarsia	3	col	VR	capa	N	Co-Ec	DD
Cochranella midas	3	col	VR	capa	N	Br-Ec-Pe	LC
Dendrobatidae (2)							
Ameerega bilinguis	3	aud, col	BC	catt, capt	D	Ec	LC
Ranitomeya ventrimaculata	2, 3	col	BC	catt, capt	D	Am	LC
Hylidae (25)							
Dendropsophus leucophyllatus	3	col	VF, VR, ZI	cata, capa	N	Am	LC
Dendropsophus marmoratus	3	col	VR, ZI	cata, capa	N	Am	LC
Dendropsophus parviceps	1	col	VR, ZI	cata, capa	N	Am	LC
Dendropsophus rhodopeplus	3	col	VR, ZI	cata, capa	N	Am	LC
Dendropsophus triangulum	1, 2, 4	col	VF, VR, ZI	cata, capa	N	Am	LC
Hypsiboas boans	1, 2, 3, 5	aud	BC, VR	arbo	N	Am	LC
Hypsiboas calcaratus	2, 4, 5	aud, col	VR, ZI	cata, capa	N	Am	LC
Hypsiboas cinerascens	1, 3, 4, 5	aud, col	VF, VR, ZI	cata, capa	N	Am	LC
Hypsiboas fasciatus	4, 5	aud, col	VR, ZI	cata, capa	N	Am	LC
Hypsiboas geographicus	1, 2, 3, 5	aud, col	VR, ZI	cata, capa	N	Am	LC
Hypsiboas lanciformis	1, 2, 3, 4, 5	aud, col	VF, VR, ZI	cata, capa	N	Am	LC

Amphibians and reptiles observed during the rapid biological inventory in the Reserva de Producción Faunística Cuyabeno (Ecuador) and the Zona Reservada Güeppí (Peru) from 5 to 29 October 2007, by Mario Yánez-Muñoz y Pablo J. Venegas.*

ANFIBIOS Y REPTILES / AMPHIBIANS AND REPTILES

Nombre científico/ Scientific name	Sitio/Site	Tipo de registro/ Record Type	Tipos de vegetación/ Vegetation type	Microhábitat/ Microhabitat	Actividad/ Activity	Distribución/ Distribution	UICN/ IUCN
Hypsiboas nympha	2	col	VR, ZI	cata, capa	N	Am	LC
Nyctimantis rugiceps	2, 3, 4	aud	BC	arbo	N	Ec, Pe	LC
Osteocephalus cabrerai	3, 4	aud, col	VR	arbs, capa	N	Am	LC
*Osteocephalus fuscifacies***	3, 5	col	BC, VR	arbo, capa	N	Ec, Pe	DD
Osteocephalus planiceps	1, 2, 3, 4, 5	aud, col	BC, VR	arbo, capa	N	Co, Ec, Pe	LC
Osteocephalus taurinus	2, 3	col	VR	arbo, capa	N	Am	LC
Osteocephalus taurinus complex	5	col	BC, VR	arbs, capa	N	?	NE
Osteocephalus yasuni	3	aud, col	VR	arbo, capa	N	Co, Ec, Pe	LC
Phyllomedusa tarsius	2, 3	aud, col	VR	arbo, capa	N	Am	LC
Phyllomedusa tomopterna	3	aud, col	VR	arbo, capa	N	Am	LC
Phyllomedusa vaillantii	3	col	VR	arbo, capa	N	Am	LC
Scinax garbei	1	aud, col	VF, VR	cata, capa	N	Am	LC
Scinax ruber	3	aud, col	VF, VR	cata, capa	N	Am	LC

LEYENDA/
LEGEND

* Se colectaron nueve especies adicionales en el sitio Aguas Negras, en 1994, por Lily O. Rodríguez (com. pers., ver Apéndice 7)/Nine additional species were collected at the Aguas Negras site, in 1994, by Lily O. Rodríguez (pers. comm., see Appendix 7).

** Los nuevos registros de distribución se señalan con dos asteriscos./ Species with two asterisks are new distributional records.

Sitio/Site

1 = Garzacocha
2 = Redondococha
3 = Güeppicillo
4 = Güeppí
5 = Aguas Negras

Tipo de registro/Record type

aud = Registro auditivo/Call
col = Colectado/Collected
obs = Observación visual/Visual

Tipo de vegetación/Vegetation type

BC = Bosque colinado/Hill forest
VR = Vegetación riparia/ Riparian vegetation
VF = Vegetación flotante/ Floating vegetation
ZI = Zonas inundables/ Areas subject to flooding

Microhábitats/Microhabitats

acua = Acuático/Aquatic
arbo = Arborícola/Arboreal
arbs = Arbustibo/In shrubs
capa = Cuerpos de agua permanentes arborícola/ Permanent water, in trees
capt = Cuerpos de agua permanentes terrestre/ Permanent water, on ground
cata = Cuerpos de agua temporales arborícola/ Temporary pools, in trees
catt = Cuerpos de agua temporales terrestre/ Temporary pools, on ground
foso = Fosorial (bajo tierra)/ Fossorial (underground)
sfos = Semifosorial/Semifossorial
terr = Terrestre/Terrestrial

Actividad/Activity

D = Diurno/Diurnal
N = Nocturno/Nocturnal

Distribución/Distribution

Am = Amplia en la cuenca Amazónica/ Widespread in the Amazon basin
Br = Brasil/Brazil
Co = Colombia
Ec = Ecuador
Pe = Perú/Peru
? = Desconocido/Unknown

Categorías de la UICN/IUCN categories (IUCN et al. 2004)

EN = En peligro/Endangered
VU = Vulnerable/Vulnerable
LC = Baja preocupación/Least concern
DD = Datos deficientes/ Insufficient data
NE = No evaluado/Not evaluated

ANFIBIOS Y REPTILES / AMPHIBIANS AND REPTILES							
Nombre científico/ Scientific name	Sitio/Site	Tipo de registro/ Record Type	Tipos de vegetación/ Vegetation type	Microhábitat/ Microhabitat	Actividad/ Activity	Distribución/ Distribution	UICN/ IUCN
Trachycephalus resinifictrix	1, 2, 3, 4, 5	aud	BC, VR	arbo	N	Am	LC
Leiuperidae (2)							
Edalorhina perezi	4	col	BC	terr, catt	D, N	Am	LC
Engystomops petersi	3	col	BC	terr, catt, capt	D, N	Am	LC
Leptodactylidae (9)							
Leptodactylus andreae	3, 4, 5	aud, col	ZI	terr, catt, capt	D, N	Am	LC
Leptodactylus discodactylus	1, 5	col	ZI	terr, catt, capt	N	Am	LC
Leptodactylus hylaedactylus	1, 4, 5	col	ZI	terr, catt, capt	N	Am	LC
Leptodactylus knudseni	4	col	BC	terr, catt, capt	N	Am	LC
Leptodactylus lineatus	1, 4, 5	aud, col	BC, ZI	terr, catt, capt	D, N	Am	LC
Leptodactylus mystaceus	3	obs	ZI	terr, catt, capt	N	Am	LC
Leptodactylus pentadactylus	2, 3, 4, 5	aud, col	BC	terr, catt, capt	N	Am	LC
Leptodactylus rhodomystax	4, 5	col	BC	terr, catt, capt	N	Am	LC
Leptodactylus wagneri	3, 4, 5	aud, col	BC, ZI	terr, catt, capt	N	Am	LC
REPTILIA (48)							
CROCODYLIA (3)							
Crocodylidae (3)							
Caiman crocodilus	1, 2, 3	obs	VR, ZI	acua	N	Am	LC
Melanosuchus niger	1, 2	obs	VR, ZI	acua	N	Am	EN
Paleosuchus trigonatus	1, 2, 3	obs	VR, ZI	acua	N	Am	LC
TESTUDINES (3)							
Chelidae (1)							
Chelus fimbriatus	1	obs	VR, ZI	acua	N	Am	LC
Pelomedusidae (1)							
Podocnemis unifilis	1	obs	VR, ZI	acua	D	Am	VU
Testudinidae (1)							
Chelonoidis denticulata	1, 3	obs	BC	terr	D	Am	LC
SQUAMATA (42)							
Amphisbaenidae (1)							
Amphisbaena alba	1	col	BC	foso	D	Am	NE
Gekkonidae (5)							
Gonatodes concinnatus	2, 4, 5	col	BC	arbo, arbs	D	Am	NE
Gonatodes humeralis	1, 2, 4, 5	col	BC	arbo, arbs	D	Am	NE
Hemidactylus mabouia	3	col	BC	arbo, arbs	D	Am	NE
Pseudogonatodes guianensis	3	col	BC	terr, sfos	D	Am	NE
Thecadactylus rapicaudus	5	obs	BC	arbo	D	Am	NE
Gymnophthalmidae (8)							
Alopoglossus atriventris	1, 2, 3, 4, 5	col	BC	terr, sfos	D	Am	NE
Alopoglossus copii	3	col	BC	terr, sfos	D	Am	NE
Arthrosaura reticulata	3, 4	col	BC	terr, sfos	D	Am	NE
Cercosaura argulus	2, 3, 4, 5	col	BC	terr, sfos	D	Am	NE
Iphisa elegans	1	obs	BC	terr, sfos	D	Am	NE

ANFIBIOS Y REPTILES / AMPHIBIANS AND REPTILES							
Nombre científico/ Scientific name	Sitio/Site	Tipo de registro/ Record Type	Tipos de vegetación/ Vegetation type	Microhábitat/ Microhabitat	Actividad/ Activity	Distribución/ Distribution	UICN/ IUCN
Leposoma parietale	1, 2, 3, 4, 5	col	BC	terr, sfos	D	Am	NE
Potamites ecpleopus	2, 5	col	BC	catt, capt	D	Am	NE
Ptychoglossus brevifrontalis	2	col	BC	foso, sfos	D	Am	NE
Hoplocercidae (1)							
Enyalioides laticeps	2	col	BC	arbs, arbo	D	Am	NE
Polycrotidae (4)							
Anolis fuscoauratus	1, 2, 3, 4, 5	col	BC	arbs	D	Am	NE
Anolis nitens	2, 3	col	BC	arbs	D	Am	NE
Anolis ortonii	5	col	BC	arbs	D	Am	NE
Anolis trachyderma	3, 4	col	BC	arbs	D	Am	NE
Scincidae (1)							
Mabuya nigropunctata	1, 2, 5	col	VR, ZI	terr	D	Am	NE

**LEYENDA/
LEGEND**

* Se colectaron nueve especies adicionales en el sitio Aguas Negras, en 1994, por Lily O. Rodríguez (com. pers., ver Apéndice 7)/Nine additional species were collected at the Aguas Negras site, in 1994, by Lily O. Rodríguez (pers. comm., see Appendix 7).

** Los nuevos registros de distribución se señalan con dos asteriscos./ Species with two asterisks are new distributional records.

Sitio/Site

1 = Garzacocha
2 = Redondococha
3 = Güeppicillo
4 = Güeppí
5 = Aguas Negras

Tipo de registro/Record type

aud = Registro auditivo/Call
col = Colectado/Collected
obs = Observación visual/Visual

Tipo de vegetación/Vegetation type

BC = Bosque colinado/Hill forest
VR = Vegetación riparia/ Riparian vegetation
VF = Vegetación flotante/ Floating vegetation
ZI = Zonas inundables/ Areas subject to flooding

Microhábitats/Microhabitats

acua = Acuático/Aquatic
arbo = Arborícola/Arboreal
arbs = Arbustibo/In shrubs
capa = Cuerpos de agua permanentes arborícola/ Permanent water, in trees
capt = Cuerpos de agua permanentes terrestre/ Permanent water, on ground
cata = Cuerpos de agua temporales arborícola/ Temporary pools, in trees
catt = Cuerpos de agua temporales terrestre/ Temporary pools, on ground
foso = Fosorial (bajo tierra)/ Fossorial (underground)
sfos = Semifosorial/Semifossorial
terr = Terrestre/Terrestrial

Actividad/Activity

D = Diurno/Diurnal
N = Nocturno/Nocturnal

Distribución/Distribution

Am = Amplia en la cuenca Amazónica/ Widespread in the Amazon basin
Br = Brasil/Brazil
Co = Colombia
Ec = Ecuador
Pe = Perú/Peru
? = Desconocido/Unknown

**Categorías de la UICN/IUCN categories
(IUCN et al. 2004)**

EN = En peligro/Endangered
VU = Vulnerable/Vulnerable
LC = Baja preocupación/Least concern
DD = Datos deficientes/ Insufficient data
NE = No evaluado/Not evaluated

Apéndice/Appendix 6

Anfibios y Reptiles/
Amphibians and Reptiles

ANFIBIOS Y REPTILES / AMPHIBIANS AND REPTILES							
Nombre científico/ Scientific name	Sitio/Site	Tipo de registro/ Record Type	Tipos de vegetación/ Vegetation type	Microhábitat/ Microhabitat	Actividad/ Activity	Distribución/ Distribution	UICN/ IUCN
Teiidae (2)							
Kentropyx pelviceps	1, 2, 4, 5	col	BC	terr	D	Am	NE
Tupinambis teguixin	3	obs	BC, VR	terr	D	Am	NE
Tropiduridae (1)							
Plica umbra	2	col	BC	arbo	D	Am	NE
Boidae (3)							
Corallus hortulanus	2, 3, 4, 5	col, obs	VR	arbo	N	Am	NE
Epicrates cenchria	3	obs	BC	arbo	D, N	Am	NE
Eunectes murinus	2	obs	VR	acua	D, N	Am	NE
Colubridae (12)							
Atractus major	5	col	BC	terr, sfos	N	Am	NE
Atractus snethlageae	4	col	BC	terr, sfos	N	Am	NE
Clelia clelia	1, 2, 5	col	BC	terr	D	Am	NE
Dipsas catesbyi	3, 4	col	BC	arbs	N	Am	NE
Drepanoides anomalus	2	col	BC	terr	N	Am	NE
Hydrops martii	2	col	ZI	acua	D	Am	NE
Imantodes cenchoa	1, 4	col	BC	arbs	N	Am	NE
Oxybelis fulgidus	1	col	BC	arbs	N	Am	NE
Oxyrhopus formosus	2	col	BC	terr	D	Am	NE
Oxyrhopus melanogenys	4	col	BC	terr	N	Am	NE
Oxyrhopus petola	4, 5	col	BC	terr	N	Am	NE
Siphlophis compressus	3	col	BC	terr, arbs	N	Am	NE
Elapidae (2)							
Micrurus lemniscatus	2	obs	BC	terr	N	Am	NE
Micrurus surinamensis	5	col	ZI	acua	N	Am	NE
Viperidae (2)							
Bothrocophias hyoprora	4, 5	col	BC, ZI	terr, capt	N	Am	NE
Bothrops atrox	1	obs	BC	terr, capt	N	Am	NE

**LEYENDA/
LEGEND**

* Se colectaron nueve especies adicionales en el sitio Aguas Negras, en 1994, por Lily O. Rodríguez (com. pers., ver Apéndice 7)/Nine additional species were collected at the Aguas Negras site, in 1994, by Lily O. Rodríguez (pers. comm., see Appendix 7).

** Los nuevos registros de distribución se señalan con dos asteriscos./ Species with two asterisks are new distributional records.

Sitio/Site

1 = Garzacocha
2 = Redondococha
3 = Güeppicillo
4 = Güeppí
5 = Aguas Negras

Tipo de registro/Record type

aud = Registro auditivo/Call
col = Colectado/Collected
obs = Observación visual/Visual

Tipo de vegetación/Vegetation type

BC = Bosque colinado/Hill forest
VR = Vegetación riparia/ Riparian vegetation
VF = Vegetación flotante/ Floating vegetation
ZI = Zonas inundables/ Areas subject to flooding

Microhábitats/Microhabitats

acua = Acuático/Aquatic
arbo = Arborícola/Arboreal
arbs = Arbustibo/In shrubs
capa = Cuerpos de agua permanentes arborícola/ Permanent water, in trees
capt = Cuerpos de agua permanentes terrestre/ Permanent water, on ground
cata = Cuerpos de agua temporales arborícola/ Temporary pools, in trees
catt = Cuerpos de agua temporales terrestre/ Temporary pools, on ground
foso = Fosorial (bajo tierra)/ Fossorial (underground)
sfos = Semifosorial/Semifossorial
terr = Terrestre/Terrestrial

Actividad/Activity

D = Diurno/Diurnal
N = Nocturno/Nocturnal

Distribución/Distribution

Am = Amplia en la cuenca Amazónica/ Widespread in the Amazon basin
Br = Brasil/Brazil
Co = Colombia
Ec = Ecuador
Pe = Perú/Peru
? = Desconocido/Unknown

Categorías de la UICN/IUCN categories (IUCN et al. 2004)

EN = En peligro/Endangered
VU = Vulnerable/Vulnerable
LC = Baja preocupación/Least concern
DD = Datos deficientes/ Insufficient data
NE = No evaluado/Not evaluated

**Inventarios Regionales
de Anfibios y Reptiles/
Regional Amphibian and
Reptile Inventories**

Lista comparativa de anfibios y reptiles en inventarios rápidos y de largo plazo en la Amazonía de
Ecuador y Perú, compilada por Mario Yánez-Muñoz y Pablo J. Venegas.*

ANFIBIOS Y REPTILES REGIONALES / REGIONAL AMPHIBIANS AND REPTILES								
Nombre científico/Scientific name	Santa Cecilia	Dureno	Cuyabeno	Yasuní-Tiputini	Cuyabeno-Güeppí	Región de Iquitos	N. Loreto	Nanay-Mazán-Arabela
AMPHIBIA (156)								
ANURA (148)								
Amphignathodontidae (1)								
Gastrotheca longipes	–	–	–	X	–	–	–	–
Aromobatidae (4)								
Allobates femoralis	X	X	X	X	X	X	X	X
Allobates insperatus	X	X	X	X	X	–	–	–
Allobates trilineatus	–	–	–	–	–	X	X	X
Allobates zaparo	X	X	–	–	–	X	X	–
Brachycephalidae (30)								
Adelophryne adiastola	–	–	–	–	–	X	–	–
Limnophys sulcatus	X	–	X	X	X	X	X	X
Oreobates quixensis	X	X	X	X	X	X	X	X
Phyllonastes myrmecoides	–	–	–	X	–	X	–	–
Pristimantis aaptus	–	–	–	–	–	X	–	–
Pristimantis acuminatus	X	X	X	X	X	X	X	–
Pristimantis altamazonicus	X	X	X	X	X	X	X	X
Pristimantis aureolineaus	–	–	–	X	–	–	–	–
Pristimantis carvalhoi	–	–	X	–	–	X	–	X
Pristimantis conspicillatus	X	X	X	X	X	X	–	X
Pristimantis croceoinguinis	X	–	–	X	–	–	–	–
Pristimantis delius	–	–	–	–	X	–	X	X
Pristimantis diadematus	X	X	X	X	–	X	X	–
Pristimantis lacrimosus	X	–	–	X	–	X	–	–
Pristimantis lanthanites	X	X	X	X	X	X	X	X
Pristimantis luscombei	–	–	–	–	–	–	X	X
Pristimantis lythrodes	–	–	–	–	–	X	–	–
Pristimantis malkini	–	X	–	X	X	X	X	–
Pristimantis martiae	X	–	X	X	–	X	X	X
Pristimantis nigrovittatus	X	–	X	X	–	X	X	X
Pristimantis ockendeni	X	X	X	X	X	X	X	X
Pristimantis orphnolaimus	X	–	–	X	–	–	–	–
Pristimantis paululus	X	–	–	X	–	–	–	–
Pristimantis peruvianus	–	–	–	X	X	X	X	X
Pristimantis pseudoacuminatus	X	–	–	X	–	–	–	–
Pristimantis quaquaversus	X	–	–	–	–	–	X	–
Pristimantis skydmainos	–	–	–	X	–	–	–	–
Pristimantis variabilis	X	–	X	X	–	X	–	X
Pristimantis ventrimarmoratus	–	–	X	X	–	X	–	–
Pristimantis vilarsi	–	–	–	–	–	X	–	–

Comparative list of the amphibians and reptiles recorded in rapid inventories and long-term studies in Amazonian Ecuador and Peru, compiled by Mario Yánez-Muñoz and Pablo J. Venegas.*

ANFIBIOS Y REPTILES REGIONALES / REGIONAL AMPHIBIANS AND REPTILES

Nombre científico/Scientific name	Santa Cecilia	Dureno	Cuyabeno	Yasuní-Tiputini	Cuyabeno-Güeppí	Región de Iquitos	N. Loreto	Nanay-Mazán-Arabela
Bufonidae (11)								
Atelopus pulcher complex	–	–	–	–	–	–	–	X
Atelopus spumarius	–	–	–	X	–	X	–	–
Dendrophryniscus minutus	X	X	X	X	X	X	X	X
Rhaebo glaberrimus	X	–	–	X	–	X	–	X
Rhaebo guttatus	–	–	X	X	X	–	–	–
Rhinella ceratophrys	–	X	–	X	X	X	–	X
Rhinella dapsilis	–	–	X	X	X	X	–	–
Rhinella margaritifora complex	X	X	X	X	X	X	X	X
Rhinella marinus	X	X	X	X	X	X	X	X
Rhinella cf. *proboscidea*	–	–	–	X	–	–	–	–
Rhinella (Rhamphophryne) sp.	–	–	–	–	X	–	–	–
Centrolenidae (5)								
Cochranella ametarsia	–	–	X	X	X	–	–	–
Cochranella midas	X	X	X	X	X	–	–	X
Cochranella resplendens	X	–	–	X	–	–	–	–
Hyalinobatrachium iaspidiense	–	X	–	–	–	–	–	–
Hyalinobatrachium munozorum	X	–	–	X	–	–	–	–
Ceratophryidae (1)								
Ceratophrys cornuta	X	–	–	X	–	X	X	–
Dendrobatidae (9)								
Ameerega bilinguis	X	X	X	X	X	–	–	–
Ameerega hahneli	X	–	X	X	–	X	X	–
Ameerega parvula	–	–	–	X	–	X	–	–
Ameerega sauli	X	X	X	X	–	–	–	–
Ameerega trivittata	–	–	–	–	–	X	–	–
Hyloxalus bocagei complex	X	X	X	X	–	–	–	–
Ranitomeya duellmani	–	–	–	X	–	X	–	–
Ranitomeya reticulata	X	–	–	–	–	X	–	–
Ranitomeya ventrimaculata	–	X	X	X	X	X	X	X

LEYENDA/ LEGEND

* Hemos considerado para este listado usualmente especies con estatus taxonómico definido./Species with unambiguous taxonomy included on this list.

** Especie colectada en 1994 por Lily O. Rodríguez (com. pers.)/ Species collected in 1994 by Lily O. Rodríguez (comm. pers.)

Sitio y fuente de datos/ Site and source of data

Santa Cecilia, Ecuador (Duellman 1978)

Dureno, Ecuador (Yánez-Muñoz y Chimbo 2007)

Cuyabeno, Ecuador (Acosta et al. 2003–2004; Vitt y de la Torre 1996)

Yasuní-Tiputini, Ecuador (Cisneros-Heredia 2006; Ron 2001–2007)

Cuyabeno-Güeppí (este estudio/this study)

Región de Iquitos (Rodríguez y Duellman 1994; Dixon y Soini 1975; Lamar 1997)

N. Loreto (Duellman y Mendelson 1995)

Nanay-Mazán-Arabela (Catenazzi y Bustamante 2007)

**Inventarios Regionales
de Anfibios y Reptiles/
Regional Amphibian and
Reptile Inventories**

ANFIBIOS Y REPTILES REGIONALES / REGIONAL AMPHIBIANS AND REPTILES								
Nombre científico/Scientific name	Santa Cecilia	Dureno	Cuyabeno	Yasuní-Tiputini	Cuyabeno-Güeppí	Región de Iquitos	N. Loreto	Nanay-Mazán-Arabela
Hemiphractidae (3)								
Hemiphractus johnsoni	–	–	–	–	–	X	–	–
Hemiphractus proboscideus	X	–	X	X	–	–	–	–
Hemiphractus scutatus	–	–	–	X	–	X	–	–
Hylidae (56)								
Cruziohyla craspedopus	–	–	X	X	–	–	–	–
Dendropsophus allenorum	–	–	–	–	–	X	–	–
Dendropsophus bifurcus	X	X	–	X	–	X	–	–
Dendropsophus bokermanni	X	–	–	X	–	–	–	–
Dendropsophus brevifrons	X	X	X	X	–	X	X	–
Dendropsophus haraldschultzi	–	–	–	–	–	X	–	–
Dendropsophus koechlini	–	–	–	–	–	X	X	–
Dendropsophus leali	–	–	–	–	–	X	–	X
Dendropsophus leucophyllatus	X	–	–	X	X	X	X	–
Dendropsophus marmoratus	X	X	X	X	X	X	X	X
Dendropsophus minutus	X	–	–	X	–	X	–	–
Dendropsophus miyatai	–	–	X	X	–	X	–	–
Dendropsophus parviceps	X	–	X	X	X	X	X	–
Dendropsophus riveroi	X	–	X	X	–	X	X	–
Dendropsophus rhodopeplus	X	–	–	X	X	X	X	–
Dendropsophus rossallenii	X	–	–	X	–	X	–	–
Dendropsophus sarayacuensis	X	X	X	–	–	X	X	–
Dendropsophus triangulum	X	–	X	X	X	X	–	X
Ecnomiohyla tuberculosa	–	–	–	X	X**	X	–	–
"Hyla" alboguttata	X	–	–	X	–	–	–	–
Hylomantis hulli	–	–	–	X	–	–	X	–
Hypsiboas boans	X	X	X	X	X	X	X	X
Hypsiboas calcaratus	X	X	X	X	X	X	X	X
Hypsiboas cinerascens	X	X	X	X	X	X	X	X
Hypsiboas fasciatus	X	X	X	X	X	X	X	–
Hypsiboas geographicus	X	X	X	X	X	X	X	X
Hypsiboas lanciformis	X	X	X	X	X	X	X	X
Hypsiboas microderma	–	–	–	–	–	X	–	–
Hypsiboas nympha	–	–	X	X	X	X	X	X
Nyctimantis rugiceps	X	X	X	X	X	–	–	–
Osteocephalus cabrerai	X	X	–	X	X	X	X	X
Osteocephalus deridens	–	–	X	X	–	–	–	X
Osteocephalus fuscifacies	–	–	X	X	X	–	–	X
Osteocephalus mutabor	X	X	X	X	–	–	X	–
Osteocephalus planiceps	X	X	X	X	X	X	X	X
Osteocephalus taurinus	X	X	–	X	X	–	X	X

ANFIBIOS Y REPTILES REGIONALES / REGIONAL AMPHIBIANS AND REPTILES

Nombre científico/Scientific name	Santa Cecilia	Dureno	Cuyabeno	Yasuní-Tiputini	Cuyabeno-Güeppí	Región de Iquitos	N. Loreto	Nanay-Mazán-Arabela
Osteocephalus taurinus complex	X	–	X	X	X	–	X	–
Osteocephalus yasuni	–	–	X	X	X	–	–	–
Phyllomedusa atelopoides	–	–	–	–	X**	X	–	–
Phyllomedusa bicolor	–	–	–	–	–	X	–	–
Phyllomedusa coelestis	–	–	–	X	–	–	X	–
Phyllomedusa palliata	X	–	–	–	–	X	–	–
Phyllomedusa tarsius	X	–	X	X	X	X	X	–
Phyllomedusa tomopterna	X	X	X	X	X	X	X	–
Phyllomedusa vaillantii	X	X	X	X	X	X	X	X
Scarthyla goinorum	–	–	–	–	X**	X	–	–
Scinax cruentommus	X	–	X	X	X**	X	X	X
Scinax funereus	X	–	–	X	–	X	X	–
Scinax garbei	X	–	X	X	X	X	X	–
Scinax ruber	X	–	X	X	X	X	X	–
Sphaenorhynchus carneus	X	–	–	X	X**	X	–	–
Sphaenorhynchus dorisae	–	–	X	–	–	X	–	–
Sphaenorhynchus lacteus	X	–	X	X	–	X	–	–
Trachycephalus coriacea	X	–	–	X	–	X	–	–
Trachycephalus resinifictrix	X	X	X	X	X	X	–	X
Trachycephalus venulosus	X	–	X	X	–	X	–	X
Leiuperidae (3)								
Edalorhina perezi	X	–	X	X	X	X	X	X
Engystomops petersi	X	X	X	–	X	X	X	X
Pseudopaludicola ceratophryes	–	–	–	–	–	X	–	–
Leptodactylidae (13)								
Hydrolaetare schmidti	–	–	–	–	–	X	–	–
Leptodactylus andreae	X	X	X	X	X	X	–	X
Leptodactylus bolivianus	–	–	–	–	–	X	–	–
Leptodactylus discodactylus	X	X	X	X	X	X	X	X
Leptodactylus hylaedactylus	–	–	–	X	X	X	X	–
Leptodactylus knudseni	–	–	–	X	X	X	–	–
Leptodactylus lineatus	X	–	X	X	X	X	X	–

LEYENDA/
LEGEND

* Hemos considerado para este listado usualmente especies con estatus taxonómico definido./Species with unambiguous taxonomy included on this list.

** Especie colectada en 1994 por Lily O. Rodríguez (com. pers.)/ Species collected in 1994 by Lily O. Rodríguez (comm. pers.)

**Sitio y fuente de datos/
Site and source of data**

Santa Cecilia, Ecuador (Duellman 1978)

Dureno, Ecuador (Yánez-Muñoz y Chimbo 2007)

Cuyabeno, Ecuador (Acosta et al. 2003–2004; Vitt y de la Torre 1996)

Yasuní-Tiputini, Ecuador (Cisneros-Heredia 2006; Ron 2001–2007)

Cuyabeno-Güeppí (este estudio/this study)

Región de Iquitos (Rodríguez y Duellman 1994; Dixon y Soini 1975; Lamar 1997)

N. Loreto (Duellman y Mendelson 1995)

Nanay-Mazán-Arabela (Catenazzi y Bustamante 2007)

ANFIBIOS Y REPTILES REGIONALES / REGIONAL AMPHIBIANS AND REPTILES

Nombre científico/Scientific name	Santa Cecilia	Dureno	Cuyabeno	Yasuní-Tiputini	Cuyabeno-Güeppí	Región de Iquitos	N. Loreto	Nanay-Mazán-Arabela
Leptodactylus mystaceus	X	X	X	X	X	X	–	–
Leptodactylus pentadactylus	X	X	X	X	X	X	X	X
Leptodactylus rhodomystax	X	–	X	X	X	X	X	–
Leptodactylus rhodonotus	–	–	–	X	–	X	–	–
Leptodactylus stenodema	X	–	–	X	–	X	–	–
Leptodactylus wagneri	X	X	X	X	X	X	X	X
Microhylidae (9)								
Chiasmocleis anatipes	X	–	–	–	–	X	–	–
Chiasmocleis bassleri	X	–	X	X	–	X	X	–
Chiasmocleis ventrimaculata	X	–	–	–	–	X	–	–
Ctenophryne geayi	X	–	–	–	–	X	–	–
Hamptophryne boliviana	X	X	X	X	–	X	–	–
Synapturanus rabus	–	–	X	X	–	–	–	–
Syncope antenori	X	–	X	X	X**	X	–	–
Syncope carvalhoi	–	–	–	–	–	X	–	–
Syncope tridactyla	–	–	–	–	–	–	X	X
Pipidae (2)								
Pipa pipa	X	X	X	X	X**	X	–	–
Pipa snethlageae	–	–	–	–	–	X	–	–
Ranidae (1)								
Lithobates palmipes	X	–	X	–	–	X	X	–
CAUDATA (3)								
Plethodontidae (3)								
Bolitoglossa altamazonica	–	–	–	X	–	–	–	–
Bolitoglossa equatoriana	X	–	X	X	–	–	–	–
Bolitoglossa peruviana	X	–	X	X	–	X	X	X
GYMNOPHIONA (5)								
Caeciliidae (5)								
Caecilia disossea	X	–	X	X	–	–	–	–
Caecilia tentaculata	X	–	X	X	–	X	X	–
Microcaecilia albiceps	X	–	–	X	–	–	–	–
Oscaecilia bassleri	X	–	–	X	–	–	–	–
Siphonops annulatus	X	–	–	X	–	–	–	–
REPTILIA (163)								
CROCODYLIA (4)								
Crocodylidae (4)								
Caiman crocodilus	X	–	X	X	X	X	X	X
Melanosuchus niger	–	–	X	X	X	X	–	–
Paleosuchus palpebrosus	–	–	X	X	–	X	X	–
Paleosuchus trigonatus	X	X	X	X	X	X	–	X
TESTUDINES (13)								
Chelidae (7)								
Chelus fimbriatus	X	–	X	X	X	X	–	–

ANFIBIOS Y REPTILES REGIONALES / REGIONAL AMPHIBIANS AND REPTILES

Nombre científico/Scientific name	Santa Cecilia	Dureno	Cuyabeno	Yasuní-Tiputini	Cuyabeno-Güeppí	Región de Iquitos	N. Loreto	Nanay-Mazán-Arabela
Mesoclemmys gibba	X	–	–	X	–	X	X	–
Mesoclemmys heliostemma	–	–	–	X	–	X	–	–
Mesoclemmys raniceps	–	–	–	X	–	X	–	–
Peltocephalus dumerilianus	–	–	–	–	–	X	–	–
Phrynops geoffroanus	X	–	–	X	–	X	–	–
Platemys platycephala	X	–	–	X	–	X	X	X
Kinosternidae (1)								
Kinosternon scorpioides	X	–	X	X	–	X	–	–
Pelomedusidae (3)								
Podocnemis expansa	X	–	X	X	–	X	–	–
Podocnemis sextuberculata	–	–	–	–	–	X	–	–
Podocnemis unifilis	X	X	X	X	X	X	X	–
Testudinidae (2)								
Chelonoidis carbonaria	–	–	–	–	–	X	–	–
Chelonoidis denticulata	X	X	–	X	X	X	–	X
SQUAMATA-Sauria (49)								
Amphisbaenidae (2)								
Amphisbaena alba	–	–	–	–	X	X	–	–
Amphisbaena fuliginosa	X	–	X	X	–	X	X	–
Gekkonidae (7)								
Gonatodes concinnatus	X	X	X	X	X	X	X	X
Gonatodes humeralis	X	X	X	X	X	X	X	X
Hemidactylus mabouia	–	–	–	–	X	X	–	–
Lepidoblepharis festae	X	X	–	–	X**	–	–	–
Lepidoblepharis hoogmoedi	–	–	–	–	–	X	X	–
Pseudogonatodes guianensis	X	X	X	X	X	X	X	X
Thecadactylus rapicaudus	X	X	X	X	X	X	X	X
Gymnophthalmidae (15)								
Alopoglossus angulatus	X	–	X	X	–	X	–	–
Alopoglossus atriventris	X	X	X	X	X	X	X	X
Alopoglossus buckleyi	–	–	–	–	–	X	X	–
Alopoglossus copii	–	X	–	–	X	X	X	–
Arthrosaura reticulata	X	–	X	X	X	X	X	X

**LEYENDA/
LEGEND**

* Hemos considerado para este listado usualmente especies con estatus taxonómico definido./Species with unambiguous taxonomy included on this list.

** Especie colectada en 1994 por Lily O. Rodríguez (com. pers.)/ Species collected in 1994 by Lily O. Rodríguez (comm. pers.)

**Sitio y fuente de datos/
Site and source of data**

Santa Cecilia, Ecuador (Duellman 1978)

Dureno, Ecuador (Yánez-Muñoz y Chimbo 2007)

Cuyabeno, Ecuador (Acosta et al. 2003–2004; Vitt y de la Torre 1996)

Yasuní-Tiputini, Ecuador (Cisneros-Heredia 2006; Ron 2001–2007)

Cuyabeno-Güeppí (este estudio/this study)

Región de Iquitos (Rodríguez y Duellman 1994; Dixon y Soini 1975; Lamar 1997)

N. Loreto (Duellman y Mendelson 1995)

Nanay-Mazán-Arabela (Catenazzi y Bustamante 2007)

ANFIBIOS Y REPTILES REGIONALES / REGIONAL AMPHIBIANS AND REPTILES								
Nombre científico/Scientific name	**Santa Cecilia**	**Dureno**	**Cuyabeno**	**Yasuní-Tiputini**	**Cuyabeno-Güeppí**	**Región de Iquitos**	**N. Loreto**	**Nanay-Mazán-Arabela**
Bachia peruana	–	–	–	–	–	X	–	–
Bachia trisanale	X	–	–	X	–	X	–	–
Bachia vermifrons	–	–	–	–	–	X	–	–
Cercosaura argulus	X	X	X	X	X	X	X	X
Cercosaura manicatus	X	X	–	–	–	–	–	–
Cercosaura ocellata	–	–	–	–	–	X	–	–
Iphisa elegans	X	–	X	X	X	X	–	–
Leposoma parietale	X	X	X	X	X	X	X	X
Potamites ecpleopus	X	X	X	X	X	X	X	X
Ptychoglossus brevifrontalis	X	–	–	–	X	X	–	–
Hoplocercidae (3)								
Enyalioides cofanarum	X	X	–	X	–	–	X	–
Enyalioides laticeps	X	X	X	X	X	X	X	X
Enyalioides microlepis	–	–	–	–	–	X	–	–
Iguanidae (1)								
Iguana iguana	–	–	–	–	–	X	–	X
Polycrotidae (9)								
Anolis bombiceps	–	–	–	–	–	X	X	X
Anolis fuscoauratus	X	X	X	X	X	X	X	X
Anolis nitens	X	X	X	X	X	X	X	–
Anolis ortonii	X	–	X	X	X	X	–	–
Anolis punctatus	X	–	X	X	–	X	–	X
Anolis trachyderma	X	X	X	X	X	X	X	X
Anolis transversalis	X	–	X	X	–	X	X	X
Polychrus liogaster	–	–	–	–	–	X	–	–
Polychrus marmoratus	X	X	X	X	–	X	–	–
Scincidae (1)								
Mabuya nigropunctata	X	X	X	X	X	X	X	X
Teiidae (6)								
Ameiva ameiva	X	–	–	–	–	X	–	X
Crocodilurus lacertinus	–	–	–	–	–	X	–	–
Dracena guianensis	X	–	–	X	–	X	–	–
Kentropyx altomazonicus	–	–	–	–	–	X	–	–
Kentropyx pelviceps	X	X	X	X	X	X	X	X
Tupinambis teguixin	X	X	X	X	X	X	X	–
Tropiduridae (5)								
Plica plica	–	–	–	X	–	X	X	–
Plica umbra	X	–	X	X	X	X	X	X
Stenocercus fimbriatus	–	–	–	–	–	X	–	–
Uracentron azureum	–	–	–	–	–	X	–	–
Uracentron flaviceps	X	–	X	X	–	X	–	X

ANFIBIOS Y REPTILES REGIONALES / REGIONAL AMPHIBIANS AND REPTILES								
Nombre científico/Scientific name	Santa Cecilia	Dureno	Cuyabeno	Yasuní-Tiputini	Cuyabeno-Güeppí	Región de Iquitos	N. Loreto	Nanay-Mazán-Arabela
SQUAMATA-Serpentes (97)								
Aniliidae (1)								
Anilius scytale	X	–	–	X	–	X	–	–
Boidae (5)								
Boa constrictor	X	X	X	X	–	X	–	–
Corallus canninus	X	–	X	X	–	X	–	–
Corallus hortulanus	X	X	X	X	X	X	X	X
Epicrates cenchria	X	–	X	X	X	X	–	–
Eunectes murinus	X	X	X	X	X	X	–	X
Colubridae (71)								
Atractus collaris	–	–	–	X	–	X	–	–
Atractus elaps	X	–	–	X	–	–	–	–
Atractus flamigerus	–	–	–	–	–	X	–	–
Atractus latifroms	–	–	–	–	–	X	–	–
Atractus major	X	–	–	X	X	X	–	–
Atractus microrhynchus	–	–	–	–	–	X	–	–
Atractus occipitoalbus	X	–	–	–	–	–	–	–
Atractus poeppigi	–	–	–	–	–	X	–	–
Atractus snethlageae	–	–	–	–	X	–	–	–
Atractus torquatus	–	–	–	–	–	X	–	–
Chironius carinatus	X	–	–	X	–	–	–	–
Chironius exoletus	–	–	–	–	–	X	–	–
Chironius fuscus	X	–	X	X	–	X	–	–
Chironius multiventris	X	–	–	X	–	X	–	–
Chironius scurrulus	X	–	–	X	–	X	X	–
Clelia clelia	X	X	–	X	X	X	–	–
Dendrophidion dendrophis	X	X	–	–	–	X	–	X
Dipsas catesbyi	X	–	X	X	X	X	X	–
Dipsas indica	X	X	X	X	–	X	–	–
Dipsas pavonina	X	–	–	X	–	X	–	–
Drepanoides anomalus	X	X	–	X	X	X	–	X
Drymarchon corais	–	–	–	X	–	X	X	–
Drymobius rhombifer	X	–	–	X	–	X	–	–
Drymoluber dichrous	X	–	–	X	–	X	–	–

**LEYENDA/
LEGEND**

* Hemos considerado para este listado usualmente especies con estatus taxonómico definido./Species with unambiguous taxonomy included on this list.

** Especie colectada en 1994 por Lily O. Rodríguez (com. pers.)/ Species collected in 1994 by Lily O. Rodríguez (comm. pers.)

**Sitio y fuente de datos/
Site and source of data**

Santa Cecilia, Ecuador (Duellman 1978)

Dureno, Ecuador (Yánez-Muñoz y Chimbo 2007)

Cuyabeno, Ecuador (Acosta et al. 2003–2004; Vitt y de la Torre 1996)

Yasuní-Tiputini, Ecuador (Cisneros-Heredia 2006; Ron 2001–2007)

Cuyabeno-Güeppí (este estudio/this study)

Región de Iquitos (Rodríguez y Duellman 1994; Dixon y Soini 1975; Lamar 1997)

N. Loreto (Duellman y Mendelson 1995)

Nanay-Mazán-Arabela (Catenazzi y Bustamante 2007)

**Inventarios Regionales
de Anfibios y Reptiles/
Regional Amphibian and
Reptile Inventories**

ANFIBIOS Y REPTILES REGIONALES / REGIONAL AMPHIBIANS AND REPTILES								
Nombre científico/Scientific name	Santa Cecilia	Dureno	Cuyabeno	Yasuní-Tiputini	Cuyabeno-Güeppí	Región de Iquitos	N. Loreto	Nanay-Mazán-Arabela
Echinantera brevirostris	–	–	–	X	–	–	–	–
Erythrolamprus aesculapii	X	–	–	X	–	X	–	–
Erythrolamprus guentheri	–	–	–	–	–	X	–	–
Helicops angulatus	X	–	–	X	–	X	–	–
Helicops hagmanni	–	–	–	–	–	X	–	–
Helicops leopardinus	–	–	–	–	–	X	–	–
Helicops pastazae	–	–	–	X	–	X	–	–
Helicops petersi	X	–	–	X	–	–	–	–
Helicops polylepis	–	–	–	–	–	X	–	–
Hydrops martii	–	–	–	–	X	X	–	–
Hydrops triangularis	–	–	–	X	–	X	–	–
Imantodes cenchoa	X	X	X	X	X	X	X	X
Imantodes lentiferus	X	–	X	–	–	X	X	–
Leptodeira annulata	X	–	X	X	–	X	X	X
Leptophis ahaetulla	X	–	X	X	–	X	–	X
Leptophis cupreus	–	–	–	–	–	X	–	–
Leptophis riveti	–	–	–	–	–	X	–	–
Liophis breviceps	–	–	–	–	–	X	–	–
Liophis cobella	X	–	–	–	–	X	–	–
Liophis millaris	–	–	–	–	–	X	–	–
Liophis reginae	–	X	–	X	–	X	–	–
Liophis typhlus	–	–	–	–	–	X	–	–
Ninia hudsoni	X	–	–	–	–	X	–	–
Oxybelis aeneus	–	–	–	X	–	X	–	–
Oxybelis fulgidus	–	–	–	–	X	X	–	–
Oxyrhopus formosus	X	–	–	–	X	X	–	–
Oxyrhopus melanogenys	X	–	–	X	X	X	–	–
Oxyrhopus occipitalis	–	–	–	X	–	X	–	–
Oxyrhopus petola	X	X	–	X	X	X	X	–
Pseudoboa coronata	X	–	–	–	–	X	–	–
Pseudoeryx plicatilis	–	–	–	–	–	X	–	–
Pseustes poecilonotus	–	–	–	X	–	X	–	–
Pseustes sulphureus	–	–	X	X	–	X	–	–
Rhadinea brevirostris	X	–	–	–	–	–	–	–
Rhinobothryum lengistomun	–	–	–	–	–	X	–	–
Siphlophis cervinus	X	–	–	X	–	–	–	–
Siphlophis compressus	X	–	–	X	X	X	–	–
Spillotes pullatus	–	–	X	X	–	X	–	–
Taeniophallus brevirostris	–	–	–	–	–	X	X	–
Taeniophallus occipitalis	–	–	–	–	–	X	–	–
Tantilla melanocephala	X	–	–	–	–	X	–	–
Thamnodynastes pallidus	–	–	–	–	–	X	–	–

ANFIBIOS Y REPTILES REGIONALES / REGIONAL AMPHIBIANS AND REPTILES								
Nombre científico/Scientific name	Santa Cecilia	Dureno	Cuyabeno	Yasuní-Tiputini	Cuyabeno-Güeppí	Región de Iquitos	N. Loreto	Nanay-Mazán-Arabela
Umbribaga pygmaea	–	–	–	–	–	X	X	–
Xenodon cervinus	–	–	–	–	–	X	–	–
Xenodon rabdocephalus	X	–	–	X	–	X	–	X
Xenopholis scalaris	X	–	–	–	–	X	X	–
Xenoxybelis argenteus	X	X	–	X	–	X	–	X
Elapidae (9)								
Leptomicrurus narduccii	X	–	–	–	–	–	–	–
Micrurus filiformis	–	–	–	–	–	X	–	–
Micrurus hemprichii	–	–	–	–	X**	X	–	–
Micrurus langsdorffi	X	–	–	–	–	X	–	X
Micrurus lemniscatus	X	–	–	–	X	X	–	X
Micrurus putumayensis	–	–	–	–	–	X	–	–
Micrurus scutiventris	–	–	–	–	–	X	–	–
Micrurus spixii	X	–	–	X	–	X	X	–
Micrurus surinamensis	X	–	X	X	X	X	–	–
Leptotyphlopidae (2)								
Leptotyphlops diaplocius	–	–	–	–	–	X	–	–
Leptotyphlops signatus	–	–	–	–	–	X	–	–
Typhlopidae (3)								
Typhlops brongersmianus	–	–	–	–	–	X	–	–
Typhlops munuiscamus	–	–	–	–	–	X	–	–
Typhlops reticulatus	–	–	X	–	–	X	–	–
Viperidae (6)								
Bothriopsis bilineatus	X	X	X	X	–	X	–	–
Bothriopsis taeniatus	X	–	X	X	–	X	–	–
Bothrocophias hyoprora	–	X	–	X	X	X	X	–
Bothrops atrox	X	X	X	X	X	X	X	X
Bothrops brazili	–	–	–	–	–	X	X	–
Lachesis muta	X	–	X	X	–	X	–	–
Número de especies/ Number of species	189	84	132	210	116	263	110	86

LEYENDA/
LEGEND

* Hemos considerado para este listado usualmente especies con estatus taxonómico definido./Species with unambiguous taxonomy included on this list.

** Especie colectada en 1994 por Lily O. Rodríguez (com. pers.)/ Species collected in 1994 by Lily O. Rodríguez (comm. pers.)

**Sitio y fuente de datos/
Site and source of data**

Santa Cecilia, Ecuador (Duellman 1978)

Dureno, Ecuador (Yánez-Muñoz y Chimbo 2007)

Cuyabeno, Ecuador (Acosta et al. 2003–2004; Vitt y de la Torre 1996)

Yasuní-Tiputini, Ecuador (Cisneros-Heredia 2006; Ron 2001–2007)

Cuyabeno-Güeppí (este estudio/this study)

Región de Iquitos (Rodríguez y Duellman 1994; Dixon y Soini 1975; Lamar 1997)

N. Loreto (Duellman y Mendelson 1995)

Nanay-Mazán-Arabela (Catenazzi y Bustamante 2007)

Aves/Birds

Aves observadas durante el inventario biológico rápido en la Reserva de Producción Faunística Cuyabeno (Ecuador) y la Zona Reservada Güeppí (Perú) del 5 al 30 de octubre de 2007, por Douglas F. Stotz y Patricio Mena.

AVES / BIRDS							
Nombre científico/ Scientific name	**Nombre en castellano***	**English name**	**Abundancia en los sitios/Abundance at sites**				
			S1	S2	S3	S4	S5
Tinamidae (7)							
Tinamus major	Tinamú Grande	Great Tinamou	R	F	F	F	U
Tinamus guttatus	Tinamú Goliblanco	White-throated Tinamou	R	R	F	R	R
Crypturellus cinereus	Tinamú Cinéreo	Cinereous Tinamou	R	U	F	F	F
Crypturellus soui	Tinamú Chico	Little Tinamou	–	U	–	R	–
Crypturellus undulatus	Tinamú Ondulado	Undulated Tinamou	F	F	U	R	F
Crypturellus variegatus	Tinamú Abigarrado	Variegated Tinamou	–	F	F	F	F
Crypturellus bartletti	Tinamú de Bartlett	Bartlett's Tinamou	–	U	–	R	U
Anatidae (2)							
Cairina moschata	Pato Real	Muscovy Duck	C	R	–	–	–
Anas discors	Cerceta Aliazul	Blue-winged Teal	R	–	–	–	–
Cracidae (5)							
Penelope jacquacu	Pava de Spix	Spix's Guan	F	F	F	F	F
Pipile cumanensis	Pava Silbosa Común	Blue-throated Piping-Guan	R	U	U	U	R
Ortalis guttata	Chachalaca Jaspeada	Speckled Chachalaca	–	–	R**	–	R
Nothocrax urumutum	Pavón Nocturno	Nocturnal Curassow	–	–	–	R	F
Mitu salvini	Pavón de Salvin	Salvin's Curassow	–	U	R	F	U
Odontophoridae (1)							
Odontophorus gujanensis	Corcovado Carirrojo	Marbled Wood-Quail	U	F	R	C	F
Phalacrocoracidae (1)							
Phalacrocorax brasilianus	Cormorán Neotropical	Neotropic Cormorant	–	U	–	–	–
Anhingidae (1)							
Anhinga anhinga	Aninga	Anhinga	R	R	–	–	–
Ardeidae (11)							
Tigrisoma lineatum	Garza Tigre Castaña	Rufescent Tiger-Heron	U	U	–	R	R
Agamia agami	Garza Agamí	Agami Heron	C	R	–	–	R
Cochlearius cochlearius	Garza Cucharón	Boat-billed Heron	C	R	–	–	–
Zebrilus undulatus	Garza Zigzag	Zigzag Heron	–	R	R	–	–
Nycticorax nycticorax	Garza Nocturna Coroninegra	Black-crowned Night-Heron	R	–	–	–	–
Butorides striata	Garcilla Estriada	Striated Heron	C	F	–	–	R
Bubulcus ibis	Garza Bueyera	Cattle Egret	–	–	–	–	–
Ardea cocoi	Garzón Cocoi	Cocoi Heron	F	F	–	–	R
Ardea alba	Garceta Grande	Great Egret	C	–	–	–	–
Pilherodius pileatus	Garza Pileada	Capped Heron	–	R	–	–	–
Egretta thula	Garceta Nívea	Snowy Egret	–	–	–	–	–
Threskiornithidae (1)							
Mesembrinibis cayennensis	Ibis Verde	Green Ibis	–	–	–	–	R
Cathartidae (4)							
Cathartes aura	Gallinazo Cabecirrojo	Turkey Vulture	R	–	–	–	–

Birds observed during the rapid biological inventory in the Reserva de Producción Faunística Cuyabeno (Ecuador) and the Zona Reservada Güeppí (Peru) from 5 to 30 October 2007, by Douglas F. Stotz and Patricio Mena.

Río Lag	Río Agu	Río Güe	Tres Fro	Hábitats/Habitats
–	–	–	–	B
–	–	–	–	Btf, Bt, Bq
–	–	–	X	Bt, Bi, MR
–	–	–	–	Bt
X	–	–	X	MR, Bi
–	–	–	–	Btf, Bt
–	–	–	–	Bt, Btf
–	–	–	–	L
–	–	–	–	L
–	–	–	–	B
X	X	–	–	Bt, Di, Dtf
–	–	X	X	MR
–	–	–	–	Btf
–	–	–	–	B
–	–	–	–	B
–	–	–	–	L
X	X	X	–	L, MR
X	–	–	–	L, MR
–	–	–	–	L
–	–	–	–	L
–	–	–	–	Bi
–	–	–	–	L
X	–	–	X	L
–	X	–	X	ZA
C	C	X	–	L, MR
X	–	–	X	L
X	X	–	–	L
–	X	–	–	L
X	–	X	–	Bi, MR
–	X	–	–	A

LEYENDA/LEGEND

* Los nombres en castellano fueron tomados de Ridgely y Greenfield (2006)./Spanish names are taken from Ridgely and Greenfield (2006).

Sitio/Site
(ver texto para detalles/ see text for details)

S1 = Garzacocha

S2 = Redondococha

S3 = Güeppicillo

S4 = Güeppí

S5 = Aguas Negras

Río Lag = Río Lagartococha, desde su desembocadura en el río Aguarico hasta Garzacocha, 5, 9 y 14 octubre 2007/Lagartococha River from its mouth to Garzacocha, 5, 9, and 14 October 2007

Río Agu = Río Aguarico, desde Zábalo hasta la boca del río Lagartococha, 5 y 14 octubre 2007/ Aguarico River from Zábalo to the mouth of the Lagartococha River, 5 and 14 October 2007

Río Güe = Río Güeppí, desde el campamento Güeppicillo hasta la boca, 21 y 25 octubre 2007/ Güeppí River from Güeppicillo camp to its mouth, 21 and 25 October 2007

Tres Fro = Tres Fronteras, alrededor del centro poblado y a lo largo del río Putumayo, desde la boca de río Güeppí hasta Tres Fronteras, 25, 28, 29 y 30 octubre 2007/Vicinity of the town of Tres Fronteras, and along the Putumayo River from the mouth of the Güeppí River to Tres Fronteras, 25, 28, 29, and 30 October 2007

Abundancia/Abundance

C = Común (diariamente >10 en hábitat propio)/Common (daily >10 in proper habitat)

F = Poco común (diariamente, pero <10 en hábitat propio)/ Fairly common (daily, but <10 in proper habitat)

U = No común (menos que diariamente)/Uncommon (less than daily)

R = Raro (un o dos registros)/ Rare (one or two records)

X = Presente (abundancia no estimada)/Present (abundance not estimated)

** = Registrado solamente en el campamento satélite (ver texto del informe)/Recorded only in satellite camp (see report text)

Hábitats/Habitats

(los hábitats de cada especie están enlistados en orden de importancia/ habitats listed for each species in order of importance)

A = Aire/Overhead

B = Bosque/Forest

Bi = Bosque inundado/ Flooded forest

Bq = Bosque de quebrada/ Streamside forest

Bt = Bosque transicional entre bosque inundado y bosque de tierra firme/Transitional forest, between flooded and terra firme forest

Btf = Bosque de tierra firme/ Terra firme forest

L = Lagos y ríos/Lakes and rivers

M = Hábitats múltiples (>3)/ Multiple habitats (>3)

MR = Márgenes de ríos y lagos/ River and lake margins

P = Pantano/Marsh

ZA = Zonas abiertas (pasto, puestos militares, comunidades, entre otros)/ Open areas (pasture, miltary bases, towns, etc.)

AVES / BIRDS							
Nombre científico/ Scientific name	Nombre en castellano*	English name	Abundancia en los sitios/Abundance at sites				
			S1	S2	S3	S4	S5
Cathartes melambrotus	Gallinazo Cabeciamarillo Mayor	Greater Yellow-headed Vulture	F	F	R	U	R
Coragyps atratus	Gallinazo Negro	Black Vulture	C	C	–	–	R
Sarcoramphus papa	Gallinazo Rey	King Vulture	–	R	R	–	R
Accipitridae (17)							
Pandion haliaetus	Águila Pescadora	Osprey	–	R	–	–	–
Leptodon cayanensis	Elanio Cabecigris	Gray-headed Kite	R	–	–	–	–
Chondrohierax uncinatus	Elanio Piquiganchudo	Hook-billed Kite	–	–	–	–	–
Elanoides forficatus	Elanio Tijereta	Swallow-tailed Kite	–	R	R	–	–
Gampsonyx swainsonii	Elanio Perla	Pearl Kite	–	–	–	–	–
Helicolestes hamatus	Elanio Piquigarfio	Slender-billed Kite	R	–	–	–	–
Harpagus bidentatus	Elanio Bidentado	Double-toothed Kite	–	–	–	–	R
Ictinia plumbea	Elanio Plomizo	Plumbeous Kite	–	–	–	–	–
Leucopternis schistaceus	Gavilán Pizarroso	Slate-colored Hawk	R	–	–	–	R
Leucopternis melanops	Gavilán Carinegro	Black-faced Hawk	–	–	R**	R	–
Leucopternis albicollis	Gavilán Blanco	White Hawk	–	R	R	–	–
Buteogallus urubitinga	Gavilán Negro Mayor	Great Black-Hawk	R	R	–	–	–
Busarellus nigricollis	Gavilán de Ciénega	Black-collared Hawk	R	R	–	–	–
Buteo magnirostris	Gavilán Campestre	Roadside Hawk	R	U	–	–	–
Harpia harpyja	Águila Harpía	Harpy Eagle	–	–	R	–	–
Spizaetus tyrannus	Águila Azor Negra	Black Hawk-Eagle	R	U	–	R	U
Spizaetus ornatus	Águila Azor Adornada	Ornate Hawk-Eagle	R	R	R**	R	U
Falconidae (8)							
Herpetotheres cachinnans	Halcón Reidor	Laughing Falcon	R	R	R**	U	–
Micrastur ruficollis	Halcón Montés Barreteado	Barred Forest-Falcon	R	U	R	R	R
Micrastur gilvicollis	Halcón Montés Lineado	Lined Forest-Falcon	–	R	–	–	–
Micrastur mirandollei	Halcón Montés Dorsigrís	Slaty-backed Forest-Falcon	R	–	–	–	–
Ibycter americanus	Caracara Ventriblanco	Red-throated Caracara	–	F	F	F	F
Daptrius ater	Caracara Negro	Black Caracara	R	F	F	U	F
Milvago chimachima	Caracara Bayo	Yellow-headed Caracara	–	–	–	–	–
Falco rufigularis	Halcón Cazamurciélagos	Bat Falcon	R	R	R	R	R
Psophiidae (1)							
Psophia crepitans	Trompetero Aligris	Gray-winged Trumpeter	R	F	F	U	R
Rallidae (5)							
Aramides cajanea	Rascón Montés Cuelligris	Gray-necked Wood-Rail	–	–	–	–	U
Laterallus melanophaius	Polluela Flanquirrufa	Rufous-sided Crake	–	R	–	–	–
Porzana albicollis	Polluela Garganticeniza	Ash-throated Crake	–	–	–	–	–
Porphyrio martinica	Gallareta Púrpura	Purple Gallinule	–	R	–	–	–
Porphyrio flavirostris	Gallareta Azulada	Azure Gallinule	–	R	–	–	–

Río Lag	Río Agu	Río Güe	Tres Fro	Hábitats/Habitats
C	C	X	X	A, B
X	X	–	C	A, ZA, MR
–	–	X	–	A
X	X	–	–	L
–	–	X	–	MR
–	X	–	–	MR
–	X	–	–	A
–	–	–	X	ZA
–	–	–	–	Bi
X	–	–	X	MR
–	C	–	X	A, MR
–	–	–	–	Bi
–	–	–	–	Btf
–	–	X	–	Btf, MR
–	–	X	–	MR
X	–	–	–	MR
X	X	X	X	MR, ZA
–	–	–	–	Btf
–	X	X	–	A, B
–	–	–	–	A, Btf
X	–	–	–	Btf, Bt
–	–	–	–	B
–	–	–	–	Btf
–	–	–	–	Bt
–	–	–	–	Btf, Bt
–	X	X	X	MR, ZA
–	X	–	X	ZA, MR
–	X	–	X	MR, B
–	–	–	–	B
–	–	–	–	Bi
–	–	–	X	P
–	–	–	X	ZA
–	–	–	–	P
–	–	–	–	P

LEYENDA/LEGEND

* Los nombres en castellano fueron tomados de Ridgely y Greenfield (2006)./Spanish names are taken from Ridgely and Greenfield (2006).

Sitio/Site
(ver texto para detalles/ see text for details)

S1 = Garzacocha

S2 = Redondococha

S3 = Güeppicillo

S4 = Güeppí

S5 = Aguas Negras

Río Lag = Río Lagartocucha, desde su desembocadura en el río Aguarico hasta Garzacocha, 5, 9 y 14 octubre 2007/Lagartococha River from its mouth to Garzacocha, 5, 9, and 14 October 2007

Río Agu = Río Aguarico, desde Zábalo hasta la boca del río Lagartococha, 5 y 14 octubre 2007/ Aguarico River from Zábalo to the mouth of the Lagartococha River, 5 and 14 October 2007

Río Güe = Río Güeppí, desde el campamento Güeppicillo hasta la boca, 21 y 25 octubre 2007/ Güeppí River from Güeppicillo camp to its mouth, 21 and 25 October 2007

Tres Fro = Tres Fronteras, alrededor del centro poblado y a lo largo del río Putumayo, desde la boca de río Güeppí hasta Tres Fronteras, 25, 28, 29 y 30 octubre 2007/Vicinity of the town of Tres Fronteras, and along the Putumayo River from the mouth of the Güeppí River to Tres Fronteras, 25, 28, 29, and 30 October 2007

Abundancia/Abundance

C = Común (diariamente >10 en hábitat propio)/Common (daily >10 in proper habitat)

F = Poco común (diariamente, pero <10 en hábitat propio)/ Fairly common (daily, but <10 in proper habitat)

U = No común (menos que diariamente)/Uncommon (less than daily)

R = Raro (un o dos registros)/ Rare (one or two records)

X = Presente (abundancia no estimada)/Present (abundance not estimated)

** = Registrado solamente en el campamento satélite (ver texto del informe)/Recorded only in satellite camp (see report text)

Hábitats/Habitats

(los hábitats de cada especie están enlistados en orden de importancia/ habitats listed for each species in order of importance)

A = Aire/Overhead

B = Bosque/Forest

Bi = Bosque inundado/ Flooded forest

Bq = Bosque de quebrada/ Streamside forest

Bt = Bosque transicional entre bosque inundado y bosque de tierra firme/Transitional forest, between flooded and terra firme forest

Btf = Bosque de tierra firme/ Terra firme forest

L = Lagos y ríos/Lakes and rivers

M = Hábitats múltiples (>3)/ Multiple habitats (>3)

MR = Márgenes de ríos y lagos/ River and lake margins

P = Pantano/Marsh

ZA = Zonas abiertas (pasto, puestos militares, comunidades, entre otros)/ Open areas (pasture, miltary bases, towns, etc.)

AVES / BIRDS								
Nombre científico/ Scientific name	Nombre en castellano*	English name	Abundancia en los sitios/Abundance at sites					
			S1	S2	S3	S4	S5	
Heliornithidae (1)								
Heliornis fulica	Ave Sol Americano	Sungrebe	F	U	R	–	–	
Eurypygidae (1)								
Eurypyga helias	Garceta Sol	Sunbittern	–	–	–	R	–	
Charadriidae (2)								
Vanellus chilensis	Avefría Sureña	Southern Lapwing	U	–	–	–	–	
Charadrius collaris	Chorlo Collarejo	Collared Plover	–	–	–	–	–	
Scolopacidae (4)								
Tringa melanoleuca	Patiamarillo Mayor	Greater Yellowlegs	R	–	–	–	–	
Tringa flavipes	Patiamarillo Menor	Lesser Yellowlegs	U	–	–	–	–	
Tringa solitaria	Andarríos Solitario	Solitary Sandpiper	R	–	–	–	–	
Actitis macularius	Andarríos Coleador	Spotted Sandpiper	U	–	–	–	–	
Jacanidae (1)								
Jacana jacana	Jacana Carunculada	Wattled Jacana	C	F	–	–	–	
Laridae (2)								
Sternula superciliaris	Gaviotín Amazónico	Yellow-billed Tern	C	F	–	–	–	
Phaetusa simplex	Gaviotín Picudo	Large-billed Tern	–	U	–	–	–	
Rynchopidae (1)								
Rynchops niger	Rayador Negro	Black Skimmer	–	–	–	–	–	
Columbidae (7)								
Columba livia	Paloma Doméstica	Rock Pigeon	–	–	–	–	–	
Patagioenas cayennensis	Paloma Ventripálida	Pale-vented Pigeon	C	F	–	–	–	
Patagioenas plumbea	Paloma Plomiza	Plumbeous Pigeon	F	F	F	C	F	
Patagioenas subvinacea	Paloma Rojiza	Ruddy Pigeon	U	U	U	R	U	
Columbina talpacoti	Tortolita Colorada	Ruddy Ground-Dove	–	–	–	–	–	
Leptotila rufaxilla	Paloma Frentigris	Gray-fronted Dove	U	U	U	R	U	
Geotrygon montana	Paloma Perdiz Rojiza	Ruddy Quail-Dove	–	–	U	F	R	
Psittacidae (17)								
Ara ararauna	Guacamayo Azuliamarillo	Blue-and-yellow Macaw	F	C	C	C	C	
Ara macao	Guacamayo Escarlata	Scarlet Macaw	R	F	U	F	F	
Ara chloropterus	Guacamayo Rojiverde	Red-and-green Macaw	–	R	–	R	–	
Ara severus	Guacamayo Frenticastaño	Chestnut-fronted Macaw	U	F	–	U	R	
Orthopsittaca manilata	Guacamayo Ventrirrojo	Red-bellied Macaw	C	C	U	–	F	
Aratinga leucophthalma	Perico Oliblanco	White-eyed Parakeet	R	–	–	–	–	
Aratinga weddellii	Perico Cabecioscuro	Dusky-headed Parakeet	–	–	–	–	–	
Pyrrhura melanura	Perico Colimarrón	Maroon-tailed Parakeet	C	C	C	C	C	
Forpus (sclateri)	Periquito Piquioscuro	Dusky-billed Parrotlet	–	–	–	–	R	
Brotogeris cyanoptera	Perico Alicobáltico	Cobalt-winged Parakeet	C	C	U	C	C	
Touit purpuratus	Perquito Lomizafiro	Sapphire-rumped Parrotlet	–	–	–	–	R	
Pionites melanocephalus	Loro Coroninegro	Black-headed Parrot	C	C	C	C	C	

Río Lag	Río Agu	Río Güe	Tres Fro	Hábitats/Habitats
C	–	–	–	L, MR
X	–	–	–	MR
–	–	–	X	MR, ZA
–	X	–	X	MR
–	–	–	X	MR
–	–	–	–	MR
–	–	–	–	MR
X	X	–	–	MR
X	–	–	X	P, MR
–	X	–	–	MR, L
–	X	–	X	MR, L
–	C	–	–	MR
–	–	–	X	ZA
X	C	X	C	MR
–	–	–	–	B
–	–	–	X	B, MR
–	–	–	C	ZA
–	–	–	X	MR, Bt
–	–	–	–	Btf
C	C	C	C	A, B
–	C	X	–	A, B
–	–	–	–	A
X	X	X	X	A
X	C	X	C	A, Bi
–	X	–	–	MR
–	X	–	C	MR, ZA
–	X	–	–	B
X	X	–	–	MR
C	C	C	C	M
–	–	–	–	B
–	X	–	–	B

LEYENDA/LEGEND

* Los nombres en castellano fueron tomados de Ridgely y Greenfield (2006)./Spanish names are taken from Ridgely and Greenfield (2006).

Sitio/Site
(ver texto para detalles/ see text for details)

S1 = Garzacocha

S2 = Redondococha

S3 = Güeppicillo

S4 = Güeppí

S5 = Aguas Negras

Río Lag = Río Lagartococha, desde su desembocadura en el río Aguarico hasta Garzacocha, 5, 9 y 14 octubre 2007/Lagartococha River from its mouth to Garzacocha, 5, 9, and 14 October 2007

Río Agu = Río Aguarico, desde Zábalo hasta la boca del río Lagartococha, 5 y 14 octubre 2007/ Aguarico River from Zábalo to the mouth of the Lagartococha River, 5 and 14 October 2007

Río Güe = Río Güeppí, desde el campamento Güeppicillo hasta la boca, 21 y 25 octubre 2007/ Güeppí River from Güeppicillo camp to its mouth, 21 and 25 October 2007

Tres Fro = Tres Fronteras, alrededor del centro poblado y a lo largo del río Putumayo, desde la boca de río Güeppí hasta Tres Fronteras, 25, 28, 29 y 30 octubre 2007/Vicinity of the town of Tres Fronteras, and along the Putumayo River from the mouth of the Güeppí River to Tres Fronteras, 25, 28, 29, and 30 October 2007

Abundancia/Abundance

C = Común (diariamente >10 en hábitat propio)/Common (daily >10 in proper habitat)

F = Poco común (diariamente, pero <10 en hábitat propio)/ Fairly common (daily, but <10 in proper habitat)

U = No común (menos que diariamente)/Uncommon (less than daily)

R = Raro (un o dos registros)/ Rare (one or two records)

X = Presente (abundancia no estimada)/Present (abundance not estimated)

** = Registrado solamente en el campamento satélite (ver texto del informe)/Recorded only in satellite camp (see report text)

Hábitats/Habitats

(los hábitats de cada especie están enlistados en orden de importancia/ habitats listed for each species in order of importance)

A = Aire/Overhead

B = Bosque/Forest

Bi = Bosque inundado/ Flooded forest

Bq = Bosque de quebrada/ Streamside forest

Bt = Bosque transicional entre bosque inundado y bosque de tierra firme/Transitional forest, between flooded and terra firme forest

Btf = Bosque de tierra firme/ Terra firme forest

L = Lagos y ríos/Lakes and rivers

M = Hábitats múltiples (>3)/ Multiple habitats (>3)

MR = Márgenes de ríos y lagos/ River and lake margins

P = Pantano/Marsh

ZA = Zonas abiertas (pasto, puestos militares, comunidades, entre otros)/ Open areas (pasture, military bases, towns, etc.)

AVES / BIRDS							
Nombre científico/ Scientific name	Nombre en castellano*	English name	Abundancia en los sitios/Abundance at sites				
			S1	S2	S3	S4	S5
Pionopsitta barrabandi	Loro Cachetinaranja	Orange-cheeked Parrot	U	C	F	C	F
Pionus menstruus	Loro Cabeciazul	Blue-headed Parrot	R	F	R	U	U
Amazona ochrocephala	Amazona Coroniamarilla	Yellow-crowned Parrot	U	R	–	R	F
Amazona amazonica	Amazona Alinaranja	Orange-winged Parrot	C	F	U	–	–
Amazona farinosa	Amazona Harinosa	Mealy Parrot	C	U	F	C	F
Opisthocomidae (1)							
Opisthocomus hoazin	Hoatzin	Hoatzin	C	F	–	–	F
Cuculidae (4)							
Piaya cayana	Cuco Ardilla	Squirrel Cuckoo	U	F	F	F	F
Piaya melanogaster	Cuco Ventrinegro	Black-bellied Cuckoo	–	–	R	–	R
Crotophaga major	Garrapatero Mayor	Greater Ani	F	F	–	–	U
Crotophaga ani	Garrapatero Piquiliso	Smooth-billed Ani	U	U	–	–	–
Strigidae (6)							
Megascops choliba	Autillo Tropical	Tropical Screech-Owl	U	U	–	–	–
Megascops watsonii	Autillo Ventrileonado	Tawny-bellied Screech-Owl	–	F	U	F	F
Lophostrix cristata	Búho Penachudo	Crested Owl	R	U	U	F	U
Pulsatrix perspicillata	Búho de Anteojos	Spectacled Owl	–	–	–	R	R
Ciccaba huhula	Búho Negribandeado	Black-banded Owl	–	R	–	R	–
Glaucidium brasilianum	Mochuelo Ferruginoso	Ferruginous Pygmy-Owl	R	–	–	–	R
Nyctibiidae (4)							
Nyctibius grandis	Nictibio Grande	Great Potoo	–	–	R	R	F
Nyctibius aethereus	Nictibio Colilargo	Long-tailed Potoo	–	–	–	R	–
Nyctibius griseus	Nictibio Común	Common Potoo	R	U	U	–	U
Nyctibius bracteatus	Nictibio Rufo	Rufous Potoo	–	–	–	–	R
Caprimulgidae (5)							
Chordeiles minor	Añapero Común	Common Nighthawk	U	U	R	–	R
Nyctiprogne leucopyga	Añapero Colibandeado	Band-tailed Nighthawk	U	–	–	–	–
Nyctidromus albicollis	Pauraque	Common Pauraque	F	F	U	–	F
Nyctiphrynus ocellatus	Chotacabras Ocelado	Ocellated Poorwill	R	–	U	–	R
Caprimulgus (maculicaudus)	Chotacabras	Spot-tailed Nightjar	R	–	–	–	–
Apodidae (6)							
Streptoprocne zonaris	Vencejo Cuelliblanco	White-collared Swift	–	–	R	–	–
Chaetura cinereiventris	Vencejo Lomigrís	Gray-rumped Swift	–	F	–	U	–
Chaetura viridipennis	Vencejo Amazónico	Amazonian Swift	–	–	–	–	–
Chaetura brachyura	Vencejo Colicorto	Short-tailed Swift	–	U	U	R	U
Tachornis squamata	Vencejo de Morete	Fork-tailed Palm-Swift	C	C	R	U	F
Panyptila cayennensis	Vencejo Tijereta Menor	Lesser Swallow-tailed Swift	–	–	R	–	R
Trochilidae (17)							
Florisuga mellivora	Jacobino Nuquiblanco	White-necked Jacobin	R	R	–	–	R
Glaucis hirsutus	Ermitaño Pechicanelo	Rufous-breasted Hermit	R	R	–	–	–

Río Lag	Río Agu	Río Güe	Tres Fro	Hábitats/Habitats
–	–	–	–	B
X	X	–	X	B, A
–	–	–	X	B, A
X	X	–	C	B, A
–	–	X	C	B, A
C	–	–	–	MR
–	X	X	X	M
–	–	–	–	Btf
X	–	X	–	MR, Bi
–	X	–	X	ZA, MR
–	–	–	X	MR
–	–	–	–	B
–	–	–	–	Btf
–	–	–	–	Btf
–	–	–	–	Btf
–	–	–	–	MR
–	–	–	–	Btf
–	–	–	–	Btf
–	–	–	–	B, MR
–	–	–	–	Btf
–	–	–	–	A
–	–	–	–	MR
–	–	–	–	MR
–	–	–	–	Btf
–	–	–	–	MR
–	X	–	–	A
–	X	C	X	A
–	–	–	X	A
X	C	–	X	A
X	C	C	C	A, Bi
–	–	–	–	A
–	–	–	–	Btf, MR
–	–	–	–	Bi, MR

LEYENDA/LEGEND

* Los nombres en castellano fueron tomados de Ridgely y Greenfield (2006)./Spanish names are taken from Ridgely and Greenfield (2006).

Sitio/Site
(ver texto para detalles/
see text for details)

S1 = Garzacocha

S2 = Redondococha

S3 = Güeppicillo

S4 = Güeppí

S5 = Aguas Negras

Río Lag = Río Lagartococha, desde su desembocadura en el río Aguarico hasta Garzacocha, 5, 9 y 14 octubre 2007/Lagartococha River from its mouth to Garzacocha, 5, 9, and 14 October 2007

Río Agu = Río Aguarico, desde Zábalo hasta la boca del río Lagartococha, 5 y 14 octubre 2007/ Aguarico River from Zábalo to the mouth of the Lagartococha River, 5 and 14 October 2007

Río Güe = Río Güeppí, desde el campamento Güeppicillo hasta la boca, 21 y 25 octubre 2007/ Güeppí River from Güeppicillo camp to its mouth, 21 and 25 October 2007

Tres Fro = Tres Fronteras, alrededor del centro poblado y a lo largo del río Putumayo, desde la boca de río Güeppí hasta Tres Fronteras, 25, 28, 29 y 30 octubre 2007/Vicinity of the town of Tres Fronteras, and along the Putumayo River from the mouth of the Güeppí River to Tres Fronteras, 25, 28, 29, and 30 October 2007

Abundancia/Abundance

C = Común (diariamente >10 en hábitat propio)/Common (daily >10 in proper habitat)

F = Poco común (diariamente, pero <10 en hábitat propio)/ Fairly common (daily, but <10 in proper habitat)

U = No común (menos que diariamente)/Uncommon (less than daily)

R = Raro (un o dos registros)/ Rare (one or two records)

X = Presente (abundancia no estimada)/Present (abundance not estimated)

** = Registrado solamente en el campamento satélite (ver texto del informe)/Recorded only in satellite camp (see report text)

Hábitats/Habitats

(los hábitats de cada especie están enlistados en orden de importancia/ habitats listed for each species in order of importance)

A = Aire/Overhead

B = Bosque/Forest

Bi = Bosque inundado/ Flooded forest

Bq = Bosque de quebrada/ Streamside forest

Bt = Bosque transicional entre bosque inundado y bosque de tierra firme/Transitional forest, between flooded and terra firme forest

Btf = Bosque de tierra firme/ Terra firme forest

L = Lagos y ríos/Lakes and rivers

M = Hábitats múltiples (>3)/ Multiple habitats (>3)

MR = Márgenes de ríos y lagos/ River and lake margins

P = Pantano/Marsh

ZA = Zonas abiertas (pasto, puestos militares, comunidades, entre otros)/ Open areas (pasture, miltary bases, towns, etc.)

AVES / BIRDS								
Nombre científico/ Scientific name	Nombre en castellano*	English name	Abundancia en los sitios/Abundance at sites					
			S1	S2	S3	S4	S5	
Threnetes leucurus	Barbita Colipálida	Pale-tailed Barbthroat	–	R	–	–	F	
Phaethornis atrimentalis	Ermitaño Golinegro	Black-throated Hermit	–	R	–	–	R	
Phaethornis ruber	Ermitaño Rojizo	Reddish Hermit	R	U	U	R	R	
Phaethornis hispidus	Ermitaño Barbiblanco	White-bearded Hermit	–	–	–	R	–	
Phaethornis bourcieri	Ermitaño Piquirrecto	Straight-billed Hermit	–	U	U	U	F	
Phaethornis superciliosus	Ermitaño Piquigrande	Long-tailed Hermit	R	U	F	F	F	
Heliothryx auritus	Hada Orejinegra	Black-eared Fairy	–	–	R	–	–	
Anthracothorax nigricollis	Mango Gorjinegro	Black-throated Mango	R	–	–	–	–	
Heliodoxa schreibersii	Brillante Gorjinegro	Black-throated Brilliant	–	R	–	–	–	
Heliodoxa aurescens	Brillante Frentijoya	Gould's Jewelfront	–	R	R	–	–	
Heliomaster longirostris	Heliomaster Piquilargo	Long-billed Starthroat	–	–	–	–	–	
Chlorostilbon mellisugus	Esmeralda Coliazul	Blue-tailed Emerald	–	–	–	–	R	
Campylopterus largipennis	Alasable Pechigris	Gray-breasted Sabrewing	R	R	R	–	–	
Thalurania furcata	Ninfa Tijereta	Fork-tailed Woodnymph	R	F	U	R	F	
Amazilia fimbriata	Amazilia Gorjibrillante	Glittering-throated Emerald	U	R	–	–	–	
Trogonidae (7)								
Pharomachrus pavoninus	Quetzal Pavonino	Pavonine Quetzal	R	–	F**	R	R	
Trogon viridis	Trogón Coliblanco	White-tailed Trogon	F	F	F	F	F	
Trogon curucui	Trogón Coroniazul	Blue-crowned Trogon	–	R	–	–	U	
Trogon violaceus	Trogón Violáceo	Violaceous Trogon	U	R	R	U	R	
Trogon collaris	Trogón Collarejo	Collared Trogon	U	–	U**	–	R	
Trogon rufus	Trogón Golinegro	Black-throated Trogon	R	–	U	R	U	
Trogon melanurus	Trogón Colinegro	Black-tailed Trogon	F	F	F	F	F	
Alcedinidae (5)								
Megaceryle torquata	Martín Pescador Grande	Ringed Kingfisher	F	F	–	–	R	
Chloroceryle amazona	Martín Pescador Amazónico	Amazon Kingfisher	F	F	–	–	R	
Chloroceryle americana	Martín Pescador Verde	Green Kingfisher	F	–	–	–	R	
Chloroceryle inda	Martín Pescador Verdirrufo	Green-and-rufous Kingfisher	R	–	–	–	R	
Chloroceryle aenea	Martín Pescador Pigmeo	American Pygmy Kingfisher	R	–	–	–	–	
Momotidae (3)								
Electron platyrhynchum	Momoto Piquiancho	Broad-billed Motmot	–	R	R**	–	–	
Baryphthengus martii	Momoto Rufo	Rufous Motmot	R	F	F	F	U	
Momotus momota	Momoto Coroniazul	Blue-crowned Motmot	F	F	R	U	–	
Galbulidae (6)								
Galbalcyrhynchus leucotis	Jacamar Orejiblanco	White-eared Jacamar	–	–	–	–	–	
Galbula albirostris	Jacamar Piquiamarillo	Yellow-billed Jacamar	U	U	F	F	U	
Galbula tombacea	Jacamar Barbiblanco	White-chinned Jacamar	U	–	R**	–	–	
Galbula chalcothorax	Jacamar Purpúreo	Purplish Jacamar	R	R	U	R	–	
Galbula dea	Jacamar Paraíso	Paradise Jacamar	–	–	–	R	R	
Jacamerops aureus	Jacamar Grande	Great Jacamar	R	R	R	U	R	

Río Lag	Río Agu	Río Güe	Tres Fro	Hábitats/Habitats
–	–	–	–	Bi, Btf
–	–	–	–	Btf
–	–	–	–	Bq, Btf
–	–	–	–	MR
–	–	–	–	Btf, MR
–	–	–	–	B
–	–	–	–	Btf
X	–	–	X	MR
–	–	–	–	Btf
–	–	–	–	Btf
–	–	–	X	MR
–	–	–	X	MR
–	–	–	–	Btf, MR
–	–	–	–	B
X	–	–	X	MR
–	–	–	–	Btf
–	–	X	–	B
–	–	–	–	MR, Bi
–	–	–	–	Btf
–	–	–	–	Btf
–	–	–	–	Btf
–	–	–	–	Btf, Bt
C	X	X	X	MR, L
C	X	X	–	MR, L
X	–	–	–	MR
X	–	–	–	MR
–	–	–	–	MR
–	–	–	–	Btf
–	–	–	–	Btf, Bt
–	–	–	X	Bi, Bt, Btf
–	–	X	–	MR
–	–	–	–	B
–	–	–	–	Btf
–	–	–	–	Btf
–	–	–	–	Btf
–	–	–	–	Bq, Bi

LEYENDA/LEGEND

* Los nombres en castellano fueron tomados de Ridgely y Greenfield (2006)./Spanish names are taken from Ridgely and Greenfield (2006).

Sitio/Site
(ver texto para detalles/ see text for details)

S1 = Garzacocha

S2 = Redondococha

S3 = Güeppicillo

S4 = Güeppí

S5 = Aguas Negras

Río Lag = Río Lagartococha, desde su desembocadura en el río Aguarico hasta Garzacocha, 5, 9 y 14 octubre 2007/Lagartococha River from its mouth to Garzacocha, 5, 9, and 14 October 2007

Río Agu = Río Aguarico, desde Zábalo hasta la boca del río Lagartococha, 5 y 14 octubre 2007/ Aguarico River from Zábalo to the mouth of the Lagartococha River, 5 and 14 October 2007

Río Güe = Río Güeppí, desde el campamento Güeppicillo hasta la boca, 21 y 25 octubre 2007/ Güeppí River from Güeppicillo camp to its mouth, 21 and 25 October 2007

Tres Fro = Tres Fronteras, alrededor del centro poblado y a lo largo del río Putumayo, desde la boca de río Güeppí hasta Tres Fronteras, 25, 28, 29 y 30 octubre 2007/Vicinity of the town of Tres Fronteras, and along the Putumayo River from the mouth of the Güeppí River to Tres Fronteras, 25, 28, 29, and 30 October 2007

Abundancia/Abundance

C = Común (diariamente >10 en hábitat propio)/Common (daily >10 in proper habitat)

F = Poco común (diariamente, pero <10 en hábitat propio)/ Fairly common (daily, but <10 in proper habitat)

U = No común (menos que diariamente)/Uncommon (less than daily)

R = Raro (un o dos registros)/ Rare (one or two records)

X = Presente (abundancia no estimada)/Present (abundance not estimated)

** = Registrado solamente en el campamento satélite (ver texto del informe)/Recorded only in satellite camp (see report text)

Hábitats/Habitats

(los hábitats de cada especie están enlistados en orden de importancia/ habitats listed for each species in order of importance)

A = Aire/Overhead

B = Bosque/Forest

Bi = Bosque inundado/ Flooded forest

Bq = Bosque de quebrada/ Streamside forest

Bt = Bosque transicional entre bosque inundado y bosque de tierra firme/Transitional forest, between flooded and terra firme forest

Btf = Bosque de tierra firme/ Terra firme forest

L = Lagos y ríos/Lakes and rivers

M = Hábitats múltiples (>3)/ Multiple habitats (>3)

MR = Márgenes de ríos y lagos/ River and lake margins

P = Pantano/Marsh

ZA = Zonas abiertas (pasto, puestos militares, comunidades, entre otros)/ Open areas (pasture, miltary bases, towns, etc.)

AVES / BIRDS								
Nombre científico/ Scientific name	**Nombre en castellano***	**English name**	**Abundancia en los sitios/Abundance at sites**					
			S1	S2	S3	S4	S5	
Bucconidae (7)								
Bucco capensis	Buco Collarejo	Collared Puffbird	R	R	–	–	–	
Malacoptila fusca	Buco Pechiblanco	White-chested Puffbird	–	R	R	U	–	
Nonnula rubecula	Nonula Pechirrojiza	Rusty-breasted Nunlet	–	R	–	–	–	
Monasa nigrifrons	Monja Frentinegra	Black-fronted Nunbird	C	C	C	F	F	
Monasa morphoeus	Monja Frentiblanca	White-fronted Nunbird	U	C	C	C	C	
Monasa flavirostris	Monja Piquiamarilla	Yellow-billed Nunbird	–	–	–	R	–	
Chelidoptera tenebrosa	Buco Golondrina	Swallow-wing	–	–	–	–	–	
Capitonidae (3)								
Capito aurovirens	Barbudo Coronirrojo	Scarlet-crowned Barbet	U	U	–	–	R	
Capito auratus	Barbudo Filigrana	Gilded Barbet	C	C	C	C	C	
Eubucco richardsoni	Barbudo Golilimón	Lemon-throated Barbet	R	U	F	U	R	
Ramphastidae (7)								
Pteroglossus inscriptus	Arasari Letreado	Lettered Araçari	R	–	–	–	–	
Pteroglossus azara	Arasari Piquimarfil	Ivory-billed Araçari	R	U	R	R	–	
Pteroglossus castanotis	Arasari Orejicastaño	Chestnut-eared Araçari	R	R	R	R	–	
Pteroglossus pluricinctus	Arasari Bifajeado	Many-banded Araçari	U	U	U	F	U	
Selenidera reinwardtii	Tucancillo Collaridarado	Golden-collared Toucanet	U	F	F	F	U	
Ramphastos vitellinus	Tucán Piquicanalado	Channel-billed Toucan	F	F	F	F	F	
Ramphastos tucanus	Tucán Goliblanco	White-throated Toucan	F	C	C	C	C	
Picidae (14)								
Picumnus lafresnayi	Picolete de Lafresnaye	Lafresnaye's Piculet	U	U	U	R	R	
Melanerpes cruentatus	Carpintero Penachiamarillo	Yellow-tufted Woodpecker	F	F	F	F	C	
Veniliornis passerinus	Carpintero Chico	Little Woodpecker	–	–	R	–	R	
Veniliornis affinis	Carpintero Rojoteñido	Red-stained Woodpecker	U	U	F	F	F	
Piculus flavigula	Carpintero Goliamarillo	Yellow-throated Woodpecker	U	U	F	F	R	
Piculus chrysochloros	Carpintero Verdidorado	Golden-green Woodpecker	R	–	U	R	R	
Colaptes punctigula	Carpintero Pechipunteado	Spot-breasted Woodpecker	R	–	–	–	–	
Celeus grammicus	Carpintero Pechiescamado	Scale-breasted Woodpecker	F	–	U	U	R	
Celeus elegans	Carpintero Castaño	Chestnut Woodpecker	U	U	U	R	R	
Celeus flavus	Carpintero Flavo	Cream-colored Woodpecker	–	R	R	R	U	
Celeus torquatus	Carpintero Fajeado	Ringed Woodpecker	–	R	R	–	R	
Dryocopus lineatus	Carpintero Lineado	Lineated Woodpecker	–	–	–	R	–	
Campephilus rubricollis	Carpintero Cuellirrojo	Red-necked Woodpecker	U	F	F	F	F	
Campephilus melanoleucos	Carpintero Crestirrojo	Crimson-crested Woodpecker	U	R	R	F	F	
Furnariidae (36)								

Río Lag	Río Agu	Río Güe	Tres Fro	Hábitats/Habitats
–	–	–	–	Btf
–	–	–	–	Btf
–	–	–	–	Bq
–	X	X	X	MR, Bi, Bt
–	–	–	–	Btf, Bi, Bt
–	–	–	–	MR
X	C	X	X	MR, ZA
–	–	–	X	Bi, MR
–	–	–	–	B
–	–	–	–	Btf, MR
–	–	–	–	Btf
–	–	X	–	Btf
–	X	–	–	MR, B
–	X	X	–	B, MR
–	–	–	–	B
–	–	X	–	B, MR
X	X	X	X	B, MR
–	–	–	–	Btf
X	X	–	X	MR, Bt, ZA
–	X	–	–	MR, Btf
–	–	–	–	B
–	–	–	–	Btf
–	–	–	–	Btf, Bt
–	–	–	X	MR
–	–	–	–	Btf
–	–	–	–	Btf, Bt
–	–	–	–	Bi
–	–	–	–	Btf
–	–	–	X	ZA
–	–	–	–	Btf
X	X	X	–	Btf, Bt, MR

LEYENDA/LEGEND

* Los nombres en castellano fueron tomados de Ridgely y Greenfield (2006)./Spanish names are taken from Ridgely and Greenfield (2006).

Sitio/Site
(ver texto para detalles/see text for details)

S1 = Garzacocha

S2 = Redondococha

S3 = Güeppicillo

S4 = Güeppí

S5 = Aguas Negras

Río Lag = Río Lagartococha, desde su desembocadura en el río Aguarico hasta Garzacocha, 5, 9 y 14 octubre 2007/Lagartococha River from its mouth to Garzacocha, 5, 9, and 14 October 2007

Río Agu = Río Aguarico, desde Zábalo hasta la boca del río Lagartococha, 5 y 14 octubre 2007/Aguarico River from Zábalo to the mouth of the Lagartococha River, 5 and 14 October 2007

Río Güe = Río Güeppí, desde el campamento Güeppicillo hasta la boca, 21 y 25 octubre 2007/Güeppí River from Güeppicillo camp to its mouth, 21 and 25 October 2007

Tres Fro = Tres Fronteras, alrededor del centro poblado y a lo largo del río Putumayo, desde la boca de río Güeppí hasta Tres Fronteras, 25, 28, 29 y 30 octubre 2007/Vicinity of the town of Tres Fronteras, and along the Putumayo River from the mouth of the Güeppí River to Tres Fronteras, 25, 28, 29, and 30 October 2007

Abundancia/Abundance

C = Común (diariamente >10 en hábitat propio)/Common (daily >10 in proper habitat)

F = Poco común (diariamente, pero <10 en hábitat propio)/Fairly common (daily, but <10 in proper habitat)

U = No común (menos que diariamente)/Uncommon (less than daily)

R = Raro (un o dos registros)/Rare (one or two records)

X = Presente (abundancia no estimada)/Present (abundance not estimated)

** = Registrado solamente en el campamento satélite (ver texto del informe)/Recorded only in satellite camp (see report text)

Hábitats/Habitats
(los hábitats de cada especie están enlistados en orden de importancia/habitats listed for each species in order of importance)

A = Aire/Overhead

B = Bosque/Forest

Bi = Bosque inundado/Flooded forest

Bq = Bosque de quebrada/Streamside forest

Bt = Bosque transicional entre bosque inundado y bosque de tierra firme/Transitional forest, between flooded and terra firme forest

Btf = Bosque de tierra firme/Terra firme forest

L = Lagos y ríos/Lakes and rivers

M = Hábitats múltiples (>3)/Multiple habitats (>3)

MR = Márgenes de ríos y lagos/River and lake margins

P = Pantano/Marsh

ZA = Zonas abiertas (pasto, puestos militares, comunidades, entre otros)/Open areas (pasture, miltary bases, towns, etc.)

AVES / BIRDS							
Nombre científico/ Scientific name	Nombre en castellano*	English name	Abundancia en los sitios/Abundance at sites				
			S1	S2	S3	S4	S5
Dendrocincla fuliginosa	Trepatroncos Pardo	Plain-brown Woodcreeper	U	U	U	U	R
Dendrocincla merula	Trepatroncos Barbiblanco	White-chinned Woodcreeper	U	–	–	U	F
Deconychura longicauda	Trepatroncos Colilargo	Long-tailed Woodcreeper	–	R	–	–	–
Sittasomus griseicapillus	Trepatroncos Oliváceo	Olivaceous Woodcreeper	U	U	R	R	R
Glyphorynchus spirurus	Trepatroncos Piquicuña	Wedge-billed Woodcreeper	F	F	C	C	F
Nasica longirostris	Trepatroncos Piquilargo	Long-billed Woodcreeper	F	F	U	–	U
Dendrexetastes rufigula	Trepatroncos Golicanelo	Cinnamon-throated Woodcreeper	F	U	U	F	F
Xiphocolaptes promeropirhynchus	Trepatroncos Piquifuerte	Strong-billed Woodcreeper	–	R	R	–	R
Dendrocolaptes certhia	Trepatroncos Barreteado	Barred Woodcreeper	R	U	U	U	U
Dendrocolaptes picumnus	Trepatroncos Ventribandeado	Black-banded Woodcreeper	R	–	–	–	R
Xiphorhynchus picus	Trepatroncos Piquirrecto	Straight-billed Woodcreeper	R	R	R	R	–
Xiphorhynchus obsoletus	Trepatroncos Listado	Striped Woodcreeper	R	–	R	U	F
Xiphorhynchus ocellatus	Trepatroncos Ocelado	Ocellated Woodcreeper	–	–	–	–	U
Xiphorhynchus elegans	Trepatroncos Elegante	Elegant Woodcreeper	U	U	F	F	R
Xiphorhynchus guttatus	Trepatroncos Golianteado	Buff-throated Woodcreeper	C	C	C	F	F
Lepidocolaptes albolineatus	Trepatroncos Lineado	Lineated Woodcreeper	R	R	R	R	R
Campylorhamphus trochilirostris	Picoguaraña Piquirrojo	Red-billed Scythebill	–	–	R	–	–
Synallaxis albigularis	Colaespina Pechioscura	Dark-breasted Spinetail	–	–	–	–	–
Synallaxis rutilans	Colaespina Rojiza	Ruddy Spinetail	U	F	U	F	R
Cranioleuca gutturata	Colaespina Jaspeada	Speckled Spinetail	–	R	R	–	–
Thripophaga fusciceps	Colasuave Sencillo	Plain Softail	R	–	–	–	–
Berlepschia rikeri	Palmero	Point-tailed Palmcreeper	U	–	–	R	U
Ancistrops strigilatus	Picogancho Alicastaño	Chestnut-winged Hookbill	R	U	F	F	F
Hyloctistes subulatus	Rondamusgos Oriental	Striped Woodhaunter	R	U	F	F	F
Philydor ruficaudatum	Limpiafronda Colirrufa	Rufous-tailed Foliage-gleaner	–	R	–	–	R
Philydor erythrocercum	Limpiafronda Lomirrufa	Rufous-rumped Foliage-gleaner	–	U	U	F	U
Philydor erythropterum	Limpiafronda Alicastaña	Chestnut-winged Foliage-gleaner	–	R	R	R	–
Philydor pyrrhodes	Limpiafronda Lomicanela	Cinnamon-rumped Foliage-gleaner	R	R	R	U	–
Automolus ochrolaemus	Rascahojas Golipalida	Buff-throated Foliage-gleaner	R	R	R	R	U
Automolus infuscatus	Rascahojas Dorsiolivacea	Olive-backed Foliage-gleaner	–	U	F	F	U

Río Lag	Río Agu	Río Güe	Tres Fro	Hábitats/Habitats
–	–	–	–	B
–	–	–	–	Btf
–	–	–	–	Btf
–	–	–	–	Btf, Bt
–	–	–	–	B
–	–	–	–	MR, Bi, Bt
–	–	–	–	MR, Bt
–	–	–	–	Btf
–	–	–	–	B
–	–	–	–	Btf
X	–	X	X	MR, Bi
–	–	–	–	Bi, Bt
–	–	–	–	Btf
–	–	–	–	Btf
X	–	–	–	B
–	–	–	–	Btf
–	–	–	–	Btf
–	–	–	X	ZA
–	–	–	–	Btf
–	–	–	–	Bt
–	–	–	–	MR
–	–	–	X	Bi
–	–	–	–	Btf, Bi, Bt
–	–	–	–	B
–	–	–	–	Btf
–	–	–	–	Btf
–	–	–	–	Btf
–	–	–	–	Bt, Bi
–	–	–	–	Bt, Bi
–	–	–	–	Btf

LEYENDA/LEGEND

* Los nombres en castellano fueron tomados de Ridgely y Greenfield (2006)./Spanish names are taken from Ridgely and Greenfield (2006).

Sitio/Site

(ver texto para detalles/ see text for details)

S1 = Garzacocha

S2 = Redondococha

S3 = Güeppicillo

S4 = Güeppí

S5 = Aguas Negras

Río Lag = Río Lagartococha, desde su desembocadura en el río Aguarico hasta Garzacocha, 5, 9 y 14 octubre 2007/Lagartococha River from its mouth to Garzacocha, 5, 9, and 14 October 2007

Río Agu = Río Aguarico, desde Zábalo hasta la boca del río Lagartococha, 5 y 14 octubre 2007/ Aguarico River from Zábalo to the mouth of the Lagartococha River, 5 and 14 October 2007

Río Güe = Río Güeppí, desde el campamento Güeppicillo hasta la boca, 21 y 25 octubre 2007/ Güeppí River from Güeppicillo camp to its mouth, 21 and 25 October 2007

Tres Fro = Tres Fronteras, alrededor del centro poblado y a lo largo del río Putumayo, desde la boca de río Güeppí hasta Tres Fronteras, 25, 28, 29 y 30 octubre 2007/Vicinity of the town of Tres Fronteras, and along the Putumayo River from the mouth of the Güeppí River to Tres Fronteras, 25, 28, 29, and 30 October 2007

Abundancia/Abundance

C = Común (diariamente >10 en hábitat propio)/Common (daily >10 in proper habitat)

F = Poco común (diariamente, pero <10 en hábitat propio)/ Fairly common (daily, but <10 in proper habitat)

U = No común (menos que diariamente)/Uncommon (less than daily)

R = Raro (un o dos registros)/ Rare (one or two records)

X = Presente (abundancia no estimada)/Present (abundance not estimated)

** = Registrado solamente en el campamento satélite (ver texto del informe)/Recorded only in satellite camp (see report text)

Hábitats/Habitats

(los hábitats de cada especie están enlistados en orden de importancia/ habitats listed for each species in order of importance)

A = Aire/Overhead

B = Bosque/Forest

Bi = Bosque inundado/ Flooded forest

Bq = Bosque de quebrada/ Streamside forest

Bt = Bosque transicional entre bosque inundado y bosque de tierra firme/Transitional forest, between flooded and terra firme forest

Btf = Bosque de tierra firme/ Terra firme forest

L = Lagos y ríos/Lakes and rivers

M = Hábitats múltiples (>3)/ Multiple habitats (>3)

MR = Márgenes de ríos y lagos/ River and lake margins

P = Pantano/Marsh

ZA = Zonas abiertas (pasto, puestos militares, comunidades, entre otros)/ Open areas (pasture, miltary bases, towns, etc.)

Nombre científico/ Scientific name	Nombre en castellano*	English name	Abundancia en los sitios/Abundance at sites					
			S1	S2	S3	S4	S5	
Automolus rufipileatus	Rascahojas Coronicastaño	Chestnut-crowned Foliage-gleaner	R	–	R	U	–	
Sclerurus mexicanus	Tirahojas Golianteado	Tawny-throated Leaftosser	–	R	U	U	–	
Sclerurus rufigularis	Tirahojas Piquicorto	Short-billed Leaftosser	–	–	U	R	R	
Sclerurus caudacutus	Tirahojas Colinegro	Black-tailed Leaftosser	–	U	U	R	–	
Xenops milleri	Xenops Colirrufo	Rufous-tailed Xenops	–	–	U	R	R	
Xenops minutus	Xenops Dorsillano	Plain Xenops	U	F	U	F	U	
Thamnophilidae (45)								
Cymbilaimus lineatus	Batará Lineado	Fasciated Antshrike	R	F	F	F	F	
Frederickena unduligera	Batará Ondulado	Undulated Antshrike	R	R	U	–	R	
Taraba major	Batará Mayor	Great Antshrike	–	–	–	–	R	
Thamnophilus schistaceus	Batará Alillano	Plain-winged Antshrike	R	F	F	F	U	
Thamnophilus murinus	Batará Murino	Mouse-colored Antshrike	–	R	U	R	U	
Thamnophilus amazonicus	Batará Amazónico	Amazonian Antshrike	U	R	–	–	–	
Megastictus margaritatus	Batará Murino	Pearly Antshrike	–	U	U	U	U	
Thamnomanes ardesiacus	Batará Golioscuro	Dusky-throated Antshrike	U	C	C	C	F	
Thamnomanes caesius	Batará Cinéreo	Cinereous Antshrike	–	C	C	C	F	
Pygiptila stellaris	Batará Alimoteado	Spot-winged Antshrike	F	F	F	F	F	
Epinecrophylla haematonota	Hormiguerito Golipunteado	Stipple-throated Antwren	U	R	R**	–	–	
Epinecrophylla ornata	Hormiguerito Adornado	Ornate Antwren	–	R	–	–	–	
Epinecrophylla erythrura	Hormiguerito Colirrufo	Rufous-tailed Antwren	–	C	C	F	R	
Myrmotherula brachyura	Hormiguerito Pigmeo	Pygmy Antwren	C	C	C	C	F	
Mymotherula ignota	Hormiguerito Piquicorto	Moustached Antwren	U	U	F	F	R	
Myrmotherula multostriata	Hormiguerito Rayado Amazónico	Amazonian Streaked Antwren	F	U	–	–	R	
Myrmotherula hauxwelli	Hormiguerito Golillano	Plain-throated Antwren	R	F	F	F	F	
Myrmotherula axillaris	Hormiguerito Flanquiblanco	White-flanked Antwren	U	C	C	C	F	
Myrmotherula (sunensis)	Hormiguerito del Suno	Rio Suno Antwren	–	–	R	–	–	
Myrmotherula longipennis	Hormiguerito Gris	Long-winged Antwren	R	F	F	F	F	
Myrmotherula menetriesii	Hormiguero Cejiblanco	Gray Antwren	R	F	C	C	F	
Dichrozona cincta	Hormiguero Bandeado	Banded Antbird	–	–	R**	R	–	
Herpsilochmus dugandi	Hormiguerito de Dugand	Dugand's Antwren	F	F	F	F	U	
Microrhopias quixensis	Hormiguerito Alipunteado	Dot-winged Antwren	–	R	–	–	–	
Hypocnemis peruviana	Hormiguero Gorjeador Peruviano	Peruvian Warbling-Antbird	F	F	F	F	F	
Hypocnemis hypoxantha	Hormiguero Cejiamarillo	Yellow-browed Antbird	–	–	F	F	U	
Terenura spodioptila	Hormiguerito Alicinéreo	Ash-winged Antwren	–	U	F	F	R	
Cercomacra cinerascens	Hormiguero Gris	Gray Antbird	R	U	C	F	U	
Cercomacra serva	Hormiguero Negro	Black Antbird	–	–	R	R	–	

Río Lag	Río Agu	Río Güe	Tres Fro	Hábitats/Habitats
–	–	–	–	Bq, Btf
–	–	–	–	Btf, Bt
–	–	–	–	Btf
–	–	–	–	Btf
–	–	–	–	Btf
–	–	–	–	B
–			–	B
–	–	–	–	Btf, Bq
–	–	–	X	MR
–	–	–	–	B
–	–	–	–	Btf
–	–	–	–	Bi
–	–	–	–	Btf
–	–	–	–	B
–	–	–	–	B
–	–	–	–	Btf
–	–	–	–	R
–	–	–	–	Bt
–	–	–	–	Btf
–	–	X	–	B
–	–	–	–	Bt, Bi, Btf
–	–	–	–	MR
–	–	–	–	Btf, Bt
–	–	–	–	B
–	–	–	–	Btf
–	–	–	–	B
–	–	–	–	B
–	–	–	–	Btf
–	–	–	–	B
–	–	–	–	Bt
–	–	X	–	MR, Bi, Bt
–	–	–	–	Btf
–	–	–	–	Btf
–	–	–	–	B
–	–	–	–	Bq

LEYENDA/LEGEND

* Los nombres en castellano fueron tomados de Ridgely y Greenfield (2006)./Spanish names are taken from Ridgely and Greenfield (2006).

Sitio/Site
(ver texto para detalles/ see text for details)

S1 = Garzacocha

S2 = Redondococha

S3 = Güeppicillo

S4 = Güeppí

S5 = Aguas Negras

Río Lag = Río Lagartococha, desde su desembocadura en el río Aguarico hasta Garzacocha, 5, 9 y 14 octubre 2007/Lagartococha River from its mouth to Garzacocha, 5, 9, and 14 October 2007

Río Agu = Río Aguarico, desde Zábalo hasta la boca del río Lagartococha, 5 y 14 octubre 2007/ Aguarico River from Zábalo to the mouth of the Lagartococha River, 5 and 14 October 2007

Río Güe = Río Güeppí, desde el campamento Güeppicillo hasta la boca, 21 y 25 octubre 2007/ Güeppí River from Güeppicillo camp to its mouth, 21 and 25 October 2007

Tres Fro = Tres Fronteras, alrededor del centro poblado y a lo largo del río Putumayo, desde la boca de río Güeppí hasta Tres Fronteras, 25, 28, 29 y 30 octubre 2007/Vicinity of the town of Tres Fronteras, and along the Putumayo River from the mouth of the Güeppí River to Tres Fronteras, 25, 28, 29, and 30 October 2007

Abundancia/Abundance

C = Común (diariamente >10 en hábitat propio)/Common (daily >10 in proper habitat)

F = Poco común (diariamente, pero <10 en hábitat propio)/ Fairly common (daily, but <10 in proper habitat)

U = No común (menos que diariamente)/Uncommon (less than daily)

R = Raro (un o dos registros)/ Rare (one or two records)

X = Presente (abundancia no estimada)/Present (abundance not estimated)

** = Registrado solamente en el campamento satélite (ver texto del informe)/Recorded only in satellite camp (see report text)

Hábitats/Habitats

(los hábitats de cada especie están enlistados en orden de importancia/ habitats listed for each species in order of importance)

A = Aire/Overhead

B = Bosque/Forest

Bi = Bosque inundado/ Flooded forest

Bq = Bosque de quebrada/ Streamside forest

Bt = Bosque transicional entre bosque inundado y bosque de tierra firme/Transitional forest, between flooded and terra firme forest

Btf = Bosque de tierra firme/ Terra firme forest

L = Lagos y ríos/Lakes and rivers

M = Hábitats múltiples (>3)/ Multiple habitats (>3)

MR = Márgenes de ríos y lagos/ River and lake margins

P = Pantano/Marsh

ZA = Zonas abiertas (pasto, puestos militares, comunidades, entre otros)/ Open areas (pasture, miltary bases, towns, etc.)

AVES / BIRDS							
Nombre científico/ Scientific name	Nombre en castellano*	English name	Abundancia en los sitios/Abundance at sites				
			S1	S2	S3	S4	S5
Myrmoborus myotherinus	Hormiguero Carinegro	Black-faced Antbird	–	F	F	F	U
Hypocnemoides melanopogon	Hormiguero Barbinegro	Black-chinned Antbird	C	F	U	R	–
Sclateria naevia	Hormiguero Plateado	Silvered Antbird	U	R	U	U	U
Schistocichla schistacea	Hormiguerito Pizarroso	Slate-colored Antbird	–	–	–	–	R
Schistocichla leucostigma	Hormiguero Alimoteado	Spot-winged Antbird	–	U	F	F	U
Myrmeciza melanoceps	Hormiguero Hombriblanco	White-shouldered Antbird	–	U	F	U	F
Myrmeciza hyperythra	Hormiguero Plomizo	Plumbeous Antbird	R	–	–	–	F
Myrmeciza fortis	Hormiguero Tiznado	Sooty Antbird	U	F	F	F	F
Pithys albifrons	Hormiguero Cuerniblanco	White-plumed Antbird	U	U	U	U	F
Gymnopithys leucaspis	Hormiguero Bicolor	Bicolored Antbird	U	U	R	U	F
Gymnopithys lunulatus	Hormiguero Lunado	Lunulated Antbird	–	–	R	–	–
Hylophylax naevius	Hormiguero Dorsipunteado	Spot-backed Antbird	R	U	F	U	U
Hylophylax punctulatus	Hormiguero Lomipunteado	Dot-backed Antbird	–	R	F	R	U
Dichropogon poecilinotus	Hormiguero Dorsiescamado	Scale-backed Antbird	U	F	F	F	F
Phlegopsis nigromaculata	Carirrosa Negripunteada	Black-spotted Bare-eye	U	–	R**	–	U
Phlegopsis erythroptera	Carirrosa Alirrojiza	Reddish-winged Bare-eye	–	R	R	R	R
Formicariidae (3)							
Formicarius colma	Formicario Gorrirrufo	Rufous-capped Antthrush	–	–	F	U	R
Formicarius analis	Formicario Carinegro	Black-faced Antthrush	R	U	F	F	–
Chamaeza nobilis	Chaemaza Noble	Striated Antthrush	–	R	F	U	–
Grallaridae (2)							
Grallaria dignissima	Gralaria Ocrelistada	Ochre-striped Antpitta	R	–	U	U	–
Myrmothera campanisona	Tororoi Campanero	Thrush-like Antpitta	–	R	F	F	–
Conopophagidae (1)							
Conopophaga aurita	Jejenero Fajicastaño	Chestnut-belted Gnateater	–	–	R	–	R
Rhinocryptidae (1)							
Liosceles thoracicus	Tapaculo Fajirrojizo	Rusty-belted Tapaculo	–	R	F	C	–
Tyrannidae (51)							
Tyrannulus elatus	Tiranolete Coroniamarillo	Yellow-crowned Tyrannulet	F	F	F	F	F
Myiopagis gaimardii	Elenita Selvática	Forest Elaenia	F	F	F	F	F
Myiopagis caniceps	Elenita Gris	Gray Elaenia	U	U	U	F	U
Ornithion inerme	Tiranolete Alipunteado	White-lored Tyrannulet	R	U	U	U	F
Camptostoma obsoletum	Tiranolete Silbador Sureño	Southern Beardless Tyrannulet	R	–	–	–	–

Río Lag	Río Agu	Río Güe	Tres Fro	Hábitats/ Habitats
–	–	–	–	Btf
–	–	–	–	Bi
–	–	–	–	Bi, Bq
–	–	–	–	Btf
–	–	–	–	Bq
–	–	X	–	Bi
–	–	–	–	Bi
–	–	–	–	Btf, Bt
–	–	–	–	Btf, Bt
–	–	–	–	Btf, Bt
–	–	–	–	Bi
–	–	–	–	B
–	–	–	–	Bi
–	–	–	–	Btf, Bt
–	–	–	–	Bt, Btf
–	–	–	–	Btf
–	–	–	–	Btf
–	–	X	–	Bt
–	–	–	–	Btf
–	–	–	–	Bt, Btf
–	–	–	–	Btf
–	–	–	–	Btf
–	–	–	–	Btf
X	–	–	–	M
X	–	X	X	M
–	–	–	–	B
–	–	–	–	B
–	–	–	–	MR

AVES / BIRDS							
Nombre científico/ Scientific name	Nombre en castellano*	English name	Abundancia en los sitios/Abundance at sites				
			S1	S2	S3	S4	S5
Phaeomyias murina	Tiranolete Murino	Mouse-colored Tyrannulet	R	–	–	–	–
Corythopis torquatus	Coritopis Fajeado	Ringed Antpipit	–	R	R	R	R
Zimmerius gracilipes	Tiranolete Patidelgado	Slender-footed Tyrannulet	R	R	U	U	F
Mionectes oleagineus	Mosquerito Ventriocráceo	Ochre-bellied Flycatcher	R	U	F	F	F
Myiornis ecaudatus	Tirano Enano Colicorto	Short-tailed Pygmy-Tyrant	R	R	U	U	R
Lophotriccus vitiosus	Cimerillo Doblebandeado	Double-banded Pygmy-Tyrant	F	F	F	F	F
Poecilotriccus capitalis	Tirano Todi Negriblanco	Black-and-white Tody-Tyrant	–	R	–	–	–
Todirostrum chrysocrotaphum	Espatulilla Cejiamarilla	Yellow-browed Tody-Flycatcher	R	R	R**	R	R
Cnipodectes subbrunneus	Alitorcido Pardo	Brownish Flycatcher	U	R	U	R	R
Rhynchocyclus olivaceus	Picoplano Oliváceo	Olivaceous Flatbill	–	R	R**	–	–
Tolmomyias assimilis	Picoancho de Zimmer	Yellow-margined Flycatcher	–	–	R	R	–
Tolmomyias poliocephalus	Picoancho Coroniplomizo	Gray-crowned Flycatcher	U	F	F	F	F
Tolmomyias flaviventris	Picoancho Cabecioliváceo	Yellow-breasted Flycatcher	R	R	–	–	U
Platyrinchus coronatus	Picochato Coronidorado	Golden-crowned Spadebill	–	–	U*	–	–
Onychorhynchus coronatus	Mosquero Real Amazónico	Royal Flycatcher	R	–	–	–	–
Myiobius barbatus	Mosquerito Bigotillo	Sulphur-rumped Flycatcher	–	–	–	R	–
Terenotriccus erythrurus	Mosquerito Colirrojizo	Ruddy-tailed Flycatcher	U	U	F	F	F
Lathrotriccus euleri	Mosquerito de Euler	Euler's Flycatcher	U	R	U	U	R
Empidonax alnorum	Mosquerito de Alisos	Alder Flycatcher	–	–	–	–	–
Contopus virens	Pibí Oriental	Eastern Wood-Pewee	–	R	–	R	–
Knipolegus poecilocercus	Viudita Negra Amazónica	Amazonian Black-Tyrant	R	–	–	–	–
Ochthornis littoralis	Guardarríos Arenisco	Drab Water-Tyrant	–	–	–	–	–
Legatus leucophaius	Mosquero Pirata	Piratic Flycatcher	F	F	U	F	–
Myiozetetes similis	Mosquero Social	Social Flycatcher	F	U	–	R	F
Myiozetetes granadensis	Mosquero Cabecigris	Gray-capped Flycatcher	–	–	–	–	–
Myiozetetes luteiventris	Mosquero Pechioscuro	Dusky-chested Flycatcher	–	–	U	F	U
Pitangus sulphuratus	Bienteveo Grande	Great Kiskadee	F	F	–	U	U
Pitangus lictor	Bienteveo Menor	Lesser Kiskadee	C	U	–	R	–
Conopias parvus	Mosquero Goliamarillo	Yellow-throated Flycatcher	–	F	F**	F	U
Megarynchus pitangua	Mosquero Picudo	Boat-billed Flycatcher	F	U	–	–	–

Río Lag	Río Agu	Río Güe	Tres Fro	Hábitats/Habitats
–	–	–	X	MR
–	–	–	–	Btf
–	–	–	–	B
–	–	–	–	B
–	–	–	–	Bt, Bi
–	–	X	–	Btf
–	–	–	–	Bi
–	–	–	X	M
–	–	–	–	Btf, Bt
–	–	–	–	Btf
–	–	–	–	Btf
–	–	–	–	B
X	X	–	X	MR
–	–	–	–	Btf
–	–	–	–	Bt
–	–	–	–	Btf
–	–	–	–	Btf, Bt
–	–	–	–	Bi, Bt
–	–	–	X	ZA
–	–	–	X	MR, ZA
–	–	–	–	MR
–	X	–	–	MR
X	–	X	X	MR, Bt
X	X	X	X	MR
–	X	–	–	MR
–	–	–	–	Btf
C	X	C	X	MR
C	–	X	–	MR
–	–	–	–	Btf
–	X	X	X	MR

LEYENDA/LEGEND

* Los nombres en castellano fueron tomados de Ridgely y Greenfield (2006)./Spanish names are taken from Ridgely and Greenfield (2006).

Sitio/Site
(ver texto para detalles/ see text for details)

S1 = Garzacocha

S2 = Redondococha

S3 = Güeppicillo

S4 = Güeppí

S5 = Aguas Negras

Río Lag = Río Lagartococha, desde su desembocadura en el río Aguarico hasta Garzacocha, 5, 9 y 14 octubre 2007/Lagartocacha River from its mouth to Garzacocha, 5, 9, and 14 October 2007

Río Agu = Río Aguarico, desde Zábalo hasta la boca del río Lagartococha, 5 y 14 octubre 2007/ Aguarico River from Zábalo to the mouth of the Lagartococha River, 5 and 14 October 2007

Río Güe = Río Güeppí, desde el campamento Güeppicillo hasta la boca, 21 y 25 octubre 2007/ Güeppí River from Güeppicillo camp to its mouth, 21 and 25 October 2007

Tres Fro = Tres Fronteras, alrededor del centro poblado y a lo largo del río Putumayo, desde la boca de río Güeppí hasta Tres Fronteras, 25, 28, 29 y 30 octubre 2007/Vicinity of the town of Tres Fronteras, and along the Putumayo River from the mouth of the Güeppí River to Tres Fronteras, 25, 28, 29, and 30 October 2007

Abundancia/Abundance

C = Común (diariamente >10 en hábitat propio)/Common (daily >10 in proper habitat)

F = Poco común (diariamente, pero <10 en hábitat propio)/ Fairly common (daily, but <10 in proper habitat)

U = No común (menos que diariamente)/Uncommon (less than daily)

R = Raro (un o dos registros)/ Rare (one or two records)

X = Presente (abundancia no estimada)/Present (abundance not estimated)

** = Registrado solamente en el campamento satélite (ver texto del informe)/Recorded only in satellite camp (see report text)

Hábitats/Habitats
(los hábitats de cada especie están enlistados en orden de importancia/ habitats listed for each species in order of importance)

A = Aire/Overhead

B = Bosque/Forest

Bi = Bosque inundado/ Flooded forest

Bq = Bosque de quebrada/ Streamside forest

Bt = Bosque transicional entre bosque inundado y bosque de tierra firme/Transitional forest, between flooded and terra firme forest

Btf = Bosque de tierra firme/ Terra firme forest

L = Lagos y ríos/Lakes and rivers

M = Hábitats múltiples (>3)/ Multiple habitats (>3)

MR = Márgenes de ríos y lagos/ River and lake margins

P = Pantano/Marsh

ZA = Zonas abiertas (pasto, puestos militares, comunidades, entre otros)/ Open areas (pasture, miltary bases, towns, etc.)

AVES / BIRDS							
Nombre científico/ Scientific name	Nombre en castellano*	English name	Abundancia en los sitios/Abundance at sites				
			S1	S2	S3	S4	S5
Tyrannopsis sulphurea	Mosquero Azufrado	Sulphury Flycatcher	–	–	–	–	U
Tyrannus melancholicus	Tirano Tropical	Tropical Kingbird	F	F	–	R	–
Tyrannus tyrannus	Tirano Norteño	Eastern Kingbird	U	C	–	–	–
Rhytipterna simplex	Copetón Plañidero Grisáceo	Grayish Mourner	U	U	F	F	F
Myiarchus tuberculifer	Copetón Crestioscuro	Dusky-capped Flycatcher	R	R	–	R	–
Myiarchus ferox	Copetón Cresticorto	Short-crested Flycatcher	F	U	–	R	–
Ramphotrigon ruficauda	Picoplano Colirrufo	Rufous-tailed Flatbill	F	F	F	F	F
Attila cinnamomeus	Atila Canelo	Cinnamon Attila	U	F	F	U	F
Attila citriniventris	Atila Ventricitrino	Citron-bellied Attila	U	U	U**	F	U
Attila spadiceus	Atila Polimorfo	Bright-rumped Attila	–	–	–	U	–
Pachyramphus castaneus	Cabezón Nuquigris	Chestnut-crowned Becard	–	R	R**	–	–
Pachyramphus polychopterus	Cabezón Aliblanco	White-winged Becard	R	R	–	–	R
Pachyramphus marginatus	Cabezón Gorrinegro	Black-capped Becard	R	R	F	U	R
Pachyramphus minor	Cabezón Golirrosado	Pink-throated Becard	R	–	R	U	U
Tityra inquisitor	Titira Coroninegra	Black-crowned Tityra	–	–	R	R	R
Tityra cayana	Titira Colinegra	Black-tailed Tityra	F	F	U	F	F
Cotingidae (8)							
Laniocera hypopyrra	Plañidera Cinérea	Cinereous Mourner	R	R	U	U	U
Phoenicircus nigricollis	Cotinga Roja Cuellinegra	Black-necked Red-Cotinga	R	U	F**	F	U
Cotinga maynana	Cotinga Golimorada	Plum-throated Cotinga	–	R	–	R	–
Cotinga cayana	Cotinga Lentejuelada	Spangled Cotinga	–	–	–	R	–
Lipaugus vociferans	Piha Gritona	Screaming Piha	C	C	C	F	C
Gymnoderus foetidus	Cuervo Higuero Cuellopelado	Bare-necked Fruitcrow	U	U	–	–	–
Querula purpurata	Querula Golipúrpura	Purple-throated Fruitcrow	F	F	F**	F	F
Cephalopterus ornatus	Pájaro Paraguas Amazónico	Amazonian Umbrellabird	R	–	R	–	–
Pipridae (13)							
Schiffornis major	Chifornis de Várzea	Varzea Manakin	U	–	–	R	R
Schiffornis turdina	Chifornis Pardo	Thrush-like Manakin	U	–	U	R	R
Piprites chloris	Piprites Alibandeado	Wing-barred Manakin	–	R	F	F	U
Tyranneutes stolzmanni	Saltarincillo Enano	Dwarf Tyrant-Manakin	F	F	F	F	F
Machaeropterus regulus	Saltarín Rayado	Striped Manakin	R	U	R	R	U
Lepidothrix coronota	Saltarín Coroniazul	Blue-crowned Manakin	F	F	F	F	F
Manacus manacus	Saltarín Barbiblanco	White-bearded Manakin	–	U	–	R	–
Chiroxiphia pareola	Saltarín Dorsiazul	Blue-backed Manakin	R	R	F	U	–
Xenopipo holochlora	Saltarín Verde	Green Manakin	–	–	R	–	–
Heterocercus aurantiivertex	Saltarín Crestinaranja	Orange-crowned Manakin	R	–	–	–	–

Río Lag	Río Agu	Río Güe	Tres Fro	Hábitats/Habitats
–	–	–	–	MR
C	X	C	C	MR, ZA
X	C	X	C	MR
–	–	–	–	Btf
–	–	–	–	M
X	X	X	X	MR
–	–	–	–	B
–	–			Di, Dt
–			–	Btf, Bt
–	–	–	–	Btf
–	–	–	–	MR, Bq
–	–	–	X	MR
–	–	–	–	Btf
–	–	–	–	Btf, Bt
–	–	–	–	Btf
–	X	–	–	B, MR
–	–	–	–	Btf, MR
–	–	–	–	Btf
–	–	–	–	MR
–	–	–	–	Bt
–	–	X	–	B
–	X	–	–	MR
–	–	–	–	Btf, Bt
–	–	–	X	MR
–	–	X	–	Bi
–	–	–	–	Btf
–	–	–	–	B
–	–	–	–	B
–	–	–	–	B
–	–	–	–	B
–	–	–	–	Bt
–	–	–	–	Btf
–	–	–	–	Btf
–	–	–	–	Btf

LEYENDA/LEGEND

* Los nombres en castellano fueron tomados de Ridgely y Greenfield (2006)./Spanish names are taken from Ridgely and Greenfield (2006).

Sitio/Site
(ver texto para detalles/ see text for details)

S1 = Garzacocha

S2 = Redondococha

S3 = Güeppicillo

S4 = Güeppí

S5 = Aguas Negras

Río Lag = Río Lagartococha, desde su desembocadura en el río Aguarico hasta Garzacocha, 5, 9 y 14 octubre 2007/Lagartococha River from its mouth to Garzacocha, 5, 9, and 14 October 2007

Río Agu = Río Aguarico, desde Zábalo hasta la boca del río Lagartococha, 5 y 14 octubre 2007/ Aguarico River from Zábalo to the mouth of the Lagartococha River, 5 and 14 October 2007

Río Güe = Río Güeppí, desde el campamento Güeppicillo hasta la boca, 21 y 25 octubre 2007/ Güeppí River from Güeppicillo camp to its mouth, 21 and 25 October 2007

Tres Fro = Tres Fronteras, alrededor del centro poblado y a lo largo del río Putumayo, desde la boca de río Güeppí hasta Tres Fronteras, 25, 28, 29 y 30 octubre 2007/Vicinity of the town of Tres Fronteras, and along the Putumayo River from the mouth of the Güeppí River to Tres Fronteras, 25, 28, 29, and 30 October 2007

Abundancia/Abundance

C = Común (diariamente >10 en hábitat propio)/Common (daily >10 in proper habitat)

F = Poco común (diariamente, pero <10 en hábitat propio)/ Fairly common (daily, but <10 in proper habitat)

U = No común (menos que diariamente)/Uncommon (less than daily)

R = Raro (un o dos registros)/ Rare (one or two records)

X = Presente (abundancia no estimada)/Present (abundance not estimated)

** = Registrado solamente en el campamento satélite (ver texto del informe)/Recorded only in satellite camp (see report text)

Hábitats/Habitats

(los hábitats de cada especie están enlistados en orden de importancia/ habitats listed for each species in order of importance)

A = Aire/Overhead

B = Bosque/Forest

Bi = Bosque inundado/ Flooded forest

Bq = Bosque de quebrada/ Streamside forest

Bt = Bosque transicional entre bosque inundado y bosque de tierra firme/Transitional forest, between flooded and terra firme forest

Btf = Bosque de tierra firme/ Terra firme forest

L = Lagos y ríos/Lakes and rivers

M = Hábitats múltiples (>3)/ Multiple habitats (>3)

MR = Márgenes de ríos y lagos/ River and lake margins

P = Pantano/Marsh

ZA = Zonas abiertas (pasto, puestos militares, comunidades, entre otros)/ Open areas (pasture, miltary bases, towns, etc.)

AVES / BIRDS							
Nombre científico/ Scientific name	**Nombre en castellano***	**English name**	**Abundancia en los sitios/Abundance at sites**				
			S1	S2	S3	S4	S5
Pipra pipra	Saltarín Coroniblanco	White-crowned Manakin	–	R	F	–	R
Pipra filicauda	Saltarín Cola de Alambre	Wire-tailed Manakin	R	U	U	F	U
Pipra erythrocephala	Saltarín Capuchidorado	Golden-headed Manakin	F	C	C	C	C
Vireonidae (5)							
Vireo olivaceus	Vireo Ojirrojo	Red-eyed Vireo	–	U	U	F	R
Vireo flavoviridis	Vireo Verdiamarillo	Yellow-green Vireo	–	–	R	–	–
Hylophilus thoracicus	Verdillo Pechilimón	Lemon-chested Greenlet	–	–	F	R	U
Hylophilus hypoxanthus	Verdillo Ventriamarillo	Dusky-capped Greenlet	–	F	F	F	F
Hylophilus ochraceiceps	Verdillo Coronileonado	Tawny-crowned Greenlet	–	U	F	F	F
Corvidae (1)							
Cyanocorax violaceus	Urraca Violácea	Violaceous Jay	–	F	U	C	F
Hirundinidae (10)							
Tachycineta albiventer	Golondrina Aliblanca	White-winged Swallow	C	C	–	–	–
Progne tapera	Martín Pechipardo	Brown-chested Martin	–	–	–	–	–
Progne chalybea	Martín Pechigrís	Gray-breasted Martin	F	R	–	–	–
Pygochelidon cyanoleuca	Golondrina Azuliblanca	Blue-and-white Swallow	U	–	–	–	–
Atticora fasciata	Golondrina Fajiblanca	White-banded Swallow	–	–	–	–	–
Neochelidon tibialis	Golondrina Musliblanca	White-thighed Swallow	–	R	–	–	–
Stelgidopteryx ruficollis	Golondrina Alirrasposa Sureña	Southern Rough-winged Swallow	–	–	–	–	–
Riparia riparia	Martín Arenero	Bank Swallow	R	–	–	–	–
Hirundo rustica	Golondrina Tijereta	Barn Swallow	U	–	–	–	–
Petrochelidon pyrrhonota	Golondrina de Riscos	Cliff Swallow	–	–	–	–	–
Troglodytidae (7)							
Campylorhynchus turdinus	Soterrey Mirlo	Thrush-like Wren	U	U	U	U	F
Thryothorus coraya	Soterrey Coraya	Coraya Wren	R	F	F	F	F
Troglodytes aedon	Soterrey Criollo	House Wren	–	–	–	–	–
Henicorhina leucosticta	Soterrey Montés Pechiblanco	White-breasted Wood-Wren	–	–	U**	–	–
Microcerculus marginatus	Soterrey Ruiseñor Sureño	Scaly-breasted Wren	–	U	F	F	
Microcerculus bambla	Soterrey Alifranjeado	Wing-banded Wren	–	–	U	–	–
Cyphorhinus arada	Soterrey Virtuoso	Musician Wren	–	U	F	F	–
Donacobiidae (1)							
Donacobius atricapilla	Donacobio	Black-capped Donacobius	F	F	–	–	U
Polioptilidae (2)							
Microbates collaris	Soterrillo Collarejo	Collared Gnatwren	–	–	F	–	U
Microbates cinereiventris	Soterrillo Carileonado	Half-collared Gnatwren	–	U	R**	–	–
Turdidae (5)							
Catharus ustulatus	Zorzal de Swainson	Swainson's Thrush	–	R	R	–	–
Turdus ignobilis	Mirlo Piquinegro	Black-billed Thrush	–	–	–	–	–
Turdus lawrencii	Mirlo Mímico	Lawrence's Thrush	R	F	F	F	F

Río Lag	Río Agu	Río Güe	Tres Fro	Hábitats/Habitats
–	–	–	–	Btf
–	–	–	–	Bi, Bt
–	–	–	–	Btf
–	–	–	–	Btf
–	–	–	–	Btf
–	–	–	–	Bq, Bt
–	–	–	–	B
–	–	–	–	Btf
–	C	X	C	Bt, MR
C	C	X	X	L
X	X	–	C	A, MR
X	X	–	C	A, MR
–	–	–	X	A
C	C	C	–	L
–	–	–	–	MR
C	X	X	X	L
–	X	–	C	A, MR
–	C	–	C	A, MR
–	X	–	C	A, MR
X	–	–	–	Bt, MR
–	X	X	X	MR, Bq
–	X	X	X	ZA
–	–	–	–	Btf
–	–	–	–	Btf, Bt
–	–	–	–	Btf
–	–	–	–	Btf
X	–	–	–	P, MR
–	–	–	–	Btf
–	–	–	–	Btf
–	–	–	–	B
–	–	–	X	ZA
–	–	–	–	B

LEYENDA/LEGEND

* Los nombres en castellano fueron tomados de Ridgely y Greenfield (2006)./Spanish names are taken from Ridgely and Greenfield (2006).

Sitio/Site
(ver texto para detalles/ see text for details)
S1 = Garzacocha
S2 = Redondococha
S3 = Güeppicillo
S4 = Güeppí
S5 = Aguas Negras

Río Lag = Río Lagartococha, desde su desembocadura en el río Aguarico hasta Garzacocha, 5, 9 y 14 octubre 2007/Lagartococha River from its mouth to Garzacocha, 5, 9, and 14 October 2007

Río Agu = Río Aguarico, desde Zábalo hasta la boca del río Lagartococha, 5 y 14 octubre 2007/ Aguarico River from Zábalo to the mouth of the Lagartococha River, 5 and 14 October 2007

Río Güe = Río Güeppí, desde el campamento Güeppicillo hasta la boca, 21 y 25 octubre 2007/ Güeppí River from Güeppicillo camp to its mouth, 21 and 25 October 2007

Tres Fro = Tres Fronteras, alrededor del centro poblado y a lo largo del río Putumayo, desde la boca de río Güeppí hasta Tres Fronteras, 25, 28, 29 y 30 octubre 2007/Vicinity of the town of Tres Fronteras, and along the Putumayo River from the mouth of the Güeppí River to Tres Fronteras, 25, 28, 29, and 30 October 2007

Abundancia/Abundance

C = Común (diariamente >10 en hábitat propio)/Common (daily >10 in proper habitat)

F = Poco común (diariamente, pero <10 en hábitat propio)/ Fairly common (daily, but <10 in proper habitat)

U = No común (menos que diariamente)/Uncommon (less than daily)

R = Raro (un o dos registros)/ Rare (one or two records)

X = Presente (abundancia no estimada)/Present (abundance not estimated)

** = Registrado solamente en el campamento satélite (ver texto del informe)/Recorded only in satellite camp (see report text)

Hábitats/Habitats

(los hábitats de cada especie están enlistados en orden de importancia/ habitats listed for each species in order of importance)

A = Aire/Overhead

B = Bosque/Forest

Bi = Bosque inundado/ Flooded forest

Bq = Bosque de quebrada/ Streamside forest

Bt = Bosque transicional entre bosque inundado y bosque de tierra firme/Transitional forest, between flooded and terra firme forest

Btf = Bosque de tierra firme/ Terra firme forest

L = Lagos y ríos/Lakes and rivers

M = Hábitats múltiples (>3)/ Multiple habitats (>3)

MR = Márgenes de ríos y lagos/ River and lake margins

P = Pantano/Marsh

ZA = Zonas abiertas (pasto, puestos militares, comunidades, entre otros)/ Open areas (pasture, miltary bases, towns, etc.)

AVES / BIRDS							
Nombre científico/ Scientific name	Nombre en castellano*	English name	Abundancia en los sitios/Abundance at sites				
			S1	S2	S3	S4	S5
Turdus hauxwelli	Mirlo de Hauxwell	Hauxwell's Thrush	–	R	R	R	R
Turdus albicollis	Mirlo Cuelliblanco	White-necked Thrush	R	R	R**	F	U
Thraupidae (26)							
Cissopis leverianus	Tangara Urraca	Magpie Tanager	–	–	–	–	–
Eucometis penicillata	Tangara Cabecigris	Gray-headed Tanager	R	–	R	R	R
Tachyphonus cristatus	Tangara Crestiflama	Flame-crested Tanager	–	R	F	F	R
Tachyphonus surinamus	Tangara Crestifulva	Fulvous-crested Tanager	–	R	U	U	U
Tachyphonus luctuosus	Tangara Hombriblanca	White-shouldered Tanager	–	R	R**	–	–
Lanio fulvus	Tangara Fulva	Fulvous Shrike-Tanager	–	F	F**	F	–
Ramphocelus nigrogularis	Tangara Carmínea Enmascarada	Masked Crimson Tanager	U	–	R	R	R
Ramphocelus carbo	Tangara Concha de Vino	Silver-beaked Tanager	U	–	–	–	–
Thraupis episcopus	Tangara Azuleja	Blue-gray Tanager	F	U	–	–	–
Thraupis palmarum	Tangara Palmera	Palm Tanager	U	U	R	F	F
Tangara nigrocincta	Tangara Enmascarada	Masked Tanager	–	–	–	R	–
Tangara xanthogastra	Tangara Ventriamarilla	Yellow-bellied Tanager	–	R	R	R	–
Tangara mexicana	Tangara Turquesa	Turquoise Tanager	R	–	R**	R	–
Tangara chilensis	Tangara Paraíso	Paradise Tanager	U	U	F	U	U
Tangara velia	Tangara Lomiopalina	Opal-rumped Tanager	R	–	–	U	–
Tangara callophrys	Tangara Cejiopalina	Opal-crowned Tanager	R	–	–	R	–
Tangara gyrola	Tangara Cabecibaya	Bay-headed Tanager	–	–	R	U	–
Tangara schrankii	Tangara Verdidorada	Green-and-gold Tanager	U	U	F	F	U
Dacnis lineata	Dacnis Carinegro	Black-faced Dacnis	R	U	U	U	–
Dacnis flaviventer	Dacnis Ventriamarillo	Yellow-bellied Dacnis	U	R	R	U	–
Dacnis cayana	Dacnis Azul	Blue Dacnis	R	R	R	U	–
Cyanerpes caeruleus	Mielero Purpúreo	Purple Honeycreeper	R	F	F	F	R
Chlorophanes spiza	Mielero Verde	Green Honeycreeper	R	U	U	U	R
Hemithraupis flavicollis	Tangara Lomiamarilla	Yellow-backed Tanager	–	–	F	U	U
Piranga rubra	Piranga Roja	Summer Tanager	–	–	–	–	R
Paroaria gularis	Cardenal Gorrirrojo	Red-capped Cardinal	C	C	–	–	–
Emberizidae (4)							
Ammodramus aurifrons	Sabanero Cejiamarillo	Yellow-browed Sparrow	–	–	–	–	–
Volatinia jacarina	Semillerito Negriazulado	Blue-black Grassquit	–	–	–	–	–
Sporophila castaneiventris	Espiguero Ventricastaño	Chestnut-bellied Seedeater	–	–	–	–	–
Oryzoborus angolensis	Semillero Menor	Chestnut-bellied Seed-Finch	–	–	–	–	–
Cardinalidae (4)							
Saltator grossus	Picogrueso Piquirrojo	Slate-colored Grosbeak	R	R	R**	U	–
Saltator maximus	Saltador Golianteado	Buff-throated Saltator	–	–	F	U	F
Saltator coerulescens	Saltador Grisáceo	Grayish Saltator	–	–	–	–	–

Río Lag	Río Agu	Río Güe	Tres Fro	Hábitats/Habitats
–	–	–	–	B
–	–	–	–	B
–	–	X	–	MR
–	–	–	–	Bi
–	–	–	–	B
–	–	–	–	B
–	–	–	–	B
–	–	–	–	B
–	–	–	–	MR, Bt
X	–	–	X	MR
X	X	X	C	MR, Bt
X	X	–	C	MR, Bt, Bi
–	–	–	–	Btf
–	–	–	–	B
–	–	–	–	B
–	–	–	–	B
–	–	–	–	B
–	–	–	–	Btf
–	–	–	–	Btf
–	–	–	–	B
–	–	–	–	B
–	–	–	–	B
–	–	–	–	B
–	–	–	–	B
–	–	–	–	B
–	–	–	–	B
–	–	–	–	Btf
C	X	–	–	MR
X	X	–	X	ZA
–	–	–	X	ZA
–	–	–	X	ZA
–	–	–	X	ZA
–	–	–	–	B
–	–	–	–	Bt, MR
–	–	–	X	MR

LEYENDA/LEGEND

* Los nombres en castellano fueron tomados de Ridgely y Greenfield (2006)./Spanish names are taken from Ridgely and Greenfield (2006).

Sitio/Site
(ver texto para detalles/ see text for details)

S1 = Garzacocha

S2 = Redondococha

S3 = Güeppicillo

S4 = Güeppí

S5 = Aguas Negras

Río Lag = Río Lagartococha, desde su desembocadura en el río Aguarico hasta Garzacocha, 5, 9 y 14 octubre 2007/Lagartococha River from its mouth to Garzacocha, 5, 9, and 14 October 2007

Río Agu = Río Aguarico, desde Zábalo hasta la boca del río Lagartococha, 5 y 14 octubre 2007/ Aguarico River from Zábalo to the mouth of the Lagartococha River, 5 and 14 October 2007

Río Güe = Río Güeppí, desde el campamento Güeppicillo hasta la boca, 21 y 25 octubre 2007/ Güeppí River from Güeppicillo camp to its mouth, 21 and 25 October 2007

Tres Fro = Tres Fronteras, alrededor del centro poblado y a lo largo del río Putumayo, desde la boca de río Güeppí hasta Tres Fronteras, 25, 28, 29 y 30 octubre 2007/Vicinity of the town of Tres Fronteras, and along the Putumayo River from the mouth of the Güeppí River to Tres Fronteras, 25, 28, 29, and 30 October 2007

Abundancia/Abundance

C = Común (diariamente >10 en hábitat propio)/Common (daily >10 in proper habitat)

F = Poco común (diariamente, pero <10 en hábitat propio)/ Fairly common (daily, but <10 in proper habitat)

U = No común (menos que diariamente)/Uncommon (less than daily)

R = Raro (un o dos registros)/ Rare (one or two records)

X = Presente (abundancia no estimada)/Present (abundance not estimated)

** = Registrado solamente en el campamento satélite (ver texto del informe)/Recorded only in satellite camp (see report text)

Hábitats/Habitats

(los hábitats de cada especie están enlistados en orden de importancia/ habitats listed for each species in order of importance)

A = Aire/Overhead

B = Bosque/Forest

Bi = Bosque inundado/ Flooded forest

Bq = Bosque de quebrada/ Streamside forest

Bt = Bosque transicional entre bosque inundado y bosque de tierra firme/Transitional forest, between flooded and terra firme forest

Btf = Bosque de tierra firme/ Terra firme forest

L = Lagos y ríos/Lakes and rivers

M = Hábitats múltiples (>3)/ Multiple habitats (>3)

MR = Márgenes de ríos y lagos/ River and lake margins

P = Pantano/Marsh

ZA = Zonas abiertas (pasto, puestos militares, comunidades, entre otros)/ Open areas (pasture, military bases, towns, etc.)

AVES / BIRDS							
Nombre científico/ Scientific name	**Nombre en castellano***	**English name**	**Abundancia en los sitios/Abundance at sites**				
			S1	**S2**	**S3**	**S4**	**S5**
Cyanocompsa cyanoides	Picogrueso Negriazulado	Blue-black Grosbeak	–	–	R**	R	U
Parulidae (2)							
Wilsonia canadensis	Reinita Collareja	Canada Warbler	–	U	R	–	–
Phaeothlypis fulvicauda	Reinita Lomianteada	Buff-rumped Warbler	–	R	F	U	R
Icteridae (10)							
Psarocolius angustifrons	Oropéndola Dorsirrojiza	Russet-backed Oropendola	U	F	U	U	F
Psarocolius viridis	Oropéndola Verde	Green Oropendola	–	U	U	F	–
Psarocolius decumanus	Oropéndola Crestada	Crested Oropendola	–	R	–	U	–
Psarocolius bifasciatus	Oropéndola Oliva	Olive Oropendola	–	R	–	C	–
Clypicterus oseryi	Oropéndola de Casco	Casqued Oropendola	–	–	–	R	–
Cacicus cela	Cacique Lomiamarillo	Yellow-rumped Cacique	C	C	F	F	F
Icterus chrysocephalus	Bolsero de Morete	Moriche Oriole	U	–	R	–	R
Lampropsar tanagrinus	Clarinero Frentiafelpado	Velvet-fronted Grackle	–	–	R	–	–
Molothrus oryzivorus	Vaquero Gigante	Giant Cowbird	–	–	–	R	–
Sturnella militaris	Pastorero Pechirrojo	Red-breasted Blackbird	–	–	–	–	–
Fringillidae (5)							
Euphonia laniirostris	Eufonia Piquigruesa	Thick-billed Euphonia	R	–	R	–	–
Euphonia chrysopasta	Eufonia Loriblanca	Golden-bellied Euphonia	F	F	F	F	R
Euphonia minuta	Eufonia Ventriblanca	White-vented Euphonia	–	R	–	R	–
Euphonia xanthogaster	Eufonia Ventrinaranja	Orange-bellied Euphonia	U	F	F	F	U
Euphonia rufiventris	Eufonia Ventrirufa	Rufous-bellied Euphonia	F	F	F	F	F
Número de especies/Number of species			**255**	**284**	**264**	**254**	**247**

Río Lag	Río Agu	Río Güe	Tres Fro	Hábitats/Habitats
–	–	–	–	B
–	–	–	–	Btf
–	–	–	–	Bq
X	X	X	C	B, MR
–	–	–	–	Btf
–	–	–	X	B
–	X	–	–	B
–	–	–	–	Btf
C	X	C	C	M
X	–	–	–	B
–	–	–	–	Bi
–	C	–	X	MR
–	–	–	X	ZA
–	–	–	–	MR
X	–	–	–	B
–	–	–	–	Btf
X	–	–	–	B, MR
–	–	X	–	B
70	82	62	100	

LEYENDA/LEGEND

* Los nombres en castellano fueron tomados de Ridgely y Greenfield (2006)./Spanish names are taken from Ridgely and Greenfield (2006).

Sitio/Site
(ver texto para detalles/see text for details)

S1 = Garzacocha

S2 = Redondococha

S3 = Güeppicillo

S4 = Güeppí

S5 = Aguas Negras

Río Lag = Río Lagartococha, desde su desembocadura en el río Aguarico hasta Garzacocha, 5, 9 y 14 octubre 2007/Lagartococha River from its mouth to Garzacocha, 5, 9, and 14 October 2007

Río Agu = Río Aguarico, desde Zábalo hasta la boca del río Lagartococha, 5 y 14 octubre 2007/Aguarico River from Zábalo to the mouth of the Lagartococha River, 5 and 14 October 2007

Río Güe = Río Güeppí, desde el campamento Güeppicillo hasta la boca, 21 y 25 octubre 2007/Güeppí River from Güeppicillo camp to its mouth, 21 and 25 October 2007

Tres Fro = Tres Fronteras, alrededor del centro poblado y a lo largo del río Putumayo, desde la boca de río Güeppí hasta Tres Fronteras, 25, 28, 29 y 30 octubre 2007/Vicinity of the town of Tres Fronteras, and along the Putumayo River from the mouth of the Güeppí River to Tres Fronteras, 25, 28, 29, and 30 October 2007

Abundancia/Abundance

C = Común (diariamente >10 en hábitat propio)/Common (daily >10 in proper habitat)

F = Poco común (diariamente, pero <10 en hábitat propio)/Fairly common (daily, but <10 in proper habitat)

U = No común (menos que diariamente)/Uncommon (less than daily)

R = Raro (un o dos registros)/Rare (one or two records)

X = Presente (abundancia no estimada)/Present (abundance not estimated)

^^ = Registrado solamente en el campamento satélite (ver texto del informe)/Recorded only in satellite camp (see report text)

Hábitats/Habitats

(los hábitats de cada especie están enlistados en orden de importancia/habitats listed for each species in order of importance)

A = Aire/Overhead

B = Bosque/Forest

Bi = Bosque inundado/Flooded forest

Bq = Bosque de quebrada/Streamside forest

Bt = Bosque transicional entre bosque inundado y bosque de tierra firme/Transitional forest, between flooded and terra firme forest

Btf = Bosque de tierra firme/Terra firme forest

L = Lagos y ríos/Lakes and rivers

M = Hábitats múltiples (>3)/Multiple habitats (>3)

MR = Márgenes de ríos y lagos/River and lake margins

P = Pantano/Marsh

ZA = Zonas abiertas (pasto, puestos militares, comunidades, entre otros)/Open areas (pasture, miltary bases, towns, etc.)

**Mamíferos Medianos
y Grandes/Large and
Medium-sized Mammals**

Mamíferos registrados o potencialmente presentes en cinco sitios en el interfluvio de los ríos Napo y Putumayo, generada con información del trabajo de campo realizado en el inventario rápido biológico Güeppí-Cuyabeno, Perú-Ecuador, 5–29 de octubre de 2007, por Adriana Bravo y Randall Borman. Ordenes y familias según el sistema de Emmons y Feer (1997).

MAMÍFEROS MEDIANOS Y GRANDES / LARGE AND MEDIUM-SIZED MAMMALS					
Nombre científico/ Scientific name	Nombre Secoya/ Secoya name	Nombre Cofan/ Cofan name	Nombre común en Perú/Common name in Peru	Nombre común en Ecuador/Common name in Ecuador	
MARSUPIALIA (5)					
Didelphidae (5)					
*Caluromys lanatus***	së'së	–	zorro	raposa	
Chironectes minimus	së'së	–	zorro de agua	raposa de agua	
Didelphis marsupialis	së'së	–	zorro	raposa	
Metachirus nudicaudatus	së'së	–	pericote	raposa	
*Philander andersoni***	së'së	–	zorro	raposa	
XENARTHRA (9)					
Myrmecophagidae (3)					
*Cyclopes didactylus***	u'tocri	–	serafín	oso hormiguero sedoso	
Myrmecophaga tridactyla	mie	betta	oso hormiguero	oso hormiguero	
Tamandua tetradactyla	yuyu	itsu	shiui	oso hormiguero	
Bradypodidae (1)					
*Bradypus variegatus**	tsiaya u'u	san'di	pelejo	perezoso	
Megalonychidae (1)					
Choloepus didactylus	u'u	san'di	pelejo colorado	perezoso	
Dasypodidae (4)					
Cabassous unicinctus	jamu	–	trueno carachupa	armadillo	
Dasypus kappleri	jamu	rande iji	carachupa	armadillo	
Dasypus novemcinctus	jamu	iji	carachupa	armadillo	
Priodontes maximus	odeo	catimba	carachupa mama	armadillo gigante	

LEYENDA/
LEGEND

* = Registrado anteriormente por R. Borman/Registered previously by R. Borman

** = Esperado, pero no registrado/ Expected, but not recorded

*** = En Garzacocha, Redondococha y Güeppicillo, en más de una oportunidad, observamos una ardilla que podría ser *Sciurus ignitus* o *S. aestuans*, pero no fue posible identificarla en el campo./ In Garzacocha, Redondococha, and Güeppicillo, on more than one occasion, we observed a squirrel that may have been *Sciurus ignitus* or *S. aestuans* but could not be identified.

Nombre Secoya/Secoya name

Los nombres en Secoya se consiguieron gracias a la cordial gentileza de Wilder Coquinche Macanilla, Oscar Vásquez Macanilla, Leonel Cabrera Levy y Rodrigo Pacaya Levi, de las comunidades Secoya de Mañoko, Vencedor Guajoya, Santa Rita y Mashunta, respectivamente./Secoya names provided by Wilder Coquinche Macanilla, Oscar Vásquez Macanilla, Leonel Cabrera Levy, and Rodrigo Pacaya Levi, from the communities of Mañoko, Vencedor Guajoya, Santa Rita, and Mashunta, respectively.

Nombre Cofan/Cofan name

Los nombres Cofan fueron provistos por Randall Borman./Cofan names provided by Randall Borman.

Nombres en español/Spanish names

Los nombres en español provienen de Tirira (2007) y de la gente local que participó en el inventario./Spanish names are from Tirira (2007) and local Peruvian and Ecuadorian people who participated in the inventory.

Nombres en inglés/English names

Los nombres en inglés provienen de Emmons y Feer (1997)./English names are from Emmons and Feer (1997).

Mammals registered or potentially present at five sites in the interfluvial area of the Napo and Putumayo rivers, from field work during the rapid biological inventory of the the Güeppí-Cuyabeno conservation area, Peru-Ecuador, 5–29 October 2007, by Adriana Bravo and Randy Borman. Orders and families arranged according to Emmons y Feer (1997).

Nombre en inglés/ English name	Registros en los sitios/Records by site					Estatus de conservación/Conservation status			
	S1	S2	S3	S4	S5	UICN/ IUCN	CITES	INRENA	Lista Roja de Ecuador/ Red List of Ecuador
western woolly opossum	–	–	–	–	–	LC	–	–	DD
water opossum	O	–	–	–	–	LC	–	–	NT
common opossum	–	O	–	–	–	LC	–	–	–
brown four-eyed opossum	–	–	O	–	–	LC	–	–	–
Anderson's gray four-eyed opossum	–	–	–	–	–	LC	–	–	–
silky anteater	–	–	–	–	–	LC	–	–	DD
giant anteater	H, R	–	H, R	R	H, R	VU	II	VU	DD
southern tamandua	–	–	O	–	–	LC	–	–	–
brown-throated three-toed sloth	–	–	–	–	–	LC	II	–	–
southern two-toed sloth	–	O	O	–	–	LC	III	–	–
southern naked-tailed armadillo	–	–	R	–	–	LC	–	–	DD
great long-nosed armadillo	–	R	R	R	R	LC	–	–	DD
nine-banded long-nosed armadillo	–	O, R	R	R	R	LC	–	–	–
giant armadillo	–	R	R	R	R	VU	I	VU	DD

Sitios/Sites

S1 = Garzacocha

S2 = Redondococha

S3 = Güeppicillo

S4 = Güeppí

S5 = Aguas Negras

Tipo de registro/Basis for record

O = Observación directa/ Direct observation

H = Huellas/Tracks

R = Rastros (alimentos, heces, madrigueras, etc.)/Signs (food, scats, den, etc.)

V = Vocalizaciones/Calls

Categorías UICN/IUCN categories (UICN 2007)

EN = En peligro/Endangered

VU = Vulnerable

NT = Casi amenazada/Near threatened

LC = Bajo riesgo/Least concern

DD = Datos insuficientes/Data deficient

Apéndices CITES/CITES appendices (CITES 2007)

I = En vía de extinción/ Threatened with extinction

II = Vulnerables o potencialmente amenazadas/Vulnerable or potentially threatened

III = Reguladas/Regulated

Categorías INRENA/INRENA categories (INRENA 2004)

EN = En peligro/Endangered

VU = Vulnerable

NT = Casi Amenazado/Near Threatened

Categorías Lista Roja de los mamíferos del Ecuador/Red List of mammals of Ecuador categories (Tirira 2007)

CE = En peligro crítico/Critically endangered

EN = En peligro/Endangered

VU = Vulnerable

NT = Casi Amenazado/Near threatened

DD = Datos insuficientes/Data deficient

MAMÍFEROS MEDIANOS Y GRANDES / LARGE AND MEDIUM-SIZED MAMMALS				
Nombre científico/ Scientific name	Nombre Secoya/ Secoya name	Nombre Cofan/ Cofan name	Nombre común en Perú/Common name in Peru	Nombre común en Ecuador/Common name in Ecuador
PRIMATES (10)				
Callitrichidae (2)				
Cebuella pygmaea	*nucuasisi*	–	leoncito	leoncillo
Saguinus nigricollis	*neasisi*	*chi'me*	pichico	chichico
Cebidae (8)				
Alouatta seniculus	*emu*	*a'cho*	coto	mono aullador
Aotus vociferans	*ë'të*	*macoro*	musmuqui	mono nocturno
Cebus albifrons	*taque*	*ongu*	machín blanco	mono capuchino
Callicebus cupreus	*hua'o*	*cu'a tso'ga*	tocón	cotoncillo
Callicebus torquatus	*hua'o*	–	tocón	cotoncillo
Lagothrix lagothricha	*naso*	*chusava con'si*	choro	chorongo
Pithecia monachus	*hua'osu'tu*	–	huapo negro	parahuaco
Saimiri sciureus	*posisi*	*fatsi*	fraile	mono ardilla
CARNIVORA (16)				
Canidae (2)				
Atelocynus microtis	*wëyai*	*tsampisu ain rande*	perro de monte	perro de monte
*Speothos venaticus**	*wëyai*	*tsampisu ain*	perro de monte	perro de monte
Procyonidae (4)				
Bassaricyon gabbii	*pitsuyo*	*consinsi*	chosna	olingo
Nasua nasua	*cueji*	*coshombi*	achuni, coatí	coati
Potos flavus	*ñamicue*	*consinsi*	chosna	cusumbo
*Procyon cancrivorus**	–	*quiya to'to*	–	oso lavador
Mustelidae (5)				
Eira barbara	*cope*	*pando*	manco	cabeza de mate

LEYENDA/
LEGEND

* = Registrado anteriormente por R. Borman/Registered previously by R. Borman

** = Esperado, pero no registrado/ Expected, but not recorded

*** = En Garzacocha, Redondococha y Güeppicillo, en más de una oportunidad, observamos una ardilla que podría ser *Sciurus ignitus* o *S. aestuans*, pero no fue posible identificarla en el campo./ In Garzacocha, Redondococha, and Güeppicillo, on more than one occasion, we observed a squirrel that may have been *Sciurus ignitus* or *S. aestuans* but could not be identified.

Nombre Secoya/Secoya name

Los nombres en Secoya se consiguieron gracias a la cordial gentileza de Wilder Coquinche Macanilla, Oscar Vásquez Macanilla, Leonel Cabrera Levy y Rodrigo Pacaya Levi, de las comunidades Secoya de Mañoko, Vencedor Guajoya, Santa Rita y Mashunta, respectivamente./Secoya names provided by Wilder Coquinche Macanilla, Oscar Vásquez Macanilla, Leonel Cabrera Levy, and Rodrigo Pacaya Levi, from the communities of Mañoko, Vencedor Guajoya, Santa Rita, and Mashunta, respectively.

Nombre Cofan/Cofan name

Los nombres Cofan fueron provistos por Randall Borman./Cofan names provided by Randall Borman.

Nombres en español/Spanish names

Los nombres en español provienen de Tirira (2007) y de la gente local que participó en el inventario./Spanish names are from Tirira (2007) and local Peruvian and Ecuadorian people who participated in the inventory.

Nombres en inglés/English names

Los nombres en inglés provienen de Emmons y Feer (1997)./English names are from Emmons and Feer (1997).

Nombre en inglés/ English name	Registros en los sitios/Records by site					Estatus de conservación/Conservation status			
	S1	S2	S3	S4	S5	UICN/ IUCN	CITES	INRENA	Lista Roja de Ecuador/ Red List of Ecuador
pygmy marmoset	–	–	O, V	–	–	LC	II	–	–
black-mantled tamarin	O, V	O, V	O, V	O, V	O, V	LC	–	–	–
red howler monkey	O, V	O, V	O, V	O, V	O, V	LC	II	NT	–
night monkey	O, V	O, V	O, V	V	O, V	LC	II	–	–
white-fronted capuchin monkey	O, V	O, V	O, V	O, V	O, V	LC	II	–	–
dusky titi monkey	–	O, V	–	–	–	LC	II	–	–
yellow-handed titi monkey	–	V	O, V	O, V	–	LC	II	–	–
common woolly monkey	O, V	O, V	O, V	O, V	O, V	LC	II	VU	VU
monk saki monkey	O, V	O, V	O, V	O, V	O, V	LC	II	–	–
common squirrel monkey	O, V	O, V	O, V	O, V	O, V	LC	II	–	–
short-eared dog	–	–	–	O	–	DD	–	–	DD
bush dog	–	–	–	–	–	VU	I	–	VU
olingo	–	O, V	O, V	–	–	LC	–	–	–
South American coati	–	O	O	–	–	LC	–	–	–
kinkajou	–	–	O, V	O, V	V	LC	III	–	–
crab-eating raccoon	–	–	–	–	–	LC	–	–	–
tayra	O	–	O	–	O	LC	III	–	–

Sitios/Sites

S1 = Garzacocha

S2 = Redondococha

S3 = Güeppicillo

S4 = Güeppí

S5 = Aguas Negras

Tipo de registro/Basis for record

O = Observación directa/ Direct observation

H = Huellas/Tracks

R = Rastros (alimentos, heces, madrigueras, etc.)/Signs (food, scats, den, etc.)

V = Vocalizaciones/Calls

Categorías UICN/IUCN categories (UICN 2007)

EN = En peligro/Endangered

VU = Vulnerable

NT = Casi amenazada/Near threatened

LC = Bajo riesgo/Least concern

DD = Datos insuficientes/Data deficient

Apéndices CITES/CITES appendices (CITES 2007)

I = En vía de extinción/ Threatened with extinction

II = Vulnerables o potencialmente amenazadas/Vulnerable or potentially threatened

III = Reguladas/Regulated

Categorías INRENA/INRENA categories (INRENA 2004)

EN = En peligro/Endangered

VU = Vulnerable

NT = Casi Amenazado/Near Threatened

Categorías Lista Roja de los mamíferos del Ecuador/Red List of mammals of Ecuador categories (Tirira 2007)

CE = En peligro crítico/Critically endangered

EN = En peligro/Endangered

VU = Vulnerable

NT = Casi Amenazado/Near threatened

DD = Datos insuficientes/Data deficient

MAMÍFEROS MEDIANOS Y GRANDES / LARGE AND MEDIUM-SIZED MAMMALS					
Nombre científico/ Scientific name	Nombre Secoya/ Secoya name	Nombre Cofan/ Cofan name	Nombre común en Perú/Common name in Peru	Nombre común en Ecuador/Common name in Ecuador	
Galictis vittata	–	*joven*	sacha perro	hurón	
Lontra longicaudis	*je'wayo*	*choni*	nutria	nutria	
*Mustela africana***	–	–	comadreja	comadreja	
Pteronura brasiliensis	*cuajeyo*	*sararo*	lobo de río	nutria gigante	
Felidae (5)					
*Herpailurus yaguaroundi**	*neayai*	*quiya ttesi*	yaguarundi	yaguarundi	
Leopardus pardalis	*piayai*	*chimindi*	tigrillo	tigrillo	
*Leopardus wiedii**	*oyai*	*totopa chimindi*	tigrillo	tigrillo	
Panthera onca	*jaiyai*	*rande ttesi, zen'zia ttesi*	otorongo	jaguar	
Puma concolor	*mayai*	*cuvo ttesi*	tigre colorado, puma	puma	
CETACEA (2)					
Platanistidae (1)					
Inia geoffrensis	*mahüehüe*	–	bufeo colorado	delfín amazónico	
Delphinidae (1)					
Sotalia fluviatilis	*neahüehüe*	–	bufeo	delfín gris	
PERISSODACTYLA (1)					
Tapiridae (1)					
Tapirus terrestris	*wequë*	*ccovi*	sachavaca	danta	
ARTIODACTYLA (4)					
Tayassuidae (2)					
Pecari tajacu	*ya'wë*	*saquira*	sajino	sajino	
Tayassu pecari	*se'tse*	*munda*	huangana	pecari	
Cervidae (2)					

LEYENDA/
LEGEND

* = Registrado anteriormente por R. Borman/Registered previously by R. Borman

** = Esperado, pero no registrado/ Expected, but not recorded

*** = En Garzacocha, Redondococha y Güeppicillo, en más de una oportunidad, observamos una ardilla que podría ser *Sciurus ignitus* o *S. aestuans*, pero no fue posible identificarla en el campo./ In Garzacocha, Redondococha, and Güeppicillo, on more than one occasion, we observed a squirrel that may have been *Sciurus ignitus* or *S. aestuans* but could not be identified.

Nombre Secoya/Secoya name

Los nombres en Secoya se consiguieron gracias a la cordial gentileza de Wilder Coquinche Macanilla, Oscar Vásquez Macanilla, Leonel Cabrera Levy y Rodrigo Pacaya Levi, de las comunidades Secoya de Mañoko, Vencedor Guajoya, Santa Rita y Mashunta, respectivamente./Secoya names provided by Wilder Coquinche Macanilla, Oscar Vásquez Macanilla, Leonel Cabrera Levy, and Rodrigo Pacaya Levi, from the communities of Mañoko, Vencedor Guajoya, Santa Rita, and Mashunta, respectively.

Nombre Cofan/Cofan name

Los nombres Cofan fueron provistos por Randall Borman./Cofan names provided by Randall Borman.

Nombres en español/Spanish names

Los nombres en español provienen de Tirira (2007) y de la gente local que participó en el inventario./Spanish names are from Tirira (2007) and local Peruvian and Ecuadorian people who participated in the inventory.

Nombres en inglés/English names

Los nombres en inglés provienen de Emmons y Feer (1997)./English names are from Emmons and Feer (1997).

Nombre en inglés/ English name	Registros en los sitios/Records by site					Estatus de conservación/Conservation status			
	S1	S2	S3	S4	S5	UICN/ IUCN	CITES	INRENA	Lista Roja de Ecuador/ Red List of Ecuador
great grison	–	–	O	–	–	LC	III	–	–
Neotropical otter	–	–	O	–	–	DD	I	–	VU
Amazon weasel	–	–	–	–	–	DD	–	–	–
giant otter	–	–	O	O	O, V	EN	I	EN	CE
jaguarundi	–	–	–	–	–	LC	I	–	DD
ocelot	–	H	–	–	–	LC	I	–	NT
margay	–	–	–	–	–	LC	I	–	NT
jaguar	H	H	H	H	H	NT	I	NT	VU
puma	–	O, H	–	O	–	NT	I	NT	VU
pink river dolphin	O	O	O	–	–	VU	II	–	EN
gray dolphin	O	–	–	–	–	DD	I	–	EN
Brazilian tapir	H	O, H	H	O, H	H, R	VU	II	VU	NT
collared peccary	O, H	O, H	O, H	O, H	O, H	LC	II	–	–
white-lipped peccary	H	H	H	–	H, V	LC	II	–	–

Sitios/Sites

S1 = Garzacocha

S2 = Redondococha

S3 = Güeppicillo

S4 = Güeppí

S5 = Aguas Negras

Tipo de registro/Basis for record

O = Observación directa/ Direct observation

H = Huellas/Tracks

R = Rastros (alimentos, heces, madrigueras, etc.)/Signs (food, scats, den, etc.)

V = Vocalizaciones/Calls

Categorías UICN/IUCN categories (UICN 2007)

EN = En peligro/Endangered

VU = Vulnerable

NT = Casi amenazada/Near threatened

LC = Bajo riesgo/Least concern

DD = Datos insuficientes/Data deficient

Apéndices CITES/CITES appendices (CITES 2007)

I = En vía de extinción/ Threatened with extinction

II = Vulnerables o potencialmente amenazadas/Vulnerable or potentially threatened

III = Reguladas/Regulated

Categorías INRENA/INRENA categories (INRENA 2004)

EN = En peligro/Endangered

VU = Vulnerable

NT = Casi Amenazado/Near Threatened

Categorías Lista Roja de los mamíferos del Ecuador/Red List of mammals of Ecuador categories (Tirira 2007)

CE = En peligro crítico/Critically endangered

EN = En peligro/Endangered

VU = Vulnerable

NT = Casi Amenazado/Near threatened

DD = Datos insuficientes/Data deficient

**Mamíferos Medianos
y Grandes/Large and
Medium-sized Mammals**

MAMÍFEROS MEDIANOS Y GRANDES / LARGE AND MEDIUM-SIZED MAMMALS					
Nombre científico/ Scientific name	**Nombre Secoya/ Secoya name**	**Nombre Cofan/ Cofan name**	**Nombre común en Perú/Common name in Peru**	**Nombre común en Ecuador/Common name in Ecuador**	
Mazama americana	*manama*	*rande shan'cco*	venado colorado	venado colorado	
Mazama gouazoubira	*a'tsonama*	*ciafaje shan'cco*	venado gris	venado gris	
SIRENIA (1)					
Trichechidae (1)					
Trichechus inunguis	*tsiaya hueq̃ue*	–	manatí	manatí	
RODENTIA (8)					
Sciuridae (3)*					
Microsciurus flaviventer	*cuirisi'tsi*	*tiriri*	ardilla	ardilla	
Sciurus igniventris	*mawa'ru*	*tutuye*	ardilla colorada	ardilla	
Sciurus spadiceus	*mawa'ru*	–	ardilla colorada	ardilla	
Erethizontidae (1)					
*Coendou prehensilis**	*so'to*	–	cashacushillo	puerco espín	
Hydrochaeridae (1)					
Hydrochaeris hydrochaeris	*cueso*	–	ronsoco	capibara	
Agoutidae (1)					
Agouti paca	*seme*	*chanange*	majás	guanta	
Dasyproctidae (2)					
Dasyprocta fuliginosa	*wẽ*	*quiya*	añuje	guatusa	
Myoprocta pratti	*hua'tso*	*cu'no*	punchana	guatín	
LAGOMORPHA (1)					
Leporidae (1)					
Sylvilagus brasiliensis	*kui*	–	conejo	conejo	

LEYENDA/
LEGEND

* = Registrado anteriormente por R. Borman/Registered previously by R. Borman

** = Esperado, pero no registrado/ Expected, but not recorded

*** = En Garzacocha, Redondococha y Güeppicillo, en más de una oportunidad, observamos una ardilla que podría ser *Sciurus ignitus* o *S. aestuans*, pero no fue posible identificarla en el campo./ In Garzacocha, Redondococha, and Güeppicillo, on more than one occasion, we observed a squirrel that may have been *Sciurus ignitus* or *S. aestuans* but could not be identified.

Nombre Secoya/Secoya name

Los nombres en Secoya se consiguieron gracias a la cordial gentileza de Wilder Coquinche Macanilla, Oscar Vásquez Macanilla, Leonel Cabrera Levy y Rodrigo Pacaya Levi, de las comunidades Secoya de Mañoko, Vencedor Guajoya, Santa Rita y Mashunta, respectivamente./Secoya names provided by Wilder Coquinche Macanilla, Oscar Vásquez Macanilla, Leonel Cabrera Levy, and Rodrigo Pacaya Levi, from the communities of Mañoko, Vencedor Guajoya, Santa Rita, and Mashunta, respectively.

Nombre Cofan/Cofan name

Los nombres Cofan fueron provistos por Randall Borman./Cofan names provided by Randall Borman.

Nombres en español/Spanish names

Los nombres en español provienen de Tirira (2007) y de la gente local que participó en el inventario./Spanish names are from Tirira (2007) and local Peruvian and Ecuadorian people who participated in the inventory.

Nombres en inglés/English names

Los nombres en inglés provienen de Emmons y Feer (1997)./English names are from Emmons and Feer (1997).

Nombre en inglés/ English name	Registros en los sitios/Records by site					Estatus de conservación/Conservation status			
	S1	S2	S3	S4	S5	UICN/ IUCN	CITES	INRENA	Lista Roja de Ecuador/ Red List of Ecuador
red brocket deer	H	O, H	O, H	O, H	O, H	DD	–	–	–
gray brocket deer	H	–	O, H	–	–	DD	–	–	DD
Amazonian manatee	R	–	–	–	–	VU	I	VU	CE
Amazon dwarf squirrel	O, V	O	–	O	O	LC	–	–	–
Northern Amazon red squirrel	O, V	O	O	O	O	LC	–	–	–
Southern Amazon red squirrel	O, V	O	O	O	–	LC	–	–	–
Brazilian porcupine	–	–	–	–	–	LC	–	–	–
capybara	O, H	H	–	–	–	LC	–	–	–
paca	O	O	O	O	R	LC	III	–	–
black agouti	O, V	O, V	O	O, V	O, V	LC	–	–	–
green acouchy	O, V	O, V	O	O, V	O, V	LC	–	–	–
Brazilian rabbit	–	–	–	–	–	LC	–	–	–

Sitios/Sites

S1 = Garzacocha

S2 = Redondococha

S3 = Güeppicillo

S4 = Güeppí

S5 = Aguas Negras

Tipo de registro/Basis for record

O = Observación directa/ Direct observation

H = Huellas/Tracks

R = Rastros (alimentos, heces, madrigueras, etc.)/Signs (food, scats, den, etc.)

V = Vocalizaciones/Calls

Categorías UICN/IUCN categories (UICN 2007)

EN = En peligro/Endangered

VU = Vulnerable

NT = Casi amenazada/Near threatened

LC = Bajo riesgo/Least concern

DD = Datos insuficientes/Data deficient

Apéndices CITES/CITES appendices (CITES 2007)

I = En vía de extinción/ Threatened with extinction

II = Vulnerables o potencialmente amenazadas/Vulnerable or potentially threatened

III = Reguladas/Regulated

Categorías INRENA/INRENA categories (INRENA 2004)

EN = En peligro/Endangered

VU = Vulnerable

NT = Casi Amenazado/Near Threatened

Categorías Lista Roja de los mamíferos del Ecuador/Red List of mammals of Ecuador categories (Tirira 2007)

CE = En peligro crítico/Critically endangered

EN = En peligro/Endangered

VU = Vulnerable

NT = Casi Amenazado/Near threatened

DD = Datos insuficientes/Data deficient

Murciélagos/Bats

Especies y número de murciélagos registrados por Adriana Bravo en Garzacocha (Ecuador) y Redondococha (Perú), 5–14 de octubre de 2007, durante el inventario rapido biológico realizado en la Reserva de Producción Faunística Cuyabeno (Ecuador) y la Zona Reservada Güeppí (Perú)./Species and number of bats registered by Adriana Bravo at Garzacocha (Ecuador) and Redondococha (Peru), 5–14 October 2007, during the rapid biological inventory in the Reserva de Producción Faunística Cuyabeno (Ecuador) and the Zona Reservada Güeppí (Peru).

MURCIÉLAGOS/BATS					
Nombre científico/ Scientific name	Nombre en español/ Spanish name	Nombre en inglés/ English name	Número de registros/ Number of individuals recorded		Estatus de conservación/ Conservation status*
			Sitio/Site Garzacocha	Sitio/Site Redondococha	UICN/IUCN
Emballonuridae (1)					
Rhynchonycteris naso	murciélago narigudo	long-nosed bat	0	10	LR/lc
Noctilionidae (1)					
Noctilio leporinus	murciélago pescador	bulldog or fishing bat	>10	>10	LR/lc
Phyllostomidae (7)					
Phyllostominae (4)					
Lophostoma silvicolum	murciélago orejudo	round-eared bat	0	1	LR/lc
Mimon crenulatum	murciélago rayado	hairy-nosed bat	1	0	LR/lc
Phyllostomus elongatus	murciélago nariz de lanza	spear-nosed bat	4	1	LR/lc
Tonatia saurophila	murciélago de orejas redondas	round-eared bat	1	0	LR/lc
Carolliinae (1)					
Carollia perspicillata	murciélago de cola corta	short-tailed fruit bat	1	0	LR/lc
Stenodematinae (2)					
Artibeus obscurus	murciélago frutero	large fruit bat	1	5	LR/nt
Artibeus lituratus	murciélago frutero	large fruit bat	1	0	LR/lc

LEYENDA/ LEGEND	* = Las especies han sido evaluadas por CITES (2007), INRENA (2004) y Lista Roja de mamíferos del Ecuador (Tirira 2007) pero no llevan categoría bajo sus criterios./	These species have been evaluated by CITES (2007), INRENA (2004), and Red List of Mammals of Ecuador (Tirira 2007) but did not meet their criteria for categorization.	**Categorías UICN/IUCN categories (UICN 2007)** LR/nt = Bajo riesgo, casi amenazada/ Lower risk, near threatened LR/lc = Riesgo menor, poca preocupación/Low risk, least concern

**Datos Demográficos Humanos/
Human Demography**

Datos demográficos de las comunidades peruanas visitadas por el equipo social[1] durante el inventario biológico rápido de la Zona Reservada Güeppí, Perú, 13–29 de octubre de 2007. Compilado por Mario Pariona Fonseca, Dora Ramírez Dávila, Anselmo Sandoval Estrella, Teofilo Torres Tuesta y Alaka Wali con datos de Ibis (2003–2006), APECO-ECO (2006) y Chirif (2007)./

DATOS DEMOGRÁFICOS HUMANOS / HUMAN DEMOGRAPHY			
Nombre de la comunidad/Community name	**Ubicación/Location**		**Tipo de comunidad/Type of community**
	Río principal/Main river	Cuenca/Watershed	
Mañoko Daripë (Puerto Estrella)	Napo	Lagartococha	*Airo Pai* (Secoya) por reconocer/ pending legal status
Angoteros	Napo	Napo	*Naporuna* (Kichwa)
Torres Causana	Napo	Napo	*Naporuna* (Kichwa)
Cabo Pantoja	Napo	Napo	por titular (mestiza)
Guajoya (Vencedor)	Napo	Santa María	*Airo Pai* (Secoya)
Mashunta	Putumayo	Angusilla	*Airo Pai* (Secoya)
Santa Teresita	Putumayo	Putumayo	*Murui* (Huitoto)
Miraflores	Putumayo	Putumayo	*Naporuna* (Kichwa)
Tres Fronteras	Putumayo	Putumayo	por titular (mestiza)/untitled (mestizo)
Zambelín de Yaricaya	Putumayo	Yaricaya	*AiroPai* (Secoya)
San Martín de Porres	Putumayo	Yubineto	*Airo Pai* (Secoya)
Nuevo Belén	Putumayo	Yubineto	*Airo Pai* (Secoya) anexo de San Martín/ associated with San Martín
Bellavista	Putumayo	Yubineto	*Airo Pai* (Secoya) anexo de San Martín/ associated with San Martín
Santa Rita	Putumayo	Yubineto	*Airo Pai* (Secoya) anexo de San Martín/ associated with San Martín

Demographic data for the Peruvian communities visited by the social inventory team[1] during the rapid biological inventory of the Zona Reservada Güeppí, 13–29 October 2007. Compiled by Mario Pariona Fonseca, Dora Ramírez Dávila, Anselmo Sandoval Estrella, Teofilo Torres Tuesta, and Alaka Wali from data in Ibis (2003–2006), APECO-ECO (2006), and Chirif (2007).

Datos Demográficos Humanos/ Human Demography

Tierras tituladas/ Titled lands[2] (ha)	Habitantes/ Residents	Número de familias/Number of families	Solicitud de ampliación de territorio/Land title expansion requested	Año de asentamiento/ Year of establishment[3]
0	18	5	n/a	2003
9,520	857	180	sí	1964
6,016	187	40	sí	1947
0	302	65	n/a	1941
1,000	130	30	sí	1970
22,378	74	19	sí	1984
8,055	96	15	sí	1980
3,912	96	19	no	1987
0	162	34	n/a	1981
16,928	36	8	no	1989
59,332	55	11	sí	1960
0	84	18	n/a	1987
0	135	34	n/a	1978
0	62	13	n/a	1990

[1] El coordinador de logística del inventario, Álvaro del Campo, recopiló la información de la comunidad *Airo Pai* (Secoya) Mañoko Daripë, lo cual no fue visitada por el equipo social./ Logistics coordinator for the inventory, Álvaro del Campo, compiled the information for Mañoko Daripë, the *Airo Pai* (Secoya) community that was not visited by the social inventory team.

[2] Los periodos de titulación fluctúan entre los años 1975 a 1991./Years for titling vary from 1975 to 1991.

[3] Estamos tomando como referencia de asentamiento la creación de escuelas de educación primaria. Cabe indicar que para el caso del pueblo *Airo Pai* (Secoya), su antigüedad en la zona data de 1500 (Belaunde 2004). Según los moradores, el pueblo de Angoteros fue establecido en el año 1877, cuando el Patrón cauchero agrupó a los *Naporuna* (Kichwa) en su fundo./We considered a community as established when it created a school for primary education. Ancestral occupation of land by the *Airo Pai* (Secoya) dates from the year 1500 (Belaunde 2004). According to residents, Angoteros was established in 1877 when the local rubber baron settled *Naporuna* (Kichwa) laborers on his plantation.

**Uso de Recursos Naturales/
Human Natural Resource Use**

Áreas y tipos de uso de los recursos naturales en las comunidades peruvianas visitadas por el equipo social durante el inventario biológico rápido de la Zona Reservada Güeppí, Perú, 13–29 de octubre de 2007. Miembros del equipo: Mario Pariona Fonseca, Dora Ramírez Dávila, Anselmo Sandoval Estrella, Teofilo Torres Tuesta y Alaka Wali.

Nombre de la comunidad/ Name of community	Tiempo (en minutos) de caminata a las chacras desde la comunidad/Time (in minutes) to walk from fields to community	Sitios importantes de mitayo/ Major hunting sites	Zonas de mitayo/ Hunting zones	Tiempo de viaje (en horas) para el mitayo/ Travel time (in hours) to hunting site
Mañoko Daripë (Puerto Estrella)[1]	30	río Lagartococha, quebrada Huiririma, collpas (salados)	3	0.3 a 6
Angoteros	60	quebradas San José, Yanayaku I, Chontilla, Loroyaku, Batiyaku, Moenayaku	8	2 a 12
Torres Causana	30–60	quebradas Secoya, Santa Maria, y aguajales	5	1
Guajoya (Vencedor)	30–60	Huai Siaya, ríos Tambor, Siecoya, y Santa María	6	0.3 a 12
Mashunta	30	quebradas Huitoto, Yarina, Santa Rosa, Sabalillo, Shupai, Huiririma, Ponsaya, Puerto Izango, y aguajal de Angusilla.	9	1 a 24
Santa Teresita	30	parte superior del río Angusilla, quebradas Agua Negra y Agua Blanca, parte media y baja del río Peneya	5	0.3 a 12
Miraflores	30	quebradas Agua Blanca, Agua Blanquilla, caños de Agua Negra y Agua Negra Uno	3	24 (a remo/ by canoe)
Tres Fronteras	30–60	Puerto Paña, caño Negro, Quince Monos, Hito Perú, Cano Mahuillo, Caño Isa	6	3 a 18
Zambelín de Yaricaya	30	quebradas Yaricaya, Yaricayillo, Agua Negra, y Agua Blanca,	6	0.3 a 5
San Martín de Porres	30–60	nacientes de la quebrada Gárate y quebrada Pava	3	0.3 a 6
Nuevo Belén	30–60	entre Yubineto y Paujilillo, Rumiyacu, margen izquierda de Paujilillo, Agua blanca, Agua Negra, y camino a Mashunta	6	1 a 12
Bellavista	30–60	nacientes de la quebrada Gárate y camino a río Campuya, camino a la quebrada Ferecilla.	8	2 a 6
Santa Rita	30–90	ambas márgenes del río Yubineto y quebradas Paujilillo y Pava	3	1 a 6

LEYENDA/ LEGEND

[1] El coordinador de logística del inventario, Álvaro del Campo, recopiló la información de la comunidad *Airo Pai* (Secoya) Mañoko Daripë, lo cual no fue visitada por el equipo social./Logistics coordinator for the inventory, Álvaro del Campo, compiled the information for Mañoko Daripë, the *Airo Pai* (Secoya) community that was not visited by the social inventory team.

[2] Hemos definido las categorías pequeño, mediano y grande de acuerdo al número de cabezas de ganado (1–5 ganados es pequeño, 5–10 es mediano y más que 10 es grande)./Small means 1–5 cattle, medium 5–10, large >10).

Natural resource areas, and kinds of natural resources, used in the Peruvian communities visited by the social inventory team during the rapid biological inventory of the Zona Reservada Güeppí, 13–29 October 2007. Team members: Mario Pariona Fonseca, Dora Ramírez Dávila, Anselmo Sandoval Estrella, Teofilo Torres Tuesta, and Alaka Wali.

Cochas y quebradas para la pesca/Streams and lakes fished	Áreas de extracción de madera para el comercio/Areas commercially logged	Áreas de extracción de madera para uso doméstico/Source areas of wood for domestic use	Número de áreas de extracción de productos no maderables/ Source areas for renewable forest products	Caminos a otras comunidades/Roads to other communities	Lugares sagrados/ Sacred places	Presencia de pasto y ganadería[2]/Presence of pasture and cattle[2]
5	0	1	3	1	1	no
10	0	11	4	0	4	pequeño/small
7	en el territorio comunal/in titled communal lands	en el territorio comunal titulado/in titled communal lands	2	1	0	grande/large
17	1	3	1	2	2	pequeño/small
21	1	4	6	2	6	pequeño/small
7	6	1	3	0	2	pequeño/small
8	2	cerca de la comunidad/close to the community	cerca de la comunidad/close to the community	0	2	grande/large
7	4	sin información/no information	cerca al centro poblado/close to the community	0	1	grande/large
8	2	en el territorio comunal/in titled communal lands	2	1	4	pequeño/small
5	0	1	3	0	0	pequeño/small
4	0	3	2	1	1	mediano/medium
7	0	3	4	1	0	pequeño/small
9	0	3	3	1	3	mediano/medium

**Parque Nacional Natural
La Paya***

Fuente: Dirección Territorial Amazonia Orinoquia, Parques Nacionales Naturales de Colombia

Descripción del Parque

Ubicación

Municipio de Leguízamo, Departamento del Putumayo, Colombia

Extensión

422,000 hectáreas

Diversidad de áreas

Existe una alta diversidad de ambientes, tales como bosques, selva, rastrojos de diversas edades, lagunas, caños y ambientes, productos de la actividad antrópica como las chagras, jardines medicinales y potreros.

Altura y clima

El área tiene alturas entre los 280 y 300 m.s.n.m. y una temperatura que oscila entre 26°C y 32°C. El clima del área, según el Sistema de Köppen, corresponde al tipo climático "Afi" (tropical, con más de 60 mm de precipitación en todos los meses, y con una diferencia en la temperatura media menor de 5°C entre el mes más frío y el más cálido). El P.N.N. La Paya se encuentra ubicado sobre la línea ecuatorial, zona de convergencia intertropical de los vientos alisios del noreste y sureste. La región es conocida como el cinturón lluvioso del planeta por presentar una alta precipitación durante todo el año; la precipitación promedio es de 3800 mm. Los mayores valores se presentan entre abril y junio (invierno) y la de menores valores entre diciembre y marzo (verano); la humedad relativa fluctúa entre 88% y 90%.

Geología

La geología del P.N.N. La Paya consiste principalmente de una planicie sedimentaria formada por arcillas depositadas en condiciones salobres o lacustres, que data principalmente del Terciario Inferior Amazónico o Formación Pebas, y que ha sido modelada por procesos erosivos. El periodo Cuaternario está representado por depósitos fluviales, algunos lagunares, coluviales y diluviales. Contrario a lo que se piensa, el porcentaje de área que perteneció al Refugio Pleistocénico Húmedo del Putumayo es mínimo.

Hidrología

El Parque está regado por complejas redes hídricas, con ríos de aguas blancas que nacen en los Andes (como el Putumayo y Caquetá), ríos de aguas negras que nacen en la llanura amazónica (como el Sencella, Mecaya y Caucayá) y algunos sectores de aguas mixtas, donde los anteriores se encuentran. La región se ve embellecida por un conjunto de lagunas tributarias del río Caucayá, como las del Guadual, Garza Cocha, Viviano Cocha, Garopa y Amarón Cocha. Por el oriente el Parque limita con el río Caquetá, el cual recibe por su margen derecha los ríos Mecaya y Sencella. Hacia el sur limita el río Putumayo, el cual a su vez recibe agua de pequeños caños y quebradas, y de ríos de mediano caudal, como el Caucayá, el cual atraviesa casi la totalidad del Parque. El Caucayá recibe aportes de gran cantidad de quebradas y caños que dan lugar a un gran número de lagunas o "cochas", las cuales representan un eslabón fundamental dentro del sistema hidrográfico, puesto que regulan los caudales de los ríos de forma permanente, a la vez que sirven como sitios de reproducción y criaderos de diversas especies de animales. Conectada al río Putumayo se encuentra la laguna de La Paya, cuya extensión aproximada es de 3,000 ha y a la cual se debe el nombre del Parque. Esta laguna es el cuerpo de agua estacionaria más importante del área protegida por su extensión y diversidad.

* Editors' note: Final version of the appendix received as the report was going to press, so we did not have it translated into English.

PARQUE NACIONAL NATURAL LA PAYA

Suelos

Las características de los suelos del Parque corresponden al patrón general descrito para el área amazónica: suelos desarrollados a partir de material heterogéneo del Terciario-Cuaternario y Precámbrico. Son profundos con drenaje rápido a moderadamente rápido, con texturas finas a medias (Ar-FarA), de porosidad moderada y muy friables. Los colores más destacados son pardo oscuro, pardo amarillento y pardo fuerte, sobre material rojizo, gris y pardo fuerte. En profundidad presenta alto contenido de arcilla lo cual es limitante para la infiltración y el enraizamiento. Estos suelos son ácidos—con alta cantidad de aluminio, baja fertilidad, moderada capacidad de intercambio catiónico, baja saturación de bases y alto contenido de carbón orgánico en superficie—y bajo en profundidad, pobres en fósforo asimilable y alta a media saturación de potasio. En el interfluvio entre los ríos Mecaya y Montoya alcanzan a aparecer sobre terrazas antiguas suelos muy evolucionados, ácidos, pobres en nutrientes y bien drenados. Y en las márgenes del Mecaya, y del Caucayá pueden encontrarse suelos inundables, pobremente drenados y poco evolucionados: allí pueden encontrarse "cananguchales" o "aguajales" (consociaciones de la palma *Mauritia flexuosa*).

Vegetación y flora

La vegetación del parque, según el sistema de clasificación de Holdridge, corresponde a "Bosque muy húmedo tropical" (BmhT). Entre el río Putumayo y el Caucayá predominan los bosques altos y bien desarrollados, mientras que en el resto del Parque se encuentra una combinación de bosque bajo con sotobosque denso y de bosque alto con poca presencia de palmas. Tanto el arbolado como el sotobosque son considerablemente menos densos en las zonas inundables. Una de las grandes riquezas del Parque se encuentra en su gran diversidad florística, que forma en conjunto un típico bosque húmedo de piso calido con un elevado dosel de 35 a 40 m. Para la fecha se han identificado 233 especies pertenecientes a 137 géneros y 51 familias, entre las que dominan Leguminosae, Euphorbiaceae, Melastomataceae, Sapotaceae, Vochysiaceae, Lecythidaceae y Myristicaceae. Las 37 especies de palmas registradas pertenecen a 15 géneros. Entre las principales especies de interés económico se destaca el cedro (*Cedrela angustifolia*).

Fauna

Se han registrado alrededor de 87 especies de peces (entre las cuales se encuentran bagres, cuchas, arawana, pirañas, tukunare, raya y temblones), con importancia para el autoconsumo y la comercialización; y 17 especies de reptiles (como boas, el güio, talla X, coral, tortuga taricaya, morrocoy y caimán negro, que es una especie emblemática del Parque). También se ha registrado una alta diversidad de aves: 291 especies pertenecientes a 51 familias y 18 órdenes, entre los que se destacan el perico de pluma o mirapacielo, el martín pescador, y varias especies de águilas y pavas; y aproximadamente 230 especies de mamíferos, entre ellos bufeo o delfín rosado, danta o vaca de monte, oso hormiguero, yulo o chigüiro, tigre mariposo (jaguar), tigre colorado (puma), dos especies de venado, armadillos, tigrillos, cerrillo, boruga y diversas especies de primates.

Valores culturales

Hay nueve resguardos indígenas superpuestos y tres colindantes, incluyendo territorios indígenas tradicionales de los grupos étnicos Uitotos (Huitotos, Murui, Muinane), Siona, Kofan (Cofan), Inga, Kichwua (Kichwa) y Coreguaje, comunidades que cuentan con conocimientos ancestrales de uso y aprovechamiento del territorio y sus recursos naturales.

Estado de conservación

El P.N.N. La Paya cuenta con una gran proporción de área preservada. En la cuenca del río Caucayá (ubicado en la parte central del área) existían procesos que tendían hacia la fragmentación del ecosistema por las actividades propias de la colonización. No obstante, mediante la compra de tierras, la ampliación y saneamiento de resguardos indígenas, seguido de un fortalecimiento organizativo y cultural, se está observando muy buenos resultados en cuanto a la regeneración y recuperación de la

Estado de conservación (continued)	zona. Considerando que los sectores que presentan mayor deterioro se encuentran en las márgenes de los dos ríos principales (Caquetá y Putumayo) y algunos caños—así como por el eje carreteable que conduce de Leguízamo a la Tagua—se podría calcular un 20% del área del Parque con huellas fuertes de degradación y aproximadamente un 80% de intangibilidad. Haciendo un análisis por cuencas, en la actualidad se observa un proceso de reforestación y en general de recuperación en la cuenca del río Caucayá. Por el río Putumayo, se observan algunos sectores con actividades de extracción de madera y cultivos ilícitos, así como aumento de las áreas para potreros y establecimiento de la ganadería, con una mayor presión en los sectores de Salado Grande, La Paya, laguna de La Paya y El Hacha; por el río Caquetá, en los sectores de Mecaya, Sencella; y en el área de influencia del eje carreteable. Alrededor de la laguna de La Paya, se ha buscado implementar proyectos sostenibles para la conservación, donde con avances y retrocesos se han obtenido acuerdos sobre el uso de la laguna. La gran dificultad consiste en la falta de recursos y personal para ejercer presencia en sectores estratégicos, y por otro lado, las aceleradas presiones de tipo social y económico en el proceso de colonización.

Conflictos Socio Ambientales

Fronteras urbanas	El centro urbano del municipio de Leguízamo se encuentra ubicado en el suroriente del Parque. En el Plan básico de Ordenamiento Territorial del municipio se están definiendo seis polos de desarrollo que rodean al Parque, por el río Putumayo (Piñuña Negro, Puerto Ospina, Paya Nueva y Puerto Nariño) y por el río Caquetá (La Tagua y El Mecaya).
Fronteras agrícolas	En el área de influencia del Parque predominan grandes fincas dedicadas a la ganadería extensiva, sistema de explotación insostenible en suelos amazónicos, que es necesario reconvertir. Paralelamente los colonos realizan actividades agrícolas con productos, como maíz, arroz, yuca y plátano en niveles de subsistencia.
Ganadería	La cultura de los campesinos y algunas políticas de gobierno apoyan e incentivan la actividad ganadera sin tener en cuenta la aptitud de uso del suelo o recomendaciones técnicas apropiadas para la región, como el silvopastoreo o la agroforestería.
Extracciones de recursos	Las actividades con mayor dinámica e impacto en la región son la pesca comercial, la extracción de madera fina y la caza de especies silvestres. Estas actividades se desarrollan principalmente en las cuencas de los ríos Caquetá y Putumayo, así como en el sector de las Quebradas La Tagua y La Tagüita, hacia el eje carreteable.
Cultivos ilícitos	Existe presencia de cultivos de coca, en veredas y algunos resguardos indígenas.

Administración del Parque

Creación	Acuerdo 015 del 25 abril de 1984, aprobado por Resolución Ejecutiva 160 del 24 agosto de 1984

Criterios

- Conservar la flora, fauna, las bellezas escénicas naturales, complejos geomorfológicos, manifestaciones históricas o culturales con fines científicos, educativos, recreativos o estéticos.

- Proteger espacios productores de bienes y servicios ambientales.

- Establecer y contar con planes y estrategias de educación y comunicación, investigación y ecoturismo, que viertan en beneficios para el área y las comunidades insertas y aledañas al área; contar con un sistema de información como herramienta de planificación.

Antecedentes

Desde 1993 se viene realizando gestión en el área de forma continua, liderada inicialmente por el INDERENA, y desde 1995 por la Unidad Administrativa Especial del Sistema de Parques Nacionales Naturales (UAESPNN), con el entonces Jefe de Programa Mauricio Villa Lopera (hasta 1999), posteriormente el Doctor Octavio Eraso. Desde 2004 administra el área el Doctor Carlos Sáenz.

Desde 1995 el equipo del P.N.N. La Paya le ha dado énfasis en su gestión a la resolución de conflictos ambientales con las comunidades; ha sido una labor constante de concertación, coordinación interinstitucional y comunitaria. Actualmente el Parque desarrolla acciones conjuntas con las comunidades indígenas y campesinas de los diferentes sectores (Caucayá, Putumayo y Tagua), como control y vigilancia, ordenamiento ambiental del territorio, reubicación de poblaciones campesinas ubicadas al interior del área protegida, sistemas sostenibles para la conservación y actividades de fortalecimiento de las organizaciones de base.

Desde 2000 se articula el trabajo con las comunidades del interior del Parque mediante planificación participativa; se realizan labores de fortalecimiento organizativo, territorial y cultural, y la coordinación interinstitucional en el ámbito local, regional, nacional e internacional, para el adecuado manejo del área y sus recursos.

En un futuro se espera seguir generando "pactos sociales" que aseguren la conservación del Parque, que a la vez garanticen la pervivencia de las personas que habitan en él y en sus alrededores. También se espera seguir promoviendo la puesta en marcha de proyectos comunitarios para el desarrollo humano sostenible de los asentamientos insertos y aledaños al área protegida, y los cuales se pretende estén enmarcados dentro de los planes de vida de las comunidades indígenas, los planes de desarrollo y de Ordenamiento Territorial del Municipio de Leguízamo.

Presencia institucional

Tanto las actividades de control y vigilancia como las de manejo se realizan a partir de los tres sectores del Parque (ríos Putumayo y Caucayá). Sin embargo, debido al tamaño del área y la escasez de recursos, es difícil mantener continuidad en los procesos. Por otra parte, la situación de orden público dificulta la operatividad en el Sector Norte.

PARQUE NACIONAL NATURAL LA PAYA	
Equipo de trabajo	Un Jefe de Área, un Técnico Administrativo y un Operario, adicionalmente se han vinculado miembros de las comunidades, y se cuenta con un equipo de apoyo de la Dirección Territorial Amazonia Orinoquia para la gestión fronteriza, la implementación de Estrategias Especiales de Manejo con pueblos indígenas y la coordinación de procesos sociales.
Infraestructura	Hay una sede administrativa, dotada para alojar personal adscrito al área, no abierto al turismo. Las sedes son para la permanencia de los funcionarios del Parque, aunque en algunas ocasiones se reciben visitantes que provienen de Puerto Leguízamo.
	La Sede La Paya tiene una capacidad para 10 personas en dos habitaciones. Está dotada con baño, cocina, agua dulce y sala de conferencia (comedor) y ofrece observación de delfines rosados y caimán negro, interacción con la comunidad indígena y campesina de la Paya y Nueva Apaya, y conocimiento de ecosistema lacustre.
Para contactar al Parque	Sede administrativa P.N.N. La Paya Cr 1 # 4-48 Puerto Leguízamo, Colombia 098.5634774 tel *amazonia@parquesnacionales.gov.co*

Acosta-Buenaño, N. A., M. R. Bustamante, L. A. Coloma y P. A. Menéndez-Guerrero. 2003–2004. Anfibios y reptiles de la Reserva de Producción Faunística Cuyabeno, ver. 1.0 (17 diciembre 2003, *www.puce.edu. ec/zoologia/reservas/cuyabeno/anfibios/index.html*; consulta noviembre 2005). Museo de Zoología, Pontificia Universidad Católica del Ecuador. Quito, Ecuador.

APECO-ECO. 2006. Estudio de línea base biológico y social para el monitoreo en la Zona Reservada Güeppí. Proyecto PIMA (Participación Indígena para la Conservación), Lima.

Aquino, R. M., R. E. Bodmer y J. G. Gil. 2001. Mamíferos de la cuenca del río Samiria: Ecología poblacional y sustentabilidad de la caza. Junglevagt for Amazonas, AIF-WWF/DK, Wildlife Conservation Society. Rosegraf SRL, Lima.

Aquino, R., y/and F. Encarnación. 1994. Primates of Peru/Primates de Peru. Primate Report 40:1–127.

Barbosa de Souza, M., y C. Rivera G. 2006. Anfibios y reptiles/ Amphibians and reptiles. Pp. 83–86, 182–185, 258–262 en/in Rojas Moscoso, eds. Perú: Sierra del Divisor, Rapid Biological Inventories Report 17. The Field Museum, Chicago.

Barriga, R. 1991. Peces de agua dulce. Revista Politécnica, serie Biología 16(3):8-87.

Barriga, R. 1994. Peces del Parque Nacional Yasuní. Revista Politécnica, serie Biología 19(4):10–41.

Belaunde, L. E. 2001. Viviendo bien: Género y fertilidad entre los Airo-Pai de la Amazonía Peruana. CAAAP (Centro Amazónico de Antropología y Aplicación Práctica), Lima.

Belaunde, L. E. 2004. Zona Reservada de Güeppí: Pueblos indígenas. (Informe a Ibis, no publicado.) Consultoría Consorcio STCP-Sustenta, Lima.

BirdLife International. 2007. BirdLife's online World Bird Database: the site for bird conservation, ver. 2.1 (*www.birdlife.org*). BirdLife International, Cambridge.

Borman, R. 2002. Mamíferos grandes/Large mammmals. Pp. 76–81, 148–152, 211–213 en/in N. Pitman, D.K. Moskovits, W.S. Alverson, y/and R. Borman A., eds. Ecuador: Serranías Cofán-Bermejo, Sinangoe. Rapid Biological Inventories Report 03. The Field Museum, Chicago.

Borman, R., S. Chapal y A. Criollo. 2007. Mamíferos grandes. Pp. 102–105, 170–172 en R. Borman, C. Vriesendorp, W. S. Alverson, D. K. Moskovits, D. F. Stotz, y/and A. del Campo, eds. Ecuador: Territorio Cofan Dureno. Rapid Biological Inventories Report 19. The Field Museum, Chicago.

Brako, L., and J. L. Zarucchi. 1993. Catalogue of the flowering plants and gymnosperms of Peru. Monographs in Systematic Botany, vol. 45. Missouri Botanical Garden Press, St. Louis.

Bravo, A., y J. Ríos. 2007. Mamíferos. Pp. 73–78, 140–145, 226–232 en/in C. Vriesendorp, J. A. Alvarez, N. Barbagelata, W. S. Alverson, y/and D. K. Moskovits, eds. Perú: Mazán-Nanay-Arabela. Rapid Biological Inventories Report 18. The Field Museum, Chicago.

Carlson, T., and L. Maffi. 2004. Ethnobotany and conservation of biocultural diversity. Advances in Economic Botany, vol. 15. New York Botanic Garden, Bronx.

Casanova, J. 2002. Poblaciones indígenas y mestizas del alto Putumayo (Amazonía peruana). Pp. 23–45 en Investigaciones Sociales VI (10). UNMSM/IIHS, Lima.

Catenazzi, A., y M. Bustamante. 2007. Anfibios y reptiles. Pp: 62–67 en C. Vriesendorp, J. A. Álvarez, W. S. Alverson, y/and D. K. Moskovits, eds. Rapid Biological Inventories Report 18. Perú: Nanay-Mazan-Arabela. The Field Museum, Chicago.

Chang, F., and H. Ortega. 1995. Additions and corrections to the list of freshwater fishes of Peru. Publicaciones de Museo de Historia Natural, Universidad Nacional Mayor de San Marcos (A) 50:1–12.

Chantre, J. 1901. Historia de las Misiones de la Compañía de Jesús en el Marañón Español (1637–1767). Imprenta de A. Avrial, Madrid.

Chirif, A. 2007. Petróleo y drogas en el Putumayo: Nuevas amenazas para el pueblo Secoya (*www.etniasdecolombia.org/ actualidadetnica/detalle.asp?cid=6144*). Actualidad Étnica.

Cisneros-Heredia, D. F. 2006. La Herpetofauna de la Estación de Biodiversidad Tiputini, Ecuador. B. S. Proyecto Final, Universidad San Francisco de Quito, xiii + 129 pp.

CITES. 2007. UNEP-WCMC Species database: Convention on International Trade in Endangered Species of Wild Fauna and Flora CITES-Listed Species. (*www.cites.org*, visitado el 5 de Noviembre 2007). CITES Secretariat, Geneva.

Coltorti, M., and C. D. Ollier. 2000. Geomorphic and tectonic evolution of the Ecuadorian Andes. Geomorphology 32:1–19.

De Rham, P., M. Hidalgo, y/and H. Ortega. 2001. Peces/Fishes. Pp. 64–69, 137–141, 196–201 en/in W. S. Alverson, L. O. Rodríguez, y/and D. Moskovits, eds. Perú: Biabo-Cordillera Azul. Rapid Biological Inventories Report 02. The Field Museum, Chicago.

Di Fiore, A. 2001. Investigación ecológica y de comportamiento de primates en el Parque Nacional Yasuní. Pp. 165–173 en Memorias del Seminario-Taller Yasuní, 2001. J.P. Jorgenson y M. Coello Rodríguez, eds. Editorial SIMBIOE (Sociedad para la Investigación y Monitoreo de la Biodiversidad Ecuatoriana), Quito.

Di Fiore, A. 2004. Primate conservation. Pp. 274–277 in McGraw-Hill Yearbook of Science and Technology. McGraw-Hill, New York.

Dixon, J., and P. Soini. 1986. The reptiles of the upper Amazon Basin, Iquitos region, Peru. Milwaukee Public Museum, Milwaukee.

Duellman, W. E. 1978. The biology of an equatorial herpetofauna in Amazonian Ecuador. University of Kansas Museum of Natural History Miscellaneous Publication 65, Lawrence.

Duellman, W. E., and J. R. Mendelson III. 1995. Amphibians and reptiles from northern Departamento de Loreto, Peru: taxonomy and biogeography. University of Kansas Science Bulletin 10, Lawrence.

Eisenberg, J. F., and K. H. Redford. 1999. Mammals of the Neotropics, vol. 3, The Central Neotropics.: Ecuador, Peru, Bolivia, Brazil. University of Chicago Press, Chicago.

Emmons, L. H., y F. Feer. 1997. Neotropical Rainforest Mammals. University of Chicago Press, Chicago.

Freeze, R. A., and J. A. Cherry. 1979. Groundwater. Prentice-Hall, Englewood Cliffs.

Galvis, G., J. I. Mojica, S. R. Duque, C. Castellanos, P. Sánchez-Duarte, M. Arce, A. Gutiérrez, L. F. Jiménez, M. Santos, S. Vejarano, F. Arbeláez, E. Prieto y M. Leiva. 2006. Peces del Medio Amazonas. Región de Leticia. Serie de guías tropicales de campo, no. 5 Conservación Internacional/Editorial Panamericana, Formas e Impresos, Bogotá.

Gashé, J. 1979. Un diálogo con la naturaleza: los indígenas Witoto en la Selva Amazónica. Pp. 119–129 en A. Chirif, comp. Etnicidad y Ecología. CIPA (Centro de Investigación y Promoción Amazónica), Lima.

Gordo, M., G. Knell, y D. E. R. Gonzáles. 2006. Anfibios y reptiles. Pp. 83–88 en C. Vriesendorp, N. Pitman, J. I. Rojas, B. A. Pawlak, L. Rivera C., L. Calixto, M. Vela C., y/and P. Fasabi R., eds. Perú: Matsés. Rapid Biological Inventories Report 16. The Field Museum, Chicago.

Grohs, W. 1974. Los indios del Alto Amazonas del siglo XVI al XVIII: Poblaciones y migraciones en la antigua provincia de Maynas. BAS (Bonner Amerikanistische Studien) no. 2, Bonn.

Heyer, R., M. Donnelly, R. McDiarmid, L. Hayek, and M. Foster, eds. 1994. Measuring and monitoring biological diversity standards: Methods for amphibians. Smithsonian Institution Press, Washington DC and London.

Hidalgo, M., y/and R. Olivera. 2004. Peces/Fishes. Pp. 62–67, 148–152, 216–233 en/in N. Pitman, R. C. Smith, C. Vriesendorp, D. Moskovits, R. Piana, G. Knell, y/and T. Watcher, eds. Perú: Ampiyacu, Apayacu, Yaguas, Medio Putumayo. Rapid Biological Inventories Report 12. The Field Museum, Chicago.

Hidalgo, M y/and P. W. Willink. 2007. Peces/Fishes. Pp. 56–62, 125–130, 190–204 en/in C. Vriesendorp, J.A. Álvarez, N. Barbagelata, W.S. Alverson, y/and D. Moskovits, eds. Perú: Nanay-Mazán-Arabela. Rapid Biological Inventories Report 18. The Field Museum, Chicago.

Hurt, G. W., and L. M. Vasilas, eds. 2006. Field identification of hydric soils in the United States: a guide for identifying and delineating hydric soils, vers. 6.0 (*ftp://ftp-fc.sc.egov.usda. gov/NSSC/Hydric_Soils/FieldIndicators_v6_0.pdf*). U.S.D.A. Natural Resources Conservation Service (in cooperation with the National Technical Committee on Hydric Soils), Gainesville and Baltimore.

Ibis. 2003–2006. Informes del proyecto "Reunificación, revalorización y continuidad cultural del pueblo Secoya." Ibis-Unión Europea-Fundación Solsticio, Lima.

INRENA. 2004. Categorización de especies de fauna amenazadas. D.S. No. 034-2004-AG, 22 de setiembre del 2004 (*www.inrena.gob.pe*). Instituto Nacional de Recursos Naturales, Lima.

IUCN, Conservation International, and NatureServe. 2004. Global amphibian assessment (*www.globalamphibians.org*, downloaded 15 October 2004).

Jarvis, A., H. I. Reuter, A. Nelson, and E. Guevara. 2006. Hole-filled SRTM for the globe, version 3 (*http://srtm.csi.cgiar.org*). CGIAR-CSI SRTM 90m database CGIAR Consortium for Spatial Information, Colombo, Sri Lanka.

Jørgensen, P. M., and S. León-Yánez. 1999. Catalogue of the vascular plants of Ecuador. Monographs in Systematic Botany, vol. 75. Missouri Botanical Garden Press, St. Louis.

Jungfer, K. H., S. Ron, R. Seipp, and A. Almendáriz. 2000. Two new species of hylid frogs, genus *Osteocephalus*, from Amazonian Ecuador. Amphibia-Reptilia 21(3):327–340.

Junk W. J., P. B. Bayley, and R. E. Sparks. 1989. The flood pulse concept in river-floodplain systems. Canadian Special Publication of Fisheries and Aquatic Sciences 106:110–127.

Lamar, W. W. 1997. Checklist and common names of the reptiles of the Peruvian lower Amazon. Herpetological Natural History 5(1):73–76.

Lane, D. F., T. Pequeño, y/and J. Flores V. 2003. Aves/Birds. Pp. 67–73, 150–156, 254–267 en/in N. Pitman, C. Vriesendorp, y/and D. Moskovits, eds. Perú: Yavarí. Rapid Biological Inventories Report 11. The Field Museum, Chicago.

Maffi, L. 1998. Linguistic and biological diversity: The inextricable link. Oral presentation at the international conference, "Diversity as a Resource: Relations between cultural, social, and environmental diversity," 2–6 March 1998, Rome, Italy.

McAleece, N., P. J. D. Lambshead, G. L. J. Paterson, and J. D. Gage. 1997. BioDiversity Pro, ver. 2. The Natural Museum and The Scottish Association for Marine Science, London and Oban.

Mercier, J. 1980. Nosotros los Napurunas. Napurunapa rimay: Mitos e Historia. Ediciones CETA, Iquitos.

Ministerio del Ambiente. 2002. Entre lagunas: Flora y fauna de Cuayabeno. SIMBIOE (Sociedad para la investigación y monitoreo de la biodiversidad Ecuatoriana) y Ministerio del Ambiente, Quito.

Montenegro, O., y M. Escobedo. 2004. Mammals. Pp. 163–170 en C. Vriesendorp, N. Pitman, R. Foster, I. Mesones, y/and M. Rios., eds. Peru: Ampiyacu, Apayacu, Yaguas, Medio Putumayo. Rapid Biological Inventories Report 12. The Field Museum, Chicago.

Moreau, M.-A., and O.T. Coomes. 2006. Potential threat of the international aquarium trade to silver arawana (Osteoglossum bicirrhosum) in the Peruvian Amazon. Oryx 40:1–9.

Mori, S. A. and G.T. Prance. 1990. Taxonomy, ecology, and economic botany of the Brazil nut (Bertholletia excelsa Humb. & Bonpl.: Lecythidaceae). Advances in Economic Botany 8:130–150.

Murdock. 1975. Los witotos del noroeste del Amazonas. Capítulo XV [pp. 355-373?], en Nuestros Contemporáneos Primitivos. Fondo de Cultural Económica, México.

Nabhan, G. P. 1997. Cultures of Habitat. Counterpoint, Washington, D.C.

NRCS. 2005. National Soil Survey Handbook, title 430-VI. (http://soils.usda.gov/technical/handbook/) Natural Resources Conservation Service, U.S. Department of Agriculture, Washington D.C.

OISPE, ORKIWAN y FIKAPIR. 2006. Memorial Número 02, dirigido al Ministerio de Energía y Minas del Gobierno Peruano.

Ortega, H., M. Hidalgo, y/and G. Bertiz. 2003. Peces/Fishes. Pp. 59–63, 143–146, 220–243 en/in N. Pitman, C. Vriesendorp, y/and D. Moskovits, eds. Perú: Yavarí. Rapid Biological Inventories Report 11. The Field Museum, Chicago.

Ortega, H., J. I. Mojica, J. C. Alonso y M. Hidalgo. 2006. Listado de los peces de la cuenca del río Putumayo en su sector colombo-peruano. Biota Colombiana 7(1): 95–112.

Ortega, H., and R. P. Vari. 1986. Annotated checklist of the freshwater fishes of Peru. Smithsonian Contributions to Zoology 437:1–25.

Pacheco, V. 2002. Mamíferos del Perú. Pp. 503-550 en G. Ceballos y J. A. Simonetti, eds. Diversidad y Conservación de los Mamíferos Neotropicales. CONABIO-UNAM, México, D.F.

Peres, C. A. 1990. Effects of hunting on Western Amazonian primate communities. Biological Conservation 54:47–59.

Peres, C. A. 1996. Population status of the white-lipped Tayassu pecari and collared peccaries T. tajacu in hunted and unhunted Amazonia forests. Biological Conservation 77:115–123.

Pinell, G. 1924. Un viaje por el Putumayo y el Amazonas: Ensayo de navegación. Imprenta Nacional, Bogotá.

PNUD-GEF. 2000. Tierras tituladas a comunidades indígenas y base de datos geográficos. En Atlas de Comunidades Nativas Amazonía: Biodiversidad, Comunidades y Desarrollo en Huamaní. Sigtel Studio EIRL, Lima.

Reis, R. E., S. O. Kullander, and C. J. Ferraris. 2003. Check List of freshwater fishes of South and Central America (CLOFFSCA). EDIPUCRS, Porto Alegre.

Ridgely, R. S., and P. J. Greenfield. 2001. The Birds of Ecuador: Status, Distribution, and Taxonomy. Cornell University Press, Ithaca.

Ridgely, R. S., y P. J. Greenfield. 2006. Aves del Ecuador: Guia de Campo. vol. 2. Fundación de Conservación Jocotoco, Quito.

Rivadeneira-R., J. F., E. R Ruiz y J. H. Criollo. 2007. Peces. Pp. 94–95, 144–147 en R. Borman, C. Vriesendorp, W. S. Alverson, D. Moskovits, D. F. Stotz, y/and Á. del Campo, eds. Ecuador: Territorio Cofan Dureno. Rapid Biological Inventories Report 19. The Field Museum, Chicago.

Rodríguez, L. O., and W. E. Duellman. 1994. Guide to the frogs of the Iquitos region, Amazonian Peru. University of Kansas Natural History Museum Special Publication 22, Lawrence.

Rodríguez, L., y/and G. Knell. 2003. Anfibios y reptiles/Amphibians and reptiles. Pp. 63–67, 147–150, 244–253 en/in N. Pitman, C. Vriesendorp, y/and D. Moskovits, eds. Perú: Yavari, Rapid Biological Inventories Report 11. The Field Museum, Chicago.

Rodríguez, L., y/and G. Knell. 2004. Anfibios y reptiles/Amphibians and reptiles. Pp. 67–70, 152–155, 234–241 en/in N. Pitman, R. C. Smith, C. Vriesendorp, D. Moskovits, R. Piana, G. Knell, y/and T. Watcher, eds. Perú: Ampiyacu, Apayacu, Yaguas, Medio Putumayo, Rapid Biological Inventories Report 12. The Field Museum, Chicago.

Ron, S. 2001–2007. Anfibios del Parque Nacional Yasuní, Amazonía Ecuatoriana, ver. 1.3 (febrero 2007, www.puce.edu/zoología/anfecua.htm; consulta junio 2007). Museo de Zoología Pontificia Universidad Católica del Ecuador, Quito.

Schulenberg, T. S., D. F. Stotz, D. F. Lane, J. P. O'Neill, and T. A. Parker III. 2007. Birds of Peru. Princeton University Press, Princeton.

Schulenberg, T. S., D. F. Stotz, D. F. Lane, J. P. O'Neill, y T. A. Parker III. En prensa. Aves del Peru. Princeton University Press, Princeton.

Stewart D., R. Barriga y M. Ibarra 1987. Ictiofauna de la cuenca del río Napo, Ecuador oriental: Lista anotada de especies. Revista Politecnica, Biología 1(XII):9–64.

Stotz, D. F., y/and J. Díaz A. 2007. Aves/Birds. Pp. 67–73, 134–140, 214–225 en/in C. Vriesendorp, J. Álvarez A., N. Barbagelata, W. S. Alverson, y/and D. Moskovits, eds. Perú: Nanay-Mazán-Arabela. Rapid Biological Inventories Report 18. The Field Museum, Chicago.

Stotz, D. F. y/and T. Pequeño. 2004. Aves/Birds. Pp. 155–164, 242–253 en/in N. Pitman. R. C. Smith, C. Vriesendorp, D. Moskovits, R. Piana, G. Knell, y/and T. Wachter, eds. Perú: Ampiyacu, Apayacu, Yaguas, Medio Putumayo. Rapid Biological Inventories Report 12. The Field Museum, Chicago.

Stotz, D. F. y/and T. Pequeño. 2006. Aves/Birds. Pp. 197–205, 304–319 en/in C. Vriesendorp, N. Pitman, J.-I. Rojas M., B. A. Pawlak, L. Rivera C., L. Calixto M., M. Vela C., y/and P. Fasabi R., eds. Perú: Matsés. Rapid Biological Inventories Report 16. The Field Museum, Chicago.

ter Steege, H., N. C. A. Pitman, O. L. Phillips, J. Chave, D. Sabatier, A. Duque, J.-F. Molino, M.-F. Prevost, R. Spichiger, H. Castellanos, P. von Hildebrand, and R. Vásquez. 2006. Continental-scale patterns of canopy tree composition and function across Amazonia. Nature 443:444–447.

Tirira, D. 2007. Mamíferos del Ecuador: Guía de campo. Ediciones Murciélago Blanco, Quito.

UICN. 2007. Lista roja de especies amenzadas (www.iucnredlist.org, visitado el 5 de Noviembre 2007). The World Conservation Union-Species Survival Commission, Cambridge, UK.

USGS. 2002. Tri-Decadal Global Landsat Orthorectified ETM+ Pan-sharpened (14.8-m resolution). (http://edcsns17.cr.usgs.gov/EarthExplorer/). United States Geological Survey, Sioux Falls.

Valencia, R., H. Balslev, and G. Paz y Miño C. 1994. High tree alpha-diversity in Amazonian Ecuador. Biodiversity and Conservation 3(1):21–28.

Vannote, R. L., G. W. Minshall, K. W. Cummins, J. R. Sedell, and C. E. Cushing. 1980. The river continuum concept. Canadian Journal of Fisheries and Aquatic Sciences 37:130–137.

Vásquez Martínez, R. 1997. Florula de las reservas biológicas de Iquitos, Perú. Missouri Botanical Garden Press, St. Louis.

Vitt, L. J., y S. de la Torre. 1996. Guía para la investigación de lagartijas de Cuyabeno. Monografía 1, Museo de Zoología (QCAZ). Centro de Biodiversidad y Ambiente, PUCE, Quito.

Voss, R. S., and L. H. Emmons. 1996. Mammalian diversity in neotropical lowland rainforests: a preliminary assessment. Bulletin of the American Museum of Natural History 230:1–115.

Vriesendorp, C., J. A. Álvarez, N. Barbagelata, W. S. Alverson, y D. K. Moskovits, eds. 2007a. Perú: Mazán-Nanay-Arabela. Rapid Biological Inventories Report 18. The Field Museum, Chicago.

Vriesendorp, C., R. Foster, S. H. Descanse U., L. C. Lucitante C., C. A. Ortiz Q. y E. Quenamá V. 2007b. Flora y vegetación. Pp. 87–91, 118–139 en/in R. Borman, C. Vriesendorp, W. S. Alverson, D. K. Moskovits, D. F. Stotz, y/and Á. del Campo, eds. 2007. Ecuador: Territorio Cofan Dureno. Rapid Biological Inventories Reports 19. The Field Museum, Chicago.

Weber, C., and J. I. Montoya-Burgos. 2002. Hypostomus fonchii sp. n. (Siluriformes: Loricariidae) from Peru, a key species suggesting the synonymy of Cochliodon with Hypostomus. Revue Suisse de Zoologie 109(2):355–368.

Wege, D. C., and A. J. Long. 1995. Key Areas for Threatened Birds in the Neotropics. Birdlife International, Cambridge, UK.

Wessenlingh, F. P., J. Guerrero, L. Räsänen, L. Romero Pitmann, and H. Vonhof. 2006. Landscape evolution and depositional processes in the Miocene Amazonian Pebas lake/wetland system: evidence from exploratory boreholes in northeastern Peru. Scripta Geologica 133:323–361.

Wessenlingh, F. P., M. C. Hoorn, J. Guerrero, M. Räsänen, L. Romero Pitmann, and J. Salo. 2006. The stratigraphy and regional structure of Miocene deposits in western Amazonia (Peru, Colombia and Brazil), with implications for late Neogene landscape evolution. Scripta Geologica 133:291–322.

Whitten, N. E. 1987. Sacha Runa: etnicidad y adaptación de los Quichua hablantes de la Amazonía Ecuatoriana. Ediciones Abya-Yala, Quito.

Yánez-Muñoz, M., y A. Chimbo. 2007. Anfibios y reptiles/ Amphibians and reptiles. Pp: 96–99, 148–159 en R. Borman, C. Vriesendorp, W. S. Alverson, D. K. Moskovits, D. F. Stotz, y/and A. del Campo, eds. Ecuador: Territorio Cofán Dureno. Rapid Biological Inventories Report 19. The Field Museum, Chicago.

Young, B. E., S. N. Stuart, J. S. Chanson, N. A. Cox y T. M. Boucher. 2004. Joyas que están desapareciendo: El estado de los anfibios en el nuevo mundo. NatureServe, Arlington.

Zimmermann, A., W. Wilcke, and H. Elsenbeer. 2007. Spatial and temporal patterns of throughfall quantity and quality in a tropical montane forest in Ecuador. Journal of Hydrology 343:80–96.

Zona Reservada Güeppí. 2003. Censo de la población de la Zona Reservada Güeppí. (Datos no publicados.) Jefatura de la Zona Reservada Güeppí, INRENA, Iquitos.

INFORMES PUBLICADOS/PUBLISHED REPORTS

Alverson, W. S., D. K. Moskovits, y/and J. M. Shopland, eds. 2000. Bolivia: Pando, Río Tahuamanu. Rapid Biological Inventories **Report 01**. The Field Museum, Chicago.

Alverson, W. S., L. O. Rodríguez, y/and D. K. Moskovits, eds. 2001. Perú: Biabo Cordillera Azul. Rapid Biological Inventories **Report 02**. The Field Museum, Chicago.

Pitman, N., D. K. Moskovits, W. S. Alverson, y/and R. Borman A., eds. 2002. Ecuador: Serranías Cofán-Bermejo, Sinangoe. Rapid Biological Inventories **Report 03**. The Field Museum, Chicago.

Stotz, D. F., E. J. Harris, D. K. Moskovits, K. Hao, S. Yi, and G. W. Adelmann, eds. 2003. China: Yunnan, Southern Gaoligongshan. Rapid Biological Inventories **Report 04**. The Field Museum, Chicago.

Alverson, W. S., ed. 2003. Bolivia: Pando, Madre de Dios. Rapid Biological Inventories **Report 05**. The Field Museum, Chicago.

Alverson, W. S., D. K. Moskovits, y/and I. C. Halm, eds. 2003. Bolivia: Pando, Federico Román. Rapid Biological Inventories **Report 06**. The Field Museum, Chicago.

Kirkconnell P., A., D. F. Stotz, y/and J. M. Shopland, eds. 2005. Cuba: Península de Zapata. Rapid Biological Inventories **Report 07**. The Field Museum, Chicago.

Díaz, L. M., W. S. Alverson, A. Barreto V., y/and T. Wachter, eds. 2006. Cuba: Camagüey, Sierra de Cubitas. Rapid Biological Inventories **Report 08**. The Field Museum, Chicago.

Maceira F., D., A. Fong G., y/and W. S. Alverson, eds. 2006. Cuba: Pico Mogote. Rapid Biological Inventories **Report 09**. The Field Museum, Chicago.

Fong G., A., D. Maceira F., W. S. Alverson, y/and J. M. Shopland, eds. 2005. Cuba: Siboney-Juticí. Rapid Biological Inventories **Report 10**. The Field Museum, Chicago.

Pitman, N., C. Vriesendorp, y/and D. Moskovits, eds. 2003. Perú: Yavarí. Rapid Biological **Report 11**. The Field Museum, Chicago.

Pitman, N., R. C. Smith, C. Vriesendorp, D. Moskovits, R. Piana, G. Knell, y/and T. Wachter, eds. 2004. Perú: Ampiyacu, Apayacu, Yaguas, Medio Putumayo. Rapid Biological Inventories **Report 12**. The Field Museum, Chicago.

Maceira F., D., A. Fong G., W. S. Alverson, y/and T. Wachter, eds. 2005. Cuba: Parque Nacional La Bayamesa. Rapid Biological Inventories **Report 13**. The Field Museum, Chicago.

Fong G., A., D. Maceira F., W. S. Alverson, y/and T. Wachter, eds. 2005. Cuba: Parque Nacional "Alejandro de Humboldt." Rapid Biological Inventories **Report 14**. The Field Museum, Chicago.

Vriesendorp, C., L. Rivera Chávez, D. Moskovits, y/and J. Shopland, eds. 2004. Perú: Megantoni. Rapid Biological Inventories **Report 15**. The Field Museum, Chicago.

Vriesendorp, C., N. Pitman, J. I. Rojas M., B. A. Pawlak, L. Rivera C., L. Calixto M., M. Vela C., y/and P. Fasabi R., eds. 2006. Perú: Matsés. Rapid Biological Inventories **Report 16**. The Field Museum, Chicago.

Vriesendorp, C., T. S. Schulenberg, W. S. Alverson, D. K. Moskovits, y/and J.-I. Rojas Moscoso, eds. 2006. Perú: Sierra del Divisor. Rapid Biological Inventories **Report 17**. The Field Museum, Chicago.

Vriesendorp, C., J. A. Álvarez, N. Barbagelata, W. S. Alverson, y/and D. K. Moskovits, eds. 2007. Perú: Nanay-Mazán-Arabela. Rapid Biological Inventories **Report 18**. The Field Museum, Chicago.

Borman, R., C. Vriesendorp, W. S. Alverson, D. K. Moskovits, D. F. Stotz, y/and Á. del Campo, eds. 2007. Ecuador: Territorio Cofan Dureno. Rapid Biological Inventories **Report 19**. The Field Museum, Chicago.

Alverson, W. S., C. Vriesendorp, Á. del Campo, D. K. Moskovits, D. F. Stotz, Miryan García Donayre, y/and Luis A. Borbor L., eds. 2008. Ecuador, Perú: Cuyabeno-Güeppí. Rapid Biological and Social Inventories **Report 20**. The Field Museum, Chicago.